Transmission and Distribution Engineering

알기 쉬운 송배전공학

공학박사 **김수용** 저

본서는 에너지 전반의 상황을 염두에 두고, 광범위하게 에너지 일반적인 사항으로부터, 전력에너지의 생산을 주로 하는 발전 부문과 발생한 전력운용의 중심이 되는 변전 부문 등에 관하여, 그의 이론, 시설 등을 설명하였다. 또한 송배전공학은 전기공학만이 아니라 기계공학, 토목공학, 원자력공학, 정보공학, 에너지관리 등을 기반으로 하여 성립하는 것이므로 이러한 것을 적절하게 조합하여 다음에 열거하는 요령으로 정리하였다.

웅보출판사
www.woongbo.co.kr

머 리 말

책은 인간이 일구어 온 창조적 가치를 체계적으로 담아 낸 지혜의 샘이다. 또한 최근 책은 개념은 단순한 지식정보매체로서의 영역을 뛰어 넘어 생각을 자극하고 창조적인 아이디어를 이끌어내는 영혼을 길어 올리는 두레박으로서의 역할로 이해되고 있다.
1973년, 1978년 등으로 계속된 오일파동 이후, 에너지에 대한 관심이 많아지고, 특히 자원이 결핍한 우리나라에서 그 중요성을 한층 인식하게 되었다. 본서는 이와 같은 에너지 전반의 상황을 염두에 두고, 광범위하게 에너지 일반적인 사항으로부터, 전력에너지의 생산을 주로 하는 발전 부문과 발생한 전력운용의 중심이 되는 변전 부문 등에 관하여, 그의 이론, 시설 등을 설명하였다. 또한 송배전공학은 전기공학만이 아니라 기계공학, 토목공학, 원자력공학, 정보공학, 에너지관리 등을 기반으로 하여 성립하는 것이므로 이러한 것을 적절하게 조합하여 다음에 열거하는 요령으로 정리하였다.

(1) 송배전공학에 대한 전력에너지 전반에 대하여 알아본다.
(2) 수식 등은 기본적인 것으로 한정하고, 가급적 알기 쉽게 표현한다.
(3) 기초에서 응용까지 다룰 수 있도록 구성을 하였다.

따라서 이 책은 교수자에게는 체계적으로 잘 조직되어 있는 구성으로 교수·학습의 효과를 극대화시킬 수 있게 하고, 대학생, 일반인들에게는 쉽고 흥미로우며 창조적인 생각을 불러일으킬 수 있도록 하여 공업 분야의 생산적 실무를 효율적으로 수행하는 데 필요한 기술을 습득하고 산업현장에 취업해 자아를 실현하며, 국가산업발전에 기여할 수 있는 유능한 기술인을 양성하는 것을 목적으로 한다.

전기공학, 에너지관리는 여러 분야로 분리할 수 있는데 이 중 송배전공학을 공부하는 학생들을 대상으로 하여

PART 1에서는 송배전계통의 구성
PART 2에서는 전선로
PART 3에서는 송전 특성
PART 4에서는 안정도
PART 5에서는 전력원선도
PART 6에서는 중성점 접지방식
PART 7에서는 송전선의 고장계산
PART 8에서는 이상전압
PART 9에서는 변전소
PART 10에서는 배전계통의 구성
PART 11에서는 배전선로의 전기적 특성
PART 12에서는 지중배전선로
PART 13에서는 배전선로의 공법
PART 14에서는 배전선로의 관리와 보호
PART 15에서는 가공설비 순서에 따라 역점을 두고 기술하였다.

한편, 응용력을 기를 수 있게 함과 동시에, 송배전에 관한 기사이론시험의 준비에도 도움이 되도록 노력하였다. 따라서 본서는 대학·산업체에서 송배전 교재로 적합할 것으로 사료되며, 전력관계 기술자에게도 좋은 참고자료가 될 수 있을 것이다.

끝으로 내용상의 미비점이 있을 것으로 사료되나 이것은 독자 여러분의 성원으로 수정 보완하고자 한다. 어려운 여건 속에서도 본서의 출간에 전력하여 주신 웅보출판사 임직원 여러분의 노고에 감사를 드린다.

2017년 8월 저 자

차 례

PART 1 송배전계통의 구성

PART 2 전 선 로

PART 3 송전 특성

PART 4 안 정 도

PART 5 전력원선도

PART 6 중성점 접지방식

차 례

PART 7 송전선의 고장계산

PART 8 이상전압

PART 9 변전소

PART 10 배전계통의 구성

PART 11 배전선로의 전기적 특성

PART 12 지중배전선로

PART 13 배전선로의 공법

차 례

PART 14 배전선로의 관리와 보호

PART 15 가공설비

부록

Transmission and Distribution Engineering

PART 1
송배전계통의 구성

PART 1 송배전계통의 구성

1.1 전력계통의 개요

일반적으로 전기를 생산해 수용가에게 공급하는 일련의 설비를 전력계통(Electric Power System)이라고 한다. 이것은 전기사업의 핵심을 이루는 것으로, 그 설비내용은 전력을 생산하는 수력·화력·원자력발전소 등의 발전설비와 여기서 생산된 전력을 수용장소에까지 수송하고 배분하는 송전선, 변전소, 배전선 등의 수송설비 및 수송·배분된 전력을 일반 가정이나 공장에서 소비하기 위한 전용설비 등으로 구성되고 있다. 또 여기에 이들은 유기적으로 결합시키고 효율적으로 관리하는 내용까지 포함된다. [그림 1-1]은 이들의 개요를 나타낸 것이다.

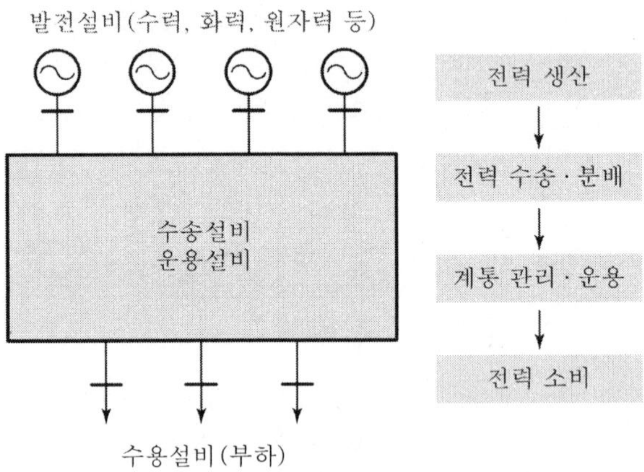

【그림 1-1 전력계통의 구성】

이러한 송배전계통은 전원으로부터 수송설비를 거쳐 부하에 이르기까지 경제성과 신뢰성이라는 측면에서 협조가 잘 이루어져 있어야 한다. 곧 발전소에서 발전한 전력을 가장 경제적이면서도 정전사고 없이 수용가에서 수송·배분하여야 한다는 것이다.

본질적으로는 송전과 배전이라는 구별은 없지만 이 중 전자는 대전력, 고전압, 장거리의 일괄수송을 맡는 것이고, 후자는 소전력, 저전압, 단거리 수송으로 넓게 분산된 수용가에게 전력을 배분한다는 데 중점을 두고 그 기능을 수행하는 것으로 이해하면 될 것이다.
일반적으로는 이들 양자에 관한 학습, 즉 송전공학과 배전공학을 따로 구분하지 않고 한데 묶어서 송배전공학 또는 전력공학이라는 과목으로 취급하는 경우가 많다.

1.2 송배전선로의 구성

수력·화력·원자력발전소에서 발전되는 전력은 발전기가 회전기이며, 발전기의 회전자는 120°로 배치되어 있기 때문에 그 전압은 3상교류로서 6.6~24kV 정도로 낮은 것이 보통이다.
그러나 일반적으로 수전전력은 전압의 제곱에 비례해서 결정되므로 이 정도의 낮은 발전전압을 가지고는 대전력을 먼 지점까지 송전하기가 힘들다.
그러므로 일반적으로는 발전단에 승압변압기(Step-up Transformer)를 설치해서 대전력의 장거리 송전에 적당한 전압, 즉 66~754kV 또는 그 이상의 초고압으로 송전단전압을 승압하여 이것을 송전선로(이것을 1차 송전선로라고 함)를 통해서 수용지 부근의 변전소(1차 변전소라고 함)에 일괄해서 송전하게 된다. 부하에 따라서는 직접 높은 전압으로 수전하는 경우도 있으나, 일반적으로는 이 변전소에서 22~154kV 정도의 전압으로 강압하고 다시 2차 송전선로를 거쳐서 수용지에 가까운 2차 변전소에 보내게 되며, 여기서 다시 11~66kV 정도로 강압하게 된다. 2차 변전소부터는 다시 3차 송전선로에 의해서 수용지역에 있는 배전용 변전소(3차 변전소라고도 함)로 송전되고, 여기서 최종적으로 3.3 또는 6.6kV 정도의 전압으로 낮추어진 후 배전선로라든가 배전용 변압기를 사용해서 수용가에게 직접 공급하게 된다. 이와 같은 일련의 계통을 송배전계통이라고 부른다. 이상의 설명은 어디까지나 일반적인 경우에 대한 것이다.

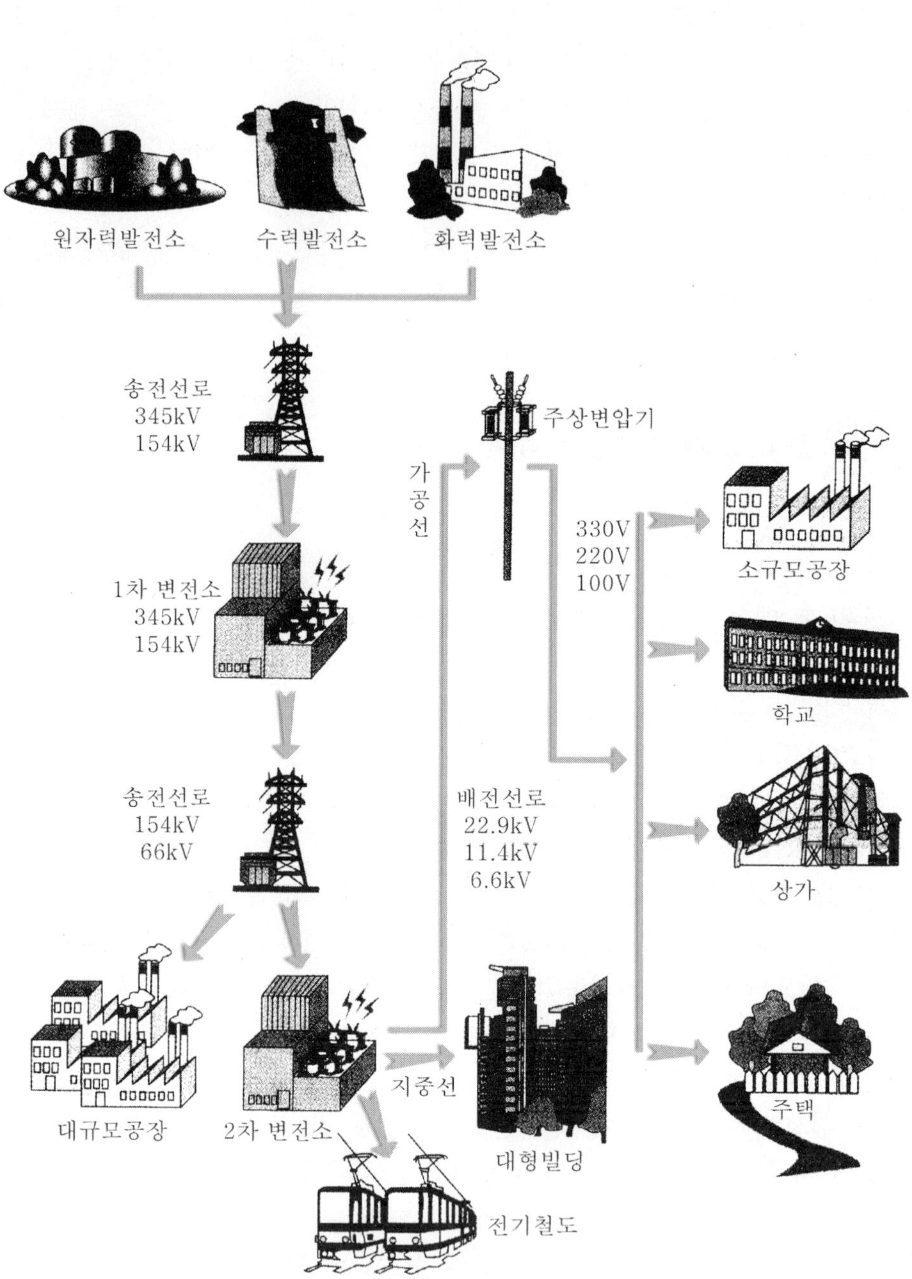

【그림 1-2 송배전계통도의 구성도】

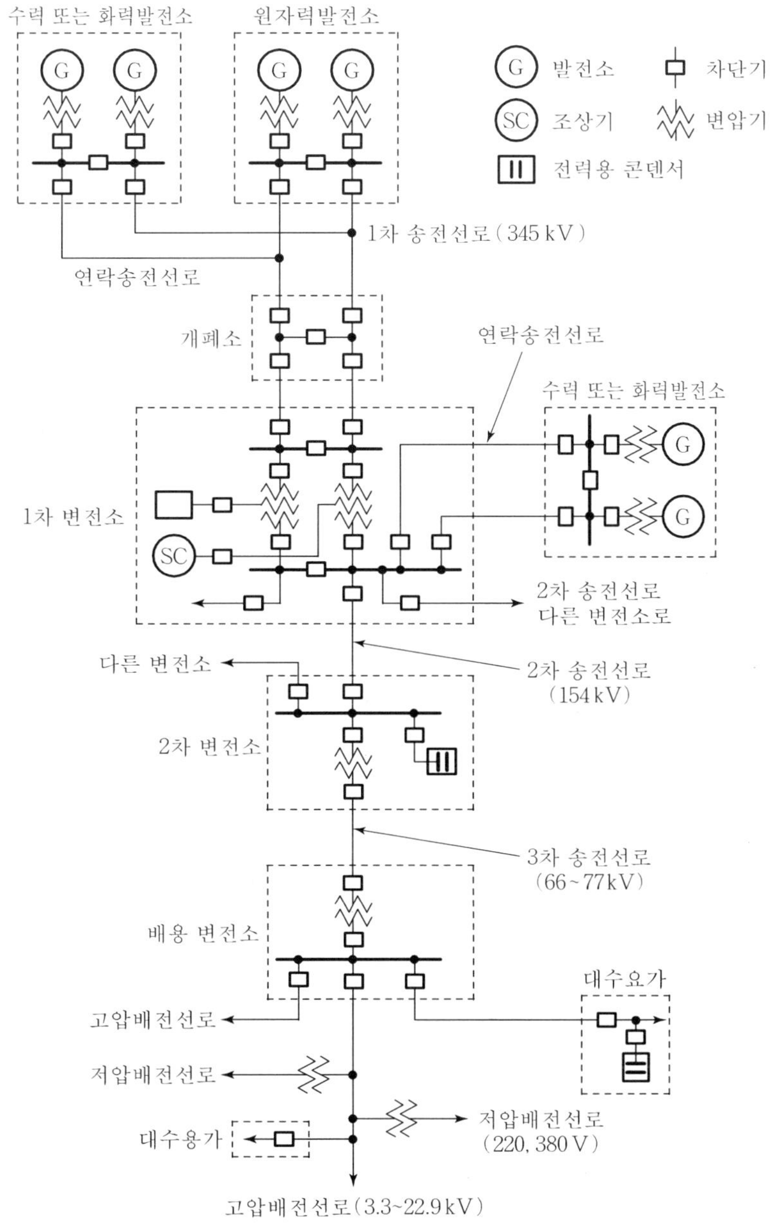

【그림 1-3 송배전계통의 일례】

실제로 발전단에서 송전전압을 몇 kV로 승압하고 이것을 몇 단계에 걸쳐서 강압해 갈 것인가, 또 도중의 중간변전소에서 대수용가에게 몇 kV의 전압으로 직접 배전할 것인가 하는 것은 계통에 따라 각각 다를 수 있다. [그림 1-3]에 이러한 송배전계통의 일례를 나타내었다.
오늘날 송배전계통은 주로 3상3선식(교류)을 많이 채용하고 있기 때문에 이들 송배전선로는 어느 것이나 모두 3상3선식으로 되어 있지만 [그림 1-3]에서는 이것을 생략하고 1선으로 표시하였다. 보통 이와 같은 표현법을 단선결선도(One Line Diagram)라고 한다.

1.3 송전방식

I 직류방식과 교류방식

현재 전력수송은 발전으로부터 배전의 말단에 이르기까지 거의 전부가 교류방식에 의해서 이루어지고 있다. 이것은 한마디로 말해서 교류방식보다 유리한 점이 많기 때문인 것인데 그 내용을 살펴보면 다음과 같다.

1) 교류방식의 장점

(1) 전압의 승압·강압 변경이 용이하다.

전력전송을 합리적·경제적으로 운영해 나가기 위해서는 발전단에서 부하단에 이르는 각 구간에서 전압을 사용하기 편리한 적당한 값으로 변화시켜 줄 필요가 있다. 교류방식은 변압기라는 간단한 기기로 이들 전압의 승압과 강압을 쉽고 효율적으로 실시할 수 있다.

(2) 교류방식으로 회전자계를 쉽게 얻을 수 있다.

교류발전기는 직류발전기보다 구조가 간단하고 효율도 좋으므로 특수한 경우를 제외하고는 모두 교류발전기를 사용하고 있다. 또한 3상교류방식에서는 회전자계를 쉽게 얻을 수 있다는 장점이 있다.

(3) 교류방식으로 일관된 운용을 기할 수 있다.

전등, 전동력을 비롯하여 현재 부하의 대부분은 교류방식으로 되어 있기 때문에 발전에서 배전까지 전과정을 교류방식으로 통일해서 보다 합리적이고 경제적으로 운용할 수 있다.

그러나 대전력의 장거리 수송이나 케이블 송전 등의 경우에는 앞의 장점과는 달리 다음과 같은 이유로 직류방식이 교류방식보다 유리해진다.

2) 직류방식의 장점

(1) 절연계급을 낮출 수 있다.

직류방식은 전압이 같은 실효값의 교류전압 최고값의 $1/\sqrt{2}$이므로 선로의 절연이 그만큼 용이해진다. 따라서 가공선일 경우에는 애자의 개수라든가 전선의 소요량을 줄일 수 있고, 케이블 송전일 경우에는 표피효과나 유전손실 등이 없기 때문에 훨씬 유리해진다.

(2) 송전효율이 좋다.

교류에서는 무효전력이라든가 표피효과 때문에 송전손실이 커지지만, 직류에서는 이런 것이 없고 역률이 항상 1로 되기 때문에 그만큼 송전효율도 좋아진다.

(3) 안정도가 좋다.

직류방식에서는 리액턴스라든지 위상각에 대해서 고려할 필요가 없기 때문에 교류방식에서 고려되어야 할 안정도상의 어려움은 없어진다.

(4) 직류에 의한 계통의 연계는 단락 용량이 증대하지 않기 때문에 교류계통의 차단용량이 작아도 된다.

(5) 비동기 연계가 가능하므로 주파수가 다른 계통 간의 연계가 가능하다.

이상으로 어느 정도 장거리가 되면 직류송전 측이 유리해지는데 그 거리는 가공선로의 경우 500~700km 이상이라고 한다.

직류송전은 1932년부터 여러 나라에서 연구·조사가 시작되었으며 1954년에는 스웨덴 본토와 고틀란드섬까지 100km, 100kV, 20MW의 해저케이블에 의한 직류송전이 세계 최초로 시작되었다.

이어서 1961년에는 영불해협의 ±100kV, 160MW의 직류송전이 운전 개시되어

오늘날 세계적으로는 20여 군데 약 13,000MW의 직류송전설비가 운전중이다. 직류송전의 적용 분야로는

① 장거리 대전력 수송
② 해저케이블 송전
③ 계통 간의 비동기 연계
④ 주파수 변환

등으로 나누어지는데, 우리나라에서는 미래의 초초고압계통 구성과 관련해서 직류송전이 일부 구상된 바도 있으나 아직 확실한 계획에까지는 이르지 못하고 있다. 참고로 일본에서는 세계에서도 드문 특수운전의 예로서 각각 주파수가 다른 동부계통(50사이클)과 중서부계통(60사이클) 간의 주파수 변환을 통한 전력 융통을 위해서 이 직류송전방식(125kV, 37.5MW)을 1970년부터 채택하고 있다.

II 직류송전방식

전기사업의 초기에는 직류발전기로 부근의 수요에 대해 수천 V 이하의 저전압으로 전력을 공급해왔으나, 수요가 증대하고 공급지역이 광범위해짐에 따라 변압기로 전압을 쉽게 변압할 수 있는 교류송전이 유리하게 되어 현재는 거의 모두가 교류송전을 하고 있다. 그러나 최근에 와서는 전원이 원격화되고 대용량화되었기 때문에 장거리, 대용량(수백만 kW)용으로 송전 안정도 문제가 없는 직류송전이 각광을 받기 시작하고 있다.
또 해협 횡단 등 비교적 거리가 긴 해저케이블 송전이라든지 주파수가 서로 다른 지역 간의 계통 연계, 그밖에 점점 증대하는 단락용량 억제대책의 하나로서 직·교류 연계 계통의 필요성이 높아져서 세계 각지에서 직류송전을 채용하는 사례가 늘어나고 있다.

1) 직류송전계통의 구성

직류송전계통은 일반적으로 [그림 1-4]에 나타낸 바와 같이 교류계통 – 직·교류변환소 – 직류송전선 – 직·교류변환소 – 교류계통처럼 구성되고 있다.

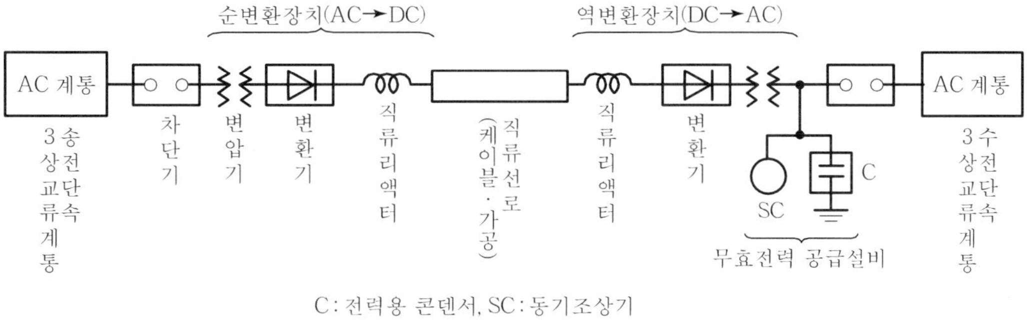

(a) 직류송전계통의 구성

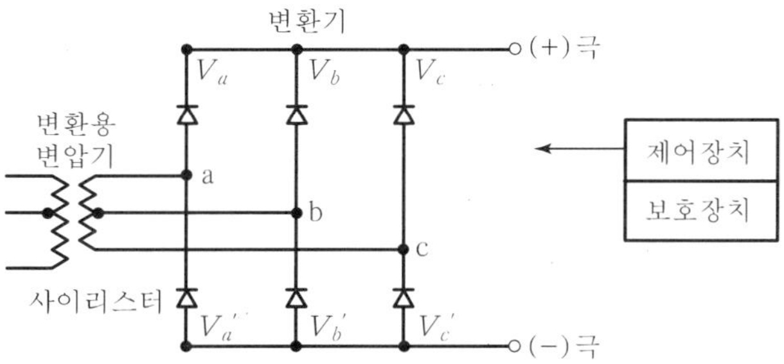

(b) 변환장치의 주회로(3상브리지 결선)

【그림 1-4 직류송전계통의 구성】

송전단 측에서의 순변환소에서는 교류계통의 전력을 변환용 변압기로 변환에 적합한 전압으로 변압하고 변환기로 교류를 직류로 순변환한다. 변압기는 [그림 1-4(b)]에 나타낸 것처럼 **사이리스터 밸브**를 3상브리지 결선해서 구성하고 있다. 변환기를 구성하고 있는 사이리스터 밸브의 기본적인 기능은 각 밸브암의 양극과 음극 간에 순방향의 주회로전압이 인가되어 있는 주기에는 게이트에 점호(点弧)펄스를 인가하면 직시에 통전상태로 만들고, 양극과 음극 간의 전압이 역방향으로 되면 주회로전류를 차단하는 것이다. 점호펄스를 내는 시기를 적절히 제어함으로써 순변환(교류 → 직류), 역변환(직류 → 교류), 사고전류차단 등을 할 수 있다.

변환기에 의해 교류로부터 직류로 변환된 전력은 직류 리액터로 직류전압의 맥동분을 평활하여 직류로 송전하게 된다.

수전단 측의 역변환소에서 다시금 직류 리액터를 통과해서 변환기로 직류를 교류로, 역류를 직류로, 또는 직류를 교류로 변환할 경우 각각 60% 전후의 진상무효전력을 공급해 주어야 하기 때문에 필요에 따라 조상설비(전력용 콘덴서 또는 동기조상기)가 설치된다.

[그림 1-4]처럼 두 지점 간을 연결하는 직류송전계통을 **2단자 직류송전계통**이라고 하는데 현재 운전 중인 직류송전계통은 **다단자 직류송전계통**이라고 한다.

2단자 직류송전계통의 기본적인 구성으로는 [그림 1-5]와 같은 회로방식을 취하고 있다. 변환장치로는 종래까지는 수은정류기가 사용되어 왔었으나 1970년대 초 캐나다에서 고전압 사이리스터 변환장치가 실용화된 이래 직류송전은 모두 이 사이리스터 밸브로 구성·운전하고 있다.

2) 직류송전계통의 송전방식

직류송전으로 전력을 송전을 경우 직류전압의 극수(단극 또는 쌍극) 및 귀로(대지귀로 또는 도체귀로)에 따라 [그림 1-5]와 같은 4가지 송전방식이 사용된다.

(1) 단극 대지(또는 해수) 귀로방식

[그림 1-5 (a)]에서와 같이 가공선 또는 케이블을 왕로로 하고 대지 또는 해수(바닷물)를 귀로로 사용하는 방법으로서 전선로는 한 가닥만 있으면 되므로 건설비가 싸서 경제적이지만, 대지에 매설된 각종 시설물에 대한 전기적 부식문제라든가 해저케이블의 경우에는 자기컴퍼스에 대한 영향 등이 결점이다. 이 방식은 스웨덴의 고틀란드섬 직류송전, 이탈리아의 사르데냐섬 직류송전, 그리고 스웨덴 – 덴마크 간의 콘티스칸 연계 등에 사용되고 있다.

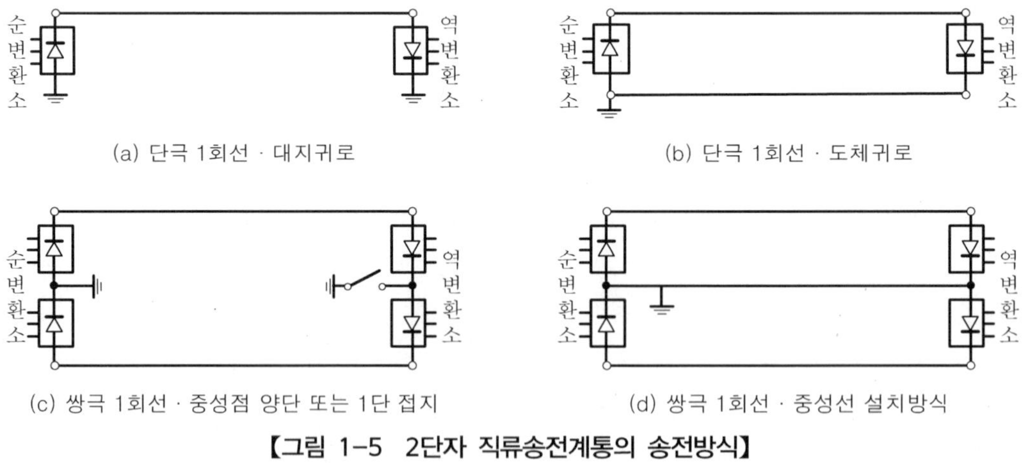

【그림 1-5 2단자 직류송전계통의 송전방식】

(2) 단극 도체귀로방식

[그림 1-5 (b)]에서와 같이 귀로로 도체를 따로 가설하는 방식으로 인구조밀 지역에서는 각종 공작물이 많은 곳에서 직류송전에 의한 전기적 부식의 영향을 방지하기 위해 이 방식을 사용한다. 일본의 북해도-본토를 연계하는 250kV 직류송전계통에서 사용되고 있다.

(3) 쌍극 중성점 양단 또는 1단 접지방식

[그림 1-5 (c)]에서와 같이 [그림 1-5 (a)]의 방식을 2개 겹친 것으로 한쪽 선로에 정전압, 다른 한쪽 선로에 부전압을 인가하고 중성점을 접지한 방식이다. 평상시에는 중성점에 전류가 거의 흐르지 않기 때문에 [그림 1-5 (a)]의 경우와 같은 장해는 없고, 선로 또는 변환장치 한쪽 극의 사고시에도 1/2의 전압으로 운전할 수 있어서 1/2 용량의 전력을 보낼 수 있다는 특징이 있다.

이 방식은 뉴질랜드의 남북섬 연계, 노르웨이-덴마크 간 스카게라크 연계, 캐나다의 넬슨강 등 여러 곳에서 채택되고 있으며 직류송전에서는 가장 일반적인 방식이라고 할 수 있다.

(4) 쌍극 중성선 도체방식

[그림 1-5 (d)]에서와 같이 [그림 1-5 (c)] 방식의 중성점을 도체로 접속한 방식으로서 한쪽 선로에 정전압, 다른 쪽 선로에 부전압을 인가하고 중성선 도체에 대해서는 1점만을 접지한 것이다.

선로 또는 변환장치 한쪽 극의 사고 시에도 대지귀로로 하지 않고 1/2의 전력을 송전할 수 있는 방식으로서 그 실시 예로는 일본의 북해도-본토 연계(최종형태), 캐나다의 벤쿠버섬 연계(최종형태) 등을 들 수 있다.

3) 직류송전의 적용 분야

직류송전이 적용될 분야는 그 특징에 따라 다음의 4가지로 분류된다.

① 대용량 장거리 송전
② 해저케이블을 포함한 직류송전
③ 교류계통간 연계(비동기 연계, 서로 다른 주파수 교류계통 간 연계)
④ 도시 밀집지역의 직류송전(단락용량 대책에 의한 교류계통 간 연계를 포함)

이 중 ④의 직류송전은 최근 문제가 되고 있는 단락용량 억제대책의 하나로서 [그림 1-6]에 보인 것처럼 직류연계에 의한 교류계통의 분할을 꾀하고자 하는 것이다.

단락전류의 대부분은 무효전류로 이루어지는데 직류송전선은 무효전류를 전송하지 않기 때문에 직류연계로 교류계통을 분할해 두면 단락시의 전류를 억제할 수 있다는 원리를 이용하고 있다.

국내·외에서의 직류송전의 실시 예를 보면 현재 60여 개에 달하고 있는데, 이 중 대용량 장거리 송전분야에서의 적용이 80% 정도를 차지하고 있으며 그 다음이 해저케이블을 포함한 직류송전이 수십 %에 이르고 있다.

[표 1-1]은 이들 중 대표적인 실시 예를 간추려서 정리한 것이다.

[표 1-1]에서 보면 우리나라에서도 제주도 전력계통의 공급신뢰도 향상 및 발전원가 절감을 위해 해남과 제주 간에 총 길이 101km 2회선(150MW/회선)의 DC ±180kV의 해저케이블에 의한 직류송전을 1997년 여름부터 운전 중에 있다. 이들의 설비내역을 소개하면 다음과 같다.

(1) 변환장치 2개소

- 전압 : AC 154kV ↔ DC ±180kV
- 형식 : 사이리스터 밸브, 양극(Bipole)
- 연속정격 용량 : 150MW × 2 극
- 제어방식 : 12펄스 광점호

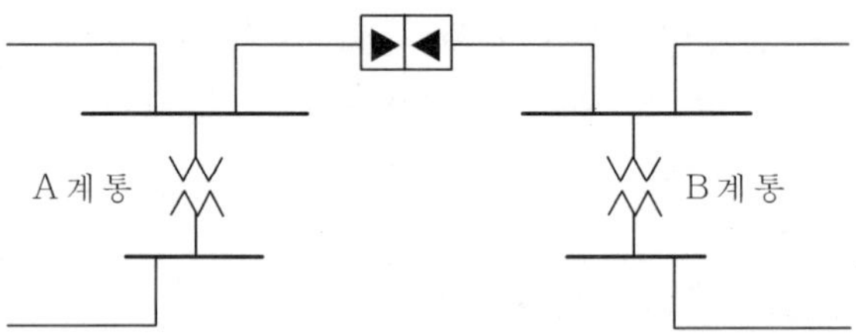

【그림 1-6 직류연계에 의한 교류계의 분할】

【표 1-1 운전 및 계획 중인 직류송전계통】

국 가	계 통 명	송전선로길이 [km]	밸브의 형태	직류전압 [kV]	용 량 [MW]
스웨덴	코틀란드	96	수은 사이리스터	100 → 150	20 → 30
영국-프랑스	영불해협 연계	65	수은	± 100	160
러시아	볼드그라드 - 돈바스	470(가공선)	수은	± 400	720
스웨덴 - 덴마크	콘티 - 스칸	175	수은	± 250	250
일 본	사쿠마 (주파수변환소)	0	수은	2 × 125	300
뉴질랜드	뉴질랜드	609	수은	± 250	600
이탈리아	사르데냐	413	수은	± 200	200
캐나다	벤쿠버	148	수은 사이리스터	± 300	450
미 국	퍼시픽 인터타이	1,362	수은	± 400	1,440
캐나다	넬슨강	895	수은	± 300	1,080
	증설	895	수은	± 450	1,620
남아프리카	카보라바사	1,414	사이리스터	± 533	1,920
노르웨이 - 덴마크	스카게라크	230	〃	± 250	500
	북해도 - 본토	193	〃	± 250	600
일 본	신시나노 (주파수변환소)	0	〃	2 × 125	500
캐나다	넬슨강 I	895	〃	± 500	1,800
〃	넬슨강 II	900	〃	± 500	1,800
미 국	언더우드 미네아폴리스	660	〃	± 400	1,000
캐나다	걸 - 아일랜드	770/1,060	〃	± 400	1,600
러시아	엑스버스 센터	2,400	〃	± 750	6,000
영국 - 프랑스	영 - 불 연계 II	66	〃	2 × ± 270	2,000
미 국	태평양 연안 남북 연계 II, III	1,700	〃	± 500	3,400
브라질	이타입	783/804	〃	2 × ± 600	6,300
미 국	인터마운틴	800	〃	± 500	7,200
한 국	해남 - 제주	101	〃	± 180	2 × 150

(2) HVDC 케이블

- 긍장 : 101km × 2(해저구간 96km × 2)
- 종류 : 솔리드 케이블

예제 1-1

전압의 첨두값이 같은 교류송전선로와 직류송전선로가 있다. 지금 이 두 선로에서 같은 전력을 보내고 있다고 할 경우 교류선로에서의 선로손실은 직류선로의 그것에 비해 어떻게 되겠는가?

풀이 교류전력 P_{ac}는 상전압이 V_a이고 선로전류가 I_L이라면

$$P_{ac} = 3V_a I_L$$

한편, 직류전류 P_{dc}는

$$P_{dc} = 2V_d I_d$$

제의에 따라 $P_{ac} = P_{dc}$이므로

$$3V_a I_L = 2V_d I_d$$

교류송전에서 보통 우리가 사용하는 V의 값은 첨두값 $V_{ac}^{\max}$에 대한 실효값,

즉 $V = \frac{1}{\sqrt{2}} V_{ac}^{\max}$이다. 따라서

$$3 \cdot \frac{V_{ac}^{\max}}{\sqrt{2}} \cdot I_L = 2V_{dc}^{\max} \cdot I_d$$

제의에 따라 $V_{ac}^{\max} = V_{ad}^{\max}$ 이므로

$$I_d = \frac{3}{2\sqrt{2}} I_L = 1.06 I_L$$

선로손실은 교류송전에서는 3선이 필요하고 직류송전에서는 2선이 필요하므로

$$P_{Lac} = 3I_{R_L L}^2$$

$$P_{Ldc} = 3I_{R_L d}^2$$

따라서

$$\frac{P_{Lac}}{P_{Ldc}} = \frac{3}{2}\left(\frac{1}{1.06}\right)^2 = 1.33$$

로서 교류송전의 경우 선로손실은 직류송전 시의 선로손실에 비해 1.33배로 됨을 알 수 있다.

4) 직류송전방식을 이용한 남북한 전력교류

(1) 개요

직류송전(HVDC)방식의 단점을 보완하고 우리나라의 현실에 맞추어 남북한 전력계통의 연계를 연구 중에 있다.

단순한 HVDC 방식에 의한 송전은 양 계통 간 고장파급차단 등의 장점은 있으나 남북한 간의 경우 송전거리가 단거리(수백 km)이므로 송전거리에 따른 경제성 등 HVDC 송전방식의 장점을 충분히 기대할 수 없을 것으로 판단된다. 현재 북한의 불안정한 전력계통 상황과, 향후 북한의 신포원전 2기 건설 등을 종합적으로 고려해 볼 때, 남북한의 안정적 전력교류를 위해 캐나다－미국 간의 계통 연계방식인 Back-to-Back 변환설비(교류송전의 장점과 직류송전의 장점을 혼합한 계통 구성)를 채택하는 것을 검토중에 있다.

① 1단계 : 북한의 전력계통 안정화 이전

- 북한의 전력계통이 신포원전을 병입운전할 수 있도록 충분히 안정되기 이전까지는 신포원전을 남한의 전력계통에 병입하여 운전하되, 신포원전의 발전전력을 Back-to-Back 변환설비를 통하여 북한의 전력계통에 공급
- 남한 전력계통의 잉여전력을 Back-to-Back 변환설비를 통하여 북한의 전력계통에 공급 또는 북한의 잉여전력을 남한의 전력계통에 공급

② 단계 : 북한의 전력계통 안정화 이후

- 북한의 전력계통이 신포원전을 병입운전할 수 있을 만큼 충분히 안정되면 신포원전을 남한의 전력계통에서 분리하고 북한의 전력계통에 병입하여 운전
- Back-to-Back 변환설비는 남북한 간 안정적 전력교류에 계속 활용

(2) 계통 구성

Back-to-Back 변환설비를 통한 남북한의 전력계통 구성을 살펴보면 [그림 1-7]과 같다.

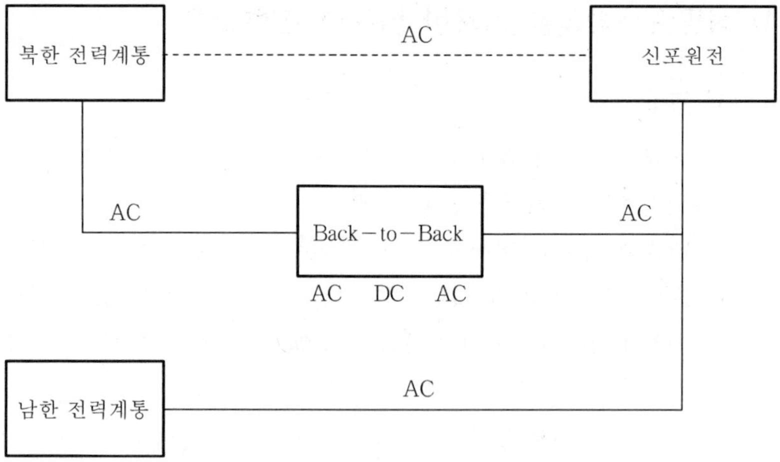

【그림 1-7 남북한의 전력계통의 구성】

Ⅲ 무선송전방식

무선송전(Wireless Power Transmission)방식이란 전선 없이 전력을 공급하는 방식으로 전력에너지를 무선송전에 유리한 마이크로파(Microwave)로 변환시켜 에너지를 전달하는 새로운 개념의 전력전송시스템이다. 미래의 대체에너지 확보기술로서 대용량 무선에너지 전송에 효율적으로 응용될 수 있으며, 미국, 일본 등 선진국 중심으로 이미 미래의 대체에너지 확보를 위한 연구·개발이 되고 있는 실정이다.

무선전력전송의 원리는 니콜라 테슬라(Nichola Tesla)에 의해 처음 개발된 뒤 1959년 미국에서 처음으로 마이크로파를 이용해 일정한 지점 사이의 자유공간에서 전력을 전송하는 실험을 한 후, 마이크로파에 의해 무선으로 구동전력을 공급받는 무인헬리콥터에의 응용실험과 지상 1.5km 지점에 10개의 가정에서 쓸 수 있는 전력용량인 약 30kW 정도의 전력을 송전할 수 있는 시험이 성공적으로 이루어졌다. 그 뒤 한동안 묻혀 있던 이 기술은 최근 들어 프랑스의 전력공사, 미국의 알코파워 전력회사, 일본의 간사이 전력회사 등을 중심으로 활발하게 연구가 추진되고 있다.

1) 무선송전의 원리

무선송전의 원리는 라디오나 무선전화에 쓰이고 있는 하인리히 헤르츠(Heinrich Hertz)에 의해 규명된 전파전송의 원리와 거의 유사하다. 약간 깊이를 두자면 보통의 통신이 반송파 신호에 신호를 얹어서 보내는 것이라면 무선송전은 반송

파만을 보내는 것이다.

전기적 에너지는 진폭과 주파수를 가지고 있는데, 주파수가 높을수록 자유공간 사이에 무선으로 전송할 수 있는 전파(Radio Frequency)의 성질을 갖는다. 주파수가 높으면 전기적 에너지의 진동길이, 즉 파장이 짧기 때문에 빛과 같이 전파가 직진성을 가지게 되어 한 곳으로 전기적 에너지를 보낼 수가 있다.

무선송전방식은 전지의 직류나 60Hz 교류상태의 전기에너지를 직진성을 갖는 파장이 짧은 마이크로파의 전파로 변환해서 보내면 받는 쪽에서 다시 전파를 원래의 전기적 성질인 직류나 교류로 변환하는 방법이다.

2) 사용주파수

일반적으로 전자파의 공간전송 특성은 주파수에 비례하여 손실이 커지며, 지구반사에 의한 대기(大氣)잡음에 의한 손실도 존재하므로 가장 안정적인 주파수대의 선정이 우선적으로 고려될 사항이다. 대기상태에서 전자파의 공간전송 특성 중 가장 손실이 심한 주파수대는 10~300MHz와 20~60GHz 주위이므로 무선송전에 사용되는 RF(Radio Frequency) 주파수는 1~10GHz의 저잡음 주파수대인 2.45GHz를 사용하고 있다.

일정한 지점 간의 공간에너지 전송을 위해 마이크로파를 사용하는 이유는 송·수전회로 구성소자의 크기를 줄일 수 있고, 직진성이 우수하여 RF 에너지 전달이 우수하기 때문이다. 그러나 높은 주파수 특성에 의한 많은 감쇠와 잡음레벨을 감수해야만 한다. 또한 2.45GHz 고조파에 의한 다른 통신 및 고주파 응용기기에의 영향을 방지하기 위해 재방사를 억제하기 위한 필터회로를 필요로 한다.

3) 무선송전방식의 구성요소

송전 측에서는 직류를 마이크로파로 변환시켜주는 마그네트론이나 클라이트론 등 고출력 마이크로파 발진기가 사용되며, 이러한 마이크로파를 통해 한쪽 방향으로만 전파에너지 빔(Power Beam)을 모아주는 위성용 접시안테나와 같은 빔 안테나(Beam Antenna)를 통해 공간으로 전송한다. 수전 측에서는 수신안테나에 마이크로파를 다시 직류전원성분으로 변환시켜주는 정류용 반도체 다이오드(Rectifier)를 연결시켜 필요한 전력을 끌어내게 된다. 수전 측의 안테나는 정류용 다이오드를 합성시켰다고 해서 렉테나(Rectenna)라고 불린다.

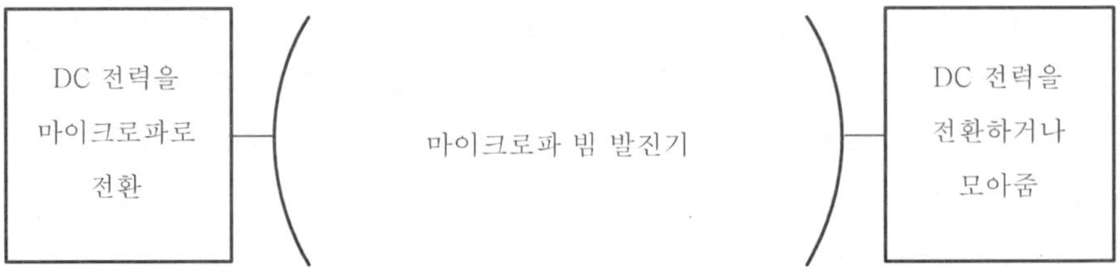

【그림 1-8 무선송전시스템의 구성도】

4) 무선송전의 응용 분야

(1) 원격지 무선전력전송

낙도(落島), 무인등대(無人燈臺) 등에 엄청난 비용을 들여 전주 및 철탑을 세우고 애자를 통해 전선을 가설하거나 케이블을 시설하는 등의 번거로움이 일시에 사라진다.

(2) 항공기의 동력원

항공기가 지금처럼 무거운 연료를 싣고 다닐 필요 없이 곳곳에 설치된 송전시설에서 전기를 공급받아 아주 먼 거리라도 연료 걱정 없이 비행할 수 있다.

(3) 무인비행체, 저궤도 위성의 전력전송

통신, 방송중계, 교통, 방범, 방재, 환경감시 등의 임무를 수행하기 위해 지상 20km 상공에 띄우는 비행체의 전력공급에도 활용될 전망이다. 이 같은 비행선은 전력공급문제만 해결된다면 전세계적으로 추진되고 있는 저궤도 위성통신보다 10여 배나 경제성이 높은데다 이동통신에 필요한 기지국의 수도 획기적으로 줄일 수 있다. 이미 미국의 스카이샛 커뮤니케이션사(社)는 20km 상공에 37m 길이의 무선전력 수전용 날개판을 단 무인비행선을 띄워 6개월간 자유비행에 성공한 바 있다. 이밖에도 저궤도 위성의 수명을 연장할 수 있다.

(4) 우주 태양광발전의 전력전송

지구에 무한히 쏟아지는 태양에너지는 1시간 동안의 양이 인류의 연간 에너지사용량의 2배에 달할 정도로 방대하지만 기후조건이나 밤낮의 상태에 따라서 상시적인 태양광발전이 힘들기 때문에 이러한 영향이 적은 우주공간에서의 발전을 추구하게 되었다.

우주에 지금의 위성보다 큰 개념인 정지형 태양광 발전위성(Solar-Powered Satellite)을 띄우고 태양광발전 전력을 무선으로 지상에 전송하게 되면 지금의 화석연료로 발전하는 화력발전이나 핵폐기물 문제가 남아 있는 원자력발전을 대체하는 미래의 에너지가 될 것으로 각광 받고 있다.

우리 지구상의 주요 에너지인 석유나 석탄 같은 화석연료는 2030년대에 이르면 부존량이 모자라거나 채굴하는 데 경제적 비용의 부담이 커지게 되며, 화석연료에 의한 지구 온난화 방지와 지구 재생계획의 일환으로 검토되고 있는 대체에너지 중의 하나가 우주 태양광발전(Space Power System)이다.

미국에서는 2040년까지 우주공간에 태양발전소를 설치하고 여기서 발전한 전기를 지구로 송전해 점차 원자력발전소를 대체한다는 계획을 세우고 있다. 무한한 에너지자원인 태양광을 우주공간에서 전기에너지로 바꾼 다음 지구 30,000km 상공에 가로 6km, 세로 2km 크기의 거대한 태양전지판을 설치해 전기를 발생시킨 후, 이 전기를 마이크로파로 변환해서 지름 1km 안테나를 통해 지구로 전송한다는 계획이다. 지구에서는 지름 10km의 수전용 정류안테나(렉테나)로 이 전자파를 받아 전기에너지로 전환하면 원자력발전소 규모의 1GW급 상용 전기에너지가 발생한다. 우주 태양광발전은 건설비가 약 20조 4천억 원 정도가 들어가 지금의 원자력발전소보다 3~4배 정도 비싸지만 발전비는 kW당 230원 꼴로 경제성이 충분할 것으로 전망된다. 그러나 우주 태양광발전은 전자파가 안전기준 1mW/cm^2 이상으로 발생할 우려가 있어 육지에서 멀리 떨어진 해상에 수전용 정류안테나를 설계하는 방안이 유력시되고 있다.

일본도 2010년까지 SPS2000 프로젝트로 300kW급의 상용화 프로젝트를 추진 중에 있으며, 이외에도 유럽연합 등에서도 연구·개발 중에 있다.

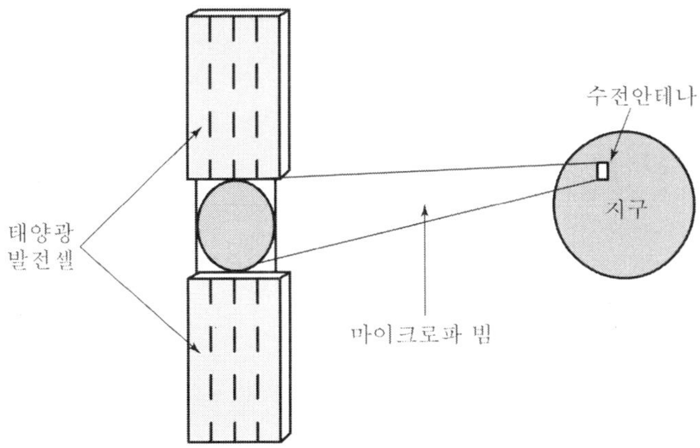

【그림 1-9 태양광발전의 구성도】

IV 전력저장 전지시스템

1) 전력저장장치의 필요성

산업경제 발전 및 생활수준 향상에 따라 전력수요가 매년 증가하고 있는 가운데 특히 주간대 전력수요가 크게 증가하여 부하율이 점차 하락하고 있는 실정이며, 대용량 원자력발전 및 화력발전 등 기저전원의 비율이 높아지고 있어 부하평준화를 위한 전력저장장치의 필요성이 점차 커지고 있다. 현재까지 실용화되고 있는 전력저장기술로서는 양수발전소가 있으나 건설공기, 입지조건, 환경 등의 측면에서 많은 제약이 있어 전력수요지 근처에 단기간 내에 설치 가능하고 소음·공해 등 환경 특성이 우수한 전력저장장치의 개발이 요구되고 있다.

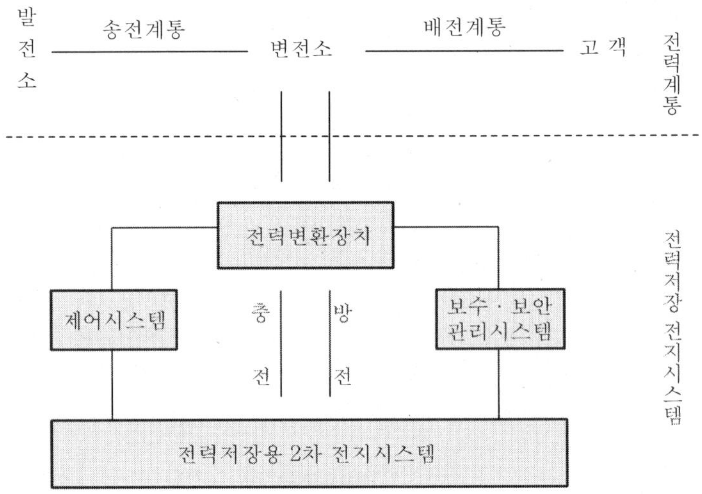

【그림 1-10 전력저장 전지시스템의 개요】

2) 전력저장 전지시스템의 개요

전력저장 전지시스템(BESS : Battery Energy Storage System)은 2차 전지에 전기에너지를 화학에너지로 저장하였다가 필요시에 전기에너지로 역변환시켜 사용하는 장치로 [그림 1-10]과 같이 구성된다.

3) 전력저장 전지시스템의 특징

• 기동정지 및 부하추종 등의 운전특성 우수

- 높은 에너지 밀도로 저장효율이 비교적 우수
- 진동, 소음이 작아 환경에 끼치는 영향이 거의 없음
- 입지제약이 거의 없어 수요지 근방에 설치 가능하며, 모듈구조로 분산배치가 가능
- 자원적인 문제에 있어서 공급이 무난
- 모듈구조로 양산이 가능하여 건설기간이 짧고 비용절감 가능성이 높음
- 적용범위가 광범위하여 가까운 시기에 실현 가능성이 높음

4) 연구개발 현황

(1) 국외

- 1976년부터 미국에서 연구 시작
- 실증 시험연구를 하고 있는 나라 : 미국, 일본, 독일, 오스트레일리아 등
- 실계통 운전 중으로 최대용량 : 미국의 CHINO 변전소에 설치·운용 중인 40 MWH 시스템

(2) 국내

- 1988년부터 과기처 지원 아래 국책연구사업으로 한국전기연구소, 동력자원연구소에서 200kW급 전지전력 저장시스템 구축 및 시뮬레이터 개발연구 진행 중
- 1989. 4~1991. 6까지 한전이 주관기관이 되어 한국전기연구소, 세방전지, 이화전기, 광명전기 등이 참여하여 20kW급 전력저장 전지시스템 기술개발 연구

5) 구축비용

전력저장 전지시스템 구축과 관련하여 국가별 비용을 살펴보면 [표 1-2]와 같다.

【표 1-2 전력저장 전지시스템의 구축비용】

국 가	용 량	설치장소	형 식	개발비/kW	장래목표
한 국	20kW	한국전기연구소	개량형 연축전지 BESS	640만 원	90~120만 원 (2000년)
미 국	10MW 4h	CHINO S/S	개량형 연축전지 BESS	1,356달러	600~800달러
일 본	1MW 4h	관서전력 Tatsumi S/S	개량형 연축전지 BESS	127만 엔	13만 엔 (1995년)
			신형전지 BESS	170~200만 엔 (1988년)	21~26만 엔 (2000년)

6) 설치장소 및 적정용량

전력저장 전지시스템은 1차 변전소, 배전용 변전소, 배전선로, 특고압고객 등에 설치·운전될 수 있으며, 설치장소에 따라 목표나 요구되는 성능이 달라지게 된다.

전력회사의 입장에서 부하관리용 전력저장 전지시스템에 초점을 맞추고 현재의 개발수준이나 국내여건을 고려해 보면 먼저 배전용 변전소에 설치·운전될 것으로 예상된다. 우선 경인 및 부산지역의 배전용 변전소에 약 100여 개(M.Tr 수)의 설치가 필요하고, 용량은 주변압기 용량의 10~20%로서 5~10MW 규모가 적정용량으로 평가된다.

7) 결론

전력저장 전지시스템은 연료전지발전, 태양력발전, 풍력발전 등의 분산형 전원이나 초전도, 압축공기, 플라이휠 등의 전력저장장치들에 비해 전력수요지 근처에 단기간 내에 설치가능하고 소음·공해 등 환경 특성이 우수하며, 비교적 가까운 시일 내에 실현 가능성이 높은 전력저장장치이다.

또한 BESS는 특성상 무효전력운전이 가능하므로 무효전력 보상설비의 대체효과를 가지며 비상전원으로서의 공급신뢰도를 향상시킬 수 있다. 다만 전력변환장치를 가진 직류전원에 대한 전력계통 연계기술이 한국에서는 아직 확립되어 있지 않아 시험 및 연구가 필요하다.

BESS는 일차적으로 중·소규모 저장설비로서 수요지에 위치한 배전용 변전소에 도입이 기대되는데, 공해와 소음이 거의 없는 우수한 환경측면을 고려하면 국민복지에 크게 기여할 수 있는 시스템이 되리라 예상된다.

V 제주 – 해남 간 HVDC의 개요

1) 신강진전력소 해남변환소의 HVDC 설비현황

(1) **구간** : 전남 해남 – 제주도 제주시 북제주화력 구내

(2) **연계방법** : 직류 쌍극 해수귀로방식

(3) **전압 및 용량** : DC±180 kV, 150 MW × 2극

(4) **송전선로** : 해남측 – 154 kV ACSR 410mm^2 × 4회선
제주측 – 154 kV ACSR 410mm^2 × 4회선

(5) **케이블** : 800mm^2 솔리드 케이블 101km(해저 – 96km, 육지 – 5km) × 2회선

(6) **전극선로** : 해남측 – ACSR/AW 410mm^2 × 2회선 16km
제주측 – ACSR/AW 410mm^2 × 2회선 12km

(7) **광케이블** : 12코어 101km × 2회선(케이블과 병행)

(8) **전극소** : 해남, 제주 1식
방파제로 보호된 풀(Pool) 내에 전극봉 20개씩 설치

(9) **변환설비**

【표 1-3 해남 – 제주 간 변환설비내역】

설 비 명	해 남 측	제 주 측
사이리스터 밸브	12개 × 2극	12개 × 2극
변환용 변압기	154(Y)/79.2(Y)/79.2 kV(△) 188.2MVA × 3대 (예비 1대 포함)	154(Y)/79.2(Y)/79.2 kV(△) 188.2MVA × 2대
고조파 필터	DTF 27.5MVA × 2대 HPF 27.5MVA × 2대	DTF 27.5MVA × 2대 HPF 27.5MVA × 2대
조상설비	SC 27.5MVA × 2대	SHR 27.5MVA × 1대 13.75MVA × 2대

(10) 해남변환소 단선결선도

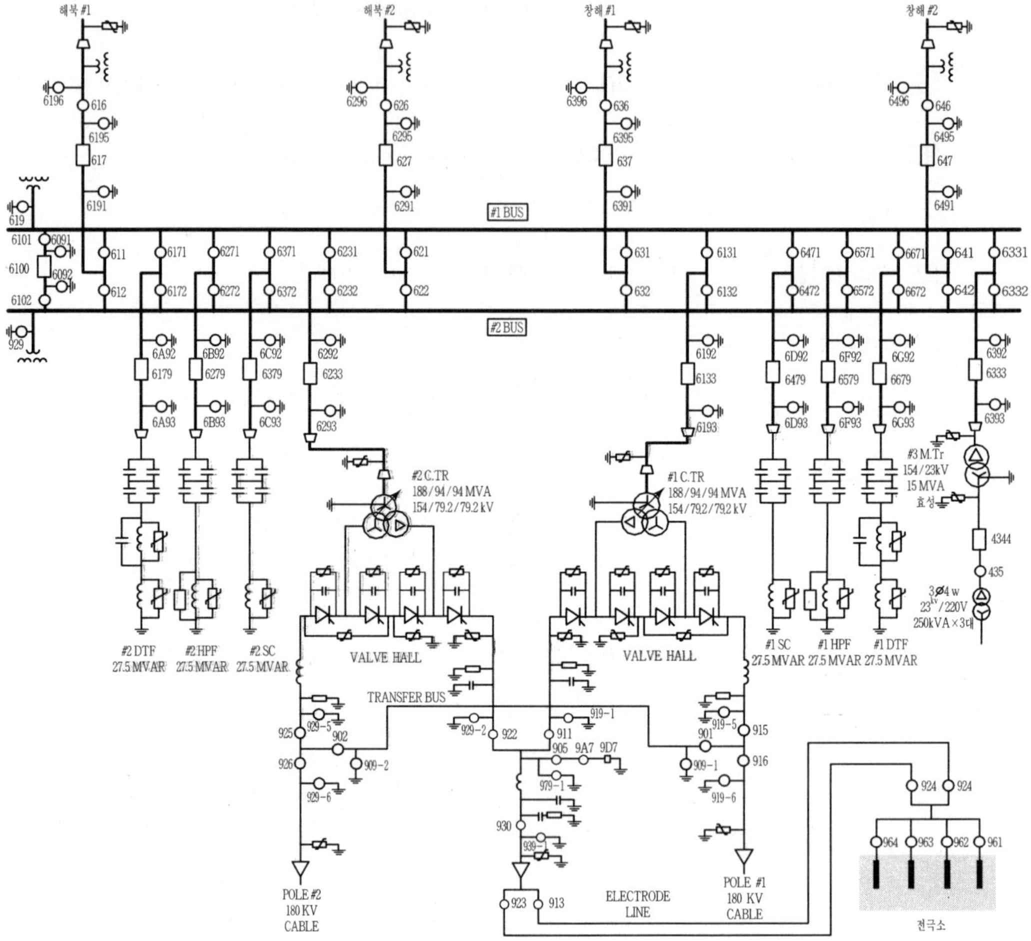

【그림 1-11 해남변환소 단선결선도】

(11) 제주변환소 단선결선도

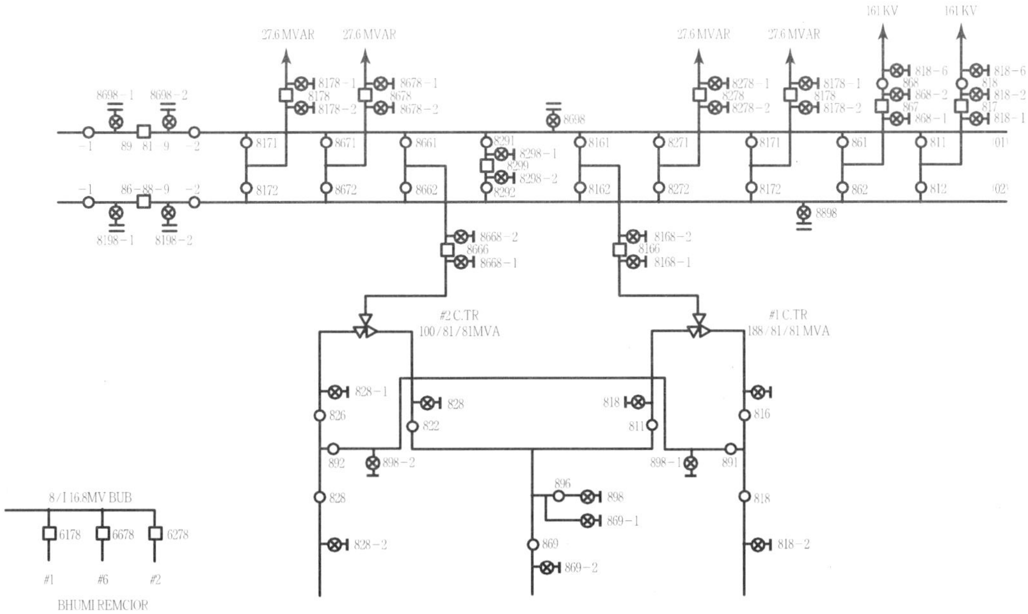

【그림 1-12 제주변환소 단선결선도】

2) HVDC의 개요

해남 – 제주 간 HVDC 시스템은 육지와 제주도 간 AC 전력망을 연결하는 직류 양극(Bipole) 해저연계계통이다. 직류연계방식은 해남 측 154kV AC(교류) 전력을 DC 180kV로 정류하고, 이 DC(직류) 전력을 제주 측 154kV AC 계통으로 역변환함으로써 전력을 전송하는데 2회선으로 회선당 150MW의 전력을 양방향으로 전송하는 것이 가능하다. 운전방식은 단극(Monopole) 및 양극(Bipole) 운전이 가능하며, 제어방식으로는 주파수 제어, 전력제어, 전류제어방식이 있다.

직·교류 변환과정은 154kV(Y)/79.2kV(Y)/79.2kV(Δ) 3권선 변압기를 통해 사이리스터(Thyristor)에서 12 펄스방식으로 DC 180kV로 정류한다. 정류된 DC는 직렬 리액터를 거쳐 맥동(Ripple)이 제거된다. 154kV AC 모선에 병렬로 필터를 연결하여 변환과정에서 발생되는 고조파를 제거한다. 무효전력 보상을 위해 AC 모선에 병렬로 해남 측은 커패시터를 연결하고, 제주 측은 리액터를 연결한다.

DC 전류는 $800mm^2$ 솔리드 케이블 2회선으로 육상구간 5km, 해저구간 96km로 양 변환소 간에 연결되어 있다. 해수귀로방식으로 전극소를 각 변환소에서 이격설치하여 해수를 통한 전류의 귀로를 형성한다.

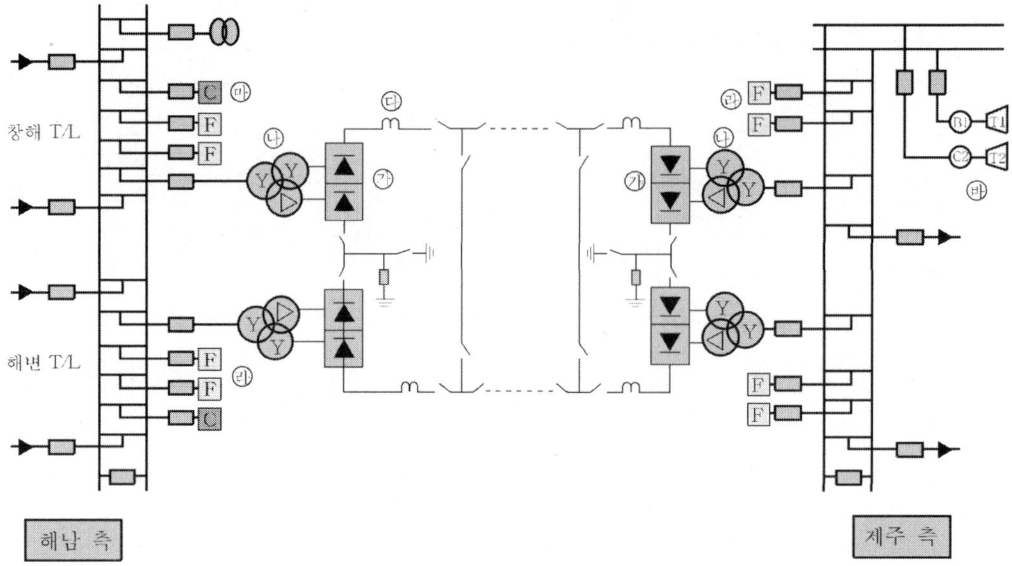

㉮	㉯	㉰	㉱	㉲	㉳
사이리스터 밸브	변환용 변압기	직류 리액터	고조파 필터	조상설비	동기조상기
직·교류 상호 변환	교류계통의 전압변환	전환실패 시나 Cable 충전	순·역변환 시 발생하는 고조파 흡수	순변환 시 필요한 무효전력 공급(해남 측)	역변환시 필요한 무효전력 제어
해남 측(순변환)					
제주 측(역변환)	직·교류 계통 분리	전류 방전 시 Valve 보호		역률 개선	계통의 단락용량 증대

【그림 1-13 직·교류 변환과정】

3) 변환용 변압기

변환용 변압기는 직·교류 변환과정의 핵심부분으로 사이리스터 정류전류를 제한하는 역할도 하고 있다. 변압기는 $3\phi3W$ 방식으로 154kV(Y)/79.2kV(Y)/79.2 kV(△) 3권선으로 되어 있다. 각 변환소에는 1, 2극(Pole)당 1대씩 설치되어 있으며 용량은 188.2MVA/94.1MVA/94.1MVA이다.

변압기는 컨버터 건물에 인접해 설치되어 있으며, 권선부싱은 밸브 홀을 관통하여 사이리스터 밸브에 직접 연결되어 있고, 21TAP의 OLTC로써 전압을 조정하며 냉각방식은 OFAF(Oil Forced Air Forced)를 사용한다.

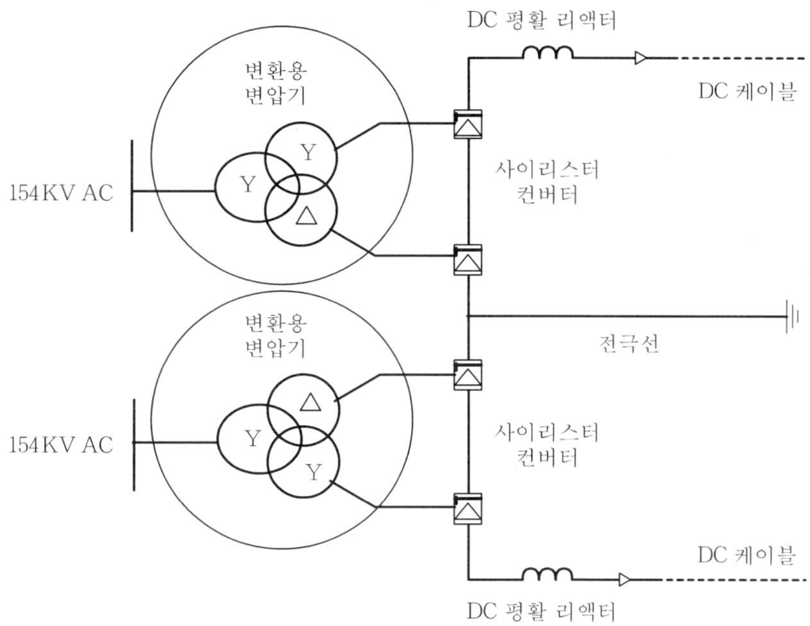

【그림 1-14 직·교류 변환과정】

【그림 1-15 변환용 변압기】

4) 사이리스터 밸브

변환설비의 핵심으로 교류를 직류로, 직류를 교류로 변환시킨다. 12펄스 정류방식을 채택하여 교류 154/79.2-79.2kV(Y/Y-△)를 직류 180kV로 변환하여 제주 측으로 전력을 공급한다. 각 전극(Pole)의 사이리스터 컨버터는 쿼드리 밸브(Quadri Valve)라고 불리는 3층 높이인 8개의 타이어 스택(Tier Stack)으로 구성되어 있다. 각 쿼드리 밸브는 직렬로 접속된 4개의 밸브를 구성하는 16개의 타이어를 포함한다. 1개의 밸브는 사이리스터 레벨로 연결된 동일한 4개의 타이어가 직렬로 구성되어 있다.

(1) 사이리스터

밸브의 주스위치 기능을 하며 직·교류변환을 하는 핵심 부분으로 고순도 실리콘 디스크(P-N-P-N형)를 사용한다. 순방향 내전압은 5.2kV, 역방향 내전압은 6kV, 도통시 평균전류는 3.6kA로 지름 100mm의 대전력용 실리콘을 사용해 순방향 전압강하가 적다.

(2) BOD

순방향 과전압이 사이리스터에 흐르는 것을 방지하고 게이트 유닛전자(Gate Unit Electronics)의 기능이 상실되었을 경우 사이리스터에 게이트 펄스(Gate Pulse)를 주어 사이리스터를 보호한다.

(3) 밸브의 구성

- **1쌍대역(Banded Pair)** : 사이리스터 2개를 직렬로 연결(사이리스터 수 : 2개)
- **1타이어** : 6개의 쌍대역으로 구성(사이리스터 수 : 12개)
- **1밸브** : 2단의 타이어가 양쪽으로 연결(4개의 타이어) (사이리스터 수 : 해남 – 46개, 제주 – 48개)
- **1쿼드리 밸브** : 4그룹의 밸브가 직렬로 연결(사이리스터 수 : 해남 – 184개, 제주 – 192개)
- **1극** : 3개의 쿼드리 밸브가 1극의 입·출력 밸브를 구성
- **극당 정격용량** : 150MW(사이리스터 수 : 해남 – 552개, 제주 – 576개)
- **변환소 전체 사이리스터 수** : 해남 – 1,104개, 제주 – 1,152개(제주의 사이리스터 수가 해남보다 많은 이유는 제주 측의 AC 계통이 취약하기 때문)

5) AC 고조파 필터

컨버터 운전으로 인해 발생된 고조파는 다음과 같은 현상을 일으킨다.

① 전파 방해
② 연계되어 있는 기계나 커패시터의 과열
③ 공진으로 인한 과전압
④ 점호펄스 발생의 조정에 관련되는 컨버터 제어의 불안정
⑤ 부하조정에 이용되는 맥류 조정시스템 방해

필터는 이러한 고조파를 AC 시스템에서 감소되도록 하기 위해 사용되며 컨버터 운전 중 흡수되는 무효전력을 보상하기 위해 무효전력을 공급하기도 한다. 각 변환소는 154kV 모선에 병렬로 연결된 4조의 필터를 사용한다.
필터 뱅크는 154kV 모선의 무효전력을 조정하고 고조파를 제거하기 위해 주제어기(Master Control)의 자동 무효전력/전압 제어기(Var/Volt Controller) 또는 컨트롤 데스크(Control Desk)에서 수동으로 제어된다. 운전 중에는 항상 1개의 이중동조필터(DTF : Double Tuned Filter)와 1개의 고역통과필터(HDF : High Pass Filter)가 가압되어 있다. 양극(Bipole) 운전에서는 전력량에 따라 나머지 2개의 고조파 필터가 가압되고, 단극(Monopole) 운전에서는 세 번째 필터가 투입된다.

【그림 1-16 사이리스터 설치 사진】

(1) 이중동조필터(DTF)

154kV 모선에 2개의 필터(27.5MVAR × 2)가 병렬로 연결되어 있는데, 이것은 11, 13고조파를 제거하기 위해 사용된다.

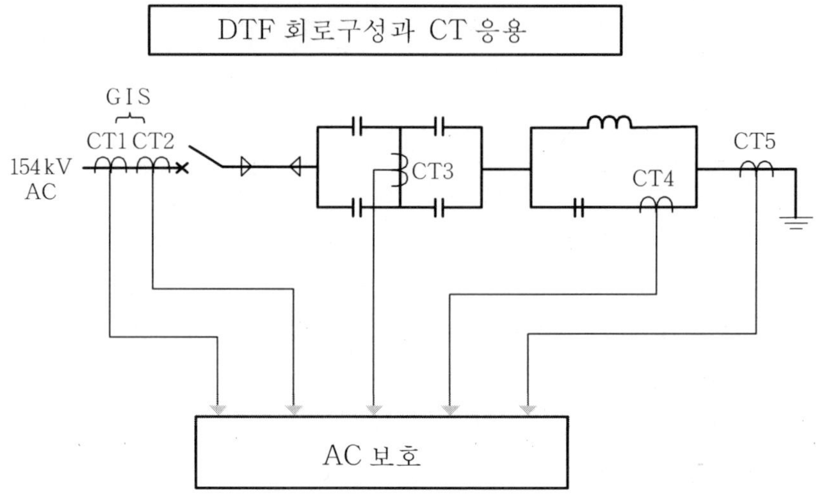

【그림 1-17 DTF 회로】

【그림 1-18 DTF 시설 사진】

(2) 고역통과필터(HPF)

154kV 모선에 2개의 필터(27.5 MVAR × 2)가 병렬로 연결되어 있는데, 이것은 23, 25고조파를 제거하기 위해 사용된다.

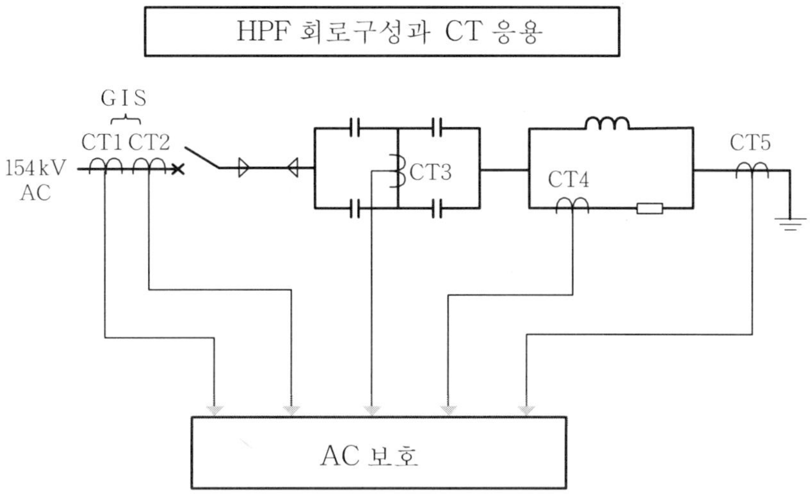

【그림 1-19 HPF 회로】

【그림 1-20 HPF 설치 사진】

6) 분로 커패시터

해남변환소에만 설치되어 있으며, 154kV 모선에 연결된 2개의 분로 커패시터(27.5MVAR × 2)가 있다. 이들 커패시터 중 어느 것이든지 1, 2전극에 모두 관련되어 있다.

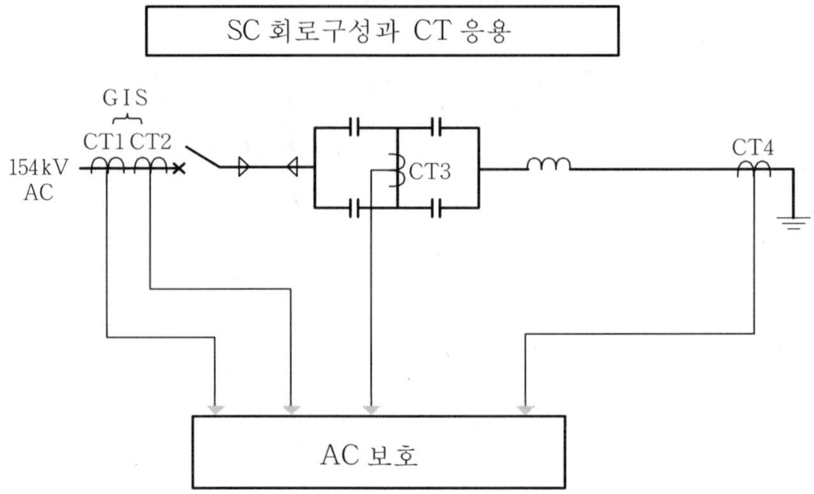

【그림 1-21 분로 커패시터】

【그림 1-22 분로 커패시터 시설 사진】

분로 커패시터는 154kV 모선의 무효전력을 제한하기 위해 사용되며, 주제어기의 자동 무효전력/전압(Var/Volt) 제어기 또는 컨트롤 데스크에서 수동으로 제어된다.

7) 분로 리액터

제주변환소에만 설치되어 있으며, 동기조상기와 병렬로 13.5kV 모선에 연결되어 (13.75MVAR × 2, 27.5MVAR × 1)있다. 이것은 필터 스위칭으로 인한 무효전력의 AC 시스템으로의 유입을 제한하기 위해 사용된다. 분로 리액터는 주제어기 또는 컨트롤 데스크에서 제어된다.

8) 동기조상기

제주변환소에는 2대의 동기조상기가 설치되어 있으며, 그 목적은 다음과 같다.

① 제주도의 전력계통이 취약하기 때문에 단락용량의 증대를 위해
② 제주도의 다른 모든 발전기가 작동 중지(Shut Down)될 때 AC 전원을 공급하기 위해
③ 변환소 운전 시 발생하는 무효전력을 보상하기 위해

이러한 동기조상기는 13.8 kV 모선에 연결되어 있다.

9) 전극설비

해남 – 제주 간 HVDC 설비는 단극(Monopole) 운전 시 전류의 귀로로 해수를 사용한다. 해수전극은 전극선로와 해수 사이의 접촉자 역할을 수행하며 또한 각 변환소에서 중성모선에 대한 기준전압을 설정하기도 한다.

(1) 전극소의 구성 및 제원

- 정격전류 : 850A
- 과부하정격 : 1,530A(10초)
- 설계수명 : 40년
- 전극봉수 : 20개
- 단위 중량 : 80kg
- 단위 개당 전류 : 42.5A
- 소모율 : 0.5kg/A · year

【그림 1-23 해남 - 제주 간 HVDC 설비】

(2) 전극봉

해수전극봉은 브리지 구조물을 설치하여 해수 속에 현수형으로 매달아 놓은 형태로 고농도 실리콘 크롬 철로 되어 있다.

10) DC평활 리액터

사이리스터에서 정류된 DC 전류의 맥동(Ripple)을 평탄하게 하고, 인버터에서의 전환 실패 시 사이리스터 밸브를 통한 전류를 제한하여 사이리스터 밸브를 보호하기 위해 설치된다. 컨버터와 DC 케이블 사이에 연결되어 DC 부분에 각각 1개씩 공급되는데, 정격은 다음과 같다.

- 인덕턴스 : 60mH
- 연속 DC전류 : 840A
- 최대연속 DC전류 : 849A
- 최대 DC전압 : ±190kV

【그림 1-24 DC 평활 리액터】

11) 중성모선 접지스위치

중성모선 접지스위치(NBGS : Neutral Bus Ground Switch)는 1개의 AC CB와 1개의 DC CB가 직렬로 연결되어 중성 부분에 위치한다. NBGS의 기능은 중성모선에서 고장발생 후 전극선로로 유입되는 고장전류를 접지망으로 유출하기 위한 것이며, 양극 운전 중 중성선 및 전극선로가 개방되었을 때 접지망으로 바이패스 경로를 제공하기 위한 것이다. 운전요령은 AC CB 투입은 DC CB가 미리 투입되어 있을 경우에만 가능하며, AC CB 개방은 DC CB가 개방되어 있고 AC CB로 흐르는 전류가 0일 때만 개방이 가능하다. 각 차단기의 용량은 AC 차단기가 25.8kV, 2000A, DC 차단기가 2kV, 4000A이다.

12) VBE

VBE(Valve Based Electronics)는 사이리스터 밸브 운전 중 광학감시를 하며, 각 사이리스터 밸브를 보호하고, 전극 제어와 밸브 게이트 단위 사이의 광학소성계면을 구성하는 역할을 한다.

13) 사이리스터 밸브 냉각설비

사이리스터 및 이와 관련된 부품들은 운전 중 열이 발생하는데, 사이리스터와 제동저항기(Damping Resistor)는 열에 매우 민감하므로 적절한 냉각장치를 필요로 한다. 냉각장치는 사이리스터 및 이와 관련된 부품들에서 발생한 열을 식혀줌으로써 이들을 최적상태로 유지시키는 역할을 한다. 사이리스터 밸브 냉각설비는 컨버터 빌딩 1층의 냉각설비실에 각 전극별로 설치되어 있으며, 냉각수의 순환과정은 다음과 같다. 주펌프 운전 중 사이리스터를 거쳐 온도가 높아진 냉각수는 주펌프를 거쳐 외부 열교환기로 보내진다. 여기에서 팬에 의해 열은 외부로 방출시키고, 3-Way 밸브를 통해 필터에서 불순물이 걸러진 후 다시 사이리스터로 순환한다. 외부 팬은 6조(각 조당 3개의 팬으로 구성)로 구성되어 있다. 냉각수의 성분은 순수한 물(75%) + 글리콜(25%)의 혼합물로 −15℃까지의 온도에서 냉각수의 동결을 방지하고, 냉각수가 순환과정에서 변질되거나 앙금이 생기는 것을 방지하여 열교환효율을 높인다.

【그림 1-25 사이리스터 밸브 냉각설비 사진】

14) ZFCT

ZFCT(Zero Flux Current Transformer)는 케이블에 접촉하지 않고 DC 전류를 측정하는 기기로 제어, 보호, 감시 목적을 위해 사용된다. 총 12개의 ZFCT가 각 변환소에 설치되어 있다.

도체와 전자모듈에 흐르는 전류를 둘러싸고 있는 픽업장치(음이나 빛을 전파로 보내는 장치)처럼 코어와 코일 집합체로 이루어진다. 코어와 코일 집합체는 3개 코어 T1, T2, T3로 구성되며 각각은 보조권선 N1, N2, N3를 가진다. 보상권선 N4는 3개 코어 주위에 감겨져 있다. 이 코어의 3차 권선에서 유도된 어떤 전압이라도 전력증폭기에 의해 순식간에 소멸된다. DC 편류의 영향을 무시함으로써 증폭기는 측정된 전류에 따라 2차 전류를 변화시켜서 코어들 사이의 완벽한 회귀전류평형을 유지한다.

코어 T1은 자기력 평형감지기로 사용되며, 계속해서 회귀전류평형을 감지함으로써 전력증폭기의 편류를 소멸시킨다. 따라서 이 기기는 장기간의 안정성을 지닌 MMF 평형감지기에 고유의 정확성과 띠폭을 지닌 자기적분기를 결합했다. 부하저항은 2차 전류를 전압으로 바꾸어 준다.

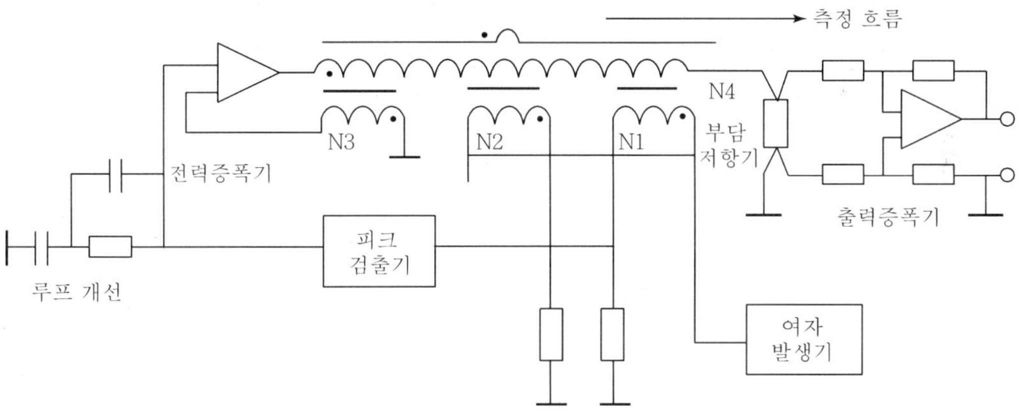

【그림 1-26 ZFCT 구조】

【그림 1-27 ZFCT 설치 사진】

15) DC 분압기

총 5개의 DC 분압기가 각 변환소에 제공되며 제어, 보호, 감시 목적을 위해 변환소 내의 여러 지점에서 DC 전압을 측정하는 데 사용된다.

16) 피뢰기

피뢰기(SA : Surge Arrester)는 변환용 변압기 1차 측과 연결하여 변압기를 보호하기 위해 사용된다. 제주변환소에는 피뢰실 내에 설치되어 있고 해남변환소에는 케이블로 연결해 별도 울타리 안에 설치되어 있다.

17) 전력케이블

변환소 간 연결은 솔리드 형태의 CUMI(Copper Mass Impregnated) 케이블을 사용하였다. 케이블의 규격은 DC 180kV, 800mm^2, 용량은 840A, 150MW이다. 케이블은 101km(지중 5km, 해저 96km), 2회선으로 포설되어 있다.

케이블 포설종단도 및 매설방법					
4.5km	3.0km	23.0km	69.0km	1.0km	0.5km
지중매설 1.5m	해저매설 2.0 + 주철관	해저매설 0.5 + Con′t	해저매설 1.3~3.0m	2.0 + 주철관 + Con′t	지중매설 1.5m

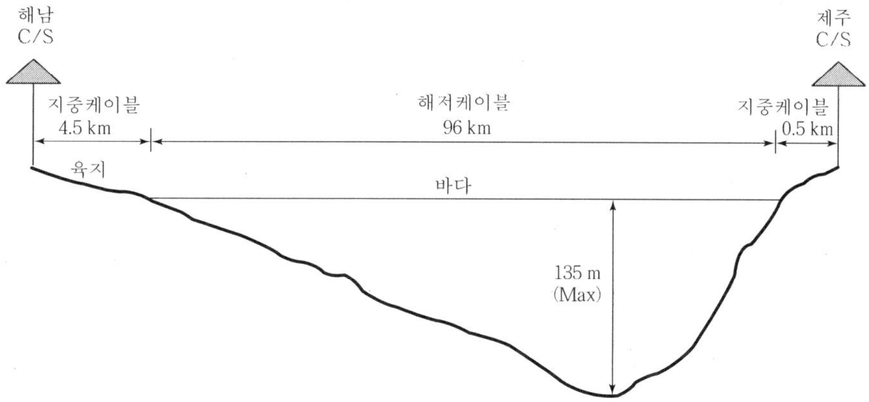

【그림 1-28 케이블 포설종단도 및 매설방법】

18) 광통신케이블

전력케이블과 병행하여 2회선의 광통신케이블이 포설되어 있으며, 양 변환소의 제어회로 등의 신호교환과 케이블 TV 전송망 등으로 사용된다. 각 회선당 12개 코어, 1,302개의 채널로서 전송속도는 90Mbps이다.

19) 소내 전원

(1) AC 설비

소내 전원을 2계열화하여 별개의 전원으로 공급하며, 한 전원 정전시 다른 전원으로 1초 후 자동절체된다.

① **#1계열** : 남창 S/S의 변환 D/L로부터 22.9kV를 수전받아 D/L S.Tr로 변압하여 3ϕ 380/220V로 소내에 공급

② **#2계열** : #3M.Tr(154/22.9kV, △-Y, 3ϕ, 15MVA)의 22.9kV를 S.Tr로 변압하여 3ϕ 380/220V로 소내에 공급

(2) DC 설비

① 충전기

AC 전원 3ϕ 380V를 DC 전원으로 변환하여 부하에 공급하고(DC 125V) 축전지를 충전하는 장치로 4조가 설치되어 있다.

- 정류방식 : SCR 및 다이오드에 의한 3상전파정류
- 냉각방식 : 자랭식
- 조작방식 : 자동 및 수동

② 축전지

변환소 기기조작이나 제어전원용으로 4조가 설치되어 있다.
(2.2V × 60개 = 132V)

Ⅵ 교류송전방식

교류송전방식은 [그림 1-29]와 [그림 1-30]에서와 같이 발전기에서 발전된 전력을 변압기를 통해 적당한 전압으로 높여서 송전하는 것으로 직류송전방식처럼 중간에 아무런 변환설비를 두지 않고 발전에서 말단 수요까지 모두 교류로 통일하여 운전하는 방식이다. 이 중 [그림 1-29]는 교류 송배전계통의 개념을 보인 것이고, [그림 1-30]은 전력계통에서도 중심이 되는 기간 송전계통(우리나라에서는 154kV 및 345kV 송전선로로 구성)의 일례를 보인 것이다.
교류방식에는 단상, 3상 등 여러 가지가 있으나 전선 1가닥 당의 송전전력이 크고, 회전자계를 쉽게 얻을 수 있어서 단상처럼 맥동하지 않는 등의 이유로 3상3선식이 일반적으로 많이 쓰이고 있다. 각종 전기방식에서 회로 중의 최대선간전압 V[V], 선로전류 I[A] 및 역률 $\cos\phi$를 일정하다고 할 때, 전선 1가닥 당의 송전전력 P[W]는 [표 1-4]와 같이 되어 교류 3상3선식이 가장 유리하다는 것을 알 수 있다. 이 때문에 송전에서는 3상3선식이 채용되고 있으며, 배전에서도

고압선 및 동력용 전압선에 이 방식이 사용되고 있다. 이밖에 3상4선식과 단상3선식은 같은 회선에서 선간전압과 상전압의 양전압을 이용할 수 있기 때문에 배전에서 많이 채용되고 있다.

교류에 의한 송전방식에는 단상2선식, 단상3선식, 3상3선식, 3상4선식 등 여러 가지 방식이 있으나 송전에 관한 한 대부분이 3상3선식을 채용하고 있다. [그림 1-29]는 이들 각종 전기방식의 회로도를 보인 것이다. 여기서 선간전압을 V, 선로 전류를 I, 역률을 $\cos\theta$ 라고 하고 이들을 일정하다고 할 때 각 방식의 송전전력 P, 전력손실, 전선동량비 등을 [표 1-4]에 나타내었다. 이 표에 의하면 전선 1가닥 당의 송전전력은 3상3선식이 단상2선식의 $2/\sqrt{3}$ 배로 되어 가장 유리하다. 이 때문에 송전의 대부분에 3상3선식이 채용되고 있으며, 배전에서도 고압선 및 동력용 전압선에 이 방식이 사용되고 있다.

이밖에 3상4선식과 단상3선식과 단상3선식은 같은 회선에서 선간전압과 상전압의 양 전압을 이용할 수 있기 때문에 배전에서 많이 사용되고 있다.

【표 1-4 각종 전기방식에 의한 송전전력】

구 분	단상2선식	단상3선식	3상3선식		3상4선식	
			△ 결선	V 결선	V 결선	Y 결선
단상전력	$VI\cos\theta$	$VI\cos\theta$	$\sqrt{3}\ VI\cos\theta$	$\sqrt{3}\ VI\cos\theta$	$\sqrt{3}\ VI\cos\theta$	$\sqrt{3}\ VI\cos\theta$
전압강하	$IR\cos\theta$	$IR\cos\theta$	$\sqrt{3}\,IR\cos\theta$	$\sqrt{3}\,IR\cos\theta$	$\sqrt{3}\,IR\cos\theta$	$\sqrt{3}\,IR\cos\theta$
전력손실	$2I^2R$	$2I^2R$	$3I^2R$	$3I^2R$	$3I^2R$	$3I^2R$
전선동량비 (단상2선식에 대해)	100	37.5	75	75	33.3	33.3

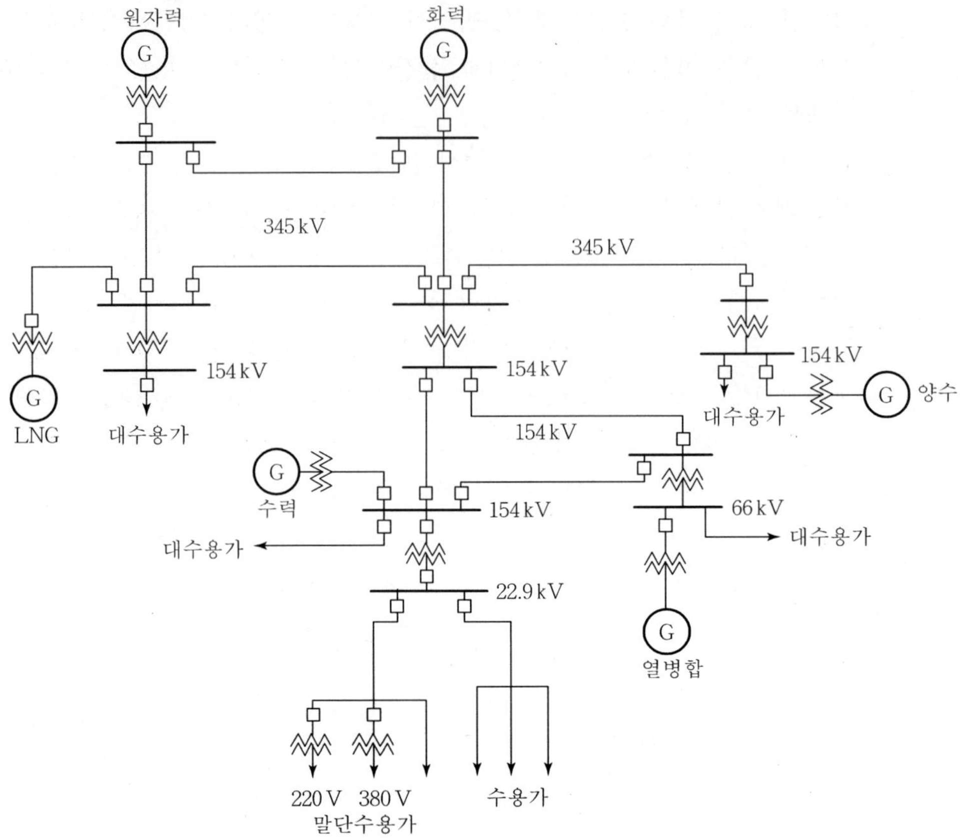

【그림 1-29 교류 송배전계통의 일례】

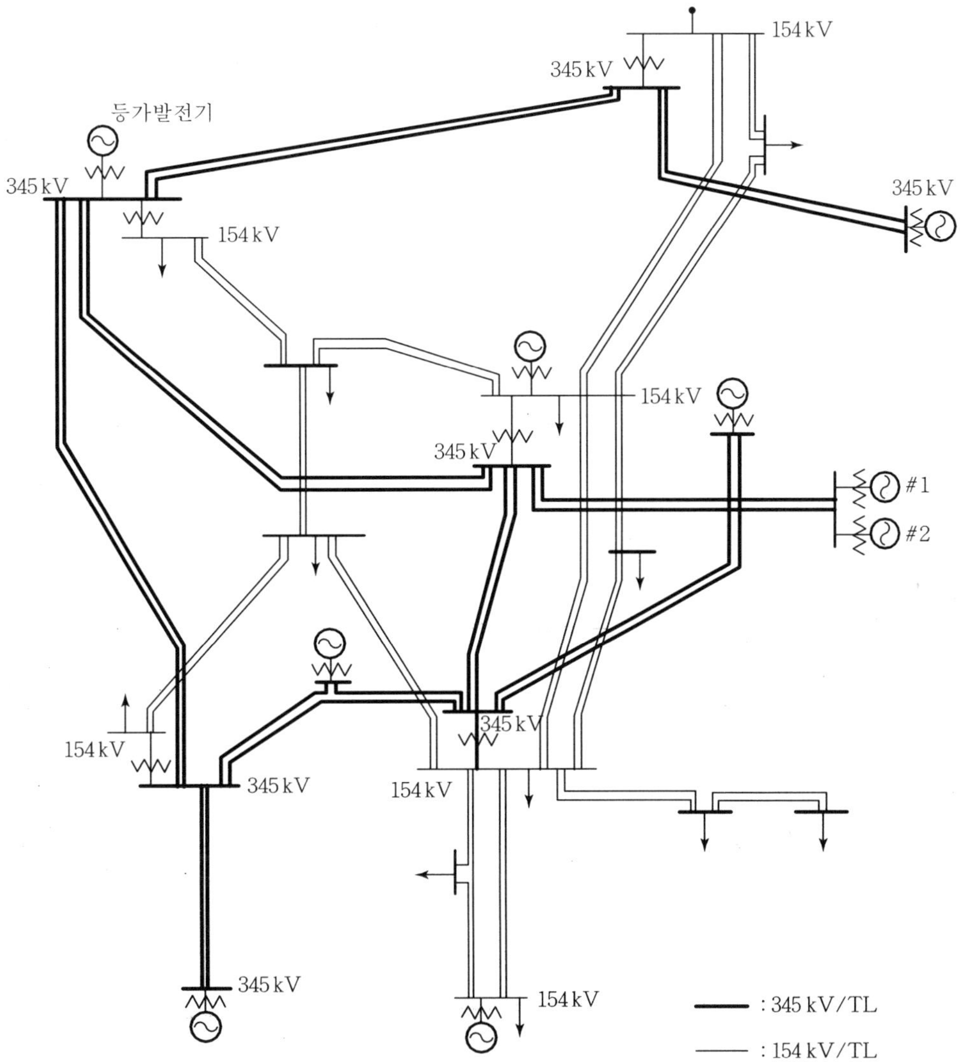

【그림 1-30 기간송전계통의 일례】

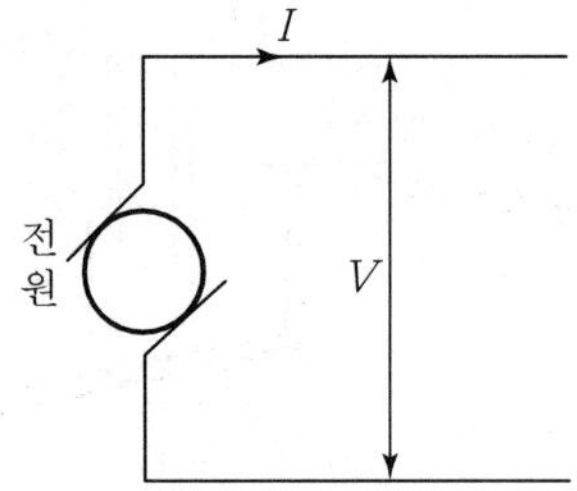

(a) 직류 2선식

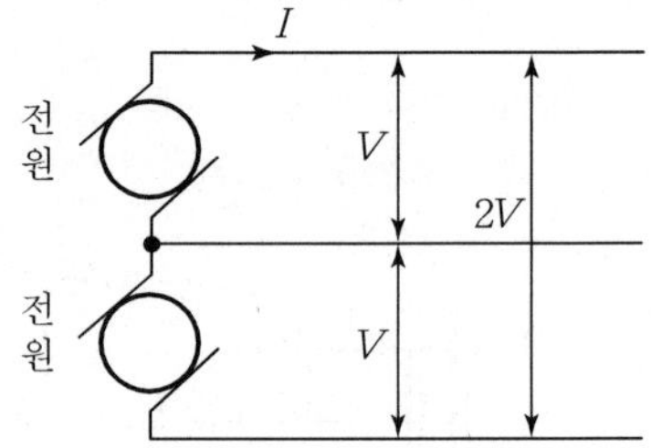

(b) 직류 3선식

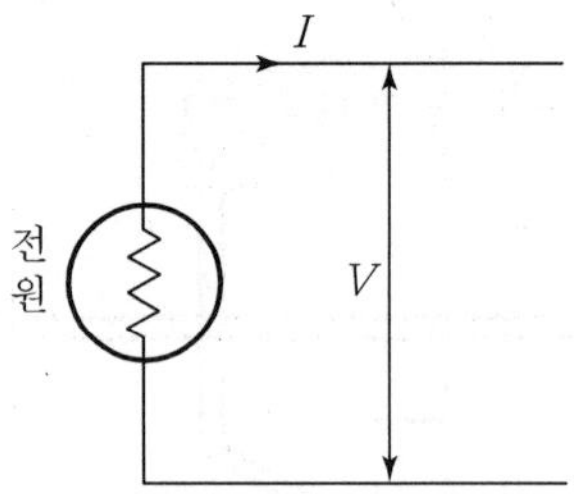

(c) 교류 단상2선식

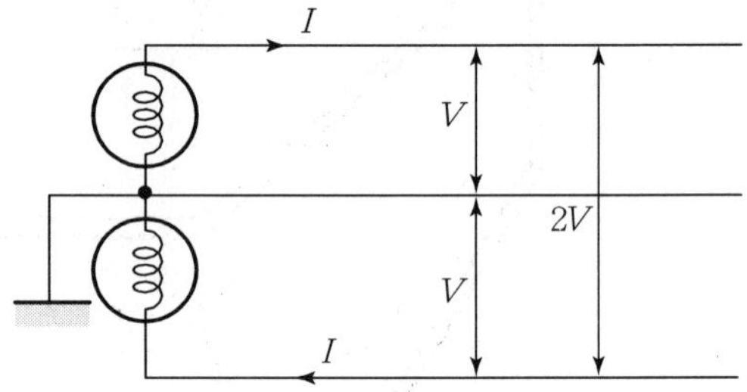

(d) 교류 단상3선식

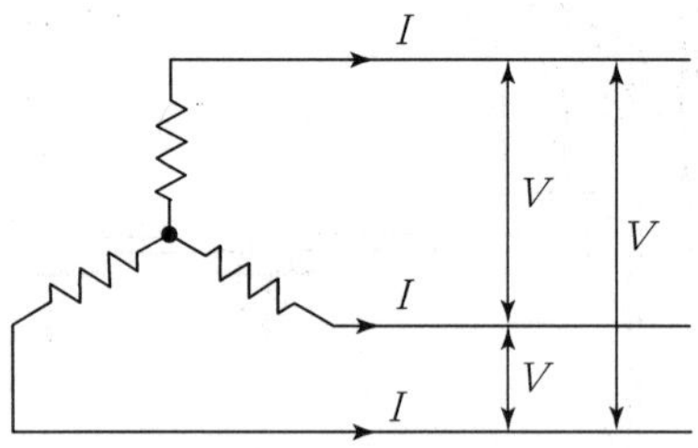

(1) Y형 결선

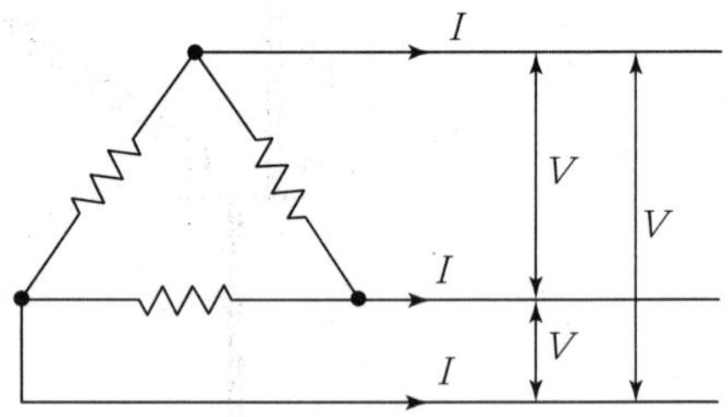

(2) △형 결선

(e) 교류 3상3선식

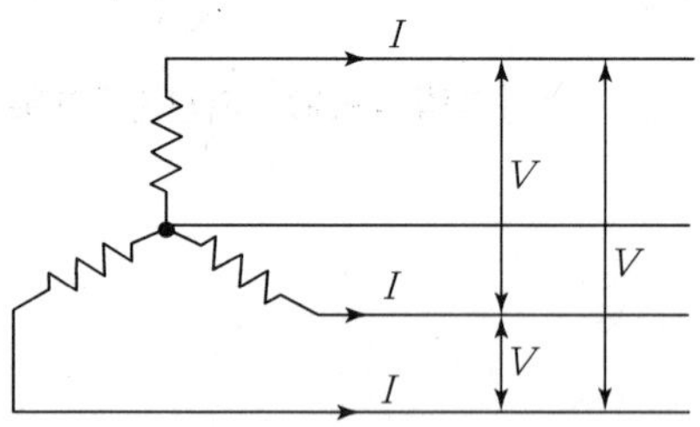

(f) 교류 3상4선식

【그림 1-31 각종 전기방식의 비교】

예제 1-2

송전전력, 부하역률, 송전거리, 전력손실 및 선간전압이 같을 경우 3상3선식에서 전선 1가닥에 흐르는 전류는 단상2선식의 경우의 몇 배가 되는가?

풀이 1부하전력을 P[W], 선간전압을 V[V], 부하역률을 $\cos\phi$, 단상2선식 및 3상3선식의 전류를 각각 I_2[A], I_3[A], 단상 및 3상의 전선 1가닥당의 저항을 각각 R_2[Ω], R_3[Ω]이라 하면

$$\frac{I_3}{I_2} = \frac{P/(\sqrt{3}\,V\cos\phi)}{P/V\cos\phi} = \frac{1}{\sqrt{3}}$$

예제 1-3

앞서 예제에서 각각 P, $\cos\theta$, l, V가 같다고 하고

1) 같은 굵기의 전선을 사용할 경우
2) 전선의 전 중량을 동일하게 할 경우

단상2선식과 3상3선식의 전력손실비는 어떻게 되겠는가?

풀이 1) 같은 굵기의 전선을 사용할 경우의 비교 : 전선의 굵기가 같으므로 1선당의 저항 R은 같다.

$$\text{단상 }: P_{l2} = 2I_2^2 R_2 = 2R\left(\frac{P}{P/V\cos\phi}\right)^2$$

$$\text{3상 }: P_{l3} = 3I_3^2 R_3 = 3R\left(\frac{P}{\sqrt{3}\,V\cos\phi}\right)^2$$

$$\therefore \frac{P_{l3}}{P_{l2}} = \frac{2}{3}\times\left(\frac{1}{\sqrt{3}}\right)^2 \text{ 또는 } 50\%$$

한편, 전선의 단면적은 저항$\left(R=\rho\frac{l}{A}\right)$에 역비례하므로 단상 및 3상단면적의 비 S_2/S_3은 다음 식이 된다.

$$\frac{S_2}{S_3} = \frac{R_3}{R_2} = 2$$

따라서 구하고자 하는 전선의 중량비 W_3/W_2는

$$\frac{W_3}{W_2} = \frac{3S_3 l}{2S_2 l} = \frac{3}{2}\cdot\frac{1}{2} = \frac{3}{4} \text{ 또는 } 75\%$$

으로 되어 결국 전선 중량은 같은 조건에 대해서 3상3선식 측이 단상2선식으로

송전하는 것보다 75%의 전선 총량으로 송전할 수 있다는 것을 알 수 있다.

2) 전선의 전 중량을 동일하게 할 경우의 비교 : 단상인 경우의 전선 1가닥의 저항을 R 이라고 하면 3상인 경우의 전선 1가닥의 저항은 $3/2R$ 로 된다. 따라서

단상 : $P_{l2} = 2I_2^2 R = 2R\left(\dfrac{P}{V\cos\phi}\right)^2$

3상 : $P_{l3} = 3I_3^2\left(\dfrac{3}{2}R\right) = 3\left(\dfrac{P}{\sqrt{3}\ V\cos\phi}\right)^2\left(\dfrac{3}{2}R\right) = \dfrac{3}{2}R\left(\dfrac{P}{V\cos\phi}\right)$

로 되므로 전력손실비는 다음과 같다.

$\dfrac{P_{l3}}{P_{l2}} = \dfrac{3}{4}$ 또는 75%

1.4 송전전압

I 송전전압과 송전전력

효율이 좋은 송전을 하려면 무엇보다도 전선로에서의 전력손실을 적게 해야 한다. 전선로의 전력손실은 그 대부분이 저항손에 의한 것이며 일부 고전압선로에서는 코로나에 의한 손실도 있으나 여기서는 저항손에 대해서만 생각하기로 한다.

우선 기본적인 경우로서 [그림 1-32]와 같은 단상2선식을 생각해 본다.

지금 부하전압을 V [V], 선전류를 I [A], 부하의 역률을 $\cos\theta$라고 하면 부하전력 P [W]는

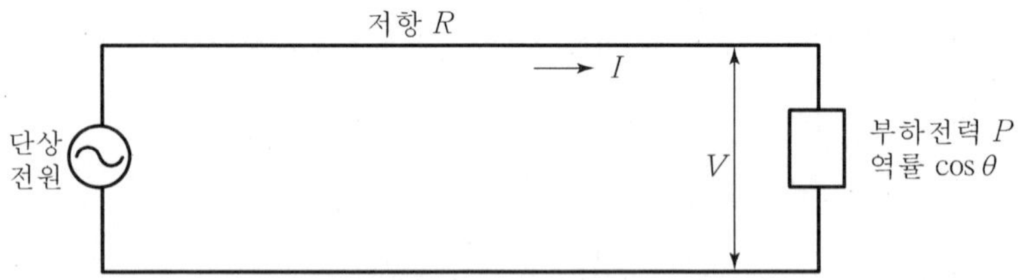

【그림 1-32 단상2선식 선로】

$$P = VI\cos\theta\,[\mathrm{W}]$$

$$\therefore\ I = \frac{P}{V cos\theta}[\mathrm{A}] \cdots\cdots (1.1)$$

선로 1가닥의 저항을 $R\,[\Omega]$, 선로 내의 저항손을 P_l 라고 하면

$$P_l = 2I^2 R = \frac{2P^2 R}{V^2 \cos^2\theta}[\mathrm{W}] \cdots\cdots (1.2)$$

이 식으로부터 선로 내의 저항손은 전력 P 및 저항 R가 동일하다고 하면 각각 전압 V 및 부하역률 $\cos\theta$의 제곱에 반비례한다는 것을 알 수 있다. 가령 전압을 2배로 하면 전력손실은 1/4로 줄어들게 된다.

또 저항손실 P_l 와 전력 P 와의 비를 저항손실률이라고 하는데, 가령 이것을 P_l 이라고 하면

$$P_l = \frac{P_l}{P} = \frac{2PR}{V^2 \cos^2\theta}$$

$$\therefore\ P = \frac{P_l \cos^2\theta}{2R}[\mathrm{W}] \cdots\cdots (1.3)$$

이 식으로부터 전력 P 는 저항 R 이 일정하다고 생각하면 전압 V 및 부하역률 $\cos\theta$의 제곱에 각각 비례해서 커진다는 것을 알 수 있다.

다음 같은 항목에 대해서 [그림 1-33]과 같은 3상3선식의 경우에 대해서 생각해 보자.

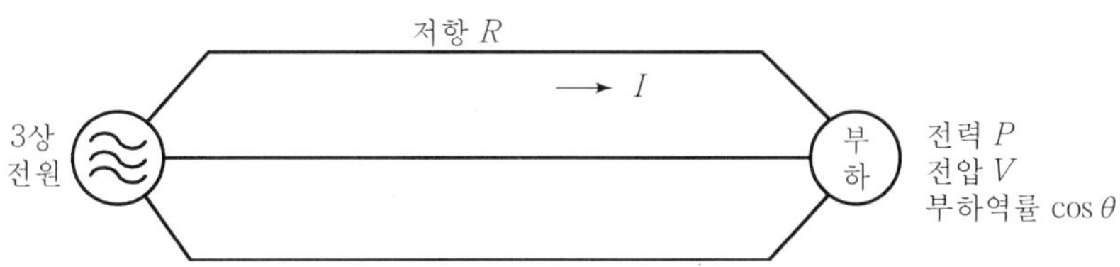

【그림 1-33 3상3선식 선로】

전력이나 전압 등의 기호는 앞서 정의한 대로라면

$$P = \sqrt{3}\,VI\cos\theta$$

$$\therefore\ I = \frac{P}{\sqrt{3}\,V\cos\theta}[\mathrm{A}] \cdots\cdots (1.4)$$

$$P_l = 3I^2 R = \frac{P^2 R}{V^2\cos^2\theta}[\mathrm{W}] \cdots\cdots (1.5)$$

$$P_l = \frac{P_l}{P} = \frac{PR}{V^2\cos^2\theta}$$

$$\therefore\ P = \frac{P_l\, V^2\cos^2\theta}{R}[\mathrm{W}] \quad \cdots\cdots (1.6)$$

이들 관계식으로부터 3상3선식의 경우도 단상2선식의 경우와 마찬가지로

$$P_l \propto \frac{P^2}{V^2\cos^2\theta} \quad \cdots\cdots (1.7)$$

$$P_l \propto V^2\cos^2\theta \quad \cdots\cdots (1.8)$$

라는 관계로 된다는 것을 알 수 있다.

즉, 선로 내의 저황손은 전력 P 및 저항 R이 같을 경우에는 전압 및 부하역률의 각각의 제곱에 반비례하고 전력은 저항 R이 일정할 경우 전압 V 및 부하역률 $\cos\theta$의 각각 제곱에 비례해서 증대하게 된다.

다음 소요전선량에 관해서 살펴보기로 한다.

앞서 식 (1.6)으로부터

$$R = \frac{p_l\, V^2\cos^2\theta}{P}[\Omega] \quad \cdots\cdots (1.9)$$

지금 단면적을 $A[\mathrm{cm}^2]$, 저항률을 $\rho\,[\Omega\cdot\mathrm{cm}]$라고 하면

$$R = \rho\frac{A}{l} = \frac{p_l\, V^2\cos^2\theta}{P}[\Omega]$$

$$\therefore\ A = \frac{\rho\, l\, P}{p_l\, V^2\cos^2\theta}[\mathrm{cm}^2] \quad \cdots\cdots (1.10)$$

로 된다. 따라서 전선의 밀도를 $\sigma\,[\mathrm{kg/cm}^2]$라고 한다면 전선의 총 중량 $W[\mathrm{kg}]$는

$$W = 3\sigma l A = \frac{2\rho\sigma l^2 P}{p_l\, V^2\cos^2\theta} \quad \cdots\cdots (1.11)$$

가 된다. 따라서 전선의 밀도를 $\sigma\,[\mathrm{kg/cm}^2]$라고 한다면 전선의 총 중량 W는

$$W = \propto \frac{1}{V^2\cos^2\theta} \quad \cdots\cdots (1.12)$$

로 되어 소여 전선 중량은 각각 송전전압 및 역률의 제곱에 반비례한다는 것을 알 수 있다.

여기서 W를 일정, 곧 같은 전선을 사용한다고 하면 수전전력은 선간전압의 식 (1.11)로부터

$$P = \frac{W p_l V^2 \cos^2\theta}{3\rho\sigma l^2}[\text{W}] \quad \cdots\cdots (1.13)$$

라는 관계가 성립한다. 따라서 ρ, l, $\cos\theta$를 각각 일정하다고 하면 수전전력은 선간전압의 제곱에 비례하게 된다. 수전전력에 어느 정도의 선로 손실이 가산된 송전전력에도 똑같은 관계가 성립하다고 볼 수 있으므로 결국 대전력을 송전선로를 통해서 전송하려면 가능한 전압을 높게 승압해서 송전해야 한다는 것을 알 수 있다.

주어진 송전전압에 대한 송전용량은 송전거리라든가 전압강하 또는 안정도상의 제약 등 여러 가지 요인에 의해서 정해지지만 여기서 그 개략적인 값을 보면 다음 [표 1-5]와 같다(이것은 어디까지나 참고적인 값임).

【표 1-5 송전전압과 송전용량】

전압[kV]	송전용량[MW/cct]	거리[km]	사 용 전 선	비 고
345	600	200	ACSR 480 mm^2 × 2	SIL × 1.6
154	100	100	ACSR 330 mm^2	SIL × 1.6
66	30	30	ACSR 160 mm^2	전압강하 10%
22.9 − Y	10	10	ACSR 95 mm^2	전압강하 10%
6.6	2	3	경동선 38 mm^2	전압강하 10%

* SIL : 고유부하(Surge Impedance Loading)

예제 1-4

우리나라 송전전압에 대해서 아는 바를 설명하라.

풀이 우리나라에서는 22kV, 66kV, 154kV 및 345kV라는 4종류의 송전전압이 사용되고 있다.

1) 22kV 계통은 송전보다도 배전의 성격을 띠고 있고 서울 시내 중심부나 그 밖의 일부 지방에서 사용되고 있는 중성점 비접지계통이다. 이미 배전전압으로 22.9kV-Y 계통이 보급되고 있기 때문에 점차 없어지는 경향이 있다.

2) 66kV 계통은 전국에 널리 분포되어 있는 소호 리액터 접지방식이다. 그러나 지난 1960년대 말부터 가급적 그 확장을 억제해 왔기 때문에(154kV로 승압) 이 계통 역시 점차 축소되어가는 경향이 있다.

3) 154kV 계통은 과거 우리나라의 기간송전계통을 이룬 송전전압으로서 1960년대 초반의 방사상계통에서 후반부의 루프상계통으로 확장되었다. 또한 1968년 이후 유효접지방식(소호 리액터 접지 – 직접접지방식)으로 전환운전 중이며 거의 모든 선로가 2회선으로 구성되고 있으나, 송전용량은 회선당 100MW 정도밖에 되지 않으므로 최근에는 345kV 초고압 송전계통에 송전기능을 많이 넘겨주고 있는 실정이다.

4) 345kV는 현재 우리나라 송전계통의 골격을 이루고 있는 기간송전전압이다. 지난 1976년부터 운전되기 시작하여 대규모발전소의 송정과 지역간 연계를 위한 전력계통으로서의 기능을 수행하고 있다.
접지방식은 역시 유효접지방식(직접접지)을 채택하고 2회선 구성을 표준으로 하고 있으며 회선당 송전용량도 600MW에 이르러 계속 확장 중에 있으나 최근 전원입지상 동일장소에 수백만 kW의 발전력이 집중되고 있기 때문에 멀지 않은 장래에 다시 이 송전전압을 750~1,000kV 수준으로 승압하려는 움직임이 대두되고 있다.

Ⅱ 표준전압 및 공칭전압

일정한 거리에 전력을 송전할 경우 송전전압을 높이면 높일수록 같은 전선로로 보낼 수 있는 전력이 증대되어 유리해진다. 그러나 한편 전압을 높여주면 그만큼 전선로나 접속된 각종 기기의 절연내력을 높여 주어야 하기 때문에 이에 소요되는 비용이 증대해서 어느 한도 이상이 되면 오히려 비경제적이 된다.
다음에 송전전력의 크기와 송전거리가 정해지면 송전전압으로서는 어떠한 값을 선정하는 것이 가장 경제적인가를 살펴보기로 한다. 일반적으로 일정한 전력을 일정한 거리에 송전하는데 전압을 높여주면 경제적인 측면에서는 다음과 같은 경향을 보이게 된다.

1) 건설비

① 전선의 굵기가 가늘어도 된다. 즉, 전선의 비용은 낮아진다.
② 절연내력을 높여야 하기 때문에 소요애자의 가격은 비싸진다.
③ 지지물에 대해서는 전선 상호간의 거리를 크게 해야 하므로 더 높고 큰 철탑이 소요되기 때문에 지지물의 가격은 비싸진다.
④ 변압기나 차단기 등 각종 기기의 절연내력을 높여야 하기 때문에 기기의 가격은 비싸진다.

2) 운전 유지비

① 전력손실($I^2 R$)은 전압의 제곱에 반비례해서 감소한다.
② 기타의 운전 유지비는 전압과 더불어 증가한다.

각종의 전압에 대해서는 이와 같은 각 항목에 대하여 구체적으로 계산을 하여 연간 총 지출이 최소로 되는 가장 경제적인 전압을 선정하게 되는데, [그림 1-34]는 이들의 관계를 나타낸 것이다.

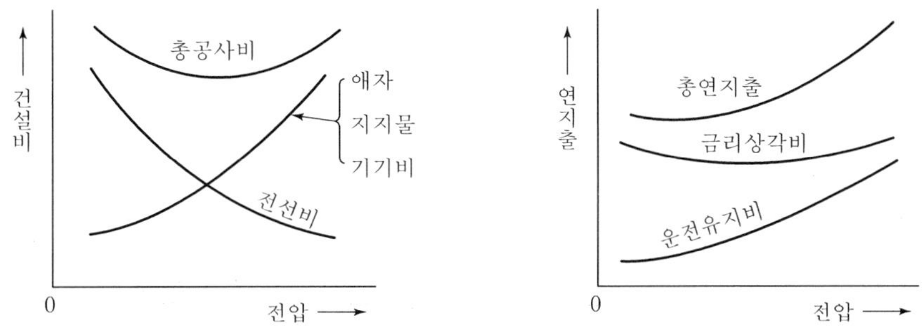

(a) 전압과 건설비 (b) 전압과 연지출

【그림 1-34 경제적인 전압값의 선정】

알프레드 스틸(Alfred Still)은 경제적 전압의 산정식으로 다음과 같은 실험식을 제안한 바 있다.

$$\text{사용전압[kV]} = 5.5\sqrt{0.6 \times \text{송전거리[km]} + \frac{\text{송전전력[kW]}}{100}} \quad \cdots\cdots\cdots(1.14)$$

이 식은 중거리의 송전선로에 대해서 개략적인 값을 얻는 데 편리한 것으로 평가되고 있다.

이상으로 알 수 있듯이 일정한 전력을 일정한 거리에 전송할 경우에는 가장 경제적인 전압값이 존재한다. 그러나 이 경제적인 전압값을 개개의 경우에 맞추어 따로따로 선정하게 되면 송전선로에 사용되는 설비는 각 구간의 전압에 맞추지 않으면 안 된다. 그 결과 전압의 종류가 많아지면 많아질수록 이들 설비의 종류도 전압의 종류수만큼 많아져서 호환성이 결여될 뿐만 아니라, 제작비도 비싸지고 예비품수도 늘어나게 되어 전체적으로 비경제적이 된다. 또 임의의 전압으로 하면 다른 전선로와 병렬해서 전력의 융통을 기할 수 없게 된다.

이와 같은 불편이나 결점을 없애기 위해서 일반적으로 송전전압을 몇 개의 적당한 전압으로 통일하는데, 이 경우 기기, 애자, 지지물 등을 규격화해 제작할 수 있고, 다른 송배전선로와의 연결도 용이하게 되어 전반적으로 볼 때 경제적이 된다. 이 때문에 송배전계통의 전압을 표준화해서 정한 것이 표준전압(Standard Voltage)이다.

우리나라에서 사용하고 있는 표준전압에는 공칭전압(Nominal Voltage)과 최고전압(Maximum Voltage)이 있다. 전자는 전선로를 대표하는 선간전압(Line Voltage)을 말하고 이 전압으로써 그 계통의 송전전압을 나타낸다. 한편, 후자는 그 전선로에 통상 발생하는 최고의 선간전압으로 염해 대책, 1선지락 고장 시 등 내부 이상전압, 코로나 장해, 정전유도 등을 고려할 때의 표준이 되는 전압이다. 일반적으로 공칭전압 및 최고 전압은 송전선로의 수전단전압에 대해서 각각 10% 및 15%씩 높은 전압으로 정하고 있다.

[표 1-6]은 현재 우리나라에서 채택하고 있는 표준전압을 나타낸 것이다.

【표 1-6 우리나라의 표준전압】

공칭전압[kV]	최고전압[kV]
3.3/5.7 Y	3.4/ 5.9 Y
6.6/11.4 Y	6.9/11.9 Y
13.2/22.9 Y	13.7/23.8 Y
22/38 Y	23/40 Y
66	69
154	161
220	230
345	360

1.5 우리나라 전력계통의 발달

우리나라의 전력계통은 1962년부터 거듭된 전원개발 5년 계획의 성공적인 달성으로 급격한 발전을 보게 되었다. 우선 양적인 면에서는 당시 40만kW도 채 안된 규모였던 것이 25년이 지난 1987년 말에는 47배가 넘는 1,900만kW로 대폭적인 확충을 보게 되었다. 전원개발 내용도 당시의 수만kW 정도의 소단위발전소 건설로부터 이제는 30~50만kW에 이르는 대단위 고효율 신예 화력발전소가 대종을 이루게 되었으며, 특히 지난 1977년 57만kW의 고리 원자력 1호기의 가동을 시작으로 현재 60~100만kW급 원자력발전소가 9기나 운전되고 있다.

이에 따라 송전계통의 발달도 실로 눈부시다. [그림 1-35]에서 보는 바와 같이 1960년대 초의 송전계통은 전원과 부하를 154kV 송전선으로 연결하는 극히 간단한 방사상계통을 이루고 있다.

그러나 전술한 발전설비의 급격한 팽창과 때를 같이 하여 1970년대 초에는 우선 154kV 송전계통의 확충을 서두르게 되었고, 이들 대전력을 안정하게 공급하기 위해 154kV 선로의 루프망 형성이 추진되어 종전보다 훨씬 안정된 계통운영을 기할 수 있게 되었다.

그리고 지난 1968년 11월에는 154kV 계통의 중성점 접지방식이 종전의 리액터 접지방식으로부터 직접접지방식으로 전환되었으며, 선로보호방식도 거리계전방식으로부터 보다 신뢰성이 높은 반송계전방식으로 개선됨에 따라 계통의 안정도가 한층 더 향상되었다. 이밖에도 도심 지구에의 원활한 전력공급을 위해 1970년대 초부터 154kV 지중케이블(600mm^2 OF 철심케이블 3가닥)이 계속 건설되어 현재 300km에 가까운 지중선계통이 운전 중에 있고 이러한 추세는 해를 더 할수록 더욱 더 급격하게 진전되어 나가고 있다.

1976년대로 접어들면서 계속된 전원개발과 대용량 발전기의 단일발전소 집중화 및 원자력발전소의 건설 등으로 수십만kW 단위에서 100만kW가 넘는 대전력 수송을 원활하게 이룩하기 위해 345kV 초고압계통이 우리나라 송전계통의 근간을 이루고 있다.

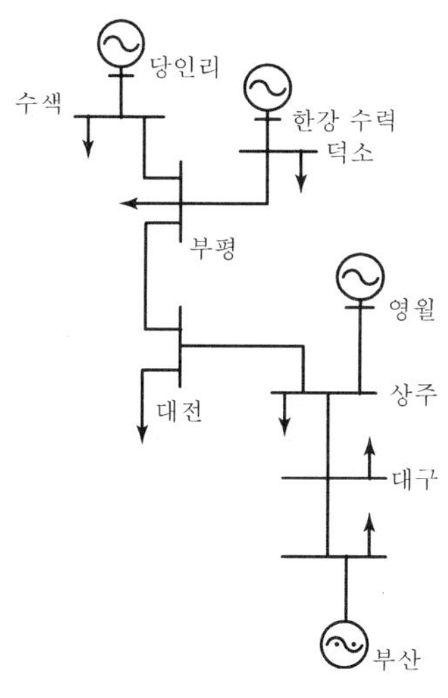

(a) 1960년대 초(방사상계통)

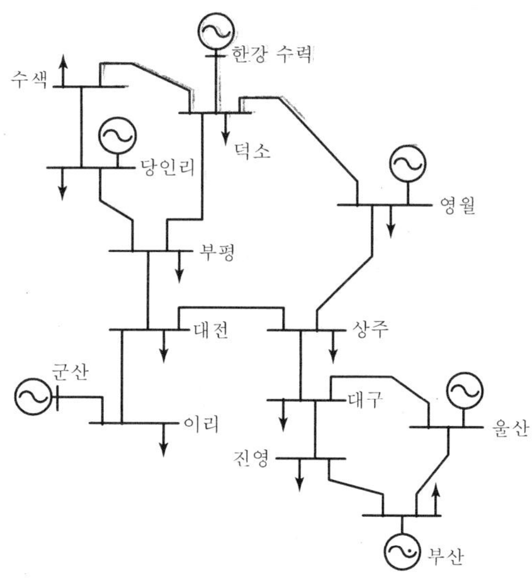

(b) 1971년대 초(환상망계통)

【그림 1-35 154 kV의 발달과정】

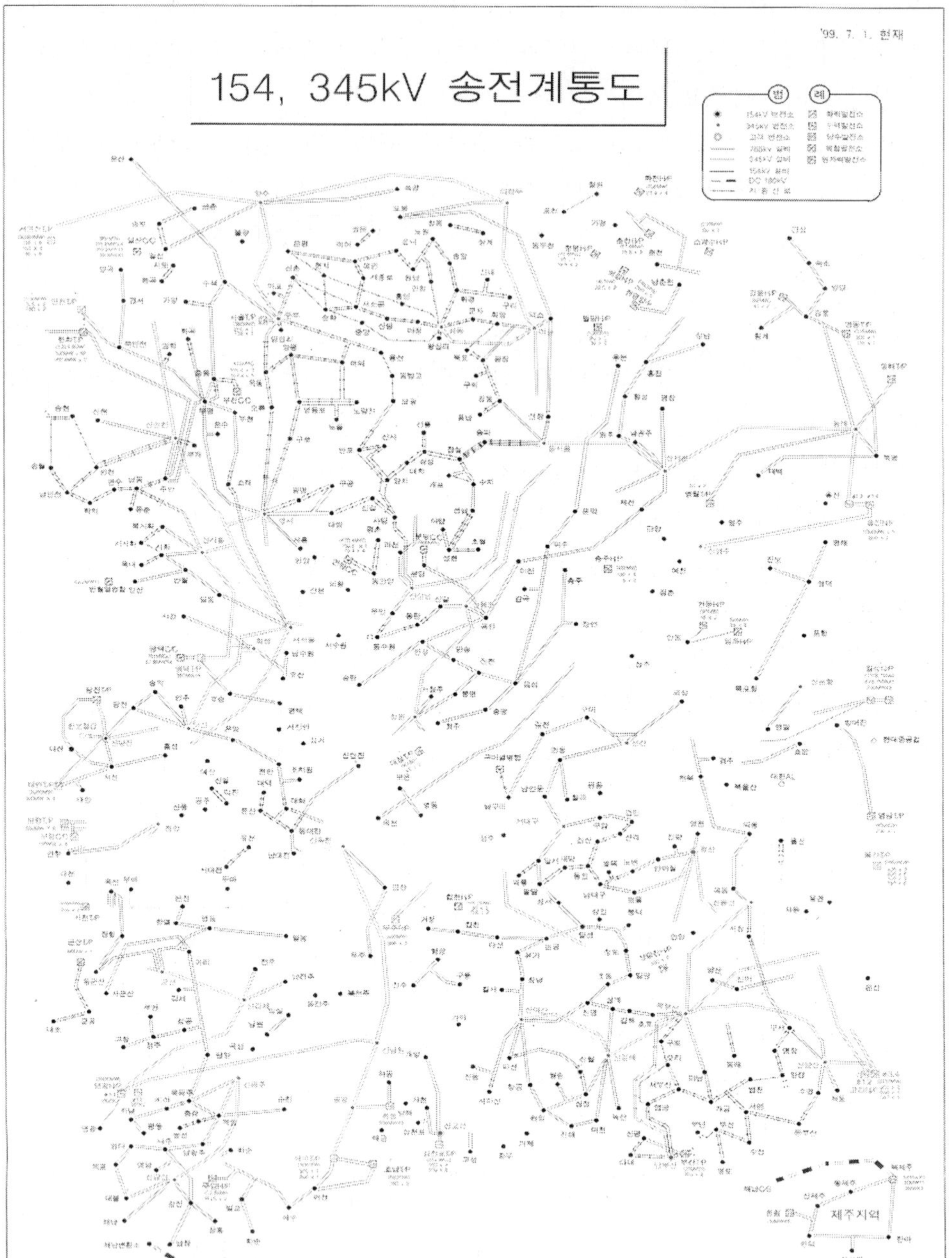

【그림 1-36 기간송전계통도】

Q1 연습문제

01 전력계통 구성에 대해서 설명하고 간단한 계통 구성의 예를 보여라.

02 송전과 배전과의 구분을 설명하라.

03 직류송전방식과 교류송전방식의 장·단점을 비교 설명하라.

04 현재 운전 중인 직류송전설비의 적용을 예를 들어 설명하라.

05 직류 2선식과 교류 3상3선식에서는 전선 1가닥당의 송전전력은 어떻게 되는가?

06 송전전압과 송전전력과의 관계를 설명하라.

07 우리나라에서 채용하고 있는 표준전압에 대해서 설명하라.

08 경동선을 77kV의 송전선에 사용할 경우 최대송전전력을 20,000kW, 역률을 0.8로 하면 얼마만한 굵기의 전선이 가장 경제적으로 되겠는가? (단, 전선 1kg의 가격을 9,000원/kg, 전기요금을 54원/kWh, $p = 0.1$, 송전선로의 연간 이용률은 60%라고 한다.)

09 송전거리 50km의 3상3선식의 송전선로가 있다. 수전단에서 30kV, 역률 80%, 3,000kW의 3상유도부하에 공급할 경우에 송전손실이 10%를 넘지 않도록 하려면 전선의 굵기는 얼마로 하면 되겠는가? (단, 송전선은 경동선을 사용하는 것으로 하고 그 저항률은 $1/55[\Omega/m \cdot mm^2]$이라고 한다.)

10 앞 문제에서 수전단의 공급전압을 20kV로 하였을 경우에는 전선의 굵기는 얼마가 되겠는가?

11 3상3선식 3,000V의 배전방식을 6,000V로 승압시킬 경우의 장·단점을 들어라.

Transmission and Distribution Engineering

PART 2
전 선 로

PART 2 전 선 로

전력을 전송하는 전선로를 대별하면 가공전선로와 지중전선로로 분류할 수 있는데, 이 중에서도 전로가 대부분을 차지하고 있다. 가공전선로는 전선과 이것을 대지로부터 절연하는 애자, 이들을 지지하는 지지물로 이루어져 있고, 지중전선로는 전력케이블과 이것을 지지하거나 보장하는 공작물로 이루어져 있다.

2.1 가공전선

전선은 전력을 안전하고 효율 좋게 보내는 구실을 해야 하므로 가공전선은 다음과 같은 조건을 구비할 필요가 있다.

① 도전율이 클 것　　② 기계적 강도가 클 것
③ 늘어남이 클 것　　④ 내구성이 있을 것
⑤ 비중이 작을 것　　⑥ 값이 쌀 것

I 전선의 구조

어떤 재질의 전선이든 그 종류에는 단선과 보통의 연선 및 중공연선 등이 있다. 단선은 작은 전력의 전선에만 쓰이는데 굵기가 두꺼우면 굽힐 때 불편하기 때문이다. 중공연선은 단면적을 같게 하면 바깥지름을 크게 할 수 있으므로 코로나손을 줄일 수 있다.

1) 단선

단선은 단면이 둥근 1가닥의 전선을 말한다.

2) 연선

여러 가닥의 단선을 꼬아서 만든 것을 연선이라 하는데, 이때의 단선을 특히 소선이라 한다. 연선 중에서 더욱 많이 쓰이는 것은 1가닥의 소선을 중심으로 같은 굵기의 소선을 여러 층으로 꼬아붙인 것으로 이것을 동심연선이라 한다. 동심연선의 수는 중심의 1가닥을 제외하면 매층마다 6개씩 불어나간다.

연선의 저항은 [표 2-1]과 같이 단선의 경우와 달리 외측의 소선이 중심의 소선에 대하여 어떤 각도로 꼬아 있어서 연선단면에 연선길이를 취해 계산한 저항값보다 실제의 저항이 약간 크다. 이때의 비율을 연입률이라 하는데, 그 값은 7본연 및 19본연은 1.2 %, 37본연은 1.7 % 61본연은 2 %를 취한다. [표 2-1]의 저항값은 이들의 값을 고려한 값이다.

【표 2-1 경동연선(KS C 3104)】

공 칭 단면적 [mm²]	연선구성 본 수 [mm]	계 산 단면적 [mm²]	전기저항 [20℃] [Ω/km]	인장하중 [kg]	바깥지름 [mm]	무 게 [kg/km]	1조의 길이 [m]
240	19/4.0	238.8	0.7531	9,180	20.0	2,148	600
200	19/3.7	204.3	0.08804	7,920	18.5	1,838	700
180	19/3.5	182.8	0.09838	7,120	17.5	1,645	800
150	19/3.2	152.8	0.1177	5,990	16.0	1,375	1,000
125	19/2.9	125.5	0.1433	4,960	14.5	1,129	1,000
100	7/4.3	101.6	0.1770	3,880	12.9	914.5	600
75	7/3.7	75.25	0.2390	2,910	11.1	677.0	700
55	7/3.2	56.29	0.3195	2,210	9.6	506.4	1,000
45	7/2.9	46.24	0.3890	1,830	8.7	416.0	1,000
38	7/2.6	37.16	0.4840	1,480	7.8	334.4	1,000
30	7/2.3	29.09	0.6185	1,170	9.9	261.7	1,200
22	7/2.0	21.99	0.8178	890	6.0	197.9	1,200

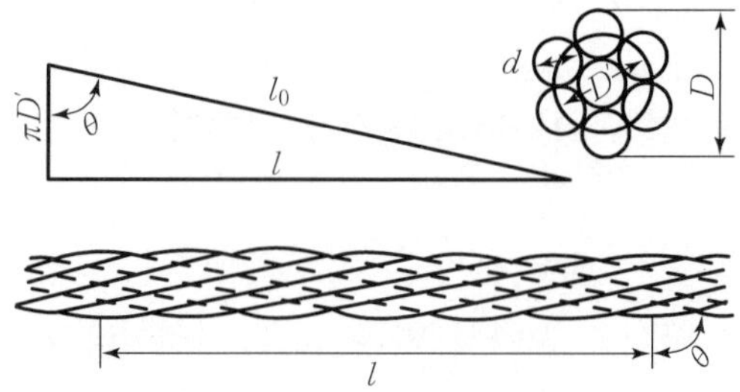

【그림 2-1　연선과 피치】

또한 [그림 2-1]에서 같은 층의 소선 중심을 통하는 원을 그 층의 피치 서클이라 하고, 이 원의 지름 D'를 층심경이라 한다. 여기서 소선의 길이를 l_0, 피치를 l 이라 하면 연입률 k 는 다음과 같다.

$$k = \frac{l_0 - l}{l} \times 100 = \left[\sqrt{\left(\frac{\pi D'}{l^2}\right)+1-1}\right] \times 100 \qquad \cdots\cdots (2.1)$$
$$\fallingdotseq \frac{1}{2}\left(\frac{\pi}{p^2}\right) \times 100[\%]$$

여기서 $p = l/D'$이다.

3) 중공연선

초고압송전선에서는 코로나 방지 때문에 바깥지름이 큰 것이 필요하지만 전류용량의 단면적은 그다지 크지 않아도 좋다. 이 때문에 고안된 것이 중공연선으로 [그림 2-2]와 같이 아나콘다형과 HA형 및 HB형이 있다.

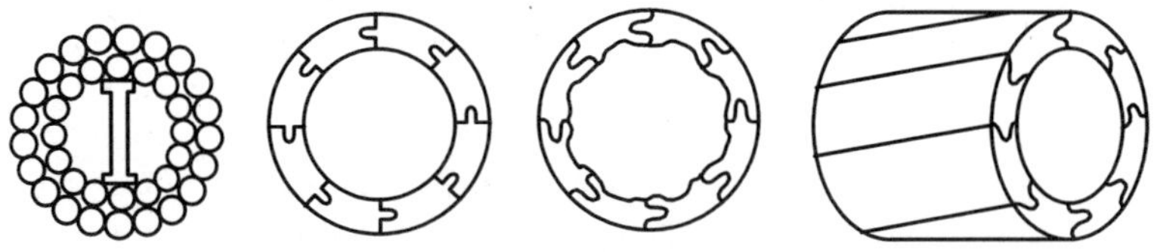

(a) 아나콘다형　(b) HA형　(c) HB형　(d) HA형 측면원

【그림 2-2　중공연선】

II 전선의 재질

단금속선·합금선·장금속선·복합연선 등이 있는데, 이 중 단금속선의 경동연선과 복합연선의 강심알루미늄 연선이 주로 쓰인다.

1) 경동선

은 다음으로 도전율이 높은 것이 동이지만 지금은 다른 용도로도 많이 쓰이고 있고 값이 비싸 송전선은 물론 배전선에도 동 대신 알루미늄선이 주로 쓰이고 있다. 경동선의 도전율은 97%, 인장강도는 35~48kg/mm^2 정도이다.

2) 경알루미늄선

도전율이 61% 정도이고, 인장강도가 16~18kg/mm^2 정도에 지나지 않기 때문에 주로 강심알루미늄 연선이 쓰이고 있다.

3) 강선

도전율은 10% 내외의 낮은 값이지만 인장강도가 55~140 kg/mm^2 정도로 크기 때문에 장경간개소에서 기계적 강도가 그다지 클 필요가 있는 경우에 드물게 쓰여지는데, 부식하기 쉬우므로 반드시 아연도금을 해서 사용한다.

4) 합금선

동이나 알루미늄에 미량의 이종금속을 합금하면 도전율은 떨어지지만 기계적 강도는 상당히 증가하는 것을 이용한 것이다.

(1) **카드뮴동선** : 동에 1%의 카드뮴을 함유시킨 것으로 도전율은 85% 정도로 떨어지지만 인장강도는 52~62kg/mm^{2}로 상승한다.

(2) **규동선** : 동에 약 0.8%의 규소 및 석을 함유시킨 것으로 도전율은 40~50%, 인장강도는 54~68kg/mm^{2}이다.

(3) **C 합금선** : 동에 니켈, 규소 등을 배합한 것으로 도전율은 35~45% 밖에 안되지만 인장강도는 75~90kg/mm^{2}에 달한다.

(4) **내열경동선** : 주된 것으로는 동에 미량의 은을 첨가한 은입내열동선과, 미량의 카드뮴을 첨가한 카드뮴입내열동선이 있다. 이것은 보통의 경동선과 같은 정도의 기계적 특성을 갖고 있는 것으로 도전율은 약간 떨어지지만 내연화성·고온크리프성·고온피로트성을 개선한 동합금선이다. 이것으로 인해 종래의 경동연선 연속최고 허용온도가 90℃에서 150°C까지 올라갔으며 용량적으로는 1.6배 정도까지 증가되었다.

(5) **가호알루미늄 합금선** : 알루미늄에 규소, 마그네슘, 철을 가한 합금선으로 도전율은 52% 정도이며 인장강도는 31.5kg/mm^2 정도로 강화된다. 이것을 알드레이(Aldrey)선이라고도 한다.

(6) **내열알루미늄 합금선** : 경알루미늄선은 연속최고 허용온도가 90°C로 그 이상의 온도에서 장시간 사용하면 재결정에 의해 기계적 특성이 저하된다. 이것은 알루미늄에 미량의 지르콘을 첨가한 것으로 재결정온도를 상승시켜 150°C까지의 온도에서도 연속사용이 가능하다. 기계적 특성은 경알루미늄성과 같고 도전율은 58 %이다.

(7) **고력알루미늄 합금선** : 알루미늄에 미량의 특수원소를 첨가하여 가공경화한 합금선으로 인장강도는 22~26kg/mm^2, 도전율은 55~57%이다. 최근 개발된 도전율 58% 이상의 AAAC(All Aluminium Alloy Conductor, 주성분 : 알루미늄, 동, 철, 마그네슘)도 이것의 일종이다.

5) 쌍금속선

쌍금속선이란 [그림 2-3]과 같이 서로 다른 두 금속을 융착이나 도금 등에 의해 일체로 만든 전선이다.

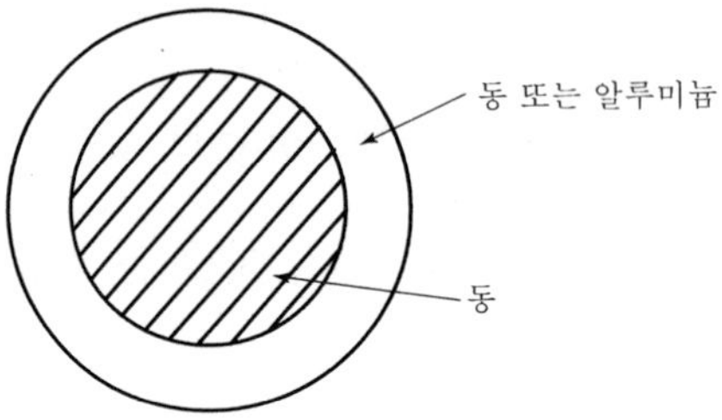

【그림 2-3 웰 드 선】

(1) 동복강선

강선을 중심으로 그 외부를 동으로 피복시킨 것으로 도전율은 보통 30, 40%의 것이 만들어지고, 인장강도는 75~115kg/mm^{2}이다.

(2) 알루미늄 복강선

강선 위에 알루미늄을 피복한 것으로 미국에서 개발한 강선 위에 알루미늄 분말을 압축소결하고 꼬인 선으로 만든 다음 신선하여 소정의 치수로 마무리한 도전율 20.3%, 인장강도 110~137kg/mm^{2}인 알루모웰드선과, 일본에서 개발한 강선 주위에 알루미늄을 압축하면서 강선에 장력을 가해 다이스로 빼내어 강선과 알루미늄이 마찰압축으로 완전히 일체화된 도전율 20~50%, 인장강도 70~135kg/mm^{2}인 알루미늄 복동선(AS)이 있다.

6) 합성연선

강심알루미늄 연선(ACSR)이 대표적인 것으로 비교적 도전율이 높은 경알루미늄을 [그림 2-4]에 보이는 바와 같이 강선의 둘레에 꼬아붙여서 만든 전선이다. 일반적으로 ACSR 강심은 전류가 흐르지 않는 것으로 하므로 연선의 단면적 및 저항은 알루미늄 부분에 대해서만 생각한다. 같은 전항의 경동연선에 비해 바깥지름이 크게 되므로 코로나전압이 높아지는 점에서 특히 초고전압의 송전용 전선으로 유리하다. 근래에는 동의 품귀로 고압배전용 전선을 비롯해 송전용 전선으로 거의 이것이 사용되는 경향이 있다([표 2-2] 참조).

염풍이나 아황산가스 등이 많은 곳에 ACSR을 쓰면 강 및 알루미늄이 부식함과 동시에 이종금속의 접촉으로 전기·화학적 부식이 촉진되어 수명이 현저하게 짧아진다. 그래서 방식제의 도포·충전 외에 강심에 방식제를 채운 뒤 폴리에스테르 필름 등의 테이프를 감고 그 위에 알루미늄층을 만든 것, 강심과 알루미늄 내층에 방식제를 도포·충전한 뒤 알루미늄 외층에 고순도의 고품위 알루미늄을 꼬아붙인 것 등의 방식 ACSR이 있다.

또 알루모웰드선을 강심으로 한 ACSR/AW, 알루미늄 복강선을 연합시킨 ACSR/AS 등도 쓰여지고 있으며, 경알루미늄선 대신 알드레이선을 쓴 강심알드레이 합금연선도 쓰여지는데, 이것은 도전율은 떨어지지만 기계적 강도가 커서 가공지선에 쓰이기도 한다.

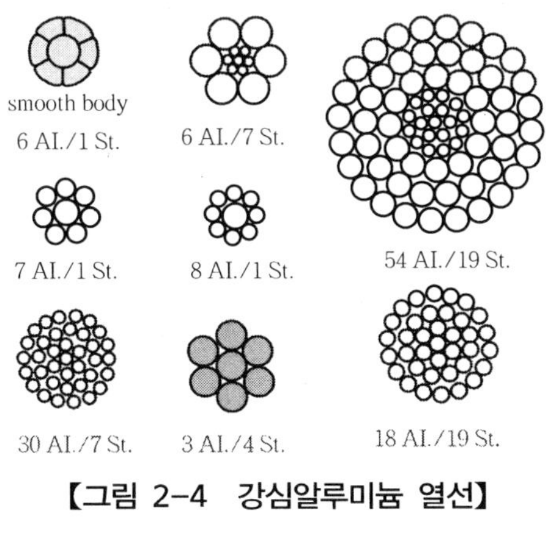

【그림 2-4 강심알루미늄 열선】

【표 2-2 강심알루미늄 연선(ACSR)】

공칭 단면적 [mm²]	연선구성 본수[mm]		계산단면적 [mm²]		인장하중 [kg]	바깥지름 [mm]		중 량 [kg/km]	전 기 저 항 [Ω/km]	저항상당 경동연선 단 면 적 [mm²]	1조의 길 이 [m]
	알루미늄	강	알루미늄	강		알루미늄	강				
610	54/3.8	7/3.8	612.4	79.4	18,150 이상	34.2	11.4	2,320	0.474	385	1,200
520	54/3.4	7/3.5	519.4	67.4	15,600 〃	31.5	10.5	1,969	0.559	327	1,000
410	26/5.5	7/3.5	413.4	67.4	13,890 〃	28.5	10.5	1,673	0.0702	260	1,000
330	26/4.0	7/3.1	326.8	52.8	10,930 〃	25.3	9.3	1,320	0.0888	206	1,250
240	30/3.2	7/3.2	24.3	56.3	10,210 〃	22.4	9.6	1,110	0.120	152	1,250
200	30/2.9	7/2.9	198.2	46.2	8,620 〃	20.3	8.7	911	0.147	125	1,500
160	30/2.6	7/2.6	159.3	7.2	6,990 〃	18.2	7.0	733	0.182	100	1,900
120	30/2.3	7/2.3	114.7	29.1	5,550 〃	16.1	6.9	574	0.233	78	1,200
80	6/4.2	1/4.2	83.1	13.8	2,773 〃	12.6	4.2	336	0.345	52	1,200
58	6/3.5	1/3.5	57.7	9.0	1,980 〃	10.5	3.5	233	0.497	36	1,000

III 절연전선

가공선에 절연전선을 쓰는 것은 절연성능을 활용하여 배전선의 사고방지, 선간 및 타물과의 이격거리를 좁힘과 동시에 인축에 대한 안전성을 높이기 위함이다.

1) 가공고압 배선용 전선

(1) 옥외용 전선(OE, OC, OP)

OE는 전기적 특성, 내구성이 다 같이 우수한 특성을 가진 폴리에틸렌(PE)을 절연체로 하고 있기 때문에 오랜 기간에 걸쳐 안심하고 사용할 수 있다. 도체로는 경동연선이나 ACSR이 일반적이지만 AAAC도 쓰인다. 이밖에 접속이 수월한 에틸렌 프로필렌고무(EP 고무)를 절연체로 한 OP도 있지만 아직은 별로 쓰이지 않는다.

(2) 점퍼선용 전선(IJ, JC, JP)

가공고압 배선전선(OE, OC 등)의 단말부에 있어서 다른 가공고압배선용 전선 또는 기기단자에의 저속에 쓰이는 것으로 절연체로는 부틸고무, 가교폴리에틸렌 및 EP 고무가 일반적인데 어느 것이나 우수한 전기적 특성과 내후성을 갖고 있다. 도체로는 연동연선이 일반적이지만, 알루미늄 도체도 사용한다.

(3) 고압인하선(PDB, PDC, PDP)

가공고압배전선에서 프라머리 커드아우트를 거쳐 주상변압기에 이르는 고압 배선에 쓰이는 것으로 내트리킹 등의 전기적 특성 및 내후성이 우수한 부틸 고무, 가교폴리에틸렌, EP 고무 등을 절연체로 하고 있다. 도체로는 연동선이나 연동연선이 일반적으로 쓰인다.

2) 가공저압 배선용 전선

(1) 옥외용 비닐절연전선(OW)

내후성과 기계적 강도가 크고 값이 싸며 취급이 수월한 PVC를 절연체로 하고 있으며 도체로는 경동선, 경동연선 및 ACSR이 일반적이다.

(2) 저압인입선(DV)

가공저압 배전선에서 수용가에의 인입용으로 쓰이는 것으로 절연체로는 PVC가 사용되고 도체로는 경동선이나 그것의 연선이 쓰이며, 사이즈가 클 때는 연동연선이 쓰인다.

3) 저압옥외용 케이블

저압 옥외용으로서 600 V 정격의 각종 케이블이 쓰이는데, 현재 사용되는 것으로는 ① 비닐 절연비닐시드 케이블(VV) ② 내열비닐 절연비닐시드 케이블(H-VV) ③ 폴리에틸렌 절연비닐시드 케이블(EV) ④ 가교폴리에틸렌 절연비닐시드 케이블(CV) ⑤ EP고무 절연클로로프렌시드 케이블(PN) ⑥ 부틸고무 절연클로로프렌시드 케이블(BN) 등이 있다.

IV 전선의 접속

전선의 접속은 전기적으로 완전한 접속이 됨과 동시에 장력이 가해지는 가공전선에서는 기계적으로도 필요한 강도를 갖고 충분한 내구성이 있어야 한다. 일반적으로 전선의 접속개소는 전선 자체보다 전기저항이 크게 되는 경우는 적지만 기계적 정도는 약간 떨어지는 경향이 있다. 접속개소의 인장하중과 전선 자체의 인장하중과의 비를 접속능률(joint efficiency)이라 하는데, 그 값은 적어도 90% 이상이 필요하지만 전기설비기기에서는 80% 이상으로 규정되어 있다. 그 주된 것을 들면 다음과 같다.

1) 맥킨타이어 슬리브 접속

타원형의 단면을 한 슬리브를 전선과 같은 재질로 만들어서 이것에 접속하려는 두 전선의 끝을 포개어 넣고 일정 횟수만큼 비틀어서 마무리하는 것이다. 보통 150mm^2 이하의 동선에 많이 사용되는데 접속능률은 90% 이상이고 공법이 비교적 간단한 것이 장점이다.

2) 압축접속

전선과 같은 재질로 만든 [그림 2-5 (a)]와 같은 슬리브의 점선으로 나타낸 부분에 두 전선의 끝을 넣고 수동수압기의 다이스로 압축해 밀착시킨다. ACSR의 경우는 [그림 2-5 (b)]와 같이 강심부를 강제슬리브로 먼저 압축접속(Compression Joint)한 뒤 강제 및 알루미늄 슬리브의 중앙을 일치시켜서 알루미늄 부분의 압축접속을 행한다. 이 접속은 전기적으로도 충분한 접속이 되고 내구성도 커서 널리 채용되고 있는데 접속능률은 95% 이상이다.

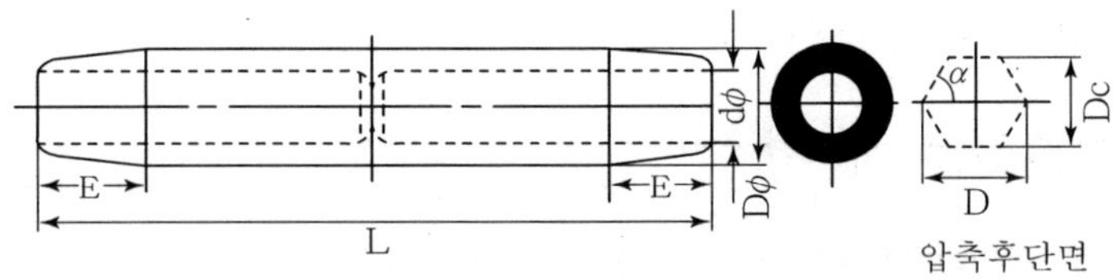

(a) 경동선 · 경알루미늄선의 경우

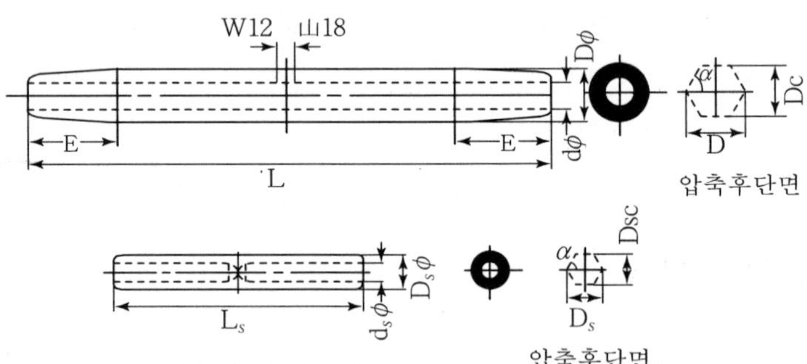

(b) ACSR의 경우

【그림 2-5 압축접속】

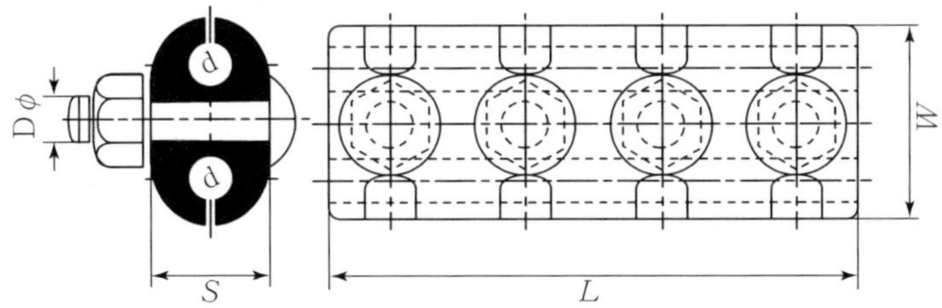

【그림 2-6 PG 클램프(ACSR용)】

3) PG 클램프 접속

PG 클램프 접속(Parallel Gloove Clamp Joint)은 [그림 2-6]에 보이는 바와 같이 주로 전선의 점퍼접속에 쓰여지는 것으로 접속하려는 전선의 재질과 같은 것으로 만든 병행홈을 가진 클램프에 양 전선단을 넣고 볼트로 죄여서 접속시킨다.

V 전선굵기의 선정

송전전압과 송전전력이 정해지면 이것에 대해 어떤 굵기의 전선을 허용할 것인가가 문제로 된다. 전선의 굵기는 다음에 기술하는 사항에 대해 충분히 검토한 뒤 그 중에서 최대값을 취하는 것이 합리적이다.

1) 코로나

전선의 굵기는 언제나 코로나(Corona)가 발생하지 않는 굵기여야 한다.

2) 전압강하

전선의 굵기가 너무 작으면 저항이나 인덕턴스 등도 그만큼 커지고 그에 따라 전압강하(Voltage Drop)도 커지므로 이 점에서도 한계가 정해진다.

3) 기계적 강도

전선의 굵기를 작게 하면 기계적 강도도 작아지므로 이 역시 굵기에 한도가 있다. 고저압 가공전선의 굵기에 대해서는 전기설비기기 보안상의 견지에서 기계적 강도의 최저한도를 정하고 있는데, [표 2-3]의 굵기의 연동선 또는 이와 동등 이상의 세기 및 굵기의 것을 쓰도록 규정하고 있다. 이 표에서는 고압의 경우 저압보다 굵은 것을 쓰도록 하고 있는데 이것은 고압의 것이 위험이 크기 때문이다.

4) 허용전류

전선에 전류를 통하면 저항에 의한 발열 때문에 전선의 온도가 주위온도보다 높게 된다. 전선의 온도가 어떤 한도 이상으로 올라가면 전선의 제 성능을 저하시키는데 이 온도의 한도를 최고 허용온도라 하고, 이것에 상당하는 전류를 허용전류(Allowable Current) 또는 안전전류라 한다.

【표 2-3 가공전선의 굵기 한도】

전 압	시설장소	전선 종류	전선 굵기
고 압	시가지	나경동선	5 mm 이상 (3.5 mm 동복강선)
	시가지 외	나경동선	4 mm 이상
저 압	시가지	나경동선	3.2 mm 이상 2.6 mm 이상
	시가지 외	나경동선	2.6 mm 이상

허용전류는 전선의 재질, 구조, 표면의 상황, 주위의 온도, 일사의 상태, 풍우 등에 따라 매우 크게 달라진다. 여러 가지 전선에 대한 시험결과 단시간의 과부하에 대해서는 100℃로 잡고 있으나, 연속사용의 경우 90℃로 억제하는 것이 표준으로 되어 있다. 허용전류의 계산에는 주위온도 40℃, 일사량 0.1W/cm^2, 풍속 0.5m/s, 전선의 표면방사계수를 완전특체의 90%로 잡는 것이 보통이다.

5) 경제적 단면적

경제적인 전선단면적을 구하는 데는 켈빈(Kelvin)의 법칙이 있는데, 그것은 전선의 단위길이 내에서의 연간 손실전력량에 대한 요금(P_1)과 단위길이당의 전선비에 대한 금리, 상각비 등의 연간 경비(P_2)가 같게 되는 전선단면적이 가장 경제적으로 된다는 것이다. 즉, 전선의 단면적을 A[mm^2] 하면, $P_1 = k_1/A$, $P_2 = K_2 A$ 이므로 $P_1 + P_2$를 최소로 하는 A는 $d(P_1 + P_2)$로 놓아서 풀면 되기 때문에 $P_1 = P_2$로 된다.

지금 전선값을 M[원/kg], 전력요금을 N[원/kW · 년], 전선비에 대한 연간 경비의 비율을 P, 전류밀도를 C[A/mm^2]라 하면 동의 밀도 8.89×10^{-3}[kg/m · mm^2], 저항률 1/55[Ω/m · mm^2]이므로

$$\text{손실 } I^2 R = [(CA)^2/55A] \times 10^{-3}[\text{kW/m}]$$

무게 $W = 8.89 \times 10^{-3} A\,[\mathrm{kg/m}]$

따라서 켈빈의 법칙에 의해

$$[(CA^2)/55A] \times 10^{-3} N = 8.89 \times 10^{-3} A \times MP$$

$$\therefore\ C = \sqrt{\frac{8.89 \times 55MP}{N}}\,[\mathrm{A/mm^2}] \qquad \cdots\cdots\cdots\cdots\cdots\cdots\cdots\cdots (2.2)$$

이것이 경제적 전류밀도이다. 이 식을 도입함에 있어서 송전손실값은 연간 평균값을 취해야 하므로 최대전력에 대한 전류밀도는 송전전선의 이용도를 고려해서 조금 높게 잡아도 좋다. 장거리의 송전선로에서는 송전용량은 전압과 긍장으로써 거의 정해지므로 전선의 굵기를 결정하는 데는 경제적 전류밀도에 의한다.

식 (2.2)는 경동선에 대한 것이지만, 알루미늄선을 쓸 경우도 똑같은 방법으로 산출할 수 있다.

그런데 경제적 견지에서 전선의 굵기를 검토하는 경우, 단지 경제적 단면적의 이론값에 구애되지 말고 전선의 굵기를 변화시켰을 때의 연지출의 증감도 계산해서 실제적인 관점에 입각하여 결정하지 않으면 안 된다.

VI 전선의 이도와 장력

전선이 지지점에서 밑으로 늘어진 길이를 이도(Dip or Sag)라 하는데, 이것이 가선상 중요하다는 것을 한마디로 말한다면 전선실장의 약간의 변화가 온도변화에 의해 일어났다고 하면, 이도는 상당히 큰 상위를 가져오기 때문이다. 따라서 온도변화에 의한 신축이나 하중의 변화에 의한 탄성적 신축으로 전선실장에 변화를 가져온다. 여기서 실장은 그렇게 대단하지 않지만, 이도와 장력이 받는 영향은 매우 크므로 이도계산은 송전선로의 기계적 설계상 중요한 문제가 된다.

1) 전선 지지점이 같은 높이일 때의 이도계산

전선의 재질이 균등하고 유연성이 있으며 늘어나지 않는 것이 특징이다. [그림 2-7(a)]에 보이는 바와 같이 전선 지지점 A 및 B가 같은 높이인 경우, 전선의 최저점 N에서 $x\,[\mathrm{m}]$ 떨어진 P점에 있어서의 힘의 관계는 [그림 2-7(b)]와 [그림 2-7(c)]에서 다음과 같이 된다.

$$\tan\theta = \frac{dy}{dx} = \frac{wl}{T} \quad \cdots\cdots\cdots\cdots\cdots\cdots\cdots\cdots\cdots\cdots\cdots\cdots \ (2.3)$$

단, w는 전선중량(kg/m), l은 [그림 2-7]의 N-P의 길이이고, T는 전선 최저점 N에 있어서의 수평방향으로 전선이 받는 장력[kg]인데, 여기서 $l \fallingdotseq x$라 놓고 최저점 N이 원점 O와 일치되도록 좌표축을 잡으면 식 (2.3)에서

$$dy = \frac{w}{T}xdx \qquad \therefore\ y = \int_0^x \frac{w}{T}xdx = \frac{wx^2}{2T} \quad \cdots\cdots\cdots\cdots\cdots\cdots\cdots \ (2.4)$$

이 식은 전선의 속선이 포물선임을 나타내고 있다. 만일 전선실장 $l \fallingdotseq x$란 가정을 두지 않으면 커티너리 곡선이 되므로 식 (2.4)에서 $x = S/2$이면 $y = D$가 된다. 따라서

$$D = \frac{wS^2}{8T}[\mathrm{m}] \text{ 또는 } T = \frac{wS^2}{8D}[\mathrm{kg}] \quad \cdots\cdots\cdots\cdots\cdots\cdots\cdots\cdots\cdots \ (2.5)$$

전기설비기기에 의하면 고압가공전선은 케이블을 제외하고 안전율(Safety Factor)이 경동선은 2.2 이상, 그 밖의 전선은 2.5 이상이다.

전선 지지점 A 및 B에서 장력 T_A 및 T_B는 지지점에 가까울수록 커지게 되고 서로 같으며, 실장을 L이라 하면 식 (2.5)에서 $s^2 = 8DT/w$이므로

$$T_A = T_B \fallingdotseq \sqrt{T^2 + w^2 D^2 + \frac{w^2}{4}\frac{8DT}{w}} = T + wD\,[\mathrm{kg}] \quad \cdots\cdots\cdots\cdots\cdots (2.6)$$

으로 된다.

그리고 경간 사이에서 D의 이도로 전선이 가선되어 있을 때, 그 실장 L은 [그림 2-7]에서

$$\frac{dl}{dx} = \sec\theta = \sqrt{1+\left(\frac{dy}{dx}\right)^2} = \sqrt{1+\left(\frac{wx}{T}\right)^2} \fallingdotseq 1 + \frac{w^2x^2}{2T^2}$$

$$\therefore\ l = \int_0^x \left(1 + \frac{w^2x^2}{2T^2}\right)dx = x + \frac{w^2x^2}{6T^2}$$

그러므로 상식에 식 (2.4)의 T를 대입하면 $l = x + 2y^2/3x$로 되는데, 여기에 $x = S/2$, $y = D$이면 $L = 2l$이므로

$$L = S + \frac{8D^2}{3S}[\mathrm{m}] \quad \cdots\cdots\cdots\cdots\cdots\cdots\cdots\cdots\cdots\cdots\cdots\cdots \ (2.7)$$

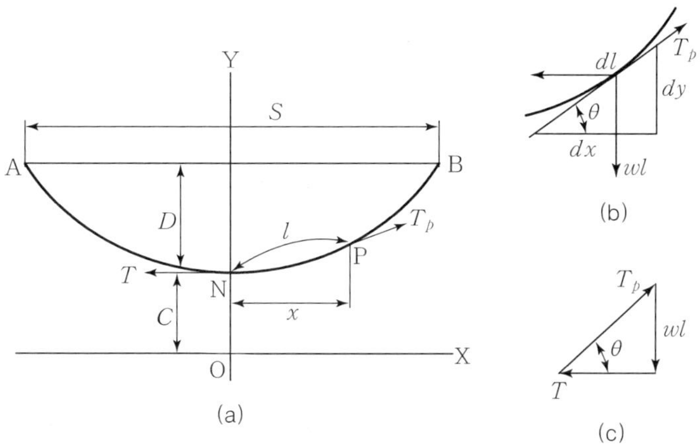

【그림 2-7 전선의 이도(양쪽 지지점이 수평인 경우)】

2) 전선의 지표상 평균높이

[그림 2-8]과 같이 최저점 N을 원점 O로 하여 좌표축을 잡고, 전선의 높이를 y 라 하면 식 (2.4)에서

$$y \fallingdotseq \frac{w\,x^2}{2T}$$

$$D \fallingdotseq \frac{w\,S^2}{8T} = y_{(x=3/2)}$$

이 전선높이 y 의 평균치 y_e 는

$$y_e = \frac{1}{S/2}\int_0^{s/2}\frac{w\,x^2}{2T}dx = \frac{w\,S^2}{24T} = \frac{D}{3}[\mathrm{m}] \quad \cdots\cdots (2.8)$$

따라서 전선의 평균지상고 h 는

$$h = (h_0 - D) + \frac{D}{3} = h_0 - \frac{2}{3}D[\mathrm{m}] \quad \cdots\cdots (2.9)$$

전선지지점에 고저차가 있는 경우의 지지점지상고를 자기 h_a, h_b라 하면

$$h = \frac{h_a + h_b}{2} - \frac{2}{3}D[\mathrm{m}] \quad \cdots\cdots (2.10)$$

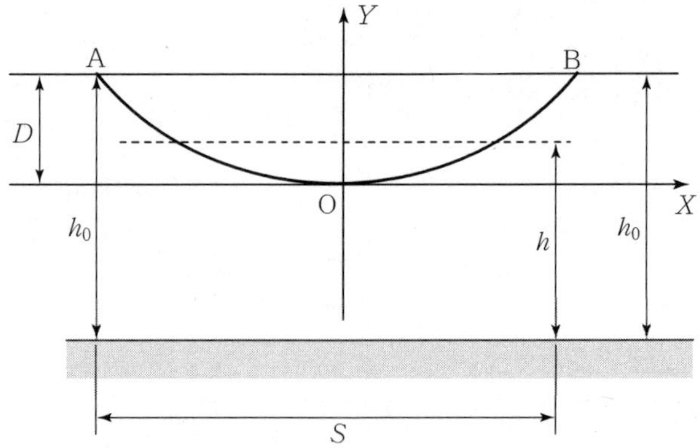

【그림 2-8 전선의 이도】

3) 온도와 이도와의 관계

온도가 상승하면 전선이 팽창하므로 강도는 커지지만 강력이 줄어드므로 전선은 탄성 때문에 약간 오므라들게 된다. 그래서 온도변화가 이도에 미치는 영향을 정확하게 구하려면 전선의 온도에 대한 신축 및 탄성을 고려해야 하지만, 탄성에 의한 영향은 근소하기 때문에 온도에 의한 전선의 신축만을 생각하기로 한다.

전선의 온도상승을 t, 전선의 선팽창계수를 α, 전선의 온도상승 전의 길이를 L_1, 온도상승 후의 길이를 L_2라 하면, 전선의 팽창에 의한 늘어남은 $\alpha t L_1 \fallingdotseq \alpha t S$이므로 $L_2 = L_1 + \alpha t L_1 \fallingdotseq L_1 + \alpha t S$로 된다. D_1 =팽창 전의 이도, D_2 =팽창 후의 이도라 하면

$$L_1 = S + \frac{8D_1^2}{3S},\ L_2 = S + \frac{8D_2^2}{3S}$$

이므로 이들의 관계에서 D_2는 다음과 같이 된다.

$$S + \frac{8D_2^2}{3S} = S + \frac{8D_1^2}{3S} + \alpha t S,\ D_2^2 = D_1^2 + \frac{3}{8}S^2\alpha t$$

$$\therefore\ D_2 = \sqrt{D_1^2 + \frac{3}{8}S^2\alpha t}\ [\text{m}] \cdots\cdots (2.11)$$

VII 전선에 가해지는 하중

전선의 이도·장력·실장 등에 관한 여러 식에서는 하중으로 전선의 자중만을 생각했

으나, 풍압이나 전선에 부착한 빙설중량 등을 고려해야 할 경우도 있는데, 이때에는 이들 식의 w[kg/m] 대신 합성하중을 적용하면 된다. 단, 이때의 이도는 합성하중이 작용하는 방향으로 일어난다.

1) 빙설이 적은 지방

빙설이 적은 지방에서는 고온계에 있어서는 병종풍압하중을, 저온계에서는 투영면적 1m^{2}마다 갑종풍압하중으로 76kg(다도체의 경우는 68kg)의 수평풍압하중과의 합성하중을 취한다.

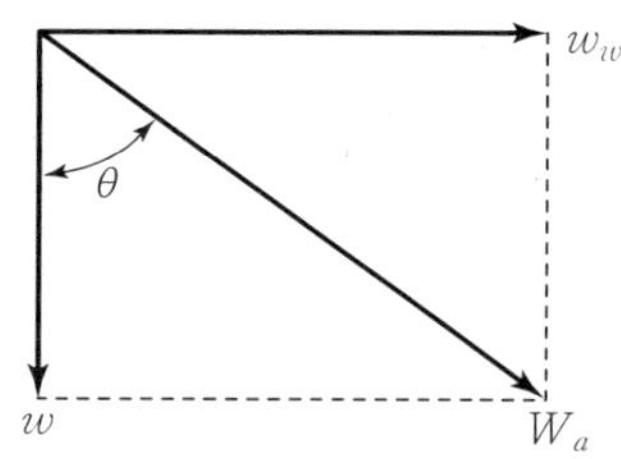

【그림 2-9 고온계절의 합성하중】

따라서 전선에 가해지는 풍압을 w_w[kg/m]라 하면, 전선의 자중과의 합성하중 W_a[kg/m]는 [그림 2-9]에서

$$W_a = \sqrt{w^2 + w^{w^2}} \ [\text{kg/m}]$$
$$\theta = \tan^{-1} \frac{w^w}{w} \ [°] \qquad \cdots\cdots (2.12)$$

여기서 θ 는 W_a 의 작용하는 방향과 직선에 대한 각이며, W_a 를 고온계절의 하중(Summer Loading Condition)이라고도 한다. 그리고 저온계에서 적용하는 병종풍압하중은 갑종풍압하중의 1/2의 풍압을 받고 빙설은 없다고 생각하는 것이다.

2) 빙설이 많은 지방

고온계절에서는 물론 갑종풍압하중을 적용하지만 저온계절에서는 위의 합성하중 외에 전선 주위에 6mm 두께로 비중 0.9의 빙설이 부착했을 때 수직투영면적 1m^{2}마다 38kg(다도체인 경우 34kg)의 풍압을 생각한 경우의 하중인 을종풍압하중을 취한다. 따라서 빙설에 의한 하중 W_i는 전선의 바깥지름을 d[mm]라 하면

$$w_i = \left[\frac{\pi}{4}(d + 2\times 6) - \frac{\pi}{4}d^2 \right] \times 0.9 \times 10^{-3} = 0.017\,d + 0.102[\text{kg/m}]$$

로 되어 전선무게 W에 가해지고, 또 두께가 6mm 늘어난 경우의 풍압 W_{iw}는 다음과 같이 된다.

$$w_{iw} = 38(d + 2 \times 6) \times 10^{-3} = 0.038d + 0.456[\text{kg/m}]$$

따라서 전선이 받는 전하중 W_b는

$$W_b = \sqrt{(w + w_{i)}^2 + (w_{iw})^2}\ [\text{kg/m}]$$
$$\theta = \tan^{-1}\frac{w_{iw}}{w + w_i}[°] \qquad \cdots\cdots (2.13)$$

이 W_b를 저온계하중(Winter Loading Condition)이라 하고 이때의 풍압 W_{iw}를 앞에서 말한 을종풍압하중이라 한다. 빙설이 많은 지방에서는 고온계하중 및 저온계하중의 양쪽을 계산해서 조건이 나쁜 것을 택해 설계한다.

2.2 지중송전선로

I 지중송전선로의 개요

지중송전선로는 지하에 전력케이블을 매설해 송배전용으로 사용하는 것을 말한다. 송전선로로서 지중전선로가 사용되는 것은 주로 다음과 같은 이유 때문이다.

① 도시의 미관을 중요시 하는 경우
② 수용밀도가 현저하게 높은 지역에 공급하는 경우
③ 뇌·풍수해 등에 의한 사고에 대해서 높은 신뢰도가 요구되는 경우
④ 보안상의 제한조건 등으로 가공전선로를 건설할 수 없는 경우

그러나 지중전선로는 가공전선로에 비해서 건설비가 훨씬 비싸고 사고가 났을 경우 고장발생지점의 발견이나 복구가 까다롭다는 이유 등으로 종래에는 대도시와 그 주변, 그리고 발·변전소와 가공선과의 연락용 지중선 이외에는 별로 사용되지 않았다.
그러나 최근에는 케이블 제작기술의 진보와 가공선 건설상의 보상문제나 유도장해 등의 문제 때문에 지중전선로에 대한 인식이 새로워져서 그 이용이 많이 늘어나고 있다.

우리나라에서는 종래까지 주로 경제적인 이유 때문에 그 이용이 미미하였으나, 현재는 서울시내의 22kV 배전망에 이어 154kV 지중송전계통에 확충하여 1997년 말 현재 943C·km에 이르고 있을 뿐만 아니라 이제는 더욱 더 원활한 대전력의 공급을 위해 345kV 초고압 비중선로의 건설이 대도시 주변에서 추진되고 있다.

그동안 우리나라의 345kV 지중송전선의 건설실적을 보면 1993년까지는 서울시내에, 1995년까지는 부산시내에 345kV급 송변전설비(변전소, 가공 및 지중송전선)가 건설되었으며, 1987년부터 초고압 지중케이블 수용을 위한 전력구 건설이 활발하게 추진되고 있다. 이밖에 지중송전선과 관련해서 우리나라에서는 처음으로 육지와 제주도를 잇는 180kV, 101kV × 2회선, 150MW × 2의 직류 해저케이블이 1997년 여름에 준공되어 운전 중에 있다.

유럽과 미국에서는 일찍부터 지중송전선로가 보급되었으며, 특히 미국의 각 도시에서 발달한 네트워크 배전방식은 대부분 지중선로를 채택하고 있다. 또 최근에는 지중전선로에 의한 장거리 대전력의 수송도 늘어나는 경향을 보이고 있어 케이블 제작기술의 진보와 더불어 지중송전의 대용량화와 고전압화의 방향으로 나아가고 있다.

예제 2-1

지중선의 가공선에 대한 장·단점을 기술하여라.

풀이 지중전선로는 가공전선로와 비교해서 몇 가지 장점을 지니고 있다. 우선 다수 회선을 같은 루트에 시설할 수 있고, 그 대부분은 지하에 매설되기 때문에 환경과의 조화가 용이하며 비바람이나 뇌 등의 기상조건에 영향을 받지 않는 등 설비의 안전성이 높다는 것을 들 수 있다. 그러나 가공전선로에 비해 같은 굵기의 도체로는 송전용량이 작고 건설비가 아주 비싸다는 결점이 있어 지중선의 건설은 특수한 경우에 한정되고 있다. [표 2-4]는 이 두 가지를 비교해 본 것이다.

【표 2-4 가공선과 지중선의 비교】

구 분	지중전선로	가공전선로
계통구성	환상방식	수지상방식
	망상방식	연계방식
	예비선 절체방식	예비선 절체방식
공급능력	동일루트에 다회선이 가능하여 도심지역에 적합	동일루트에 4회선 이상 곤란하여 전력 공급에 한계
건설비	건설비용 고가	지중설비에 비해 저렴

구 분	지중전선로	가공전선로
건설기간	장기간 소요	단기간 소요
외부영향	외부기상 여건 등의 영향이 거의 없음	전력선 접촉이나 기상조건에 따라 정전 빈도가 높음
고장형태	외상사고, 접속개소 시공불량에 의한 영구 사고발생	수목 접촉 등 순간 및 영구 사고발생
고장복구	고장점 발견과 복구가 어려움	고장점 발견과 복구 용이
유지보수	설비의 단순 고도화로 보수업무가 비교적 적음	설비의 지상노출로 보수업무가 많음
유도장해	차폐케이블 사용으로 유도장해 경감	유도장해 발생
송전용량	발생열의 구조적 냉각장해로 가공전선에 비해 낮음	발생열의 냉각이 수월해 송전용량이 높은 편임
안전도	충전부의 절연으로 안전성 확보	충전부의 노출로 적정 이격거리 확보
설비보안	지하시설로 설비보안유지 용이	지상노출로 설비보안유지 곤란
환경미화	쾌적한 도심환경 조성	도심환경 저해요인
신규수용	설비구성상 신규수용 대응 탄력성 결여	신규 수요에 신속 대처 가능
이미지	전력설비의 현대화	전통적 전력설비
	설비안전성 이미지 제고	위험 설비

II 지중선로의 전기방식과 계통 구성

지중선은 가공선에 비해 일반적으로 사고발생빈도가 적은 편이지만 일단 사고가 발생하면 보수에 상당한 시간이 소요되는 경우가 많다. 따라서 계통 구성은 공급신뢰도를 높이고, 유지보수 및 관리가 용이하고 경제적이 되도록 유의하여야 한다.
일반적으로 지중선은 특수한 지역에서만 가공선의 일부를 대신하는 것으로서 사용되지만 대도시에서는 지중선만으로 계통 구성이 이루어지는 수가 많다. 지중송전계통의 구성방법으로는 유닛·루프·방사·수지방식 등이 있다.

1) 유닛방식

유닛(unit)방식은 [그림 2-10]에 나타낸 바와 같이 변압기 고압 측의 차단기 및 모선을 생략하여 선로와 변압기를 직접 또는 개폐기를 통해 접속하는 방식으로서 다단자식이라고 부르기도 한다. 이 방식은 변전소의 소요면적을 대폭 줄일 수 있어 건설비가 저감되고 용지 확보가 비교적 용이하다는 장점이 있다.

유닛방식계통에서는 송전선 또는 부하측 변압기에 사고가 발생할 경우 전원 측과 변압기 2차 측 차단기가 동작해서 사고 부분을 분리하게 된다. 따라서 변전소 운전율은 변압기 1대가 정지하더라도 부하공급에 지장이 없도록 여유를 두어야 한다(도심부 중요 변전소에서는 양측에 전원변전소가 연결되도록 구성).

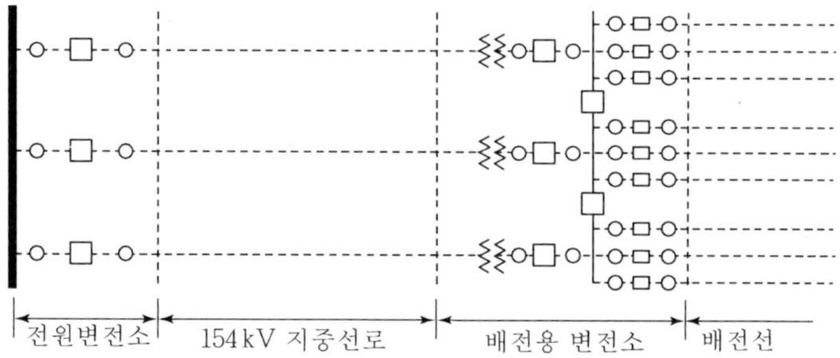

(a) 유닛방식 송전계통 구성

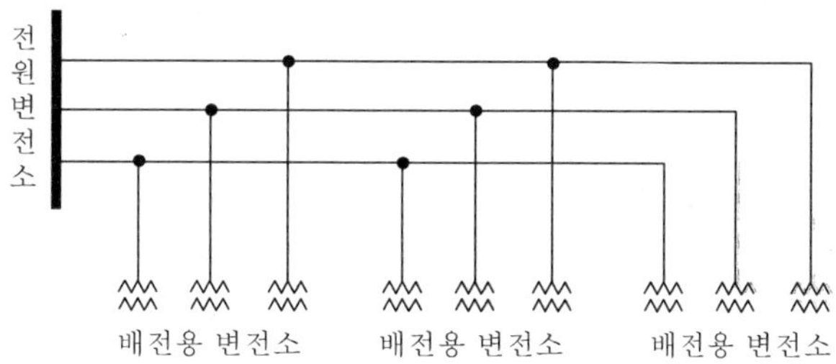

(b) 다단자 유닛식 계통 구성

【그림 2-10 유닛방식】

2) 루프방식

루프방식은 [그림 2-11]과 같이 선로를 루프상으로 구성하는 것으로 유닛방식보다 복잡하지만 송전선에 사고가 발생하면 사고구간 양측의 차단기가 동작해서 사고장소를 자동으로 분리할 수 있다. 이렇게 하면 사고에 의한 급전상의 지장을 극히 좁은 범위로 억제할 수 있다는 효과가 있고, 또 특고 수용가가 근거리에 밀집해 있을 경우에는 설비의 합리화를 기할 수 있어서 경제적으로도 매우 유리하다. 이 형식은 이미 유럽이나 미국 같은 곳에서는 널리 보급된 것으로 우리나라에서도 1970년대부터 서울 시내 중심부에 22kV 케이블로 본격적인 환상계통을 구성해서 좋은 실적을 올리고 있다.

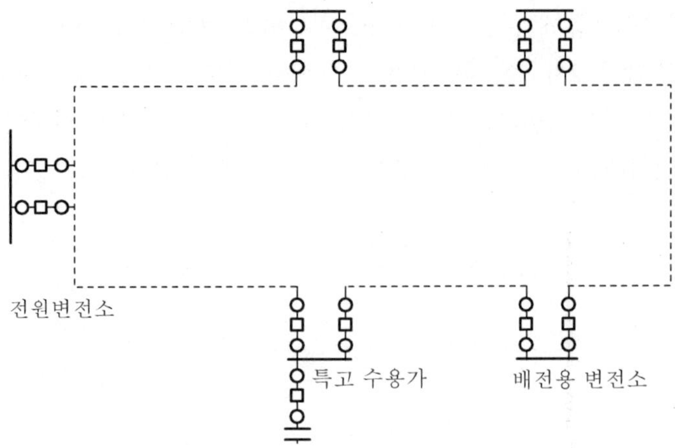

【그림 2-11 루프방식】

3) 방사상 방식

이 방식은 [그림 2-12]에 나타낸 바와 같이 1차 변전소로부터 복수장소의 2차 변전소(배전용 변전소) 내지 특고 수용가의 각각에 방사상으로 선로를 연결해서 전력을 공급하는 방식이다. 이 경우 각 변전소 내의 설비는 간단하게 되지만 지중선로의 경과지가 각각 별도로 되기 때문에 공사비가 비싸게 될 뿐만 아니라 운용과 보수면에서도 어려운 점이 많다.

이 방식은 고전압 지중송전계통에서 하나의 중요한 기본형식으로 되어 있다.

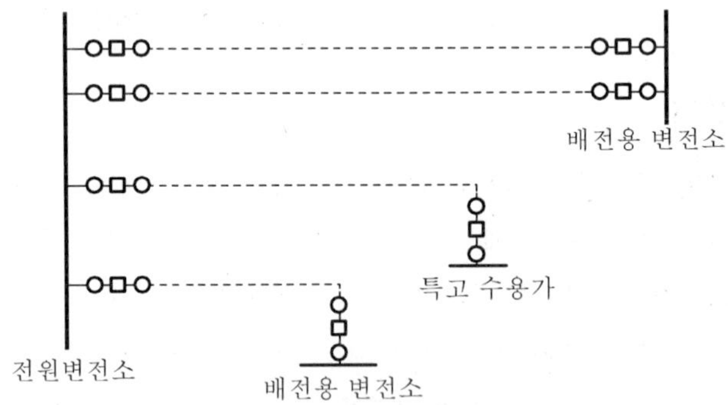

【그림 2-12 방사상 방식】

4) 수지상 방식

변전소로부터 인출된 비교적 큰 용량의 송전선(가공선인 경우가 많음)으로부터 부하분포에 따라 분기선을 연결·인출하는 방법으로서 선로 및 개폐기 등의 설비비가 적게 들지만 사고 시 정전범위가 넓어진다는 등 운용상의 결점이 있다.

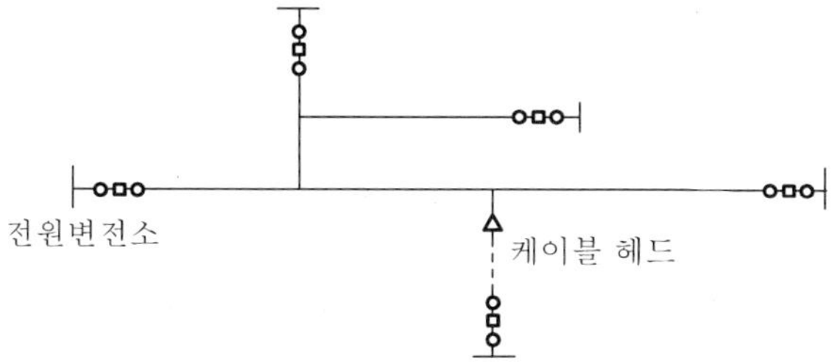

【그림 2-13 수지상 방식】

그러나 이 방식에서는 부하의 증대에 따라 도주에 연결될 분기선이 늘어나서 계통은 점점 복잡해지고, 보호방식도 그에 따라 더욱 복잡해지기 때문에 현재는 사용하지 않고 있다.

예제 2-2

전압 66kV, 주파수 60Hz, 길이 12km의 3상3선식 1회선 지중송전선로가 있다. 케이블의 심선 1선당의 정전용량이 0.04μF/km라고 할 때 이 선로의 3상 무부하 충전전류[A] 및 충전용량[kVA]을 구하여라.

풀이 케이블의 작용 정전용량 $C\,[\mu\text{F}]$는 선로길이가 12km이므로

$$C = 0.04 \times 12 = 4.8\mu\text{F}$$

구하고자 하는 충전전류 I_C는

$$I_C = W_C \frac{V}{\sqrt{3}} \times 10^{-3} = 120\pi \times 4.8 \times \frac{66}{\sqrt{3}} \times 10^{-3} \fallingdotseq 68.9\text{A}$$

따라서 충전용량 $Q_C\,[\text{kVA}]$는

$$Q_C = \sqrt{3}\,VI_C = \sqrt{3} \times 66 \times 68.9 = 7{,}876.5\text{kVA}$$

2.3 전력케이블의 종류

I 개요

전력케이블은 도체, 절연체 및 외장(보호피복)으로 구성되어 있다.

도체에는 전기용 연동선을 사용하고 단면적이 작은 것은 단선, 큰 것은 연선을 사용한다. 심선의 수에 따라 단심케이블, 2심케이블, 3심케이블로 구분되며 절연체로는 절연지, 고무, 플라스틱 및 주트(Juit) 등이 사용되고 있다.

현재 지중전선로용으로 일반적으로 사용되고 있는 케이블은 [표 2-5]와 같다. 참고로 [표 2-6]에서는 우리나라의 154kV 지중케이블의 현황을 나타내었다.

【표 2-5 전력케이블의 종류】

<table>
<tr><td rowspan="3">전력케이블</td><td rowspan="2">지절연 케이블</td><td>솔리드 케이블</td><td>벨트지 케이블(600V~15kV)
H지 케이블(11~33kV)
SL지 케이블(11~33kV)</td></tr>
<tr><td>압력형 케이블</td><td>저가스압 케이블(55kV급 이하)
OF케이블(66~500kV급)
POF케이블(66~500kV급)
플랫 케이블(66kV급)</td></tr>
<tr><td>고무·플라스틱 케이블</td><td colspan="2">CV케이블(600V~15kV)
EV고무케이블(*3~33kV)
BN케이블(*3~22kV)</td></tr>
</table>

【표 2-6 154kV 지중케이블의 현황】

연 도	1976년	1981년	1987년	1997년
총 154kV T/L[C·km]	4,211	6,831	8,991	15,097
지중T/L[C·km]	7	93	281	943
지중화율[%]	0.2	1.5	3.1	6.2

II 지절연 케이블

1) 벨트지 케이블

[그림 2-14]는 벨트지 케이블의 개요도로 도체 위에 절연지를 감고 있다. 이 절

연을 심절연이라 하는데, 3심의 경우에는 이들을 서로 꼬아서 빈 공간(Gap)부분에 개재절연물을 채운 다음 다시 절연지를 감는다. 이 절연을 벨트절연이라고 한다. 다시 그 위를 연피로 외장하는데, 이것은 도체 및 절연물에 기계적·화학적인 외상으로부터 보호하기 위한 것이다.

이 케이블은 바깥지름이 작아서 구조가 간단하고 경제적이긴 하지만 구조상 절연내력이 낮아서 주로 22kV 이하의 전선로에 사용된다.

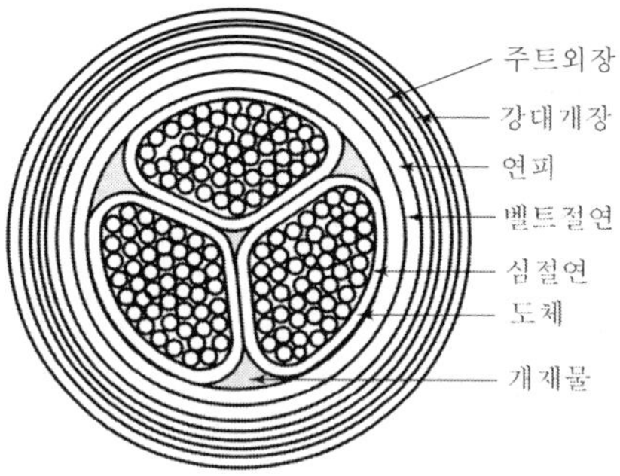

【그림 2-14 벨트지 케이블】

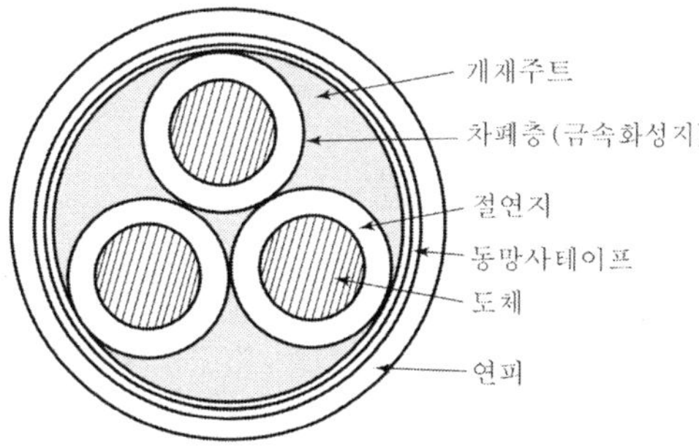

【그림 2-15 H지 케이블】

2) H지 케이블

일반적으로 절연층은 그 표면에 수직으로 가해지는 전기에 대해서는 절연내력이 크지만, 그 면에 면한 접선방향에 대해서는 약하기 때문에 이것이 원인이 되어 절연층의 열하를 가져온다. 이것을 방지하기 위해서 나온 것이 H지 케이블이다. 이것은 [그림 2-15]와 같이 벨트지 케이블에서의 벨트절연을 없애고 각 도체를 심절연한 후 그 위에 금속화성지 또는 동테이프를 감은 다음 3심을 꼬아서 외장한 것이다.

3) SL지 케이블

SL지 케이블은 도체를 유침지로 절연한 다음 [그림 2-16]과 같이 그 위에 연피를 시공한 3심을 꼬아서 외장을 시공한 케이블이다. 이것도 H지 케이블과 마찬가지로 각 선심을 절연한 다음 연피로 정전차폐시키고 있기 때문에 전기력선은 절연층과 직교하게 된다. 연피는 열용량이 커서 열의 양도체로 되기 때문에 열발산이 좋아 송전용량의 증대가 기대된다. 이것은 11~33kV급의 도시 송배전용으로 많이 사용되고 있다.

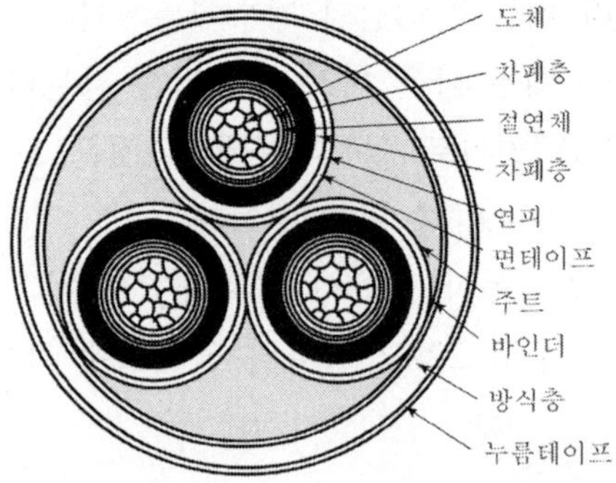

【그림 2-16 3심 SL지 케이블】

4) OF케이블

[그림 2-17]과 같은 구조의 3심 케이블인 경우에는 개재주트부에 개방형 기름통로가 설치되어 있어 케이블축과 직각 방향으로 기름이 출입해 절연층 내에 유압이 항상 걸리게 되어 있다.
이 케이블의 특징은 다음과 같다.

① 절연유 충전 후 공극이 발생하지 않는다.
② 온도변화에 의한 팽창·수축을 부설된 기름탱크에 흡수한다.
③ 외기의 침입이 방지되는 구조이다.
④ 절연체의 두께를 얇게 할 수 있다.
⑤ 사용온도가 높아 송전용량이 증대된다.

이러한 특성 때문에 OF케이블은 압력형 메이즐의 대표적인 것으로서 66kV 이상의 고전압케이블로 널리 사용되고 있다.

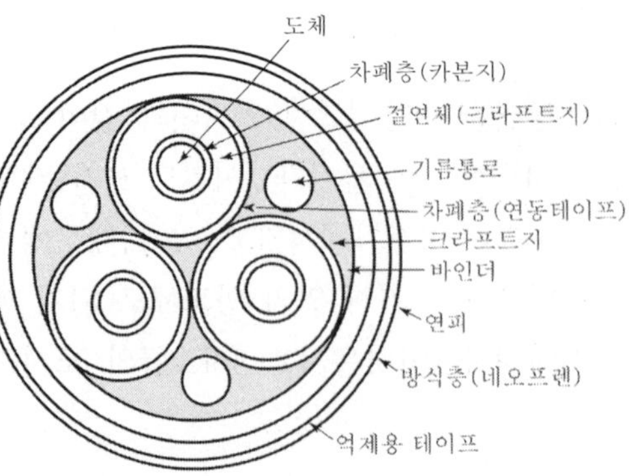

【그림 2-17 OF케이블】

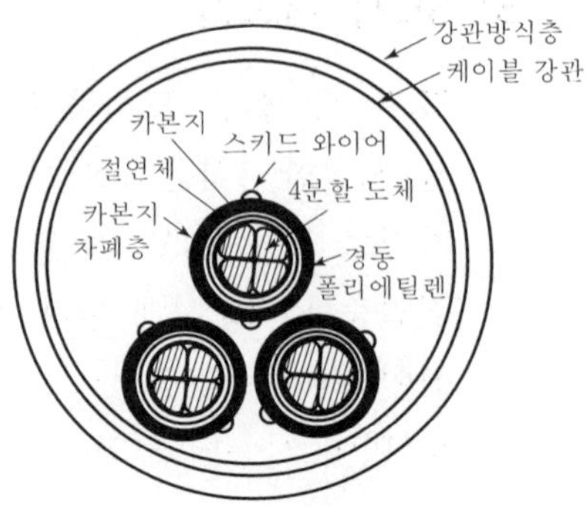

【그림 2-18 파이프형 케이블】

5) 파이프형 케이블

이 케이블에는 가스로 충전한 파이프형 가스케이블(PGF), 기름으로 충전한 파이프형 기름케이블(POF) 등이 있다.

[그림 2-18]은 POF의 개요도이다. 이것은 케이블 외피에 해당하는 강관을 먼저 매설한 후 강관 내에 케이블과 절연류를 삽입한다. 여기서는 절연체가 항상 높은 유압으로 가압된 절연유로 충만되어서 가스가 들어갈 수 없기 때문에 초고압케이블로서는 안정된 절연성능을 지니고 있다.

이 케이블이 갖는 장점은 다음과 같다.

① 케이블 중량이 가볍다.
② 제조과정이 용이하다.
③ OF케이블이 비해 접속방법이 쉽다.
④ 기계적 강도가 강하다.
⑤ 강관에 의한 차폐효과로 통신선 유도장해가 경감된다.

한편으로는 절연유를 대량으로 필요로 하고 특수한 급유설비를 따로 설치하지 않으면 안 된다는 결점도 있다.

오늘날 이 케이블은 특히 케이블 내에 채워진 절연유를 순환시킴으로써 케이블의 온도를 쉽게 제어할 수 있고, 강제냉각장치를 설치함으로써 송전용량을 증대시킬 수 있다는 장점을 지니고 있어 66~500kV급 케이블로 많이 쓰이고 있다.

III 새로운 전력케이블

전력 수요의 증가와 더불어 전력의 대량 생산과 대량 수송이 필요하게 됨에 따라 수송수단으로서 지중케이블의 대용량화가 관심을 모으고 있다. 지중케이블의 대용량화를 위한 방법으로는 ① 송전전압의 고전압화 ② 전류용량의 증대화가 있다.

전자의 고압화에 대해서는 현재 154~345kV의 고전압송전이 실시되고 있으며 외국에서는 500kV급 송전도 발전소 인출구 등에서 일부 채용되고 있다. 후자의 전류용량 증대화에 대해서도 종래의 케이블을 가령 도체의 굵기를 늘린다거나 강제냉각방식의 도입, 절연체 재료의 개량에 의한 내열성능의 향상 및 유전체손의 저감 등 여러가지 개선책이 모색되고 있으며, 한편으로는 신형 케이블의 개발도 의욕적으로 추진되고 있다.

이러한 신형 케이블에는 ① 관로기중 케이블 ② 극저온 케이블 ③ 초전도 케이블 등의 개발이 추진되고 있다.

1) 관로기중 케이블

관로기중 케이블(가스절연 스페이서 케이블)은 [그림 2-19]와 같이 도체로 파이프(알루미늄 또는 동)를 사용하고 에폭시 수지에 의한 절연 스페이서로 금속시스(강관, 알루미늄관, 스테인리스관) 내를 지지하며 SF_6 가스를 사용하는 것으로 다음과 같은 특징이 있다.

① 가공선과 거의 비슷한 정도의 송전용량을 가질 수 있다.
② SF_6 가스는 비도전율이 거의 1로 공기와 같기 때문에 OF케이블에 비해 정전용량이 1/10 이하로 되어 충전 전류가 작다.
③ 유전체손은 무시할 수 있을 정도로 작기 때문에 온도상승에 따른 송전용량의 제약을 받지 않는다.
④ 공장 제조단위 길이가 짧기 때문에 현장에서의 접속장소가 많아지므로 용접 시의 접속방법이나 작업환경에 특히 주의해야 한다.

현재 이 관로기중 케이블은 사이즈에 의한 가격차가 작아서 1회선당 3,000~6,000A로 대용량이 필요한 경우 경제적으로 유리한 선로이다. 또한 여기에 강제냉각을 부가해 500kV에서 8,000A의 전류를 흘릴 수 있으므로 600~1,000만kW의 송전용량을 보낼 수 있다. 이 케이블에는 단심형과 3심형이 있는데, [그림 2-19]는 잔심형의 예이다.

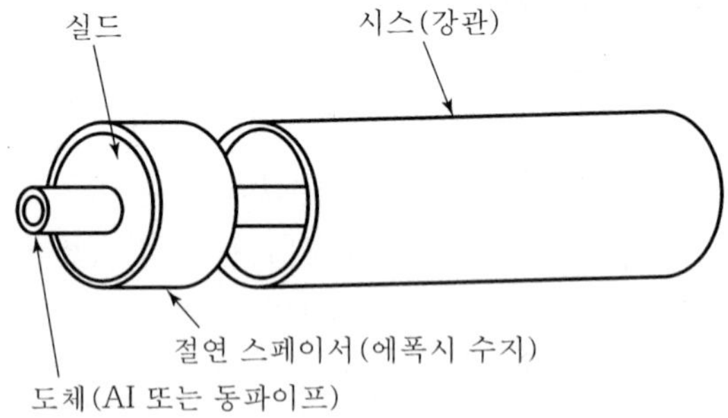

【그림 2-19 관로기중 케이블】

2) 극저온 케이블

이 케이블은 고순도의 알루미늄 또는 동을 사용한 도체를 20~80K의 극저온으로 냉각해서 도체저항을 두 자리 정도 이하로 낮춤으로써 대전류를 송전하려고 하는 것이다. 케이블의 구조는 종래의 파이프형 OF케이블과 마찬가지로 파이프 내에 도체를 삽입한다. 냉각방법으로는 도체의 중공부분에 냉각매체인 액체수소를 흘려서 절연을 액체수소함침의 절연지를 사용하는 것과, 종이에 같은 고체절연물을 사용하지 않고 진공에서 열절연과 전기절연을 겸해서 할 수 있게 중공도체의 내부에 액체질소를 흘려주는 구조의 것이 고안되고 있다.

[그림 2-20]은 액체질소를 사용한 극저온케이블의 구조의 일례이다. 이 케이블은 전압 500~700kV에서 300~500만kV의 송전용량을 목표로 하고 있다.

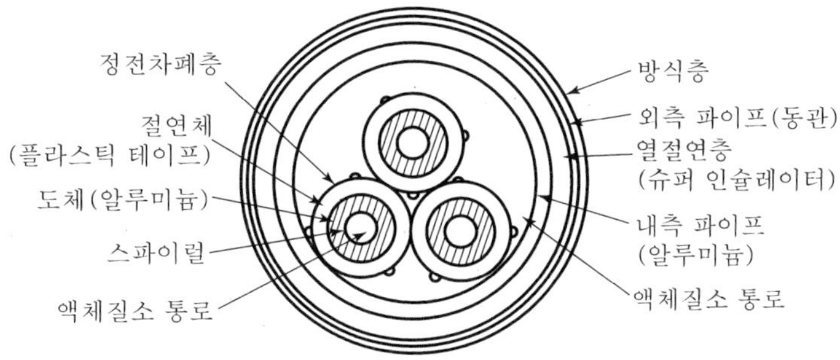

【그림 2-20 극저온케이블】

3) 초전도케이블

최근 우리나라에서도 초전도가 관심을 모으고 있는데, 이 케이블은 절연 오도에서 저항이 0으로 된다는 초전도현상을 이용한 무손실 대용량 송전을 지향하고 있다. 액체헬륨이나 액체질소로 온도를 4~5K까지 낮추어 도체에 니욥, 니욥티탄 등의 초전도재료를 사용함으로써 전기저항을 0에 접근시키는 것으로 [그림 2-21]은 초전도케이블의 구조 예이다.

현재 목표로 하고 있는 송전용량은 500kV에서 1,000만kW 정도이다.

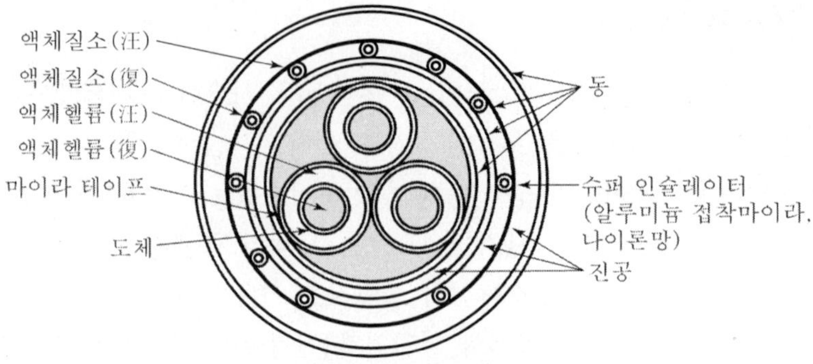

【그림 2-21 초전도케이블】

2.4 전력케이블의 시공방식

지중전선로의 건설비는 일반적으로 가공전선로에 비해서 훨씬 비싸므로 경과지를 선정함에 있어서 선로길이를 될 수 있는 대로 단축해야 하며, 다음과 같은 도로는 가능한 피하도록 해야 한다.

① 건설 또는 보안상 불편하고 좁은 길
② 굴착에 많은 공사비가 소요되는 경질포장도로 및 지하수가 많은 도로
③ 교통이 빈번해서 작업하기 어려운 도로
④ 굴절 또는 고저의 차가 심한 도로
⑤ 전기적인 부식의 우려가 있는 도로

전력케이블의 시공방법으로는 직접매설식(직매식), 관로인입식(관로식) 및 암거식의 세 가지가 주로 사용되고 있다. 또 특수한 경우로서 하천을 횡단할 때 경과지 부근의 다리에 첨가하는 교량첨가식, 케이블 전용으로 다리를 놓고 여기에 시공하는 전용교식, 수저(또는 해저)를 횡단하는 수저식 및 가공식 등이 있다.

1) 직매식

이 방법은 외장케이블에 간단한 보호시설을 한 다음 직접 땅 속에 묻는 것이다. 즉,

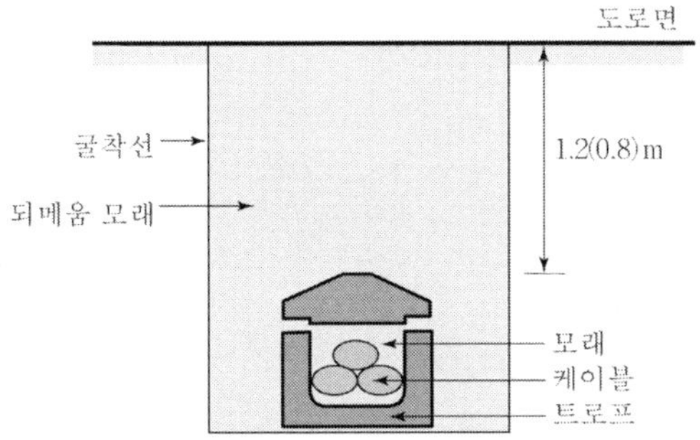

【그림 2-22　직매식 케이블 설치도】

[그림 2-22]와 같이 시공부분을 일정 깊이까지 파서 토관 또는 철근콘크리트제 트로프(trough) 등의 방호물을 깔고 이 속에 케이블을 넣은 후에 그 주위를 모래로 꽉 채우고, 철평석 또는 철근콘크리트제의 뚜껑으로 덮어준 다음 흙으로 묻는 것이다. 이때 덮어주는 흙의 깊이(토관이라고도 함)는 중량물의 압력을 받는 곳에서는 1.2m 이상으로 해야 한다.

이 방식은 관로식에 비해서 공사비가 싸고 케이블의 열발산이 좋아 허용전류가 크며, 케이블의 도중 접속이 가능하므로 케이블의 융통성이 있고 공사기간도 짧다는 장점이 있으나, 그 반면 케이블이 손상을 받기 쉽고 재시공이나 증설이 곤란하며 보수점검이 불편하다는 결점이 있다.

우리나라에서는 초기 지중화 공사 시에 많이 이용했으나, 최근에는 여건상 그다지 이용하지 않고 있다.

2) 관로식

이 방식은 [그림 2-23]과 같이 강관, 흄관, 철근콘크리트관 등을 사용해서 수~수십 가닥의 관로(Duct)를 축조하고 적당한 간격(일반적으로 100~200m 정도)으로 설치한 맨홀로부터 케이블을 집어넣는 방식으로 케이블은 맨홀 내에서 접속한다.

관로식은 직매식과 비교해서 건설비가 많이 들고 공기도 길어지지만 사고가 적고, 사고가 나더라도 땅을 파내지 않고 바로 맨홀에서 관로로부터 케이블을 뽑아내 쉽게 복구할 수 있다는 장점이 있다.

이것은 주로 다음과 같은 곳에서 많이 채택되고 있다.

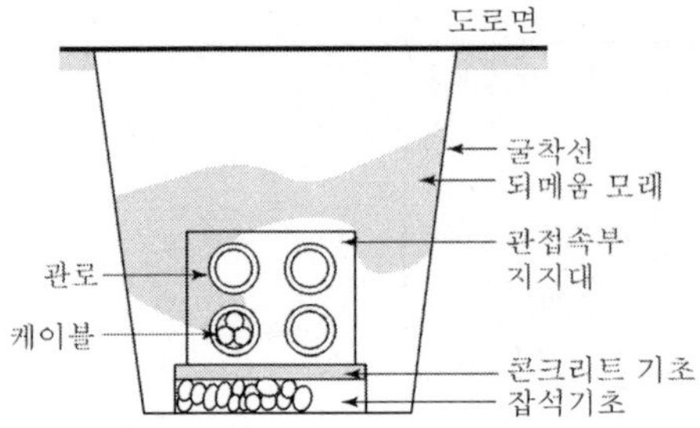

(a) 정면도

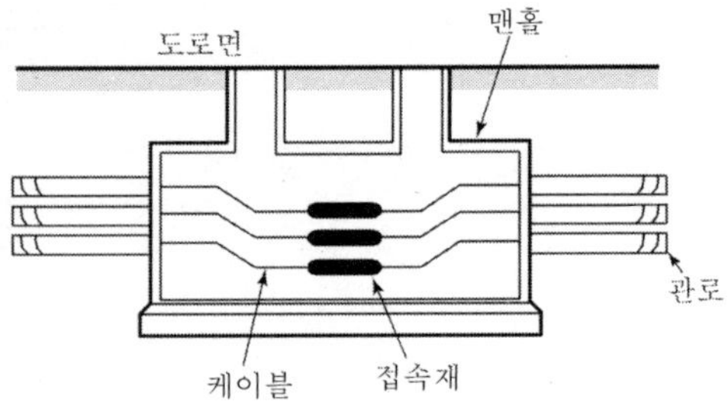

(b) 측면도

【그림 2-23 관로식 케이블 설치도】

① 지중선 루트에서 케이블 회선수가 3회선 이상 9회선 미만일 경우
② 장래 회선증설이 예상되는 경우
③ 도로가 경질포장이거나 교통이 빈번해서 굴착작업이 곤란한 경우

이 관로식은 최근 우리나라에서 가장 많이 적용하는 공사방식이다.

3) 전력구식

이 방식은 터널과 같은 구조물 내에 케이블을 시공하는 방법으로 일반적으로 회선수가 많은(가령 회선수 9회선 이상) 케이블을 수용할 경우에 사용되며, 관로식과 마찬가지로 맨홀을 설치한다. 발·변전소 등의 구내에서 케이블 피트에 시공하는 경우도 이 방식의 일종이라고 할 수 있다.

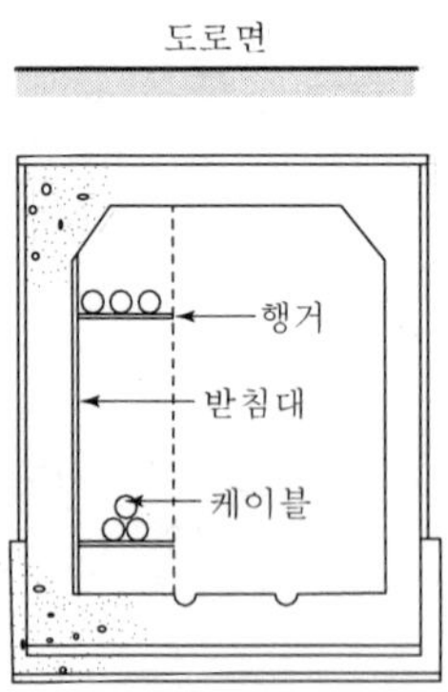

(a) 암거식(동도)

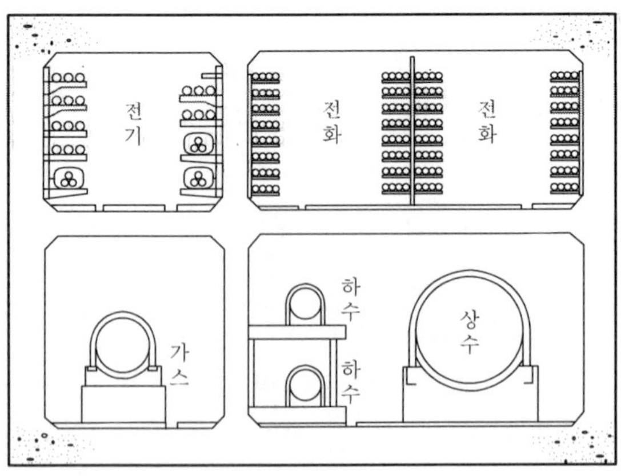

(b) 공동구식

【그림 2-24】

최근 많이 쓰이고 있는 공동구식도 암거식의 일종으로 [그림 2-24]와 같이 같은 도로에 상·하수도, 가스, 전화, 전력 등의 지중공작물을 시설할 경우 공동의 지하구를 만들어서 시공하는 것으로 도시시설로서 중요한 의의를 갖는다.

보통 케이블 1권의 길이는 150~200m에 지나지 않으므로 전선로 도중에 접속해 주지 않으면 안 된다. 일반적으로 이러한 케이블의 접속장소가 송배전계통 절연상의 취약점이 되고 있으며 여기서 절연사고가 일어나는 예가 대단히 많다. 그 이유는 이들 케이블의 접속작업이 주로 교통이 빈번한 도로나 좁은 맨홀 내의 현장작업으로 수행되기 때문에 불완전해지기 쉬워서이므로 케이블의 접속작업은 특히 세심한 주의와 충분한 기술을 필요로 한다.

[표 2-7]에 이들 각 시공방법의 장·단점을 비교하였다.

【표 2-7 케이블 시공방법의 비교】

시공방법	장 점	단 점
직 매 식	• 공사비가 적게 듦 • 열발산이 좋아 허용전류가 큼 • 케이블의 융통성 있음 • 공사기간 짧음	• 외상을 받기 쉬움 • 케이블 재시공, 증설 곤란 • 보수점검 불편
관 로 식	• 케이블 재시공, 증설 쉬움 • 외상을 잘 안 입음 • 고장복구가 비교적 쉬움 • 보수점검 편리	• 공사비가 많이 듦 • 회선량이 많을수록 송전용량 감소 • 케이블의 융통성 적음 • 공사기간 김 • 신축, 진동에 의한 시스의 피로가 큼
전력구식	• 열발산이 좋아 허용전류가 큼 • 많은 가닥수 시공에 편리	• 공사비가 매우 많이 듦 • 공사기간 김 • 케이블 화재 시 피해가 파급, 확산됨

2.5 지중전선로의 방식 문제

금속의 부식은 습식과 건식으로 크게 나누어진다. 건식은 가스 등에 의한 부식으로 가공케이블에서 문제가 되며, 지중케이블과 같은 매설금속체의 부식은 거의 습식으로 전식과 화학부식으로 구별된다. 이 중 전식은 토양 또는 바닷물 가운데 존재하는 누설전류에 의해 생긴다. 이 누설전류는 일반적으로 전기철도의 레일, 다른 전기방식장치, 직류기기의 접지 및 전기용접기 등에 의해 생기는데, 그중 직류 전기철도의 레일로부터 흐르는 전류가 가장 많다.
이러한 원인으로 만일 전류가 케이블 금속외피에 유입되면 유입점은 전기방식을 실시한 상태가 되지만, 전류가 토양 가운데로 유출되는 경우에는 금속이 양이온이 되어 유출되므로 급격히 부식된다([그림 2-25] 참조).

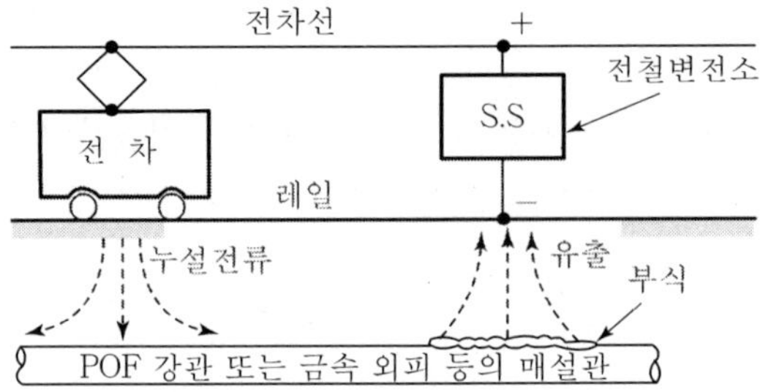

【그림 2-25 누설전류 유출에 의한 부식】

케이블 금속외피의 부식을 방지하기 위해서는 비닐로 방식층을 만드는 것 이외에 전기적인 방식을 채용하고 있는데, 크게 유전양극법, 외부전원법 및 배류법 등으로 나눌 수 있다.

1) 유전양극방식

이 방식은 [그림 2-26]과 같이 이종금속 간의 전위차를 이용해 방식전류를 얻는 방법으로, 피방식 금속보다 부식하기 쉬운 금속을 전해질 내에서 연결하면 부식하기 쉬운 금속이 양극, 피방식 금속이 음극이 되므로 방식전류가 양극에서 음극으로 흐르게 되어 방식효과를 얻는 것이다.
이 방식은 전원이 없어도 되므로 분산배치가 용이하고 공사비도 싸다는 장점이 있으나 방식 유효범위가 좁아서 국부 방식에 쓰일 뿐이다.

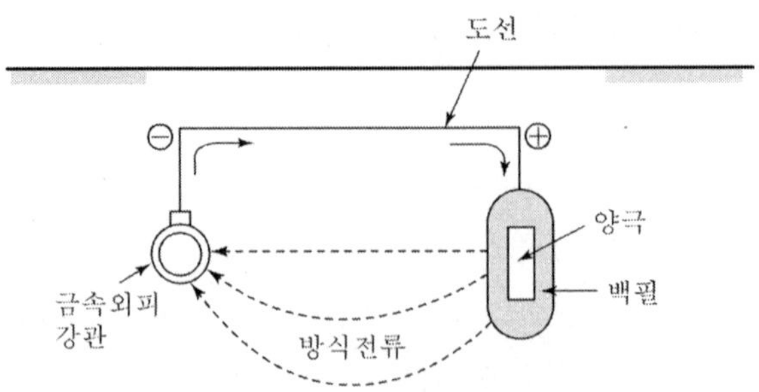

【그림 2-26 유전양극방식의 개념도】

2) 외부전원방식

외부전원방식은 직류전원장치의 양극을 전해질 내에 설치한 전극(희생 양극)에 접속하고 음극을 피방식 금속에 접속한 후 전압을 가해 방식전류를 얻는 방법으로 직류전원장치, 전극군 및 부속배선으로 구성되어 있다.

이 방식은 직류전원설비가 소요되지만 방식효과가 크고 유효 범위도 넓다는 장점이 있으나, 또 한편으로는 주위의 다른 매설물의 간섭에 의한 전식을 일으킬 수 있으므로 도심지역에서는 적용 예에 주의해야 한다.

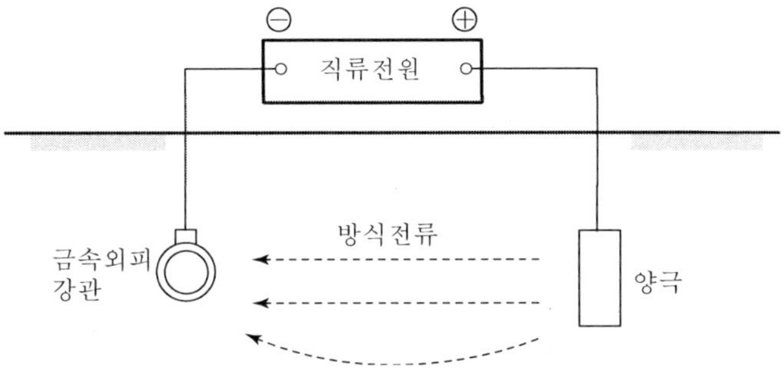

【그림 2-27 외부전원방식】

Q2 연습문제

01 3상 수직 배치인 선로에서 오프셋(off-set)을 주는 이유는?

02 경간거리 200m, 전선장력 1,000kg, 전선의 중량이 2kg/m인 전선로의 딥은 몇 m인가? (단, 전선지지점에 고저차가 없다고 한다.)

03 그림과 같이 지지점 A, B, C에는 고저차가 없으며, 경간 AB와 BC 사이에 전선이 가설되어 그 이도가 12cm이었다고 한다. 지금 지지 점 B에서 전선이 떨어져 전선의 이도가 D로 되었다면 D는 몇 cm가 되겠는가?

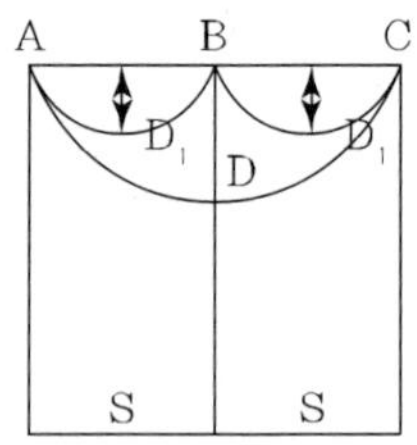

04 경간이 200m인 가공선로가 있다. 사용 전선의 길이[m]는 경간보다 얼마나 크면 되는가? (단, 전선의 1m당 하중 2.0kg, 인장 하중은 4,000kg이며 풍압하중은 무시하고 전선의 안전율은 2라 한다.)

05 소호각(arcing horn)의 역할은?

06 250mm 현수애자 10개를 직렬로 접속된 애자련의 건조 섬락 전압이 590kV이고 연효율(string efficiency) 0.74이다. 현수 애자 한 개의 건조 섬락 전압은 약 몇 kV인가?

07

154kV 송전선의 최소절연간격[mm]은?

08

그림과 같이 각 도체와 연피간의 정전용량이 C0, 각 도체 간의 정전 용량이 Cm인 3심케이블의 도체 1조당의 작용 정전용량은?

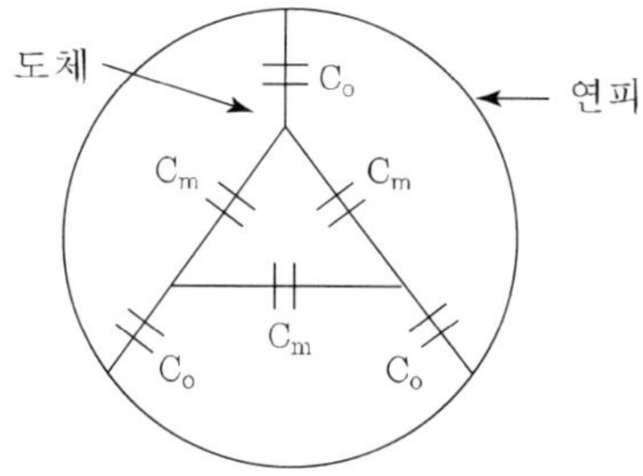

09

케이블 부설 후 현장에서 절연 내력 시험을 할 때 직류로 하는 이유는?

10

그림과 같이 변압기 2대를 사용하여 정전 용량 1μF인 케이블의 내압 시험을 행하였다. 60Hz인 시험 전압으로 5,000V를 가할 때 저압측의 전류계 A 및 전압계 V의 지시값은?

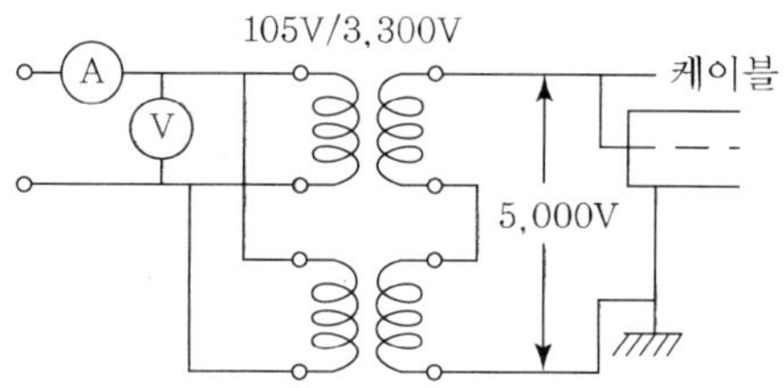

(단, 여기서 변압기의 탭전압은 저압측 105V, 고압측은 3,300V로 하고 내부 임피던스 및 여자 전류는 무시한다.)

11

그림과 같이 지선을 가설하여 전주에 가해진 수평장력 800[kg]을 지지하고자한다. 지선으로써 4mm 철선을 사용한다고 하면 몇 가닥 사용해야 하는가? (단, 4mm 철선 1가닥의 인장하중은 440kg으로 하고 안전율은 2.5이다.)

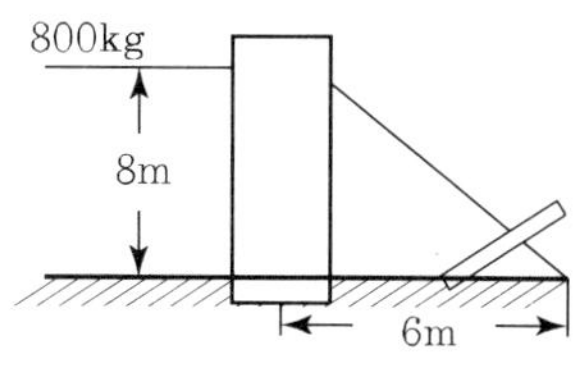

Transmission and Distribution Engineering

PART 3
송전 특성

PART 3 송전 특성

송전선, 즉 발전소와 수용지 부근의 변전소를 잇는 전선로는 전기회로로서는 일견 단순한 것 같지만, 전선의 전위경도가 어느 한도를 넘으면 일어나는 코로나현상이나 교류송전을 주로 할 수 밖에 없는 현재의 송전방식에서는 송전전력의 극한과 송전계통의 안정도에 대한 어려운 문제가 따른다. 따라서 전력계통의 움직임을 이해하려면 먼저 송전선의 전기적 특성을 파악하는 것이 중요하다.

3.1 선로정수

송전선로는 저항, 인덕턴스, 누설 컨덕턴스 및 정전용량이 4정수를 가진 하나의 연속된 전기회로이다. 송전선로의 전기 특성을 계산하는 데는 이 4정수, 즉 선로정수를 먼저 충분히 이해하고 응용능력을 습득할 필요가 있다.

선로정수는 전기의 종류, 굵기, 전선의 배치에 따라 정해지는 것으로 송전전압·전류 또는 역률 등에 의해 영향을 받지 않는 것이 원칙이다. 그러나 전류밀도가 커지면 발열로 인한 온도상승으로 저항이 증가하고, 고압송전선로에서 코로나가 발생하면 정전용량이 다소 증가하거나 누설 컨덕턴스가 커지는 일이 있으나 이것은 특별한 경우라고 생각되어지고 있다.

I 저항

전선의 저항을 20℃에서의 것으로 나타나면 대체로 경동선은 도전율 97%, 저항률 $1/55\Omega/m \cdot mm^2$이다. 그리고 ACSR은 강심은 고려하지 않고 알루미늄에 대해서만 생각하면 도전율 61%, 저항률 $1/35\Omega/m \cdot mm^2$이다.

경동선이나 ACSR의 전선표에서는 20℃에서의 저항을 나타내고 있다. 저항은 온도가 변하면 당연히 달라지는데, 그 값은 전선의 특정 온도 t_0[℃]에서의 저항을 R_{t_0}, t_0[℃]에서의 저항을 R_t라 하면

$$R_t = R_{t_0}[1 + \alpha(t - t_0)] \quad \cdots\cdots (3.1)$$

온도계수 α도 대체로 20℃에서의 값을 기준으로 하지만 다른 온도 t[℃]일 때의 계수 α_t는 다음 식과 같이 다소 변화하는데, 일반적인 경우의 저항변화는 20℃에서의 계수를 써도 큰 차이는 없다.

$$\alpha_t = \frac{1}{\dfrac{1}{\alpha_{20}} + (t - 20)} \quad \cdots\cdots (3.2)$$

표준연동의 온도계수는 20℃에서 1deg에 대하여 0.00393(=1/234.5)이다. 도전율이 C%인 동선의 온도계수 α_c는 $0.00393 \times C/100$로 구할 수 있다. 그러므로 도전율 97%인 경동선의 온도계수는 0.00381로 된다. 또한 20℃에서의 경알루미늄은 0.0040이다.

II 인덕턴스

회로에 전류 i가 흐르면 그 회로는 자신의 전류로 생긴 자속과 쇄교하고, 전류가 변화하면 자속쇄교수가 변해 회로 내에 이 변화를 막는 방향으로 기전력 e가 유기되어 식 (3.3)과 같이 된다.

$$e = -L\frac{di}{dt}[\text{V}] \quad \cdots\cdots (3.3)$$

이 비례정수 L을 이 회로의 자기 인덕턴스라 한다. 또한 역기전력 e는 쇄교자속 ψ의 시간적 변화율로서, $e = -d\psi/dt$이므로

$$L = \frac{d\psi}{di}[\text{H}] \quad \cdots\cdots (3.4)$$

또 투자율이 일정하면 다음과 같은 관계가 있다.

$$L = \frac{\psi}{i}[\text{H}] \text{ 또는 } \psi = Li[\text{Wb}] \quad \cdots\cdots (3.5)$$

다음에 A, B 두 회로에 전류 i_a, i_b가 흐르고 있을 때, i_b에 의해서 A회로에 유기

되는 기전력 e_a와 i_a에 의한 B 회로에 유기기전력 e_b는

$$e_a = -M\frac{di_b}{dt}\text{[V]},\ e_b = -M\frac{di_a}{dt}\text{[V]} \quad\cdots\cdots (3.6)$$

이 M[H]의 값은 서로 같은데, 이것을 AB양 회로 간의 상호 인덕턴스라 한다.
보통 송배전선로의 경우 언제나 왕복선을 고려하므로 편의상 다음에 기술하는 바와 같이 위의 자기 인덕턴스와 상호 인덕턴스를 일체로 하여 전선1조(1상)당에 대한 것을 말하고, 이것을 그 전선의 인덕턴스라 한다.

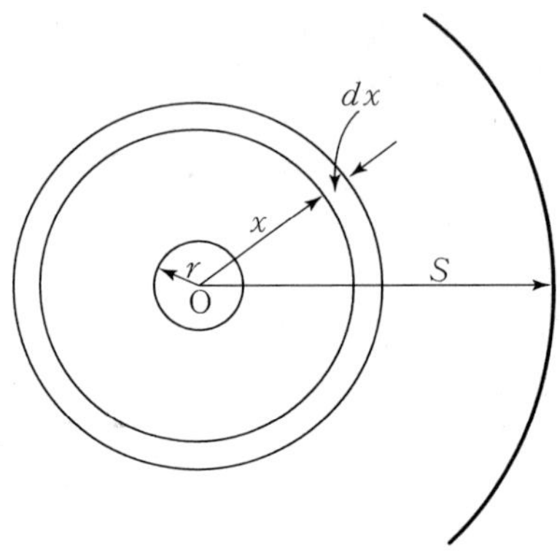

【그림 3-1 도선의 외부자속】

1) 직선상 도선 주위의 자속

왕복2조의 평행직선상 도선에 I[A]의 전류가 흐르면 1권(One Turn)의 코일과 같이 I[AT]의 기자력을 생기게 해서 도선을 돌려감는 자속을 만든다. 귀로의 도선이 극히 먼 곳에 통하고 있어서(대지전로의 경우도 포함) 그 영향을 무시할 수 있을 때는 주회로의 도선을 돌려감는 자속은 도선을 축으로 하는 동심원통의 모양으로 분포된다.

(1) 도선 외부

[그림 3-1]과 같이 전선의 중심 O에서 x의 거리에 따라 길이 1m의 원통형 자로를 생각하면, 도선에 I[A]의 전류를 흘릴 때 원통위 자계의 세기는 $H = I/2\pi x$[AT/m]이고, $B = \mu H = \mu_s \mu_0 H$로 되는데 공기의 투자율은 진공의 경우와 거의 같아서 $\mu_s \fallingdotseq 1$ 이므로 $\mu = \mu_0 = 4\pi \times 10^{-7}$이기 때문에

$$B = \frac{4\pi \times 10^{-7} \times I}{2\pi x} = \frac{2I}{x} \times 10^{-7}\text{[Wb/m}^2\text{]} \quad\cdots\cdots (3.7)$$

길이 1m의 원통단면 $dS = 1 \times dx\,[\mathrm{m}^2]$의 부분을 통하는 자속은 $d\psi = Bds = Bdx$이므로 여기에 전류 I를 흘렸을 때의 자속쇄교수 $d\phi_0$는

$$d\phi_0 = I \times d\psi = \frac{2I^2}{x} \times 10^{-7} dx \quad \cdots\cdots (3.8)$$

도선의 반지름을 r[m]이라 하면, 그 외부에서 반지름 S[m]까지의 범위 내에 있는 도선 외부의 자속쇄교수 ϕ_0는 길이 1m마다

$$\phi_0 = 2I^2 \times 10^{-7} \int_r^s \frac{dx}{x} = 2I^2 \times 10^{-7} \log \frac{S}{r}\,[\mathrm{A \cdot Wb}] \quad \cdots\cdots (3.9)$$

여기서 S를 무한대로 놓으면 ϕ_0도 무한대로 되지만, 실제로는 선로의 영향이 있기 때문에 그렇게는 되지 않는다.

(2) 도선 내부

전류 I가 단면을 균일하게 흐르고 있는 반지름 r의 도선에 있어서 [그림 3-2]와 같이 중심 O에서 반지름 x의 곳에 두께 dx[m], 길이 1m의 동심 원통을 생각하면, 반지름 x의 내부전류는 $I_x = Ix^2/r^2$[A]이다.

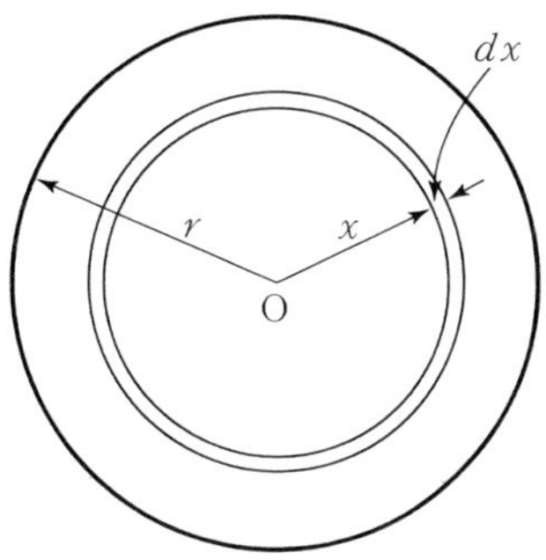

【그림 3-2 도선의 내부자속】

이것이 축상에 집중하는 것으로 하고 축에서 x의 거리에 있는 전류의 방향과 수직으로 생기는 자속밀도 B는

$$B = \mu H = \mu_0\, \mu_s \frac{I_s}{2\pi x} = \frac{2\mu_s Ix}{r^2} \times 10^{-7}\,[\mathrm{Wb/m^2}] \quad \cdots\cdots (3.10)$$

따라서 이 도선 내의 축에서 x거리에 있어서의 미소두께 dx로서 도선에 따라 1m의 단면에 I_s와 쇄교하는 자속쇄교수 ϕ_i는

$$d\phi_i = I_x\, d\psi = \frac{2\mu_s I}{r^2} \times 10^{-7} \times I_x\, x dx = \frac{2\mu_s I^2}{r^4} \times 10^{-7} \times x^3 dx \quad \cdots\cdots \ (3.11)$$

그러므로 도선 내의 길이 1m마다의 전자속쇄교수 ϕ_i는

$$\phi_i = \frac{2\mu_s I^2}{r^4} \times 10^{-7} \int_0^r x^3 dx = \frac{\mu_s I^2}{2} \times 10^{-7} [\mathrm{A \cdot Wb}] \quad \cdots\cdots \ (3.12)$$

이와 같이 해서 주회로도선의 내외에 있어서 길이 1m마다의 전자속쇄교수는 식(3.9), (3.12)에서 다음과 같이 된다.

$$\phi = \phi_i + \phi_0 = \left(\frac{\mu_s}{2} + 2\log\frac{S}{r} \right) I^2 \times 10^{-7} [\mathrm{A \cdot Wb}] \quad \cdots\cdots \ (3.13)$$

2) 왕복 2도선의 인덕턴스

[그림 3-3]과 같이 직선상 평행2도선에 왕복전류 $+I$[A] 및 $-I$[A]가 각각 흐르고 있는 것으로 한다.

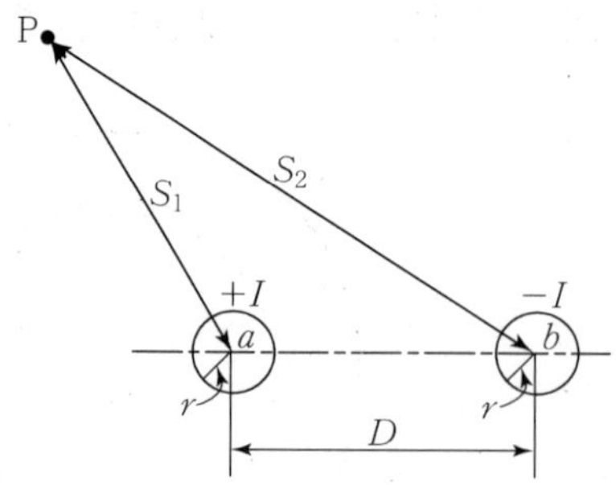

【그림 3-3 왕복 2도선의 자속쇄교수】

a 선의 전류 $+I$와 자속 중 P점 이내에 있는 자속과의 사이의 자속쇄교수 ϕ_{aa}는 식 (3.13)에서

$$\phi_{aa} = \left(\frac{\mu_s}{2} + 2\log\frac{S_1}{r} \right) I^2 \times 10^{-7} [\mathrm{A \cdot Wb}] \quad \cdots\cdots \ (3.14)$$

다음에 b선의 전류에 의한 자속과 a선의 전류와의 쇄교수 ϕ_{ab}는 b선을 중심으로 하여 반지름 D의 외측에서 거리 S_2인 P점까지의 범위의 자속에 의하는 것이므로 식 (3.9)에서 역시 다음과 같다.

$$\phi_{ab} = -2\log\frac{S_2}{D} I^2 \times 10^{-7} \quad \cdots\cdots \ (3.15)$$

길이 1m당 a 선전류와의 전쇄교수 ϕ_a는 $S_1 = S_2 = S \gg D$로 볼 수 있을 정도로 거리 S를 크게 잡으면

$$\begin{aligned}\phi_a = \phi_{aa} + \phi_{ab} &= \left(\frac{\mu_s}{2} + 2\log\frac{S}{r} - 2\log\frac{S}{D}\right) I^2 \times 10^{-7} \\ &= \left(\frac{\mu_s}{2} + 2\log\frac{S}{D}\right) I^2 \times 10^{-7}\end{aligned} \quad \cdots\cdots\cdots\cdots\cdots (3.16)$$

이것이 a 선의 길이 1m마다의 인덕턴스 L_a를 나타내게 되고 b 선에 대해서도 같은 결과가 된다. 또 위 식의 오른쪽변의 $\mu_S/2$는 그 내부의 자속쇄교수에 의한 것으로, 도선의 굵기에는 관계없이 보통의 경동선이나 강심알루미늄 연선에서는 $\mu_s = 1$로 볼 수 있으므로, 대체로 전선1조의 단위길이당의 인덕턴스는 $I = 1$[A]로 놓아서 다음 식으로 나타낼 수 있다.

$$\begin{aligned}L = L_a = L_b &= \left(\frac{1}{2} + 2\log\frac{D}{r}\right) \times 10^{-7} \text{ [H/m]} \\ &= 0.05 + 0.4605\log_{10}\frac{D}{r} \text{ [mH/km]}\end{aligned} \quad \cdots\cdots\cdots\cdots\cdots\cdots\cdots (3.17)$$

이 식의 L은 왕복선, 즉 단위전류 I'와 $-I'$가 흐르고 있는 경우의 인덕턴스인데, 평행상태의 교류단상2선식 또는 직류2선식의 1조 1km당의 인덕턴스로서 이것을 특히 작용 인덕턴스라 한다.

3) 3상1회선 송전선의 인덕턴스

반지름이 같은 3전선 a, b, c가 D의 간격으로 배치되어 평행3상교류 I_a', I_b', I_c'가 흐르는 것으로 하면, a 선의 자속쇄교수는 I_a'에 의한 쇄교수와 I_b' 및 I_c'에의 자속 중 a 선에 쇄교하는 것과의 합으로 되는데, 평행3상교류 전류는 I_a', I_b', $I_c' = 0$이고 선간거리가 같기 때문에 후자는 $I_b' + I_c' = -I_a'$인 전류가 b 또는 c 선에 집중하여 a 선에서 D의 거리에 있는 전선에 흐르는 경우의 I_a'와의 쇄교자속과 같다. 따라서 정삼각형의 배치일 때는 전항의 왕복2선의 인덕턴스와 같은 결과가 되어서 각 전선의 인덕턴스는 식 (3.17)의 L로 된다. 그러나 보통의 3상송전선은 상기한 바와 같이 선간거리를 다르게 하는 것이 일반적이다. 즉, 부등변삼각형으로 각 전선이 배치되기 때문에 가령 평형3상전류라 하더라도 3전선의 자속쇄교수는 각기 그 값을 달리하므로, 송전선의 전 긍장에 대해 3전선의 자속쇄교수를 같게 하기 위해 각 전선의 위치를 [그림 3-4]와 같이 전 긍장

을 3등분하여 각 상에 속하는 전선이 전구간을 통해 각 위치를 일순하도록 도주의 계폐소나 연가철탑에서 연가를 하여 전로 전체로서의 정가를 각 상이 평형되도록 한다. 이렇게 함으로써 식 (3.17)을 적용하여 1선의 중성점에 대한 작용인덕턴스를 구할 수 있는데, 이때의 선간거리로는 기하평균거리 $D = \sqrt[3]{D_{ab} D_{bc} D_{ca}}$ 인 등가선간거리를 취해야 한다. 여기서 D_{ab}, D_{bc}, D_{ca} 는 a, b, c 3전선 간의 선간거리이다.

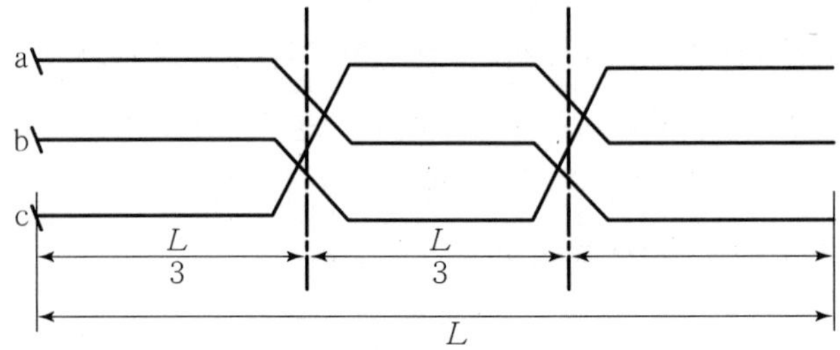

【그림 3-4 연 가】

4) 3상3선식 2회선 인덕턴스

3상2회선 병가송전선의 경우에 있어서도 각 회선 내 대칭3상전류를 흘리는 것으로 하고, 각 회선 내 및 양 회선 상호간 완전연가를 한 경우에는 다른 회선의 존재를 무시하고 3상1회선의 경우와 같이 작용 인덕턴스의 계산이 된다.

5) 대지귀로의 인덕턴스

전류가 전선에만 흐르고 대지에는 흐르지 않는 상태의 인덕턴스를 이른바 작용인덕턴스라 하는데, 이것은 1선지락, 2선지락 및 단선 등의 경우에는 대지를 회로의 일부로 하여 전류가 흐르므로 작용 인덕턴스는 그대로 대지 내부의 도전율이나 전류의 주파수 등에 따라서 지표면 밑 수백~수천m에 이르는 깊이에서 상당히 넓은 폭에 걸쳐서 흐른다.

(1) 1선과 대지귀로의 경우

지표상 h[m]의 높이에 가설된 반지름 r[m]의 전선을 주로로 하고 대지를 귀로로 하여 전류를 통하면, 대지 중의 전류는 편의상 이것과 등가적으로 [그림 3-5]와 같이 지표면 밑 H[m]인 깊이의 곳에 집중해서 흐른다고 생각한다. 그렇게 하면 식 (3.17)에 의해서 전선의 단위길이마다 인덕턴스는 다음 식과 같이 된다.

$$L_{11} = \left(\frac{1}{2} + 2\log\frac{h+H}{r}\right) \times 10^{-7}[\text{H/m}] \quad \cdots\cdots\cdots\cdots \quad (3.18)$$

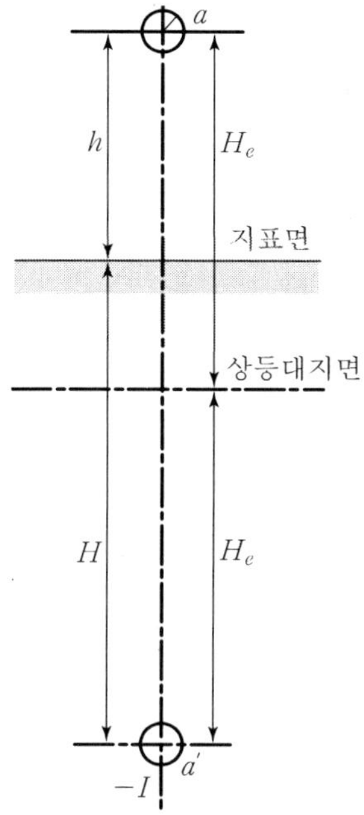

【그림 3-5 1선과 대지귀로】

H 값은 보통 h에 비해 대단히 크며, 상등대지면의 깊이는 $H_e = (h+H)/2$ [m]의 위치로 가상할 수 있는데, 이 값은 상용주파수에서 산악지대 900m, 산지 600m, 평지 300m 정도이지만 주파수가 높게 되면 감소한다.

지표면 밑 H의 깊이에 선로도선을 가정한 것의 실제 전류통로는 a'를 중심으로 반지름 H정도의 큰 원형단면적을 가지는 것이고, 그 주회로에 해당하는 가공전선의 지표면 h는 이에 비해 매우 적기 때문에 $h + H \fallingdotseq H$이므로 $\log[(h+H)/H] \fallingdotseq 0$로 되므로, 대지귀로 인덕턴스 L_g는

$$L_g = \frac{1}{2} \times 10^{-7}[\text{H/m}] \quad \cdots\cdots\cdots\cdots \quad (3.19)$$

따라서 식 (3.18)과 (3.19)를 가산해서 대지를 귀로로 하는 가공전선의 L_e는 다음 식으로 산출할 수 있다.

$$L_e = \left(1 + 2\log\frac{h+H}{r}\right) \times 10^{-7} \text{ [H/m]}$$
$$= 0.1 + 0.4605\log_{10}\frac{2H_e}{r} \text{ [mH/km]} \quad \cdots\cdots (3.20)$$

(2) 2선과 대지귀로

[그림 3-6]과 같이 반지름 r[m]의 2전선 a, b가 선간거리 D[m]이고 나란히 지표상 h[m]의 높이에 가설되어 $+I_a$, $+I_b$인 전류가 대지를 귀로로 해서 흐르는 것으로 한다. P점을 각 전선에서 상당히 먼 곳에 잡고 P점과 각 전선과의 수직거리를 S[m]라 하면, $+I_a$, $-I_a$ 및 $+I_b$, $-I_b$에 의해 생긴 P점까지의 자속과 a선과의 전쇄교수는 식 (3.16)에 준해 a선의 1m당에 대해서

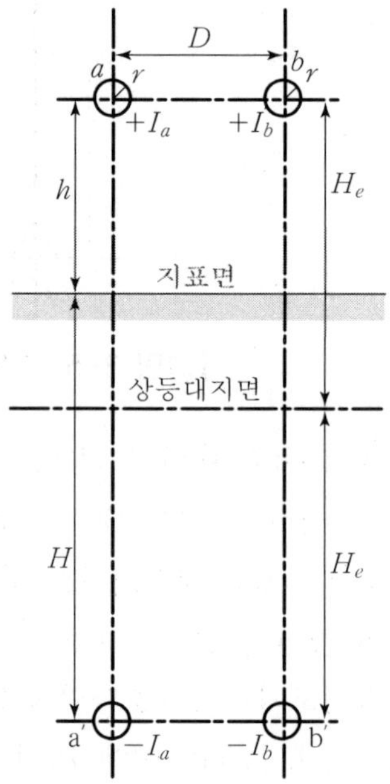

【그림 3-6 2선과 대지귀로】

$$\phi_a = \left[\left(\frac{1}{2}+2\log\frac{S}{r}\right)I_a - \left(2\log\frac{S}{2H_e}\right)I_a + \left(2\log\frac{S}{D}\right) - \left(2\log\frac{S}{\sqrt{D^2+(2H_e)^2}}\right)I_b\right] I_a \times 10^{-7}$$
$$= \left[\left(\frac{1}{2}+2\log\frac{2H_e}{r}\right)I_a + \left(2\log\frac{\sqrt{D^2+(2H_e)^2}}{D}\right)I_b\right] I_a \times 10^{-7} \quad \cdots\cdots (3.21)$$

$D \ll H_e$이므로 $\sqrt{D^2+(2H_e)^2} \fallingdotseq 2H_e$로 놓고, a, b 양 전선을 왕복선로해

서 $I_a = -I_b = 1$A로 하여 상식에서 a선의 인덕턴스 L_a를 구하면

$$L_a = \left[\left(\frac{1}{2} + 2\log\frac{2H_e}{r}\right) - 2\log\frac{2H_e}{D}\right] \times 10^{-7}$$

$$= \left[\left(1 + 2\log\frac{2H_e}{r}\right) - \left(\frac{1}{2} + 2\log\frac{2H_e}{D}\right)\right] \times 10^{-7} \quad \cdots\cdots\cdots\cdots (3.22)$$

$$= L_e - L_e' = \left(2\log\frac{D}{r}\right) \times 10^{-7} \text{ [H/m]}$$

$$\text{단, } L_e' = \left(\frac{1}{2} + 2\log\frac{2H_e}{D}\right) \times 10^{-7}$$

b선의 인덕턴스 L_b도 L_a와 같다. 지금 $L_a = L_b = L$이라 하면 식 (3.17)과 일치한다. 이 L은 a, b 양 전선을 왕복선으로 하는 경우 1선의 인덕턴스를 나타내는 것으로서 역시 작용 인덕턴스라 하는데 실용상 대지의 존재에는 관계없이 결정된다. 이것에 대하여 L_e 및 L_e'는 각기 대지를 귀로로 하는 1선의 자기 및 상호 인덕턴스라 한다.

다음에 식 (3.21)에 있어서 $I_a = I_b = 1$A로 놓고, a, b 양 전선을 일괄하여 대지를 공통귀로로 하는 경우 1선당의 인덕턴스를 구하면, 대지귀로의 영향으로서의 인덕턴스 식 (3.19)는 $I_a + I_b = 2$A이므로 이 2A의 전류에 의한 자속이 a선의 1A를 쇄교하기 때문에, $L_g = 1 \times 10^{-7}$로 되므로 이것도 가산하여

$$L_{e2} = \left[1 + 2\log\frac{2H_e}{r} + \left(\frac{1}{2} + 2\log\frac{2H_e}{D}\right)\right] \times 10^{-7}$$

$$= L_e + L_e' = \left[\frac{3}{2} + 2\log\frac{(2H_e)^2}{rD}\right] \times 10^{-7} \text{ [H/m]} \quad \cdots\cdots\cdots\cdots (3.23)$$

$$= 0.15 + 0.4605\log_{10}\frac{(2H_e)^2}{rD} m \text{ [mH/km]}$$

2선병렬에 일치하는 이것이 1/2을 취하면 된다.

이와 같이 해서 3상3선식 송전선에서 3선을 일괄하여 대지를 공통귀로로 하는 경우 1선당의 인덕턴스 L_{a3}를 구하면

$$L_{e3} = L_e + 2L_e = \left[\frac{4}{2} + 2\log\frac{(2H_e)^3}{rD^2}\right] \times 10^{-7} \text{[H/m]} \quad \cdots\cdots\cdots\cdots (3.24)$$

로 되고, 3상2회선 송전선에서도 6선을 일괄한 1선당의 대지귀로의 인덕턴스

L_{e6}는 다른 회로에서의 유도 인덕턴스 L_e''를 고려하여 다음과 같이 된다.

$$L_{e6} = L_e + 2L_e' + 3L_E'' = L_e + 5L_e = \left[\frac{7}{2} 2\log\frac{(2H_e)^6}{rD^5}\right] \times 10^{-7} \quad \cdots\cdots\cdots\cdots\cdots (3.25)$$

이들의 개략값은 $L_e = 2.4$[mH/km], $L_e' = L_e'' = 1.1$[mH/km], $L = L_e - L_e'$ $= 1.3$[mH/km] 정도이다.

6) 다도체선로의 인덕턴스

[그림 3-7]에 보이는 바와 같이 반지름 r[m], 동상 2도체의 간격을 d[m], 상간 거리를 D[m]로 하는 단상2도체 송전선에서, 소도체 a_1, a_2에 각기 $I/2$[A], b_1, b_2에서 D에 비해 상당히 먼 거리 S_a, S_b에 점 P를 잡고 점 P까지에 생기는 전선 1m당의 전쇄교자속수를 구하면 다음과 같다.

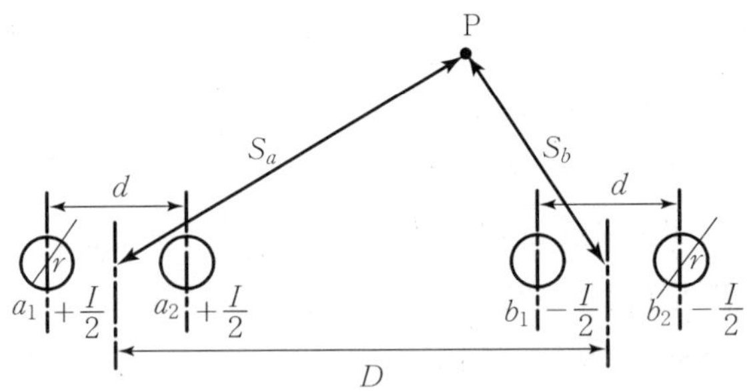

【그림 3-7 2도체 송전선의 단상회로】

a_1의 전류 $\frac{I}{2}$에 의해 $\phi_{a1a1} = \left(\frac{\mu_s}{2} + 2\log\frac{S_a}{r}\right) \times \left(\frac{I}{2}\right) \times 10^{-7}$

a_2의 전류 $\frac{I}{2}$에 의해 $\phi_{a1a2} = 2\log\frac{S_a}{d} \times \left(\frac{I}{2}\right)^2 \times 10^{-7}$

b_1의 전류 $-\frac{I}{2}$에 의해 $\phi_{a1b1} = -2\log\frac{S_b}{D} \times \left(\frac{I}{2}\right)^2 \times 10^{-7}$

b_2의 전류 $-\frac{I}{2}$에 의해 $\phi_{a1b2} = -2\log\frac{S_b}{D+d} \times \left(\frac{I}{2}\right)^2 \times 10^{-7}$

a_1 선과의 전쇄교자속수 ϕ_{a1}은 이 4식의 합으로, $S_a = S_b = S \gg D$라 하면

$$\phi_{a1} = \left[\frac{\mu_s}{2} + 2\log\frac{D(D+d)}{rd}\right] \times \left(\frac{I}{2}\right)^2 \times 10^{-7}$$

같은 방법으로 해서 a_2선과 쇄교하는 전자속수 ϕ_{a2}는

$$\phi_{a2} = \left[\frac{\mu_s}{2} + 2\log\frac{D(D-d)}{rd}\right] \times \left(\frac{I}{2}\right)^2 \times 10^{-7}$$

그래서 a상의 도체 a_1, a_2와 쇄교하는 전자속수 ϕ_a는 $\mu_s = 1$, $I = 1$로 놓으면 다음과 같다.

$$\phi_a = \phi_{a1} = \phi_{a2} = \left[\frac{1}{4} + \frac{1}{2}log\frac{D^4(1-d^2/D^2)}{r^2d^2}\right] \times 10^{-7}$$

다시 $D \gg d$ 라 볼 수 있을 때 위 식은

$$\phi_a = \left(\frac{1}{4} + 2\log\frac{D}{\sqrt{rd}}\right) \times 10^{-7}[\text{A}\cdot\text{Wb}] \quad \cdots\cdots (3.26)$$

이것은 b_1, b_2에 대해서도 마찬가지이다. 그러므로 2도체의 인덕턴스 L_d는 다음과 같이 된다.

$$\begin{aligned} L_d &= \left(\frac{1}{4} + 2\log\frac{d}{\sqrt{rd}}\right) \times 10^{-7}\ [\text{H/m}] \\ &= 0.025 + 0.4605\log_{10}\frac{D}{\sqrt{rd}}\ [\text{mH/km}] \end{aligned} \quad \cdots\cdots (3.27)$$

3상송전선의 경우에는 위 식의 D를 등가선간거리를 취해 계산하면 된다. 다도체의 경우에는 1상의 도체분할수를 n이라 하면, 1상당의 인덕턴스 L_n은 다음 식으로 구할 수 있다([그림 3-8] 참고).

$$L_n = \frac{0.05}{n} + 0.4605\log_{10}\frac{d}{\sqrt[n]{rd^{n-1}}}\ [\text{mH/km}] \quad \cdots\cdots (3.28)$$

단, 4도체인 때 소선 상호간의 등가평균거리는 $d = \sqrt[3]{d_0 \times \sqrt{2}\,d_0 \times d_0} = \sqrt[6]{2}\,d_0$

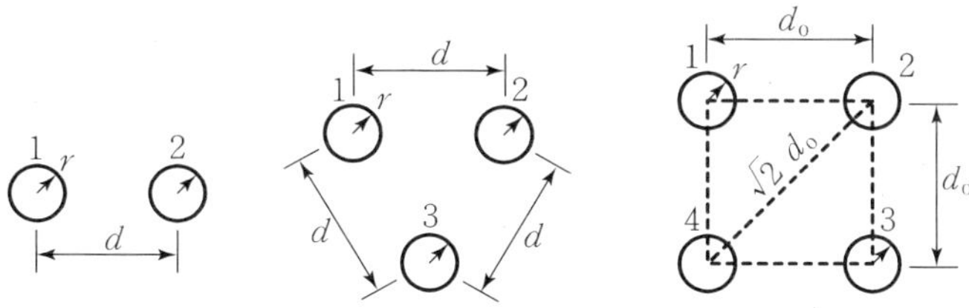

【그림 3-8 다도체선로 1상전선의 배치】

III 정전용량

선로에는 전선 상호간 또는 대지 사이에 정전용량이 있기 때문에 만일 선로에 전압이 걸려 있으면 반드시 충전전류가 흐른다.

1) 왕복2선 간 충전전류

반지름 r[m]의 무한장 직선상의 2도체 a, b가 [그림 3-9]와 같이 D[m]의 간격을 두고 병행으로 가선되어서 그 단위장당 제각기 $+Q$[C/m] 및 $-Q$[C/m]의 전하가 주어졌다고 하자. 지금 $D \gg r$이라 하면 전하는 각 전류의 중심선상에 집중되어 있는 것으로 다룰 수 있기 때문에 a, b 전선상의 전하에 의해 P점에 생기는 전계의 세기 E_a, E_b는

$$E_a = \frac{2Q}{x} \times 9 \times 10^9 \text{ [V/m]}$$

$$E_b = -\frac{2Q}{D-x} \times 9 \times 10^9 \text{[V/m]}$$

따라서 P점의 전계의 세기는 $E = E_a - E_b$이고, 전선 a, b 간의 전위차 V_{ab}는, $D \gg r$ 이므로 $(D-r)/r \fallingdotseq D/r$로 놓으면

$$V_{ab} = \int_r^{D-r} E dx = 2Q \times 9 \times 10^9 \left(\log\frac{D-r}{r} - \log\frac{r}{D-r}\right) \quad \cdots\cdots\cdots (3.29)$$

$$= 4Q \times 9 \times 10^9 \log\frac{D}{r} \text{ [V]}$$

이것에서 전선 a, b 간의 단위장당의 정전용량은 $C_{ab} = Q/V_{ab}$로 되는데, [그림 3-10]에서 1선과 중성점 간의 정전용량, 즉 단위정전용량은 $C = 2C_{ab}$이므로

$$C = \frac{1}{2\log\frac{D}{r} \times 9 \times 10^9} \text{[F/m]} = \frac{0.02413}{\log_{10}\frac{D}{r}} [\mu\text{F/km}] \quad \cdots\cdots\cdots\cdots\cdots (3.30)$$

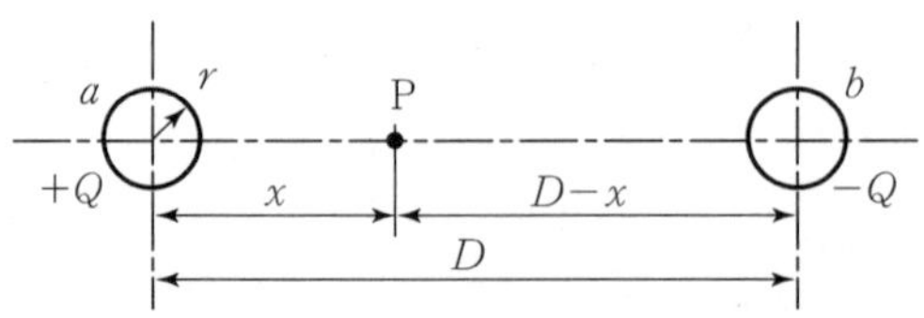

【그림 3-9 왕복2도선의 정전용량】

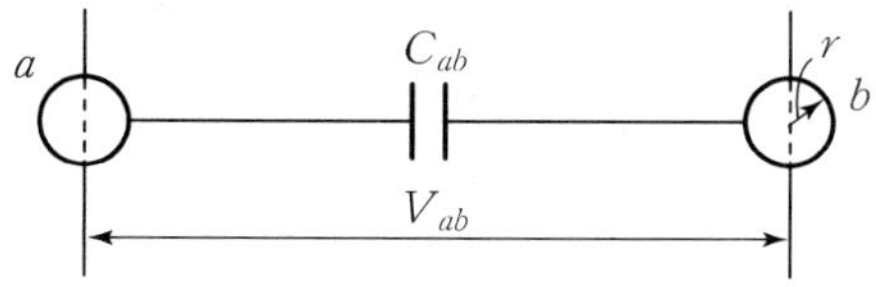

(a)

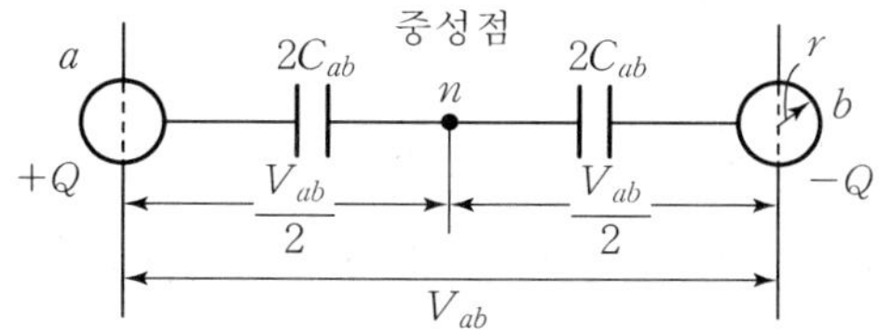

(b)

【그림 3-10 1선과 중성점 간의 정전용량】

2) 대지귀로의 정전용량

[그림 3-11]과 같이 반지름 r[m]의 전선 a가 지표상 h[m]의 곳에 가선되어 여기에 $+Q$[C/m]의 전하가 주어져 있는 것으로 하면, 대지는 영 단위이므로 그 전기력선의 분포에서 $-Q$[C/m]의 전하를 가진 a'선이 a선의 지표면 밑으로 h[m]의 곳에 있다고 생각할 수 있다. a, a' 간은 $2h$ 이므로 전선 a의 대지정전용량 C_s는 식 (3.30)에 의해

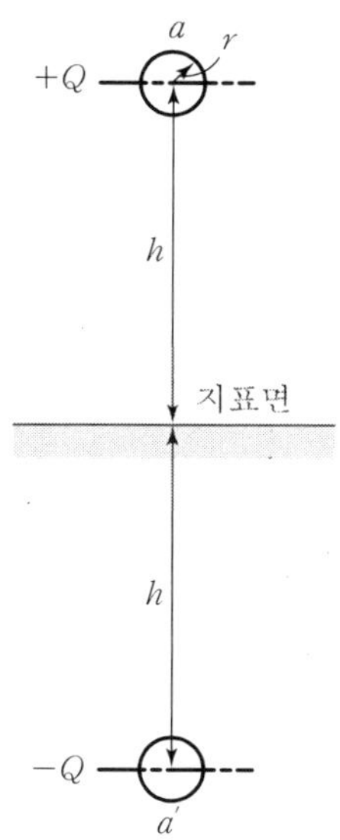

【그림 3-11 1선의 대지정전용량】

$$C_s = \frac{1}{2\log(2h/r)} \times \frac{1}{9} = \frac{0.02413}{\log_{10}(2h/r)} [\mu\text{F/km}] \quad \cdots\cdots\cdots\cdots\cdots\cdots \quad (3.31)$$

실제의 대지표면은 완전한 도체가 아니므로 정전용량에 대한 상등대지면은 지질, 수분 및 날씨 등에 따라서 달라지는데, 전선의 지표상 높이의 2~4배 정도라 한다. 그리고 전선의 지상고 h는 평균지상고를 적용해야 한다.

3) 3상1회선 송전선의 정전용량

(1) 전선의 굵기, 선간거리 및 지표상의 높이가 다른 경우

반지름 r_a, r_b, r_c[m]의 3전선 a, b, c가 각각 지표면상 h_a, h_b, h_c[m]의 높이에 나란히 가설되어 있고, 제각기의 전선에 Q_a, Q_b, Q_c[C/m]의 전하가 주어져 있다고 하면 각 전선의 전위 V_a, V_b, V_c[V]는([그림 3-12] 참조)

$$\begin{aligned} V_a &= p_{aa} Q_a + p_{ab} Q_b + p_{ac} Q_a \\ V_b &= p_{ba} Q_a + p_{bb} Q_b + p_{bc} Q_a \quad \cdots\cdots\cdots\cdots\cdots\cdots\cdots\cdots\cdots\cdots \quad (3.32) \\ V_c &= p_{ca} Q_a + p_{cb} Q_b + p_{cc} Q_a \end{aligned}$$

위 식 중 단위계수 [m/F]는

$$\begin{bmatrix} p_{aa} = 2\left(\log\dfrac{2h_a}{r_a}\right) \times 9 \times 10^9 \\ p_{bb} = 2\left(\log\dfrac{2h_b}{r_b}\right) \times 9 \times 10^9 \\ p_{cc} = 2\left(\log\dfrac{2h_c}{r_c}\right) \times 9 \times 10^9 \end{bmatrix} \begin{bmatrix} p_{ab} = p_{ba} = 2\left(\log\dfrac{\sqrt{D_{ab}^2 + 4h_a h_b}}{D_{ab}}\right) 9 \times 10^9 \\ p_{bc} = p_{cb} = 2\left(\log\dfrac{\sqrt{D_{bc}^2 + 4h_b h_c}}{D_{bc}}\right) 9 \times 10^9 \\ p_{ab} = p_{ba} = 2\left(\log\dfrac{\sqrt{D_{ca}^2 + 4h_c h_a}}{D_{ca}}\right) 9 \times 10^9 \end{bmatrix}$$

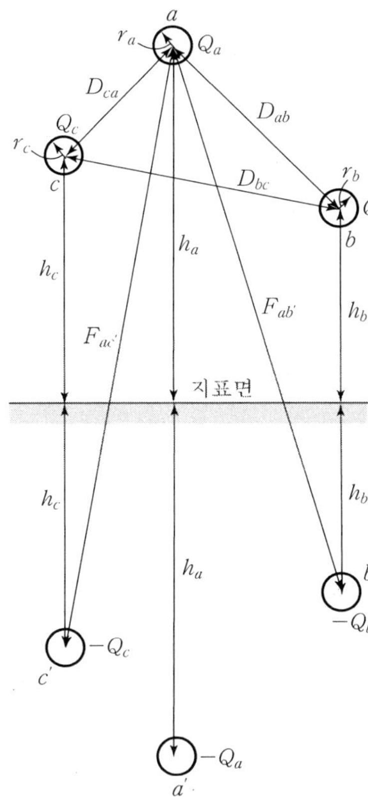

【그림 3-12 3상1회선의 정전용량】

단, 그림에서 F_{ab}' 등은

$$F_{ab}' = \sqrt{\left[D_{ab}^2 - (h_a - h_b)^2\right] + (h_a + h_b)^2} = \sqrt{D_{ab}{}^2 + 4h_a h_b}$$

식 (3.32)를 Q 에 대하여 풀면

$$\begin{bmatrix} Q_a = k_{aa} V_a + k_{ab} V_b + k_{ac} V_c \\ Q_b = k_{ba} V_a + k_{bb} V_b + k_{bc} V_c \\ Q_c = k_{ca} V_a + k_{cb} V_b + k_{cc} V_c \end{bmatrix} \cdots\cdots (3.33)$$

위 식 중 정전용량계수 k_{aa}, k_{bb}, k_{cc} 및 정전유도계수 k_{ab}, k_{bc}, k_{ca} [F/m] 등은

$$\begin{bmatrix} k_{aa} = (p_{bb} p_{cc} - p_{bc}^2)/\Delta \\ k_{bb} = (p_{cc} p_{aa} - p_{ca}^2)/\Delta \\ k_{cc} = (p_{aa} p_{bb} - p_{ab}^2)/\Delta \end{bmatrix} \begin{bmatrix} k_{ab} = k_{ba} = -(p_{ab} p_{cc} - p_{bc} p_{ca})/\Delta \\ k_{bc} = k_{cb} = -(p_{bc} p_{aa} - p_{ca} p_{ab})/\Delta \\ k_{ca} = k_{ac} = -(p_{ca} p_{bb} - p_{ab} p_{bc})/\Delta \end{bmatrix}$$

$$\Delta = p_{aa}(p_{bb}p_{cc} - p_{bc}^2) - p_{ab}(p_{ab}p_{cc} - p_{ac}p_{bc}) - p_{ac}(p_{ac}p_{bb} - p_{ab}p_{bc})$$

또 식 (3.33)을 고쳐 쓰면 다음과 같다.

$$\begin{bmatrix} Q_a = (k_{aa} + k_{ab} + k_{ac})V_a + (-k_{ab})(V_a - V_b) + (-k_{ac})(V_a - V_c) \\ Q_a = (k_{aa} + k_{ab} + k_{ac})V_a + (-k_{ab})(V_a - V_b) + (-k_{ac})(V_a - V_c) \\ Q_a = (k_{aa} + k_{ab} + k_{ac})V_a + (-k_{ab})(V_a - V_b) + (-k_{ac})(V_a - V_c) \end{bmatrix} \cdots\cdots\cdots\cdots (3.34)$$

위 식에서 각 전선의 대지·상호정전용량은 다음과 같고, 이것을 도시하면 [그림 3-13]과 같다.

$$\begin{bmatrix} C_{aa} = k_{aa}k_{ab} + k_{ac} \\ C_{bb} = k_{bb}k_{bc} + k_{ba} \\ C_{cc} = k_{cc}k_{ca} + k_{cb} \end{bmatrix} \begin{bmatrix} C_{ab} = -k_{ab} \\ C_{bc} = -k_{bc} \\ C_{ca} = -k_{ca} \end{bmatrix}$$

이 식의 정전용량을 부분정전용량이라 하는데, C_{aa}, C_{bb}, C_{cc}는 대지정전용량이며 C_{ab}, C_{bc}, C_{ca}는 상호정전용량이다.

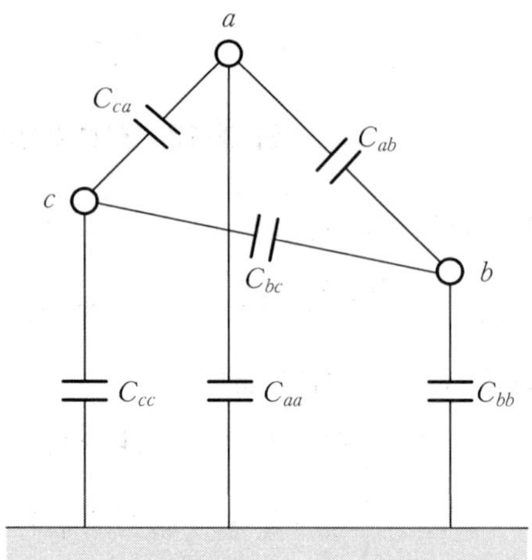

【그림 3-13 3상 송전선의 대지선 간 정전용량】

(2) 전선의 굵기가 동일하고 완전히 연가되어 있는 경우

3전선의 반지름은 어느 것이나 r[m]이라 하고, 완전히 연가되어 있으면 각 부분의 정전용량은 제각기 평균이기 때문에 등가선간거리 $D = \sqrt[3]{D_{ab}D_{bc}D_{ca}}$ [m] 및 평균지상고 $h = \sqrt[3]{h_a h_b h_c}$ [m]를 각 전선의 선간거리 및 지상고라 하면, 상술한 전위계수 및 정전용량계수, 정전유도계수는 다음과 같이 된다.

$$p_{aa} = p_{bb} = p_{cc} = p = 2\left(\log\frac{2h}{r}\right)\times 9\times 10^9$$

$$p_{ab} = p_{bc} = p_{ca} = p' = 2\left(\log\frac{\sqrt{D^2+4h^2}}{D}\right)\times 9\times 10^9 \fallingdotseq 2\left(\log\frac{2h}{D}\right)\times 9\times 10^9$$

$$k_{aa} = k_{bb} = k_{cc} = k = (p+p')/\Delta',\ \ k_{ab} = k_{bc} = k_{ca} = k' = -p'/\Delta'$$

$$\Delta' = (p-p')(p+2p')$$

그러므로 지금까지 들어간 각 정전용량은 다음과 같다.

① 대지정전용량

$$C_s = C_{aa} = C_{bb} = C_{ca} = k+2k' = 1/(p+2p')$$

$$\fallingdotseq \frac{1}{2\left(\log\frac{8h^3}{rD^2}\right)}\times 9\times 10^9\ [\mathrm{F/m}] = \frac{0.02413}{\log_{10}\frac{8h^3}{rD^2}}\ [\mathrm{F/m}] \quad \cdots\cdots\cdots\cdots (3.35)$$

② 상호정전용량

$$C_m = C_{ab} = C_{bc} = C_{ca} = -k' = \frac{p'}{(p-p')(p+2p')}$$

$$\fallingdotseq \frac{\log(2h/D)}{2\left(\log\frac{D}{r}\right)\left(\log\frac{8h^3}{rD^2}\right)}\times 9\times 10^9\ [\mathrm{F/m}] \quad \cdots\cdots\cdots\cdots\cdots\cdots (3.36)$$

$$= \frac{0.02413\log_{10}(2h/D)}{\log_{10}\frac{D}{r}log_{10}\frac{8h^3}{rD^2}}\ [\mu\mathrm{F/m}]$$

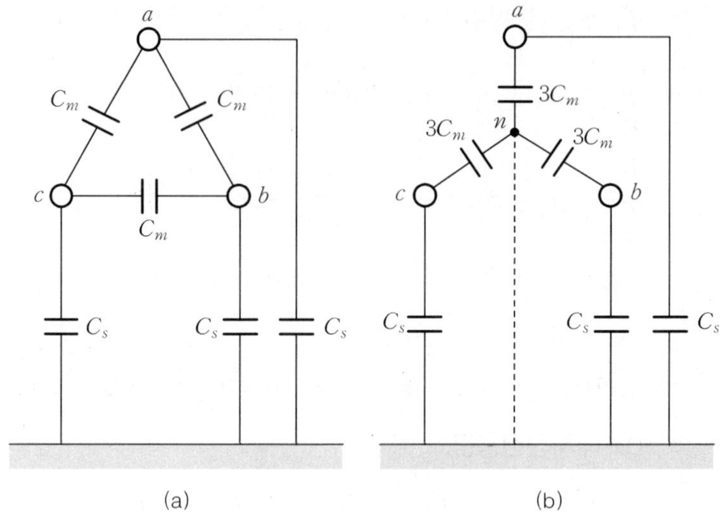

【그림 3-14 작용정전용량】

③ 작용정전용량

선의 굵기 같고 연가되어 있는 상술의 경우 작용정전용량 C는 [그림 3-14]와 같이 3개의 상호정정용량 C_m을 삼각형에서 성형으로 변환한 $3C_m$과 대지정전용량 C_s를 가한 것이 되어서 식 (3.30)의 것과 같이 된다.

$$C = C_s + 3C_m = k = -k' = 1/(p - p')$$

$$\fallingdotseq \frac{1}{2\left(\log\dfrac{D}{r}\right)\times 9\times 10^9}\,[\mathrm{F/m}] = \frac{0.02413}{\log_{10}\dfrac{D}{r}}\,[\mu\mathrm{F/m}] \quad \cdots\cdots\cdots\cdots (3.37)$$

(3) 가공지선이 있는 경우의 정전용량

[그림 3-15]와 같이 3상1회선 송전선 위 지표면상 h_g[m]의 곳에 반지름 r_g[m]의 가공지선 g가 가설되어 있을 때, g에 전하 Q_g[C/m]를 주고 그 전위 V_g를 0으로 유지하는 것으로 하면

$$\left|\begin{array}{l} V_a = p_{aa}Q_a + p_{ab}Q_b + p_{ac}Q_c + p_{ag}Q_g \\ V_b = p_{ba}Q_a + p_{bb}Q_b + p_{bc}Q_c + p_{bg}Q_g \\ V_c = p_{ca}Q_a + p_{cb}Q_{cb} + p_{cc}Q_c + p_{cg}Q_g \\ V_g = p_{ag}Q_a + p_{bg}Q_b + p_{cg}Q_c + p_{gg}Q_g \end{array}\right| \quad \cdots\cdots\cdots\cdots (3.38)$$

현재 3선이 완전히 연가되어 있다고 하면 $D=\sqrt[3]{D_{ab}D_{bc}D_{ca}}$, $h=\sqrt[3]{h_a h_b h_c}$ 외에 각 전선과 가공지선과의 간격이 평균으로 되어 $D_g=\sqrt[3]{D_{ag}\,D_{bg}\,D_{cg}}$ 로 놓을 수 있다. 또 전위계수는 상술한 것들을 참조하면 다음과 같다.

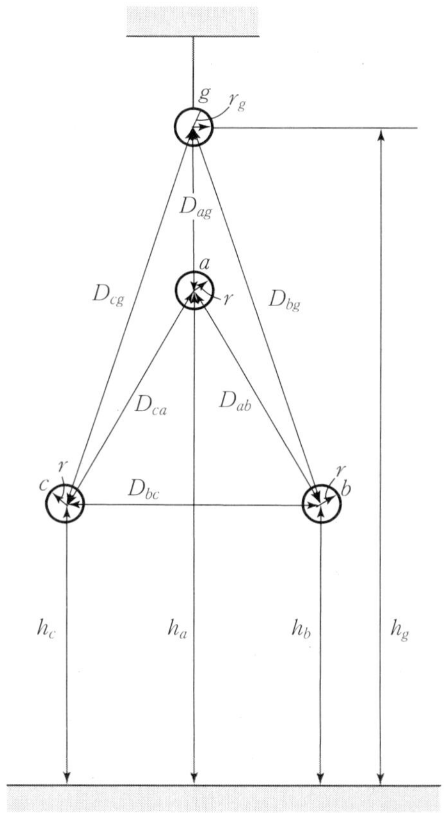

【그림 3-15 가공전선이 있는 경우】

$$p_{ag}=p_{bg}=p_{cg}=p_g=2\left(\log\frac{\sqrt{D_g^2+4h_g h}}{D_g}\right)\times 9\times 10^9$$

$$p_{gg}=2\left(\log\frac{2h_g}{r_g}\right)\times 9\times 10^9$$

$$p_{aa}=p_{bb}=p_{cc}=p=2\left(\log\frac{2h}{r}\right)\times 9\times 10^9$$

$$p_{ab}=p_{bc}=p_{ca}=p'=2\left(\log\frac{2h}{D}\right)\times 9\times 10^9$$

다음에 식 (3.38)에서 $V_g = 0$이고 $Q_g = -(p_{ag}Q_a + p_{bg}Q_b + p_{cg}Q_c)/p_{gg}$이므로

$$\left|\begin{array}{l} V_a = P_{aa}Q_a + P_{ab}Q_b + P_{ac}Q_c \\ V_b = P_{ba}Q_a + P_{bb}Q_b + P_{bc}Q_c \\ V_c = P_{ca}Q_a + P_{cb}Q_b + P_{cc}Q_c \end{array}\right| \quad \cdots\cdots (3.39)$$

여기서 $P_{aa} = p_{aa} - p_{ag}{}^2/p_{gg}$, $P_{ab} = p_{ab} - p_{ag}p_{bg}/p_{gg}$ 등이다. 즉, 가공지선이 있는 경우에는 각 전선의 전위계수에 이 보정을 가함으로써 식 (3.39)와 같이 3전선만의 경우로 하여 취급할 수 있다. 따라서 전위계수 및 정전용량계수, 정전유도계수 등도 다음과 같이 구할 수 있다.

$$\left|\begin{array}{c} P_{aa} = P_{bb} = P_{cc} = P = p - p_g^2/p_{gg} \\ P_{ab} = P_{bc} = P_{ca} = P' = p' - p_g^2/p_{gg} \\ P_{ag} = P_{bg} = P_{cg} = P_g \end{array}\right| \left|\begin{array}{c} K_{aa} = K_{bb} = K_{cc} = K = P + P'/\Delta' \\ K_{ab} = K_{bc} = K_{ca} = K' = -P'/\Delta' \\ \Delta' = (P - P')(P + 2P') \end{array}\right|$$

그러므로 (3.35), (3.36), (3.37) 등의 식과 같이 해서

대지정전용량

$$C_s = C_{aa} = C_{bb} = C_{cc} = K + 2K' = 1/(P + 2P')/\Delta' \text{[F/m]} \quad \cdots\cdots (3.40)$$

상호정전용량

$$C_m = C_{ab} = C_{bc} = C_{ca} = -K' = \frac{p'}{(P - P')(P + 2P')} \quad \cdots\cdots (3.41)$$

$$= C_s P'/(p - P') \text{[F/m]}$$

작용정전용량

$$C = C_s = 3C_m = K - K' = 1/(P - P')$$

$$\fallingdotseq \frac{1}{2\left(\log\dfrac{D}{r}\right) \times 9 \times 10^9} \text{[F/m]} \quad \cdots\cdots (3.42)$$

식 (3.42)에서 작용정전용량은 가공지선이 없는 경우와 거의 같다는 것을 알 수 있으며, 실제로 1~2% 정도 증가하는 데 지나지 않는다.

4) 3상2회선 송전선의 정전용량

3상2회선의 경우도 완전연가가 이루어지고 있는 경우는 대칭3상전압이 걸리는

다른 회선에서의 유도전압은 0이므로 한쪽 1회선만에 대해 식 (3.37)과 같이 하여 1선조마다의 작용정전용량을 산출할 수 있다.
그런데 이 완전연가의 3상2회선 송전선의 부분정전용량은

$$\text{대지 } C_s = \frac{1}{p + 2p' + 3p''} \text{[F/m]}$$

$$\text{동일회선 내의 선간 } C_m = \frac{p'(p+2p') - 3p''^2}{(p-p')^2\left[(p+2p')^2 - (3p'')^2\right]} \text{[F/m]} \quad \cdots\cdots \ (3.43)$$

$$\text{양 회선 상호의 선간 } C_{m'} = \frac{p''}{(p+2p')^2 - (3p'')^2}$$

로 된다. 단, p, p' 및 p''는 각각 지선의 영향을 고려한 각 선대지 동일회선 내 및 양 회선 상호간의 전위계수이다.

5) 작용정전용량과 일괄대지 정전용량

대칭3상전압이 걸려 있는 평상시의 연가송전선에서 각 상의 전압에 의해 가공지선에 정전적으로 유도되는 전하는 0에 가까우므로 가공지선의 영향은 적지만, 고장 시 영상전압에 대해서는 가공지선의 영향이 대단히 커서 소호 리액터의 용량을 정하는 데는 반드시 가공지선을 고려해서 계산해야 한다.
작용정전용량은 특별고압 가공송전선에서는 보통 1선당 $(8 \sim 10) \times 10^{-3}$[$\mu$F/m] 정도이고, 고압배전선에서는 5×10^{-3}[μF/m] 정도이다. 전선일괄대지 정전용량의 대표적인 값은 [표 3-1]과 같다.

【표 3-1 전선일괄대지 정전용량의 값(특별고압 가공송전선)】

3선일괄 1선당[μF/m]		6선일괄 1선당[μF/m]	
가공지선 1~2조	가공지선 없음	가공지선 있음	가공지선 없음
0.0053	0.0047	0.0042	0.0035

6) 다도체 송전선의 정전용량

[그림 3-16]과 같이 반지름 r[m]의 2도체 1, 2가 간격 d[m]로 배치되어 지표상 h[m]의 높이에 가설되어 있는 것으로 한다. 전선의 영상을 1', 2'라 하고, 1과 2에 각각 전하 $+Q/2$[C/m]를, 1'와 2'에 $-Q/2$[C/m]를 주었을 때 1, 2의 전위 [V]는 같아서 다음과 같이 된다.

$$V = V_1 = V_2 = \left[2\left(\frac{Q}{2}\right)\log\frac{2h}{r} + 2\left(\frac{Q}{2}\right) \times \log\frac{\sqrt{(2h)^2 + d^2}}{d}\right] \times 9 \times 10^9$$

$$\fallingdotseq Q\left(\log\frac{2h}{r} + \log\frac{2h}{d}\right) \times 9 \times 10^9 \quad \cdots\cdots \ (3.44)$$

$$= 2Q\left(\log\frac{2h}{\sqrt{rd}}\right) \times 9 \times 10^9$$

이로부터 2도체 송전선의 2선조 일괄 1선당의 대지정전용량 C_d는

$$C_d = \frac{Q}{V} = \frac{1}{2\log\frac{2h}{\sqrt{rd}} \times 9 \times 10^9} \ [\mathrm{F/m}]$$

$$= \frac{0.02413}{\log_{10}\frac{2h}{\sqrt{rd}}} \ [\mu\mathrm{F/km}] \quad \cdots\cdots \ (3.45)$$

또 2도체를 사용하는 3상 송전선의 작용정전 C_2는 h 대신에 등가선간거리 D를 써서 구하면 되고, n 도체인 경우는 다음과 같이 구한다.

$$C_n = \frac{0.02413}{\log_{10}\frac{D}{\sqrt[n]{rd^{n-1}}}} \ [\mu\mathrm{F/km}] \quad \cdots\cdots \ (3.46)$$

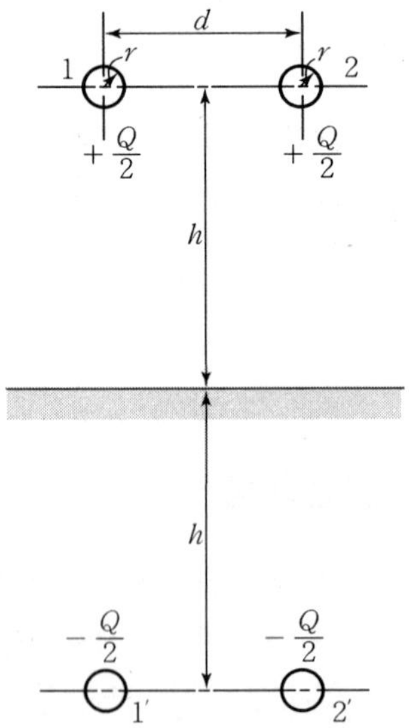

【그림 3-16 2도체 송전선의 정전용량】

Ⅳ 누설 컨덕턴스

애자의 누설저항은 건조 시에 매우 크고 그 역수인 누설 컨덕턴스는 매우 적으므로 송전선 특성을 검토할 때 선로정수로서는 실용상 고려할 필요가 없다. 우천 시에는 상당한 누설전류가 흐르는 일도 있으나 예외적인 일이다. 송전선의 전압인가에 앞서서 누설저항을 절연저항계로서 측정하는 일도 있지만, 일반적으로 장거리이고 유도 등의 위험전압이 발생하는 수도 있으므로 보통은 행하지 않는다. 이밖에 코로나발생에 수반하는 코로나손실을 등가적으로 누설 컨덕턴스로 생각하는 경우도 있다.

1선의 누설 컨덕턴스를 g[℧/km], 대지정전용량을 C[F/m]라 하면 병렬 어드미턴스 $\dot{Y}$는 다음과 같이 된다.

$$\dot{Y} = g + jwC[℧/km] \quad \cdots\cdots (3.47)$$

3.2 코로나

가는 전선에 고전압을 가하면 전선표면 및 근방 부근의 전계가 세게 되어 공기의 전리를 일으킨다. 전리가 진행되면 낮은 소리나 엷은 빛을 수반하게 된다. 이것을 태양코로나에 비교해 전기코로나 또는 코로나라 한다.

이것은 공기를 절연물로 하고 있는 가공송전선에서는 어쩔 수 없는 일이어서 극히 미약한 도전성을 갖고 있다. 송전공학상에서는 보통 공기를 절연물로 보아도 좋지만 그 절연내력에는 한도가 있어서 표준온도 20℃, 표준기압 760mmHg에 있어서 직류로 약 30kV/cm의 전위경도가 되면 공기는 절연이 파괴된다. 이것을 정현파 교류의 실효값으로 환산하면 21.1km/cm 정도로 되는데, 이 값을 파괴극한전위경도라 한다.

평면전극 간에 전압을 가하는 경우에는 전 갭을 통해 전위경도가 균일하므로 이것이 위의 한도를 넘으면 그 공간 내의 절연성이 상실되어서 불꽃방전을 일으킨다. 그런데 송전선로 전선표면 근방의 전극 간 일부분만 전위경도가 위의 한도를 넘을 때는 그곳만 공기가 절연이 파괴되고, 전체로서는 선로까지 이르지는 않는다. 이와 같이 공기의 절연이 부분적으로 파괴되어 방전하는 상태의 부분방전을 코로나방전이라 한다.

송전선로에 코로나가 발생하면 선로 근방 라디오 수신에 장해를 주기도 하고, 전력손실이 생겨서 송전효율을 저하시키는 등의 여러 가지 나쁜 영향을 가져온다. 특히 라디오 수신장애는 매우 중요한 문제이기 때문에 코로나방전은 될 수 있는 대로 막아야 하지만, 완전히 이것을 방지한다는 것은 경제적으로 보아서 어려울 때가 많다.
코로나는 또 전선이나 소호각, 클램프 등에서 발생하는 기중코로나와 애자의 캡 및 핀의 쇠붙이와 자기의 접합부 사이에서 발생하는 연면코로나로 나눌 수 있다.

I 코로나 임계전압

전선표면에서 교류실효값으로 21.1kV/cm인 전위경도가 생겼을 때 코로나가 발생하므로 전선에 얼마의 전압이 걸리면 이와 같은 전위경도, 즉 코로나의 임계전압으로 되는가를 알아보자.
더욱 간단한 경우로, 표면이 매끈한 반지름 r[m]의 전선표면에 단위길이당 Q[C/m]의 전하가 있을 때 그 표면의 전위경도 g[V/m]는

$$g = \frac{Q}{2\pi\varepsilon r} \fallingdotseq \frac{2Q}{r} \times 9 \times 10^9 \text{[V/m]} \quad \cdots\cdots (3.48)$$

이 값이 파열극판 간의 전위경도 g_0[V/m]를 넘으면 코로나가 발생하므로 상전압의 실효값 E인 3상송전선에 대해서 생각하면, 선간거리 D[m] 및 전선지상고 h[m]는 다같이 전선의 반지름 r[m]에 비해서 대단히 크므로 전선 주위의 전계분포는 균일하게 되어 식 (3.48)이 성립한다고 볼 수 있다. 그래서 전선의 중성점에 대한 정전용량, 즉 작용용량을 단위길이당 C[F/m]라고 하면 전하 Q는 $Q = CE$[C/m]로 나타낼 수 있다. 이것과 작용용량의 식 (3.29), (3.30)의 관계를 식 (3.48)에 대입하면

$$g = \frac{CE}{2\pi\varepsilon r} \fallingdotseq \frac{2CE}{r} \times 9 \times 10^9 = \frac{E}{r\log(D/r)} \text{[V/m]} \quad \cdots\cdots (3.49)$$

식 (3.49)를 E[kV], r[cm], D[cm], g[kV/cm]인 단위로 나타내고, 대수는 작용대수로 바꾸어 쓰면

$$g = \frac{E}{r} \times \frac{0.4343}{\log_{10}(D/r)} \text{[kV/cm]} \quad \cdots\cdots (3.50)$$

따라서 평상시 운전상태에서 선로의 중성점에 대한 코로나의 임계전압 E_0[kV]는 식 (3.50)의 g를 $g_0 = 21.1$로 놓아서 풀면

$$E_0 = 48.6r \times \log_{10}\frac{D}{r} \text{[kV]} \quad \cdots\cdots (3.51)$$

여기서 식 (3.51)은 전선단면이 원이고 표준기상상태를 기준으로 한 것이며, 실제로

는 연선이 쓰이고 기상조건이 대단히 나쁜 경우도 있으므로 코로나발생의 임계전압도 달라진다. 따라서 전선표면의 성질로 m_0라는 계수를 쓰고, 기상상태의 다름은 m_1이라는 계수를 써서 나타내고 있다.

연선수가 많을수록 전선표면에 작은 반지름의 돌출부가 많아져서 코로나방전이 일어나기 쉽게 되므로 새것의 깨끗한 단선의 m_0의 값을 1이라고 하면 표면이 더러워진 단선에서는 0.93~0.98, 7가닥 연선에서는 0.83~0.87, 19가닥에서 61가닥까지는 0.80~0.85 정도가 된다.

그리고 m_1의 값은 맑은 때를 1, 비·눈·안개 등일 때를 0.8로 하고, 표준기상에서 벗어난 경우를 생각하여 $\delta = 0.386b/(273+t)$를 곱해 식 (3.51)을 다음과 같이 변형한다.

$$E_0 = 48.6\, m_0\, m_1\, \delta r \times \log_{10}\frac{D}{r}\,[\mathrm{kV}] \quad \cdots\cdots\cdots\cdots (3.52)$$

물론 표준기상상태에서는 $\delta = 1$이지만 온도가 올라가거나 기압이 내려가면 δ는 어느 정도 작아진다. 또한 식 (3.52)를 보면 알 수 있듯이 코로나 임계전압을 좌우하는 것은 전선의 굵기와 선간거리인데, 선간거리도 선로전압이 결정되면 경제적으로 정해지기 때문에 결국 코로나를 좌우하는 것은 전선의 굵기이다.

위의 코로나 임계전압 산출식은 평상시의 평형3상 상전압에 대한 것이지만, 중성점이 고저항 또는 소호 리액터 접지방식인 경우에 1선지락이 생기면 건전상의 대지전압은 $\sqrt{3}$배의 선간전압과 같은 정도로 상승하기 때문에, 평상시에는 코로나가 발생하지 않더라도 이러한 대지전압의 상승에 의해 대단한 코로나가 발생하는 경우가 많이 있다.

II 다도체전선의 코로나

n조의 소도체에 의한 다도체방식으로 하면 각 상 전선의 등가반지름은 $\sqrt[n]{rd^{n-1}}$로 되는데, 보통 소도체 상호간의 기하학적 평균거리 d는 40~45cm 정도로 하기 때문에 소도체가 하나인 경우에 비해 등가반지름이 커지게 된다. 더욱이 전자적으로는 소도체에 의해 생기는 자계의 세기가 줄어들기 때문에 인덕턴스가 적어지고, 정전적으로 전계의 세기도 같은 이유로 낮아진다.

이와 같이 다도체방식으로 하고 소도체수를 많이 할수록 각 소도체표면에서의 전위경도가 적게 되어 코로나를 발생하는 임계전압이 높아진다. 단지 밝혀 둘 것은 다도체로 하는 경우 그 소도체의 단면적은 소도체를 하나로 한 것에 비해 같은 전단면적을 기준으로 하면 소도체가 많을수록 반지름 $1/\sqrt{n}$ 의 가는 것을 써도 된다는 것이다.

III 코로나에 의한 전력손

고전압송전선에서 코로나가 발생하면 그 에너지는 전원에서 공급되므로 선로의 직렬저항에 의한 전력손과 함께 송전효율을 저하시킨다. 특히 장거리 송전선에 있어서 이러한 전력손실은 상당한 양이 되기 때문에 경제평가의 대상이 된다. 또한 코로나에 의한 전력손, 즉 코로나손은 선로에 대해 병렬 컨덕턴스를 형성한다.

코로나손의 계산식을 이론적으로 유도하는 것은 지극히 어렵기 때문에 일반적으로 여러 가지의 실험적에 의하고 있는데, 특히 다도체의 경우는 실험식에 의해서 산출할 수 밖에 없다.

1) 단도체송전선의 코로나손 계산식

오래 전부터 비교적 잘 사용되고 있는 계산식으로는 식 (3.53)과 같은 피크(P. W. Peek)의 실험식이 있는데, 이것은 초고압이 출현하기 이전의 것이다.

$$P = \frac{241}{\delta}(f+25)\sqrt{\frac{r}{D}}(E-E_0)^2 \times 10^{-5}[\text{kW/km/선}] \quad \cdots\cdots\cdots\cdots \quad (3.53)$$

이 식은 1선 1km당의 코로나손 P를 계산하는 데 쓰이는데, 여기서 E는 전선의 대지전압 [kV], E_0는 코로나 임계전압 [kV], f는 주파수이고, 다른 것들은 이미 나온 것이다.

2) 다도체송전선의 코로나손

다도체방식의 코로나손은 기상조건에 관계없이 단도체방식과 비교해 일반적으로 적다는 것이 여러 곳의 시험송전선의 결과에서 밝혀지고 있으나 아직은 피크(Peek)의 식과 같이 확실한 것은 나오지 못하고 있다. [표 3-2]는 표고가 거의 0인 시험선에서 행한 북구의 실험결과이다.

【표 3-2 복도체 3상 송전선의 코로나손(표고가 거의 0)】

공칭전압 [kV]	운전전압 [kV]	ACSR의 단면적 [mm^2]	선간거리 [m]	3상 코로나손 [kW/km]	
				좋은 날씨	악천후
220	220	454	7	0.15	10
380	380	454×2	12	0.6	30
380	380	593×2	12	0.4	14
380	400	593×2	12	0.55	21

* (1) 380 kV선 지상고평균 13 m, 복도체 선간거리 45 cm
  (2) 220 kV선 지상고평균 10 m

IV 코로나에 의한 장애

공기전리에 의해 전선 주위에 코로나를 생성하는 과정에서 급격한 전하의 변화를 수반하고 코로나전하에 부합한 전하펄스가 송전선을 광속으로 진행하기 때문에, 이 고주파성분에 의해 각종의 고주파응용에 장해를 미친다. 즉, 전력선반송이나 계전장치 신호에 잡음을 주기도 하고 효율은 좋지 않지만 송전선이 공간에 전파를 발사해서 근방의 라디오나 텔레비전 시청에 불쾌한 장해로 되는 것이 이것이다. 근래 송전선이 초고압화 되고 또 지역적으로 확대됨에 따라 이들 코로나잡음의 문제가 중요시되어 가고 있다. 코로나장해를 경감하려면 방송신호의 전압 S[dB]와 잡음전압 N[dB]과의 비 S/N를 크게 해야 하는데, 송전선의 코로나방지에 힘써서 잡음전압을 낮게 함과 동시에, 라디오나 텔레비전의 난시청지역에서는 중계소를 마련하여 방송신호전압을 높이도록 함이 좋다.

송전선에는 여러 가지 원인으로 고전압의 진행파가 발생하는데, 이때는 언제나 코로나가 따르게 되므로 뇌서지에 대한 감쇠효과는 대부분 코로나방전에 의한 것이다. 이렇게 코로나로 인한 이점도 있긴 하지만, 코로나손 및 코로나잡음의 영향으로 인한 단점이 더 많으므로 코로나의 상시 발생은 최대한 피해야 한다.

V 코로나의 방지력

송전선의 코로나방지에는 굵은 전선을 쓰는 것이 가장 적절한 방법이지만 고전압송전의 목표에 전선량 절약이 있다는 것을 감안하지 않으면 안 된다. 그래서 ACSR은 경도연선에 비해 가볍고 굵기 때문에 코로나방지의 면에서는 우수하다. 또한 다도체

방식으로 하면 단도체의 경우보다 전위경도를 저하시킬 수 있어서 코로나잡음의 레벨을 줄일 수 있게 된다. 이와 같이 코로나방지를 목적으로 전선의 코로나 개시전압을 높이는 것은 전선의 작용정전용량은 증대되고, 작용 인덕턴스는 감소하므로 송전용량을 크게 하는 일석이조의 효과가 있다.

선로전장에 걸친 전선코로나는 우천 시와 같은 특수한 상황을 제외하고는 그렇게 크지는 않다. 오히려 애자쇠붙이나 차폐장치 등의 쇠붙이에서 발생하는 국부적인 코로나가 큰 장해원인이 되는 경우가 많다. 그러므로 무용의 돌기부를 제거하여 만일 그렇게 할 수 없을 때는 차폐쇠붙이를 붙이는 것 등으로 국부코로나를 방지하는 것이 중요하다.

3.3 정태시의 송전선 특성

교류송전의 문제점은 송·수전단의 전압차, 특히 전압강하와 그 송전선의 에너지 수송능력, 즉 송전용량이다. 극히 소규모의 송전선을 제외하고 송전전력은 전선의 허용전류보다 선로의 리액턴스에 의해 제한된다. 전압변동이 크다는 것은 절연설계상 불리하고 수용가의 전기설비에 지상을 가져온다. 그리고 송전용량이 선로의 리액턴스에 의해 제한된다는 것은 교류송전방식의 큰 난점이지만, 이것을 극복하고 최대한 송전전력을 높이는 것이 교류송전이 갖는 다른 우수한 이점을 잘 살리는 것이 된다.

그런데 송전선의 평상운전시의 여러 가지 특성, 즉 송·수전단이나 선로 임의지점의 전압, 전류, 전력, 무효전력, 역률, 전압강하, 전력손실 등을 정확히 계산하려면 선로의 저항, 인덕턴스, 정전용량 및 누설 컨덕턴스가 균일하게 분포된 분포정수회로로 취급하지 않으면 된다. 이 중에서 저항과 인덕턴스는 직렬 임피던스를, 또 정전용량은 서셉턴스로 해서 누설 컨덕턴스와 함께 병렬 어드미턴스를 형성한다.

그러나 송전전압에도 의하지만 일반적으로 선로의 긍장이 짧은 경우에는 선로정수가 한 곳 또는 여러 곳에 집중된 집중정수회로로 취급해도 큰 차이는 없다. 또한 정태시의 전기적 계산에는 1선과 중성선 사이에 1상, 즉 등가단상회로로 취급해서 계산하면 된다.

여기서는 상전압은 E, 선간전압은 V로 나타내기로 한다.

Ⅰ 전압강하

전선로의 전압강하 및 전압변동은 송·수전단의 전압을 $\dot{E}_s$, $\dot{E}_r$이라 하고, $\dot{E}_r$을 기준, 즉 $\dot{E}_s = E_s \varepsilon^{j\delta}$, $\dot{E}_r = E_r$로 해서 다음과 같이 나타낸다.

$$\text{전압강하율} = \frac{E_s - E_r}{E_r} \times 100\% \quad \cdots\cdots (3.54)$$

$$\text{전압변동률} = \frac{E_{r0} - E_r}{E_r} \times 100\% \quad \cdots\cdots (3.55)$$

여기서 E_{r0}는 무부하시의 수전단전압으로, 선로긍장이 짧은 경우에는 $E_{r0} \fallingdotseq E_S$로 되어서 전압강하율과 전압변동율은 같게 된다.

전압강하율의 최대값은 중요 간선송전단은 10% 가량, 최고전압에서는 15% 정도까지이고, 분기점이나 발·변전소 사이의 연락선 등은 5%가 표준으로 되어 있다. 선로가 길어지거나 초고압송전선 등에서는 선로의 정전용량이 크게 작용하여 수전단이 개방되어도 상당한 충전전류가 흐르기 때문에 전압변동률은 전압강하율보다 크게 된다. 그러나 보통은 송·수전단전압을 부하상태에 관계없이 언제나 일정하게 유지하는 정전압송전방식을 채용하고 있다.

1) 단거리 송전선

전선로의 긍장이 30km 정도인 단거리 송전선이나 배전선로는 [그림 3-17]에 나타낸 바와 같이 저항과 인덕턴스만의 집중회로로 생각할 수 있다.

여기서 $\dot{I}_s$, $\dot{I}_r$은 송·수전단의 선전류[A], $\cos\theta_s$, $\cos\theta_r$은 송·수전단의 역률, R, X는 전선 1조당의 저항 및 유도 리액턴스[Ω], 수전단전압 $\dot{E}_r$을 기준으로 한 [그림 3-17]의 벡터도에서

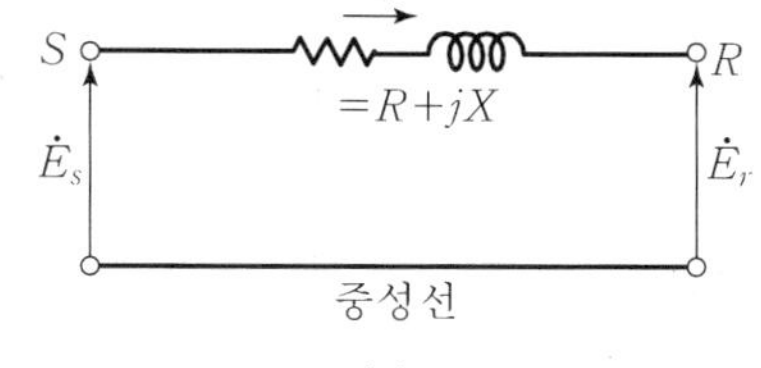

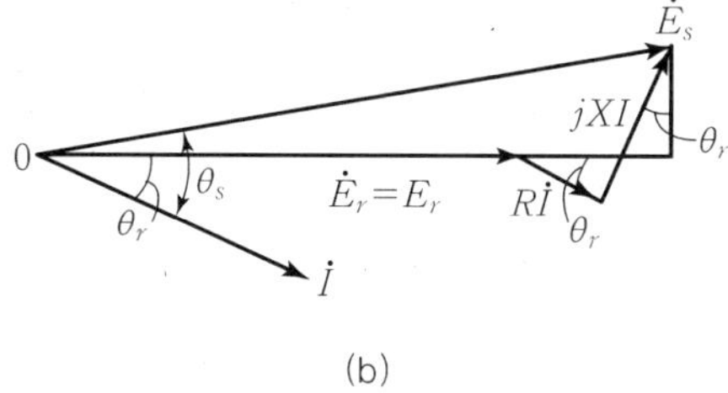

【그림 3-17 단거리 송전선】

$$\dot{E}_s = (E_r + IR\cos\theta_r + IX\sin\theta_r) + j(IX\cos\theta_r - IR\sin\theta_r)$$
$$E_s = \sqrt{(E_r + IR\cos\theta_r + IX\sin\theta_r)^2 + (IX\cos\theta_r - IR\sin\theta_r)^2} \quad \cdots\cdots (3.56)$$

단거리 송전선이나 배전선에서 $\dot{E}_s$와 $\dot{E}_r$은 거의 겹쳐져서 $\theta_s \fallingdotseq \theta_r$로 되기 때문에 실용적으로는 위 식의 제2항을 무시하면

$$\dot{E}_s \fallingdotseq \dot{E}_r + (R\cos\theta_r + X\sin\theta_r) \quad \cdots\cdots (3.57)$$

그러므로 선간전압강하 $v = \sqrt{3}\,e = V_s - V_r$ 이므로 전압강하율은

$$\frac{V_s - V_r}{V_r} \times 100 = \frac{\sqrt{3}\,I}{V_r}(R\cos\theta_r + X\sin\theta_r) \times 100\% \quad \cdots\cdots (3.58)$$

송전단역률은 전류 $\dot{I}$ 를 기준으로 한 벡터도에서 구하면

$$\cos\theta_s = \frac{E_r\cos\theta_r + IR}{\sqrt{(E_r\cos\theta_r + IR)^2 + (E_r\sin\theta_r + IX)^2}} \quad \cdots\cdots (3.59)$$

그리고 수전단전력은 $P_r = 3E_r I\cos\theta_r = \sqrt{3}\,V_r I\cos\theta_r$ 이고, 선로손실을 $P_l = 3RI^2$ 이라 하면 송·수전단전력 P_s[W]는

$$P_s = \sqrt{3}\,V_s I\cos\theta_s = P_r + 3RI^2 \quad \cdots\cdots (3.60)$$

또한 전압강하율은 가끔 송전단전압에 대한 비율로 나타낼 때가 있다. 특히 배전선로 도중 여러 곳에 부하가 분산해 접속되어 있는 경우에는 이와 같이 정의한 전압강하율을 쓰는 것이 편리할 때도 있다. 이 경우에도 V_r에 대한 비율로 한 것과 같이 구할 수 있다.

2) 중거리 송전선

송전선로가 약간 길어지면 정전용량의 영향은 무시할 수 없지만 송전전압 66kV, 긍장 50km 정도의 중거리 송전선로에서는 이것을 집중정수로 취급할 수 있다. 이것은 전 병렬어드미턴스 $\dot{Y}$를 전부 중앙에 집중해 있다고 생각하는 것과, 송·수 양단에 $\dot{Y}/2$씩 집중해 있다고 생각하는 경우의 근사계산법으로, 다음 T회로 및 π회로의 두 가지가 있다.

T회로는 [그림 3-18]과 같이 전 병렬 어드미턴스 $\dot{Y}$를 중앙에 집중시키고 전 병렬 임피던스 $\dot{Z}$를 2분해서 양단에 놓은 경우의 근사법이다.

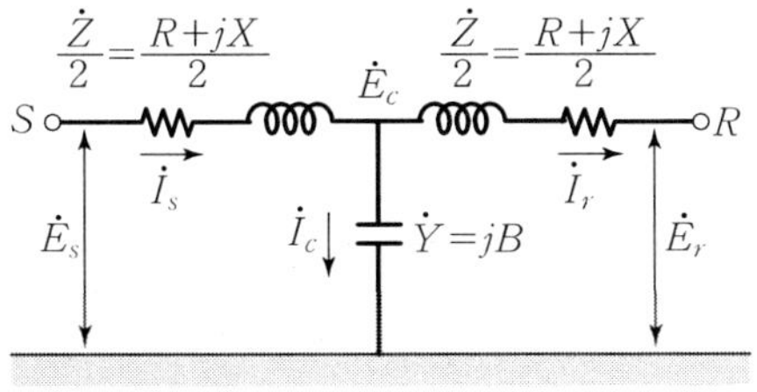

【그림 3-18 T 회로】

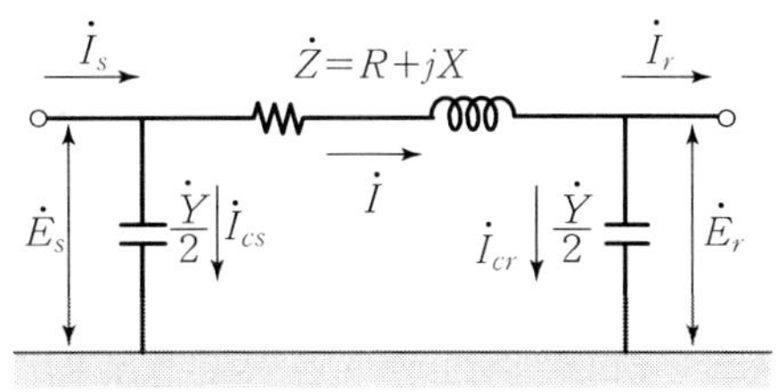

【그림 3-19 π 회로】

각 부의 전압, 전류 및 제정수를 그림과 같이 하면

$$\dot{E}_s = \dot{E}_c + \frac{\dot{Z}\dot{I}_s}{2}, \quad \dot{E}_c = \dot{E}_r + \frac{\dot{Z}\dot{I}_r}{2}$$

$$\dot{I}_s = \dot{I}_r + \dot{I}_c, \quad \dot{I}_c = \dot{Y}\dot{E}_c$$

이므로 송전단의 전압, 전류는 다음과 같이 된다.

$$\begin{aligned} \dot{E}_s &= \left(1+\frac{\dot{Z}\dot{Y}}{2}\right)\dot{E}_r + \dot{Z}\dot{I}_r \\ \dot{I}_s &= \left(1+\frac{\dot{Z}\dot{Y}}{2}\right)\dot{I}_r + \dot{Y}\left(1+\frac{\dot{Z}\dot{Y}}{4}\right)\dot{E}_r \end{aligned} \qquad \cdots\cdots (3.61)$$

π회로는 [그림 3-19]에서와 같이 전 직렬 임피던스 $\dot{Z}$를 중앙에 집중시키고, 전 병렬 어드미턴스 $\dot{Y}$를 2분하여 각기 송·수전단에 놓았을 때의 근사계산법이다. [그림 3-19]에서

$$\dot{E}_s = \dot{E}_r + \dot{Z}\dot{I}_r, \quad \dot{I} = \dot{I}_r + \dot{I}_{cr}, \quad \dot{I}E_{cr} = \dot{Y}\dot{E}_s/2, \quad \dot{I}_s = \dot{I} + \dot{I}_{cs}$$

$$\begin{aligned} \therefore \quad \dot{E}_s &= \left(1+\frac{\dot{Z}\dot{Y}}{2}\right)\dot{E}_r + \dot{Z}\dot{I}_r \\ \dot{I}_s &= \left(1+\frac{\dot{Z}\dot{Y}}{2}\right)\dot{I}_r + \dot{Y}\left(1+\frac{\dot{Z}\dot{Y}}{4}\right)\dot{E}_r \end{aligned} \qquad \cdots\cdots (3.62)$$

3) 장거리 송전선

송전선로의 긍장이 100km 이상이 되면 집중정수회로로 취급했을 때 오차가 커지므로 선로정수가 손로를 따라서 균일하게 분포된, 이른바 분포정수회로로 생각하지 않으면 안 되게 된다. 지금 송전선로의 단위장당의 직렬 임피던스 및 병렬 임피던스를

$$\dot{z} = r + j\omega L = r + jx\,[\Omega/\text{km}]$$
$$\dot{y} = g + j\omega C = g + jb\,[\mho/\text{km}] \quad \cdots\cdots (3.63)$$

라고 하면 이 $\dot{z}$와 $\dot{y}$는 송전선로의 전긍장 l[km]를 통해서 분포되어 있고, 송전 선로의 미소부분을 취해서 보면 [그림 3-20]과 같은 회로가 연속해서 존재하고 있는 것이 된다.

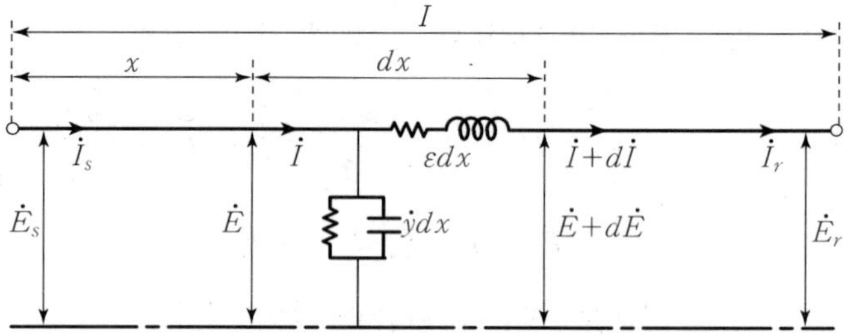

【그림 3-20 분포정수회로】

따라서 [그림 3-20]에서와 같이 송전단에서 x의 거리에 있는 미소길이 dx 부분의 전압, 전류의 변화 $d\dot{E}$, $d\dot{I}$ 는

$$d\dot{E} = -\dot{I}\dot{z}\,dx,\ \ d\dot{I} = -\dot{E}\dot{y}\,dx$$

$$\therefore\ \ -\frac{d\dot{E}}{dx} = \dot{z}\,\dot{I},\ \ -\frac{d\dot{I}}{dx} = \dot{y}\,\dot{E}$$

로 되는데, 이것을 다시 x에 대해 미분하면

$$\frac{d^2\dot{E}}{dx^2} = -\dot{z}\frac{d\dot{I}}{dx} = \dot{z}\,\dot{y}\,\dot{E}$$
$$\frac{d^2\dot{I}}{dx^2} = -\dot{y}\frac{d\dot{E}}{dx} = \dot{z}\,\dot{y}\,\dot{I} \quad \cdots\cdots (3.64)$$

이것을 풀기 위해 $\dot{E} = \dot{A}_1\,\varepsilon^{rx} + \dot{A}_z\,\varepsilon^{-rx}$ 로 놓고 일반해로 구하면

$$\dot{E} = \dot{A}_1\,\varepsilon^{rx} + \dot{A}_2\,\varepsilon^{-rx}$$

$$\dot{I} = (-\dot{A}_1\,\varepsilon^{rx} + \dot{A}_z\,\varepsilon^{-rx})/\dot{Z}_c \quad \cdots\cdots (3.65)$$

단, $\dot{r} = \sqrt{\dot{z}\,\dot{y}}\quad \dot{Z}_c = \sqrt{\dot{z}/\dot{y}}$

적분정수 $\dot{A}_1$, $\dot{A}_2$는 $x=0$에서의 전압, 전류가 $\dot{E}_s$, $\dot{I}_s$로 되는 조건에서 구하면 되는데, 그 결과는

$$\begin{aligned} \dot{E} &= \dot{E}_s \cosh\dot{\gamma} x - \dot{z}_c \dot{I}_s \sinh\dot{\gamma} x \\ \dot{I} &= -\frac{\dot{E}_s}{\dot{z}_c} \sinh\dot{\gamma} x + \dot{I}_s \cosh\dot{\gamma} x \end{aligned} \quad \cdots\cdots (3.66)$$

이 식에서 수전단 $x=l$ 에서의 전압, 전류 $\dot{E}_r$, $\dot{I}_r$은

$$\begin{aligned} \dot{E}_r &= \dot{E}_s \cosh\dot{\gamma} l - \dot{Z}_c \dot{I}_s \sinh\dot{\gamma} l \\ \dot{I}_r &= -\frac{\dot{E}_s}{\dot{Z}_c} \sinh\dot{\gamma} l + \dot{I}_s \cosh\dot{\gamma} l \end{aligned} \quad \cdots\cdots (3.67)$$

송전단의 전압, 전류 $\dot{E}_s$, $\dot{I}_s$ 에 대해 풀면

$$\begin{aligned} \dot{E}_r &= \dot{E}_s \cosh\dot{\gamma} l - \dot{Z}_c \dot{I}_s \sinh\dot{\gamma} l \\ \dot{I}_r &= \frac{\dot{E}_s}{\dot{Z}_c} \sinh\dot{\gamma} l + \dot{I}_s \cosh\dot{\gamma} l \end{aligned} \quad \cdots\cdots (3.68)$$

이들 식 (3.66), (3.67), (3.68)은 송전단의 기초방정식, 또는 전달방정식이라 하는 것으로 송전선이나 통신선에서도 다같이 전선로에 전파되는 교류전압 및 전류의 성질을 나타내는 기본식이다.

이 방정식 중에 포함되어 있는 정수 $\dot{Z}_c = \sqrt{\dot{z}/\dot{y}} = \sqrt{\dot{Z}/\dot{Y}}$를 특성 임피던스 또는 서지 임피던스라 하고 $\gamma = \sqrt{\dot{z}\dot{y}} = \alpha + j\beta$를 전파정수라 하는데, α는 감쇠를 β는 전파속도를 나타낸다. 무손실회로 $R=G=0$인 경우의 특성 임피던스는 $\dot{Z}_c = \sqrt{\dot{L}/\dot{C}}$로 되어 순저항의 성질을 가지는데, 보통의 가공전선에서는 400~500Ω의 범위에 있다. 또 전파정수는 $\dot{\gamma} = j\omega\sqrt{\dot{L}\dot{C}}$로 되어 $v = 1/\sqrt{\dot{L}\dot{C}}$의 광속전파를 나타낸다.

그리고 수전단무부하, 즉 $\dot{I}_r = 0$인 경우를 생각해 보면 식 (3.68)에서 $\dot{E}_r = \dot{E}_s/\cosh\dot{\gamma}l$로 되는데, 보통의 송전선에서는 $\cosh\dot{\gamma}l < 1$이기 때문에 $\dot{E}_r > \dot{E}_s$, 즉 수전단전압이 송전단전압 보다 높게 된다. 이것을 페란티 효과라 하는데 90° 앞선 충전전류가 선로 리액턴스에 작용하여 전압강하가 부로 되기 때문이다.

II 송전선전력 및 전력원선도

정전압송전을 하면서 수요에 따라 부하전력을 보내기 위해서는 발전소의 전압을 부하의 증가에 응해 변전소의 전압보다 그 위상각을 앞서게 하는 수밖에 없다. 즉, 송전전력이 증가하면 양단 전압의 크기는 그대로 두고 그 상차각만 크게 하면 되기 때문이다.

1) 전력방정식

송전단 및 수전단의 전압 $\dot{E}_s$, $\dot{E}_r$ 및 전류 $\dot{I}_s$, $\dot{I}_r$의 관계는 식 (3.69)와 같은데, 이 식에서 $\dot{I}_s$, $\dot{I}_r$에 대하여 풀면

$$\begin{aligned} \dot{I}_s &= \frac{\dot{D}}{\dot{B}}\dot{E}_s - \frac{1}{\dot{B}}\dot{E}_r \\ \dot{I}_r &= \frac{1}{\dot{B}}\dot{E}_s - \frac{\dot{A}}{\dot{B}}\dot{E}_r \end{aligned} \qquad \cdots\cdots (3.72)$$

여기서 $\dot{E}_r$을 기준벡터로 잡고, $\dot{E}_s$는 $\dot{E}_r$보다 위상이 δ만큼 앞선 것으로 하여 $\dot{E}_s = \dot{E}_s\,\varepsilon^{j\delta}$, $\dot{E}_r = E_r' = E_r$로 놓고, 송·수전전력 $\dot{W}_s = \dot{W}_r$은 $\dot{P}_s = \dot{P}_r$ 및 $\dot{Q}_s = \dot{Q}_r$을 송·수전단의 유효전력 및 무효전력이라 하면, 송·수전단의 전력방정식은

$$\begin{aligned} \dot{W}_s &= \dot{E}_s\,\dot{I}_s = \dot{P}_s + j\,\dot{Q}_s = \frac{D}{\dot{B}}\dot{E}_s E_s' - \frac{1}{\dot{B}}\dot{E}_s\,E_r' \\ &= \frac{D}{\dot{B}}\dot{E}_s^{\,2} - \frac{1}{\dot{B}}\dot{E}_s\dot{E}_r\,\varepsilon^{j\delta} \end{aligned} \qquad \cdots\cdots (3.73)$$

$$\begin{aligned} \dot{W}_r &= \dot{E}_r\,\dot{I}_r = \dot{P}_r + j\,\dot{Q}_r = \frac{1}{\dot{B}}E_s'\dot{E}_r - \frac{\dot{A}}{\dot{B}}\dot{E}_r\,E_r' \\ &= \frac{1}{\dot{B}}E_s\,\dot{E}_r\,\varepsilon^{-j\delta} - \frac{A}{\dot{B}}\dot{E}_r^{\,2} \end{aligned} \qquad \cdots\cdots (3.74)$$

$\dot{E}_s$, $\dot{E}_r$은 1상의 전압 [kV]이므로, $\dot{W}_s$, $\dot{W}_r$은 각기 1상분의 유효전력 [MW] 및 무효전력 [MVar]을 나타내며 3상전력은 $3\dot{W}_s$, $3\dot{W}_r$이다. $\dot{E}_s$, $\dot{E}_r$ 대신 선간전압 $\dot{V}_s$, $\dot{V}_r$을 사용하면 $\dot{V}_s = \sqrt{3}\,\dot{E}_s$, $\dot{V}_r = \sqrt{3}\,\dot{E}_r$이고, 위 식은 전압의 2차식이므로 $\dot{W}_s$, $\dot{W}_r$은 그대로 3상전력을 나타내게 된다.

2) 전력원선도

식 (3.73) 및 (3.74)에 나타낸 전력방정식에 포함되어 있는 정수를

$$\frac{d}{\dot{B}}=m+jn,\ \ \frac{l}{\dot{B}}=\frac{1}{\dot{B}}\varepsilon^{j\beta},\ \ \frac{\dot{A}}{\dot{B}}=m'+jn'$$

라 놓고, 또 $\rho = E_s,\ E_r/B$라 하면

$$\dot{W}_s=\dot{P}_s+j\dot{Q}_s=(m+jn)E_s{}^2-\rho\varepsilon^{j(\delta+\beta)} \quad \cdots\cdots (3.75)$$

$$\dot{W}_r=\dot{P}_r+j\dot{Q}_r=-(m'+jn')E_r{}^2+\rho\varepsilon^{-j(\delta+\beta)} \quad \cdots\cdots (3.76)$$

앞에서 말한 바와 같이 일반적으로 전력계통은 정전압송전방식을 채택하고 있으므로 수용부하전력의 증감에 대해서 송·수전단전압의 상차각 δa를 조정하여 이것에 응하므로 위 식 중의 변수는 δ뿐이다.

그러므로 $\dot{W}_s$ 및 $\dot{W}_r$은 복소전력 평면 내에 있어서 $(m+jn)E_s{}^2$ 및 $-(m'+jn')E_r{}^2$을 중심으로 ρ를 반지름으로 하는 원을 나타낸다.

$\delta=0°$, 즉 $\varepsilon^{j\delta}=1$일 때의 반지름 SA는 횡축과 β각도로 중심 S를 통하는 선으로 되는데, 그 동작 특성은 부하가 증가하여 $\dot{E}_s$, $\dot{E}_r$ 사이의 상차각 δ가 커짐에 따라 $\varepsilon^{j\delta}$항에 의해 그 동작점이 원주상을 반시계방향으로 이동해 간다.

동작점이 N일 경우 송전단 벡터전력은 ON[MVA]으로 되고, 송전단에서 유출되는 유효전력 P_s[MW]는 OG, 무효전력 Q_s[MVar]는 GN으로 된다. 이때의 무효전력은 진상이고, 송전단역률은 $\cos\theta_s$이다. 수전단 전력원선도에 대해서도 같은 설명이 되겠는데, 그 동작점 M은 $\delta=0°$의 점 B를 기준으로 δ의 증가에 따라 $\varepsilon^{-j\delta}$항에 의해 시계방향으로 이동한다.

그래서 송·수전단전압 E_s, E_r의 크기가 각각 일정하게 유지되는 것이라 한다면, P_s+jQ_s는 송전단 전력원선도의 원주상에, 또 P_r+jQ_r은 수전단 전력원선도의 원주상에 $\delta=0°$에 상당하는 각각의 기준선에서 δ도가 되는 각 동작점을 가진 벡터전력으로 나타나도록 운전해야 한다.

그리고 수전단 변전소에서의 최대수전전력P_m[MW]은

$$P_m=\frac{E_sE_r}{B}-m'E_r^2$$

로 되며, 송·수전단전압의 상차각 δ를 이것보다 크게 하더라도 수전단의 부하를 이 이상 증대할 수는 없다. 그러나 P_m점은 다음에 기술하는 바와 같이 기술상·

경제상의 여러 조건을 무시한 값이다.

그리고 보통은 송·수전단의 전력원선도를 같은 좌표상에 사용된다. $\dot{A}=\dot{D}$ 일 때는 SOR은 일직선이 되고, $E_s=E_r$이면 OS=OR로 되지만 대체로는 그렇지 않다. E_s, E_r 및 δ가 주어진 경우에는 앞에서 말한 바와 같이 P_s, Q_s 및 P_r, Q_r이 쉽게 계산된다. 예컨대, E_s, E_r 외에 수전전력 P_r =OK가 먼저 주어졌다고 하면, 이때의 무효전력 Q_r =KM을 알 수 있음과 동시에 상차각 δ가 판명된다. 그리하여 송전전력도에서 송전전력 P_s =GN을 구할 수 있다.

따라서 OG－OK＝KG, 즉 $P_s-P_r=P_l$[MW]인 송전손실을 알 수 있게 된다. 그런데 전력원선도에서 P_r 및 Q_r을 구해 그 차로 전력손실을 내면 실차가 커지기 때문에 정확히 구하려면 계산에 의하거나 손실원선도로 구하는 것이 좋다. 즉, 식 (3.75) 및 (3.76)에서 송·수전전력은 다음과 같이 되므로

$$\begin{aligned} P_s &= mE_s^{\ 2}-\rho\cos(\delta+\beta) \\ P_r &= -m'E_r^{\ 2}+\rho\cos(\delta-\beta) \end{aligned} \qquad \cdots\cdots (3.77)$$

선로의 실효전력 P_l은 이 두 식의 차가 된다.

$$\begin{aligned} P_l = P_s-P_r &= mE_s^{\ 2}+m'E_r^{\ 2}-\rho\,[\cos(\delta+\beta)+\cos(\delta-\beta)] \\ &= mE_s^{\ 2}+m'E_r^{\ 2}-2\rho\cos\beta-\cos\delta \end{aligned} \qquad \cdots\cdots (3.78)$$

바로 이 식은 L점 $(mE_s^{\ 2}+m'E_r^{\ 2},\ 0)$을 중심으로 하고 LL'$(2\rho\cos\beta)$를 반지름으로 하는 원의 원주상의 점과 종축과의 거리로 나타나고, $\delta=0°$의 기준선을 횡축으로 해서 MW로 눈금하고, 횡축상 OL거리의 점 L을 중심으로 하여 반지름 $2\rho\cos\beta$의 원을 그려서 이것과 횡축의 원점측 L'에서 아래쪽의 원주상에 각도를 눈금하면, 상차각 δ에 대한 실효전력 P_l은 UU'로 된다.

III 전압의 유지와 조상용량

송·수전전력 계산식이나 원선도에서 알 수 있는 바와 같이 정전압송전에서는 P_s, Q_s, P_r, Q_r 중 어느 것이나 하나가 정해지면 다른 것은 전부 결정된다. 예를 들어, 어떤 전력 P_l을 수전전력으로 한다면 이것에 응해서 수전단무효전력 Q_r이나 송전단전력 P_s+jQ_s도 모두 결정된다. 즉, P_r을 수전하기 위해서는 송·수전단 모두 이것

에 상당하는 어떤 일정역률로써 운전하지 않으면 안 된다. 이때 송전단에서는 발전기의 여자를 가감해서 요구되는 무효전력을 발전기가 공급하기 때문에 문제되지 않으나, 수전단에서는 원선도에 주어지는 역률과 부하가 요구하는 역률사이의 조정을 도모하기 위해 무효전력의 공급이 필요하게 된다. 이 때문에 수전단에는 무효전력의 공급원인 조상설비가 있어야 한다.

조상설비로는 동기조상기, 병렬콘덴서, 분로 리액터 등이 쓰여지는데 보통 수전변압기의 3차권선 또는 2차 측 모선에 접속한다. 예컨대, 뒤진 일정역률 $\cos\theta$의 부하특성곡선에서 부하전력을 P_L이라 하면 벡터는 OL로 되고, 부하에 유입하는 지상무효전력은 $+jQ_L$로 된다.

한편, $P_r = P_L$에 상당하는 원선도상의 동작점은 M이고, 벡터전력은 OM으로 된다. 그러므로 이때 수전단에 들어오는 무효전력은 진상의 $-jQ_r$로 되어야 E_s, E_r을 일정하게 유지할 수 있게 된다. 따라서 조상기에 유입할 필요가 있는 무효전력을 Q_c라 하면, 수전단에 유입하는 벡터전력은 유출하는 벡터전력과 같아야 하므로 다음과 같이 계산할 수 있다.

$$P_r - jQ_r = P_L - jQ_L + jQ_c, \quad P_L = P_r$$

$$\therefore Q_c = -(Q_L + Q_r) = -(Q_r + P_r \tan\theta)$$

즉, $j(Q_L + Q_r) = -jQ_c = LM$과 같은 진상무효전력이 조상설비에 유입하게 조정하면 된다. 또 이때의 수전단역률은 그림에서와 같이 진상 $\cos\theta'$이다.

다음으로 부하가 벡터전력 OL'에 상당하는 값 OL"로 감소할 때까지는 조상설비에 진상무효전력이 유입하고, 다시 감소하면 지상무효전력이 유입하도록 조정해서 수전전력을 원선도상에 오도록 할 필요가 있다. 무부하에서 수전전압을 규정값으로 유지하기 위해서는 OM'[kVar]의 지상무효전력을 조상설비에 흡수시키지 않으면 안 된다. 즉, L'LM의 범위에서는 조상기의 여자전류를 크게 해서 진상무효전력을 취하게 하거나 병렬콘덴서를 쓰고, L'M'O의 범위에서는 여자전류를 줄여서 조상기에 지상무효전력을 취하게 하거나, 분로 리액터를 사용해서 조정하게 된다. OL"의 부하일 때는 조상용량은 0이다.

동기조상기는 동기전동기를 무부하로 운전하거나 가감한 여자전류의 크기에 따라 전기자에 진상 또는 지상의 무효전류가 흐르므로 연속적인 진상 또는 지상무효전력의 가감이 가능하다. 그러나 회전기이므로 값이 비싸기 때문에 근래에는 전력용 콘덴서가 중부하 시의 조정에 많이 쓰이는데, 이것은 계단적으로 연속적인 조정은 불가능하다. 따라서 경부하 시에 요구되는 비교적 적은 지상무효전력과 콘덴서 조정의 계단부분에서의 진상무효전력의 연속조정은 소용량의 동기조상기에 맡기는 방법이 널리 쓰이고, 경부하 시의 지상무효전력만 취하는 분로 리액터는 그다지 쓰이지 않는다.

3.4 송전용량

송전계통에서 경제적·기술적으로 보낼 수 있는 유효전력의 최대값을 송전용량이라 하는데, 이것을 결정하는 조건은 무척 복잡해서 발전기나 변압기와 같이 정격화하는 것이 대단히 어렵다. 단거리 송전선에서는 전선의 허용전류나 전압강하에서 결정하고 장거리 송전선에서는 송·수전 전력계산식 또는 전력원선도로 계산하면 되지만, 원선도의 어느 점을 송전용량으로 할 것인가는 매우 어려운 문제이다. 가령 최대수전전력으로 눌러둔다면 송·수양단전압의 상차각이 크게 되어 송전안정도를 초과하거나 송전전력에 비해 대단히 큰 조상용량이 필요하게 되므로 송전용량으로 부적당한 경우가 많다.
그러므로 송전계통과 같은 종합계통에서는 이와 같은 각 요소가 혼입되어 있을뿐만 아니라 단일의 계통이 모여서 복잡한 송전강을 형성하고 있으므로, 이것을 정확하게 계산하기는 대단히 어렵기 때문에 보통은 다음과 같은 계산법을 이용한다.
송전용량의 증가책으로는 굵은 전선을 쓰거나 전압을 높이는 것 등의 안정도를 향상시키는 것 등이 있다는 것은 앞서 말한 바 있다.

I 고유부하법

수전단에 선로의 특성 임피던스와 같은 임피던스를 부하로 할 때 선로의 저항과 누설 컨덕턴스를 무시하면 선로 각 점의 무효전력이 0으로 되어 이상적인 송전을 할 수 있게 된다. 이 부하를 그 선로의 고유부하라 한다. 고유부하법은 이 고유부하를 송전용량의 가늠으로 한 것으로, 선로의 공정전압을 V[kV], 인덕턴스를 L[H], 정전용량을 C[F]라 하면 송전용량 P는

$$P = \frac{V^2}{\sqrt{L/S}} \text{[MW/회선]} \quad \cdots\cdots (3.79)$$

여기서 $Z_c = \sqrt{L/C}$는 가공단도체 송전선에서 400Ω 정도, 2도체송전선에서는 단도체방식의 80% 정도로 된다. 이 방법은 긍장 400km 이상의 장거리 송전선의 송전용량을 가늠하는 데 적당하므로 긍장이 적게 될수록 커져 100km 정도에서는 고유저항의 약 3배가 된다.

II 송전용량계수법

송전용량 외에 송전거리의 관계를 고려한 근사식이 송전용량 계산법이다. 송전용량이 원선도에서 나타내는 최대수전전력은 공칭전압을 V[kV], 선로긍장을 l[km]이라 하면 근사적으로 $P_m \propto V^2/l$로 나타낼 수 있는데, 이 최대전력에 어떤 계수를 곱하여 송전용량으로 하는 방법이다. 즉,

$$P = k\frac{V^2}{l}\,[\text{MW/회선}] \quad \cdots\cdots (3.80)$$

이 식의 k를 송전용량계수라 하는데, 송·수전단 전압비, 선로정수 등에 의해 결정되는 것으로, 송·수전단에 연결되는 변압기도 고려할 필요가 있다. 즉, 이 값은 r/x에 따라 달라지는데 $r/x = 0.4\sim0.6$이 0.6~0.8(66kV급), $r/x = 0.2\sim0.4$가 0.8~1.0(110 kV급), $r/x = 0.2$가 154kV급 이상(154V는 $k = 1.2$ 정도)에 적용된다고 한다. 그리고 이 식은 400km 정도 이하의 장거리 송전선의 송전용량 계산에 적합한 것이다.

예제 3-1

7/3.7mm인 경동연선(반지름 0.555cm)을 [그림 3-21]처럼 배치한 완전연가의 66kV 1회선 송전선이 있다. 1km당의 작용 인덕턴스, 작용 및 대지정전용량을 구하고, 선간전압 66kV, 긍장 100km, 주파수 60Hz일 경우의 충전전류를 구하라.

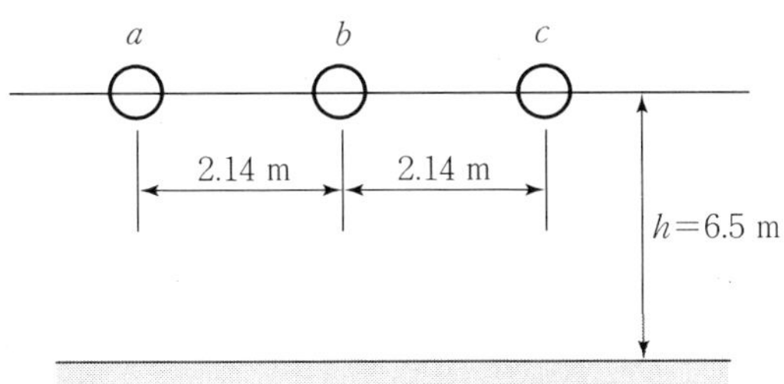

【그림 3-21】

풀이 $D_{12} = D_{23} = 2.14\text{m}$, $D_{13} = 4.28\text{m}$이므로 전선간의 기하평균거리 D는 다음과 같다.

$$D = \sqrt[3]{2.14 \times 2.14 \times 4.28} = 2.7\text{m}$$

$$r = 0.555\text{cm}$$

$$h = 6.5\text{m}$$

작용인덕턴스는 $L = 0.05 + 0.4605\log_{10}\dfrac{2.70}{0.00555} = 1.2874\text{mh/km}$

작용정전용량은 $C_n = \dfrac{0.02413}{\log_{10}\dfrac{2.70}{0.00555}} = \dfrac{0.02413}{2.6871} = 0.00898\,\mu\text{F/km}$

대지정전용량은 $C_s = \dfrac{0.02413}{\log_{10}\dfrac{8 \times 6.5^2}{0.00555 \times 2.70^2}} = \dfrac{0.02413}{4.7348} = 0.05096\,\mu\text{F/km}$

충전전류는 $I_c = \dfrac{66{,}000}{\sqrt{3}} \times 2\pi \times 60 \times 0.00898 \times 100 \times 10^{-6} = 12.9\text{A}$

예제 3-2

3상1회선의 송전선로에 3상전압을 인가해서 충전하였을 때 전선 1조에 흐르는 충전전류는 32A, 또 3선을 일괄해서 이것과 대지간에 앞과 같은 값의 선간전압의 $1/\sqrt{3}$을 인가해서 충전하였을 때 전충전전류는 60A였다. 이때 전선 1조의 대지정전용량과 선간용량과의 비를 구하라.

풀이 3상3선식 선로에서는 작용정전용량(C_n)과 대지정전용량(C_s) 및 선간정전용량(C_m)과의 사이에는 $C_n = C_s + 3C_m$의 관계가 있다. 지금 선간전압을 V라고 하면

$$\omega C_n \frac{V}{\sqrt{3}} = \omega(C_s + sC_m)\frac{V}{\sqrt{3}} = 32 \quad \cdots\cdots\cdots\cdots (1)$$

$$3\omega C \frac{V}{\sqrt{3}} = \sqrt{3}\,\omega C_s V = 60 \quad \cdots\cdots\cdots\cdots (2)$$

식 (2)로부터 $\omega V = \dfrac{60}{\sqrt{3}\,C_s}$ 이것을 식 (1)에 대입해서 정리하면

$$60\frac{C_m}{C_s} + 20 = 32, \qquad \frac{C_m}{C_s} = \frac{1}{5}$$

예제 3-3

반지름 6mm인 경동선을 사용한 3상1회선 전선로가 있다. 2m 간격으로 정삼각형 배치된 경우 및 수평선상에 일직선으로 2m 간격으로 배치된 경우에 대해서 각 전선의 인덕턴스를 계산하라.

풀이

1) 정삼각형 배치

이 경우 각 전선의 인덕턴스는 같고 이것을 L이라 하면 전선의 반지름 및 간격을 같은 단위로 하여

$$L = 0.4605\log_{10}\frac{+2}{0.006}+0.05$$

$$= 0.4605\times 2.5228+0.05 = 1.2113\text{mH/km}$$

2) 수평배치

이 경우 중앙과 바깥쪽 전선의 인덕턴스가 다르고 중앙전선은 정삼각형 배치한 경우와 같다. 바깥쪽 전선의 인덕턴스를 L'라 하면

$$L = 0.4605\log_{10}\frac{\sqrt{2}\times 2}{0.006}+0.05$$

$$= 0.4605\times 2.6749+0.05 = 1.2818\text{mH/km}$$

또한 연가를 하면 각 선의 인덕턴스는 평균된 값이 나온다. 이것을 L''라 하면

$$L'' = 0.4605\log_{10}\frac{\sqrt[3]{2}\times 2}{0.006}+0.05$$

$$= 0.4605\times 2.6232+0.05 = 1.2580$$

예제 3-4

다음 술어를 설명하라.

"송전선의 연가"

풀이

송전선 각 선의 선로정수 평균화 및 부근 통신선의 유도장해를 경감시킬 목적으로 선로긍장을 2, 3 또는 몇 개로 구분하여 전선위치를 바꾸는 것이다. 평행2회선 송전선에 있어서는 회선 상호간의 평균화도 필요하고, 특히 소호 리액터 계통에 있어서는 완전연가가 필요하다.

예제 3-5

단상 2회선식으로 동일한 전선에서 동일한 부하에 송전하는 2회선 송전선로가 있고 전주상의 전선배치는 사각형을 이루고 있는 (a), (b) 두 경우에 대하여 전선 단위길이당의 인덕턴스를 계산하라. 단, 전선 간의 중심거리를 D [m], 전선의 반지름을 r [m], ⊗, ◎는 동일한 순간의 전류방향을 표시하고 ⊗와 ◎는 위상이 180°만큼 다른 것을 표시한다.

풀이 (a)의 경우 A선의 단위길이당의 인덕턴스 L은

$$(n\phi)_A = \left(\frac{1}{2} + 2\log_e\frac{S}{r} + 2\log_e\frac{S}{D} - 2\log_e\frac{S}{\sqrt{2}D} - 2\log_e\frac{S}{D}\right) I^2 \times 10^{-7}$$

$$L = \left(\frac{1}{2} + 2\log_e\frac{\sqrt{2}D}{r}\right) \times 10^{-7}\,\mathrm{H/m}$$

$$= 0.05 + 0.4605\log_e\frac{\sqrt{2}D}{r}\,\mathrm{mH/km}$$

또 다른 전선에 대해서도 동일한 값이 나온다.

(b)의 경우 A선의 단위길이당의 인덕턴스 L'는

$$L' = \left(\frac{1}{2} + 2\log_e\frac{D}{\sqrt{2}r}\right) \times 10^{-7}\,\mathrm{H/m}$$

$$= 0.05 + 0.4605\log_{10}\frac{D}{\sqrt{2}r}\,\mathrm{mH/km}$$

또 다른 전선에 대해서도 동일한 값이 나온다.

또한 (a)와 (b)의 경우를 비교하면

$$L - L' = 0.4605\log_{10}\frac{\sqrt{2}D}{r} - 0.4605\log_{10}\frac{D}{\sqrt{2}r}$$

$$= 0.4605\log_{10}2 = 0.46065 \times 0.3010 = 0.1386\,\mathrm{mH/km}$$

예제 3-6

154kV, 60Hz의 3상 송전선이 있다. 전선으로 37/2.6mm 동심 알루미늄(지름 1.82cm)을 쓰고 D=430cm의 정삼각형 배치로 되어 있다. 기압 b=721mmHg, 기온 t=30℃, 우천의 경우 코로나 임계전압 및 1km당의 코로나 실효를 구하라. (단, 전선의 표면계수 m_0는 0.83이라고 한다.)

풀이 피크의 식을 사용한다. 식의 계수 $m_0=0.83$, $m_1=0.8$ 그리고 상대공기밀도 δ는 다음과 같다.

$$\delta=\frac{0.386\times 721}{273+30}=0.919$$

따라서 코로나 임계전압은 다음과 같이 된다.

$$E_0=24.3\times 0.83\times 0.8\times 0.919\times 1.82\log_{10}\frac{2\times 430}{1.82}=72.154\text{kV}$$

이것을 선간전압으로 환산하면

$$V_0=\sqrt{3}\,E_0=125$$

다음 코로나 실효는 피크의 실험식으로부터

$$P_0=\frac{241}{0.919}(60+25)\sqrt{\frac{1.82}{2\times 430}}\left(\frac{154}{\sqrt{3}}-72.125\right)^2\times 10^{-5}$$

$$=2.874\text{kW/km/선}$$

그러므로 3선에서는

$$P=2.874\times 3\fallingdotseq 8.62\text{kW/km}$$

Q3 연습문제

01 송전선로의 길이 10km, 공칭전압 66kV의 3상1회선 송전선이 있다. 1선의 저항이 0.239Ω/km, 리액턴스가 0.4853Ω/km, 어드미턴스는 3.3855×10^{-6}℧/km이라고 한다. 수전단전압(E_r)이 60kV, 수전단전력(P_r)이 6,000kW, 그리고 역률이 0.8(진상)일 경우의 송전단전압, 역률, 전력 및 송전손실을 π 회로로 계산하라.

02 반지름 14mm의 ACSR로 구성된 완전 인가된 3상 1회선 송전선로가 있다. 각 상간의 등가 선간 거리가 2,800mm라고 할 때, 이 선로의 km당 작용 인덕턴스는 몇 mH/km인가?

03 3상 3선식에서 선간거리가 각각 50cm, 60cm, 70cm인 경우 기하 평균 선간거리는 몇 cm인가?

04 7/3.7mm인 경동 연선(반지름 0.555cm)을 그림과 같이 배치한 완전 연가의 66kV 1회선 송전선이 있다. 1km당 작용 인덕턴스 mH/km는 얼마인가?

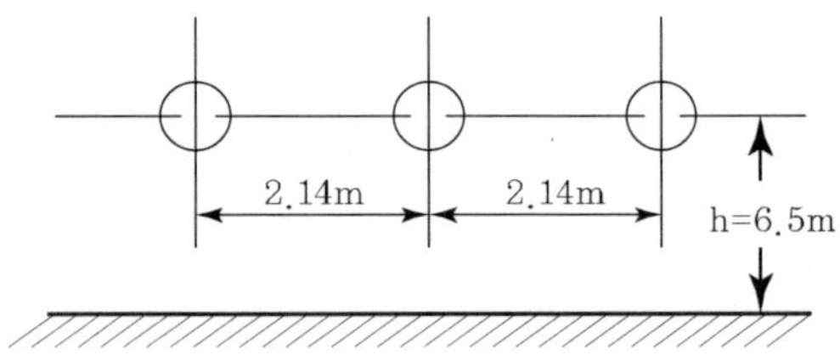

05 60Hz, 154kV, 길이 200km인 3상 송전선로에서 C_s=0.008μF/km, C_m=0.0018μF/km,일 때 1선에 흐르는 충전 전류 A는?

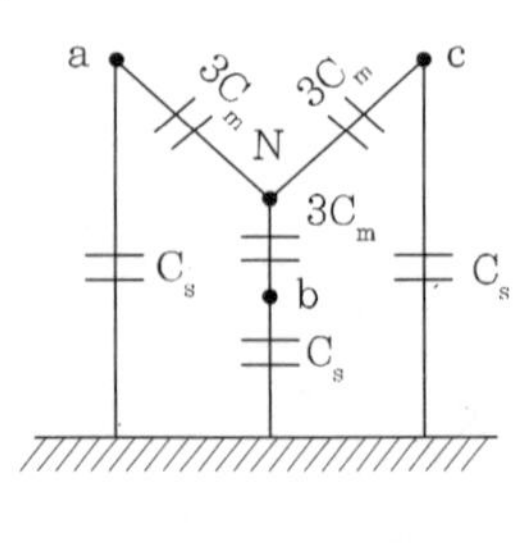

Transmission and Distribution Engineering

PART 4
안 정 도

PART 4 안 정 도

4.1 안정도의 개요

송전선로로 전력을 전송할 경우 실제로 전송될 수 있는 전력은 송전선로의 임피던스라든지 송·수전 양단에 설치된 기기의 임피던스 등에 의해서 그 어떤 한계(극한전력)가 가해지기 마련이다. 이것은 전송전력의 증대와 더불어 양단에 접속된 공기기(발전기와 전동기)의 유도 기전력간의 위상차각이 점점 벌어져서 90° 이상으로 되었을 경우에는 양 기간의 동기를 유지할 수 없게 되기 때문이다.

보통 이와 같이 동기기간의 위상차가 너무 벌어져서 동기를 유지할 수 없게 되는 현상을 탈조(Step Out)라고 부른다. 한편, 이와 같은 극한전력까지 이르지 않더라도 이에 가까운 상태에서 운전한다는 것은 가령 전압강하가 심해진다는 등의 여러 가지 무리가 따른다. 또한 선로의 손실이 막대해질 뿐만 아니라, 그와 같은 운전은 매우 불안정해서 부하가 조금만 변동하거나 외란이 생기면 안정운전을 지속하지 못하고 탈조를 일으키게 된다. 전력계통에서의 안정도(Stability)란 계통이 주어진 운전조건 하에서 안정하게 운전을 계속할 수 있는 능력을 가리키는 것으로 크게 ① 정태안정도 ② 동태안정도 ③ 과도안정도의 3가지로 나누어진다.

일반적으로 정상적인 운전상태에서 서서히 부하를 조금씩 증가했을 경우 안정운전을 지속하는 능력을 정태안정도(Steady State Stability)라고 하고, 이때의 극한전력을 정태안정 극한전력이라고 한다. 한편, 부하가 갑자기 크게 변동한다든지 사고가 발생해서 계통에 커다란 충격을 주었을 경우에도 계통에 연결된 각 동기기가 동기를 유지하면서 계속 안정적으로 운전할 수 있는 능력을 과도안정도(Transient Stability)라고 하고, 이때의 극한전력을 과도안정 극한전력이라고 한다.

일반적으로 계통에서는 언제 어떠한 부하변동이나 사고가 일어날지 모르기 때문에 실제로 계통을 운전할 경우에는 이러한 돌발사고나 급격한 부하변동이 일어나더라도 송전을 안정하게 계속할 수 있도록 운전상태를 극한전력값 이하로 낮춰서 운전해야 한다. 즉, 전력 상차각은 어느 정도 여유를 가지게 해서 가령 30~40° 범위 이하에서(이것은 바꾸어 말해서 정태안정 극한전력의 약 50% 범위가 됨) 운전하는 것이 보통이다.

따라서 그 계통에 맞는 적정 송전용량을 결정할 때는 이 과도안정도를 기준으로 정하는 것이 보다 실제적이라고 할 수 있다. 종래에는 각 발전기마다 자동전압조정기(AVR)가 설치되어 있어도 그 응답속도가 상당히 느렸고 응답 불감대도 컸기 때문에 과도기에 미치는 효과가 그다지 크지 않았으므로, 대부분 계자전압은 일정하다고 가정하면서 안정도 문제를 취급해 왔었다.

그러나 최근 고성능의 AVR이 개발·이용되면서 정태 시 및 과도시에 이 AVR이 안정도에 미치는 제어효과를 무시할 수 없게 되었다. 그 결과 앞서 말한 정태 및 과도안정도뿐만 아니라 다시 여기에 이들 고성능의 AVR이나 조속기 등이 갖는 제어효과까지도 고려에 넣은 이른바 동태안정도(Dynamic Stability)를 추가해서 계통의 안정도 문제를 취급하고 있다. 동태안정 극한전력은 고속 AVR 등으로 동기기의 여자전류를 신속하게 제어해서 발전기 유기전압을 최대값까지 올렸을 때의 한계전력으로 고속 AVR이 없는 경우와 비교했을 때 극한전력은 상당히 커진다.

이상으로 살펴 본 바와 같이 결국 계통의 안정도는 [그림 4-1]처럼 분류된다.

- **전력계통 안정도**
  - 정태안정도
    - 고유 정태안정도
    - 동적 정태안정도
  - 과도안정도
    - 고유 과도안정도
    - 동적 과도안정도

【그림 4-1 안정도 분류】

4.2 정태안정도

I 안정 극한전력

정태안정도란 정상운전상태에서 완만하게 발전기 출력을 증가시켰을 경우 어디까지 그 출력을 증가시킬 수 있는가 하는 것을 논하는 것이다. 엄밀하게는 이때 AVR이라든가 조속기의 동작 특성(즉, 이들의 제어효과)까지 고려해야 하겠지만 편의상 이들을 일체 무시하고, 정태안정도라면 가령 계자전류 등이 일정하게 유지되고 있는 것으로 보았을 경우의 송전능력 여하를 따지는 것으로 보통 이것을 고유 정태안정도라고 부르고 있다.

송전계통이 4단자 정수($\dot{A}$, $\dot{B}$, $\dot{C}$, $\dot{D}$)로 표현될 경우의 송·수전 전력은 양단 간의 위상차각 θ가 증가하면 그에 따라 증대되어 나가지만 그것도 어느 한도까지이고 θ가 어느 크기에 이르면 송·수전 전력이 극대값이 되어 더 이상의 전력을 주고받을 수 없게 된다.

여기서 구체적으로 송·수전 전력계산식에서 유효전력분만 추려서 적어보면

$$P_s = \rho \sin(\theta - 90 + \beta_1) + m' E_s^2 \quad \cdots\cdots (4.1)$$

$$P_s = \rho \sin(\theta + 90 + \beta_1) + m E_r^2 \quad \cdots\cdots (4.2)$$

로 되는데, 이 식에서 알 수 있듯이 P_s는 $\theta = 180° - \beta_1$에서 P_r는 $\theta = \beta_1$에서 각각 극대값을 취하게 된다. 더 말할 것 없이 이것이 바로 이 경우의 정태안정 극한전력인 것이다.

[그림 4-2]는 이때의 송·수전 전력원선도를 그린 것으로 여기서 주의하여야 할 점은 일반적으로 안정도 문제를 다룰 때 사용하는 전압은 전력원선도를 그릴 때 사용했던 송·수전단의 단자전압 $\dot{E}_s$, $\dot{E}_r$가 아니고, 그 송전선로에 접속된 양단 동기기(발전기 및 전동기)의 내부 유기전압을 취해야 한다는 것이다.

이러한 정태안정도의 개념을 이해하기 위해서 [그림 4-3]과 같이 1대의 발전기가 무한대의 모선에 연결된 간단한 1기 무한대 모선계통을 생각해 보자.

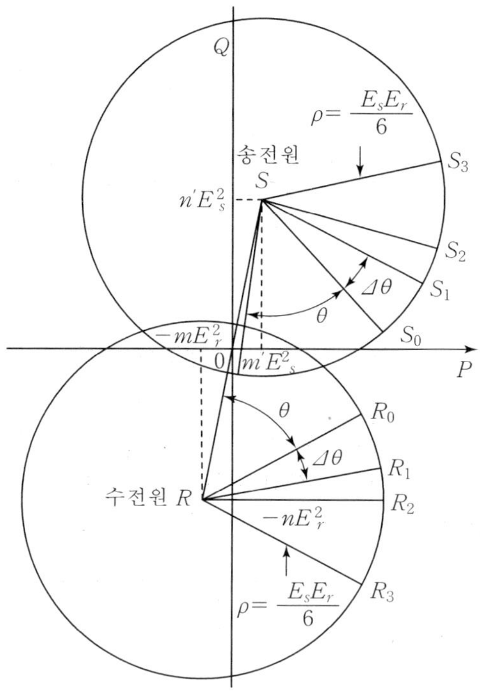

【그림 4-2 송·수전 전력원선도】

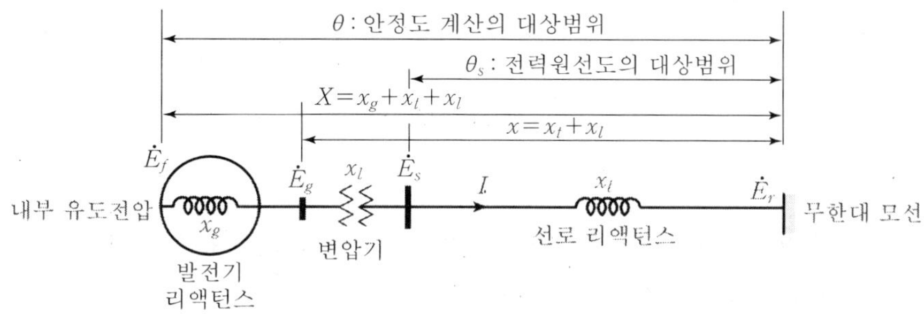

【그림 4-3 1기 무한대 모선계통】

무한대 모선이란 내부 임피던스가 0이고 전압 $\dot{E}_r$는 그 크기와 위상이 부하의 증감에 관계없이 전혀 변화하지 않고, 또 극히 큰 관성정수를 가지고 있다고 생각되는 용량 무한대의 전원을 말한다. 여기서 $\dot{E}_f$는 발전기 리액턴스 배후의 내부 유도전압으로서 발전기의 단자 전압 $\dot{E}_g$에 발전기 리액턴스 x_g에 의한 전압강하를 벡터적으로 더해 준 것이다.

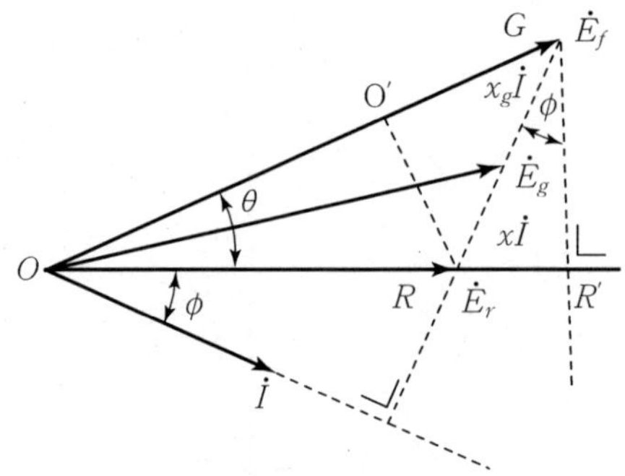

【그림 4-4 1기 무한대 모선계통의 벡터도】

지금 부하전류를 $\dot{I}$, 그 역률각을 ϕ라고 하면 이때의 벡터도는 [그림 4-4]와 같이 그려진다. θ는 송·수전 양단 동기기의 내부 유도전압 상차각을 나타낸다.

수전전력 P는 정의에 따라

$$P = E_r\, I\cos\phi \quad \cdots\cdots (4.3)$$

로 되지만, 이것은 다음과 같이 쓸 수 있다.

$$P = \frac{1}{x_g + x} E_r\, I\,(x_g + x)\cos\phi \quad \cdots\cdots (4.4)$$

$(x_g + x)\,I$는 그림에서 알 수 있는 바와 같이 RG이므로 $(x_g + x)\,I\cos\phi$는 GR'로 된다. 따라서 $E_r\,I(x_g + x)\cos\phi$는 $OR \times GR'$이 되어 $\Delta\, ORG$ 면적의 2배가 된다. 즉,

$$P = \frac{1}{x_g + x}(\Delta\, ORG\text{의 면적}) \times 2 \quad \cdots\cdots (4.5)$$

이다.

한편, $\Delta\, ORG$의 면적인데 이것은 [그림 4-4]에 나타낸 바와 같이 R에서 OG에 내린 수직선의 교차점을 O'라고 하면

$$\Delta\, ORG = \frac{1}{2} \times OR \times GR = \frac{1}{2} OG \times RO = \frac{1}{2} E_f\, E_r\, \sin\theta \quad \cdots\cdots (4.6)$$

로 된다. 다시 이것을 식 (4.5)에 대입하면

$$P = \frac{E_r\, E_r}{x_g + x}\sin\theta = \frac{E_f\, E_r}{X}\sin\theta = P_m \sin\theta \quad \cdots\cdots (4.7)$$

여기서

$$P_m = \frac{E_f\, E_r}{X}$$

$$X = x_g + x = x_g + x_t + x_l$$

로 표시된다.

식 (4.7)은 1기 무한대 모선계통에 있어서 전력 상차각의 특성을 나타내는 기본식이며 이 관계를 그려 보인 것이 [그림 4-5]이다. 여기서 $\theta = 0°$일 때 $P = 0$, $\theta = 90°$일 때 P는 최대전력, $P_m = \dfrac{E_f E_r}{X}$를 송전할 수 있다. 한편, 앞에서 발전기의 내부 유도 전압 $\dot{E}_f$ 및 수전단 전압 $\dot{E}_r$의 값이 일정하다고 가정하였고, 분모의 $X(= x_g + x)$는 각각 발전기 및 변압기와 송전선의 직렬 리액턴스의 합계로서 일정값이기 때문에 결국 송전전력은 $\dot{E}_f$와 $\dot{E}_r$의 상차각 θ만의 함수로서 $\sin\theta$에 비례한다는 것을 알 수 있다.

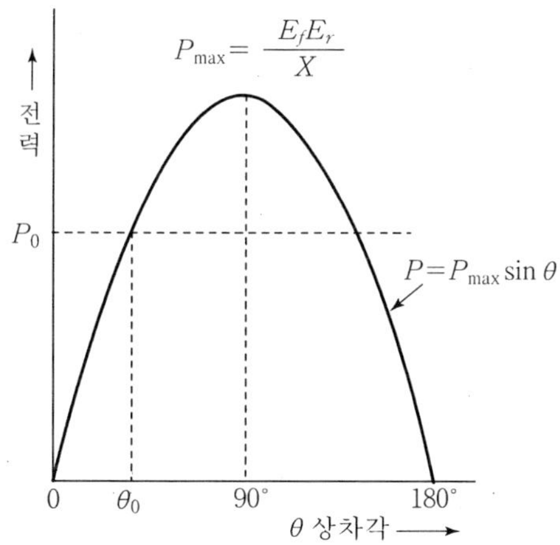

【그림 4-5 전력 상차각 곡선】

Ⅱ 동기화력

전력계통에 접속된 발전기가 동기운전을 하기 위해서는 모든 발전기가 동기속도로 회전해야 한다. 그러기 위해서는 가령 하나의 발전기가 어떤 원인으로 가속해서 그 상차각 θ가 원래의 위치보다 앞섰을(진상) 경우에는 이것을 원래의 위치로 되돌려 주려는 힘이 작용하지 않으면 안 된다.

곧 발전기에의 기계적인 입력이 일정하면 θ가 증가한 경우에 발전기의 전기적 출력 P_G가 증가해서 이 증가분에 상당하는 만큼의 운동에너지를 방출해서 발전기를 감속시킬 필요가 있다. 이것은 곧 동기운전을 하기 위해서는 $\frac{dP_G}{d\theta}>0$이 되어야만 한다는 것을 뜻한다. 이와 같이 θ의 변화에 의해 생기는 출력증가분 ΔPG 또는 그 미계수 $\frac{dP_G}{d\theta}$를 발전기의 동기화력(Synchronizing Power)이라고 한다.

일반적으로 동기화력이 큰 경우에는 계통에 외란이 발생하더라도 신속하게 평형상태를 회복하지만, 외란이 크거나 동기화력이 부족한 상태일 경우에는 발전기의 상차각 θ가 점점 커져서 드디어는 동기를 유지할 수 없게 되어 탈조하게 되는 것이다.

III 다기계통의 정태안정도

이상은 어디까지나 1기 무한대 모선의 계통에 관한 경우의 설명이었다. 실제의 계통은 수많은 발전기가 연결되어 운전되는 다기계통이다. 따라서 이러한 n기의 계통의 경우에는 아래와 같은 각 발전기 간의 동기화력계수 행렬이 해석의 대상이 된다.

$$A=\begin{bmatrix} K_{11} & -K_{12} \dots\dots & -K_{1n} \\ -K_{21} & K_{21} \dots\dots & -K_{2n} \\ \vdots & \vdots & \vdots \\ -K_{n1} & -K_{n2} \dots\dots & K_{nn} \end{bmatrix} \quad \cdots\cdots (4.8)$$

$$K_{ij}= -\frac{\partial P_{Gi}}{\partial \theta_j}$$

$$K_{ij}= \frac{\partial P_{Gi}}{\partial \theta_i}=\sum_{j\neq i}K_{ij} \quad \cdots\cdots (4.9)$$

이 경우에는 각 발전기의 관성정수 등이 안정성에 영향을 미치기 때문에 1기 무한대 모선계통처럼 간단하게 판정할 수 없고 식 (4.8)의 행렬식[특성 방정식, $f(x)=0$]을 사용해서 판정하거나 연립미분방정식을 풀어서 해석하는 수밖에 없다.

그 동안 이 문제에 관해서는 다음과 같은 여러 가지 방법이 제안되어 왔다.

① **고유값법** : 동기화력계수 행렬의 고유값으로 안정성을 판별하는 방법

② **Clarke법** : 다기계통 내에서 차례로 돌아가면서 2기를 선정하고 양 기간의 동기화력을 가지고 안정성을 판별하는 방법

③ Wagner법 : $f(x)=0$이 서로 다른 $(n-1)$개의 부(-)실근을 갖는가 어떤가를 판별식을 써서 판별하는 방법

④ ρ법 : 특성방정식의 근을 $x_1,\ x_2,\ \ldots,\ x_{n-1}$이라 할 때 $\rho=f(0)=f(-x_1)(-x_2)\ \ldots\ (-x_{n-})>0$으로 판별하는 방법

⑤ 직접법 : 다기계의 운동방정식에 발전기 위상각의 미소변화량을 대입해서 직접 수치계산으로 구하는 방법

예제 4-1

송전단전압 345kV, 수전단 전압 330kV, 송·수전 양단 변압기의 리액턴스는 어느 것이나 10Ω이고 선로의 리액턴스는 80Ω인 계통이 있다. 이 선로에서는 최대 얼마까지의 전력을 보낼 수 있는가?

풀이 식 (4.7)로부터 보낼 수 있는 최대전력 P_m은

$$P_m=\frac{E_s E_r}{X}=\frac{345\times 330}{(10\times 2)+80}=1{,}138.5\,\text{MW}$$

여기에서는 송전단에서의 송전전력을 대상으로 하였는데 만일 발전기 자체의 송전전력을 구하고자 하면 발전기 내부전압 E_f, 발전기 리액턴스 x_g를 여기에 포함시켜야 한다. 예를 들어, $x_g=20\,\Omega$, $E_f=369\text{kV}$였다면

$$P_m{}'=\frac{E_f E_r}{X}=\frac{369\times 330}{20+(10\times 2)+80}=1{,}014.75\,\text{MW}$$

예제 4-2

[그림 4-6]과 같이 600MW의 발전기가 전압이 345kV인 무한대 모선에 연결되어 550MV, 역률 0.9(지상)로 전력을 공급하고 있을 때 이 계통의 정태안정 극한전력은 얼마로 되겠는가? (단, 그림에 표시되지 않는 다른 정수는 무시하는 것으로 한다.)

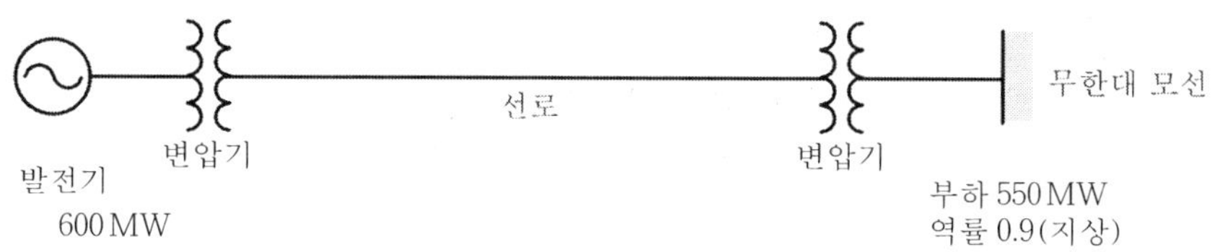

(a) 계통도

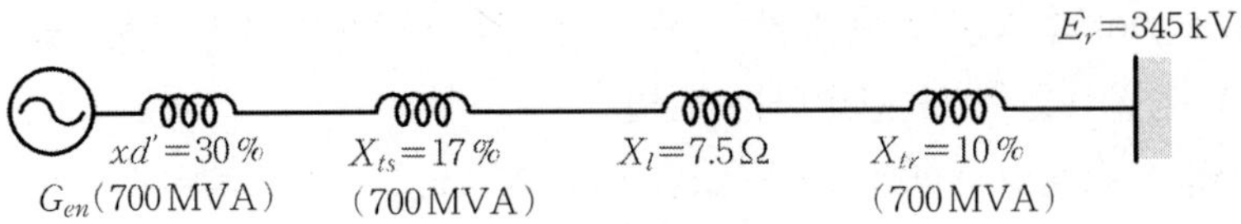

(b) 임피던스도

【그림 4-6 계 통 도】

풀이

1) Ω값에 의한 계산

먼저 이 계통의 임피던스를 345kV, 700MVA 기준에서 Ω값으로 고치면

$$X_d' = \frac{30\times 10\times (345)^2}{700\times 10^3} = 51.0\,\Omega$$

$$X_{ts} = \frac{17\times 10\times (345)^2}{700\times 10^3} = 28.9\,\Omega$$

$$X_l = 7.5\,\Omega$$

$$X_{tr} = \frac{10\times 10\times (345)^2}{700\times 10^3} = 17\,\Omega$$

따라서 계통 전체의 리액턴스 X는

$$X = X_d' + X_{ts} + X_l + X_{tr} = 51.0 + 28.9 + 7.5 + 17 = 104.4\,\Omega$$

다음 부하단에서의 전류 $\dot{I}_r$은

$$\dot{I}_r = \frac{P_r}{\sqrt{3}\,E_r\cos\theta_r}(\cos\theta_r - j\sin\theta_r)$$

$$= \frac{550\times 10^3}{\sqrt{3}\times 345\times 0.9}\left(0.9 - j\sqrt{1-0.9^2}\right)$$

$$= 1{,}022.7(0.9 - j\,0.436)\,\text{A}$$

따라서 발전기 전압 $\dot{E}_g$는(선간전압으로 계산함)

$$\dot{E}_g = \dot{E}_r + \sqrt{3}\,\dot{I}_r\,\dot{Z}$$

$$= 345 + \sqrt{3}\times(919.8 - j\,445.9)(j\,104.4)\times\frac{1}{1{,}000}$$

$$= 425.6 + j\,166.3\,\text{kV}$$

$$\therefore\ |\dot{E}_g| \fallingdotseq 456.0\,\text{kV}$$

2) %Z값에 의한 계산

먼저 선로의 리액턴스를 %값으로 고치면

$$X_l = \frac{7.5\times 700{,}000}{10\times 345^2} = 4.41\%$$

따라서 계통 전체의 리액턴스 X는

$$X = X_d' + X_{ts} + X_l + X_{tr}$$

$$= 30 + 17 + 4.4 + 10 = 61.4\%$$

345kV 전압을 100%로 하고 발전기 전압을 구하기 위해서 선로전류를 %값으로 고친다.

$$\dot{I}_L = \frac{550}{700 \times 0.9}(0.9 - j\sqrt{1 - 0.9^2}) \times 100 = 78.6 - j\,38.1$$

$$\dot{E}_G = 100 + \dot{I}_L \times jX = 100 + (78.6 - j\,38.1) \times j\,(61.4) \times \frac{1}{100}$$

$$= 123.4 + j\,48.2$$

$$\fallingdotseq 132 \angle 21.4° \%(\fallingdotseq 455.4\text{kV})$$

정태안정 극한전력 P_m은

$$P_m = \frac{E_G E_r}{X} = \frac{132 \times 100}{61.4} = 215.0\,\% = 700 \times 2.15 = 1{,}505\text{MV}$$

예제 4-3

[그림 4-7]과 같은 1기 무한대 모선계통의 정태안정도를 해석하여라. (단, 모든 값은 1,000MVA 기중의 단위값이라고 한다.)

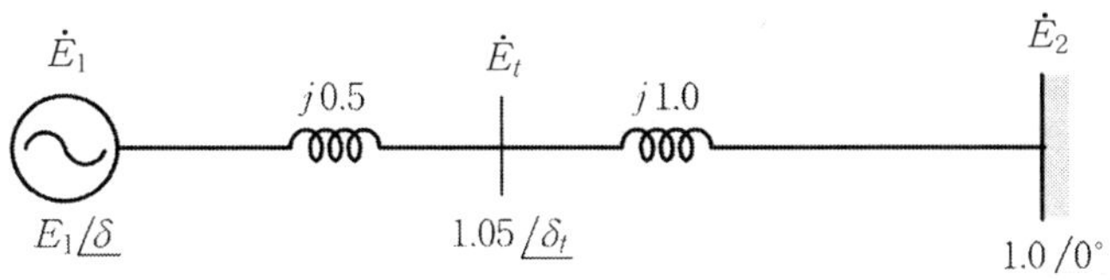

【그림 4-7 모델 계통도】

풀이 발전기의 전류 $\dot{I}_g$ 는

$$\dot{I}_g = \frac{E_t \angle \delta_t - E_2 \angle 0°}{x_e \angle 90°}$$

발전기의 내부 전압 $\dot{E}_1$은

$$\dot{E}_1 = E_t \angle \delta_t + \dot{I}_g x_d$$

$$= E_t \angle \delta_t + x_d \angle 90° \left(\frac{E_t \angle \delta_t - E_2 \angle 0°}{x_e \angle 90°} \right)$$

$$= E_t \angle \delta_t \left(1 + \frac{x_d}{x_e} \right) - E_2 \angle 0° \left(\frac{x_d}{x_e} \right) = 1.575 \angle \delta_t - 0.5$$

한편, 송전전력 P는

$$P = \frac{E_1 E_2}{x_d + x_e} \sin\delta = 0.667 E_1 \sin\delta$$

여기서 δ는 발전기 내부전압($\dot{E}_1$)과 무한대 모선 전압($\dot{E}_2$)간의 상차각인데 δ_t의 변화에 따라 E_1, δ, P 등은 [표 4-1]과 같이 된다.

이것을 전력 – 상차각 곡선으로 나타내면 [그림 4-8]과 같이 될 것이다. 이 곡선을 사용하면 임의의 상차각에 대한 송전전력의 크기를 알 수 있고 이때의 정태안정도도 쉽게 해석할 수 있다.

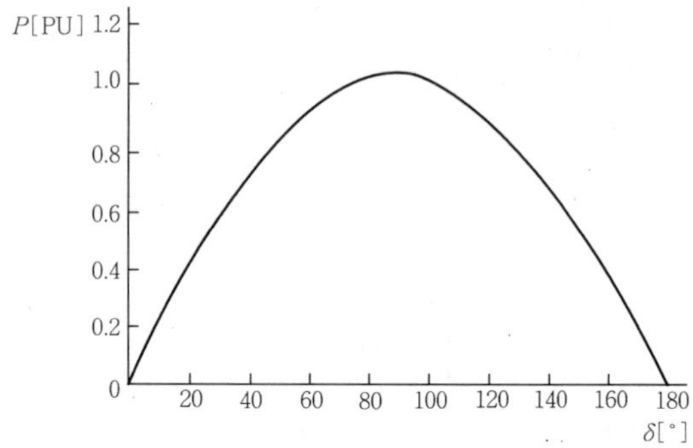

【그림 4-8 전력 – 상차각 곡선】

【표 4-1 δ_t 에 의한 제량의 변화】

δ_t[°]	E_1[PU]	δ[°]	P[PU]
0	1.075	0	0
20	1.1183	28.79	0.3591
40	1.2345	55.09	0.6749
60	1.3940	78.10	0.9094
71.5	1.4936	90	0.9957
80	1.5676	98.31	1.0341
90	1.6525	107.61	1.0500
100	1.7333	116.50	1.0341
120	1.8757	133.35	0.9094
150	2.0235	157.10	0.5250
180	2.0750	180	0

4.3 과도안정도

과도안정도는 부하가 급격하게 변동하거나 계통에 사고가 일어났을 때 등의 과도적 상태에서의 전력 - 상차각 특성을 시간적인 요소까지 고려하면서 논하는 것이다. 정상 시의 운전상태에서는 발전기나 전동기의 입·출력은 서로 같고 양기의 내부전압간의 상차각은 이때의 송전 전력과 계통 임피던스에 의해서 정해진 값을 유지하면서 운전되고 있다. 이때 부하가 급변하거나 송전선에 어떤 고장이 일어나서 계통의 평형상태가 깨어지게 되면 그로 인해서 발전기와 전동기간의 입·출력에 차가 생기고 이 차에 비례해서 회전자가 가속 또는 감속하게 된다. 그 결과 운전상태는 별과가 일어나기 전의 평형상태로부터 변화 후의 새로운 평형상태로 옮겨가서 안정하게 된다. 그러나 실제는 각각의 발전기나 전동기는 관성을 지니고 있기 때문에 새로운 평형점에 이동한 순간 바로 안정되는 것이 아니고 한동안은 평형점을 중심으로 해서 상차각이 동요하게 되는 것이 보통이다. 이 동요 중 상차각의 크기는 과도안정 극한전력이 정태안정 극한전력에 비해서 상당히 작은 값으로 되는 것이 보통이며, 또 과도안정도에는 고장 전의 부하상태나 계통에서의 외란종류, 회전자의 관성모멘트 외에 고장차단시간 및 원동기의 조속기 동작 특성 등의 여러 가지 요소가 영향을 미치게 되어 그 현상은 아주 복잡하게 된다.

종래 과도안정 극한전력은 정태안정 극한전력의 40~50% 정도로 잡았으나 최근에는 고속계전기나 고속도차단기가 많이 보급됨으로써 과도안정 극한전력을 정태시의 70~80%까지 높게 잡을 수 있게 되었다. 그밖에 최대상차각도 조건에 따라 다르겠지만 130~140°에 달해도 안정하게 운전되는 경우도 있다.

과도안정도에서 계통이 안정한가 불안정한가의 판별은 보통 외란발생 후 약 1초 이내에 결정된다. 이것은 실제의 기기에서 제1차의 동요(이것을 1차 동요라고 함)가 안정될 때까지의 주기가 대체로 1초 정도로 되어 있기 때문이다. 따라서 가령 사고가 발생했을 때 계통이 안정한가 불안정한가의 판정은 1차 동요 시의 특성만 살펴보면 된다.

I 과도안정도 검토를 위한 모델 계통

과도안정도의 개념은 역시 1기 무한대 모선계통을 사용해서 쉽게 설명할 수 있다. 다만 이 경우에는 사고 발생 등으로 외부 임피던스가 변화하는 [그림 4-9]와 같은 모선계통을 생각하여야 한다.

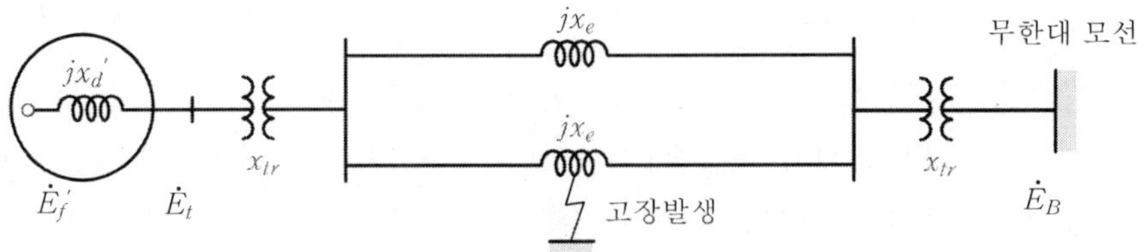

【그림 4-9　2회선 송전계통의 모델】

과도안정도가 문제로 되는 1~2초 정도의 짧은 시간에서는 일반적으로 ① AVR, 조속기 등의 효과는 무시하고, ② 발전기의 과도 내부전압은 일정하다는 전제조건하에서 과도안정도를 다루게 된다.

여기서 과도 내부전압 $\dot{E}_f$이란 [그림 4-9]에 나타낸 바와 같이 단자전압 $\dot{E}_t$에 과도 임피던스 강하 $(r+j\dot{x}_d')\dot{I}$를 벡터적으로 더한 것을 말한다. 즉,

$$\dot{E}_f' = \dot{E}_t + (r+j\dot{x}_d')\dot{I} \quad \cdots\cdots (4.10)$$

이다.

동기기의 과도 임피던스 x_d'에 관해서는 엄밀하게 돌극성까지 고려해서 직축분과 횡축분과를 별도로 도입하여 이른바 2반작용 이론에 입각해서 해석하지 않으면 안 된다. 그러나 보통은 x_d'와 x_q'를 별개로 생각하지 않고 이들을 적당한 방법으로 조합시킨 대표값, 예를 든다면 x_d', $\frac{1}{2}(x_d'+x_q)$, $\sqrt{x_d'+x_q}$와 같은 1개의 등가 임피던스를 채택하고 있다.

II 고장 중의 송전전력

송전선로에서 고장이 발생하면 송전전력은 고장 전에 비해서 저하한다. 이 때문에 발전기의 입·출력의 균형이 무너져서 고장점에 가까운 발전기는 일제히 가속하게 된다. 이때 각 발전기가 어느 정도 가속하게 되는가 하는 것은 계통구성 및 고장 전의 운전상태 외에 고장 종류와 고장발생점에 따라 크게 달라진다.

여기서는 고장 시에 전달 임피던스가 어떻게 변화하는가를 조사하고, 이것이 안정도에 어떻게 영향을 미치는가를 함께 검토해 보겠다.

고장 계산은 앞서 설명했던 바와 같이 대칭좌표법을 사용해서 풀고 있다. 구체적으로는 먼저 정상분 등가회로를 만들고, 고장의 종류에 따라 정해지는 등가고장점 임피던스($\dot{Z}_F$)를 그 정상회로의 고장점에 병렬로 연결하거나 또는 직렬로 연결해서 이것을 마치 평형부하와 같이 취급함으로써 송전전력을 계산하게 된다.

이번에는 고장의 종류에 따라 안정도가 어떻게 되는가를 보기로 한다. 계산을 간단히 하기 위해 [그림 4-10 (a)]의 송전선에서 고장(단, 단선고장은 제외)이 일어났다고 하자.

그러면 고장 중의 등가정상회로는 [그림 4-10 (b)]처럼 되며, 이것을 Y-⊿ 변환하면 [그림 4-10 (c)]와 같이 된다.

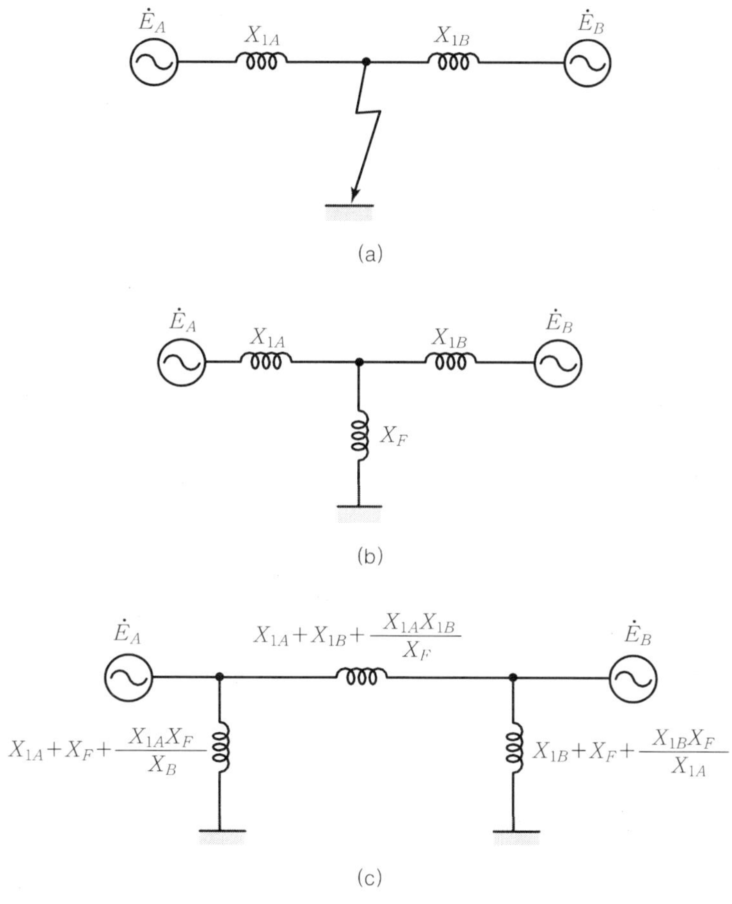

【그림 4-10 선로고장 시 등가정상회로】

이 결과 고장 중의 전달 임피던스 X는

$$X = X_{1A} + X_{1B} + \frac{X_{1A}\,X_{1B}}{X_F} \qquad \cdots\cdots (4.11)$$

로 되어 이때의 송전전력 P'는

$$P' = \frac{E_A\,E_B \sin\theta}{X_{1A} + X_{1B} + \dfrac{X_{1A}X_{1B}}{X_F}} \qquad \cdots\cdots (4.12)$$

로 된다. 식 (4.12)로부터 알 수 있듯이 고장 중의 송전전력은 X_F의 크기가 작은 고장일수록 작아진다. 3상단락 고장일 경우에는 $X_F = 0$이므로 이론상 전달 임피던스 X는 무한대로 되어 식 (4.12)로부터 송전전력 P'는 0으로 된다. 이 결과 3상단락 사고가 발생하면 발전기의 출력이 P로부터 0으로 급변하기 때문에 안정도 측면에서는 가장 가혹한 사고가 된다는 것을 알 수 있다.

[표 4-2]에서는 각종 고장시에 어떤 고장점 임피던스(= $\dot{Z}_F$)를 어떻게 고장점에 접속하면 될 것인가를 나타내었고, 참고로 [표 4-3]에 실계통(220kV 송전망)에서의 고장점 임피던스의 일례를 나타내었다.

【표 4-2 고장 시 등가대칭분 임피던스】

고장의 종류	등가고장 임피던스 $\dot{Z}_F$	임피던스의 삽입장소 및 삽입방법	
1선지락	$\dot{Z}_F = \dot{Z}_0 + \dot{Z}_2$	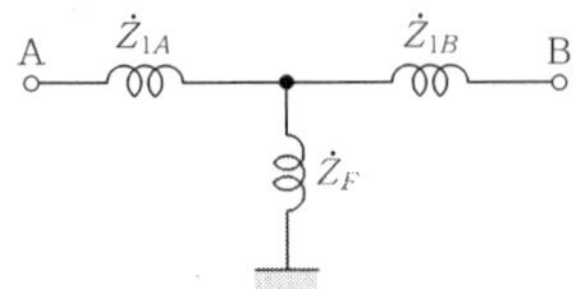	고장점과 중성점에 $\dot{Z}_F$를 병렬로 삽입한다.
2선지락	$\dot{Z}_F = \dfrac{\dot{Z}_0\,\dot{Z}_2}{\dot{Z}_0 + \dot{Z}_2}$		
선간단락	$\dot{Z}_F = \dot{Z}_2$		
3선단락	$Z_F = 0$		
1선단선	$\dot{Z}_F = \dfrac{\dot{Z}_0\,\dot{Z}_2}{\dot{Z}_0 + \dot{Z}_2}$	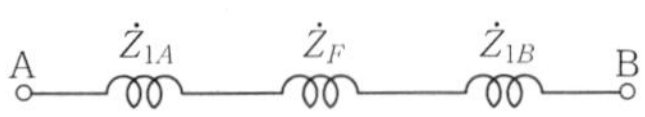	고장점에 $\dot{Z}_F$를 직렬로 삽입한다.
2선단선	$\dot{Z}_F = \dot{Z}_0 + \dot{Z}_2$		

이러한 값을 통해서 안정도는 고장이 1선지락 → 2선지락 → 3상단락으로 되면서 점점 더 가혹하게 된다는 것을 알 수 있다.

이때 사용될 계통의 역상 임피던스($\dot{Z}_2$)나 영상 임피던스($\dot{Z}_0$)는 고장점에서 각각 전원

측을 본 값 $\dot{Z}_{2A}$, $\dot{Z}_{0A}$ 및 고장점에서 부하 측을 본 값 $\dot{Z}_{2B}$, $\dot{Z}_{0B}$를 $\dot{Z}_2 = \frac{Z_{2A} \cdot Z_{2B}}{Z_{2A} + Z_{2B}}$, $\dot{Z}_0 = \frac{Z_{0A} \cdot Z_{0B}}{Z_{0A} + Z_{0B}}$처럼 병렬로 묶어서 산정해야 한다.

【표 4-3 고장점 임피던스의 일례】

	$\dot{Z}_0$	$\dot{Z}_2$	1선지락 $\dot{Z}_F = \dot{Z}_0 + \dot{Z}_2$	2선지락 $\dot{Z}_F = \frac{\dot{Z}_0 \dot{Z}_2}{\dot{Z}_0 + \dot{Z}_2}$	3상단락 $\dot{Z}_F = 0$
A 모선	$0.0238 + j0.1638$	$0.0044 + j0.1291$	$0.0327 + j0.2929$	$0.0063 + j0.0637$	0
B 모선	$0.0189 + j0.1757$	$0.0122 + j0.1401$	$0.0310 + j0.3561$	$0.0072 + j0.0721$	0

예제 4-4

[그림 4-11]과 같은 평행2호선 송전선로의 F점에서 1선지락 사고가 발생하였을 때의 고장 시 등가정상회로를 구하여라. 단, 각 기기 및 선로의 정수는 다음과 같다고 한다.

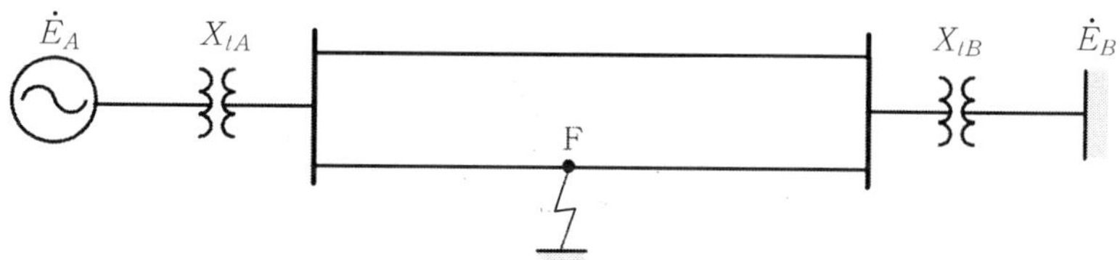

【그림 4-11】

$\dot{E}_A$, $\dot{E}_B$: 양단 동기기의 과도 임피던스 배후전압
X_{g1A}, X_{g1B} : 양단 동기기의 과도 정상 리액턴스
X_{tA}, X_{tB} : 양단 변압기의 리액턴스
X_A, X_B : 고장점에서 양측으로 본 정상 리액턴스
X_0, X_2 : 고장점에서 본 영상·역상 리액턴스

풀이 먼저 주어진 데이터를 사용해서 주어진 계통도를 그리면 [그림 4-12]와 같다. 1선지락 중의 송전전력을 구하기 위해서는 우선 양단 동기기간의 전달 임피던스를 알아야 한다. 정상회로의 선로정수에는 회선간의 상호 임피던스가 없으므로 Y-⊿변환으로 전달 임피던스를 쉽게 구할 수 있다.

먼저 [그림 4-12]의 고장선로 측에서는 X_A, X_B, X_F가 Y로 되어 있으므로 이것을

Δ변환하면 [그림 4-13 (a)]처럼 된다.

다음에 리액턴스가 다른 2선로를 병렬합성해서 이것을 X라 한다. 이 조작으로 선로를 중앙에 두고 송전 측에서도 수전 측에서도 다같이 Y로 된다. 여기서는 편의상 송전 측의 Y를 Δ변환해서 [그림 4-13 (b)]를 [그림 4-13 (c)]와 같이 나타낸다.

$X^{(3)}$과 $\left(X_B+X_F+\dfrac{X_B X_F}{X_A}\right)$를 병렬합성해서 이것을 $X^{(4)}$라고 한다[그림 4-13 (d)].

이 결과 수전측은 $X^{(1)}$, $X^{(4)}$ 및 $(X_{tB}+X_{g1B})$가 Y로 되므로 다시 이것을 Δ로 변환한다[그림 4-13 (e)]. 결국 고장 중의 전달 임피던스는 이 Δ의 양 기간의 리액턴스이므로 $X^{(5)}=X^{(1)}+(X_{tB}+X_{g1B})+\dfrac{X^{(1)}(X_{tB}+X_{g1B})}{X^{(4)}}$로 된다.

참고로 1선지락 중의 송전전력 P'는 다음과 같다.

$$P'=\frac{E_A E_B}{X^{(5)}}\sin\theta$$

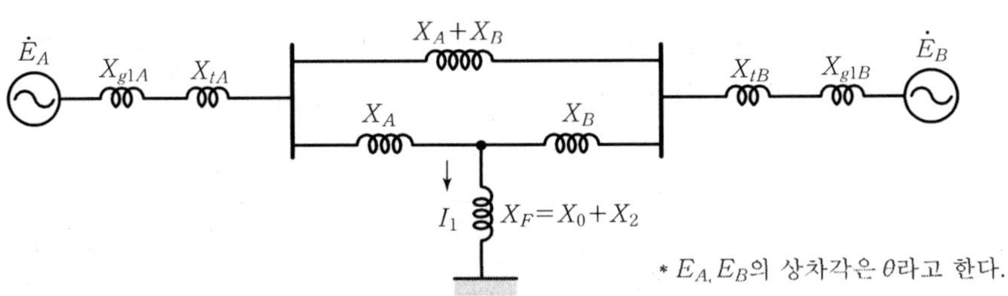

【그림 4-12】

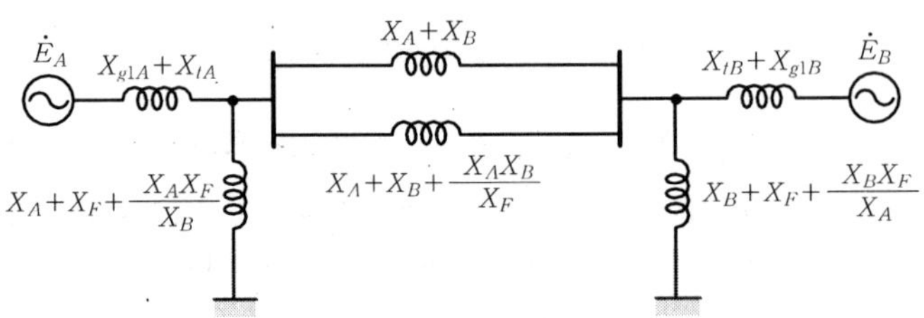

(a)

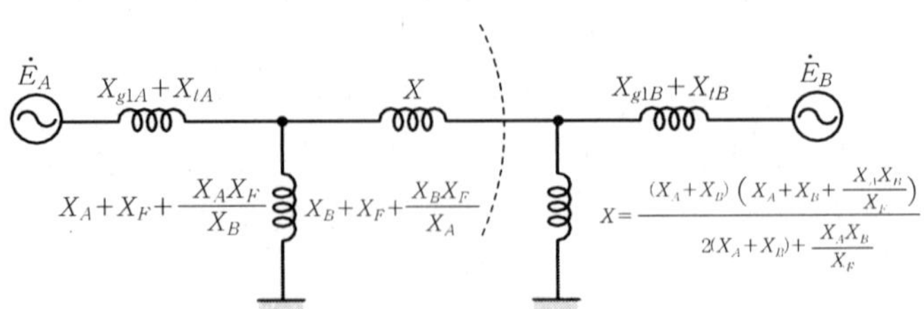

(b)

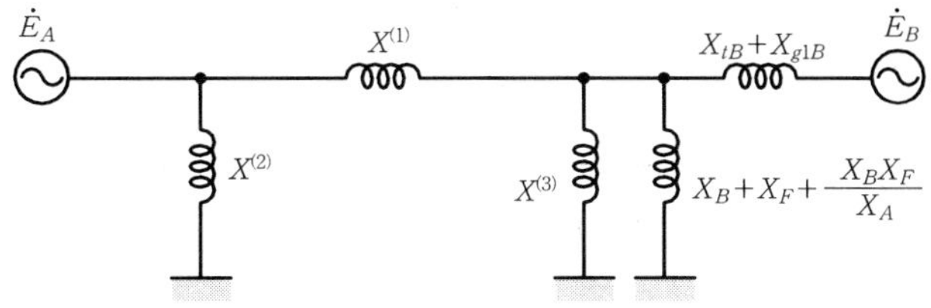

(c)

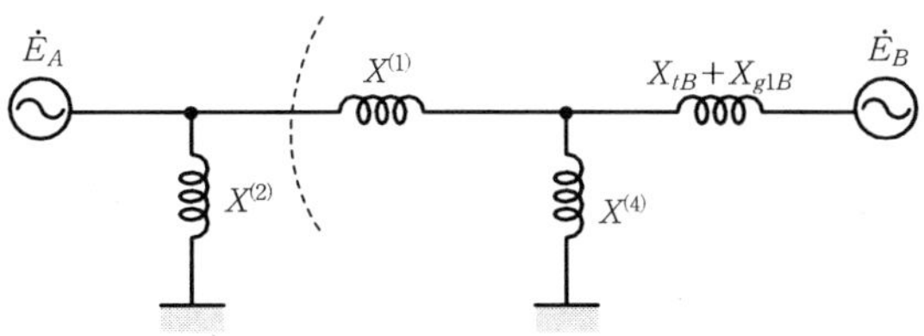

(d)

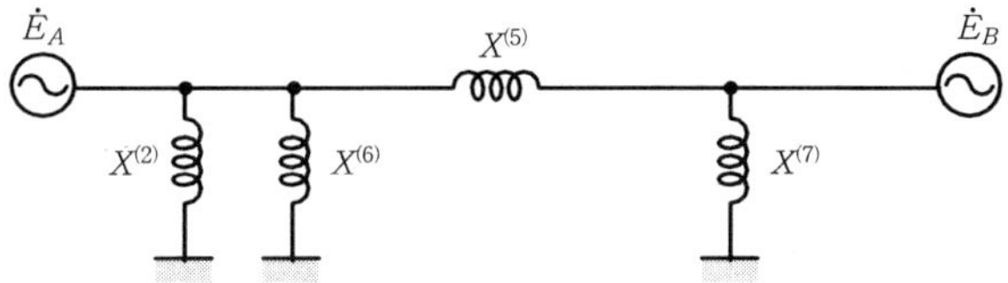

(e)

【그림 4-13】

예제 4-5

[그림 4-14]에서 보인 계통에서 1선지락, 2선지락, 2선단락사고가 발생하였을 경우 각각의 등가정상 고장 임피던스를 구하여라. 단, E_a는 고장점에서의 고장 전의 상전압이고, Z_0, Z_1, Z_2은 고장점에서 계통측을 본 배후의 영상·정상·역상 임피던스이다.

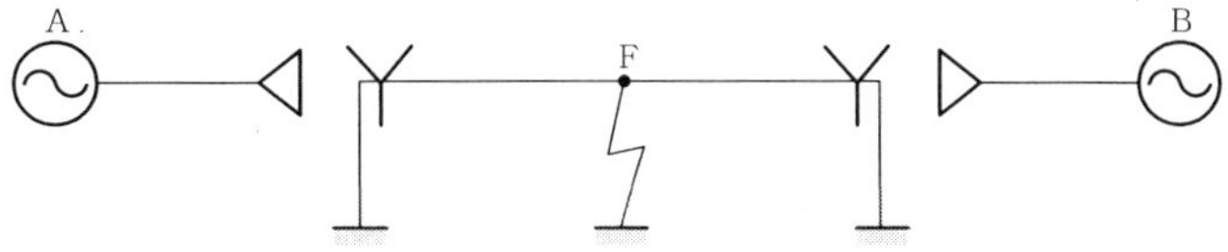

【그림 4-14 모델계통】

풀이 일반적으로 직접접지계통에서는 불평형고장 시에 발생하는 영상전력, 역상전력은 작아서 정상전력이 지배적이므로 회전기의 안정도를 논할 경우에는 정상전력만을 대상으로 하게 된다. 대칭좌표법에 의한 고장전류 계산식으로부터 각 고장 시의 고장전류는 다음 계산식으로부터 구할 수 있다.

1선지락 : $I_1 = \dfrac{E_a}{Z_0 + Z_1 + Z_2}$

2선지락 : $I_1 = \dfrac{Z_0 + Z_2}{Z_0\, Z_1 + Z_1\, Z_2 + Z_2\, Z_0} E_a$

2선단락 : $I_1 = \dfrac{E_a}{Z_1 + Z_2}$

따라서 등가정상 고장 임피던스는

1선지락 : $I_1 = \dfrac{E_a}{Z_1 + (Z_0 + Z_2)} = \dfrac{E_a}{Z_1 + Z_f}$

2선지락 : $I_1 = \dfrac{E_a}{Z_1 + \dfrac{Z_0\, Z_2}{Z_0 + Z_2}} = \dfrac{E_a}{Z_1 + Z_f}$

2선단락 : $I_1 = \dfrac{E_a}{Z_1 + Z_2} = \dfrac{E_a}{Z_1 + Z_f}$

이상으로 등가정상 고장 임피던스 Z_f는 다음과 같이 고장점에 병렬로 삽입한 것과 같다는 것을 알 수 있다.

예제 4-6

[그림 4-15]와 같은 송전 계통에서 발전기 A로부터 전동기 B에 송전하고 있다. 선로의 도중에서 선간단락고장이 일어났을 때, 고장 직후의 송전전력은 고장 전의 정상적인 송전전력에 비해 얼마로 줄어들겠는가? (단, 회로의 저항분 및 정전용량은 무시하고 각부의 동일용량으로 환산한 %리액턴스는 다음과 같은 값을 갖는다고 한다.)

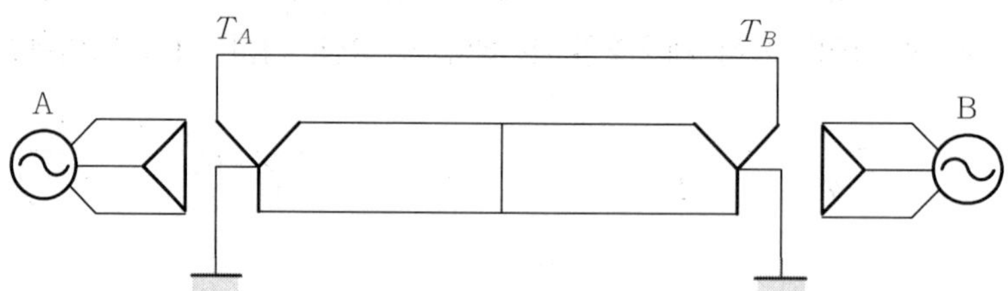

【그림 4-15】

A기의 정상 리액턴스 $x_{A1} = 25\%$
A기의 역상 리액턴스 $x_{A2} = 20\%$
B기의 정상 리액턴스 $x_{B1} = 35\%$

B기의 역상 리액턴스 $x_{B2}=30\%$

변압기 T_A의 리액턴스 $x_{TA}=8\%$

변압기 T_B의 리액턴스 $x_{TB}=10\%$

고장점으로부터 전원 측의 선로 리액턴스 $x_A=4\%$

고장점으로부터 부하 측의 선로 리액턴스 $x_B=6\%$

풀이 고장상태에서의 송전전력은 우선 고장이 선간단락이므로 영상분 전력을 생각할 필요가 없고, 또 역상분 전력측도 역률이 0이므로 이것을 고려할 필요가 없다. 결국 이 경우에는 정상분만 생각하면 된다. 먼저 고장이 일어나기 전의 송전전력을 P라고 하면

$$P=\frac{E_A E_B}{X_{AB}}\sin\theta$$

여기서

$$X_{AB}=x_{A1}+x_{TA}+x_A+x_B+x_{B1}$$

다음으로 고장상태에서의 송전전력 P'을 구하기 위해서는 우선 고장 시의 전달 임피던스를 계산하지 않으면 안 된다. 고장이 선간단락이므로 고장점에 병렬로 삽입해 줄 $\dot{Z}_f$는 [표 4-2]에 나타낸 바와 같이 Z_2를 취하면 된다. [그림 4-16 (a)]는 고장상태의 등가정상회로를 나타낸 것이다.

여기서

$$X_A=x_{A1}+x_{TA}+x_A$$

$$X_B=x_{B1}+x_{TB}+x_B$$

$$\therefore\ X_1=\frac{X_A X_B}{X_A+X_B}$$

마찬가지로 X_2에 대해서도 양 기기의 역상 임피던스를 사용해서(변압기, 선로 임피던스는 정상 임피던스값과 동일) 구하면

$$X_2=\frac{(x_{A2}+x_{TA}+x_A)(x_{B2}+x_{TB}+x_B)}{(x_{A2}+x_{TA}+x_A)+(x_{B2}+x_{TB}+x_B)}$$

고장 중의 송전전력을 구하기 위해서는 [그림 4-16 (a)]의 등가정상회로를 [그림 4-16 (b)]처럼 Δ변환해서 이때의 AB 간의 전달함수 X_{AB}'를 구하면 된다. 즉,

$$X_{AB}'=\frac{x_A x_2+x_B x_2+x_A x_B}{x_2}=x_A+x_B+\frac{x_A x_B}{x_2}$$

$$P'=\frac{E_A E_B}{X_{AB}'}\sin\theta$$

$$\therefore\ \frac{P'}{P}=\frac{X_{AB}}{X_{AB}'}$$

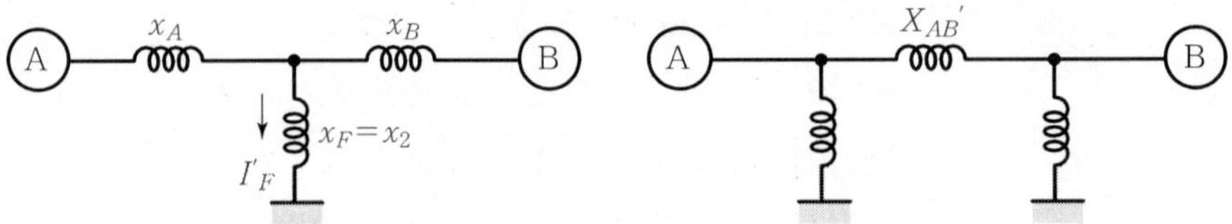

(a) 등가정상회로　　　　　　(b) 전달 임피던스

【그림 4-16】

소요의 송전전력의 비는 전달 임피던스의 역비로 된다. 구체적으로 주어진 값을 넣어서 계산하면 다음과 같다.

$$X_{AB} = X_A + X_B = (25+8+4) + (35+10+6) = 88\%$$

$$X_2 = \frac{(20+8+4)(30+10+6)}{20+8+4+30+10+6} = 18.86\%$$

$$X_{AB}' = 88 + \frac{37 \times 51}{18.86} = 188\%$$

$$\therefore \ \frac{P'}{P} = \frac{X_{AB}}{X_{AB}'} = \frac{18.86}{188} \times 100 = 46.9\%$$

즉, 고장 중의 송전전력은 고장 이전의 정상적인 송전전력의 약 47%로 줄어들고 있음을 알 수 있다.

4.4 회전체의 운동방정식

지금 [그림 4-17]과 같이 과도 내부전압이 $\dot{E}_a$, 관성정수 M인 발전기가 X인 리액턴스를 통해서 무한대 모선에 접속되어 있는 경우를 생각해보자.

여기서 I를 관성모멘트, ω를 회전체의 각속도$(= d\theta/dt)$, θ를 회전체의 변위각(ωt), ΔT를 회전체의 각속도를 변화하기 위해서 필요한 토크라고 한다면 동기기의 운동방정식은

$$I\frac{d\omega}{dt} = I\frac{d^2\theta}{dt^2} = \Delta T \quad \cdots\cdots (4.13)$$

$$\therefore \ \frac{d^2\theta}{dt^2} = \frac{d\omega}{dt} = \frac{\Delta T}{I} = \frac{\Delta T \cdot \omega \cdot \omega}{I\omega^2} = \frac{\omega}{M}\Delta P \quad \cdots\cdots (4.14)$$

또는 $$\frac{d\omega}{\omega} = \frac{\Delta P}{M} dt \quad \cdots\cdots (4.15)$$

여기서 $$M = I\omega^2, \ \Delta P = \Delta T \cdot \omega$$

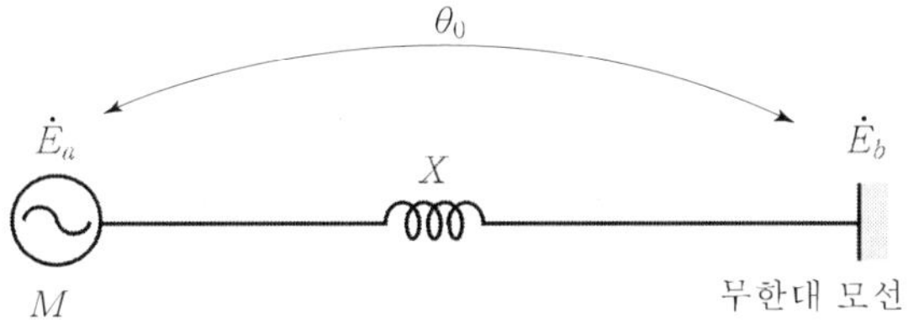

(a) 모델계통

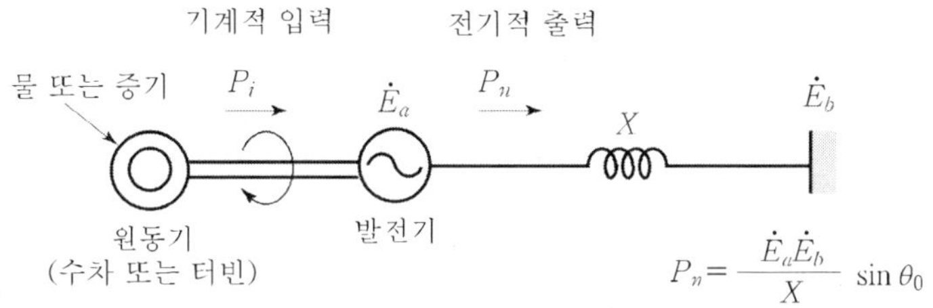

(b) 입 · 출력 관계

【그림 4-17 1기 무한대 모선계통】

한편, 동기기의 회전자의 기계적 각속도는 원동기의 회전력과 동기기의 회전자에 작용하는 전기적 회전력의 차에 비례하고, 회전자의 기계적 관성에 반비례하고 있기 때문에 회전기계에 대해서는 다음 식과 같은 단위관성정수를 정의하고 있다.

$$\text{단위관성정수} = \frac{I\omega^2}{\text{기준정격출력[KW]}} = \frac{10.59\,GR^2\left(\dfrac{N}{1{,}000}\right)^2}{\text{기준정격출력[KW]}}\ [\text{s}] \quad \cdots\cdots (4.16)$$

여기서 G : 회전체의 중량[kg]
R : 회전체의 회전 반지름[m]
I : 회전체의 회전수[rpm]

다음으로 ω_0 = 회전체의 동기 각속도, $\theta_0 = \omega_0$일 때의 변위각

$$\omega = \omega_0 + \Delta\omega, \ \theta = \theta_0 + \Delta\theta \quad \cdots\cdots (4.17)$$

라고 하면

$$\frac{d\omega}{dt} = \frac{d(\Delta\omega)}{dt}, \ \frac{d\theta}{dt} = \frac{d(\Delta\theta)}{dt} \quad \cdots\cdots (4.18)$$

로 되어서 식 (4.14)는 다음과 같이 바꾸어 쓸 수 있다.

$$\frac{d^2\theta}{dt^2} = \frac{d^2(\Delta\theta)}{dt^2} = \frac{\Delta T}{I} = \frac{\Delta T \cdot \omega_0 \cdot \omega_0}{I\omega_0^2} \fallingdotseq \frac{\omega_0}{M}\Delta P \quad \cdots\cdots (4.19)$$

여기서 $\Delta\omega \ll \omega_0$이므로 $\Delta T \cdot \omega_0 \fallingdotseq \Delta T \cdot \omega = \Delta P$

$$I\omega_0^2 \fallingdotseq I\omega^2 = M \quad \cdots\cdots (4.20)$$

이들 식의 전력변화량인 ΔP는 더 말할 것 없이 원동기(수차 또는 터빈)로부터 입력되는 기계적 입력 P_i와 발전기에서 발생되는 전기적 출력 P_n와의 차로서

$$\Delta P = P_i - P_n \quad \cdots\cdots (4.21)$$

이다. 식 (4.19)와 (4.21)로부터

$$\frac{d^2\theta}{dt^2} = \frac{d^2(\Delta\theta)}{dt^2} \fallingdotseq \frac{\omega}{M}(P_i - P_n) \quad \cdots\cdots (4.22)$$

를 얻는다.

이것은 전력계통에서 회전기에 우변과 같은 입·출력의 차가 생겼을 경우에는 회전자가 좌변과 같은 속도변화를 받는다는 것을 나타내는 것으로 과도안정도란 결국 이 식으로부터 θ와 ΔP 및 이들의 시간적인 관계를 구하는 것으로 요약된다.

고장발생 전($t \leq 0$)의 정상상태에서는 입·출력이 평형을 유지하고 있으므로 $\Delta P = 0$이고, $\omega = \omega_0$인 동기 각속도에서 회전하므로 상차각 $\theta = \theta_0$(일정값)로 되어

$$P_i = P_n = P_0 \quad \cdots\cdots (4.23)$$

$$P_0 = \frac{\dot{E}_a \dot{E}_b}{X}\sin\theta_0 \quad \cdots\cdots (4.24)$$

인 일정값으로 평형운전을 계속한다.

여기서 고장이 발생하면($t \geq 0$) 우선 전기적 출력인 P_n가 움직이게 되어서($\theta_0 \rightarrow \theta$로 이동)

$$P_n = \frac{\dot{E}_a \dot{E}_b}{X}\sin\theta_0 = P_m \sin\theta \quad \cdots\cdots (4.25)$$

로 변화하지만 한편 기계적인 입력 P_i는 이 짧은 시간에 즉응할 수 없으므로 $P_i = P_0$로 일정한 크기를 유지한다.

따라서 1기 무한대 모선계통에서의 과도안정도의 동요방정식은 다음과 같이 된다.

$$\frac{d^2\theta}{dt^2} = \frac{\omega_0}{M}(P_0 - P_m \sin\theta) \quad \cdots\cdots (4.26)$$

4.5 등면적법에 의한 과도안정도 계산

과도안정도에서 계통이 안정한가 불안정한가를 조사하기 위해서는 고장발생 후의 상차각 시간곡선, 즉 동요곡선을 그려 보면 된다. 만일 시간이 경과함에 따라서 상차각이 계속 벌어져 간다면 그 계통은 불안정한 것이고, 상차각이 일단 일정 최대값에 도달한 후에 다시 감소되어 갈 경우에는 일반적으로 계통은 안정하다고 볼 수 있다. 다기계통에 있어서는 때로는 1기가 최초의 제1차 동요에서는 동기를 유지하지만 제2차 동요에서 탈조하는 수가 있다. 그러나 2기계통에 있어서는 ① 기계적 입력일정 ② 과도 내부전압 일정 ③ 제동계수가 0이라는 통상적인 가정하에서는 상차각은 제한 없이 증대하거나, 아니면 일정한 진폭으로 진동하거나 하는 어느 한쪽을 나타내는 것이 보통이므로 최초의 1차 동요만을 조사해서 안정판별을 할 수 있다.

등면적법은 주로 2기계통 문제에 대해서 적용되는 방법으로 계통의 안정도 판별을 간단한 도면을 써서 쉽게 할 수 있다는 장점은 있으나, 위상각 변동의 시간적 관계까지는 알 수 없다는 한계가 있다.

[그림 4-18]과 같은 간단한 모델 계통의 F점에서 고장이 일어났다고 할 경우 고장 전, 고장 중, 고장 후(고장구간 제거)의 전력 – 위상차각 곡선은 [그림 4-19]에 보인 바와 같이 그릴 수 있다.

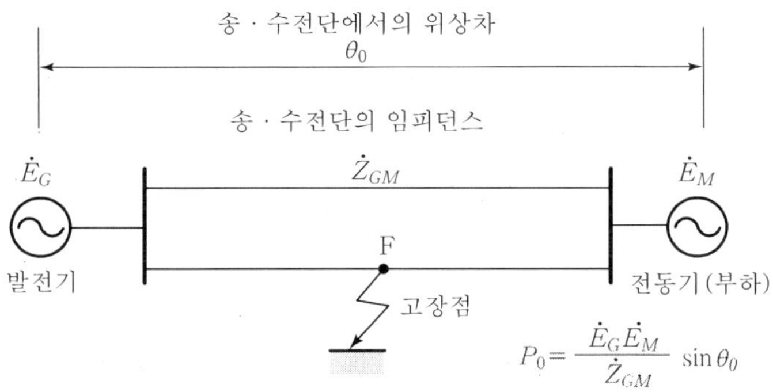

【그림 4-18 모델계통】

이때 양 기간의 전력 – 위상차각은 고장에 따른 계통상태의 변화에 따라 3단계로 변화한다. 즉, [그림 4-19]에서 곡선 A는 고장 전, 곡선 B는 고장 중, 곡선 C는 고장구간이 선택 차단된 특성을 나타낸 것이다.

이것은 당초 송전전력 P가

$$P_0 = \frac{E_G E_M}{Z_{GM}} \sin\theta_0 \quad \cdots\cdots (4.27)$$

로 계산되던 것이 고장상태에서는 $Z_{GM} \to Z_F$로 바뀌어서

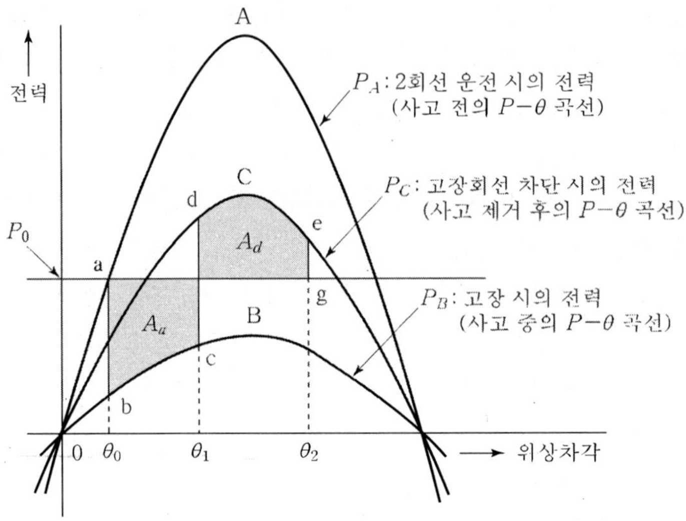

【그림 4-19 고장 시의 전력 – 위상차각 특성】

$$P_F = \frac{E_G E_M}{Z_F} \sin\theta_F (\theta_F = \theta_0 \sim \theta_1) \quad \cdots\cdots (4.28)$$

로, 다시 고장구간 선택 차단 시에는 $Z_F \to Z_{GM}{'}$(이때 $Z_{GM}{'}$는 1회선의 값이므로 Z_{GM}의 2배로 됨)로 바뀌어서

$$P' = \frac{E_G E_M}{Z_{GM}{'}} \sin\theta' (\theta' = \theta_1 \sim \theta_2) \quad \cdots\cdots (4.29)$$

로 계산해서 쉽게 그릴 수 있다.

[그림 4-20]은 고장발생에서 재폐로까지의 계통변화상태를 보인 것이다.

다음으로 [그림 4-19]의 고장 시의 전력 – 위상차각 변동곡선을 빌려서 고장시의 계통동요상태를 설명하면 다음과 같다. 처음 a점, 즉 P_0, θ_0에서 운전하고 있던 것이 고장 발생과 더불어 동작점은 b점으로 옮겨가게 된다. 이때 발전기 측은 $P_0 - P_B \sin\theta_0$ 만큼 입력이 초과되서 회전자가 가속하게 되며, 이와 반대로 부하측의 전동기는 그만큼 입력이 부족해서 회전자가 감속한다. 이러한 관계를 유지하면서 고장이 계속되는 동안 시간의 경과와 더불어 발전기와 전도기의 상차각은 곡선 B를 따라서 이동해 간다.

가령 동작점이 b로부터 c에 달했을 때 차단기가 동작해서 고장회선을 차단하였다고 하면, 이번에는 회로상태가 1회선의 정상상태로 변경되면서 동작점은 곡선 C의 b점으로 옮겨가게 된다. b점은 발전기 출력이 커지므로 가속한다.
즉, b→c점까지의 발전기는 입력 과잉, 전동기는 입력 부족으로 양 기간의 위상차각을 증대시키는 방향으로 가속되고 있던 것이, d점 이후에서는 반대로 양 기간의 위상차각을 감소시키는 방향으로 감속된다. 다만 위상차각은 회전체의 관성 때문에 다음의 조건이 만족되는 θ_2까지 벌어진다.

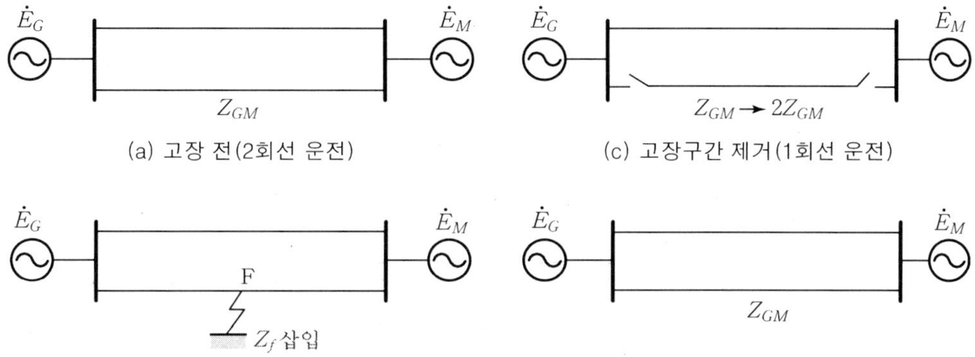

【그림 4-20 고장발생에서 재폐로 시까지의 계통상태】

$$\int_{\theta_0}^{\theta_1}(P_0 - P_B \sin\theta)\, d\theta = \int_{\theta_1}^{\theta_2}(P_c \sin\theta - P_0)\, d\theta$$

또는 면적 $abcf = fdeg$ ·· (4.30)

이와 같이 일단 d점을 지나쳐서 위의 조건을 만족하는 θ_2까지 증대되었다가 다시 되돌아가는 왕복진동을 되풀이 하는 동안 제동작용(저항 기타의 손실분에 의함)에 의해서 동요가 점차 감소되어 안정한 운전상태로 낙착하게 된다. 이때 고장차단시간이 늦어져서, 가령 [그림 4-21]과 같이

$$\text{면적 } abc'f' > f'd'h$$

로 되면 이때는 회복력이 부족될 뿐만 아니라 h점 통과 후는 위상차각의 증가와 더불어 더욱 더 회복력이 마이너스로 되며 결국 탈조하게 된다. 따라서 과도안정극한이란 차단시간을 파라미터로 해서 면적 $abc'f'$=면적 $f'd'h$의 상태로 될 때까지 고장구간 선택 차단을 조정함으로써 얻을 수 있고, 이러한 검토로부터 계통의 안정도 여부도 판별할 수 있음을 알 수 있다.

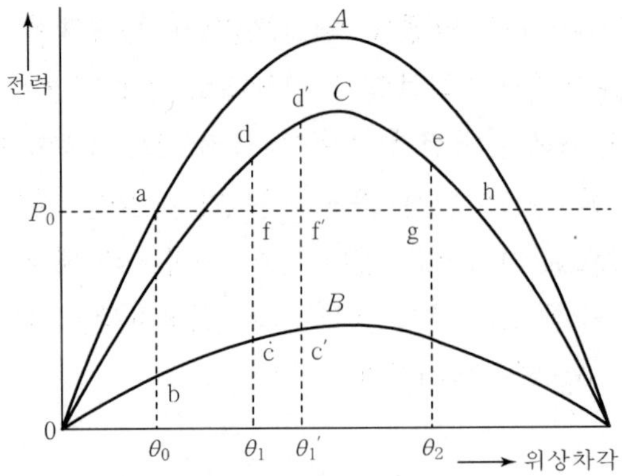

【그림 4-21 고장차단시간이 늦어졌을 경우】

4.6 단단법에 의한 과도안정도 계산

앞 항에서 설명한 등면적법은 2기계통이나 2기계통으로 등가화할 수 있는 간단한 계통에 대해서만 적용할 수 있는 방법이다. 이에 대해 이하 설명하고자 하는 단단법(step by step method)은 다기계통에서 사용할 수 있는 방법으로 보다 구체적이며 또한 실용적인 계산방법이라고 할 수 있다.

이 방법은 계통에 외란이 발생하였을 때 연속적으로 변동하는 입·출력, 전압, 각속도 등의 제량이 아주 짧은 기간(시간구간)에서는 계단적으로 변화하는 것으로 가정하고 각 계단마다의 미소변화를 차례로 계산해서 그 결과를 축차적으로 연결해 나가고 있다.

지금 운전 중인 임의의 동기기가 계통에 외란이 발생해서 입·출력의 평형이 깨어지게 되면 각속도, 위상각이 이에 따라서 변동하게 되는데, 이때의 변동상황은 식 (4.31)과 같은 동요방정식으로 구할 수 있다.

$$\frac{d^2\delta}{dt^2} = \frac{\omega}{M}(P_i - P_n) \quad \cdots\cdots (4.31)$$

이 식의 의미는 앞에서 설명한 바와 같이 과도 시에 우변과 같은 입·출력의 차가 생겼을 경우 회전체는 좌변처럼 속도변화를 하게 된다는 것이다. 따라서 과도안정도 문제는 위 식으로부터 δ와 ΔP의 시간적 관계를 구하는 것으로 귀착된다.

요컨대 단단법은 2가지 계산절차를 반복해 주면 된다. 그 하나는 각 단계 기간의 최초의 δ와 ω로부터 그 단계기간의 δ와 ω의 최종값을 구하는 것이고, 또 하나는 계통 내의 각 동기기의 가속력 P_a를 구하기 위해서 전기적 출력 P_n을 각 기간마다 위에서 얻어진 δ를 사용해서 계산하는 것이다.

지금 [그림 4-22]에서 $\left(n-\dfrac{1}{2}\right)$로부터 n까지의 시간 사이에서는 출력은 P_n'로 일정하며, n으로부터 $\left(n+\dfrac{1}{2}\right)$까지의 시간 사이에서는 P_n''로 일정하다고 하면 이들 시간 중의 각속도의 변화는 각각 식 (4.32)를 통해 다음과 같이 표현할 수 있다.

$$\Delta\omega_{\left(n-\frac{1}{4}\right)} = \frac{\omega}{M}(P_i - P_n')\frac{\Delta t}{2}$$

$$\Delta\omega_{\left(n+\frac{1}{4}\right)} = \frac{\omega}{M}(P_i - P_n'')\frac{\Delta t}{2} \quad \cdots\cdots (4.32)$$

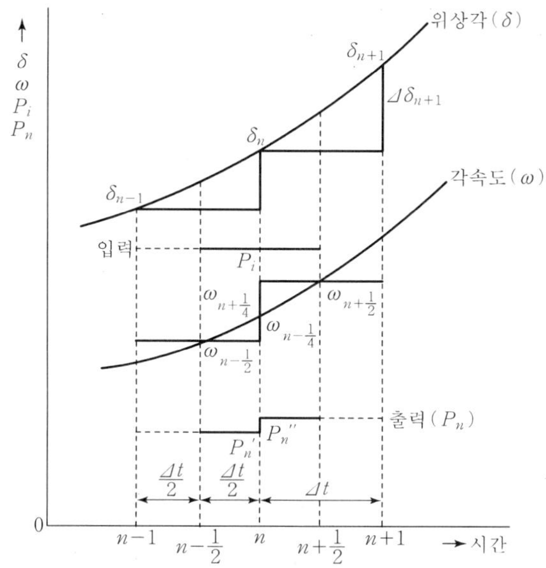

【그림 4-22 단단법의 설명도】

그러므로 $\left(n+\dfrac{1}{2}\right)$ 순시의 각속도 $\omega_{\left(n+\frac{1}{2}\right)}$는 다음과 같이 된다.

$$\begin{aligned}\omega_{\left(n+\frac{1}{2}\right)} &= \omega_{\left(n-\frac{1}{2}\right)} + \Delta\omega_{\left(n-\frac{1}{4}\right)} + \Delta\omega_{\left(n+\frac{1}{4}\right)} \\ &= \omega_{\left(n-\frac{1}{2}\right)} + \frac{\omega}{M}\Delta t\left(P_i - \frac{P_n' + P_n''}{2}\right)\end{aligned} \quad \cdots\cdots (4.33)$$

한편, 위상각이 $(n-1)$에서 n까지, 또 n으로부터 $(n+1)$까지의 각 시간 중에 변화한 값을 각각 $\Delta\delta_n$ 및 $\Delta\delta_{(n+1)}$로 나타내면 그 사이의 평균가속도 $\omega_{\left(n-\frac{1}{2}\right)}$와 $\omega_{\left(n+\frac{1}{2}\right)}$은 다음과 같다.

$$\omega_{\left(n-\frac{1}{2}\right)} = \frac{\Delta\delta_n}{\Delta t}$$
$$\omega_{\left(n+\frac{1}{2}\right)} = \frac{\Delta\delta_{(n+1)}}{\Delta t} \quad \cdots\cdots (4.34)$$

이것을 식 (4.33)에 대입해서

$$\Delta\delta_{(n+1)} = \Delta\delta_n + \frac{2\pi f}{M}(\Delta t)^2\left(P_i - \frac{P_n' + P_n''}{2}\right)$$
$$= \Delta\delta_n + k\left(P_i - \frac{P_n' + P_n''}{2}\right) \quad \cdots\cdots (4.35)$$

$$\delta_{(n+1)} = \delta_n + \Delta\delta_{(n+1)} \quad \cdots\cdots (4.36)$$

여기서 $k = \dfrac{2\pi f}{M}(\Delta t)^2$이 된다.

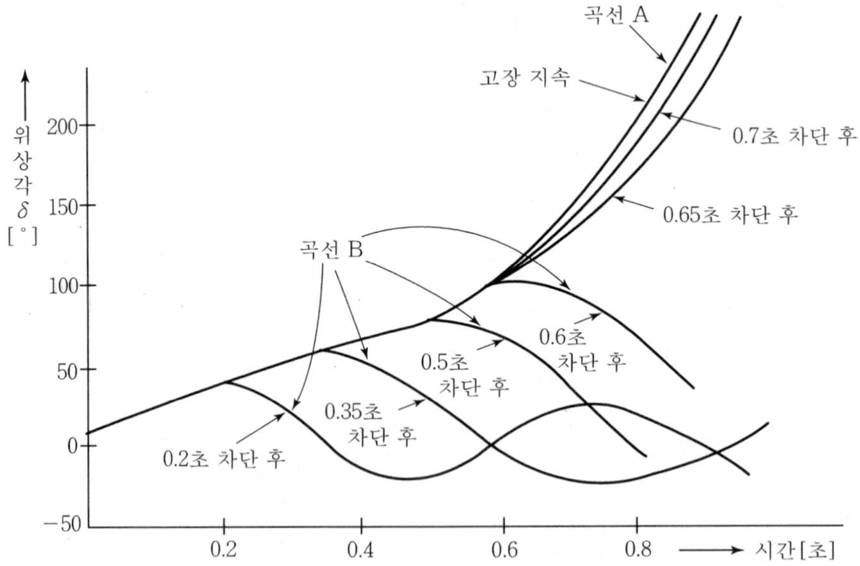

【그림 4-23 단단법에 의한 고장 계산】

단단법에서는 위 식 (4.36)을 사용해서 위상각을 차례차례로 구해 나가고 있는 것이다. [그림 4-23]에 위의 단단법 계산식을 풀어서 구한 상차각 시간곡선의 일례를 나타내었다. 곡선 A는 상차각이 계속 증가하고 있어 계통이 불안정하다는 것을 가리키고 있고, 곡선 B는 일단 벌어졌던 상차각이 다시 회복되서 계통은 안정하게 됨을 보이고 있다.

예제 4-7

송전계통에서 사용되고 있는 재폐로 보호방식에 대해서 설명하라.

풀이 송전선로에 발생하는 사고의 대부분은 애자의 섬락에 의한 것으로 고장구간을 차단해서 무전압으로 하면 바로 그 원인이 해소되기 때문에 다시 차단기를 투입해서 송전을 계속할 수 있는 경우가 많다. 계전기로 이 조작을 자동적으로 행하는 것이 자동재폐로 보호방식이다.

재폐로는 반송파 계전방식에 의해 고속으로 실행되는데, 전체 고장의 60~70%는 실질상 무정전으로 제거되기 때문에 송전선로의 안정도 유지에 효과가 커서 중요한 선로에서 널리 채용되고 있다. 우리나라에서도 345kV는 물론 154kV 주요 선로에서는 모두 0.1초(6 Hz) 차단의 고속도 재폐로방식을 채택하고 있다. 이에는 3상 재폐로방식과 단상 재폐로방식의 두 가지가 있다. 3상 재폐로는 가령 1선접지고장이 나더라도 고장난 쪽의 회선(3선)을 동시에 차단·재폐로하는 방식(주로 2회선의 1회선 고장에 대해 적용됨)이며, 단상 재폐로는 고장상의 1선만 선택해서 차단·재폐로하는 방식이다. 따라서 단상 재폐로방식이 안정도를 더 향상시킬 수 있다고 할 수 있지만 그 대신 차단기측의 비용이 많이 든다는 결점이 있다.

재폐로에 요하는 시간은 보통 계전기 동작에서 1Hz, 차단기 동작에서 3~5Hz이기 때문에 고장차단은 고장발생 후 4~6Hz에서 실시되고 무전압시간은 15~20Hz 전후로 잡고 있다. 안정도의 견지에서는 무전압시간이 가능한 한 짧은 것이 바람직하겠지만, 한편 고장점의 이온소멸에 의한 절연내력 회복시간은 10~15Hz 정도 소요되기 때문에 너무 빠르게 할 수는 없는 것이다.

4.7 안정도 향상대책

이제까지의 설명으로 알 수 있듯이 일반적으로 사고가 발생하면 발전기가 가속하면서 결국 탈조까지 이르게 되는 것이므로, 과도안정도 향상을 위해서는 우선 무엇보다도 발전기의 가속을 억제하는 대책을 취하지 않으면 안 된다.

[그림 4-24]와 같은 1기 무한대 계통을 사용해서 이 문제를 설명해 보겠다. 앞서 식 (4.22)에서 보인 바와 같이 발전기의 운동방정식은 다음과 같다.

$$\frac{d^2\theta}{dt^2}=\frac{\omega}{M}(P_i-P_n)=\frac{\omega}{M}\left(P_i-\frac{\dot{E}_1\dot{E}_2}{X}\sin\theta\right) \cdots\cdots\cdots\cdots (4.37)$$

발전기가 가속, 탈조하게 된다는 것은 식 (4.37)의 오른쪽변이 고장 중에 급격히 커지거나 또는 고장 제거 후(가령 1회선 차단 후)에서도 상당한 시간 동안 정(正)의 값을 계속해서 취하기 때문에 일어난다. 즉,

① **고장 계속 중** : $P_i \gg \frac{E_1 E_2}{X'}\sin\theta$(X'는 고장 중의 전달 임피던스)

② **고장 제거 후** : $P_i \gg \frac{E_1 E_2}{X''}\sin\theta$(X''는 고장 제거 후의 전달 임피던스)

의 시간이 지속될 경우에는 가속탈조하기 쉽다.

이 때문에 발전기의 가속을 억제하기 위해서는 강제적으로 전기적 출력(P_n)을 증대시키거나 원동기로부터 공급되는 기계적 입력(P_i)을 경감시켜 주면 된다는 것을 알 수 있다. 이밖에 관성정수 M을 크게 하는 것도 $\left(\frac{d^2\theta}{dt^2}\right)$을 작게 해서 발전기 가속(감속)의 억제책이 될 수 있다.

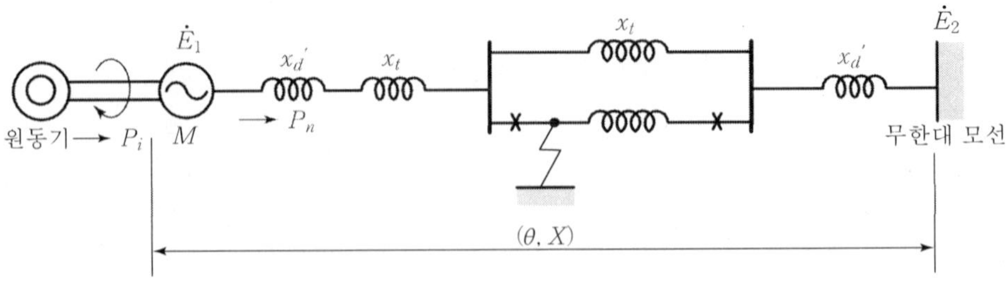

【그림 4-24 1기 무한대 모선계통】

이처럼 계통의 안정도에는 수많은 요소가 영향을 미치기 때문에 안정도 향상대책으로 여러 가지를 생각할 수 있겠으나 일반적으로는 다음과 같이 4가지로 나누어 볼 수 있다.

1) 계통의 전달 리액턴스의 감소

① 상위 전압계급으로의 승압 ② 병렬회선수의 증가
③ 기기 리액턴스의 감소 ④ 직렬콘덴서의 설치

2) 계통 전압변동의 제어

① 중간 조상설비의 설치 ② 발전기 속응여자의 채용(PSS 부가)

3) 계통에 주는 충격의 경감

① 보호계전기, 차단기의 고속도화 ② 중간 개폐소 설치
③ 고속 재폐로방식 채용

4) 발전기 입·출력 평형화(전력변동의 억제)

① 제동저항(SDR) 설치 ② 터빈고속밸브 제어(EVA)의 채용

그밖에 최근에는 교류송전의 상차각에 기인하는 안정도 문제 해소를 위해 직류송전의 도입이 검토되고 있다.

Q4 연습문제

01 정태·동태 및 과도안정도의 정의 또는 차이점을 설명하라.

02 탈조란 어떤 현상인가?

03 초고압 송전선로의 건설, 지중선로의 도입 등에 의해 새로운 문제로 대두되고 있는 화력발전소(터빈발전기)의 진상운전문제에 대하여 논하라.

04 송전계통의 안정도 향상대책으로서 생각할 수 있는 방법을 열거하고 이들을 간단히 설명하라.

05 전력계통에서의 고속도 재폐로방식에 대해서 설명하라.

06 3상 재폐로방식과 단상 재폐로방식의 우열을 비교 설명하라.

07 송전선로의 중성점의 각종 접지방식이 송전계통의 안정도에 미치는 영향을 논하라.

08 송전선로의 송전용량을 결정함에 있어서 고려할 사항을 설명하라.

09 동기발전기가 2회선의 송전선을 거쳐 무한대 모선에 접속되어 있다고 할 때 이 계통이 최대 가능 송전전력은 몇 MW가 되겠는가? (단, 이때의 기준용량은 1,000MVA를 취하는 것으로 한다.)

10 발전기와 전동기가 송전선로를 통해서 연결된 2기 시스템이 정상상태로 운전하고 있다. 다음 2가지 경우에 대한 정태안정도를 해석하라. (단, 수전전력은 1.2 PU, 전동기의 역률은 1.0이라고 한다.)

① 송전선로가 평행2회선인 경우
② 송전선로가 1회선인 경우

11 1기 무한대 모선계통의 과도안정도를 등면적법을 사용해서 설명하라.

Transmission and Distribution Engineering

PART 5
전력원선도

PART 5 전력원선도

5.1 교류전력의 표시

교류전력은 유효전력과 무효전력으로 나눌 수 있고 또 유효전력은 진상무효전력과 지상무효전력으로 구별된다.

[그림 5-1]과 같은 기준벡터에 대해

$$\dot{E} = E(\cos\psi_1 + j\sin\psi)$$

$$\dot{I} = I(\cos\psi_2 - j\sin\phi_2)$$

$$\psi_1 > \psi_2$$

라고 하면 이 전압·전류의 위상각은

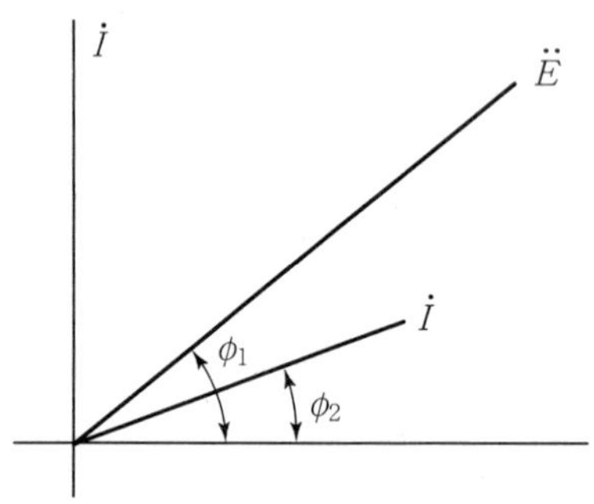

【그림 5-1 $E-1$ 벡터도】

$$\psi = \psi_1 - \psi_2$$

이므로 유효전력은 $EI\cos\phi$이고 무효전력은 $EI\sin\phi$이다.

실효전력은 전압·전류와 마찬가지로 벡터로 표시할 수 있는데 이 경우에 전압벡터를 곱해야 된다.

즉, 전류 $\dot{I}$의 공액치(Conjugate) $\dot{I} = I(\cos\phi_2 - j\sin\phi_2)$와 $\dot{E}$를 곱하면

$$
\begin{aligned}
\dot{E}\dot{I} &= E(\cos\phi_1 + j\sin\phi_2) \\
&= E[\cos(\phi_1 - \psi_2) + I(\cos\psi_1 - j\sin\psi_2)] \\
&= EI\cos\psi + jEI\sin\psi \\
&= (\text{유효전력})P + j(\text{무효전력})Q
\end{aligned}
\quad \cdots\cdots (5.1)
$$

이 되고, 이때에는 지상무효전력이 표시되므로 계산결과 무효전력의 부호가 부(-)로 되면 진상무효전력이 되며 역률은 진상인 것이다.

5.2 전력방정식

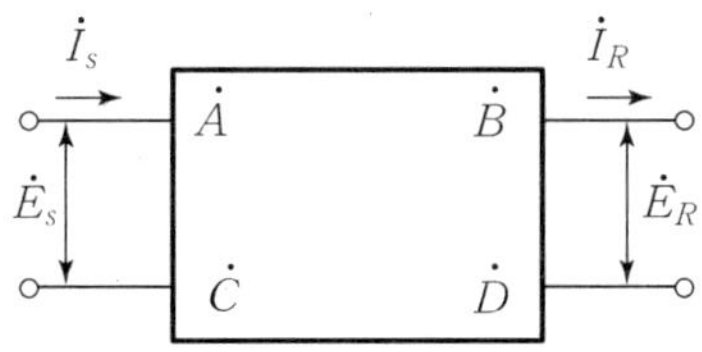

【그림 5-2 4단자회로】

송·수전단 두 단자를 연결하는 송전선은 한 쌍의 입력단자와 다른 한 쌍의 출력단자를 갖고 있으며, 이 두 쌍의 단자를 통해 수수가 행해지므로 [그림 5-2]와 같이 송전선 4단자회로로 취급할 수가 있다. 송전선 중간에 전원이 없을 경우 수동회로(Passive Network)에는 아무리 복잡한 회로일지라도 송·수전단 전압·전류의 관계는 다음과 같다.

$$
\begin{aligned}
\dot{E} &= \dot{A}E_R + \dot{B}\dot{I}_R \\
\dot{I}_S &= \dot{C}E_R + \dot{D}\dot{I}_R
\end{aligned}
\quad \cdots\cdots (5.2)
$$

상위 $\dot{A}$, $\dot{B}$, $\dot{C}$, $\dot{D}$는 회로의 요소에 따라서 정해지는 것이고, 이 식을 4단자정수(Four Pole Constant)라고 하며 이 정수 간에는 반드시 다음의 관계가 성립한다.

$$\dot{A}\dot{D} - \dot{B}\dot{C} = 1 \quad \cdots\cdots (5.3)$$

상기의 식들에서 $\dot{I}_s$ 및 $\dot{I}_r$을 구하면 다음과 같이 된다.

$$\dot{I} = \frac{I}{\dot{B}} E_S - \frac{\dot{A}}{\dot{B}} E_R$$

$$\dot{I}_R = \frac{1}{\dot{B}} E_S - \frac{\dot{A}}{\dot{B}} E_R$$

$$\dot{I}_s = \dot{C} E_R + \dot{D}\left(\frac{1}{\dot{B}} E_S - \frac{\dot{A}}{\dot{B}} E_R\right) = \frac{\dot{D}}{\dot{B}} E_S - \frac{\dot{A}\dot{D} - \dot{B}\dot{C}}{\dot{B}} \dot{I}_R$$

$$= \frac{\dot{D}}{\dot{B} E_S - \frac{1}{\dot{B} E_R}}$$

$$\therefore \ \dot{I}_s = \frac{\overline{\dot{D}}}{\dot{B}} \overline{E_S} - \frac{1}{\dot{B}} \overline{E}$$

그러므로 송·수전단의 벡터 전력 W_s, W_r는 P_S, Q_S, P_r, Q_r를 각 유효전력 및 무효전력이라 하고 E_r를 기준 벡터, E_s는 E_r 보다 위상이 θ만큼 앞선다고 하면 다음과 같이 된다.

$$\begin{aligned} W_S &= P_S + j\,Q_S = E_S\, I_S \\ &= E_s(1/\dot{B} \times E_s\,\varepsilon - j\theta - 1/\dot{B}\,E_R) \\ &= E_R(E_S E_R\,\varepsilon - j\theta - \overline{A}/\dot{B} \times E_R) \\ &= \dot{D}/\dot{B}\,E_S^2 - 1/\dot{B}\,E_S\,E_r\,\varepsilon - j\theta \end{aligned} \qquad \cdots\cdots (5.4)$$

$$\begin{aligned} \dot{W}_R &= \dot{P}_R + j\,Q_R = \dot{E}_R\, I_R \\ &= \dot{E}_R(1/\dot{B} \times E_S\,\varepsilon - \overline{A}/\dot{B}\,E_R) \qquad \cdots\cdots (5.5) \\ &= E_R(E_S\,E_R\varepsilon - j\theta - \overline{A}/\dot{B} \times E_R) \end{aligned}$$

식 (5.4)와 (5.5)를 전력방정식(Power Equation)이라고 말한다.

위 식은 1상전력에 한해서만 생각한 것이며 대칭3상식에서는 이것을 3배함으로써 3상분의 전력을 표시할 수 있다. 그러나 위 식에서 E_S, E_R는 성형전압이므로 그 대신 V_S, V_R을 사용하면 $V = \sqrt{3}\,E_s$, $V_r = \sqrt{3}\,E_r$ 가 된다.

5.3 전력원선도

송전소의 전압을 일정하게 해서 전력을 보내면 부하가 증가할수록 선로의 전압강하는 따라서 증가하고 변전소의 전압은 점점 떨어지게 되며, 반대로 변전소의 전압을 일정하게 송전하려면 부하가 증가함에 따라 발전소의 전압은 점점 높아지게 되는데 이것은 변전소의 기기 절연문제로 곤란한 일이다.

따라서 전력계통의 운전은 보통 송·수전단의 전압 E_S, E_R은 일정하게 하고 부하의 증감에 따라 송·수전단전압의 위상각 θ만을 조정하고 있는데, 이와 같은 경우에 어떠한 전력 P를 할 수 있는가, 또 어떠한 무효전력 Q가 흐르는가의 관계를 나타내는 것이 전력원선도이다.

전력방정식 식 (5.4), (5.5)에 있어서

$$\overline{A}/\dot{B} = m + jn,\ \ \dot{D}/\dot{B} = m' + jn,\ \ 1/\dot{B} = 1/b\varepsilon j\theta$$

또 $E_S E_R/b = \rho$ 라 하면 식 (5.4) (5.5)는 다음과 같이 된다.

$$W_S = (m' + jn')E_S^2 - \upsilon\varepsilon j(\theta - \beta) \quad \cdots\cdots (5.6)$$

$$W_r = \rho\varepsilon - j(\theta - \beta) - (m + jn')e_R^2 \quad \cdots\cdots (5.7)$$

이 식은 원의 방정식을 나타낸다. 따라서 횡축에 유효전력을, 종축에 무효전력을 표시하면 식 (5.6)의 제1항은 변수 θ에 관계없는 일정항이므로 중심의 좌표가 되고, 제2항은 변수 θ에 따라 회전하는 반경을 나타내게 된다.

즉, 송전단 전력원에서 다음과 같이 표시된다.

$$\begin{aligned}&\text{중심}\ \ OS = (m' + jn')E_S^2 \\ &\text{반지름}\ \ \rho = E_s e\, E_R/b\end{aligned} \quad \cdots\cdots (5.8)$$

이 되고, [그림 5-3]과 같은 원선도를 그릴 수 있다. 마찬가지로 식 (5.7)은 $-(m' + jn)E_R^2$을 중심으로 하고 ρ를 반지름으로 하는 [그림 5-4]와 같은 원선도를 그릴 수 있다.

[그림 5-3]과 [그림 5-4]를 각각 중선전원선도 또는 무전전원선도, 그리고 총칭해 전력선선로라고 말하며 여기서 송·수전 간의 유효전력 및 무효전력 등의 상황을 알 수 있다.

이상에서와 같이 정전압송전방식에 있어서는 계통 양단의 유효전력 및 무효전력 P_S, Q_S, P_R, Q_R의 관계를 원선도로 표시할 수가 있다. 또한 이들은 반드시 원주상에 있고 원의 내외에 위치할 수 없으며 반드시 원주상의 1적에 운전되어야 한다.

즉, 송·수전단전압 간의 위상각을 θ라 하면 [그림 5-4]의 수전단원선도에 있어서 P축과 각$(+\beta)$을 이루는 반지름 RR'를 기준선으로 정하고 이 기준선의 운전점이 된다.

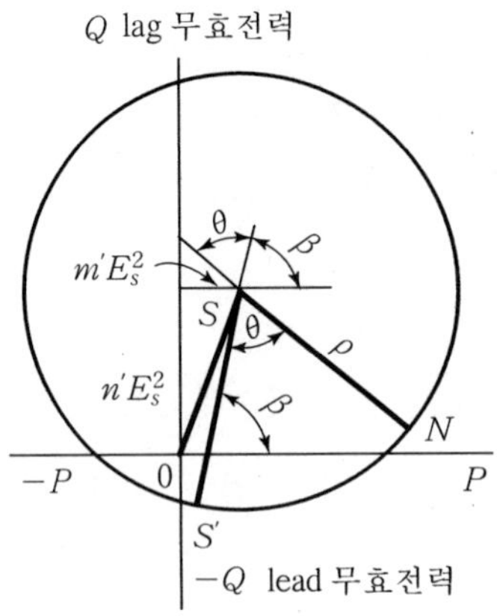

【그림 5-3 송전단 원선도】

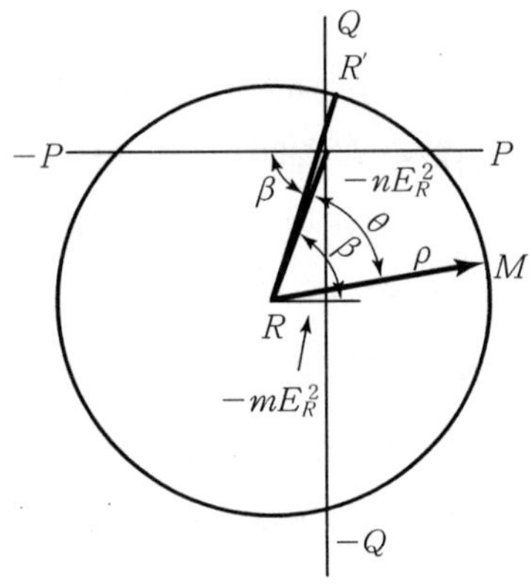

【그림 5-4 수전단 원선도】

또 같은 방법으로 [그림 5-3]에 있어서는 P축과 각$(+\beta)$을 이루는 반지름 SS'를 기준선으로 정하고, 이 기준선에서 반시계방향으로 각 θ를 이루는 원주상의 N적을 구하면 이것이 수전단원선도의 적에 대응하는 송전단원선도의 운전점이 된다.

즉, 송·수전단의 유효전력 및 무효전력을 [그림 5-3] 및 [그림 5-4]에서 각각 구할 수가 있다.

또 이와 반대로 일정한 E_S, E_R에 있어서 수전단전력 P_R이 전해졌으면 이에 대한 수전단원 선로상의 점은 M이므로 무효저력은 Q_R이 되야만 하고, 기준점에서 M까지의 각 θ를 송전단원선상에서 구해 N점이라 하면 송전단의 P_S, Q_S가 구해지게 된다.

이렇게 정전압 송전방식에 있어서 송·수전단의 유효전력과 무효전력 4개 중에서 1개만 정해지면 나머지는 저절로 구해지는 것이다. 따라서 만일 부하의 요구에 따라 원주상에 없는 점에서 운전할 경우에는 송·수전단의 전압을 변경시켜서 운전하게 되는데, 정전압방식에서는 이것이 허용되지 않으므로 수전단에 조상설비를 설치해 무효전력을 제어한다.

[그림 5-5]는 송·수전단원선도를 동일한 원면상에 그린 것이다. 그림과 같이 기준선에서 원중심에 각도를 눈금으로 하고 부하의 역률직선을 넣으면 송전특성 계산에 매우 편리하다.

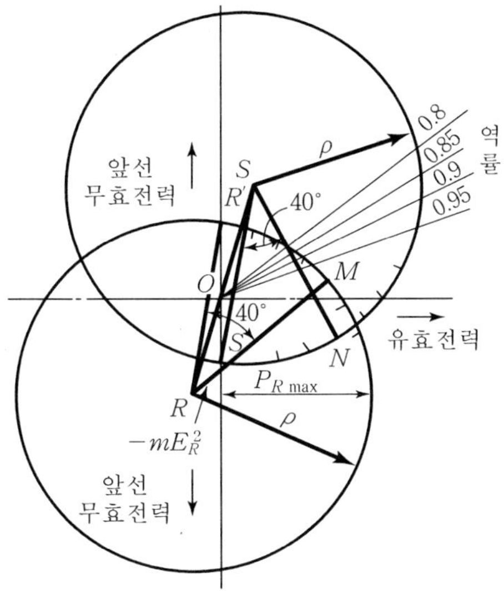

【그림 5-5】

다음으로 수전단원선도에서 이론상의 최대수전전력 $P_{R\max}$를 구해 보면 원의 중심 R에서 P방향으로 그은 수전선이 원주와 만나는 점 T가 이 경우의 최대수전전력임을 알 수 있다.

수전 전력원선도의 반지름이 ρ이고, 중심 R좌표의 식수배가 $-mE_R^2$이므로 최대수전전력은

$$P_{R\max} = \rho - mE_R^2 = \frac{E_s\,E_R}{h} - mE_R^2 \quad \cdots\cdots (5.9)$$

가 되며, 여기서 $P_{R\max}$은 기술상·경제상 등의 여러 조건은 무시한 것이다.

5.4 손실원선도

단거리 송전선로에서 정전용량은 무시할 수 있으므로 선로의 전류는 어디에서나 동일하기 때문에 전력손실은 $I^2 R$로 간단히 계산할 수 있다. 또한 장거리 송전선로 전류의 전력손실 P_l는 송수전단 유효전력 P_S와 P_R의 차를 구하면 된다.

이 경우 전력원선도에서 P_S와 P_R을 구해 그 차로서 손실전력 P_l로 해도 되겠지만 그것은 오차가 대단히 크다. 따라서 정확히 하기 위해서는 계산상으로도 되겠지만 다

음과 같이 손실원선도에 의해서도 비교적 정확한 값을 얻을 수 있다.

$$P_l = P_S - P_R = [m'E_S^2 - \rho\cos(\theta+\beta)] - [-m'E_R^2 + \rho\cos(\theta-\beta)]$$

$$= m'E_S^2 + mE_R^2 - \rho[\cos(\theta+\beta)] \qquad \cdots\cdots (5.10)$$

$$= m'E_S^2 + mE_R^2 - 2\rho(\cos\beta\cos\beta)$$

가 되고, 식 (5.10)도 원의 방정식이 되며

$$\text{중심 } OR_1 = (m'E_S^2 + mE_R^2,\ O)$$

$$\text{반지름} = -2\rho\cos\beta$$

손실원선도를 살펴보면, X축상에 원적 0부터 좌측으로 $(m'E_S^2 + mE_R^2)$에 상당하는 길이에 P_l점을 구하고 R_l을 중심으로 하여 $2\rho\cos\beta$를 반지름으로 하는 원을 그린다. $R_l O$를 $\theta = 0$의 기준선으로 하는 반시계 방향으로 원주상에 각도를 눈금한 θ를 축으로 반시계방향으로 회전하게 된다. 임의의 송·수전전력, 따라서 송·수전단전압의 위상각 θ에 대한 손실전력은 원주상에 각도 θ를 회전시켜 M_l점을 구하고 M_l점에서 Y축까지의 수평거리 L가 구하려는 손실전력 P_l를 나타낸다.

상술한 P_S 또는 P_R 또는 P_l는 특정 시간의 값이지만 경제적인 설정으로 볼 때 송전전력량, 수전전력량, 손실전력량이 필요하고 여기서 부하율(Load Factor)을 생각하게 된다.

수전전력량의 연간 부하율은

$$\text{연간 부하율} = \frac{\text{연간 수전전력량 (kWh)}}{\text{최대수전전력 (kWh)} \times 8.760\ (\text{kH})} \times 100\% \qquad \cdots\cdots\cdots (5.11)$$

로 나타나는데 대개의 송전간선에서 60~70% 정도이고 연간 전력량으로 추정하고 있다.

손실전력에 대한 손실계수는 식 (5.12)와 같다.

$$\text{연간 손실계수} = \frac{\text{연간 손실전력량(kWh)}}{\text{최대수전전력시의 손실(kW)} \times 8.760(\text{kH})} \qquad \cdots\cdots\cdots\cdots\cdots\cdots\cdots (5.12)$$

전압이 일정하면 전력은 전류 I에 비례하고 손실은 I^2에 비례하므로 부하율과 손실계수의 값은 일반적으로 다르다. 이 양자의 관계를 나타내는 실험식과 근사식은 여러 가지가 있으나 부하율이 60~70%일 때 손실계수는 대략 0.4~0.5 정도로 생각하면 된다.

Q5 연습문제

01 송전선 길이 100km, 송전전압 154kV이고 선로정수가 다음과 같을 때 전력원선도를 그려라.

$r = 0.09596\,\Omega$/km, $L = 1.3256 \times 10^{-3}$H/km, $C = 8.7268 \times 10^{-3}\,\mu$F/km

02 송전선 길이 300km, 송전전압 754kV인 3상1회선 송전선이 있다. 선로의 직렬 임피던스가 $z = 0.1526 + j0.4523\,\Omega$/km일 때 전력원선도를 그리고, 수전단 최대전력을 구하라.

03 그림과 같은 송전선의 수전단 전력 원선도에 있어서 역률 $\cos\theta$의 부하가 갑자기 감소하여 조상 설비를 필요로 하게 되었을 때 필요한 조상기의 용량을 나타내는 부분은?

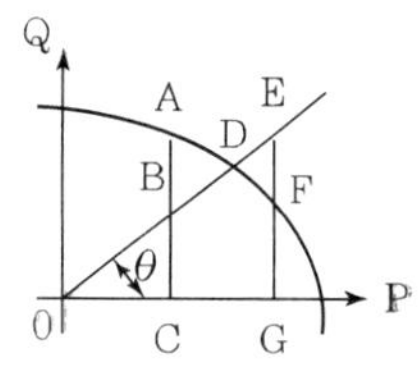

04 송수 양단의 전압을 E_S, E_R라 하고 4단자 정수를 A, B, C, D라 할 때 전력 원선도의 반지름은?

05 그림 중 4단자 정수 A, B, C, D는? (여기서 E_S, I_S는 송전단 전압, 전류, E_R, I_R는 수전단 전압, 전류이고 Y는 병렬 어드미턴스이다.)

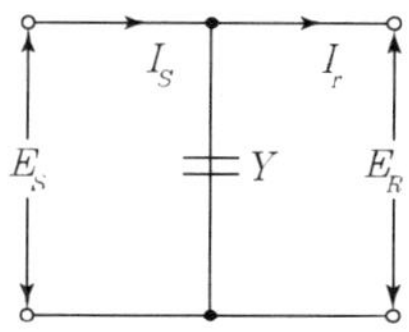

Transmission and Distribution Engineering

PART 6 중성점 접지방식

PART 6 중성점 접지방식

6.1 개 요

송전계통에 포함된 체승·체강변압기의 결선방법에는 Δ-Δ, Y-Δ, Δ-Y의 3가지 종류가 있다. Y-Δ, Δ-Y 결선에서는 고압 측, 즉 선로 측을 Y 결선으로 하는 것이 보통이다. 이때 Y 결선의 3상 접속점을 보통 중성점이라고 한다.
저전압, 단거리 송전선에서는 중성점을 비접지로 해도 별 고장은 없지만 고전압, 장거리 송전선로에서는 평상시의 보수·보안을 목적으로 중성점을 반드시 접지해야 한다.
중성점을 접지하는 목적으로는 다음과 같은 것들을 들 수 있다.

① 아크접지(Arcing Ground)의 발생 및 이에 따르는 이상전압의 발생 방지
② 지락사고 시 보호계전기 동작 및 사고선 선택 차단
③ 지락전류의 감소
④ 지락고장 시 건전상 대지전위의 상승 억제

평형3상 송전선에서 보통 운전상태의 중성점 전위는 항상 0이다. 따라서 중성점을 접지시켜도 전류는 통하지 않는다. 다시 말하면 중성점의 접지 여부는 보통의 운전상태에 별 영향을 주지 않지만 접지사고발생 시에는 중성점의 접지 여부와 접지방식에 따라 상태가 매우 달라지게 된다. 접지사고로는 1선접지사고가 가장 많은데 이를 방치해 두면 이상전압이 발생해 시설에 손상을 주고 단락사고의 원인이 되는 수가 있으므로 이것을 방지하기 위해 중성점을 접지하는 것이다.
중성점을 접지하는 방식으로는 다음과 같은 종류가 있다.

① **비접지방식**
② **직접접지방식(제1종 접지방식)** : 실용상 저항값이 0에 가까운 전선으로 중성점을 직접접지하는 것이다.

③ 저항접지방식 : 수 또는 수백 [Ω] 정도의 무유도저항으로서 접지하는 것이다.
④ 리액턴스 접지방식
⑤ 소호 리액터 접지방식 : 소호 리액터 또는 소호변압기 등의 철심 리액터로서 접지하는 방식이다.

6.2 중성점의 접지방식

I 비접지방식

이 방식은 중성점을 접지하지 않는 방식이므로 중성점을 만들 필요가 없어 송·수전단의 변압기를 $\Delta-\Delta$접속으로 할 수 있다. 따라서 변압기의 고장 시나 수리 시에 V 결선으로 송전을 계속할 수 있는 특징이 있다.
이 방식에서 1상에 완전 접지사고가 일어나면 2선의 대지전압이 상전압(성형전압)에서면 선간전압으로 상승하고, 이때 접지점에 흐르는 전류는 저항과 리액턴스를 무시하면

$$I_g = j3w\ C \cdot E_c \qquad (6.1)$$

이고, 여기서 E_c는 고장발생 직전의 고장점의 전위, C_s는 1상마다의 대지정전용량이다.
식 (6.1)에서 전압이 낮고 길이가 짧은 송전선로에 있어서는 충전전류도 적고 계통의 외란도 적을 뿐만 아니라 애자 파손과 같은 영구지락이 아닌 이상 고장은 자연히 제거되어 그대로 운전이 계속되는 경우가 많다. 따라서 비접지방식은 저전압 단거리 송전선에 대해서 적당하다. 그러나 고전압 장거리 송전선로에 있어서는 1선지락시의 대지충전전류가 커서 지락이 불완전한 때는 지선점에 생기는 아크는 간격 아크가 되어 이로 인해 고주파 전기진동이 생기게 되고 이상전압이 발생할 우려가 있다. 따라서 이 경우에는 중성점을 접지시키는 것이 적당하다.

II 직접접지방식

이것은 저항이 0에 가까운 도체로서 변압기의 중성점을 직접접지시키는 방식(Direct

Grounding System)이다.

이 방식의 장·단점을 살펴보면 다음과 같다.

1) 장점

- 1선접지사고가 발생했을 때 다른 2상의 대지전압은 다른 방식의 비해 아주 적다. 이 방식에서도 사고발생 시 건전상의 전립은 어느 정도 올라가는데, 그것은 이 방식에서 1선접지사고는 단상단락사고로 되며 이때 흐르는 큰 접지단락전류가 회로의 저항에 전압을 나타내서 중성점의 전압을 이동시키기 때문이지만, 전압의 상승값은 다른 방식에 비해 아주 적으므로 계통 접속기기의 절연을 경감시킬 수 있다.
- 아크접지에 의한 이상전압 발생의 가능성이 없다.
- 접지고장전류, 즉 지락전류가 대단히 크므로 예민하지 않은 접지계전기로도 계전기의 동작을 확실히 할 수 있다.
- 피뢰기의 효과를 증진시킬 수 있다. 초고압 송전선로에서는 직격뢰의 서지를 개폐 서지와 거의 같은 정도로 떨어뜨릴 수 있으므로 그 효과가 크다.
- 변압기의 중성점은 항상 0전위로 유지되므로 단절연이 가능하며, 따라서 변압기 및 부속설비의 중량이나 가격을 절감시킬 수 있다.

2) 단점

- 접지고장 시 송전선로 부근에 병행으로 가설된 특성선 전자유도전압을 유기시켜 장해를 가져온다.
- 지선전류가 크기 때문에 기기에 큰 충격을 주어 손상을 준다.
- 지선고장점에서 애자의 파손, 전선의 절단 등이 일어난다.
- 지선고장전류가 대단히 크고 역이 낮으므로 송전계류의 과도안정도가 나빠진다.
- 대용량 차단기가 필요하다.
- 사고 시 회로를 차단해야 하는 불편이 있다.

위에서 볼 수 있는 것과 같이 이 방식은 송전전압이 높아짐에 따라 경제적으로나 기술적으로 한층 유리하다. 또 이 방식의 단절은 통신선에 고성능의 피뢰기나 차폐선을 설치함으로써 어느 정도 유도장해를 경감시킬 수 있고, 우수한 보호계전기나 차단기를 설치해 고장을 빠른 속도로 제거하므로 과도안정도나 기타 문제점 등을 해결시킬 수 있다.

과거에는 우리나라와 같이 국토가 협소한 나라에서는 송전선·통신선이 접근하게 됨으로써 야기되는 유도장해의 문제로 이용되지 않았지만, 근래에 와서는 절단시간에 계전기 동작으로 고장이 제거되므로 154kY 송전선로에서 거의 이 방식이 채용되고 있다.

III 저항접지방식

1) 저항접지방식

저항접지방식은 [그림 6-1]과 같이 송전선에 접속되는 변압기 중성점을 저항을 거쳐서 접지시키는 방식이며, 이 저항의 대소에 따라 비저항접지방식과 고저항접지방식으로 나눌 수 있다.

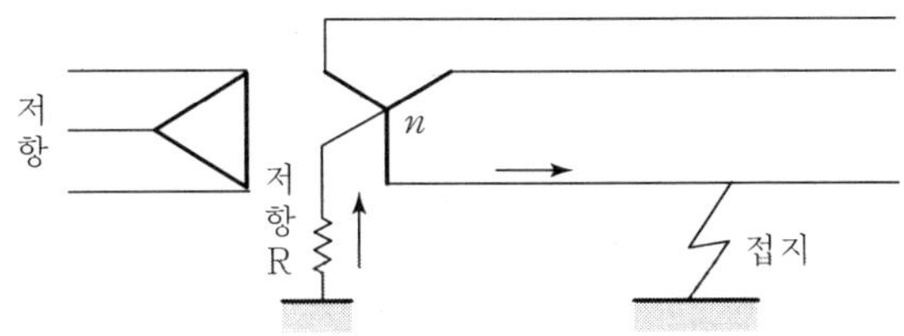

【그림 6-1】

비저항접지방식은 중성점을 비저항 200kY 계통에서 30Ω 지체를 통해 접지시키는 방식으로, 1선지락 시의 지락전류를 제한시키는 동시에 고역률인 전류로 함으로써 발전기의 급변을 피하고 과도안정도를 향상시키려는 것이다.

2) 고저항접지방식

중성점을 접지시키는 저항값이 너무 작으면 지락고장시 지락전류가 너무 커서 통신선에 미치는 전자유도장해가 커지고, 반대로 접지저항값이 너무 크면 지락전류가 작아져 전자유도장해가 적어지지만 접지계전기 접지회선의 선택 차단이 곤란해지고 비접지상태로 되기 쉽다.

즉, 송전선이 통신선에 미치는 영향을 고려하면 비접지, 직접접지, 저저항접지방식은 부적당하므로 이것을 해결하기 위해 고저항접지방식이 채용되었다. 따라서 저항값은 전자유도장치와 계전기 동작에 중점을 두고 결정되어야 한다. 이 방식에서는 대체로 100~1,000Ω 정도의 고저항을 통해 중성점을 접지시키면 이때의

1선지락전류가 100~300A 정도이다. 보통 140kV급에서는 400~90Ω, 60kV급에서는 100~400Ω을 사용한다.

또 이 방식에는 송전계통의 1개소에만 접지시키는 단일접지방식와 송·수전단의 2개소 또는 그 이상의 개소에서 접지시키는 복접지방식이 있다. 복접지방식은 지접전류가 저비개소에 역단되어 흐르기 때문에 통신선에 유기된 전자유도전압이 경감되며 평행2회선에 대한 선택 차단이 용이하다.

IV 리액턴스 접지방식

송전기류에 포함되는 변압기의 중성점을 저 리액턴스로 접지시키는 방식(Reactance Grounding System)으로, 고장 시의 전류를 제한시켜 과도안정도를 향상시키려는 목적으로 미국에서 채용되었던 방식이다.

즉, 저저항접지방식은 지락전류 때문에 단상전력이 많이 소비되므로 과도안정도의 향상에는 불리한 것이다. 따라서 이것을 향상시키고 이로 인한 이상전압을 대지로 유도시키려는 목적에서 이 방식이 채용되었다.

V 소호 리액터 접지방식

송전선의 중성점을 적당한 인덕턴스를 가진 리액터로 접지시키면 그 선로에 1선지락사고가 일어나도 고장점에서 대지에 흐르는 지락전류는 격감한다. 사고점에서 아크의 재발생은 안전히 억제되어 이상전압의 발생을 방지하고 다른 방식에서는 고장선로를 선택 차단하여 정전이 되는데, 여기서 짧은 시간에 회복되어 운전에 지장을 주지 않는 경우가 많으며 이것이 소호 리액터 접지방식(Arc Asuppressing Reactor Grounding System)의 가장 우수한 점이다.

이러한 종류의 리액터를 소호 리액터라고 하며 이 방식은 우리나라에서도 66 kV급 송전선에서 널리 채용되고 있다.

1) 원리

소호 리액터는 독일의 페터슨(Petersen)이 발명한 것으로, 위에서 말한 바와 같이 송전선로 사고의 대부분을 차지하는 1선지락사고 시 그 지락의 아크를 삭감시켜 고장선로를 차단하지 않고 그대로 선전을 계속하도록 한 것이다.

[그림 6-2]는 중성점 비접지의 송전선으로 1선지락사고가 일어나 있는데, 이때 a선의 지락점에 흐르는 전류를 구해 보자.

1선지락일 때 각 선의 전위는 [그림 6-3]의 벡터도와 같다. 여기서 a선은 지락되었으므로 $v_a = 0$이 되고, 중성점의 전압은 $V_0 = -E_a$가 된다.

b선의 전압은 V_b로 되어 평상시의 값 E_b의 $\sqrt{3}$선으로 되고 입상은 평상시보다 30° 정도 앞선다. 평상운전 시에는 E_b와 E_C는 위상이 120°로 다르지만 a선이 지락했을 때는 V_b와 V_c는 위상값이 60°이다.

그러므로 b상과 c상의 충전전류 I_b와 I_c는 E를 송전선의 전압이라고 하면,

$$\begin{aligned} I_b &= wC_sV_b = wC_sE \\ I_c &= wC_sV_c = wC_sE \end{aligned} \quad \cdots\cdots (6.1)$$

가 된다. 그런데 I_b와 I_c는 [그림 6-3]과 같이 120°의 각도가 있으므로 이것을 가산해 $(I_b + I_c)$이 되는 전류의 크기는

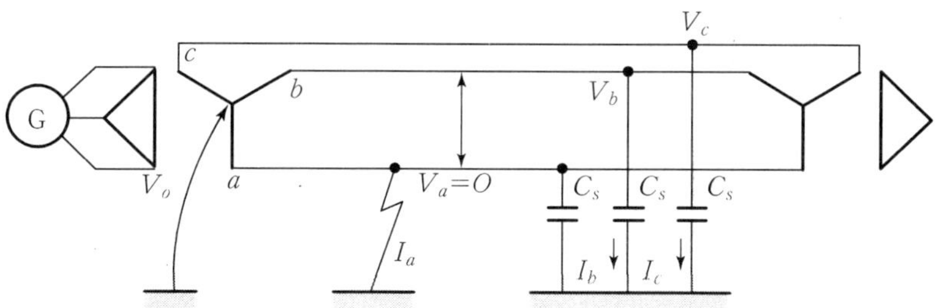

【그림 6-2】

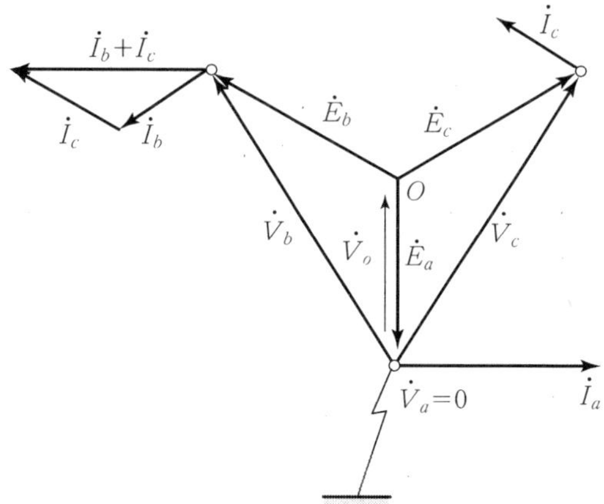

【그림 6-3】

$$I_b + I_c = {}_wC_s E \times \sqrt{3} = {}_w 3C\frac{E}{\sqrt{3}} \quad \cdots\cdots (6.2)$$

즉, 3개의 C_s를 Y전압으로 충전한 크기가 된다.

여기서 중성점이 비접지이므로

$$I_a + I_b + I_c = 0$$

이고, a의 접지점에서 대지에 흐르는 전류 I_a는

$$I_a = -(I_b + I_c) \quad \cdots\cdots (6.3)$$

이므로, 이 전류 I_a는 E_a보다 90° 위상이 앞서고, $3C_s$를 Y전압으로 충전한 크기가 된다.

따라서 이 전류와 크기가 같고 입상이 반대인, 즉 E_a보다 90° 입상이 뒤진 전류를 흘려서 이 I_a에 중첩시켜 주면 송전선 1선지락의 전류 I_e는 0이 될 것이며, 이것은 송전선의 중성점에 인덕턴스 L_a를 포함시킴으로써 해결될 것이다. 즉, [그림 6-4]에서와 같이 중성점에 접속하는 리액터 L_a의 값은 선로의 대지용량 $3C_s$와 병렬공진시킨 것이다.

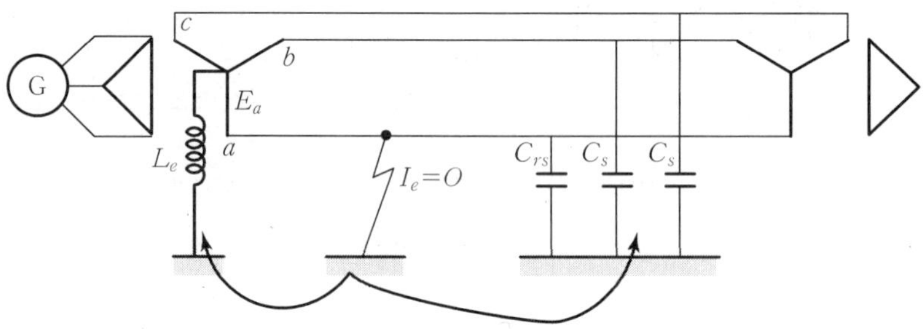

【그림 6-4】

2) 용량결정

소호 리액터는 지락점을 통해 대지 기전전류를 없애는 것이므로 용량을 결정하자면 먼저 송전선의 대지정전용량을 정확히 실측 또는 계산에 의해 구해야 된다. 송전선의 대지정전용량은 선로의 길이, 전선의 굵기, 배치, 가공지락의 유무 등에 따라 다르며 [표 6-1]과 같다.

【표 6-1 송전선 대지정전용량 개수표[μF/Km]】

지락 \ 회로	1회로($3C_0$)	2회로 ($6C_0$)
유	0.012~0.014	0.020~0.023
무	0.014~0.016	0.023~0.025

또한 우천 시 등을 고려해 약 20%를 가산할 필요가 있으며, 또 장래의 선로확장 계획도 고려해야 한다.

지금 1선의 대지정전용량을 $C_0[\mu\text{F}]$, 상전압을 E[V], 주파를 F[C/S]이라 하면 소호 리액터의 최대 탭(tap) 전류 및 용량은 다음과 같이 구해진다.

최대 탭 전류 I는

$$I = E \times 2\pi F C_0 E \times 10^{-6} [\text{A}] \quad \cdots\cdots (6.5)$$

또는 용량 P는

$$P = 3 \times 2\pi F C_0 E^2 \times 10^{-9} [\text{kVA}] \quad \cdots\cdots (6.6)$$

소호 리액터의 최대 탭 전류는 위와 같이 결정되는 송전선로를 1회선으로 운전하거나 w회선으로 운전하거나, 또는 분기선을 접속·차단하거나 하는 등의 여러 가지로 교체되어 운용되므로 선로의 대지용량값을 조정하기 위해 많은 탭이 인출되어야 한다.

최소 탭 전류는 최소길이인 때의 값으로 하고 최대 탭 전류과 최소 탭 전류 사이는 100등분하여 탭을 설치한다.

3) 설치장소

소호 리액터는 대개 계통의 중심부에 설치하는 것이 좋지만 계통이 크고, 소호 리액터의 용량이 커지는 경우에는 통신선에 미치는 유도장해를 적게 하며, 고압 전류를 분산시킬 수 있는 몇 개 장소에 분산해 설치하는 것이 좋다. 그 이유는 선로에 지락이 일어났을 때 계통 전체의 충전전류가 소호 리액터를 접속한 변압기로 흘러가므로 만약 그 양이 변압기의 전류용량을 상회하게 되면 변압기가 타버리기 때문이다.

또 계통이 복잡할 때는 각 구역마다 그 구역 송전선에 대응하는 소호 리액터를 설치하면 계통의 개폐·분리 등의 운용에 편리하다.

4) 중성잔류전압

3상송전선의 전원에서 위전 3상전압이 공급되어 있는 경우 3선의 대지정전용량이 모두 같으면 각 선의 대지전위는 평형3상 대지전압이 된다. 즉, 각 선의 대지전압은 120°의 위상차를 갖고 크기는 모두 같다. 따라서 중성점의 전위는 0가 된다. 그러나 연마가 불안전해 3선의 대지정전용량이 불평형이 되면 중성점은 0 전위가 되지 않고 대지에 대해 항상 어떤 교번전위를 갖게 된다. 즉, 중성점에는 기본주파수의 전압이 나타나며 이렇게 중성점에 나타나는 전압을 잔류전압(Residual Voltage)라고 한다.

중성점에 잔류전압이 나타나면 특히 소호 리액터 계통의 선로에 있어서는 직렬공진의 원인이 되고 이상전압의 발생, 통신선에 대한 유도장해 등의 현상이 나타난다.

중성점에 나타나는 잔류전압 E_0 는 다음과 같이 구해진다.

$$E_0 = \frac{\sqrt{C_a(C_a - C_b) + C_b(C_b - C_c) + C_c(C_c - C_a)}}{C_a + C_b + C_c} \times \frac{E}{\sqrt{3}} \quad \cdots\cdots\cdots\cdots (6.7)$$

이때 C_a, C_b, C_c 는 각 선에 나타나는 1km당 대지정전중량의 값[μF]이다. 각

【표 6-2 각종 중성점 접지방식】

항 목	비접지식	직접접지식	고저항 접지식	소호 리액터 접지식
접지고장 시의 건전상 이상전압	적어도 $\sqrt{3}$ 배까지 오른다. 전원용량과 선로길이와의 관계로 위험전압에 오른다.	최저이고 실제와 같다.	$\sqrt{3}$ 배로 된다. 선간전압까지 오른다.	과보상탭으로는 선간전압까지, 부족보상탭으로 위험저압까지 올라갈 때가 있다.
변압기의 절연	최고	최저. 변압기의 저압절연 또는 절연이 가능하므로 가격이 최저	비접지방식보다 낮다.	비접지방식보다 낮다.
다중접지사고로의 진정성	장거리 송전선에서는 크다.	거의 없다.	적다.	고저항접지방식보다 크다.
전류의 크기	적다. 대지전류[3선 일괄]만이 흐른다.	최대단선전류와 같다. 10,000A를 넘는 선로도 있다.	100A 정도로 제한하는 저항을 넣는다.	최소 전기가 흐를 뿐, 저항을 무시하면 0이다.
보호계전기의 동작	거의 불가능하다.	가장 확실하고 신뢰도도 최대이다.	100A, 역률 1 정도의 지락전류에 대해 동작이 확실하다.	불가능. 동작시키려할 때는 열저항을 넣는다.

피뢰기의 공칭 전압	$1.4E \sim 1.6E$ 의 것	$0.8E \sim 1.0E$의 것	$1.4E \sim 1.6E$의 것	$1.4E \sim 1.6E$의 것
통신로에 미치는 유도장애	적다. 전압상승 때문에 떨어진 두 지점에서 2선접지로 되면 크다.	최대 차폐선이나 고속도차단기로서 적게 한다.	중간 양단에 설치함으로써 상당히 감소시킬 수 있다.	최소 소호 리액터를 분산시키고 사용탭을 적당히 선택한다.
과도안정도	크다.	최소 고속도재폐로 KEKSRL를 사용하여 완화한다.	중간	최대 정태안정도와 같은 정도로 생각할 수 있다.
단선사고 시의 이상저압	중간 중성점 전압은 Y전압의 반 정도까지 올라간다.	최저	중간	최대 비공진탭을 쓰거나 상시에 w회선을 사용하여 피한다. 리액터 계통에 치명적이다.

발전소나 변전소에서 실측한 바에 의하면 잔류전압의 값은 20~50V 정도이다.

5) 각 중성점 접지방식의 비교

지금까지의 각종 중성점 접지방식을 비교하면 다음 [표 6-2]와 같다.

6.3 유도장해

송전선과 통신선이 병행 또는 근접해 있을 때는, 통신선과 송전선 간의 전기·자기적 결합에 의해 통신선상에 전압 또는 전류를 유기해서 통신에 여러 가지의 장해를 주는 수가 있다. 이것을 유도장해(Inductive Interference)라 한다.

이것에는 송전선의 전류가 상호유도작용에 의해서 일으키는 전자유도(Magnetic Induction)와 송전선과 통신선과의 사이에 정전용량을 통해서 생기는 정전유도(Static Induction)가 있는데 제각기 송전선의 영상전류 및 영상전압에 기인한다. 또 그밖에 상용주파나 고주파에 의한 정상적인 것과 지락고장 시 등에 생기는 순간적인 것으로도 나눌 수 있는데, 송전선 루트의 선정이나 중성점 접지방식에 따라 많이 달라진다. 이것이 크면 통신기기의 절연파괴(絶緣破壞)를 가져올 뿐만 아니라 통신기기 취급자에게 위험한 전기적 충격을 주게 된다. 유도장해를 받는 통신선은 일반공중용, 경찰·철도용의 통신전화선 외에 전력용 보안통신선, 표시선식 보호계전기 회로, 원방감시(遠方監視) 제어회로 등이 있다.

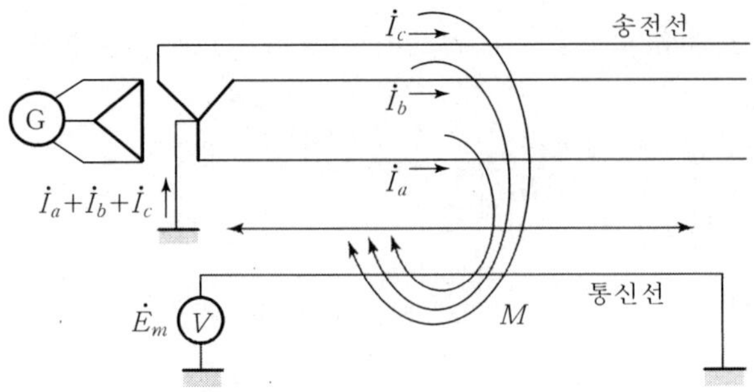

【그림 6-5 전자유도회로】

I 전자유도

전력선과 통신선과의 상호 인덕턴스에 의한 유도이다.

1) 전자유도전압

[그림 6-6]에서 송전선에 병행하는 통신선에 유기되는 전자유도전압 $\dot{E}_m$은, 양선 사이의 상호 인덕턴스를 M[H/km], 양선의 병행거리를 l[km]이라 하면 다음과 같다.

$$\dot{E}_m = jwMl\,(\dot{I}_a + \dot{I}_b + \dot{I}_c) = jwMl \times 3\dot{I}_0 \quad \cdots\cdots (6.8)$$

이 유도전압을 생기게 하는 전력선의 전류 $3\dot{I}_0$를 기유도전류(Inducing Current)라 하는데, 이 전류가 통신장해를 일으키는 전류이다. 식 (6.8)의 상호 인덕턴스 M은 대지를 귀로로 하는 것이므로 대지의 도전율에 크게 영향을 받는데, 널리 쓰여지고 있는 Carson-Pollaczk의 식에 의하면 대지의 도전율이 균일한 경우에는 다음과 같이 된다.

$$\dot{M} = 0.2\log\frac{2}{\gamma d\sqrt{4}\pi\omega\sigma} + 0.1 - j\frac{\pi}{20}\,[\text{mH/km}] \quad \cdots\cdots (6.9)$$

여기서 $\gamma = 1.7811$(Bessel의 정수)

d : 양선 간의 이격거리[cm],

σ : 대지의 도전율$= (1\times 10^5/\rho)\times 10^{-14} = 1\times 10^{-9}/\rho$

$\omega = 2\pi f$, ρ : 대지의 고유저항 [$\Omega\cdot$cm]

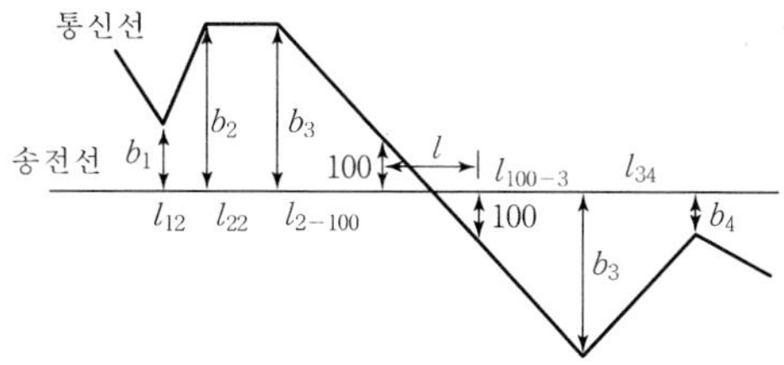

【그림 6-6 전자유도 계산도】

대지의 고유저항 ρ는 우리나라에서는 10~1,000Ω·cm 정도의 범위에 있는데, 보통 200Ω·cm 정도를 취하고 있다. 또 $\dot{M}$은 복소수이므로 유도전압은 기유도전류 $3\dot{I}_0$에 대해서 90°의 위상차로는 되지 않는다.

또한 전자유도전압 $\dot{E}_m$의 계산은 실용적으로 다음과 같이 일본의 후카오(深尾氏)의 실험식에 의해 구할 수 있다.

즉, [그림 6-6]과 같이 송전선을 기준으로 하여 통신선과의 거리나 길이 등을 재서 표시하는 바와 같이 정리하여 유도전압 $\dot{E}_m$을 추정한다. 그러므로 기유도전류 1A당의 유도전압 $\dot{E}_m$[V/A]은

$$\dot{E}_m = kf\left[\Sigma\frac{l_{12}}{(b_1+b_2)/2} + \Sigma\frac{l}{100}\right][\text{V/A}] \quad \cdots\cdots (6.10)$$

송전선과 통신선 사이의 거리가 100m 이상 떨어진 부분은 제1항으로, 100m 이내로 접근한 부분은 제2항으로 계산한다. 여기서 f는 주파수이고 k는 지질계수라고 하는 것인데, 그 값은 평지는 0.00025~0.0004, 산지는 0.0005~0.0008 정도이다. 이렇게 하여 $\dot{E}_m$[V/A]을 구하고, 다시 기유도전류 $3\dot{I}_0$를 별도로 구해서 이 양자를 곱함으로써 전자유도전압 $\dot{E}_m$[V]를 얻을 수 있게 된다.

지금까지 기술한 것에서 기유도전류는 송전선에 균일하게 흐르는 것으로 하였지만, 정전용량 등의 영향으로 부분마다 심하게 변하는 경우는 부분마다 산정하고 가산해서 평균전류를 구해야 한다.

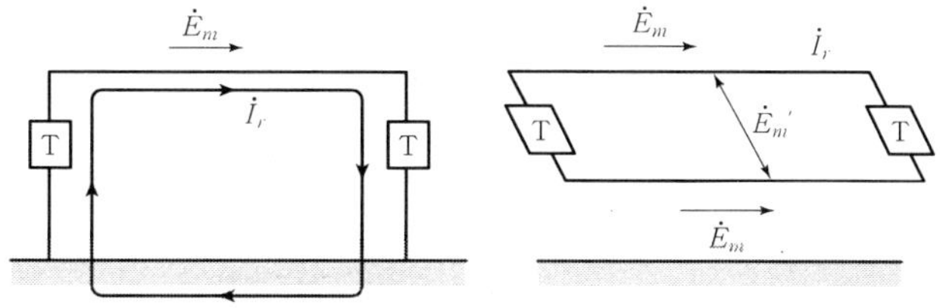

(a) 단선식 통신선 (b) 복선식 통신선

【그림 6-7 전자유도전류】

2) 전자유도전류

단선식 통신선에서는 [그림 6-7]에 보이는 바와 같이 통신선의 전자유도전압과 대지귀로 임피던스에서 전자유도전류를 구할 수 있다. 또 복선식 통신선에서는 왕복2선의 유도전압이 거의 같다고 보면 2선이 전기적으로 평형되어 있으므로 통신기를 통하는 유도전류는 거의 흐르지 않는다. 그러나 선로에 불평형이 있으면 불평형에 상당한 전류가 흐른다.

II 정전유도

송전선 영상전압과 통신선 사이의 상호정전용량 불평형에 기인하여 통신선에 정전적으로 유도되는 전압으로서 고장시만이 아니라 평상시에도 발생한다.

[그림 6-8]에서 송전선의 각 상전압이 평형되어 있고 통신선과 각 전선과의 상호용량이 불평형되어 있을 때의 정전유도전압 $\dot{E}_s$는 송전선 각 상의 대지전압을 $\dot{E}_a, \dot{E}_b, \dot{E}_c$라 하고, 3전선과 통신선간의 상호정전용량을 $\dot{C}_a$, $\dot{C}_b$, $\dot{C}_c$, 통신선의 대지정전용량을 역시 $\dot{C}_0$라 하면 다음의 관계가 성립된다.

$$\omega C_a(\dot{E}_a - \dot{E}_s) + \omega C_b(\dot{E}_b - \dot{E}_s) + \omega C_c(\dot{E}_c - \dot{E}_s) = \omega C_0 \dot{E}_s$$

$$\therefore \ \dot{E}_s = \frac{C_a\dot{E}_a + C_b\dot{E}_b + C_c\dot{E}_c}{C_a + C_b + C_c + C_0} \quad \cdots\cdots\cdots\cdots (6.11)$$

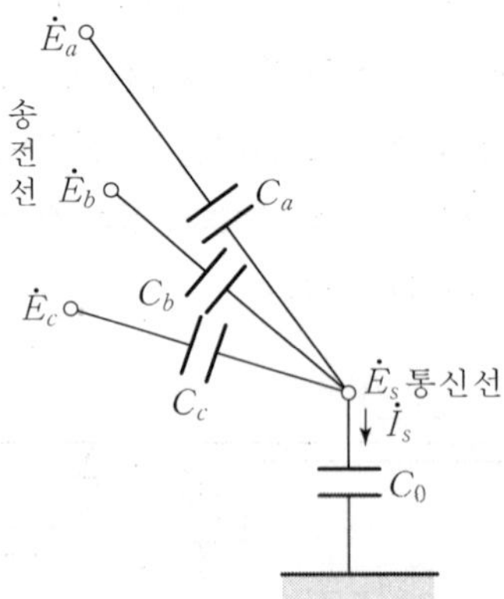

【그림 6-8 정전유도】

전원전압은 3상평형이므로 $\dot{E}_a = E,\ \dot{E}_b = a^2E,\ \dot{E}_c = aE$로 놓으면

$$E_s = \frac{\sqrt{C_a}\,(C_a - C_b) + C_b(C_b - C_c) + C_c(C_c - C_a)}{C_a + C_b\,C_c\,C_0}E \quad \cdots\cdots\cdots\cdots\cdots (6.12)$$

로 되는데, 정전용량은 보통 km당의 값으로 주어지기 때문에 병행구간의 거리를 l[km]이라 하면 통신선의 접지점에 흐르는 전 전류의 크기는 $\dot{I}_s = \omega\, C_0\, l\, \dot{E}_s$로 된다. 그리고 위 식의 E는 상전압이므로 선간전압 V일 때는 $E = V/\sqrt{3}$ 으로 계산해야 한다.
실제로 병행구간은 그 떨어진 거리가 여러 가지이고, 또 기울어진 경우에 따라서도 상호정전용량의 값은 다르게 된다. 또한 상호용량에 의한 결합의 정도는 무척 산만한 것이고, 더욱이 서로 떨어져 있는 사이에는 수목이나 구릉 등이 있으므로 정전유도전압은 상당히 적게 되는데 이것을 차폐효과(Shielding Effect)라 한다. 만일 통신선이 연피케이블 등으로 되어 있을 경우 금속피는 차폐효과가 크다.

III 유도방해 방지 대책과 허용 유도전압

전력선측 및 통신선측에 적절한 차폐선을 마련하거나, 통신선을 케이블화하여 그 외피를 접지하는 것 등 피유도회선을 적의 접지하면 정전유도는 충분히 저하시킬 수 있다. 따라서 더욱 큰 장해를 주는 전자유도의 대책에 대해 기술하면 다음과 같다.

① 송전선의 경과지를 선정할 때, 기설의 통신선이나 기타 회선의 근접관계를 조사하여 상호간에 충분한 거리를 둔다.
② 기유도전류를 제한하는 방법으로 중성점 접지저항을 크게 하거나 소호 리액터 접지방식을 채용하면 좋으나, 우리나라의 154 kV 이상의 선로는 직접접지로 되어 있기 때문에 적당하지 않다.
③ 중성점 접지개소인 발·변전소, 특히 변전소 고압 측의 위치는 피유도개소에서 떨어지도록 한다.
④ 선택지락 계전방식을 완비하거나 고장을 확실하고 빠른 속도로 차단하도록 한다.
⑤ 통신선은 중화코일로 분할하여 유도긍장을 짧게 한다.
⑥ 통신선 측에 방전부정이 없는 피뢰기를 마련한다.
⑦ 송전선과 통신선 기타에 도전율이 좋은 차폐선을 마련하여 접지를 잘한다.

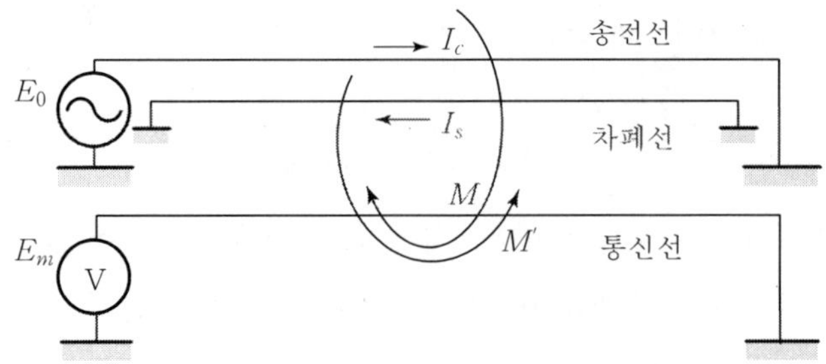

【그림 6-9 차폐선의 저감효과】

차폐선(Shielding Wire)이란 [그림 6-9]와 같이 송전선에 접근해서 대지에 단락한 전선을 가설한 것을 말한다. 만일 통신선에 큰 전압이 유도된다면, 차폐선에도 큰 전압이 유도될 것이나, 차폐선은 단락되어 있기 때문에 이것에는 단락전류가 흐르게 된다. 이렇게 되면 단락전류에 의해 생긴 자속과는 위상이 반대이므로, M'가 M을 저감시켜서 통신선이 받는 유도전압 $\dot{E}_m$은 차폐선 때문에 30~50% 정도로 저하된다고 한다.

그래서 실제 문제로 송전선측의 차폐선으로 가공지선을 대용하게 되었는데, 보통의 가공지선은 철선이기 때문에 이 목적을 달성하기 위한 차폐선으로 겸용하는 가공지선에는 도전율이 좋은 ACSR 등의 전선이 쓰인다.

그리고 전설기(電設基)에서는 유도장해의 방지에 대한 것만 언급하였을 뿐 유도장해의 허용값은 규정되어 있지 않은데, 종래부터 실효값으로 300V가 일반적인 한도로 인식되어 왔지만 점차 송전전압이 높아짐에 따라 이 300V를 유지한다는 것은 이미 불가능하게 되었다. 또한 고장구간의 차단처리가 대단히 빨라졌다는 점에서 허용유도전압값으로 일본에서는 고장속시간이 0.1초 이내에 한해 300V까지 인정하게 되었고, 유럽에서는 협정에 의해 430V가 일반적인 한도로 되어 있지만, 특히 보호장치를 고속화한 선로의 경우는 650V까지 인정하고 있다. 이는 동물실험 결과 1초에 300V보다는 0.1초에 650V인 경우가 생명에 더 안전하다는 것이 판명되었기 때문이다.

예제 6-1

66kV, 100km, 60Hz인 평행2회선 송전선이 있다. 여기서 시설할 소호 리액터의 적당한 용량을 구하라. 단, 1선 1km당 대지용량은 0.004μF이다.

풀이

$$전압 = \frac{66,000}{\sqrt{3}}$$

$$전류 = 2 \times 3 \times 2\pi \times 60 \times 0.004 \times 10^{-6} \times \frac{66,000}{\sqrt{3}} \times 100 = 34.46\text{A}$$

지금 30%의 과보상을 취하는 것으로 계획한다면 소호 리액터의 소요용량은 다음과 같다.

$$소요용량 = \frac{66}{\sqrt{3}} \times 34.46 \times 1.3 = 1,707\text{kVA}$$

예제 6-2

154kV의 송전선이 [그림 6-10]과 같이 연결되어 있을 경우 중성점과 대지 간에 나타나는 잔류전압을 계산하라. (단, 전선 1km당의 대지정전용량은 상선(上線) 0.004μF, 중선(中線) 0.0045μF, 하선(下線) 0.005μF이라 하고 다른 선로정수는 무시한다.)

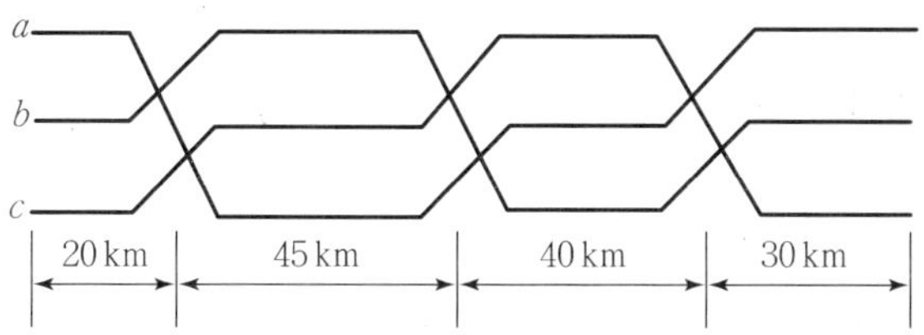

【그림 6-10】

풀이

$$C_a = 0.004 \times (20+30) + 0.0045 \times 40 + 0.005 \times 45 = 0.605\mu\text{F}$$

$$C_b = 0.004 \times 45 + 0.0045(20+30) + 0.005 \times 40 = 0.605\mu\text{F}$$

$$C_c = 0.004 \times 40 + 0.0045 \times 45 + 0.005(20+30) = 0.6125\mu\text{F}$$

$$E_0 = \frac{\sqrt{0.605(0.6}05 - 0.605) + 0.605(0.605 - 0.6125) + 0.625(0.6125 - 0.605)}{0.605 + 0.605 + 0.6125}$$

$$\times \frac{154,000}{\sqrt{3}} = 366\text{V}$$

예제 6-3

154kV의 평행2회선 송전선이 있는데 현재 1회선만이 송전 중에 있다. 휴전회선의 전선에 대한 정전유도전압을 구하라. (단, 송전 중인 회선의 전선과 이들 전선 간의 상호 정전용량은 $C_a = 0.0010\mu\text{F/km}$, $C_b = 0.0006\mu\text{F/km}$, $C_c = 0.0004\mu\text{F/km}$, 그 선의 대지정전용량은 $C_s = 0.0052\mu\text{F/km}$라고 한다.)

풀이 본문의 식 (5.13)에 위의 값을 대입하면

$$E_0 = \frac{\sqrt{0.0010(0.0010-0.0006)+0.0006(0.0006-0.0004)+0.0004(0.0004-0.0010)}}{0.0010+0.0006+0.0004+0.0052}$$

$$\times\frac{154{,}000}{\sqrt{3}} = \frac{0.0005292}{0.0072}\times\frac{154{,}000}{\sqrt{3}} = 6{,}535\,\text{V}$$

예제 6-4

통신선에 평행해서 3상1회선 송전선이 있는데 마침 1선지락사고가 나서 80A의 영상전류가 흐르게 되었다고 한다. 이때 통신선에 유기하는 전자유도전압을 구하라. (단, 영상전류는 전선(全線)에 걸쳐 같은 크기이고 송전선과 통신선과의 상호 인덕턴스 M은 0.06mH/km, 양 선로의 평행긍장은 40km이라고 한다.)

풀이 먼저 기유도전류를 구하면

$$3I_0 = 3\times 80 = 240\text{A}$$

식 (5.10)에 $f=60$, $M=0.06\times10^{-3}$, $l=40$을 대입하면

$$E_m = 2\pi\times60\times0.06\times10^{-3}\times40\times240 = 217\,\text{V}$$

예제 6-5

50Hz인 송전선로를 변경시켜 60Hz로 사용할 때 이 송전선로에 접속되어 있는 소호 리액터에는 어떠한 영향이 미치는가?

풀이 일반적으로 소호 리액터에는 그 작용상

$$2\pi f L = \frac{1}{3\times 2\pi f\, C_0}$$

$$\therefore\ L = \frac{1}{3\times(2\pi f)^2 C_0}$$

가 되는 인덕턴스의 값을 정하고 있다. (단, f는 송전선의 주파수[Hz], C_0는 1선의 대지정전용량[F], L은 소호 리액터의 인덕턴스[H]이다.)

공급전압의 주파수가 50Hz인 경우 송전선의 대지정전용량에 대해서 적당히 선정한 소호 리액턴스의 인덕턴스를 L_{50}이라 하고, 60Hz인 경우의 인덕턴스를 L_{60}이라고 하면

$$L_{50} = \frac{1}{3 \times (2\pi \times 50)^2 C_0}$$

$$L_{60} = \frac{1}{3 \times (2\pi \times 60)^2 C_0}$$

$$\therefore \frac{L_{60}}{L_{50}} = \frac{50^2}{60^2} = \frac{25}{36} = 69.4\%$$

즉, 50Hz를 60Hz로 변경시키면 소호 리액터를 31% 정도 감소시켜야 한다.

예제 6-6

송·수전단의 변압기의 중성점을 각각 500Ω인 저항으로 접지시킨 긍장 120km, 전압 77kV, 주파수 60Hz인 3상1회선 송전선이 있다. 그 1상에 지락이 생겼을 때 접지저항을 통하는 전류 및 지락전류를 구하라. (단, 대지정전용량은 1선당 0.0045×10^{-6}F/km 라 하고 다른 정수는 무시한다.)

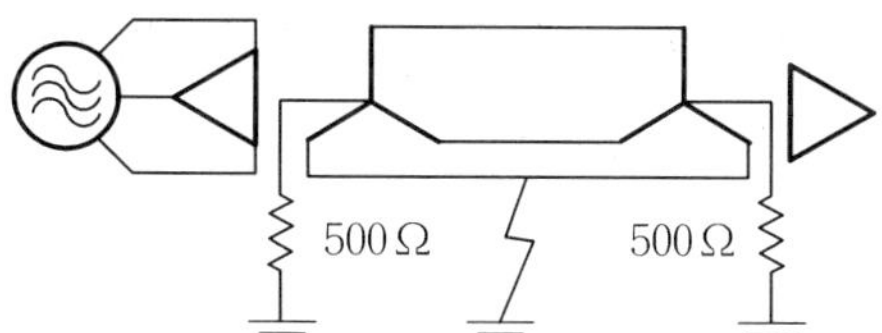

【그림 6-11】

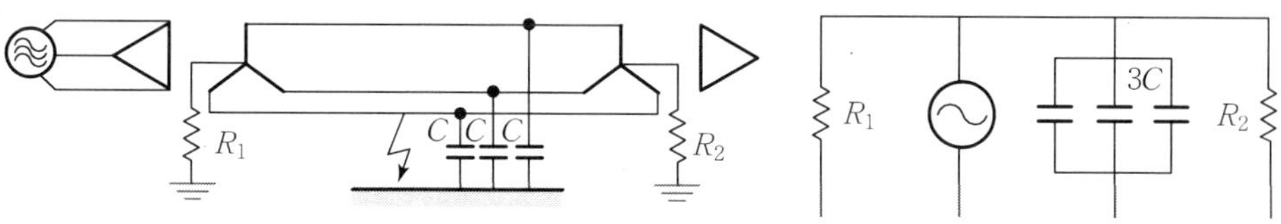

【그림 6-12】

풀이 지금 송전선 1선당의 대지정전용량을 C, 변압기의 중성점 접지저항을 R_1, R_2라 하면 회로는 [그림 6-11]과 같이 된다. 고장점에서 본 1선접지사고의 등가회로는 [그림 6-12]와 같이 표시되고 그 임피던스 $\dot{Z}_0$는 다른 정수가 무시되어 있으므로 다음과 같이 된다.

$$\dot{Z}_0 = \frac{1}{\frac{1}{R_1} + \frac{1}{R_1} + j\omega 3C}$$

그러므로 지락전류 $\dot{I}_a$는 $\dot{E}$를 고장상이 고장발생 전의 대지전압으로 하면 다음과 같이 해서 구해진다.

$$\dot{I}_a = \frac{\dot{E}}{\dot{Z}_0} = \left(\frac{1}{R_1} + \frac{1}{R_2} + jw3C\right)\dot{E}$$

문제에 의해서

$$C = 0.0045 \times 10^{-6} \times 120 = 0.54 \times 10^{-6}\text{F}$$

$$R_1 = R_2 = 500\,\Omega$$

$$\dot{E} = \frac{77{,}000}{\sqrt{3}}$$

이므로, 구하는 지락전류는

$$\dot{I}_0 = \left(\frac{2}{500} + j2 \times 3.14 \times 60 \times 0.54 \times 10^{-6}\right) \times \frac{77{,}000}{\sqrt{3}}$$

$$= 2 \times 89 \times j27.2\text{A}$$

$$\left|\dot{I}_0\right| = \sqrt{(2 \times 89)^2 \div 27.2^2}\text{A}$$

또 $\dot{I}_a = \left(\frac{1}{R_1} + \frac{1}{R_2} + jw3C\right)\dot{E}$에서 $\frac{\dot{E}}{R_1}$, $\frac{\dot{E}}{R_2}$는 상성점(上性點) 접지저항 R_1, R_2를 통하는 전류를 표시하고, $jw3C\dot{E}$는 대지 정전용량(3선분)의 전류를 표시한다. 그러므로 접지저항을 통하는 전류 I_{R1}, I_{R2}는 이 경우 $R_1 = R_2$ 이므로 같은 값이 되고 $I_{R1} = I_{R2} = \frac{1}{500} \times \frac{77{,}000}{\sqrt{3}} = 89\text{A}$가 된다.

Q6 연습문제

01 중성점을 접지하는 이유를 설명하라.

02 소호 리액터 접지계통에 1선접지 고장을 발생했을 경우 고장점의 아크가 자연소호되는 이유를 설명하라. 또 소호 리액터를 초고압의 장거리 송전계통에 사용할 때 부적당한 이유를 써라.

03 3상3선식 가공송전선에 적당한 소호 리액터의 용량을 계산하라. (단, 전압 33,000V, 주파수 60Hz, 긍장 50km, 1회선, 전선3조를 일괄한 것의 대지에 대한 정전용량을 0.014μF/km로 한다.)

04 중성점을 저항 300Ω로 접지시킨 66kV, 60Hz, 3상송전선이 있다. 각 상의 대지정전용량은 불평형이고 각각 0.51μF, 0.495μF, 0.48μF라고 할 때, 중성점에 나타나는 전압을 구하라.

05 154kV, 60Hz, 긍장 200km의 병행2회선 송전선에 설치하는 소호 리액터의 공진탭을 계산하라. (단, 1선의 대지정전용량은 0.0043μF/km라 한다.)

06 중성점을 소호 리액터로 접지한 66kV, 60Hz, 3상송전선이 있다. 각 상의 대지정전용량은 불평형이고 각각 0.51μF, 0.459μF, 0.48μF이다. 보통 때의 각 상 전류를 계산하라.

07 중선점을 소호 리액터로 접지한 154kV, 60Hz, 긍장 150km의 3상1회선 송전선이 있다. 소호 리액터를 송·수전단 및 선로 중앙에 분리설치할 때 각각의 용량비는 2 : 1 : 2이다. 1선지락 시에 있어서 영상전류의 분포를 구하라. (단, 1선의 대지정전용량은 $0.005\mu F/km$이다.)

08 차폐선의 효과에 대하여 설명하라.

09 전자유도전압은 통신선의 길이에 비례하는데, 정전유도전압은 왜 선로의 길이에 무관한지 설명하라.

Transmission
and
Distribution
Engineering

PART 7
송전선의 고장계산

PART 7 송전선의 고장계산

송전선 특히 가공송전선은 가혹한 모든 기상조건하에 바로 노출되어 있으므로, 뇌성(雷聲) 등으로 인해 사고를 일으킬 기회가 많다. 그 중에서도 1선지락이 대부분이지만, 선간단락, 2선지락, 심한 경우에는 3선지락 또는 3상단락으로 되거나 단선사고를 일으킬 때도 있다. 이러한 사고의 경우 회로의 상태는 대칭일 때가 드물고 비대칭인 경우가 일반적이다. 비대칭회로인 때는 대칭회로에 대한 정수를 써서 계산하면 바른 결과를 얻기가 어렵고, 보통의 방법으로는 취급이 대단히 어렵기 때문에 대칭좌표법을 사용하는 것이 가장 편리하다.
고장전압과 전류는 보호계전기의 동작, 차단기의 차단용량, 전자 및 정전유도전압, 이상전압 등에 많은 영향을 주므로, 고장회로의 계산은 대단히 중요한 작업이다. 그러나 계통이 광범위하고 복잡해서 필산법(筆算法)으로는 무척 시간이 많이 걸리고, 계산법의 적은 오차보다도 계산의 틀림에 의한 결과가 중대한 영향을 미치기 때문에 교류계선반(ACcalculating Board)이나 각종 전자계산기를 쓰는 것이 보통이다.

7.1 %리액턴스와 단위법 리액턴스

고장계산을 할 때, 전압·전류·임피던스 등을 볼트·암페어·옴 등의 단위를 그대로 써서 계산하는 방법과 어떤 기준치에 대한 백분율로 나타내는 %법 및 이 기준값을 1로 해서 나타내는 단위법(PU법 : Per Unit Method)이 있다.
일반적으로 송전선의 임피던스는 보통 옴으로 나타내지만, 발전기·변압기·조상기 등은 각기 정격용량·정격전압을 기준으로 한 %리액턴스로 나타내기 때문에, 이들의 조합으로 된 Ω임피던스법에서 전압비 제곱의 환산을 하는 불편을 없애기 위해 %임피던스법이 더욱 많이 사용된다.
즉, 변압기 저압측의 상전압 전류 및 임피던스를 각기 E_1[V], I_1[A], Z_1[Ω]이라 하고, 고압 측의 그것들을 E_2[V], I_2[A], Z_2[Ω]로 해서 %임피던스로 나타내면 $E_2/E_1 = I_1/I_2 = n$, $Z_2 = n^2 Z_1$ 이므로

$$\begin{aligned}\%Z_2 &= \frac{Z_2 I_2}{E_2} \times 100 = \frac{n^2 \times I_1/n}{nE_1} \\ &= \frac{Z_2 I_2}{E_2} \times 100 = \%Z_1\end{aligned} \quad \cdots\cdots (7.1)$$

만일 정격전압 E를 kV단위로 나타내면 이 식은

$$\%Z = \frac{ZI}{1{,}000E} \times 100 = \frac{ZI}{10E} = \frac{Z \times EI}{10E^2} = \frac{Z \times (\mathrm{kVA})_1}{10E^2}[\%] \quad \cdots\cdots (7.2)$$

$$Z = \frac{(\%Z) \times 10E^2}{(\mathrm{kVA})_1}[\Omega] \quad \cdots\cdots (7.3)$$

이들 식에서 $(\mathrm{kVA})_1$은 변압기 1상의 정격용량인데, 3상용량의 값 $(\mathrm{kVA})_3$로 주어졌다 하고 선간전압을 V[kV] 라 하면 1상당의 %임피던스는 변압기 결선의 Δ, Y 에는 관계없다.

$$\%Z = \frac{Z \times (\mathrm{kVA})_3}{10V^2}, \quad Z = \frac{(\%Z) \times 10V^2}{(\mathrm{kVA})_3} \quad \cdots\cdots (7.4)$$

그런데 각 종의 기기가 접속된 회로의 계산에는 어떤 일정의 기준용량, 기준전압을 취해 여러 임피던스를 이 기준값에 환산해 줄 필요가 있다. 즉,

$$\text{기준용량 } \%Z = \text{정격용량} \times \frac{\text{기준용량}}{\text{정격용량}} \quad \cdots\cdots (7.5)$$

그래서 송전계통도가 주어지면 접속기기의 %Z를 기준 kVA로 환산한 결과를 써서 송전계통 1상의 %Z 회로도가 작성된다.

그리고 단위법은 %법에 비해서 100의 계수를 생각할 필요가 없어서 계산하기가 수월하고, 수치가 정리되어 있으므로 동기기를 포함한 복잡한 연계(連繫)계통 등에 사용될 때가 많다.

7.2 3상 교류발전기의 고장계산

3상단락과 같은 3상평형고장의 계산은, 이것을 단상회로로 귀착시켜서 계산할 수 있으므로 용이하다. 그러나 1선지락, 2선지락, 상간단락, 단선사고 등이나 고장점에 아크 등 고장점 저항을 생각할 때와 같이 3상 불평형으로 되는 고장 시의 계산은 앞에서도 말한 바와 같이 대칭좌표법(Symmetrical Componenys Calculus)에 의하는 것이 일반적이다. 이 계산에서는 계통의 모든 선로정수는 완전히 3상이 평형되어 있고, 단지 고장점만이 고장 때문에 선로의 불평형이 생기는 것으로 하여 취급하는 것이다.

I 교류 3상 발전기의 기본식

3상 동기발전기는 각 상이 대칭이 되도록 제작되기 때문에 유기기전력은 3상이 평형이지만, 불평형 부하나 불평형 고장이 발생한 경우에는 3상 불평형 전류가 발전기로부터 유출해서 그 전류에 의한 전압강하 때문에 단자전압은 대칭으로 되지 않는다. 지금 각 상의 유기전압을 $\dot{E}_a$, $\dot{E}_b$, $\dot{E}_c$ 단자전압을 $\widetilde{V}_a$, $\widetilde{V}_b$, $\widetilde{V}_c$라 하면, 발전기의 중성점에 완전히 접지되어 있는 경우에는

$$\left.\begin{aligned} \widetilde{V}_a &= \dot{E}_a - \dot{U}_a \\ \widetilde{V}_b &= \dot{E}_b - \dot{U}_b \\ \widetilde{V}_c &= \dot{E}_c - \dot{U}_c \end{aligned}\right\} \quad \cdots\cdots (7.6)$$

위 식의 $\dot{E}_a$, $\dot{E}_b$, $\dot{E}_c$는 평형3상이므로, $\dot{E}_a = \dot{E}_a$, $\dot{E}_b = a^2\dot{E}_a$, $\dot{E}_c = a\dot{E}_a$이기 때문에 식 (7.7)의 각 대칭분 단자전압은 다음과 같이 된다. 여기서 물론 $a = \exp(j240°)$, $a^2 = \exp(j240°)$이므로 $a^3 = 1$, $1 + a + a^2 = 0$ 이다.

$$\left.\begin{aligned} \widetilde{V}_0 &= -(\dot{U}_a + \dot{U}_b + \dot{U}_c)/3 \\ \widetilde{V}_1 &= \dot{E}_a - (\dot{U}_a + a\,\dot{U}_b + a^2\,\dot{U}_c)/3 \\ \widetilde{V}_2 &= -(\dot{U}_a + a\,\dot{U}_b + a^2\,\dot{U}_c)/3 \end{aligned}\right\} \quad \cdots\cdots (7.7)$$

또 $\dot{Z}_0$, $\dot{Z}_1$, $\dot{Z}_2$를 발전기의 영상·정상·역상 임피던스라 하면 각 상의 전압강하는

$$\left.\begin{aligned}\widetilde{V}_a &= \dot{Z}_0\dot{I}_0+\dot{Z}_1\dot{I}_1+\dot{Z}_2\dot{I}_2\\ \widetilde{V}_b &= \dot{Z}_0\dot{I}_0+a^2\dot{Z}_1\dot{I}_1+a\dot{Z}_2\dot{I}_2\\ \widetilde{V}_c &= \dot{Z}_0\dot{I}_0+a\dot{Z}_1\dot{I}_1+a^2\dot{Z}_2\dot{I}_2\end{aligned}\right\} \cdots\cdots (7.8)$$

이 식에서

$$\left.\begin{aligned}\dot{Z}_0\dot{I}_0 &= (\dot{U}_a+\dot{U}_b+\dot{U}_c)/3\\ \dot{Z}_1\dot{I}_1 &= (\dot{U}_a+a\,\dot{U}_b+a^2\,\dot{U}_c)/3\\ \dot{Z}_2\dot{I}_2 &= (\dot{U}_a+a\,\dot{U}_b+a^2\,\dot{U}_c)/3\end{aligned}\right\} \cdots\cdots (7.9)$$

식 (7.9)를 식 (7.7)에 대입하면 다음과 같이 된다.

$$\left.\begin{aligned}\widetilde{V}_0 &= -\dot{Z}_0\dot{I}_0\\ \widetilde{V}_1 &= \dot{E}_a-\dot{Z}_1\dot{I}_1\\ \widetilde{V}_2 &= -\dot{Z}_2\dot{I}_2\end{aligned}\right\} \cdots\cdots (7.10)$$

이것을 발전기의 기본식이라 하는데, 대단히 유용한 식이다.

II 1선접지사고

[그림 7-1]과 같이 중성점을 접지한 3상 교류발전기의 a단자가 접지사고를 일으켰을 경우의 전류와 b, c상의 단자전압을 구해 본다.

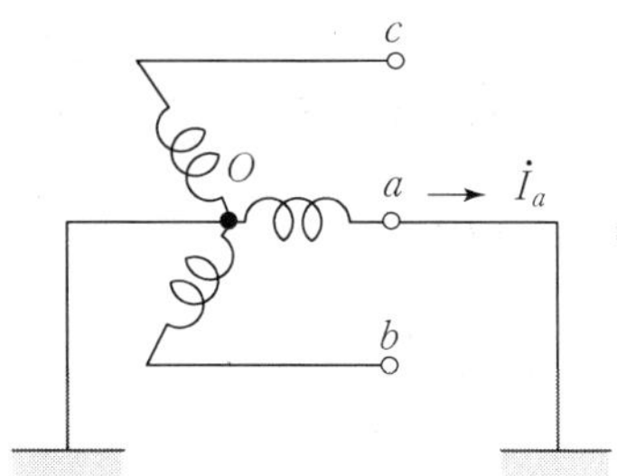

【그림 7-1】

주어진 조건으로부터

$$I_b = I_c = 0$$
$$V_a = 0 \qquad \cdots\cdots (7.11)$$

전류의 대칭분을 구해 보면

$$I_0 = \frac{1}{3}(I_a + I_b + I_c) = \frac{1}{3}I_a$$
$$I_1 = \frac{1}{3}(I_a + aI_b + a^2 I_c) = \frac{1}{3}I_a \qquad \cdots\cdots (7.12)$$
$$I_2 = \frac{1}{3}(I_a + a^2 I_b + aI_c) = \frac{1}{3}I_a$$

그러므로 위 식에서

$$I_0 = I_1 = I_2 = \frac{1}{3}I_a$$

여기서 1선접지사고 시의 비대칭분전류는 어느 것이나 같음을 알 수 있다. 대칭분으로 표시하고 이것을 발전기의 기본식과 관련시켜 생각하면

$$\begin{aligned} V_a &= V_0 + V_1 + V_2 \\ &= -Z_0 I_0 + E_a - Z_1 I_1 - Z_2 I_2 \qquad \cdots\cdots (7.13) \\ &= E_a - (Z_0 + Z_1 + Z_2) I_0 = 0 \end{aligned}$$

$$\therefore \ I_0 = I_1 = I_2 = \frac{E_a}{Z_0 + Z_1 + Z_2}$$

따라서

$$I_0 = I_0 + I_1 + I_2 = \frac{3E_a}{Z_0 + Z_1 + Z_2} \qquad \cdots\cdots (7.14)$$

또 식 (7.14)를 식 (7.10)에 대입하여

$$V_0 = -Z_0 I_0 = -\frac{Z_0}{Z_0 + Z_1 + Z_2}E_a$$
$$V_1 = E_a - Z_0 I_0 = E_a - \frac{Z_1}{Z_0 + Z_1 + Z_2}E_a = \frac{Z_0 + Z_2}{Z_0 + Z_1 + Z_2}E_a \qquad \cdots\cdots (7.15)$$
$$V_2 = -Z_2 I_2 = -\frac{Z_2}{Z_0 + Z_1 + Z_2}E_a$$

따라서 다음과 같이 된다.

$$V_0 = V_0 + a^2 V_1 + a V_2$$

$$= -\frac{E_a}{Z_0 + Z_1 + Z_2}\left[-Z_0\, a^2 (Z_0 + Z_2) - aZ_2\right]$$

$$= \frac{Z_0 (a^2 - 1) + Z_2 (a^2 - a)}{Z_0 + Z_1 + Z_2} E_a$$

$$V_c = V_0 + a V_1 + a^2 V_2 \qquad \cdots\cdots (7.16)$$

$$= \frac{E_a}{Z_0 + Z_1 + Z_2}\left[-Z_0\, a\, (Z_0 + Z_2) - a^2 Z_2\right]$$

$$= \frac{Z_0 (a - 1) + Z_2 (a - a^2)}{Z_0 + Z_1 + Z_2} E_a$$

III 2선접지사고

[그림 7-2]와 같이 b, c 양 단자가 접지되었을 경우의 단자전압과 전류해 본다.

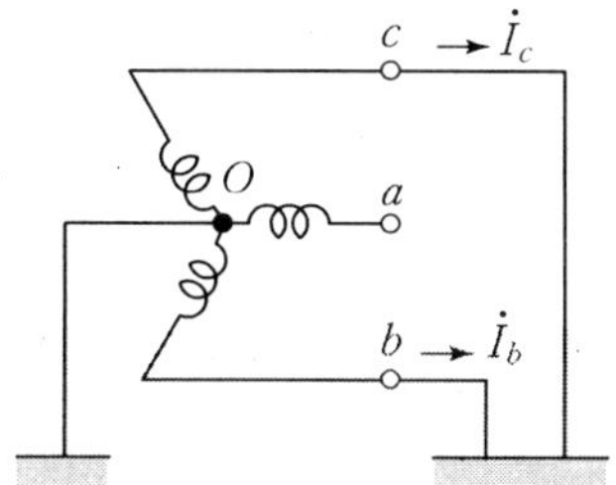

【그림 7-2】

주어진 조건으로부터

$$\left.\begin{aligned} V_b = V_c = 0 \\ I_a = 0 \end{aligned}\right\} \qquad \cdots\cdots (7.17)$$

관계를 대입분으로 나타내면

$$V_c = V_0 + a^2 V_1 + a V_2 = V_0 + a V_1 + a^2 V_2 = 0 \qquad \cdots\cdots (7.18)$$

$$\therefore V_0 = V_1 = V_2$$

상기 식에서 2선접지사고시 대칭분전압은 모두 같음을 알 수 있다.

식 (7.18)과 식 (7.10)에서

$$\left.\begin{aligned} -Z_0 I_0 &= E_a - Z_1 I_1 \\ -Z_0 I_0 &= -Z_2 I_2 \\ I_a &= I_0 + I_1 + I_2 \end{aligned}\right\} \quad \cdots\cdots (7.19)$$

식 (7.19)를 연립시켜 풀어보면

$$\left.\begin{aligned} I_0 &= \frac{-Z_2 E_a}{Z_0 Z_1 + Z_1 Z_2 + Z_2 Z_0} \\ I_1 &= \frac{(Z_0 + Z_0) E_a}{Z_0 Z_1 + Z_1 Z_2 + Z_2 Z_0} \\ I_2 &= \frac{-Z_0 E_a}{Z_0 Z_1 + Z_1 Z_2 + Z_2 Z_0} \end{aligned}\right\} \quad \cdots\cdots (7.20)$$

그러므로 이상의 각 대칭분에서 다음과 같이 된다.

$$\begin{aligned} I_b &= I_0 + a^2 I_1 + a I_2 \\ &= \frac{(a^2 - a) Z_0 + (a^2 - 1) Z_2}{Z_0 Z_1 + Z_1 Z_2 + Z_2 Z_0} E_a \\ I_c &= I_0 + a I_1 + a^2 I_2 \\ &= \frac{(a - a^2) Z_0 + (a - 1) Z_2}{Z_0 Z_1 + Z_1 Z_2 + Z_2 Z_0} E_a \quad \cdots\cdots (7.21) \\ V_0 &= V_0 + V_1 + V_2 = 3 V_0 = -3 Z_0 I_c \\ &= \frac{3 Z_0 Z_1}{Z_0 Z_1 + Z_1 Z_2 + Z_2 Z_0} E_a \end{aligned}$$

IV 선간단락사고

[그림 7-3]과 같이 b, c 두 단자가 단락하고 a단자가 개방하고 있을 경우 단락전류와 전압을 구해 본다.

먼저 주어진 조건으로부터

$$\left.\begin{aligned} V_b &= V_c \\ I_a &= 0 \\ I_b &= -I-c \end{aligned}\right\} \cdots\cdots (7.22)$$

또 $V_b = V_c$를 대칭분으로 표시하면

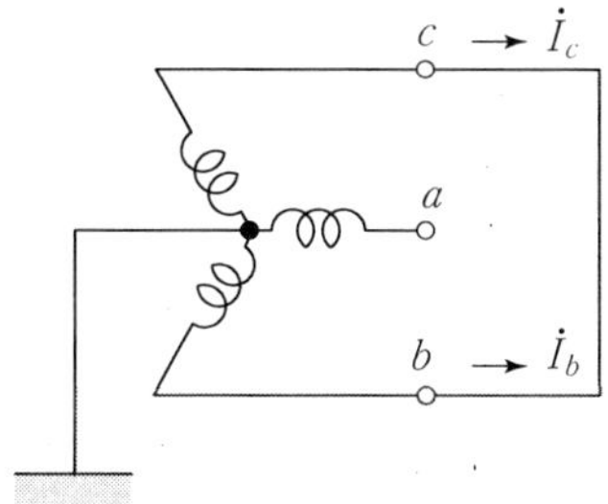

【그림 7-3】

$$\left.\begin{aligned} &V_0 = V_0 + a^2 V_1 + a V_2 = V_0 + a V_1 + a^2 V_2 = 0 \\ &\therefore V_1 = V_2 \end{aligned}\right. \cdots\cdots (7.23)$$

또 $I_a = 0,\ I_b = -I_c$ 의 관계를 전류의 대칭분으로 표시하면

$$I_0 = \frac{1}{3}(I_a + I_b + I_c) = 0 \cdots\cdots (7.24)$$

즉, 영상전류는 0이 되므로

$$V_0 = 0 \cdots\cdots (7.25)$$

또

$$I_b = a^2 I_1 + a I_2$$

$$I_c = a I_1 + a^2 I_2$$

$$\therefore a^2 I_1 + a I_2 = -(a I_1 + a^2 I_2)$$

$$(a^2 + a)\, I_2 = (a^2 + a)\, I_2$$

$$\therefore\ I_1 = -I_2 \cdots\cdots (7.26)$$

식 (7.23)과 (7.26)을 식 (7.10)에 대입하면

$$E_a = -Z_1 I_1 = -Z_2 I_2 = -Z_2 I_1$$

$$\therefore I_1 = \frac{E_a}{Z_1 + Z_2} = -I_2 \qquad \cdots\cdots (7.27)$$

또 $$V_1 = V_2 = \frac{Z_2 E_a}{Z_1 + Z_2} \qquad \cdots\cdots (7.28)$$

따라서 이것은 다음과 같이 된다.

$$\left.\begin{aligned} I_b &= -I_c = a^2 I_1 + a I_2 = \frac{(a^2 - a)}{Z_1 + Z_2} E_a \\ V_a &= V_1 + V_2 = \frac{2Z_2}{Z_1 + Z_2} E_a \\ V_b &= V_c = a^2 V_1 + a V_2 = \frac{-Z_2}{Z_1 + Z_2} E_a \end{aligned}\right\} \qquad \cdots\cdots (7.29)$$

V 3상단락사고

[그림 7-4]와 같이 3상단락사고의 경우에는 모두 평형되어 있으므로 전류는 정상전류일 것이므로

$$I_a = I_a,\ I_b = a^2 I_b,\ I_c = a I_a$$

또 $$I_a = \frac{E_a}{Z_1}$$

선간전압은 모두 0이 되므로 다음과 같다.

$$V_a = V_b = V_c = 0$$

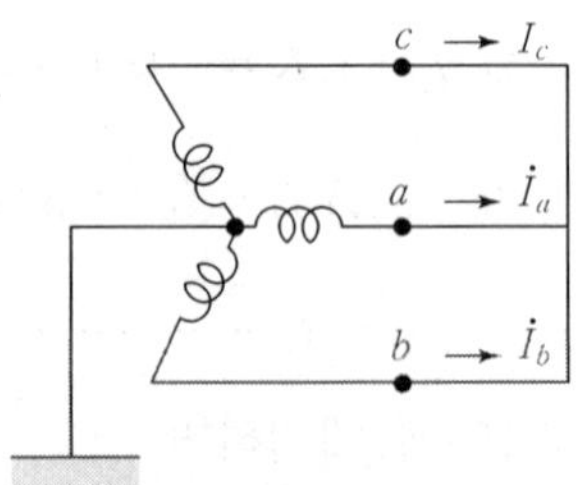

【그림 7-4】

7.3 송전선로의 고정계산

발전기에서는 무부하단자전압이 3상대칭전압이고 각상의 정수가 평형되어 있으며 또 발전기의 기본식에서 여러 가지 문제를 풀 수는 있다.
[그림 7-5]와 같은 송전계통의 한 점 P에서 사고가 발생한 경우를 생각해 보자.
고장점 P에서 각 상에서 3개의 선을 인출하여 a, b, c 3개의 단자를 생각해 보면 이 단자에서 송전계통을 바라볼 때 송전계통의 전체에서 보면 매우 복잡하게 되어 있지만 각 상의 전압과 각 상 정수가 평형된다는 조건은 대체로 만족되고 있다.

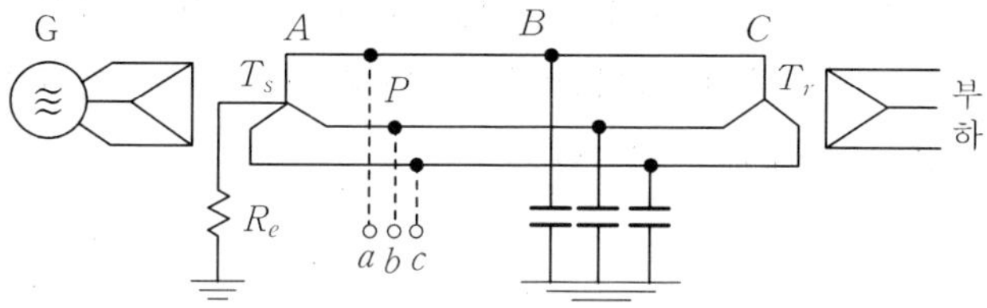

【그림 7-5】

지금 a, b, c단자에서 본 영상·정상·역상 임피던스를 각각 Z_0, Z_1, Z_2라 하고 그 성형전압, 즉 P점의 고장발생 직전의 성형전압을 E_a라고 하면 단자에서는 전류가 흐르지 않으므로 단자 a, b, c는 무부하전압이 E_a이고 정수가 Z_0, Z_1, Z_2인 3상발전기의 단자와 같이 된다.
그러므로 송전계통의 사고도 3상발전기 단자에서의 사고와 같은 요령으로 취급할 수 있겠으며, 발전기의 기본식을 사용하여 사고점의 전압, 전류 및 그 대칭분을 합계할 수 있는 것이다.
대칭분회로와 전압의 기포를 계산하기 위해서는 먼저 고장점에서 본 대칭분 임피던스 Z_0, Z_1, Z_2를 알아야 하는데 먼저 송전계통을 영상·정상·역상회로의 3대칭분회로로 분해하여 생각해야 한다. 고장점에서 본 대칭분 임피던스를 알면 고장의 종류에 따라 고장점의 대칭분전압을 계산할 수 있다. 또 고장발생에 따르는 송통 각 점의 전압·전류의 분포를 알기 위해서는 각 대칭회로의 사고점에 각 대칭분전압을 넣어서 각 대칭분 전후의 분포를 구하고 이것을 겹쳐서 구할 수 있다.

7.4 계산반에 의한 고장계산

송통이 날로 복잡해짐에 따라 실제의 임피던스를 직접 계산하는 것은 대단히 복잡해지게 되었다. 또 부하가 있을 때의 고장계산에 대해 고장 전의 송통부하전류의 분포를 결정하는 것이 필요하지만 송통이 복잡해짐에 따라 전류와 전압분포를 계산하는데 상당한 시간과 수고를 요하게 되었다. 따라서 이와 같은 경우에 계산반(Calculating Board)이 이용된다.

이것은 가변량의 지항, 인덕턴스, 정전용량으로 된 여러 개의 소자를 가지고 있어서 대칭분회로의 접속에 따라 계산반상에서 자유롭게 결선되도록 하고, 또 크기와 위상을 자유롭게 조정할 수 있는 교류전압원을 구비한 것이다. 다시 말하면 집중정수회로의 소자를 여러 개 접속해 만들어진(즉, 모의계통) 것으로 이것을 사용함으로서 실제로 계산하는 노고를 줄이자는 것이다.

예제 7-1

중성점이 직접접지된 6,600V, 10,000kVA, 3상 교류발전기의 2단자가 지락되었다. 지락전류 및 나머지 단자전압을 구하라. (단, 발전기의 대칭 임피던스는 $Z_0 = 0.6\angle 73°$, $Z_0 = 4.5\angle 89°$, $Z_0 = 1.5\angle 70°$ 이다.)

풀이

$$E_a = \frac{6{,}600}{\sqrt{3}} = 3{,}810\text{V}$$

$$Z_0 = 0.6\angle 73° = 0.175 + j0.574\,\Omega$$

$$Z_1 = 4.5\angle 73° = 0.0787 + j4.5\,\Omega$$

$$Z_2 = 1.5\angle 73° = 0.513 + j1.41\,\Omega$$

$$Z_1 Z_2 + Z_0(Z_1 + Z_2) = (0.0787 + j4.5)(0.513 + j1.41) + (0.175 + j0.574)$$
$$\times (0.0787 + j4.5)(0.513 + j1.41) = -9.596 + j3.795$$

$$V_a = \frac{3(0.175 + j0.574)(0.513 + j1.41)}{-9.596 + j3.795} \times 3.810 = 961 - j265 = 997\angle -15.3°\text{V}$$

$$I_b = \frac{-j0.1735(0.175 + j0.574)\ (0.513 + j1.41) + (-1.5 - j0.866)(0.513 + j1.41)}{-9.596 + j3.795} \times 3.810$$
$$= -884 + j784 = 1.182\angle 138.5°\text{A}$$

$$I_c = \frac{-j0.1732(0.175 + j0.574)\ (0.513 + j1.41) + (-1.5 - j0.866)(0.513 + j1.41)}{-9.596 + j3.795} \times 3.810$$
$$= 838 + j872 = 1.209\angle 46.2°$$

Q1 연습문제

01 중성점 접지의 3상 교류발전기에 있어서 1선접지, 선간단락, 2선접지의 영구단락전류를 대칭좌표법에 의해 구하시오.

02 중성점 접지된 6.6kV, 15MVA 3상 교류발전기의 2단자접지 시 접지전류 및 건전상의 전압을 구하라. (단, 발전기의 $Z_0 = 0.6\angle 172°$, $Z_1 = 4.0\angle 188°$, $Z_2 = 1.3\angle 70°$이다.)

03 중성점을 접지하지 않은 3상송전선로의 1선을 저항 R을 통해 접지한 경우 각 선의 대지에 대한 전위를 구하라.

04 교류계산법에 대하여 설명하라.

05 대칭분전류와 전압에 대하여 요약하라.

06 3상 송전선로의 선간전압을 100kV, 3상 기준 용량을 10,000kVA로 할 때, 선로 리액턴스(1선당) 100Ω을 %임피던스로 환산하면 얼마인가?

07 그림과 같은 345kV, 초고압 송전 계통에서 발전기로부터 선로의 한 점 P까지의 전 %임피던스는? (단, $P_g = 360{,}000\text{kVA}$, $\%X_g = 95\%$이고, $P_t = 400{,}000\text{kVA}$, $\%X_t = 15\%$이며, $\%R = 2\%$(400,000[KVA] 기준), $\%X = 20\%$ (400,000kVA 기준)으로 하고 기준 용량은 100,000kVA으로 계산한다.)

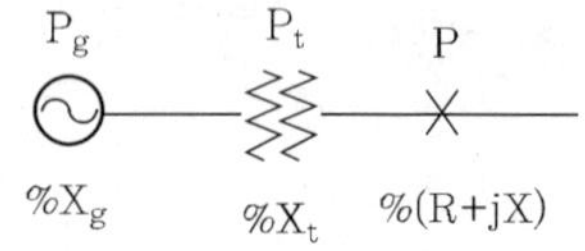

Transmission and Distribution Engineering

PART 8
이상전압

PART 8 이상전압

8.1 이상전압의 개요

송전선로는 넓은 지역을 경과하게 되며, 특히 가공송전선로는 직접 자연에 노출되므로 모든 기상조건에 견뎌야 한다. 따라서 뇌방전에 의한 이상전압이라든지 염진해, 설해, 새들에 의한 사고가 자주 발생하고, 송전계통이 복잡화됨에 따라 여러 가지 이상현상이 발생해서 선로절연 및 기기절연을 위협하게 된다.

송전계통이 나타나는 이상전압은 크게 2가지로 나누어지는데, 첫째는 그 원인이 계통 내부에 있는 경우이고, 둘째는 그 원인이 외부로부터 주어지는 경우이다. 전자는 계통 조작 시, 즉 차단기의 투입이나 개방 시에 나타나는 과도전압으로서 **개폐서지**라고 부르기도 한다.

이와 같이 계통 내부의 원인에 의해서 생긴 이상전압을 **내부 이상전압** 또는 **내뢰**라고 한다. 내부 이상전압의 크기를 될 수 있는 대로 작게 한다는 것은 계통의 절연 설계상 중요하며 피뢰기 동작책무를 경감시키는 데에도 효과가 있다.

한편, 후자는 뇌가 송전선 또는 가공지선을 직격할 때 발생하는 이상전압과 뇌운 바로 밑에 있는 송전선에 유도된 구속전하가 뇌운 간 또는 뇌운과 대지 간의 방전을 통해서 자유전하로 되고, 이것이 송전선로를 진행파로 되어서 전파하는 이상전압이 있다. 전자를 **직격뢰**, 후자를 **유도뢰**라고 한다.

직격뢰는 그 파고값이 매우 높기 때문에 계통절연에 위협을 준다. 한편 유도뢰는 직격에 비해서 발생빈도는 높지만 파고값 자체는 그다지 높지 않기 때문에 110kV 이상의 송전선로에 대해서는 절연상 별 문제가 되지 않는다.

송전선로의 절연을 결정하는 데는 우선 계통에 발생하는 이상전압의 종류라든지 성질을 파악함과 동시에 이들의 이상억압에 대한 절연물의 절연 특성을 조사하고, 이상전압의 합리적인 억제대책과 보호장치의 설치 등 가장 경제적이고 종합적인 절연방식을 결정해야 할 것이다.
본 장에서는 먼저 계통에 연결된 주요 기기의 절연을 보호하기 위한 목적으로 설치하는 피뢰기의 동작에 대해서 설명하기로 한다.

8.2 내부 이상전압

I 내부 이상전압의 종류

송전계통의 개폐조작, 고조파 전압의 존재, 그밖에 기기의 배치와 중성점의 접지방식 등에 따라 내부 이상전압이 발생하게 되는데 우선 그 대표적인 것을 들면 [표 8-1]과 같다.

【표 8-1 내부 이상전압의 종류】

발생시기 / 파형	계통조작 시	고장발생 시
과도진동전압	무부하 선로개폐 이상전압 유도성 소전류 차단 시의 이상전압 변압기의 3상비동기 투입 시의 전압	영구지락에 따른 과도진동전압 충격성 지락에 따른 과도진동전압 고장전류의 차단
상용주파 지속전압	무부하 송전선의 페란티 효과 수차발전기의 부하 차단 발전기의 자기여자현상	기본파 공진전압 고주파 공진전압 소호 리액터계 1선단선 이상전압 소호 리액터계 이계통 병가

이들은 파형상 주로 상용주파수 및 그 배수주파로 지속적인 것과 수천~수만 사이클에 이르는 과도진동파형의 것으로 분류된다. 또 그 발생원인도 정상운전상태에서 계통조작 시 발생하는 것과 지락, 단락 등의 고장 시에 발생하는 것 등으로 나누어진다. 실제로는 과도진동전압과 상용주파전압이 겹쳐서 발생하게 되고 발생원인도 고장 시에 계통을 분리하거나 개폐조작을 하는 수가 많아서 아주 복잡한 양상으로 되는 것이 보통이다. 일반적으로 이상전압의 크기는 대지상전압 파고값에 대한 배수로 나타내고 있다.
송전선로의 개폐조작에 따른 과도현상 때문에 발생하는 이상전압을 개폐서지라고 부른다. 개폐서지는 건전한 선로에 차단기를 투입했을 때 일어나는 투입서지와 선로를 차단했을 때 일어나는 개방서지로 나누어지는데, 이들은 어느 것이나 선로전압에 급

격한 변화를 주어서 때로는 아주 높은 이상전압을 발생시킬 수도 있다.

일반적으로 회로를 투입할 때보다도 개방하는 쪽이, 부하가 있는 회로를 개방하는 것보다 무부하의 회로를 개방하는 쪽이 더 높은 이상전압을 발생한다. 그러므로 이상 전압이 가장 큰 경우는 무부하 송전선로의 충전전류를 차단할 경우이다.

여기서는 이상전압이 가장 크게 나타나는 무부하 송전선로를 차단할 경우를 살펴보기로 하자.

[그림 8-1 (a)]에 나타난 바와 같이 발전기로부터 변압기를 거쳐서 무부하 송전선로를 충전하고 있다고 하면, 이 경우 차단기로 충전전류를 차단하였을 때 계통에 나타나는 이상전압이 곧 개방서지이다.

차단기를 개방하기 전 선로에는 발전기 단자전압에 대해서 80° 위상이 앞선 충전전류가 흐르고 있다. 교류에서는 전류가 0으로 되는 순간이 있으므로 이때 차단기를 개방하면 전극 간의 아크가 소멸되어 충전전류는 쉽게 차단된다.

충전전류가 0으로 된 순간 전압은 최대값 E_m이므로 만일 전하의 누설이 없다면 선로 측은 E_m의 값을 유지한 채 충전되고 있다. 한편, 차단기의 변압기 측의 전압도 차단된 순간은 E_m의 값이지만, 변압기 측의 전압은 반 사이클 후에는 $-E_m$으로 된다. 따라서 이 순간 차단기 전극 간의 전압은 $2E_m$으로 되는데, 만일 이때 차단기의 접점이 충분히 열려 있지 않아서 극간 거리, 즉 전극 간의 절연이 이 $2E_m$에 견딜 수 없을 경우에는 절연이 파괴되어 전극 간이 다시 아크로 연결되어 버리는데 이것을 재점호라고 한다.

극간 거리는 점점 벌어져 가지만 그 과정에 있어서 이와 같은 현상이 일어나면 양극 간은 아크에 의해 전기적으로 연결된 상태로 된다. 한편, 전원 측 전압과 선로 측 전압은 같은 값이 되어야 하므로 선로 측 전압은 E_m으로부터 $-E_m$으로 급변하지 않으면 안 된다. 이 순간에 과도진동전압이 나타나서 $-E_m$을 중심으로 $2E_m$을 진폭으로 하는 고주파 진동을 발생시켜서 [그림 8-1 (b)]와 같이 최대 $3E_m$인 이상전압이 발생한다.

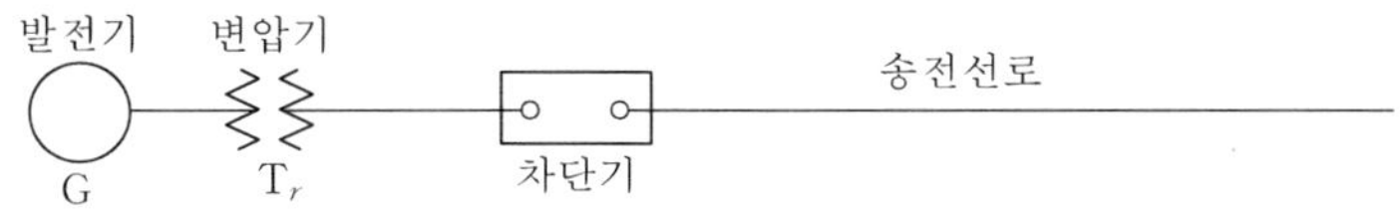

(a) 계통도

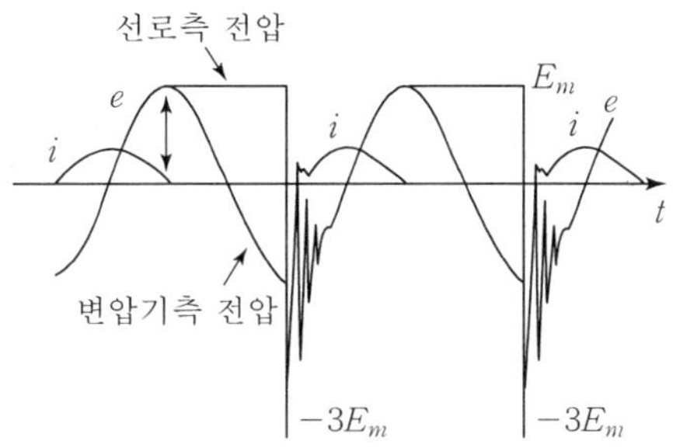

(b) 제동작용이 있을 경우

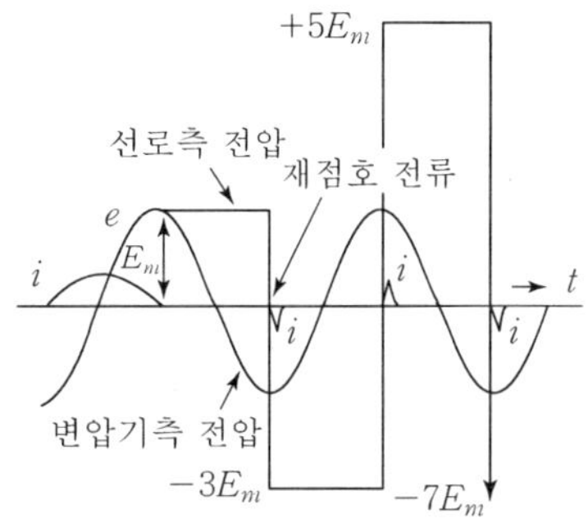

(c) 무제동 이상전압

【그림 8-1 무부하 선로 충전전류 차단 시의 이상전압】

그러나 진동전류에 의한 손실 때문에 과도진동은 급속하게 감쇄해서 상용주파전류의 0점으로 아크가 소멸된다.

만일 선로가 짧고 충전전류가 작은 경우에는 과도진동전압이 최대값에서 0으로 되므로 이 순간에 아크가 소멸된다. 이와 같은 경우에는 선로 측이 $-3E_m$로 충전되어 있는데 다음 반 사이클에서 변압기 측의 전압이 E_m로 되므로 전극 간의 저압은 $4E_m$로 된다. 극간 거리가 이 $4E_m$라는 전압에 견딜 수 없으면 재점호가 일어나서 이번에는 $+E_m$을 중심으로 해서 $4E_m$을 진폭으로 하는 고주파 진동이 일어나기 때문에 [그림 8-1 (c)]처럼 $5E_m$라는 높은 이상전압이 발생한다. 이와 같은 재점호현상이 계속해서 일어나면 $7E_m$, $9E_m$라는 이상전압을 발생하게 된다.

그러나 실제로는 회로에 저항이라든지 코로나 등이 존재하기 때문에 제동작용이 생겨서 이상전압 파고값은 위에서처럼 그렇게 커지지는 않는다. 또한 현재의 차단기 성능으로 볼 때 이와 같은 재점호를 일으킬 염려는 없다. 개방서지의 크기는 선로의 길이, 차단기, 중성점 접지방식에 따라 약간 차이가 있으나 최대 이상전압을 발생하는 무부하 충전전류의 차단 시에도 대부분의 경우 상규 대지전압의 3.5배 이하로서 4배를 넘는 경우는 거의 없다. 또 그 계속 시간은 아무리 길더라도 상용주파의 반 사이클, 즉 1/120초 정도에 지나지 않고 보통은 수 [μs]로 아주 짧다.

8.3 외부 이상전압

I 직격뢰에 의한 이상전압

송전선로에 발생하는 고장 가운데 자연현상에 의한 장해로는 뇌운이 송전선로에 직접 방전하는 것이 압도적으로 많고, 그 다음으로는 애자나 케이블 등 공작물의 불완전에 기인하는 것, 동물이나 수목 등의 외부적인 장해, 빙해나 홍수 등에 의한 장해를 들 수 있다.

송전선로의 도선, 지지물 또는 가공지선이 뇌의 직격을 받아 그 뇌격전압으로 선로의 절연이 위협받게 되는 경우가 바로 직격뢰인데, 현재의 송전선로로서는 아무리 절연을 강화하더라도 이 직격뢰는 견딜 수가 없어 반드시 섬락(Flashover)을 일으키게 되어 있다.

일반적으로 뇌전압 또는 뇌전류의 파형은 [그림 8-2]에 나타낸 바와 같은 충격파(Impulse)이다. 충격파를 서지(Surge)라고 부르기도 하는데, 이것은 극히 짧은 시간에 파고값에 달하고 또 극히 짧은 시간에 소멸하는 파형을 갖는다.

[그림 8-2]에서 A점을 파고점, E를 파고값, OA를 파두(波頭), AB를 파미(波尾)라고 한다. 충격파는 보통 파고값과 파두길이(파고값에 달할 때까지의 시간)와 파미길이(파미의 부분으로서 파고값의 50%로 함)와 90%의 점을 맺는 직선이 시간축과 교차하는 점을 시간의 기준점(이것을 규약 영점이라고 함)으로 잡고 이것으로부터 위의 직선이 A점을 통과하는 수평선과 마주치는 점까지의 시간, 즉 그림의 T_f를 파두길이라 한다.

파미길이는 기준점으로부터 파미부분에서 파고값의 반으로 내려가는 점까지의 시간 T_t로 나타낸다. 가령 1,000kV, 1.2×50μs라고 하면 그림에서 $E = 1{,}000$kV, $T_f = 1.2\,\mu$s, $T_t = 50\,\mu$s의 충격전압파를 나타내게 된다. 충격전압시험 시의 표준충격파형에서는 $T_f = 1.2\,\mu$s, $T_t = 50\,\mu$s, 즉 1.2×50μs로 잡고 있다. 직격뢰에 의한 충격파 파고값은 매우 높아서 수 100kV 이상으로 추정되고 있으며 $T_f = 1 \sim 10\,\mu$s, $T_t = 10 \sim 100\,\mu$s 정도이다.

선로가 뇌격을 받으면 전술한 충격파를 발생하고 이것이 진행파가 되어서 정해진 전파속도로 선로상을 좌우로 진행한다. 그러나 선로상을 진행하는 과정에서 코로나,

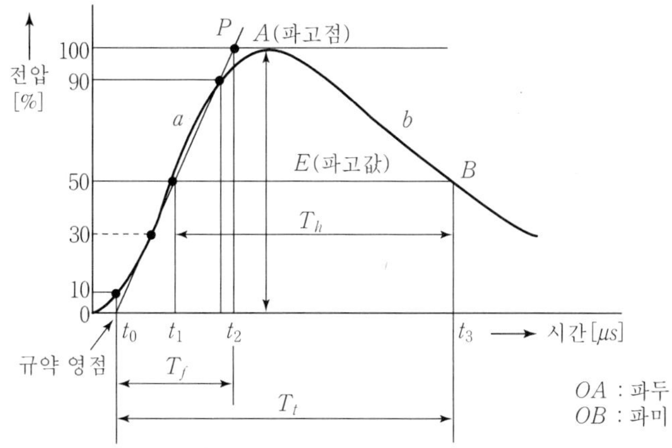

【그림 8-2 충격파형】

저항, 누설 등으로 그 에너지가 소모되어서 점차적으로 파고가 저하되고 파형도 일그러진다. 이러한 감쇠·왜파의 주원인은 코로나이다. 따라서 파고값이 큰 것일수록 감쇠 및 왜파가 커진다. 대략 500kV 이상의 높은 충격파에서는 진행파가 수 km 진행하는 동안에 그 파고값은 1/2 이하로 감쇠된다고 보고 있다. 송전선로의 절연설계를 합리적으로 하기 위해서는 이 뇌전류, 전압의 크기, 파형, 감쇠 등의 성질을 잘 파악해 두는 것이 매우 중요하다.
그밖에 뇌운으로부터의 유도에 의해서 이상전압이 발생하는 경우도 있는데, 이 경우의 전압값은 직격뢰의 그것보다 작은 것이 보통이다.

유도뢰는 뇌운 상호 간 또는 뇌운과 대지와의 사이에서 방전이 일어났을 경우에 뇌운 밑에 있는 송전선로상에 이상전압이 발생하는 것을 말한다. 일반적으로 이 유도뢰는 발생횟수가 현저히 많은 반면 그 위험성은 비교적 적은 편이다.
실측에 따르면 파고값이 수십 kV 정도의 것이 대부분이고 200kV를 넘는 것은 거의 없다. 따라서 110kV 이상의 송전선에서는 유도뢰에 의한 이상전압은 문제되지 않고 직격뢰만을 대상으로 해서 절연설계를 하고 있다.

8.4 진행파의 특성

I 진행파의 개요

이상전압의 발생과 이의 전파과정에서 나온 진행파에 대해서 간단히 알아보자. 가령 전압 E인 발전기로 선로를 충전할 경우를 생각해 보면 차단기 투입과 동시에 전선이 당장 그 자리에서 다같이 전압 E로 가압된다는 것은 결코 아니다. 이 경우의 현상을 자세히 보면 차단기를 투입하면 먼저 그 차단기에 접한 부분이 전압 E로 되어 그 부분의 정전용량을 충전한다. 다음에 그와 인접한 부분의 전압이 E로 되면서 그 부분의 정전용량을 충전해 나간다. 이와 같이 해서 차례차례로 전압 E의 부분이 수전단을 향해 전진하면서 일정한 시간이 지난 후에 비로소 선로 전체가 전압 E로 가압되는 것이다. 즉, 전압파가 송전단으로부터 수전단을 향해 진행해 나가는 것이라고 생각할 수 있다.

이상전압의 전파도 마찬가지이다. 가령 뇌에 의해서 선로상의 어느 부분에 자유전하 Q가 생겼다면 이 전하는 좌우로 나누어져서 각각 송·수전단을 향해 진행하면서 진행파를 형성하게 된다.

II 전압·전류의 진행파

알기 쉬운 예로서 [그림 8-3]과 같이 선로의 정수는 L, C뿐이고(저항은 무시됨) 길이가 무한히 긴 선로에서 파두의 준도가 무한대인 구형파의 전위진행파가 임의의 점 a까지 진행해 왔다고 하자. 이 때문에 a점의 전위는 물론 e로 되어 있겠지만, 이때 a점에는 어떤 전류진행파가 도달하게 되었을까 하는 것을 생각해 보겠다.

a점으로부터 dx만큼 앞쪽의 b점에는 아직 전위·전류진행파가 도달되지 않고 있기 때문에 b점의 전위 및 전류는 0이다.

진행파가 dx만큼 나가기 위해서는 dt만큼의 시간이 소요된다. 이때 dx구간에 축적될 전하 dq는 식 (8.1)과 같다.

$$dq = e\,Cdx \quad \cdots\cdots (8.1)$$

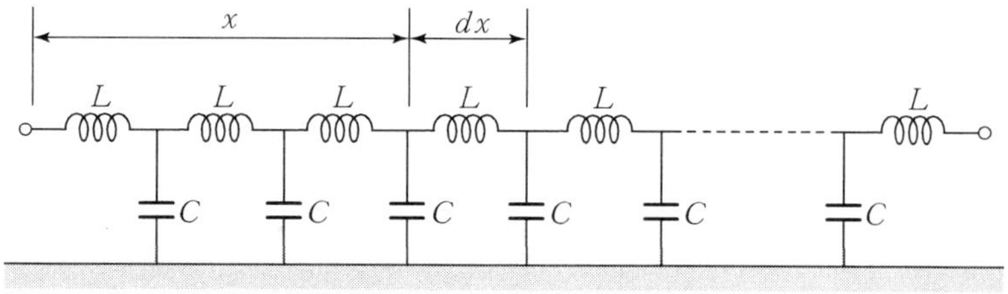

(a)

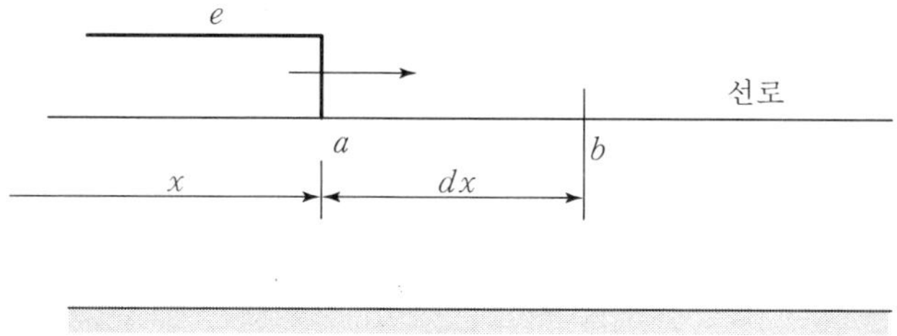

(b)

【그림 8-3 진행파의 개념도】

그러므로 dx구간을 충전하기 위해서 흐르는 전류 i는

$$i = \frac{dq}{dt} = eC\frac{dx}{dt} \quad \cdots\cdots (8.2)$$

로 되는데, 여기서 dx/dt는 바로 진행파의 전파속도이므로 이것을 V라고 두면

$$i = eCV \quad \cdots\cdots (8.3)$$

로 된다. 이때 이 전류에 의해서 생긴 자속과 dx 부분을 흐르는 전류 i와의 쇄교자속수 $d\phi$는

$$d\phi = iLdx \quad \cdots\cdots (8.4)$$

로 된다. 이것이 전선 내에 역기전력을 발생해서 전위를 가지게 하는 것이다. 한편 이것은 전위 진행파 e와 평행하게 되므로

$$e = \frac{d\phi}{dt} = iL\frac{dx}{dt} = iLV \quad \cdots\cdots (8.5)$$

로 표시된다. 결국 식 (8.3)은 전류진행파를, 식 (8.5)는 전위진행파를 나타내는 관계식이 된다. 이때 e와 i의 비는 일종의 임피던스라고 볼 수 있으므로 이것을 Z라고 하면

$$Z = \frac{e}{i} = \frac{1}{CV} = LV = \sqrt{\frac{L}{C}} \quad \cdots\cdots (8.6)$$

로 된다.

이 Z를 파동 임피던스(Surge Impedance)라고 부른다. Z의 단위는 옴(Ω)인데 여기서 주의해야 할 점은 Z의 값과 선로의 길이는 아무 관계가 없다는 것이다. 이것은 앞에서 정의한 특성 임피던스와 같다. 가공선로에서의 전파속도는 가공선로에서의 L와 C를 각각($D=2h$라 둘 수 있음)

$$L=0.4605\log_{10}\frac{2h}{r},\quad C=\frac{0.02413}{\log_{10}\frac{2h}{r}} \quad\cdots\cdots (8.7)$$

로 나타낼 수 있으므로 가공선의 파동 임피던스 Z와 전파속도 V는

$$Z=\sqrt{\frac{L}{C}}=\sqrt{\frac{0.4605\times10^{-3}}{0.02413\times10^{-6}}}\log_{10}\frac{2h}{r}=138\log_{10}\frac{2h}{r}[\Omega] \quad\cdots\cdots (8.8)$$

$$V=\frac{1}{\sqrt{LC}}=\frac{1}{\sqrt{0.4605\times0.02413\times10^{-9}}}=3\times10^{8}[\text{m/s}] \quad\cdots\cdots (8.9)$$

로 된다.

즉, 파동 임피던스값은 전선의 굵기와 높이에 따라 달라지지만 전파속도는 광속도와 같은 3×10^{5}km/s로 된다는 것을 알 수 있다.

지중선로(케이블)에서의 전파속도는 단심케이블의 경우 L와 C를 각각

$$L=0.4605\log_{10}\frac{R}{r}[\text{mH/km}],\quad C=\frac{0.02413\times\varepsilon}{\log_{10}\frac{R}{r}}[\mu\text{F/km}] \quad\cdots\cdots (8.10)$$

여기서 R : 케이블의 도체 중심으로부터 연피까지의 반지름

ε : 절연물의 유전율

로 나타낼 수 있으므로

$$Z=\frac{138}{\sqrt{\varepsilon}}\log_{10}\frac{R}{r}[\Omega],\quad V=\frac{1}{\sqrt{\varepsilon}}\times3\times10^{5}[\text{km/s}] \quad\cdots\cdots (8.11)$$

즉, 케이블 선로의 경우 전파속도는 절연물의 유전율 ε의 제곱근에 반비례하게 된다. 그런데 유전율은 보통 2.5~4 정도이므로 케이블 내의 전파속도는 가공선보다 훨씬 느려져서 광속도의 절반 내지 7할 정도밖에 되지 않는다.

III 진행파의 반사와 투과

선로상을 전파해 온 진행파는 선로의 종단에 와서 거기서부터 지중케이블에 들어가거나 또는 전기기기에 침입하게 되는 경우가 많다. 요컨대 파동 임피던스가 다른 회로에 연결된 점(이것을 보통 변이점이라고 함)까지 진행파가 진입하였을 때는 여기서 일부는 반사하고 나머지는 변이점을 통과해서 다음 회로에 침입해 들어가게 된다. 여기서는 다음과 같이 선로정수가 다른 선로의 접속점에 진행파가 진입하였을 경우에 대해서 생각해 본다.

[그림 8-4]는 파동 임피던스 Z_1과 Z_2의 선로가 변이점 P에서 연결되고 Z_1쪽으로부터 진행파가 들어왔을 때, 이 진행파가 변이점에서 어떻게 반사되고 또 어떻게 투과해 나가는가를 보인 것이다. 진행파의 전압이나 전류에서도 교류의 경우와 마찬가지로 키르히호프의 법칙이 만족되므로

$$i_i + i_r = i_t, \quad e_i + e_r = e_t \quad \cdots\cdots (8.12)$$

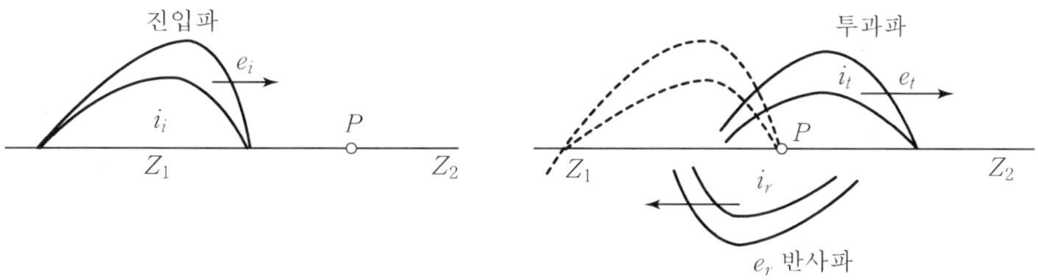

【그림 8-4 변이점에서의 반사와 투과】

여기서

$$e_i = Z_1 i_i, \; e_r = -Z_1 i_r, \; e_t = Z_2 i_t \quad \cdots\cdots (8.13)$$

이다.

따라서 위의 양 식으로부터 반사파(e_r, i_r)와 투과파(e_i, i_t)를 계산하면 다음과 같이 된다.

$$e_r = \frac{Z_2 - Z_1}{Z_2 + Z_1} e_i, \; i_r = -\frac{Z_2 - Z_1}{Z_2 + Z_1} i_i$$
$$\cdots\cdots (8.14)$$
$$e_t = \frac{2Z_2}{Z_2 + Z_1} e_i, \; i_t = \frac{2Z_1}{Z_2 + Z_1} i_i$$

즉, 반사파와 투과파는 같은 파형이고 이들의 값은 식 (8.14)로부터 계산할 수 있다.

식 (8.14)에 대해서 식 (8.15)와 같이 표시되는 β, γ를 각각 반사계수, 투과계수라고 한다.

$$\beta = \frac{Z_2 - Z_1}{Z_2 + Z_1}$$

$$\gamma_e = \frac{2Z_2}{Z_2 + Z_1}, \ \gamma_i = \frac{2Z_1}{Z_2 + Z_1} \quad \cdots\cdots (8.15)$$

여기서 $Z_2 > Z_1$의 경우에는 변이점의 전위, 따라서 투과하는 전위파의 값은 진입파보다 높아지고 반대로 $Z_2 < Z_1$의 경우에는 투과하는 전위파는 진입파보다 낮아진다.
가령 가공송전선과 지중케이블이 연결된 점에서는 파동 임피던스가 틀리므로 가공선측으로부터 진행파가 지중케이블에 침입할 경우에는 반사계수가 0.8 정도, 투과계수는 0.2 정도로 되어 진입파의 파고값이 급격하게 감소한다.
식 (8.14)의 투과파는 다음과 같은 식으로 나타내는 것이 편리할 때가 많다.

$$i_t = \frac{2e_i}{Z_2 + Z_1}, \ e_t = Z_2 i_t = \frac{2Z_2}{Z_2 + Z_1} e_i \quad \cdots\cdots (8.16)$$

즉, 이것은 제2의 선로에 투과하는 전류는 진입해 온 전압파를 2배해서 제1과 제2의 선로의 파동 임피던스의 합계로 나누어주면 된다는 것이다.
다음으로 변이점의 특수한 케이스로서 선로종단에서의 반사에 대해서 살펴보자. 이것은 [그림 8-4]에서

$$Z_2 = \infty \ : \text{선로의 종단 개방}$$

$$Z_2 = 0 \ : \text{선로의 종단 단락}$$

으로 된다는 것은 더 말할 필요가 없다.

1) 종단이 개방되어 있는 경우($Z_2 = \infty$)

식 (8.14)로부터 먼저

$$e_r\text{의 파고} = e_i\text{의 파고}$$

$$e_t\text{의 파고} = 2 \times (e_i\text{의 파고})$$

로 된다.
한편, 전류에서는

$$i_r\text{의 파고} = -(i_i\text{의 파고})$$

$$i_t\text{의 파고} = 0$$

으로 되어 전류의 반사는 부반사로서, 반사파의 파고는 진입파의 그것과 같고 양파의 대수합으로서 계산될 종단의 전류 $i_t(=i_i+i_r)$는 항상 0으로 된다. 따라서 전류의 반사는 진입파의 같은 크기의 부파가 종단으로부터 되돌아가게 되는 것이다(이 결과 선로의 전류는 0으로 됨).

2) 종단이 접지되어 있을 경우($Z_2=0$)

이 경우에는 식 (8.14)로부터

$$e_r\text{의 파고} = -(e_i\text{의 파고})$$

$$e_t\text{의 파고} = 0$$

로 되어 결국 전위의 반사는 부반사로서, 진입파와 반사파의 파고 절대값은 같고 양파의 대수합으로서 계산될 종단전압 e_t는 항상 0으로 된다는 것을 알 수 있다.
한편, 전류는

$$i_r\text{ 의 파고} = i_i\text{의 파고}$$

$$i_t\text{ 의 파고} = 2\times(i_i\text{의 파고})$$

로서 전류의 반사는 정반사로 되고, 그 파고는 진입파의 파고와 같고 양파의 대수합으로서 계산될 종단전류는 항상 진입파의 2배로 된다는 것을 알 수 있다.
따라서 일정 순간 그 값은 진입파 파고값의 2배에 달하게 된다. 이상과 같이 반사파의 파고가 진입파의 파고와 같게 되는 반사를 전반사라고 한다.
이로부터 전위의 반사는 정반사로서 반사파의 파고는 진입파의 파고와 같고 양파의 대수합으로서 계산될 종단의 전위($e_t=e_i+e_r$)는 진입파의 2배로 된다는 것을 알 수 있다.
곧 종단에서 전위는 진입파와 반사파의 대수합인 값으로 되어 어떤 순간에는 이들 양자의 파고가 겹치게 되므로 그 전위는 일시 진입파 파고값의 2배에 달하게 되는 것이다.

예제 8-1

파동 임피던스가 500Ω인 가공 송전선의 1km당의 정전용량, 인덕턴스를 구하라.

풀이 1km당의 인덕턴스를 L[mH/km], 정전 용량을 C[μF/km]라고 하면

파동 임피던스 $Z_w = \sqrt{\frac{1}{LC}} = 500\,\Omega$

전파속도 $V = \sqrt{\frac{1}{LC}} = 3 \times 10^5\text{km/s}$

이므로, 이 두 식으로부터 L, C를 구하면

$L = 1.67 \times 10^{-3}\text{H/km} = 1.67\text{mH/km}$

$C = 6.7 \times 10^{-9}\text{F/km} = 0.0067\,\mu\text{F/km}$

예제 8-2

파동 임피던스 $Z_1 = 400\,\Omega$인 선로의 종단에 파동 임피던스 $Z_2 = 1,200\,\Omega$인 변압기가 접속되어 있다. 지금 선로로부터 파고 $\varepsilon_i = 800$kV의 전압이 진입하였다. 접속점에 있어서의 전압의 반사파, 투과파를 구하라.

풀이 전압반사파 e_r는 식 (8.14)로부터

$$e_r = \frac{1,200 - 400}{400 + 1,200} \times 800 = 400\text{kV}$$

전압투과파의 파고, 즉 접속점의 전압파고 e_t는

$$e_t = \frac{2 \times 100}{400 + 1,200} \times 800 = 1200\text{kV}$$

한편 진입하는 전류파의 파고 i_i는

$$i_i = \frac{e_i}{Z_1} = \frac{800}{400} = 2.0\text{kA}$$

따라서 전류반사파의 파고 i_r 및 투과파의 파고 i_t는 식 (8.14)를 써서 다음과 같이 계산된다.

$$i_r = -\frac{1,200 - 400}{400 + 1,200} \times 2.0 = -1.0\text{kA}$$

$$i_t = \frac{2 \times 400}{400 + 1,200} \times 2.0 = 1.0\text{kA}$$

예제 8-3

[그림 8-5]와 같이 변압기의 중성점이 변압기와 같은 크기(값)의 파동 임피던스를 가진 리액터로 접지되고 있다. 만일 이때 변압기의 1권선에 전압의 진입파가 침입해 왔을 경우 중성점의 전위는 얼마로 되겠는가?

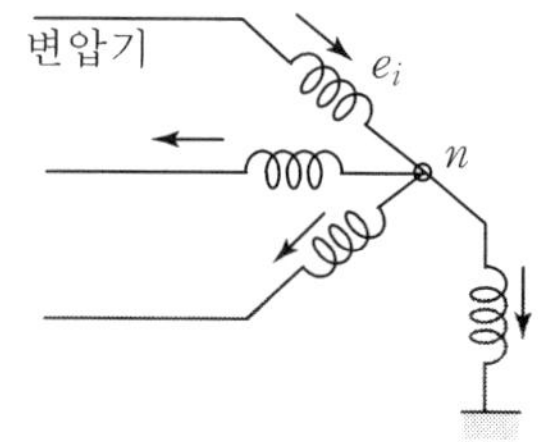

【그림 8-5】

풀이 변압기와 중성점의 리액터의 파동 임피던스를 어느 것이나 Z로 나타내면 식 (8.16)으로부터 전류의 투과파 i_t는 다음과 같이 된다.

$$i_t = \frac{2e_i}{\frac{1}{3}Z + Z}$$

그러므로 중성점의 전위 e_t는

$$e_t = \frac{1}{3}Z \times i_t = \frac{1}{3}Z \times \frac{2e_i}{\frac{1}{3}Z + Z} = 0.5e_i$$

즉, 진입한 전압파의 1/2의 것이 중성점에 나타나게 된다.

예제 8-4

파동 임피던스가 Z인 송전선 3선을 [그림 8-6]과 같이 1단을 일괄하고 다단으로부터 파고값 E인 충격파를 가하였다고 한다. 다음의 각 경우에 대해서 O점에 나타내는 전압을 계산하라. (단, 송전선은 반 무한장의 것이라고 한다.)

1) 1선에만 충격파를 가했을 경우
2) 2선에 동시에 충격파를 가했을 경우
3) 3선에 동시에 충격파를 가했을 경우

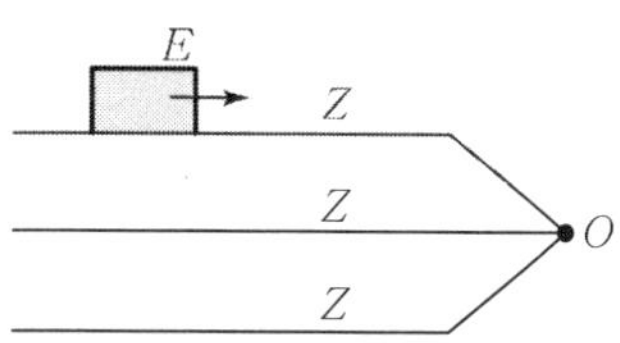

【그림 8-6】

풀이 식 (8.16)을 사용해서 다음과 같이 계산한다.

1) $$E_0 = \frac{2Z_2}{Z_2 + Z_1}E = \frac{2 \times \frac{1}{2}Z}{\frac{1}{2}Z + Z}E = \frac{2}{3}E$$

2) $$E_0 = \frac{2Z_2}{Z + \frac{1}{2Z}}E = \frac{4}{3}E$$

3) $$E_0 = \frac{2Z_2}{Z_2 + Z_1}E = \frac{2}{1 + \frac{Z_1}{Z_2}}E = 2E$$

8.5 이상전압 방지대책

송전계통에서의 이상전압 방지대책으로서는 크게 ① 기기 보호용으로서의 피뢰기 설치 ② 가공송전선로의 피뢰용으로써의 가공지선에 의한 뇌차폐 ③ 철탑 접지저항의 저감책을 들 수 있다.

I 피뢰기에 의한 기기 보호

전항에서 설명한 바와 같이 상규전압의 수 배에 달하는 이상 전압이 선로에 나타나서 발·변전소를 내습하게 될 때 이것을 발·변전소 내에 설치된 기기의 절연강도만으로 견디게 한다는 것은 도저히 불가능한 일이다. 따라서 일반적으로는 내습하는 이상전압의 파고값을 저감시켜서 기기를 보호하기 위해 피뢰기(Lightning Arrester)를 설치하고 있다.

피뢰기는 [그림 8-7]에 나타낸 바와 같이 특성요소와 직렬갭을 갖추고 이 양자에 의해 기기의 보호 및 송전의 안전을 도모하고 있다. 피뢰기의 기능은 다음과 같다.

① 이상전압이 내습해서 피뢰기의 단자전압이 어느 일정값 이상으로 올라가면 즉시 방전해서 전압 상승을 억제한다.

② 이상전압이 없어져서 단자전압이 일정값 이하가 되면 즉시 방전을 정지해서 원래의 송전상태로 되돌아가게 한다.

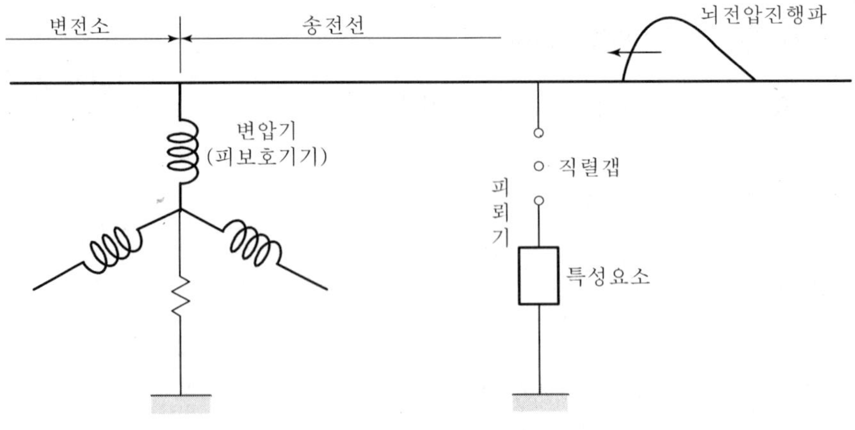

【그림 8-7 피뢰기】

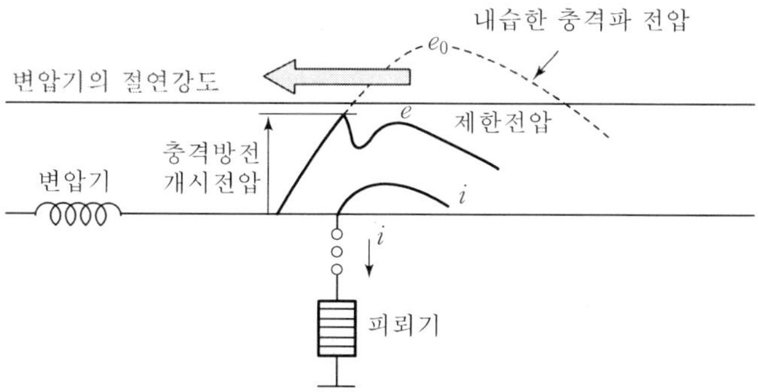

【그림 8-8 피뢰기의 제한전압】

이처럼 피뢰기는 직렬갭으로 동상의 전압, 즉 상용주파수의 상규전압에 대해서는 대지간에 절연을 유지하지만, 이상전압이 내습하면 갭이 방전을 개시해서 특성요소를 통해 시저전류를 대지에 흘려줌으로써 전압의 상승을 방지한다.

피뢰기 단자 간에 충격전압을 인가하였을 경우 방전을 개시하는 전압을 충격방전 개시전압이라고 한다. 이에 대하여 상용주파수의 방전개시전압(실효값)을 상용주파 방전전압이라고 하는데 보통 이 값은 피뢰기 정격전압의 1.5배 이상이 되도록 잡고 있다. 또 다음과 같은 값을 충격비라고 부르고 있다.

$$\text{충격비} = \frac{\text{충격방전 개시전압}}{\text{상용주파 방전개시전압의 파고값}} \quad \cdots\cdots\cdots\cdots (8.17)$$

다음에 갭의 방전에 따라 피뢰기를 통해서 대지로 흐르는 충격전류를 피뢰기의 방전전류, 그 허용 최대한을 피뢰기의 방전내량이라고 말하며, 일반적으로는 이들을 파고값으로 나타내고 있다. 또 방전으로 저하되어 피뢰기의 단자 간에 나게 되는 충격전압을 제한전압이라고 한다.

즉, 이것은 피뢰기 동작 중 계속해서 걸리고 있는 단자전압의 파고값을 말하는데 [그림 8-8]은 이때의 파형을 보인 것이다.

피뢰기의 제한전압은 다음과 같이 구할 수 있다. 다음 [그림 8-9]와 같이 피뢰기가 파동 임피던스 Z_1의 선로와 파동 임피던스 Z_2인 피보호기기와의 접속점 P에 설치되었다고 하자. 여기서 e_i, i_i는 전압·전류의 진입파를, e_r, i_r은 그 반사파를, 그리고 e_t, i_t는 투과파를 나타내고 i_a는 피뢰기의 방전전류를 나타낸 것이다.

$$\begin{aligned} e_i + e_r &= e_r \\ i_i + i_r &= i_t + i_a \end{aligned} \quad \cdots\cdots\cdots\cdots (8.18)$$

$$i_i = \frac{e_i}{Z_1},\ i_r = -\frac{e_i}{Z_1},\ i_t = \frac{e_t}{Z_2} \quad \cdots\cdots (8.19)$$

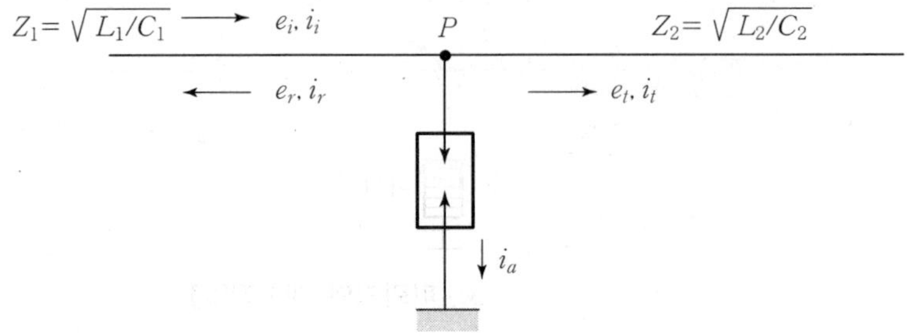

【그림 8-9】

따라서 이들 관계식으로부터 e_t, 즉 피뢰기의 제한전압 e_a는

$$e_a = e_t = \frac{2Z_2}{Z_1 + Z_2}\left(e_i - \frac{Z_1}{2}i_a\right) = -\frac{1}{2}\gamma_e Z_1 i_a \quad \cdots\cdots (8.20)$$

여기서 $$\gamma_e = \frac{2Z_2}{Z_1 + Z_2} \text{(전압파의 투과계수)}$$

$$e = \frac{2Z_2}{Z_1 + Z_2} e_i = \gamma_e e_i$$

이 e는 피뢰기가 없을 경우 점 P의 전압으로서 원전압이라고 한다.

한편, 피뢰기의 접지에도 접지저항이 있기 때문에 피뢰기가 방전하면 피뢰기 자체의 전압도 올라가게 되므로 변압기의 절연강도는 다음 식을 만족해야만 안전이 유지된다.

변압기의 절연강도 > 피뢰기의 제한전압 + 접지저항 전압강하 ········ (8.21)

피뢰기의 접지는 단독 또는 연접지로 하며 제1종 접지공사(10Ω 이하)로 하도록 되어 있다.

[그림 8-10]과 같이 방전전류에 이어서 전원으로부터 공급되는 상용주파수의 전류를 속류라고 한다. 속류는 특성요소에 의해 어느 일정값 이하로 억제되어야 하기 때문에 직렬갭으로 차단하고 있다.

그러나 만일 이때 피뢰기 단자에 인가되는 상용주파수의 전압이 높으면 속류가 너무 커서 차단불능으로 된다. 이처럼 속류를 끊을 수 있는 최고의 교류전압을 피뢰기의 정격전압이라고 하며 통상 실효값으로 나타내고 있다. 이것을 바꾸어 말하면 피뢰기의

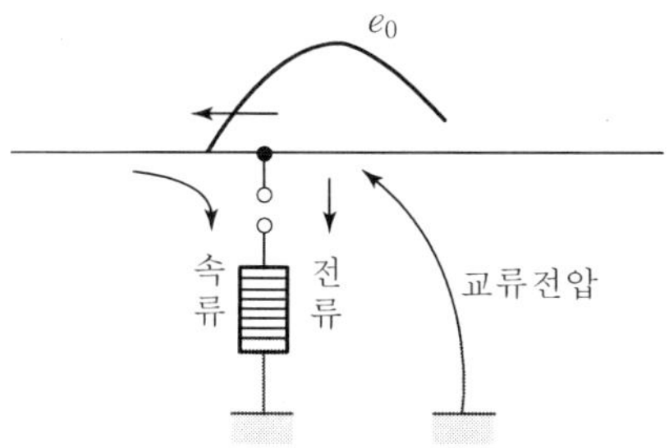

【그림 8-10 피뢰기의 정격전압】

정격전압 이상의 고전압이 피뢰기의 단자에 걸렸을 경우에는 이 피뢰기는 속류를 끊을 수 없어 퓨즈처럼 타 버린다는 것이다. 따라서 정격전압이 몇 볼트의 피뢰기를 사용할 것인가 하는 것은 그 선로에 나타나는 이상전압의 크기를 조사해서 언제나 그 값을 상회하는 정격전압의 피뢰기를 설치해야 한다. 이때의 전압은 어디까지나 실효값으로 표시되는 교류전압이지 충격파의 전압이 아니라는 점에 유의해야 한다. 그러므로 송전선의 전압이 같더라도 중성점의 접지방식 여하의 따라서는 이상전압값이 달라지므로 여기에 설치할 피뢰기의 정격전압도 당연히 틀리게 된다.
이상과 같이 피뢰기가 구비해야 할 조건을 요약해보면 다음과 같다.

① 충격방전 개시전압이 낮을 것
② 상용주파방전 개시전압이 높을 것
③ 방전내량이 크면서 제한전압이 낮을 것
④ 속류 차단능력이 충분할 것

이밖에 피뢰기가 설비의 보호효과를 충분히 발휘하기 위해서는 주요 피보호기기인 변압기 단자에서 되도록 가까운 거리에 설치해야 되는데, 대략 50m 이내로 하는 것이 좋다(제1종 접지공사(10Ω 이하)를 해야 함).

II 피뢰기의 특성

최근 산화아연(ZnO)을 주성분으로 하는 피뢰기가 개발되어 고압 이상의 회로에 많이 쓰이고 있다. [그림 8-11]은 이의 전압 – 전류 특성을 보인 것으로 산화아연의 특성요소에서는 그림의 전압 V 이하에서는 거의 전류가 흐르지 않기 때문에 선로의 교류전압의

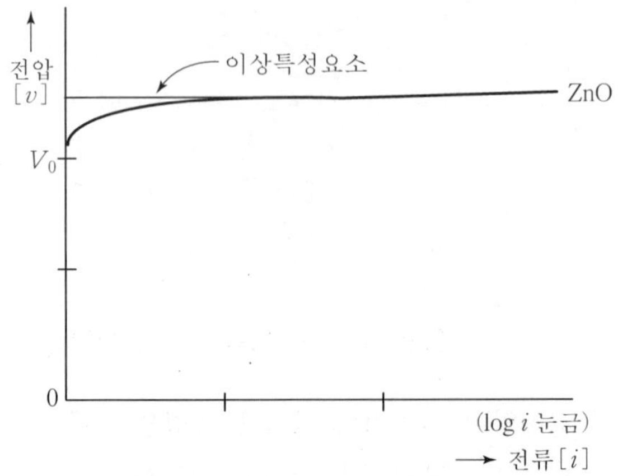

【그림 8-11 ZnO의 특성요소】

최대순시값을 이 전압보다도 작게 해 두면 직렬갭을 따로 두고 속류를 차단할 필요도 없어진다.

이처럼 ZnO형 피뢰기에서는 [그림 8-12]와 같이 직렬갭을 생략해서 사용하고 있기 때문데 이 형식을 갭리스(Gapless) 피뢰기라고 부르기도 한다.

이상 설명한 바와 같이 피뢰기는 피보호기기의 절연강도를 낮출 수 있는 특성과 속류 차단능력을 지니고 있지 않으면 안 된다. 일반적으로는 이것을 피뢰기의 동작책무라 해서 별도로 정하고 있다.

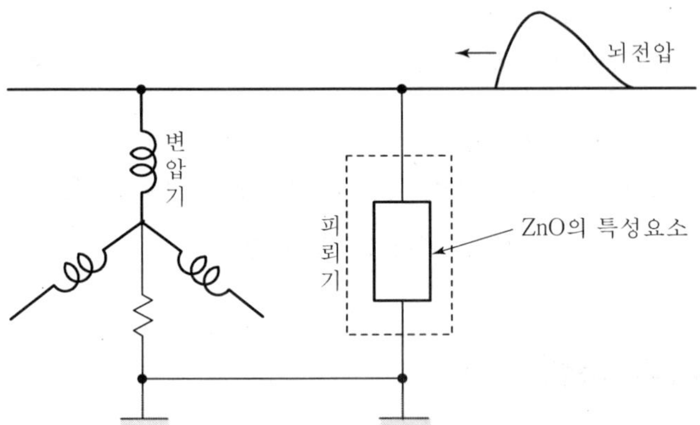

【그림 8-12 ZnO형 피뢰기】

III 피뢰기의 설치장소

피뢰기의 설치장소는 가능한 한 피보호기기에 근접해서 설치하는 것이 바람직하다. 이것은 변전소에 침입한 뇌서지가 피뢰기의 제한전압까지 제한되었음에도 불구하고 변압기 단자에 도달하였을 때 여기서 장반사를 하고, 다시 피뢰기에 되돌아와 분산해서 다시 변압기를 향하기 때문이다. 이와 같이 뇌서지전압은 피뢰기와 변압기 간의 사이에서 왕복진동을 되풀이하기 때문에 변압기 단자에 걸린 전압파고값 e는 증대하게 된다.

$$e_t = e_a + \frac{2Sl}{v} = e_a + 2St\,[\mathrm{kV}] \quad \cdots\cdots (8.22)$$

여기서 e_a : 피뢰기의 제한전압
S : 파두 준도[kV/μs]
l : 피뢰기와 피보호기기와의 거리 [m]
v : 진행파의 전파속도[m/μs]
$t=l/v$: 진행파의 전파시간[μs]

가령 154kV 계통에서 피뢰기의 제한전압 $e_a = 579\mathrm{kV}$, 변압기에 내습하는 진행파의 준도 $S = 250\mathrm{kV}/\mu\mathrm{s}$, 진행파의 전파속도 $v = 150\mathrm{m}/\mu\mathrm{s}$ 라 할 때, 피뢰기의 설치개소를 변압기의 전방 30m로 하였을 경우에는

$$e_t = 579 + \frac{2 \times 250 \times 30}{150} = 579 + 100 = 697\mathrm{kV}$$

로 된다. 곧 피뢰기의 제한전압은 579kV였지만 변압기의 단자에는 피뢰기와의 사이에서 왕복진동하는 진행파 때문에 697kV라는 전압이 나타나고 있다.
만일 이때 피뢰기를 변압기의 전방 50m에 설치하였다면

$$e_t = 579 + \frac{2 \times 250 \times 50}{150} = 579 + 167 = 764\mathrm{kV}$$

로 되어 변압기 단자에는 훨씬 더 높은 전압이 나타나게 된다. 따라서 피뢰기의 설치장소는 가능한 한 피보호기에 근접해서 설치하는 것이 유효하다는 것을 알 수 있다.

예제 8-5

피뢰기의 정격전압에 대해서 설명하라.

풀이 피뢰기는 상용주파수의 전압에는 동작하지 않아야 한다. 상용주파 이상전압의 크기는 유효접지계에서 1선지락 시에는 1.2~1.4배 정도인데, 정확하게는 계통의 접지계수 $\left(=\dfrac{\text{고장 중 건전상의 최대대지전압}}{\text{최대선간전압}}\right)$에 따라 결정된다. 이때의 전압상승값보다 15% 정도 더 높은 전압에서도 방전이 있어서는 안 된다.

만일 345kV계통의 상용주파 이상전압 배수를 1.2, 154kV계통에서는 1.3이라고 하면

$$345\text{kV계통의 피뢰기 정격전압} = \frac{362}{\sqrt{3}} \times 1.2 \times 1.15 = 288\text{kV}$$

$$154\text{kV계통의 피뢰기 정격전압} = \frac{169}{\sqrt{3}} \times 1.3 \times 1.15 = 145.87 \fallingdotseq 146\text{kV}$$

IEC에서는 피뢰기의 정격전압이 6으로 나뉘어지는 값으로 하도록 권하고 있다.

66kV 비유효접지계에 대해서는

$$66\text{kV계통의 피뢰기 정격전압} = \frac{72}{\sqrt{3}} \times 1.73 \times 1.15 = 82.7 \fallingdotseq 83\text{kV}$$

만일 선로의 전압을 기준으로 표시하면 각각 80% 피뢰기, 85% 피뢰기 및 115% 피뢰기라고 부르게 된다.

예제 8-6

다음과 같이 파동 임피던스 $Z_1 = 500\Omega$ 및 $Z_2 = 400\Omega$ 2개 선로의 접속점 P에 피뢰기를 설치하였을 경우 Z_1의 선로로부터 파고 $E = 600$kV의 전압파가 내습하였다. 선로 Z_2에의 전압투과파의 파고를 250kV로 억제하기 위해서는 피뢰기의 저항 R의 값은 얼마로 하면 되겠는가?

풀이 피뢰기의 제한전압을 나타내는 식 (8.20)

$$e_a = \frac{2Z_2}{Z_1 + Z_2}\left(e_i - \frac{Z_1}{2} i_a\right)$$

에서 피뢰기의 저항을 R이라고 하면 $i_a = e_a/R$이다.

이 관계를 위 식에 대입하면

$$e_a = \frac{2400R}{500 \times 400 + R(500 + 400)} 600$$

더 말할 것 없이 피뢰기의 제한전압값이 선로 Z_2에의 투과파의 크기가 되므로 위 식에 주어진 데이터를 대입하면 다음과 같다.

$$250 = \frac{2 \times 400R}{500 \times 400 + R(500+400)} 600$$

$$\therefore \ R = 196\,\Omega$$

예제 8-7

파고값 25kA인 정사각형(구형)의 전류파가 가공지선상을 최종단 철탑을 향해 내습하였을 경우 철탑의 전위는 얼마로 되겠는가?
(단, 가공지선의 파동 임피던스 $Z = 500\,\Omega$, 철탑의 접지 저항 $R_t = 10\,\Omega$하고 기타의 정수는 무시한다.)

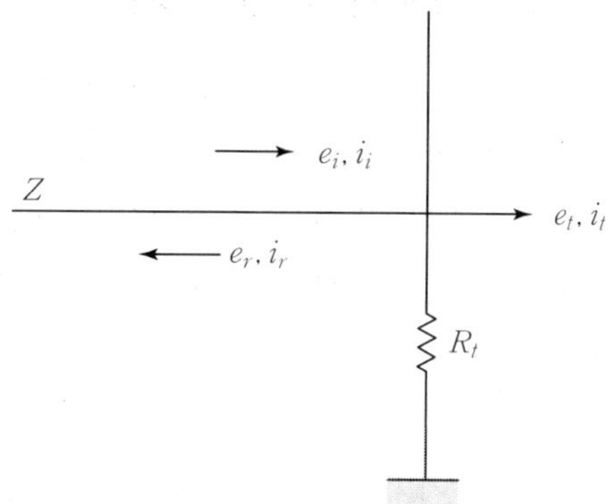

【그림 8-13】

풀이 [그림 8-14]는 이 문제의 설명도이다. 여기서 e_i, i_i는 전압·전류의 내습파이고 e_r, i_r는 이의 반사파, 그리고 e_t, i_t는 철탑에 대한 투과파를 나타내고 있다.
이 그림에서 다음 식이 성립한다.

$$e_t = e_i + e_r, \quad i_i = i_t + i_r$$

$$i_i = \frac{e_i}{Z}, \quad -i_r = -\frac{e_r}{Z}, \quad i_t = \frac{e_t}{R_t}$$

이들 관계식으로부터 철탑의 전위를 나타내는 계산식은 다음과 같다.

$$e_t = \frac{2ZR_t}{Z+R_t}, \ i_t = \frac{2 \times 500 \times 10}{500+10} \times 25 = 490$$

IV 가공지선에 의한 뇌차폐

송전선에의 뇌격에 대한 차폐용으로서 송전선의 전선 상부에 이것과 평행으로 전선을 따로 가선하여 각 철탑에서 접지시킨 가공지선을 많이 쓰고 있다. 종래에는 강연선, 강심알루미늄선(ACSR) 등이 사용되었으나 최근에는 차폐효과를 높이기 위해서 뇌에 대한 전선의 차폐 및 진행파의 감쇠에 있다고 하겠다.

1) 유도뢰에 대한 차폐

전선에 근접해서 전위가 0인 가공지선이 있기 때문에 뇌운으로부터 정전유도로 전선상에 유기되는 e 전하의 양은 줄어든다. 가공지선이 있을 경우 전선상에 유기되는 전하를 단위길이당 q_1, 가공지선이 없을 때의 그것을 q_0라고 하면 아래 식으로 표시되는 m을 가공지선의 보호율이라고 한다.

$$m = \frac{q_1}{q_0} \quad \cdots\cdots (8.23)$$

보호율 m의 개략적인 값은 3상1회선 가공지선 1가닥의 경우 0.5, 동 2가닥의 경우 0.3~0.4, 3상2회선 가공지선 1가닥의 경우 0.45~0.6, 동 2가닥의 경우 0.35~0.5 정도이다. 즉, 가공지선을 설치함으로써 전선상의 구속전하를 50% 정도 이하로 할 수 있기 때문에 유도뢰를 그만큼 저감시킬 수 있게 된다.

2) 직격뢰에 대한 차폐

가공지선을 설치하는 주목적은 송전선을 뇌의 직격으로부터 보호하는 데 있는 것이며 그 차폐효과는 송전선의 내뢰설계상 주요한 것이다. 그러나 본래 뇌의 직격 양성이 일정하지 않기 때문에 가공지선을 어느 정도 높이에 가선하는 것이 안전할 것인가는 알 수가 없다. 참고로 피뢰침은 규격상 일반 건조물에 대해서 보호각 60°, 위험 건조물에 대해서는 45°로 정해져 있지만 가공지선에는 아직 이런 규정이 없다.

보호각(또는 차폐각이라고 함)은 될 수 있는 대로 작게 하는 것이 바람직하지만 이것을 작게 하려면 그만큼 가공지선을 높이 가선해야 하기 때문에 철탑의 높이가 높아진다.

여기서 보호각이란 [그림 8-15]의 각 θ를 말한다. 실제 선로에서는 2회선 가공에 대해서 지선 1가닥의 경우는 보호각을 35~40° 정도로 잡는 경우가 많다. 이 경우 가공지선을 2가닥으로 하면 한층 더 차폐효과가 좋아진다는 것은 더 말할 것도 없다. 따라서 발·변전소의 고압 측 구내와 1~2km 정도 근접된 선로 부분에서는 가공지선을 2가닥 가선하는 경우가 많다.

가공지선의 차폐 효과를 나타내기 위해서 가공지선의 보호효율이라는 용어를 많이 쓰고 있다. 가령 보호효율 90%라는 것은 선로에 대한 뇌직격 100회 중 10회는 전선에 직격되지만(보호 실패) 나머지 90회는 모두 지선에 직격되도록 해서 (보호 성공)선로의 피해를 막아준다는 뜻이다.

이와 같이 가공지선은 철탑과 전기적으로 접속되어 뇌의 직격을 막기 위한 피뢰도선으로서 철탑 정상부에 설치되는 것이다. 그러나 최근에는 바깥쪽의 알루미늄 피복강연선을 피뢰도체로 하고 안쪽의 알루미늄관에는 광섬유케이블을 집어넣어서 정보통신 케이블로서 이용하는 광섬유 복합가공지선(OPGW : Composit Fiver-Optic Ground Wire)이 많이 쓰이고 있다. [그림 8-16]은 이러한 OPGW의 단면 예로서 알루뉴관 내에 6심의 광섬유케이블이 3가닥 들어 있는 것을 알 수 있다.

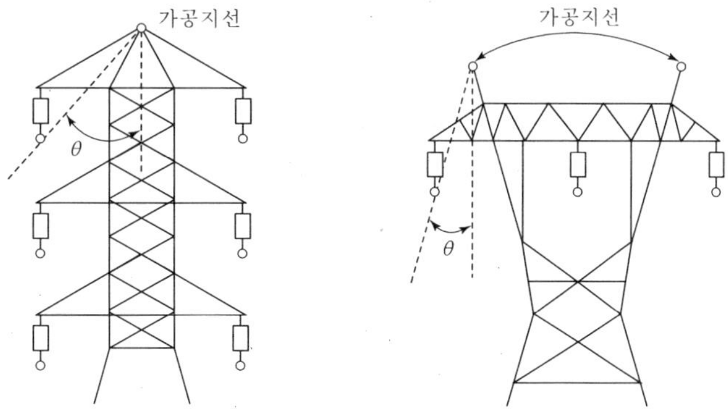

【그림 8-14 가공지선과 차폐각 θ】

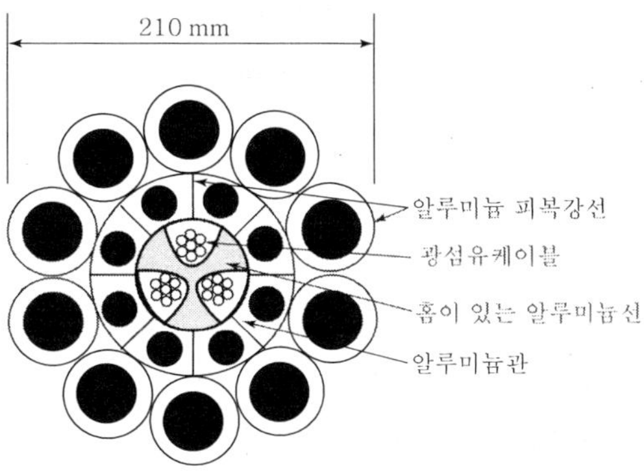

【그림 8-15 OPGW의 단면도】

Ⅴ 섬락 및 역섬락

뇌운과 송전선로 사이에 뇌방전이 일어났을 경우 송전선은 뇌에 직격되었다고 하고 이때 선로에 생긴 이상전압을 직격 뇌서지전압이라고 부르고 있다. 이 전압은 진행파로 되어서 선로상을 전파하여 철탑 설치개소에 이르게 되면 애자의 절연을 파괴해서 불꽃방전을 일으키는데 이것을 애자의 섬락이라고 한다. 섬락이 발생하면 선로전류는 애자를 단락해서 아크방전된다. 따라서 선로전류는 아크전류가 되어서 철탑을 거쳐 대지에 흐르게 된다. 도체의 1선이 아크로 접지되었다 해서 일반적으로 이것을 1선지락이라고 부르고 있다.

철탑의 정상부(꼭대기) 또는 가공지선에 직격뢰가 있었을 경우 뇌전류는 철탑을 통해서 직접 대지로 빠져나가는 것 외에 가공지선에도 일부 진행파로 되어서 분류하게 된다. 이때 전류의 분류는 직격점에서 본 임피던스(충격파에 대한)에 반비례하게 된다. 이처럼 뇌전류가 철탑으로부터 대지로 흐를 경우 철탑 전위의 파고값 E는 다음 식으로 주어진다.

$$E = RI(1-C)a \quad \cdots\cdots (8.24)$$

여기서 I : 철탑 뇌격전류의 파고값 [A]
R : 철탑 탑각 접지 저항[Ω](충격 전류에 대한 것)
C : 가공지선과 전선 간의 정전유도의 정도를 나타내는 결합계수(보통 0.2~0.4)
a : 인접 철탑으로부터의 반사파에 의한 파고 저감률

이와 같이 뇌격 시에는 IR 강하 때문에 철탑 전위가 올라가게 되고, 만일 이때의 전압 E의 값이 전선을 절연하고 있는 애자의 절연파괴전압 이상으로 될 경우에는 거꾸로 철탑에서 전선을 향해서 섬락을 일으키게 된다. 이 경우의 섬락은 [그림 8-17]과 같이 철탑 측으로부터 도체를 향해서 일어나게 되는데 이것을 철탑 역섬락현상이라고 한다. 철탑 역섬락을 방지하기 위해서는 될 수 있는 대로 철탑 접지저항 R을 작게 해 주어야 한다. 보통 이를 위해서 1가닥에 30~50m 길이의 아연도금 절연선을 지면 밑 30cm에 방사상으로 몇 가닥 매설하고 있다(이것을 매설지선이라고 함).
한편, 상술한 것은 철탑 정상부에만 뇌격이 있었을 때의 경우인데 때로는 가공지선 경간의 중앙부에서 뇌격이 일어나고, 이때 그 뇌격점과 전선과의 전위차가 가공지선과 전선 간의 충격섬락 전압값보다 높을 경우에는 가공지선의 뇌격점으로부터 전선에의 섬락, 즉 경간 역섬락이 일어나는 수도 있다.

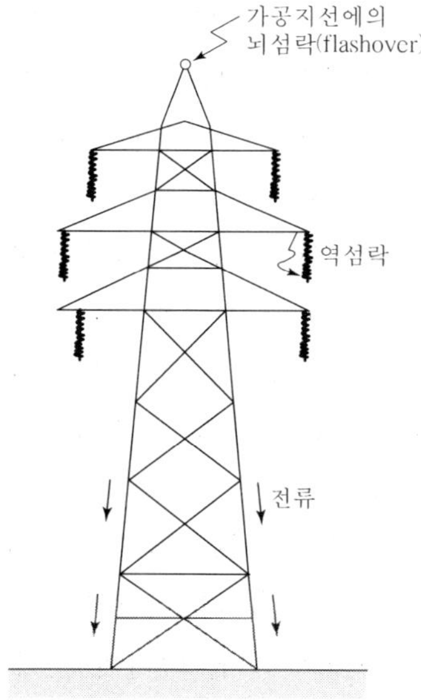

【그림 8-16 역 섬 락】

8.6 절연 협조

I 절연의 합리화

전력계통에는 선로를 비롯해서 발전기, 변압기, 차단기, 개폐기 등 많은 기기, 공작물이 접속되어 있는데 이들의 절연강도가 상호 간에 아무 관계없이 정해져서 기기에 따라 필요 이상으로 절연강도가 높거나 또는 약하게 되어 있다면 계통 전체로서의 신뢰도는 낮아진다. 가령 차단기의 절연강도가 다른 설비에 비해 훨씬 낮게 정해졌다면 이상전압이 발생할 때마다 차단기가 제일 먼저 사고를 일으켜서 계통운용에 큰 지장을 줄 것이다.

그러므로 계통이 각 기기는 자체의 기능에서 요구되는 절연강도뿐만 아니라 만일 사고가 발생하더라도 그 범위를 최소한으로 억제해서 계통 전체의 협조를 잘 도모해 줄 필요가 있다. 이와 같이 계통 내의 각 기기, 기구 및 애자 등의 상호 간에 적정한 절연강도를 지니게 함으로써 계통설계를 합리적·경제적으로 할 수 있게 한 것을 절연협조라고 한다.

그렇다면 각 기기의 절연강도는 각각 어떤 값으로 선정해 주어야 할 것인지 이것을 결정하는 것은 어디까지나 앞서 설명한 바와 같은 송전계통에 발생하는 이상전압이다. 이 중 평상운전 시에 자주 발생하는 내뢰는 그 대부분이 기껏해야 상규대지전압 파고값의 4배 정도 이하이므로 이에 대해서는 계통 각 부분의 절연강도를 높여서 기기 자체의 힘만으로 충분히 견딜 수 있게끔 설계하고 있다. 즉, 공작물, 기기는 내부적인 원인에 의한 이상전압에 대해서는 특별한 보호장치가 없어도 섬락, 절연파괴를 일으키지 않을 정도의 절연 강도를 지니게 하고 있다.

이에 반해 외로에 대한 아무런 보호장치도 없이 기기 자체의 절연강도를 이에 견딜 수 있을 정도까지 높인다는 것은 현재의 기술로나 경제면에서 도저히 불가능하다. 그러므로 오늘날 어느 나라나 할 것 없이 외로에 대해서는 피뢰장치로 기기 절연을 안전하게 보호한다는 기본원리에 따르고 있다.

이 피뢰장치로 이상전압의 파고값을 각 기기의 충격전압에 대한 절연강도 이하로 저감하는 전압값을 보호레벨이라고 한다. 따라서 전력계통의 이상전압에 대한 절연설계는 발생하는 이상전압, 보호레벨, 기기의 절연강도 3가지를 충분히 검토해서 해나가지 않으면 안 된다. 이 3자 간의 상호관계의 합리화, 곧 전기기기 및 공작물의 절연강도를 보호레벨보다 높게 취해서 가장 경제적이면서도 신뢰성 있는 절연설계를 선정하는 것이 절연 협조인 것이다. 참고로 절연 협조의 일례로 변압기 등의 기기, 보호용의 피뢰기, 전선로에서의 애자 및 초호환(아크 혼)의 절연강도관계를 알 수 있다.

이상과 같은 절연 협조에 관한 기본방침은 가령 송전선로만에 대해서도 적용할 수 있다. 그 구체적인 예가 2회선 송전선에서의 불평형 절연 같은 것이다. 2회선 송전선이 뇌격을 받으면 그때의 상황에 따라 2회선이 동시에 지락사고를 일으키는 경우가 있다.

이러한 사고를 피하기 위해 2회선 중 한쪽 회선의 절연강도를 다른 회선의 그것보다 약간 낮게 하는 이른바 불평형 절연을 실시하는 것이다. 그 방법으로서 양 회선 간의 현수애자의 연결 개수에 1~2개의 차를 두기도 한다. 200kV급 이하의 선로일 경우 이 방식의 채용으로 양 회선에 걸친 동시 섬락사고가 30~40% 정도 감소하였다는 보고도 있다.

II 절연 계급과 기준 절연강도

선로로부터 내습한 이상전압은 앞에서 설명한 바와 같이 피뢰기로 일단 제한전압까지 저감된다고 하였는데, 그렇다면 이에 대해서 각 기기의 절연강도는 어느 정도로

정해 주면 좋을 것인가 하는가를 공칭전압별로 경절한 것이 [표 8-2]의 절연 협조 대조표이다. 이와 같이 기기 절연을 표준화하고 또 통일된 절연체계를 구성한다는 목적에서 절연계급을 설정하고 각 절연계급에 대응해서 기준충격 절연강도(BIL : Basic Insulation Level)를 제정하고 있다.

[표 8-2]로부터 가령 절연계급 140호의 기기라면 충격전압에 대해서는 적어도 750kV에, 상용주파전압에 대해서는 325kV에 견딜 수 있어야 한다는 것을 알 수 있다.

III 송배전선로에서의 절연 협조

전력계통의 절연 협조의 출발점은 선로 절연강도의 결정에 있다. 가공송전선로는 애자로 절연되지만 그 절연강도는 우선 내부 이상전압 및 고장시의 과전압에 의한 섬락을 일으키지 않는다는 것을 목표로 해서 설계한다.

【표 8-2 절연 협조 대조표】

접지계통	공칭전압[kV]	절연계급[호]	기준충격절연강도 BIL[kV]	선로애자의 50% 충격섬락전압[kV]			피뢰기		충격시험전압값[kV]		상용주파시험전압값[kV]
				고압핀, 라인포스트애자	장간애자	250[mm] 현수애자	정격전압[kV]	제한전압[kV](10,000A)	I	II	
비유효 접지계통	3.3	3A (3B)	45	고압핀 애자대 80	-	-	4.2	14	45 (30)	-	16 (10)
	6.6	6A (6B)	60		-	-	8.4	28	60 (45)	-	22 (16)
	11	10A (10B)	90	LP-10 120	-	2개 연 255	14	47	90 (75)	-	28
	22	20A (20B)	150	LP-20 165	삿갓 5매 170	2개 연 255	28	94	150 (125)	-	50
	33	30A (30B)	200	LP-30 220	삿갓 7매 230 삿갓 10매 290	3개 연 355	42	140	200 (170)	-	70
	66	60	350	LP-60 385	삿갓 13매 380	4개 연 440	84	281	350	420	140
	77	70	400	LP-70 440	삿갓 17매 430	5개 연 525	98	328	400	480	160
	110	100	550	-	삿갓 21매 560 삿갓 24매 650	7개 연 695	140	469	550	660	230

접지계통	공칭전압[kV]	절연계급[호]	기준충격절연강도 BIL[kV]	선로애자의 50% 충격섬락전압[kV]			피뢰기		충격시험 전압값[kV]		상용주파시험전압값[kV]
				고압핀, 라인포스트애자	장간애자	250[mm] 현수애자	정격전압[kV]	제한전압[kV] (10,000A)	I	II	
유효접지계통	154	140	750		–	9개 연 860	196 (182)	656 (610)	750	900	325
	187	140	750			11개 연 1023	168 182*	563 610	750	–	325
	220	170	900			13개 연 1185	210* 224	703 750	900	–	395
	275	200	1050			16개 연 1425	252* 266	844 891	1050	–	460

뇌이상전압에 대해서는 가공지선으로 전선에의 뇌직격을 방지함과 동시에 상기의 설계에 의한 애자가 역섬락을 일으키지 않도록 철탑의 탑각 접지저항을 충분히 저감하고, 가공지선과 전선과의 사이에도 충분한 거리를 유지하도록 한다. 또 뇌와 같은 순간적인 고장에 대해서는 속류를 신속히 차단하고 아크가 소멸하면 다시 송전할 수 있도록 하는 이른바 재투입방식을 채용한다. 이상이 송전선로에 있어서의 절연 협조의 기본방침이다.

가공배전선로에 있어서도 절연 협조의 근본적인 방침은 송전선로의 그것과 다를 바가 없다. 다만 배전선로에서는 배전용 변압기가 다수 분산배치되어 있기 때문에 이들을 어떻게 보호하느냐 하는 것이 절연 협조의 주안점으로 되고 있다. 여기서는 동작이 양호하고 가격도 싸고, 사용하기에 편리한 피뢰기가 요망되고 있으며 결국 이 피뢰기의 선택과 적용방법이 문제가 된다.

이상과 같이 절연 협조를 검토함에 있어서는 뇌와 같은 자연현상 및 기기의 제작기술과 송배전선로의 운용기술을 하나로 묶은 광범위한 분야에 걸친 지식과 자료를 필요로 한다. 또 절연 협조의 확보에는 확률적인 요소가 많이 포함되기 때문에 과거의 실적과 경험을 토대로 해서 신중히 검토해야 할 것이다.

Q8 연습문제

01 송전계통에 발생하는 이상전압의 종류를 들고 그 내용을 간단히 설명하라.

02 전력계통의 개폐서지의 발생원인과 그 대책에 대하여 설명하라.

03 낙뢰가 송전선에 미치는 영향을 논하라.

04 피뢰기의 정격전압, 제한전압에 대하여 설명하라.

05 피뢰기의 종류에 대하여 아는 바를 설명하라.

06 전력계통의 절연 협조란 무엇인가?

07 345kV급의 송전계통에 있어서 선로의 섬락횟수를 감소시키고, 섬락에 의한 송전정지를 피하기 위한 계통구성, 선로절연, 선로보호장치에 대해서 고려하지 않으면 안 될 점을 설명하여라.

08 절연 협조와 기기의 절연 설계에 대해서 논하라.

09 피뢰용 가공 진선의 효과에 대하여 논하라.

10 파동 임피던스 $Z_1 = 500\,\Omega$ 및 $Z_2 = 400\,\Omega$인 2개의 선로의 접속점에 피뢰기를 설치하였을 경우 Z_1의 선로로부터 파고 800kV의 전압파가 내습하였다. 선로 Z_2에의 전압투과파의 파고를 300kV로 억제하기 위해서는 피뢰기의 저항을 얼마로 하면 되겠는가?

11 파고값 20kA의 정사각형(구형)의 전류파가 가공지선상을 최종단 철탑을 향해 내습하였을 경우 철탑의 전위는 얼마로 되겠는가? (단, 가공지선의 파동 임피던스 $Z = 400\,\Omega$, 철탑의 접지저항 $R_t = 20$이라 하고 기타의 정수는 무시한다.)

12 100kA 이상의 송전선의 애자개수를 표준보다도 감소시키고자 할 때 다음의 각 항과 관련하여 고려할 사항을 기술하여라.

① 뇌
② 개폐 이상전압
③ 피뢰기
④ 변압기의 절연

Transmission and Distribution Engineering

PART 9
변 전 소

PART 9 변 전 소

9.1 변전소의 역할

발전소에서 발전한 전력을 수용가에 공급하는 과정에서는 여러 단계에 걸쳐 전압을 승압해 주거나 강압시켜 줄 필요가 있으며, 발·송전력을 집중하거나 배분해 줄 필요가 있다. 변전소는 이러한 역할 이외에도 전압조정, 전력조류 제어, 송배전선로 및 변전소에 설치된 설비를 보호한다는 중요한 역할을 담당하고 있다.
이러한 기능을 다하기 위해서는 이에 소요되는 설비를 구비하는 한편, 안정운전을 계속할 수 있어야 하고 설비의 보수도 확실히 할 수 있어야 한다. 여기서는 간단히 변전소의 역할과 구비조건을 간추려 보겠다.

I 전압의 변성과 조성

일반적으로 변전소에서의 전압의 변성은 전력을 경제적으로 송전하기 위해서 실시하는 것인데 이에 의해서 적정한 전력 수송능력의 확보, 전력 수송설비의 경감과 전력손실의 감소를 도모할 수 있다. 아울러 양질의 전력을 공급하기 위해 수용가의 수전전압이 허용범위 내에 들도록 자동전압 조정장치와 조상설비로 전압을 조정하고 있다.

II 전력의 집중과 배분

전력의 안정된 공급과 경제적인 수송을 위해 전력의 집중과 배분이 필요하게 된다. 전력의 집중과 배분은 변전소의 1차 측 및 2차 측의 모선에 접속되는 송배전선로에 의해 이루어진다. 송배전선의 인입구와 인출구에는 차단기와 단로기가 설치되어 있으며 필요에 따라 개폐가 이루어진다.

III 전력조류의 제어

유효전력의 제어는 발전소의 출력조정이 그 주측을 이루고 있지만 이밖에도 변전소에서는 전력계통의 접속변경, 계통 내 설비의 과부하방지, 사고 시의 공급지장 범위 확대 방지 등을 위해 적절한 조류배분을 한다. 한편, 무효전력의 제어는 발전소에서의 무효전력공급보다도 가능한 한 소비지점 가까이에서 무효전력을 공급하는 것이 유효하기 때문에 변전소에서 설치된 전력용 콘덴서와 분로리액터 등의 조상설비를 많이 이용하고 있다.

IV 송배전선로 및 변전소의 보호

전력설비는 광범위하게 분포되어 자연재해에 노출되고 있고 과부하에 의해서 설비가 위험상태에 빠지기 쉬울 뿐만 아니라 설비 자체도 사고가 일어날 가능성이 많다. 이와 같은 사태에 대비해서 송배전선로 및 변전소를 보호하기 위한 여러 가지 보호장치가 변전소에 설치되고 있다.

9.2 변전소의 설비

변전소는 위에서 말한 목적과 역할을 다하기 위해서 필요한 설비를 갖추고 있으며, 또한 이들을 운전·보수하는 데 소요되는 시설도 구비하고 있는데 그 개요는 다음과 같다.

I 주변압기

변전소 설비의 주체가 되는 것으로서 전압의 변성을 주목적으로 하고, 발전소에서는 승압용, 변전소에서는 강압용 변압기가 사용된다. 변압기에는 단상용과 3상용이 있는데 경제적으로 유리한 3상용이 많이 쓰이고 있지만, 고전압 대용량 변압기의 경우에는 오히려 단상용이 더 많이 사용되고 있다.

또한 전력 전송용의 변압기는 부하 시 탭 절환변압기를 사용해서 전압조정 및 무효전력을 제어한다. 그밖에 루프 시스템의 전력조류를 제어하기 위해 전압위상 조정장치도 채용되고 있다.

II 조상설비

조상설비는 송·수전단전압이 일정하게 유지되도록 하는 조정 역할과 역률 개선에 의한 송전손실의 경감, 전력시스템의 안정도 향상을 목적으로 하는 설비로 일반적으로 변동률이 크게 된다.

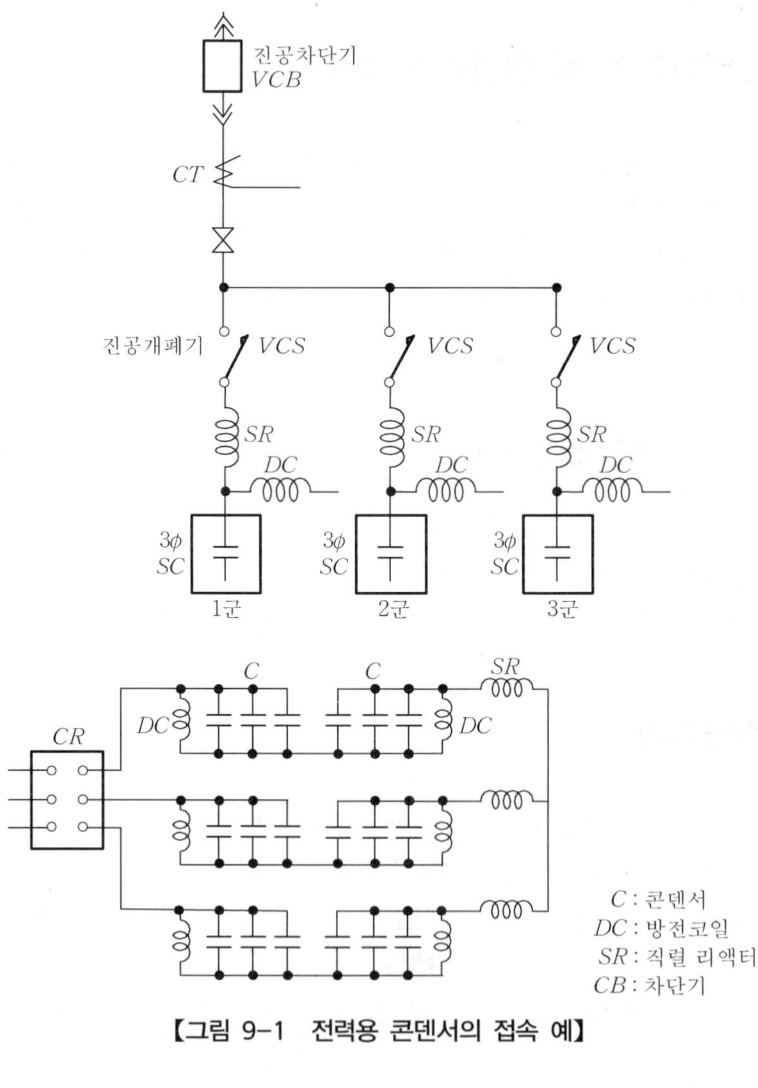

【그림 9-1 전력용 콘덴서의 접속 예】

한편, 장거리 송전 시 경부하로 되면 선로의 대지 커패시턴스 때문에 페란티 현상이 발생하게 된다. 이처럼 송전선에 흐르는 무효전류는 전력손실을 증대시킴과 동시에 송전용량을 감소시켜 시스템의 안정도를 저하시킨다. 따라서 이들의 영향을 제거하기 위해 수전단에서 중부하 시에는 진상무효전력을, 경부하 시에는 지상무효전력을 공급하여 송전선의 전압을 조정하고 있다.

조상설비에는 동기조상기, 비동기조상기, 전력용 커패시터 및 분로리액터 등이 있다. 동기조상기는 여자를 조정해 진상무효전류와 지상무효전류를 연속적으로 공급할 수 있으며, 전력용 커패시터는 진상전류만을 단계적으로 공급하는 기능을 가지므로 변전소 및 부하의 말단에 병렬로 접속해서 역률을 조정한다.

조상설비에는 회전기와 정지형 설비가 있는데 전자에는 동기조상기와 비동기조상기가 있으며 후자에는 전력용 콘덴서, 병렬리액터가 있다. 회전기는 진상, 지상 어느 쪽에서도 사용할 수 있고 연속적인 제어가 가능하다는 점에서 유리하지만 가격이 비싸고 운전·보수가 어렵다는 단점 때문에 최근에는 정지형 설비인 전력용 콘덴서가 보다 많이 보급되고 있다.

전력용 콘덴서는 [그림 9-1]에 보인 것처럼 고압용의 것은 3상형의 콘덴서, 직렬리액터, 방전코일로 구성되며(최근에는 이를 함께 조합해서 유닛화하고 있음), 특별고압용의 것은 단상용을 Y 결선하고 중성점 측에 직렬리액터, 중간에 방전코일을 설치하고 있다(1군의 용량은 80~100MVA 정도).

III 모 선

변전소에서의 송전선로의 접속방식은 모선방식에 따라 결정되는데 모선(Bus)이란 주변압기, 조상설비, 송전선, 배전선 및 기타 부속설비가 접속되는 공통도체로서 이것의 재료로는 경공연선, 경알루미늄 연선 및 알루미늄 파이프가 사용되고 있다.

모선방식에는 단일모선방식, 표준 2중모선방식, $1\frac{1}{2}$ 차단기방식, 환상모선방식 등이 있으며, 변전소의 계통상 위치, 용량 등을 고려해 적절한 방식을 채용한다.

단일모선은 [그림 9-2]와 같이 가장 단순한 모선방식으로서 차단기 등의 소요기기, 변전소 용지 등이 적어서 경제적이지만, 가령 모선차단기의 사고 또는 보수·점검 시 변전소 전체가 정전된다는 문제점을 지니고 있다.

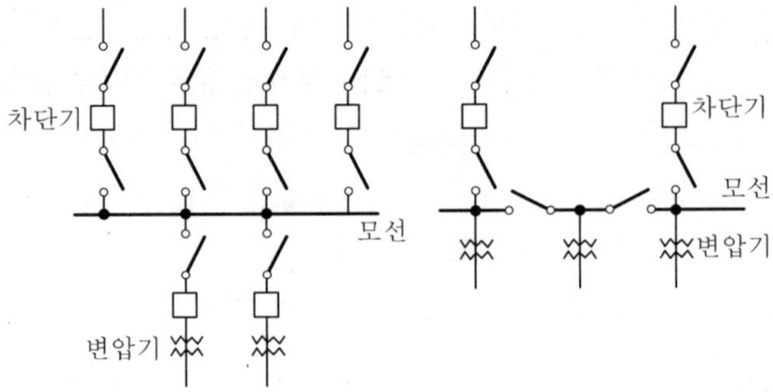

【그림 9-2 단일모선 회로도】

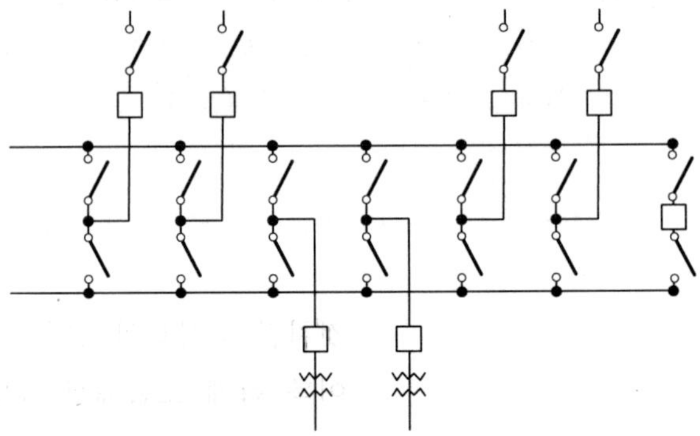

【그림 9-3 표준2중모선 회로도】

복모선은 [그림 9-3]과 같이 통상 2중모선을 사용하고 있다. 이것은 단모선에 비해 모선 간 차단기, 단로기, 모선 및 소요면적이 증가하지만 기기의 점검·보수라든지 계통운용이 쉬워진다는 장점이 있다. 가령 한쪽 모선의 사고에 대해서는 모선 간 차단기 및 사고 모선에 접속된 선로 또는 변압기를 제거함으로써 사고를 제외시킬 수 있다. 또한 선로사고에 대해서도 모선 간 차단기를 개방해서 모선을 분할·운용한다면 계통을 서로 다른 계통으로도 운용할 수 있다.

이러한 2중모선방식에서 모선사고라든지 점검·보수 시의 정전범위를 축소하기 위해 [그림 9-4]와 같은 $1\frac{1}{2}$ 차단기방식을 쓰는 경우가 많으나, 이 방식은 사고 시의 계통 신뢰도를 높이는 데 유리한 점이 있는 반면, 소용 용지라든지 경제성이라는 면에서 불리한 점도 없지 않다.

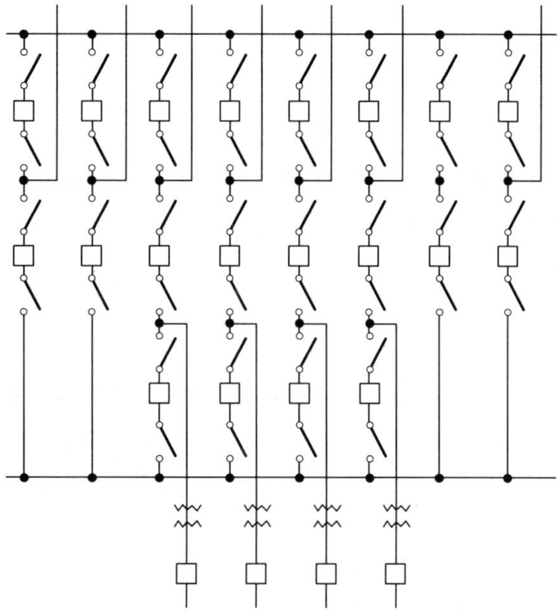

【그림 9-4 $1\frac{1}{2}$ 차단기방식 모선 회로도】

환상모선은 [그림 9-5]에 나타낸 것처럼 모선이 환상(루프)으로 되어 있어서 모선의 부분정전, 차단기의 점검·보수 등에서는 편리한 장점이 있는 반면, 모선 내의 직렬 기기의 전류가 커지거나 보호방식이 복잡해진다는 결점이 있다.

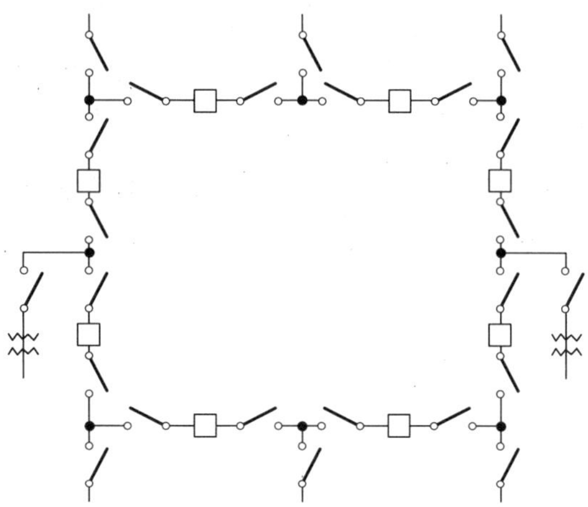

【그림 9-5 환상모선 회로도】

Ⅳ 차 단 기

차단기는 부하전류는 물론 고장 시에 발생하는 대전류를 차단시켜 설비를 보호하며, 변전소 내의 점검·수리 등의 작업 시에 작업장소를 정전시키기 위해 필요한 설비이다. 또한 전력시스템의 대형화에 따른 단락용량의 증대, 고장의 신속한 제거, 고속도 다중 재폐로 등의 요구에 따라 전기적·기계적으로 신뢰성이 높은 형식의 차단기가 개발되어 사용되고 있다. 차단기는 그 소호 원리에 따라 다음 표와 같이 분류되고 있다.

【표 9-1 소호 원리에 의한 차단기의 종류】

종 류	약 어	소호 원리
유입차단기	OCB	아크에 의한 절연유 분해가스의 흡수력을 이용하여 차단
기중차단기	ACB	대기 중에서 아크를 길게 하여 소호실에서 냉각 차단
자기차단기	MBB	대기 중에서 전자력을 이용하여 아크를 소호실 내로 유도해서 냉각 차단
공기차단기	ABB	아크에 압축공기를 불어서 차단
진공차단기	VCB	고진공 중에서 전자의 고속도 확산에 의해 차단
가스차단기	GCB	고성능 절연 특성을 가진 특수가스(SF_6)를 흡수하여 차단

[그림 9-6]은 이상에서 설명한 차단기의 구조를 보인 것이다.
최근에는 성능이 우수하고 규모가 작은 SF_6 가스 차단기가 많이 채용되고 있다. 이것은 SF_6(6불화유황) 가스의 우수한 소호능력, 절연강도를 이용한 차단기로 차단부의 구조나 원리는 공기차단기와 거의 같다. SF_6 가스는 같은 압력에서는 공기의 2.5~3.5배의 절연내력이 있으며, 가스압력 3~4kg/cm^2 에서는 절연유 이상으로 되고 있다. 또한 소호능력은 공기의 100배 이상에 이르고 있으며 고전압 다중차단기에서는 차단점수가 공기차단기의 $\frac{1}{2}\sim\frac{1}{3}$로 되기 때문에 소형화된다는 특징이 있다.
[그림 9-7]은 변전소의 시설 예이다.

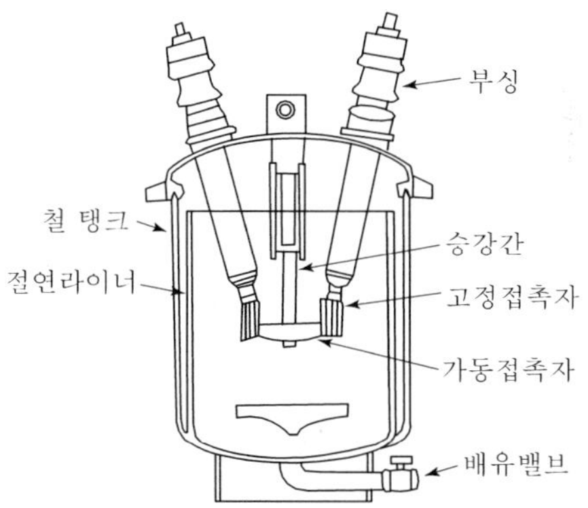

(a) 유입차단기(탱크형)

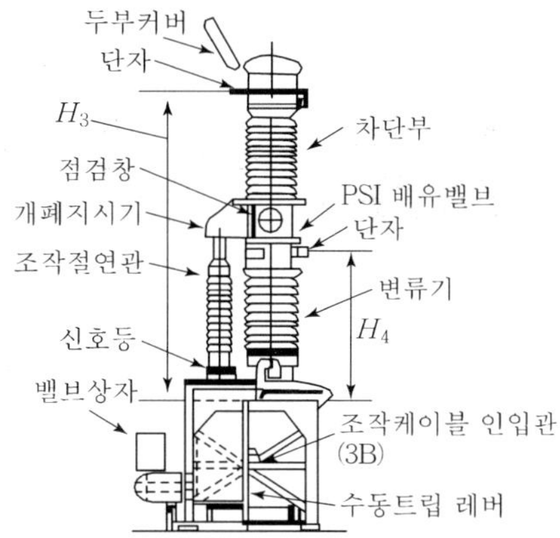

(b) 유입차단기(애자형)

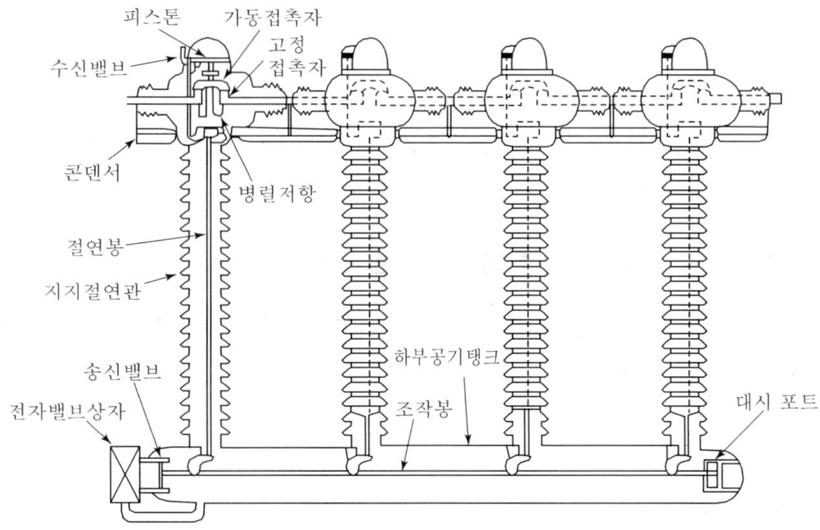

(c) 공기차단기

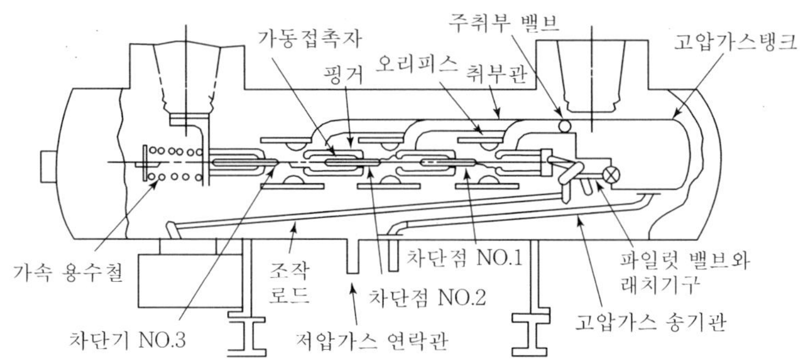

(d) 가스(SF_6) 차단기

【그림 9-6 차단기의 종류】

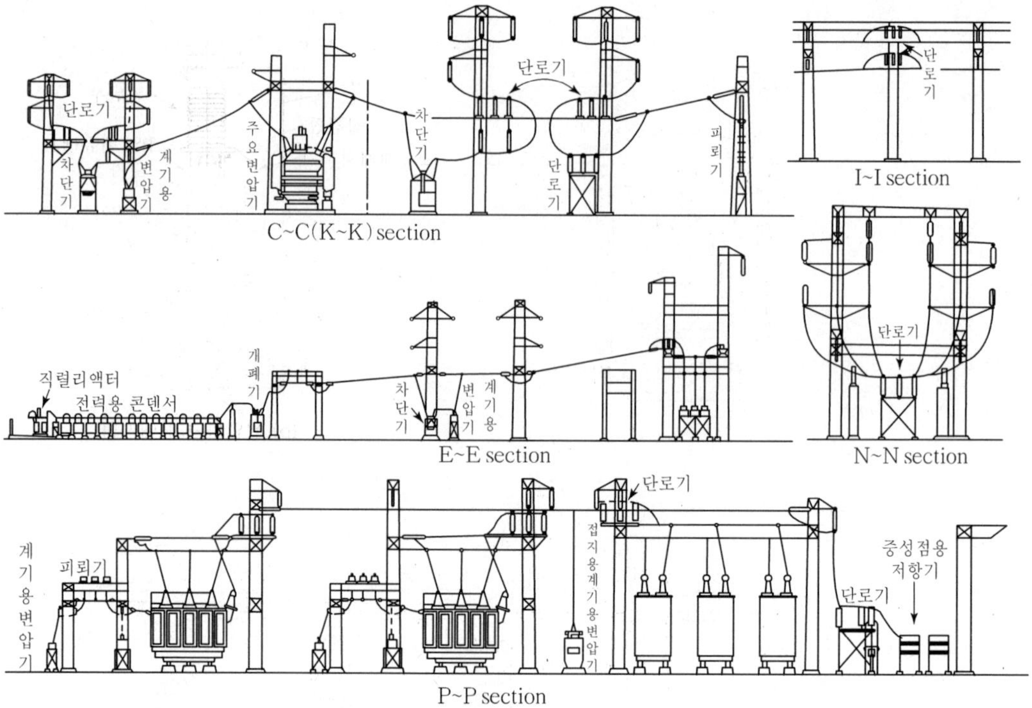

【그림 9-7 변전소의 시설 예】

Q9 연습문제

01 변전소의 역할에 대하여 설명하라.

02 주변압기에 대하여 설명하라.

03 조상설비에 대하여 설명하라.

04 모선에 대하여 설명하라.

05 차단기에 대하여 설명하라.

06 유입차단기에 대하여 설명하라.

07 기중차단기에 대하여 설명하라.

08 자기차단기에 대하여 설명하라.

09 공기차단기에 대하여 설명하라.

10 진공차단기에 대하여 설명하라.

11 가스차단기에 대하여 설명하라.

Transmission and Distribution Engineering

PART 10 배전계통의 구성

PART 10 배전계통의 구성

10.1 배전선로의 개요

일반적으로 배전선로는 발전소 또는 배전용 변전소로부터 직접 수용장소에 이르는 전선로를 말한다. 즉, 전송된 전력은 보통 송전계통의 말단에 있는 배전용 변전소에 일단 들어가고 여기서 송전전압을 배전전압(고압배전)으로 낮추어준 다음 적당한 회전수의 고압배전선로에 의해서 다시 인출된다.

이 선로에 따라서 적당한 장소마다 배전변압기(주상에 설치된 경우가 많기 때문에 주상변압기라고도 함)를 설치해서 다시 이 변압기로 전압을 적당히 낮추에 저압배전선로(200/380V)에 접속하고 있다.

배전선로를 사용해서 직접 수용가에게 전력을 공급하는 것을 배전(Distribution)이라고 한다. 배전선로는 대용량의 전력을 먼 거리에 일괄해서 전송하는 송전선로와 달리 넓은 지역 내에서 각각의 장소에 분산된 다수의 수용가에게 전력을 직접 배분·공급하기 때문에 전선로는 짧고, 저전압 소전력이면서 회전수가 많으며, 각 선로도 불평형을 이루는 경우가 많은 등의 여러 가지 특징이 있다.

또 배전용 시설물은 시가지의 도로상에 건설된 경우가 많기 때문에 전기시설 규정 등에 의한 제한 외에 교통 및 건축물과의 관계, 도시의 미관, 화재, 풍수해 등의 비상시의 보안면에 대해서도 충분히 고려하지 않으면 안 된다.

일반적으로 배전선로는 고압선과 저압선으로 나눌 수 있는데 여기서 저압, 고압 및 특고압은 다음과 같이 규정되고 있다(현행 전기설비기술기준 제3조).

① **저압** : 직류에서는 750V 이하, 교류에서는 600V 이하의 전압
② **고압** : 직류에서는 750V를, 교류에서는 600V를 넘고 7,000V 이하의 전압
③ **특별고압** : 7,000V를 넘는 전압

우리나라에서 지난 1970년대까지 사용해 온 배전전압은 고압선에서 공칭 3,300V(일부에서는 6,600V 사용)의 비접지 3상3선식이, 저압선은 일반 가정의 전등용으로 100V의 단상2선식, 전동기용으로 200V를 운용해 왔었다. 그러나 지난 1970년대 초부터는 부하 증대에 따른 전압개선 및 전력손실 경감을 위해 고압선은 22.9kV－Y3상4선식, 공통중성선 다중접지방식으로, 저압선은 220/380 3상4선식으로 승압해 나가고 있다.

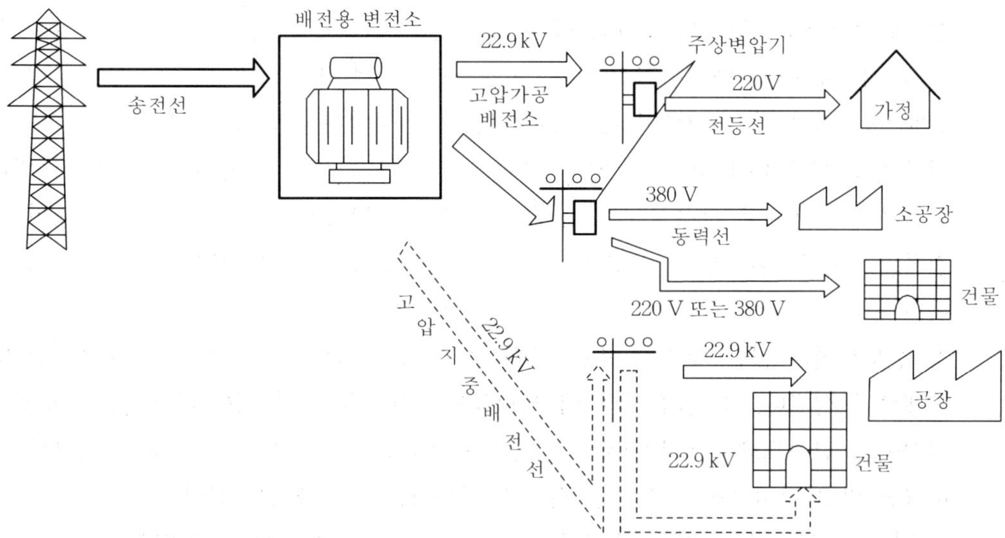

(a) 개요도

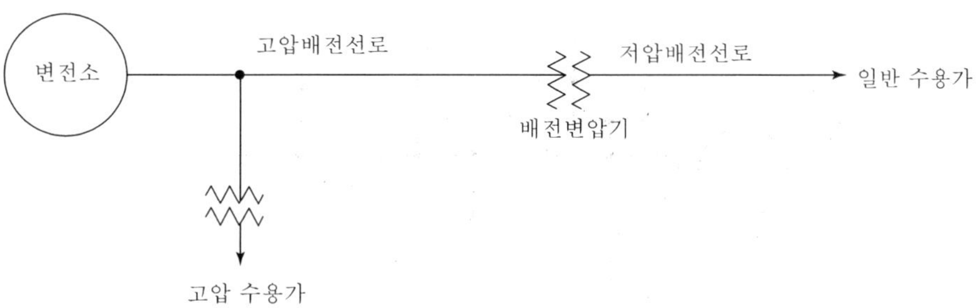

(b) 구성도

【그림 10-1 배전계통의 구성】

다만 현재는 그 과도기로서 2차 배전전압은 단상 110, 220, 110/220, 3상 220/380 등 다양한 전압으로 사용되고 있는 관계로 전압배전설비의 유지·보수에 여러가지 문제를 안고 있으나 머지않은 장래 이들은 모두 220/380V로 통일될 전망이다.

10.2 고압배전계통의 구성

I 급전선·간선 및 분기선

배전용 변전소로부터 부하에 전력을 공급하는 데에는 여러 가지 방식이 있지만, 우선 그 기본으로 선로전류의 대소에 따라 급전선, 간선 및 분기선으로 나눌 수 있다.
급전선(Feeder)은 배전변전소 또는 발전소로부터 배전간선에 이르는 도중에 부하가 일체 접속되지 않은 선로이다. 즉, 이것은 배전구역까지의 송전선이라도 할 수 있는 선로로서 궤전선이라고 부르기도 한다. 간선은 급전선에 접속된 수용지역에서의 배전선로 가운데에서 부하의 분포상태에 따라서 배전하거나 또는 분기선을 내어서 배전하는 부분을 말하는데 이것은 마치 발·변전소의 모선에 상당하는 것이라고 생각하면 된다.
각 선부분에는 많은 분기선 또는 주상변압기가 접속되기도 하며 대부분은 가공선의 형태로 구성된다. 또 급전선과 배전간선과의 접속점을 궤전점이라고 한다. 한편, 분기선이란 간선으로부터 분기해서 변압기에 이르까지의 부분으로 지선이라고도 하며 다양한 말단 부하설비에 전력을 전송을 전송하는 역할을 담당한다.
[그림 10-2]는 이들 고압배전선로의 구성에 관한 일례를 보인 것이다.

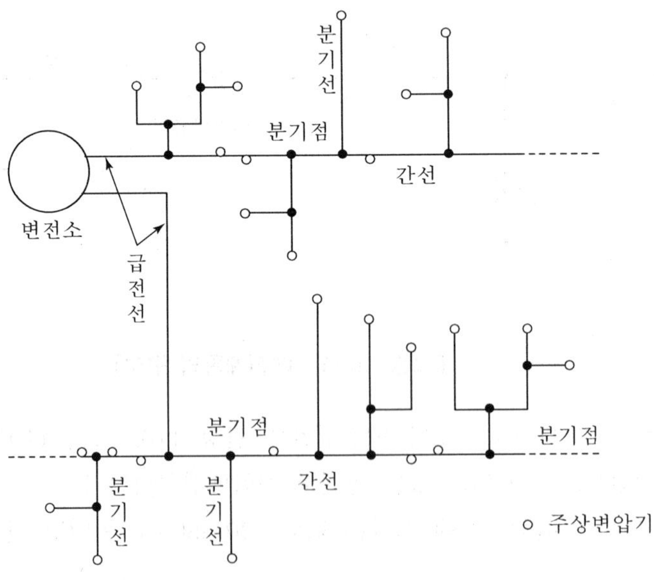

【그림 10-2 배전선로의 구성 예】

소도시나 촌락 등의 배전에는 급전선을 따로 인출하지 않고 변전소로부터 직접 배전간선을 인출해서 배전하는 경우가 많다. 그러나 도시에서는 이렇게 하면 변전소 인출선의 회전수가 많아지므로 통상 급전선을 수용지점 부근까지 시설해서 그 구역의 배전간선에 공급하고 있다. 또 이때 급전선의 회선수가 많아질 경우에는 가공전선로로 끌면 변전소의 인출구가 복잡해지고, 1회선에 일어난 사고가 직접 다른 회선으로 확산될 우려도 있기 때문에 지중전선로 또는 가공케이블로 하는 경우도 있다. 고압배전선의 전압은 그 동안 3.3kV가 사용되어 왔으나 현재는 22.9kV로 바뀌고 있다. 이와 같이 배전전압을 승압하는 것은 전압강하나 전력손실을 경감한다는 목적 외에 대규모의 수용가 및 부하밀도의 증가에 대응해서 공급능력을 증강하기 위해서이다.

II 고압배전선의 구성

일반적으로 고압배전선의 구성은 수지식·환상식 및 망상식의 3가지로 나누어진다.

1) 수지식(방사상식)

수지식 배전간선은 [그림 10-3]에 나타낸 바와 같이 발·변전소로부터 인출된 배전선이 부하의 분포에 따라서 나뭇가지 모양으로 분기선을 내면서 각 방면에 이르는 것이다.

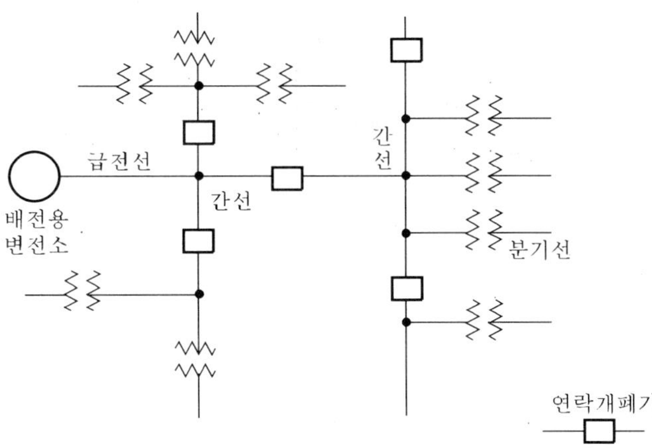

【그림 10-3 수지식 배전간선】

이 방식은 수요가 증가할 때마다 간선이나 분기선을 연장 또는 증강해서 이에 쉽게 응할수 있다는 장점이 있으나, 한편 사고가 발생하였을 경우에는 다른 계통(간선)으로 전환시킬 수 없기 때문에 정전을 면할 수 없고 전압변동 및 전력손실이 크다는 결점이 있다.

우리나라의 배전선은 종래에는 거의 대부분이 이 방식이었으나 수용밀도의 증대나 배전의 근대화를 위해서 요즈음은 보다 튼튼하고 신뢰도가 높은 환상, 망상식으로 개선 보강되어 나가고 있다.

2) 환상(루프)식

환상식 배전간선은 [그림 10-4]와 같이 배전간선이 하나의 환상선으로 구성되고 수요 분포에 따라 임의의 각 장소에서 분기선을 끌어서 공급하는 방식으로 루프 방식이라고도 한다.

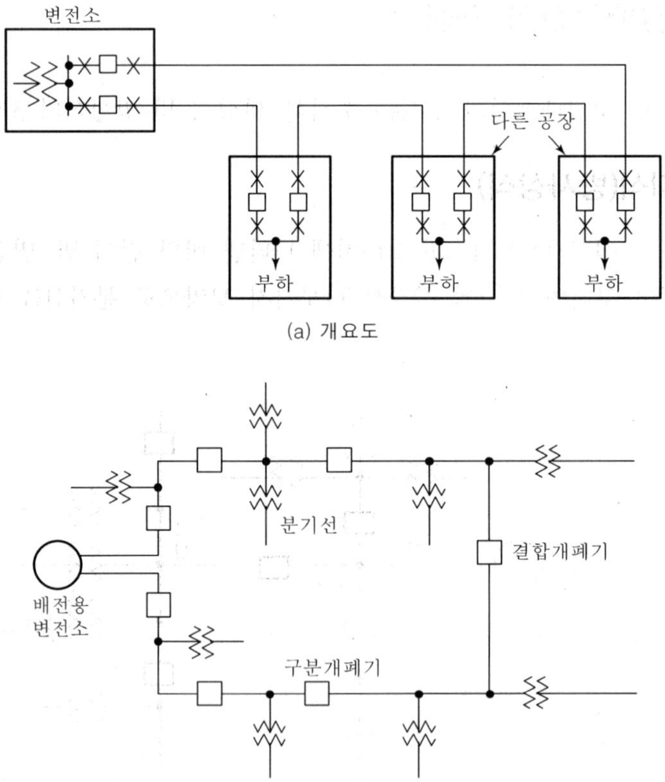

(a) 개요도

(b) 구성도

【그림 10-4 루프식 배전간선】

이 그림에서 결합개폐기의 역할은 고장 시에만 자동적으로 폐로해서 전력을 공급하는 것이다. 그림에서 결합개폐기를 평상시 개방해 두는 경우와 상시 폐로해 두는 경우가 있는데, 전자를 상시 개로루프, 후자를 상시 폐로루프라고 부르기도 한다.
환상식 배전은 좌우 양쪽으로부터 전력을 공급받으므로 선로 도중에서 고장이 발생하더라도 고장개소의 분리조작이 용이해서 그 부분을 빨리 분리시킬 수 있다. 또한 전류의 통로에 융통성이 있기 때문에 전력손실과 전압강하가 수지식보다 작다는 장점이 있으나, 보호방식이 복잡해지며 설비비가 비싸진다는 결점도 있다. 용도로서는 비교적 수용밀도가 큰 지역의 고압배전선으로 많이 사용된다.

3) 망상식

망상식(Network System) 배전간선은 [그림 10-5]와 같이 배전간선을 망상으로 접속하고 이 망상계통 내 수 개소의 접속점에 급전선을 연결한 것으로서 네트워크방식이라고 부르기도 한다.
이 방식은 환상식보다 무정전공급의 신뢰도가 한층 더 높아진 것으로 유럽이나 미국의 대도시에서는 이 방식을 널리 채택하고 있다.

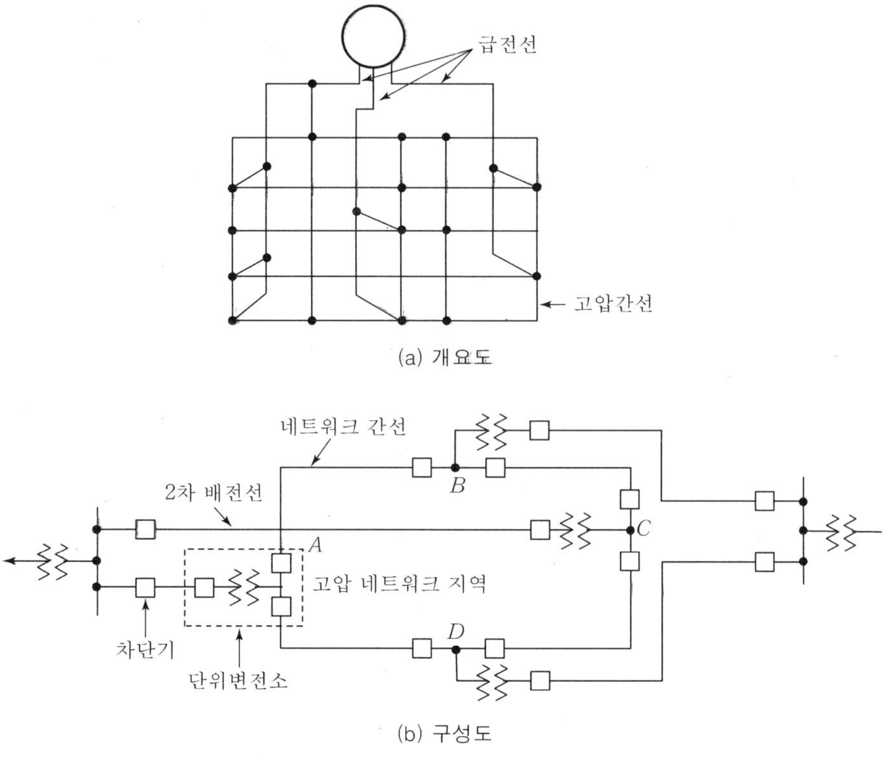

【그림 10-5 고압 네크워크방식】

III 고압지중 배전계통의 구성

이상은 주로 가공선로에 의한 계통구성방식이고, 근래 대도시를 중심으로 하는 부하 고밀도지역에서는 지중선로에 의한 고압지중 배전계통이 확대되어 나가고 있다. 그 특징을 간단히 설명하면 다음과 같다.

1) 방사상방식

① 전원변전소로부터 1회선 인출 수용가 공급
② 경제적 공급방식
③ 신규 부하증설 용이

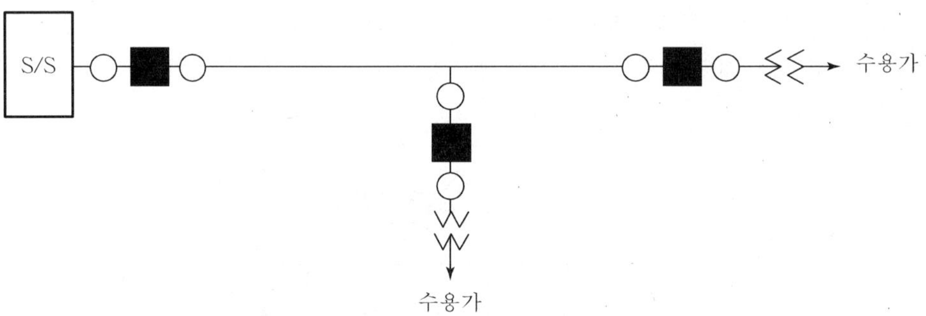

【그림 10-6 방사상방식】

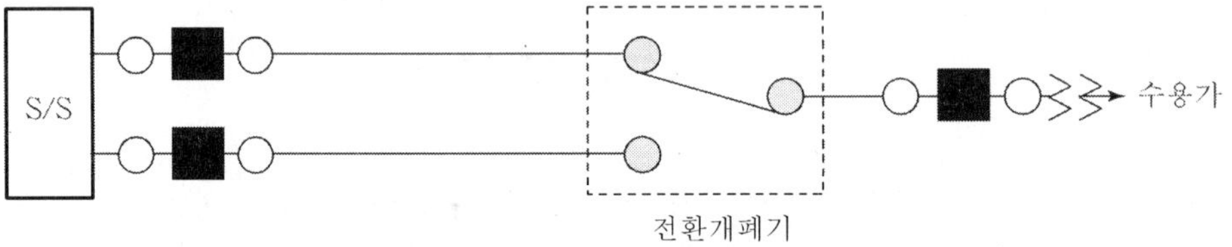

【그림 10-7 예비선 절체방식】

2) 예비선 절체방식

① 일반적으로 서로 다른 변전소나 뱅크에서 본선과 예비선 인출
② 상시 본선으로 공급하고 본선로 고장이나 공사 시 예비선으로 절체공급
③ 예비선 절체 시 순간정전 내지 단시간 정전이 수반됨.
④ 개폐기 절체방식(자동절체, 원격절체, 수동절체)

3) 환상공급방식

(1) 순수환상방식

- 동일 변전소, 동일 뱅크에서 2회선으로 상시 공급(설비구성 고가)
- 선로 고장 시 고장구간 양측의 계전기를 통해 차단기 동작
- 건전선로에 의한 수용가 무정전공급 가능

(2) 개방환상방식

- 동일 변전소, 동일 뱅크 또는 변전소나 뱅크를 달리해 양 계통을 연계하고 선로부하 중심을 상시 개방운전
- 선로고장 시 고장점 탐색 및 개폐기 조작방식에 따라 정전시간 좌우

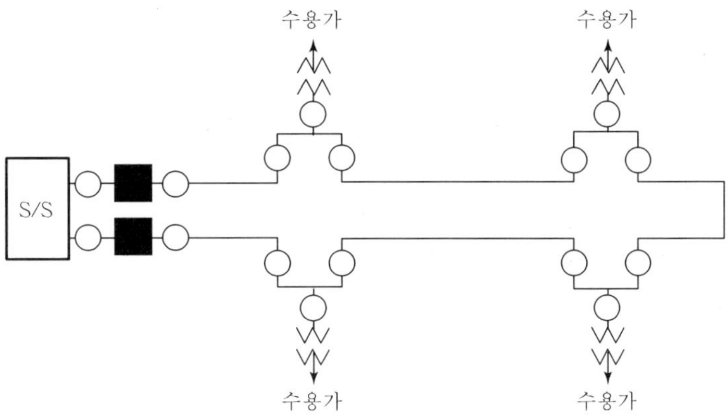

【그림 10-8 환상방식】

4) 스폿 네트워크방식

(1) 공급 신뢰도 : 1회선 케이블이나 변압기 고장에도 2차 병렬모선을 통해 부하측 무정전 전력공급이 가능

(2) 선로이용률 : 환상공급방식 50%에 비해 3회선 네트워크 방식은 67%

(3) 전압변동률 : 변압기 2차 측의 병렬운전으로 부하분담이 균일화됨으로써 상시 부하변동에 대한 전압변동이 적음.

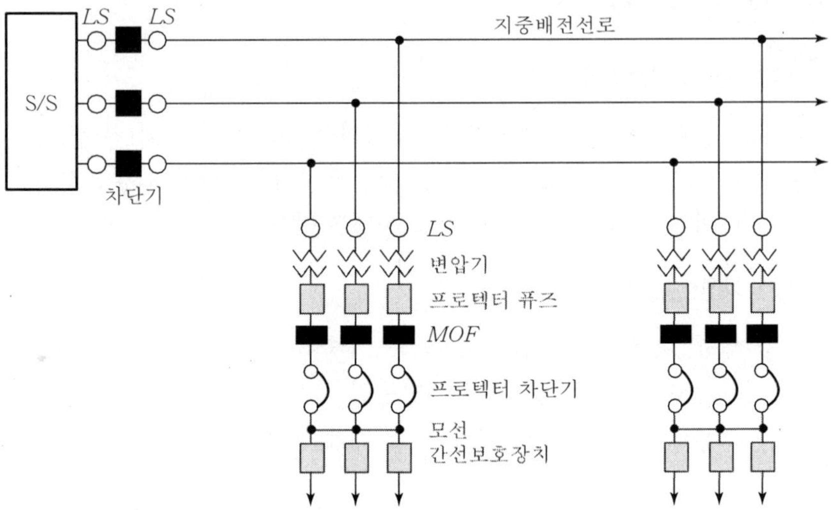

【그림 10-9 스폿네트워크방식】

10.3 저압배전계통의 구성

저압배전선로의 구성으로는 방사상방식이 일반적이지만 이외에도 저압뱅킹방식, 저압네트워크 방식의 3가지가 있다.

I 방사상 방식

이 방식은 [그림 10-10]과 같이 변압기 뱅크단위로 저압배전선을 시설해서 그 변압기의 용량에 맞는 범위까지의 수요를 공급하는 방식인데, 부하의 증설에 따라 나뭇가지 모양으로 간선이나 분기선을 추가로 접속시키고 있다.
이 방식은 전압변동 및 전력손실이 크고 사고에 의한 정전범위도 확대되기 때문에 신뢰성이 낮다는 결점이 있으나, 그 구성이 단순하고 공사비가 저렴하다는 장점이 있다.

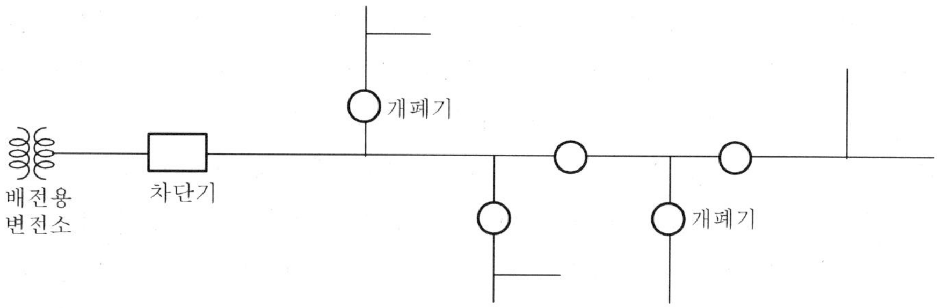

【그림 10-10 방사상 배전선로의 일례】

Ⅱ 저압뱅킹방식

[그림 10-11]과 같이 동일 고압배전선로에 접속되어 있는 2대 이상의 배전용 변압기의 저압 측을 병렬접속하는 방식을 저압뱅킹방식이라고 한다. 일반적으로 비교적 대용량 변압기의 2차 측에 적용되는데, 이들 변압기의 고압 측은 같은 상이다. 다시 말하면 이 저압뱅킹방식은 인접 변압기는 같은 고압선으로 공급하면서 그 2차 측만 서로 연락해 준다는 것이다.

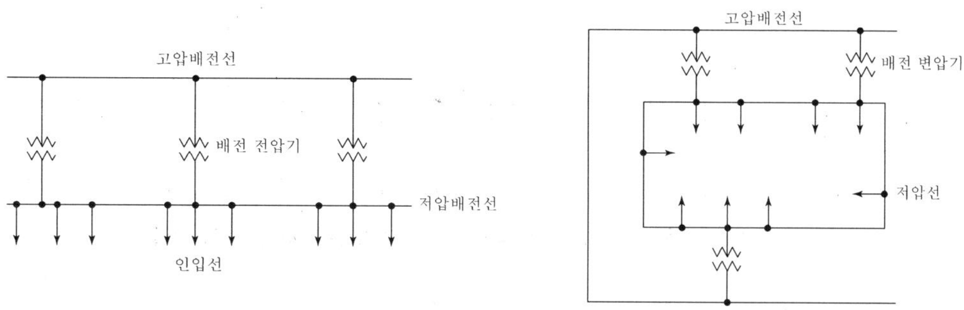

【그림 10-11 저압뱅킹방식의 일례】

이 방식은 미국에서 널리 채용되고 있으며 종래의 2차 측 수지식 배전선과 비교해서 다음과 같은 장점을 지니고 있다.

① 변압기의 공급전력을 서로 융통시킴으로써 변압기 용량을 절감할 수 있다.
② 전압변동 및 전력손실이 경감된다.
③ 부하의 증가에 대응할 수 있는 탄력성이 향상된다.
④ 고장보호방식이 적당할 때 공급 신뢰도는 향상된다(정전의 감소).

반면 저압 측을 병렬접속하는 1차 퓨즈나 2차 퓨즈 등의 보호장치가 적당하지 않으면 어떤 장소에서 발생한 사고가 직시에 고장구간 양단의 단락보호장치로 제거 구분되지 못하고 사고범위가 확대되어 나가는 이른바 캐스케이딩이라는 장해를 일으키게 된다. 즉, 캐스케이딩이란 변압기 또는 선로의 사고에 의해서 뱅킹 내의 건전한 변압기의 일부 또는 전부가 연쇄적으로 회로로부터 차단되는 현상을 말한다.

이에 대해서 일반적으로 [그림 10-12]와 같이 인접 변압기의 중간에 퓨즈 또는 차단기를 삽입하는 고장보호방식을 사용하고 있다. 즉, 변압기의 1차 측에 퓨즈를 설치하고 인접 변압기에 연락하는 저압선의 중간에 구분퓨즈를 설치하는 것이다.

변압기 또는 저압선에 고장이 일어나면 1차 측 퓨즈 및 변압기 양측의 구분퓨즈가 용단해서 그 구간의 수용가만 정전하게 된다. 이때 변압기퓨즈와 구분퓨즈와의 용단 특성에 협조가 잘 취해져 있지 않으면 사고가 더 큰 범위로 확대될 우려가 있다. 더 말할 것 없이 구분퓨즈는 변압기퓨즈보다 빨리 끊어지게 되어 있어야 한다.

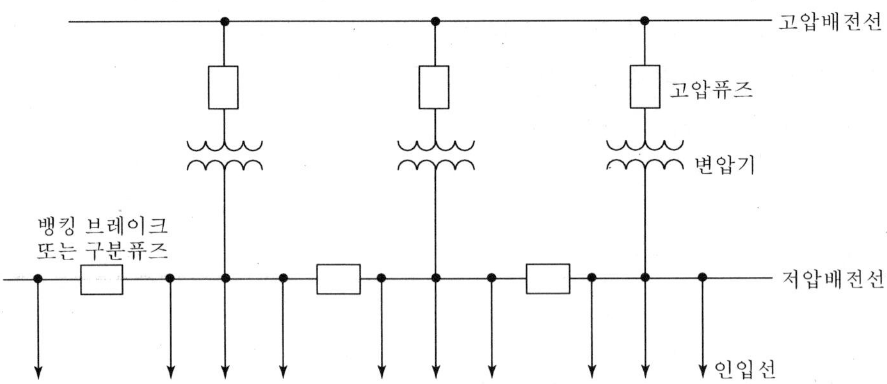

【그림 10-12 뱅킹방식에서의 보호장치 설치의 예】

III 저압네트워크방식

이것은 배전변전소의 동일 모선으로부터 2회선 이상의 급전선으로 이상의 급전선으로 전력을 공급하는 방식이다. 곧 저압 네트워크방식은 [그림 10-13]과 같이 2개 이상의 배전변압기 2차 측(저압 측)을 전기적으로 연결해서 망상으로 한 것으로, 각 수용가에는 그 네트워크로부터 분기해서 직접 전기를 공급하도록 하고 있다.

[그림 10-13]에서 알 수 있듯이 이 방식은 어느 회선에 사고가 일어나더라도 다른 회선에서 무정전으로 공급할 수 있기 때문에 다음과 같은 여러 가지 장점을 지니고 있다.

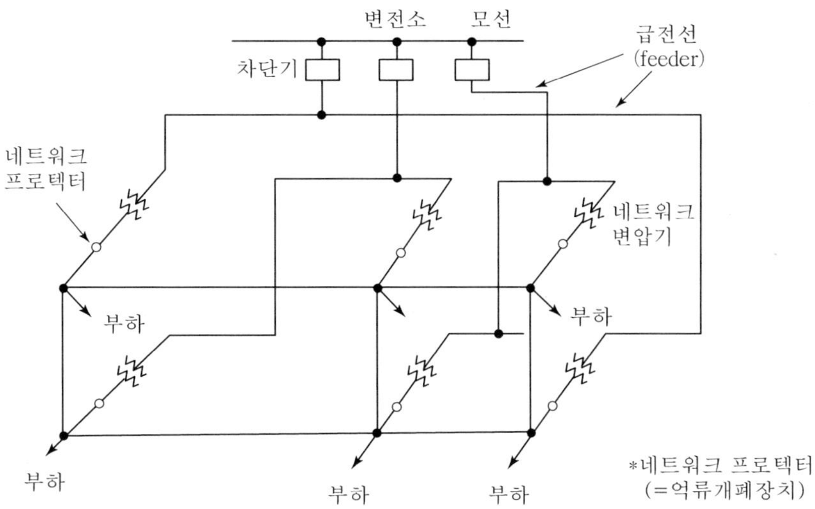

【그림 10-13 저압네트워크 배전방식의 일례】

① 배전의 신뢰도가 높다.
② 전압변동이 적다.
③ 전력손실이 적다.
④ 기기의 이용률이 향상된다.
⑤ 부하 증가에 대한 적응성이 좋다.
⑥ 변전소의 수를 줄일 수 있다.

반면 이 방식의 단점은 다음과 같다.

① 건설비가 비싸다.
② 특별한 보호장치를 필요로 한다.

이 네트워크방식을 간소화한 것으로 스폿 네트워크방식이 있다. 이 방식은 22.9kV 배전용 변전소로부터 2회선 이상(3회선을 많이 씀)의 배전선으로 수전해서 도심부의 고층 빌딩이나 큰 공장과 같이 부하밀도가 높은 대용량 집중부하에 적용되는 것으로서, 가령 1회선에 사고가 발생한 경우라도 다른 건전한 회선으로부터 자동적으로 수전할 수 있는 무정전방식으로서 신뢰도가 매우 높은 방식이다.
스폿 네트워크 수전의 특징은 첫째, 22.9kV 측은 수전용 차단기를 생략하고 그 대신 변압기의 저압측에 네트워크 프로텍터를 보호장치로 사용한다는 것이다. 둘째, 네트워크 프로텍터에 상정될 여러 가지 사고에 대한 동작책무를 지니게 함으로써 사고구간을 자동적으로 정확하게 분리하는 등 부하에 전력을 무정전으로 공급할 수 있게 되어 있다는 것이다.

예제 10-1

어떤 공장이 있다. 이 공장이 가까운 변전소로부터 수전하고자 할 경우 선택할 수 있는 수전방식(회로방식)을 열거하고 각각의 특징을 설명하라.

풀이 먼저 수전전압의 선정은 수전용량, 공장의 지리적 조건 등을 고려해서 전력회로 측과 긴밀한 협조하에 결정되야 할 것이다. 일반적으로는 수전전압이 높아질수록 전력의 품질, 신뢰도가 좋아지지만 건설비가 비싸다는 점을 감안해야 한다. 한편, 회로방식은 다음 [그림 10-14]와 같은 것을 생각할 수 있으며 그 특징은 [표 10-1]과 같다.

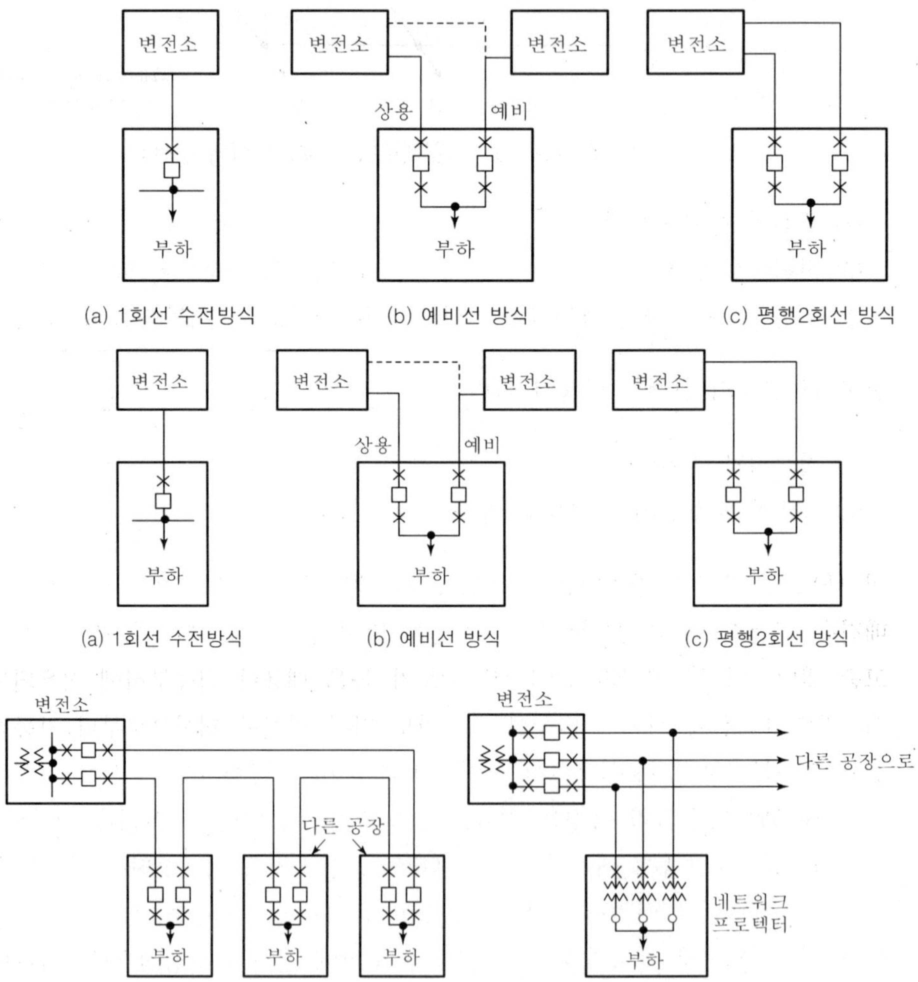

【그림 10-14 회로방식】

【표 10-1 공장 수전 회로방식의 특징】

명 칭		특 징
1회선 수전방식		가장 간단하고 신뢰도가 낮지만 용도에 따라서는 경제적이다.
2회선 수전방식	예비선 절체방식	실질적으로는 1회선 수전이지만 송전선 사고 시에 예비선으로 절체함으로써 정전시간을 단축할 수 있다.
	평행2회선 방식	어느 한쪽 송전선 사고 시에는 정전없이 급전을 계속할 수 있다.
루 프 식		• 양방향에서 급전되기 때문에 선로 사고 시에도 정전 없이 받을 수 있다. • 전압변동률이 좋아서 배전손실은 감소된다. • 보호방식이 복잡하다.
스폿 네트워크 방식		• 무정전공급이 가능하다. • 기기의 이용률이 향상된다. • 전압변동률이 좋다. • 부하 증가에 대한 적응성이 좋다. • 전등·동력의 일원화가 가능하다.

예제 10-2

고압 수용가에 대한 인입방식에 대해 설명하라.

풀이 배전선로로부터 고압 수용가의 수전 전기설비까지 인입하는 방식으로는 가공인입방식과 지중인입방식의 2가지가 있다.
일반적으로 전력회사 측 설비와 고압수전설비와의 경계에는 보안상의 책임부계점을 설정하고 있다. 이 경계로부터 부하 측의 설비에 관한 유지 및 운용에 대한 보안책임은 고압수전설비 설치자가 책임지게 되어 있다.

1) 가공인입방식

전력회사의 가공인입선으로부터 인입할 경우에는 일반적으로 수용가 구내에 수용가가 전주를 세워서 가공선 또는 지중케이블을 연결하고 여기를 책임분계점으로 한다.

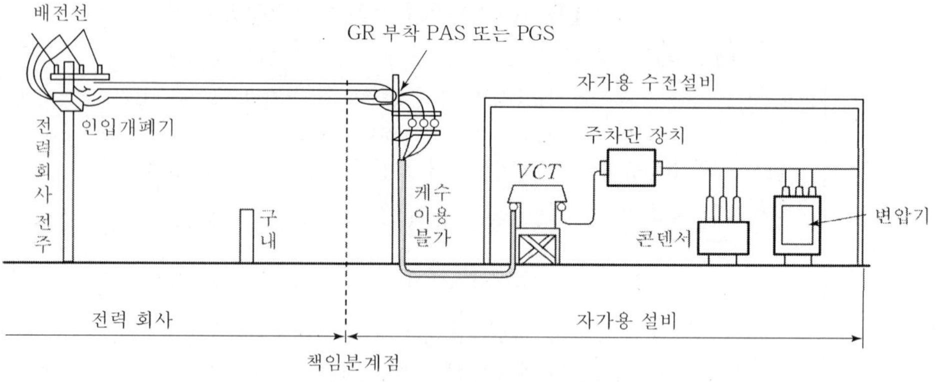

【그림 10-15　가공인입에 의한 수전 형태】

2) 지중인입방식

전력회사의 지중인입선으로부터 인입할 경우는 수용가 구내에 설치한 고압 캐비닛 내에 수용가측 고압 인입케이블을 접속하고 여기를 책임분계점으로 한다.

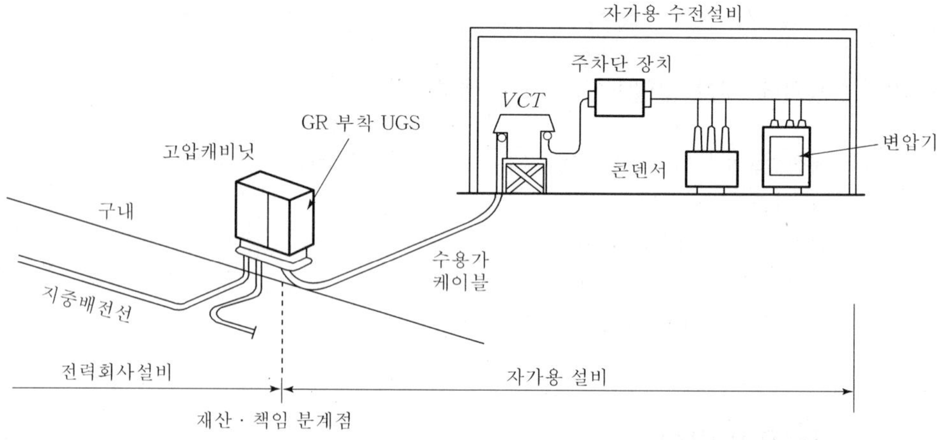

【그림 10-16　지중선 인입에 의한 수전 형태】

예제 10-3

고압 수전설비를 구성하는 기기에 대해 설명하라.

풀이 먼저 일반적인 고압 수전설비의 단선 결선도를 [그림 10-17]에 나타내었다. 이 그림에서 보는 바와 같이 고압수전설비를 구성하는 기기는 수전부분, 변압기부분, 2차 모선 이후의 저압부분으로 구성된다. 이들의 주요 구성기기와 기능을 [표 10-2]에 나타내었다.

【표 10-2 고압 수전설비의 주요 구성기기와 기능】

구성기기의 명칭	기 능
변압기(T), 전력수급용 계기용 변성기(VCT), 계기용 변압기(VT), 변류기(CT, ZCT)	전압, 전류를 변압·변류한다.
고압차단기(CB), 고압교류 바하개폐기(LBS), 단로기(DS), 배전용 차단기($MCCB$), 퓨즈(PF, F) 등	전압, 전류를 개폐·차단한다.
과전류 계전기(OCR), 지락 계전기(GR), 배전용 차단기($MCCB$), 퓨즈(PF, F) 등	회선의 고장, 이상을 검출한다.
전압계(V), 전류계(A)	회선의 전압, 전류 등을 측정한다.
피뢰기(LA)	뇌서지 등과 과전압의 침입을 방지한다.
진상콘덴서(SC)	역률을 개선한다.

* (　　)는 [그림 10-17]의 기호와 같음

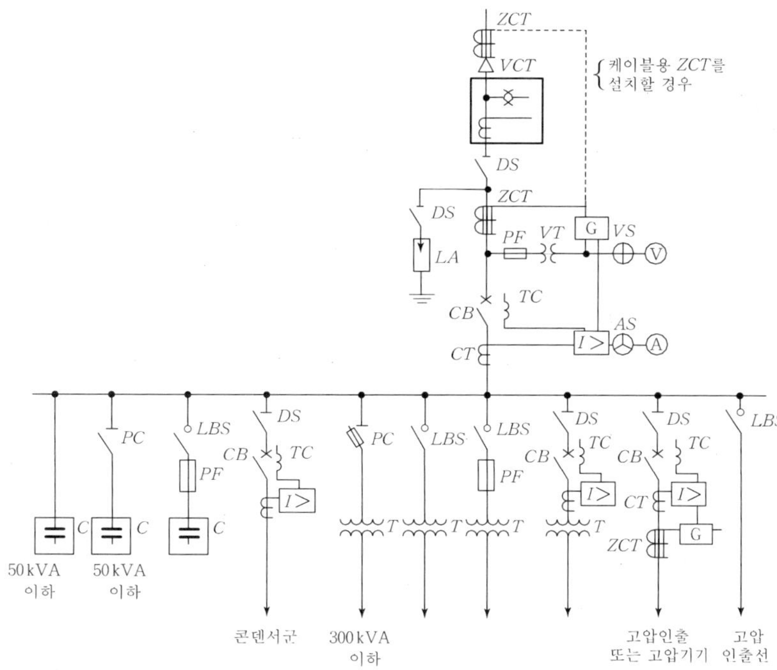

ZCT : 영상 변류기
VCT : 전력수급용 계기용 변성기
DS : 단로기
LA : 피뢰기
PF : 고압 한류 퓨즈
VT : 계기용 변압기
CT : 변류기
G : 지락 계전기
CB : 고압차단기
TC : 트립 코일
I > : 과전류 계전기
PC : 고압 컷아웃
LBS : 고압교류 부하개폐기
T : 변압기
C : 고압 진상콘덴서
A : 전류계
AS : 전류계 전체개폐기
V : 전압계
VS : 전압계 전체개폐기

【그림 10-17 고압수전설비 단선결선도의 기기】

10.4 배전선로의 전기방식

I 고압배전선로의 전기방식

종래 우리나라의 고압배전선은 3.3kV, 6.6kV, 22kV의 3상3선식이었으나 오늘날에는 1차 배전전압 승압정책에 따라 이들을 모두 22.9kV로 통일, 승압 중에 있다.

1) 3상3선식(중성선 비접지방식)

[그림 10-18]에 이 방식의 결선을 나타내었다. 중성선 비접지식은 배전선에서 가장 많이 일어나는 지락사고에 대해서 지락전류가 작다는 장점이 있어 이 방식을 쓰는 경우가 많다.

변전소에서는 주변압기의 2차 측은 Δ결선, 주상변압기의 동력용은 주로 V결선으로 하고 있다.

2) 3상4선식

변전소의 주변압기 2차 측을 Y결선으로 해서 중성점을 접지하는 방식으로 접지방식에 따라 중성선 대지 이용방식, 중성선 단일접지방식, 공통중성선 다중접지방식 등이 있다. 중성선 접지방식에서는 1선의 지락사고는 1상의 단락과 같으므로 지락전류가 커서 고저압선 혼촉 시에 저압선의 전위 상승이 높아지고 통신선에 유도장해를 줄 우려가 있다. 종래 우리나라의 배전시스템은 1차 고압계에는 6,600V와 3,300V 3상3선식을 채용해 왔으며, 2차 저압계는 동력 200V, 전등 100V의 두 전압을 사용해 왔었다.

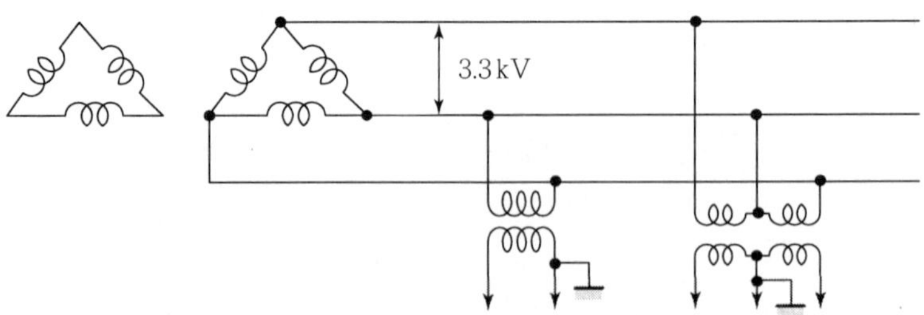

【그림 10-18 3상3선식(중성점 비접지방식)】

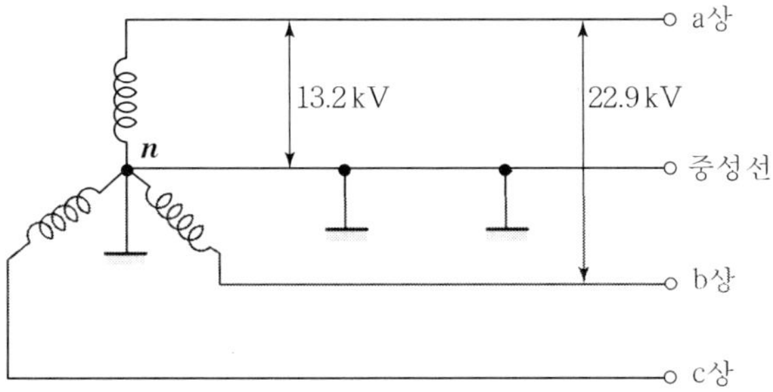

【그림 10-19　3상4선식 다중접지 고압배전선로】

그러나 수년 전부터는 고압배전선로의 배전전압을 높여 배전시스템의 공급능력을 확충시킬 목적으로 [그림 10-19]와 같은 3상4선식 다중접지방식을 채용하고 있다.

선간전압은 22.9kV로, 다중접지된 중성선 간에는 $22.9/\sqrt{3} = 13.2$kV가 인가된다. 이상전압은 변압기의 중간텝을 이용한다면 기존의 6,600V나 3,300V와의 연계가 용이해진다는 이점이 있다.

예제 10-4

배전전압을 $\sqrt{3}$배 하였을 때 같은 전력손실률로 보낼 수 있는 전력은 몇 배로 늘어나겠는가?

풀이

먼저 전력손실률은 $\frac{\text{손실전력}}{\text{공급전력}} = \frac{Ploss}{P}$으로 정의되는 것이므로 이것을 Pl라고 하면

승압 후의 Pl'는

$$P' = \frac{P'loss}{P'} = \frac{3(I')^2R}{\sqrt{3}\,V'I'\cos\theta} = \frac{\sqrt{3}\,I'R}{V'\cos\theta}$$

한편, 승압 전의 Pl는

$$P' = \frac{Ploss}{P} = \frac{3I^2R}{\sqrt{3}\,VI\cos\theta} = \frac{\sqrt{3}\,IR}{V\cos\theta}$$

제의에 따라 $Pl = Pl'$이므로

$$\frac{\sqrt{3}\,I'R}{V'\cos\theta} = \frac{\sqrt{3}\,IR}{V\cos\theta}$$

$$\therefore\ \frac{I'}{I} = \frac{V'}{V} = \sqrt{3}$$

따라서 승압 후의 공급전력 P'는

$$P' = \sqrt{3}\,V'I'\cos\theta$$
$$= \sqrt{3}(\sqrt{3}\,V)(\sqrt{3}\,I)\cos\theta$$
$$= 3 \cdot (\sqrt{3}\,VI\cos\theta)$$
$$= 3 \times P$$

로 되어 승압 전 전력의 3배까지 늘어나게 된다.

예제 10-5

배전선로의 선간전압을 3.3kV에서 6.6kV로 높였을 경우 같은 전선을 사용하면 같은 전력 및 같은 전력손실하에서 송전거리는 몇 배로 늘어나겠는가?

풀이 승압 전 전압을 V_1, 승압 후 전압을 V_2라 하면 같은 전력이므로 역률이 같다고 하면,

$$P = \sqrt{3}\,V_1 I_1 \cos\theta = \sqrt{3}\,V_2 I_2 \cos\theta$$

$$\therefore \frac{I_1}{I_2} = \frac{V_2}{V_1} = \frac{6.6}{3.3} = \frac{2}{l}$$

제의에 따라 전력손실은 같으므로

$$3\,I_1^2 R_1 = 3\,I_2^2 R_2$$

$$\therefore \frac{R_2}{R_1} = \frac{I_1^2}{I_2^2} = \left(\frac{2}{l}\right)^2 = \frac{4}{l}$$

또 $R = \rho\frac{l}{R}$에서 제의에 따라 승압 전후에서 같은 전선을 사용한다고 하였으므로

$$\rho_1 = \rho_2,\ \ A_1 = A_2$$

$$\therefore \frac{R_2}{R_1} = \frac{\rho\frac{l_2}{A}}{\rho\frac{l_1}{A}} = \frac{l_2}{l_1} = \frac{4}{l}$$

곧 $l_2 = 4l_2$으로 되어 송전거리는 4배로 늘어난다.

II 저압배전선

종래의 저압배전선은 전등 수용가에 대해서는 단상2선식 100kV, 동력 수용가에 대해서는 3상3선 200V였으나 전력수요의 증가에 따라 전압강하·전력손실의 경감을 목적으로 3상4선식 220/380V로 승압되고, 일부에서는 승압이행의 과도조치로 110/220V 양용 정압공급을 위한 단상3선식도 사용되고 있다. 계통방식으로는 전등, 저압동력

공히 수지상방식을 표준으로 하고 있다. [표 10-3]은 오늘날 우리나라에서 사용하고 있는 저압배전방식을 보인 것이다.

【표 10-3 우리나라의 배전방식】

구 분	표준전압 [V]	배전 방식별 전압			
		단상2선식	단상3선식	3상3선식	3상4선식
저 압	110	110	110	–	110/220
	220	220	220	–	–
	380	220	–	220	220/380
	440	–	440[1)]	–	–

* 1) 부득이한 경우 이외에는 사용하지 않는 전압임

1) 단상2선식

단상2선식은 [그림 10-20]과 같이 단상교류전력을 전선 2가닥으로 배전하는 것으로서 전등용 전압배전에 가장 많이 쓰이고 있다. 이 방식은 전선수가 적고 가선공사가 간단하며, 공사비가 저렴하다는 등의 특징이 있다.

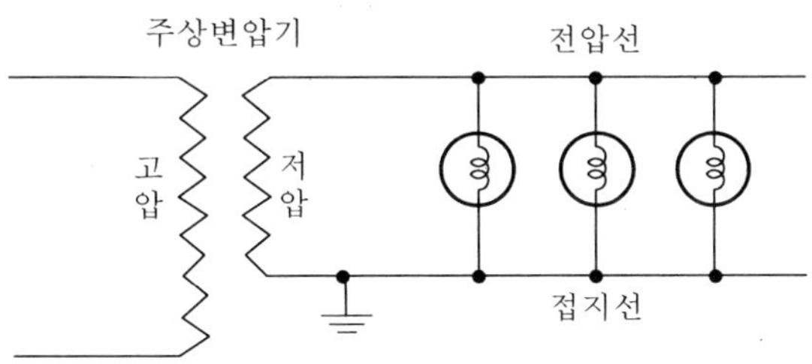

【그림 10-20 단상2선식】

변압기 저압 측의 1단자는 고저압선의 혼촉에 의한 저압선 전위 상승의 위험을 방지하기 위해 접지하고 있다.

2) 단상3선식

이 방식은 [그림 10-21]과 같이 주상변압기 저압 측 2개의 권선을 직렬로 하고 그 접속의 중간점으로부터 중성선을 끌어내어 전선 3가닥으로 배전하는 방식이다. 이 방식에서는 중성선과 외선 간에 110V 부하(전등 수요)를, 바깥쪽 양 외선 간에 220V 부하(전등 및 동력)를 공급하도록 한다. 현재 우리나라에서는 220/380V 승압공사 추진의 잠정적인 방안으로서 110/220V 양용 전압공급을 위해 일부지역에서 이 단상3선식을 이용하고 있다.

단상3선식은 단상2선식에 비해 다음과 같은 특징이 있다.

① 전압강하, 전력손실이 평형부하의 경우 1/4로 감소한다.
② 소요전선량이 적어도 된다.
③ 110V 부하 외에 220V 부하의 사용이 가능하다.
④ 상시의 부하에 불평형이 있으면 부하전압은 불평형으로 된다.
⑤ 중성선이 단선하면 불평형부하일 경우 전압에 심한 불평형이 발생한다[V가 거의 2배(2V)로 상승함.]
⑥ 중성선과 단상3선식에서는 양측 부하의 불평형에 의한 부하와 전압의 불평형이 큰 문제로 되기 때문에 일반적으로는 이러한 전압 불평형을 줄이기 위한 대책으로 저압선의 말단에 밸런서를 설치하고 있다.

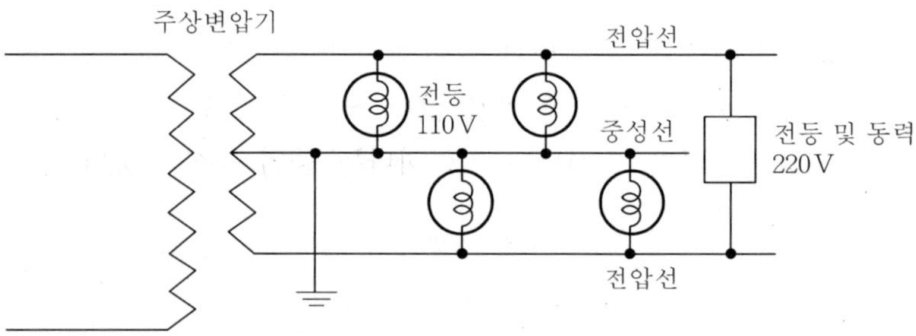

【그림 10-21 단상3선식】

3) 3상3선식

3상3선식은 널리 사용되고 있는 배전방식으로 [그림 10-22]와 같이 3상교류를 3가닥의 전선을 사용해서 배전하는 것이다. 이 경우 단상부하는 전체로 상평형되도록 조합과 접속방법에 주의해야 한다. 배전변압기의 2차 측 결선에는 [그림 10-22]와 같이 3종류가 있는데 비교적 용량이 클 때는 단상변압기 3대를 [그림 10-22 (a)]처럼 ⊿결선으로 해서 사용하는 경우가 많다. 그러나 경우에 따라서는 [그림 10-22 (b)]처럼 변압기 2대만 가지고 V결선으로 쓰다가 부하가 늘어날 때 1대 더 증설해 ⊿결선으로 사용하는 경우도 있다. 물론 단상변압기 대신 3상변압기를 그대로 사용하는 경우도 있다. Y결선은 특수한 경우에만 사용한다. 이상의 세 종류 모두 공히 주상변압기의 저압 측은 1단을 접지하고 있다.

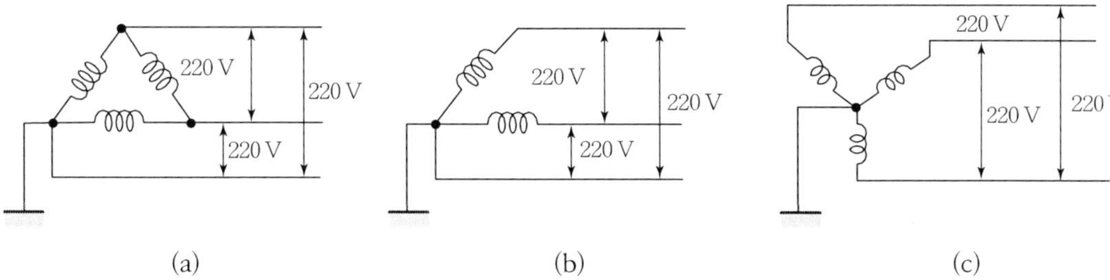

【그림 10-22 3상3선식】

4) 3상4선식

3상4선식은 [그림 10-23]과 같이 변압기의 2차 측을 접속하고, 그 중성점으로부터 중성선을 인출해서 3선식의 전선 3가닥과 조합시킴으로써 2가지 전압을 공급할 수 있게 한 것이다. 즉, 중성점과 각 상간의 전압을 E라고 하면 전압은 $\sqrt{3}\,E$로 된다.

가령 주상변압기의 2차 측 220V 단자를 Y접속하면 $\sqrt{3}\,E = 318$V로 되어 2가지 전압을 1회선으로 동시에 배전할 수 있다. 현재 우리나라에서 추진하고 있는 220/380V 승압은 바로 이 3상4선식을 채택해서 실시하고 있는 것이다.

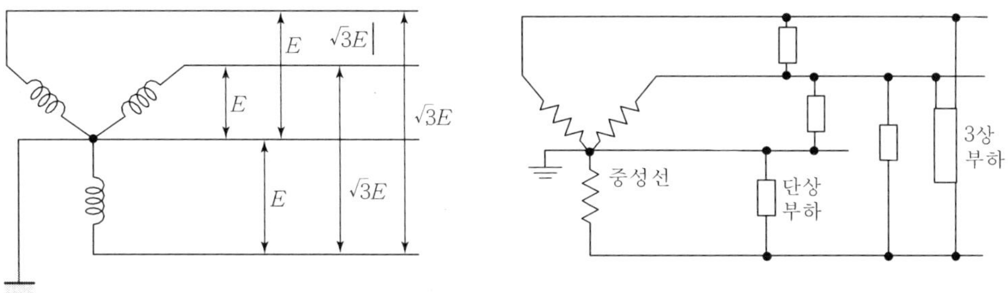

【그림 10-23 3상4선식】

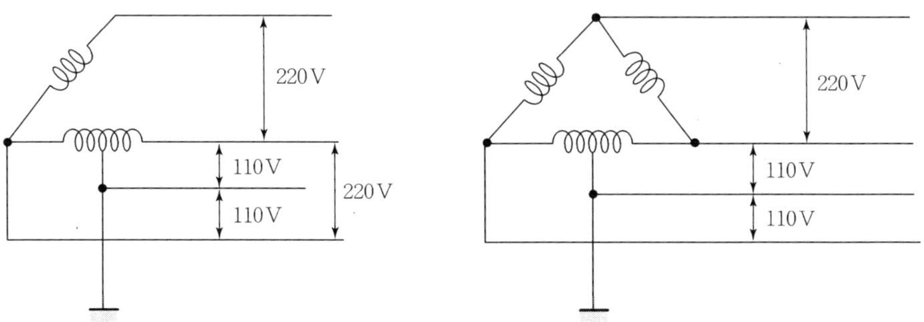

【그림 10-24 3상4선식 특수결선】

3상4선식에는 [그림 10-24]와 같이 특수한 결선방법도 있다. 이 방법은 저압배전선의 일원화, 즉 전등동력 공용방식으로 중성점이 접지되어 있는 변압기에 단상부하를 접속하고 3상의 선간에 동력부하를 접속하는 방식이다.

현재 외국에서 많이 사용하고 있는 이 전등동력 공용방식은 일반적으로 110V 부하에 대해서는 단상3선식으로, 3상부하에 대해서는 단상변압기 2대를 V결선해서 공급하고 있다.

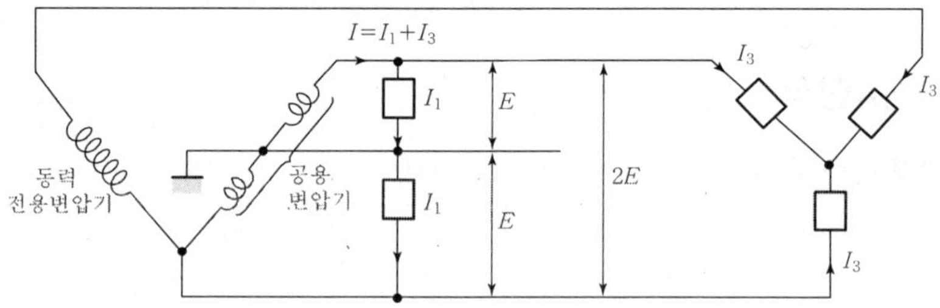

【그림 10-25 전등동력 공용방식】

따라서 [그림 10-25]와 같이 공용변압기에는 전등 부하전류 I_1과 동력 부하전류 I_3이 함께 흐르고, 동력 전용변압기에는 동력 부하전류 I_3만이 흐르게 되므로 공용변압기 측의 용량은 동력 전용변압기의 용량보다 크게 하고 있다.

참고로 [표 10-4]는 전등 수용가에 대한 저압배전방식을 비교한 것이다.

【표 10-4 전등 수용가에 대한 방식의 비교】

구분	단상2선식 220 V(A)	단상3선식 110/220 V(B)	A+B	3상4선식 220/380 V
공급방식	–	–	A+B 병행 운용	• 동력부하의 공용 • 동력수용 또는 특수한 경우는 단상공급방식 보완운용
장점	• 부하 불평형 없음 • 저압선로 단순	• 경제적 배전방식 –전선 소요량 및 전력손실 감소 • 장경간 공급 가능	A+B	• 공급능력 최대 • 경제적 배전방식 • 배전설비의 단순화
단점	• 전선소요량 증가 • 전력손실 증가 • 장경간 공급 곤란 • 대용량 공급 불가	• 부하 불평형 문제 발생 • 중성선 단선 시 이상전압 유입으로 기기소손 사고발생	A+B	• 부하 불평형 발생 • 동력부하 기동 시 플리커 발생 우려 • 중성선 단선 시 이상전압 유입
비고	• 소용량 단경간 부하에 적합	• 아파트 등 부하 밀접지역에 유리 • 220V 승압과도 조차용	• 단상2선식–소용량 부하 및 단경간 공급 • 단상3선식–대용량 부하 및 장경간 부하 공급	• 동력과 전등부하 공동범위 검토 필요 • 부하 불평형 방지대책 검토 • 중성선 단선방지 마련

Ⅲ 각 전기방식과 비교

이상 설명한 각 전기방식의 경제성을 비교해 보겠다.

편이상 각종 전기방식에 대해 배전전압, 배전거리 및 전력손실이 같다는 조건하에서 필요한 전선량을 비교해 보기로 한다. 단, 부하전압이 2가지 이상 있는 방식에서는 그중 최소전압, 예를 들면 단상3선식에서는 전압선과 중성선간의 전압을 비교의 대상으로 한다. 또 역률을 1이라 하고 다선식에서는 부하가 모두 평형되어 있는 것으로 한다.

먼저 [그림 10-26]에서는 다음과 같은 기호를 약속한다.

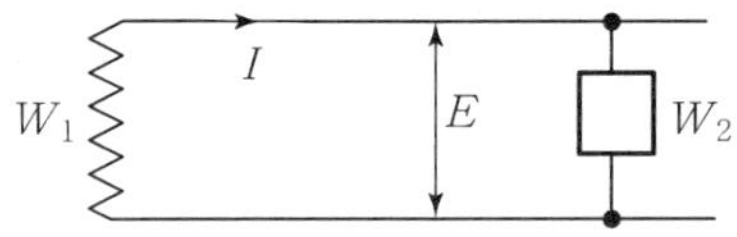

(a) 단상 2선식

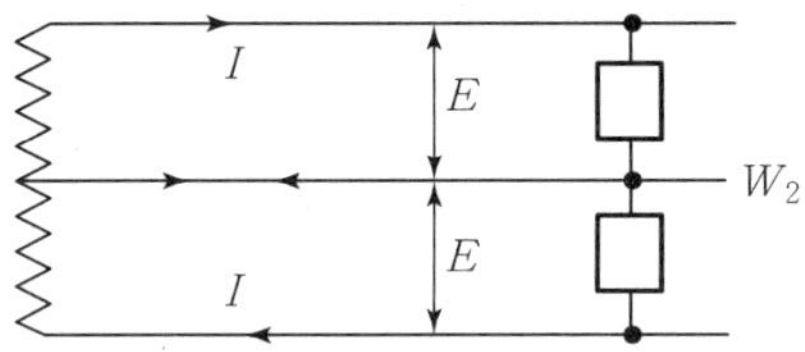

(b) 단상 3선식

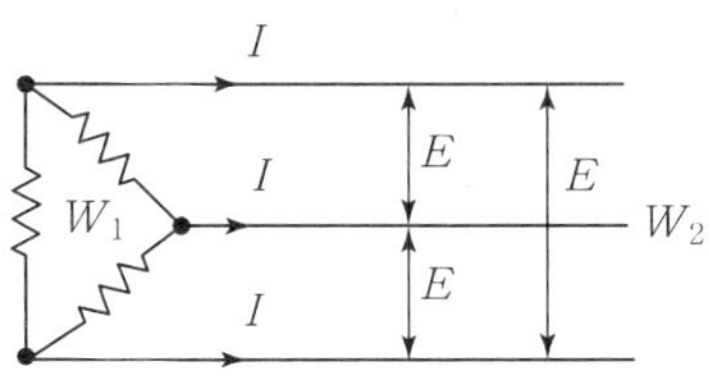

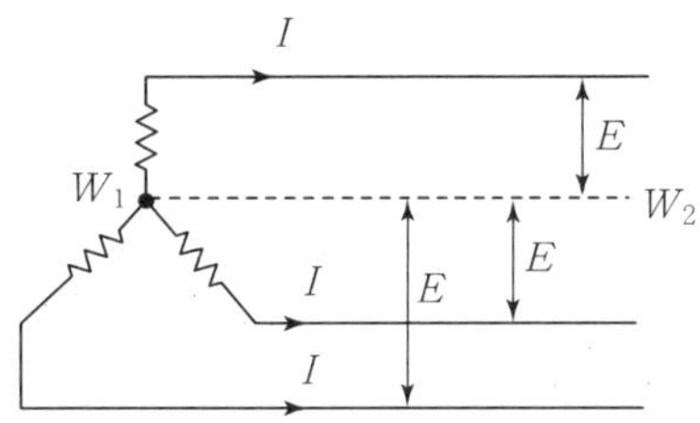

p : 선로손실률	W_1 : 송전단전력	W_2 : 부하전력
E : 부하전압	I : 부하전류	L : 배전거리
R : 전선 1가닥의 저항	ρ : 저항률	S : 전선의 단면적

【그림 10-26 각종 전기방식의 회로도】

1) 단상2선식

[그림 10-26 (a)]에서

$$P = \frac{W_1 - W_2}{W_2} \quad \cdots\cdots (10.1)$$

$$P W_2 = 2 I^2 R = 2\left(\frac{W_2}{E}\right)^2 \frac{\rho L}{S} \quad \cdots\cdots (10.2)$$

$$\therefore\ S = 2\frac{W_2}{E^2}\cdot\frac{\rho L}{P} \quad \cdots\cdots (10.3)$$

따라서 전선의 총 용적 V_1은 다음과 같다.

$$V_1 = 2SL = 4\frac{W_2\rho L^2}{E^2 P} \quad \cdots\cdots (10.4)$$

2) 단상3선식

[그림 10-26 (b)]에서 만일 양 회로의 부하가 평형되어 있다면 중성선에 흐르는 전류는 0 이 되므로 중성선은 아주 가늘어도 무방할 것이다. 이 경우

$$PW_2 = 2I^2R = 2\left(\frac{W_2}{2E}\right)^2\frac{\rho L}{S} \quad \cdots\cdots (10.5)$$

$$\therefore\ S = 2\left(\frac{W_2}{2E}\right)^2\frac{\rho L}{PE^2} = \frac{1}{2}\frac{W_2}{E^2}\frac{\rho L}{P} \quad \cdots\cdots (10.6)$$

따라서 전선의 총 용적 V_2는

$$V_2 = 2SL = \frac{W_2\rho L^2}{E^2 P} = 0.25\,V_1 \quad \cdots\cdots (10.7)$$

으로 된다.

만일 중성선을 외선(전선)과 같은 굵기의 것을 사용한다면 다음과 같이 된다.

$$V_2 = 3SL = \frac{3}{2}\cdot\frac{W_2\rho L^2}{E^2 P} = \frac{3}{8}V_1 = 0.375\,V_1 \quad \cdots\cdots (10.8)$$

곧 단상3선식의 전선중량은 전선과 굵기의 중성선을 사용하더라도 단상2선식의 전선 중량의 37.5% 밖에 안 된다. 만일 중성선의 굵기를 전선의 반의 것을 택하였다면 다시 전선중량은 줄어서 31.25%로 된다.

3) 3상3선식

[그림 10-26(c)]에서

$$I = \frac{W_2}{\sqrt{3}\,E} \quad \cdots\cdots (10.9)$$

$$PW_2 = 3I^2R = 3\left(\frac{W_2}{\sqrt{3}\,E}\right)^2\frac{\rho L}{S} = \frac{W_2^2}{E^2}\cdot\frac{\rho L}{P} \quad \cdots\cdots (10.10)$$

$$\therefore\ S = \frac{W_2}{E^2} \cdot \frac{\rho L}{S} \quad \cdots\cdots (10.11)$$

따라서 전선의 총 용적 V_3은 다음과 같다.

$$V_3 = 3SL = 3\frac{W_2}{E^2} \cdot \frac{\rho L^2}{P} = \frac{3}{4} V_1 = 0.75\, V_1 \quad \cdots\cdots (10.12)$$

4) 3상4선식

[그림 10-26 (d)]에서 만일 3상회로의 부하가 평형이 되고 있다면 중성선을 흐르는 전류는 0으로 되어 중성선은 아주 가늘어도 무방할 것이다. 이 경우

$$I = \frac{W_2}{3E} \quad \cdots\cdots (10.13)$$

$$PE_2 = 3\left(\frac{W_2}{3E}\right)^2 = \frac{\rho L}{S} = \frac{W_2^2}{3E^2} \cdot \frac{\rho L}{S} \quad \cdots\cdots (10.14)$$

$$\therefore\ S = \frac{W_2}{3E^2} \cdot \frac{\rho L}{P} \quad \cdots\cdots (10.15)$$

따라서 전선의 총 용적 V_4은

$$V_4 = 3SL = \frac{W_2 \rho L^2}{E^2 P} = 0.25\, V_1 \quad \cdots\cdots (10.16)$$

으로 된다.

이때 안전을 위해서 중성선을 외선과 같은 굵기의 것을 쓴다면 다음과 같이 된다.

$$V_4 = 4SL = \frac{4}{3} \cdot \frac{W_2 \rho L^2}{E^2 P} = \frac{1}{3} V_1 = 0.333\, V_1 \quad \cdots\cdots (10.17)$$

정리해서 단상2선식의 소요전선 총량(총용적으로 대신해서 볼 수 있음)을 100%라 두고 각 방식의 전선 총량을 비교하면 [표 10-5]와 같이 될 것이다.

【표 10-5 각종 전기방식의 전선 비교】

전기방식	중성선의 굵기 「%」	전선 총 중량 「%」 (단상2선식을 100으로 함)
단상2선식	–	100
단상3선식	100 50	37.5 31.3
3상3선식	–	75.0
3상4선식	100 50	33.3 29.2

* 중성선의 굵기는 전선의 굵기와 같을 경우 100으로 하였음.

참고로 현재 우리나라에서 적용하고 있는 배전방식과 공칭전압을 [표 10-6]에 정리해서 나타내었다.

【표 10-6 배전방식과 공칭전압】

구 분	표준공칭 전 압 [V]	배전방식별 전압 [V]				회로 최고 전압 [V]
		단상2선식	단상3선식	3상3선식	3상4선식	
저 압	110 220 380 440[1]	110 220 220 –	110 220 – (440)	– 200 – –	110/220 220 220/380 –	– – – –
고 압	6600	6600	–	6600	–	7200
특고압	22,900	13,200	–	–	13,200/22,900	25,800

* 1) 부득이한 경우 이외에는 사용하지 않는 전압임.

예제 10-6

220V 단상2선식 배전에 의한 경우와 220V 3상3선식 배전에 의한 경우에 있어서의 배전선의 길이, 배전선에 사용되는 전선의 총 중량 및 전선 내의 전력손실이 같다고 할 경우 각 방식으로 보낼 수 있는 전력을 비교하라. (단, 부하의 역률은 일정하다고 한다.)

풀이 배전선의 길이를 L, 배전선에 사용될 전선의 총 중량을 W, 선로손실을 P_L, 송전전력을 P, 역률을 $\cos\theta$, 선로전류를 I, 전선의 단위체적의 중량을 ω, 그 단면적을 A, 저항률을 ρ라고 하면

구 분	단상 2선식	3상 3선식
송전전력	$P_1 = 220 I_1 \cos\theta$	$P_3 = \sqrt{3}\, 220\, I_3 \cos\theta$
전선의 총 중량	$W_1 = 2wA_1 l$	$W_3 = 3wA_3 l$
선로손실	$P_{l1} = 2I_2^2 P\dfrac{l}{A_1}$	$P_{l3} = 3I_3^2 P\dfrac{l}{A_3}$

제의에 따라 $W_1 = W_2$, $P_{L1} = P_{L3}$이므로

$$2\omega A_1 L = 3\omega A_3 L$$

$$\therefore \frac{A_1}{A_3} = \frac{3}{2}$$

$$2I_1^2 \rho\frac{L}{A_1} = 3I_3^2\rho\frac{L}{A_3}$$

$$2\frac{I_1^2}{A_1} = 3\frac{I_3^2}{A_3}$$

$$\frac{I_3^2}{I_1^2} = \frac{2}{3}\times\frac{A_3}{A_1} = \frac{2}{3}\times\frac{2}{3} = \frac{4}{9}$$

따라서

$$\frac{I_3}{I_1} = \frac{2}{3}$$

이것을 송전전력식에 대입해서 양자의 비를 구하면

$$\frac{P_3}{P_1} = \sqrt{3}\frac{I_3}{I_1} = \sqrt{3}\times\frac{2}{3} = \frac{2}{\sqrt{3}}$$

곧 3상3선식 배전으로 하면 송전전력은 3상3선식 배전의 경우보다 $2/\sqrt{3}$배 (=1.15배) 더 보낼 수 있다.

예제 10-7

[그림 10-27 (a)] 및 [그림 10-27 (b)]와 같은 3상3선식 및 3상4선식 선로로 평형3상 부하에 전력을 공급할 때 전선로 내의 손실비율은 얼마로 되겠는가? (단, 선로의 길이와 전선의 총 중량은 같고 3상4선식의 경우 외선과 중성선의 굵기도 같다고 한다.)

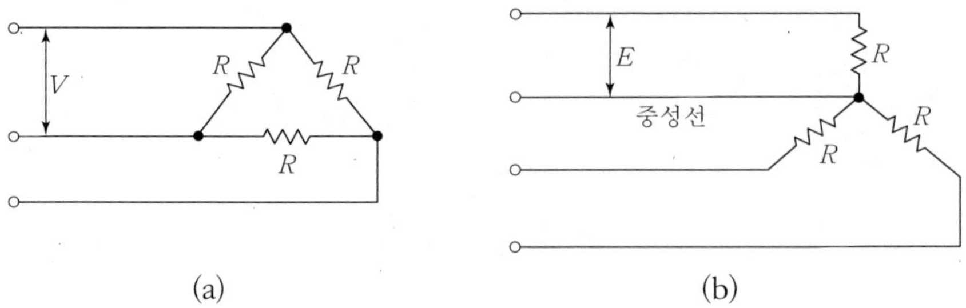

【그림 10-27】

풀이 선로의 길이가 같고 전선의 총 중량도 같다고 하였으므로 단면적의 합 A는 양자 모두 같다. 따라서 4선식의 1선의 단면적 $A_4 = \dfrac{1}{4}A$, 3선식의 1선식의 단면적 $A_3 = \dfrac{1}{3}A$이다.

지금 3선식과 4선식의 1선의 저항을 각각 R_3, R_4라고 하면

$$R_3 = \rho\frac{L}{A_3}\ \rho\frac{L}{\frac{A}{3}} = \frac{3\rho L}{A},\quad R_4 = \rho\frac{L}{A_4} = \rho\frac{L}{\frac{A}{4}} = \frac{4\rho L}{A}$$

$$\therefore\ \frac{R_4}{R_3} = \frac{4}{3}$$

한편, 1선의 전류는

$$3선식에서\ \ I_3 = \frac{V}{R} = \frac{\sqrt{3}\,E}{R}$$

$$4선식에서\ \ I_4 = \frac{E}{R}$$

$$\therefore\ \frac{I_4}{I_3} = \frac{1}{\sqrt{3}}$$

이므로 $P_{L3} = 3I_3^2R_3$, $P_{L4} = 3I_4^2R_4$

$$\frac{P_{L4}}{P_{L3}} = \frac{3I_4^2R_4}{3I_3^2R_3} = \left(\frac{I_4}{I_3}\right)\left(\frac{R_4}{R_3}\right) = \left(\frac{1}{\sqrt{3}}\right)^2\left(\frac{4}{3}\right) = \frac{4}{9}$$

곧 3상4선식에서의 전력손실은 3상3선식의 4/9배로 줄어든다.

예제 10-8

전선의 굵기가 같은 3상3선식 220V 배전선과 단상2선식 110V 배전선이 있다. 선로길이, 부하전력 및 역률이 같을 경우 3상3선식 배전선과 단상2선식 배전선의 선로손실의 비를 구하라.

풀이 부하전력을 P[W], 역률을 $\cos\theta$, 전선 1가닥당의 저항을 $R[\Omega]$이라고 하면 단상2선식, 3상3선식의 전류 I_1, I_3은 각각

$$I_1 = \frac{P}{110\cos\theta},\ I_3 = \frac{P}{\sqrt{3}\ 220\cos\theta}$$

로 된다. 여기서 각각의 선로 손실을 P_{L1}, P_{L3}이라고 하면

$$P_{L1} = 2\,I_1^2\,R = \frac{2P^2R}{110^2\cos^2\theta}$$

$$P_{L3} = 3\,I_3^2\,R = \frac{P^2R}{220^2\cos^2\theta}$$

$$\therefore\ \frac{P_{L3}}{P_{L1}} = \frac{\dfrac{P^2R}{220^2\cos^2\theta}}{\dfrac{2P^2R}{110^2\cos^2\theta}} = \left(\frac{110}{220}\right) \times \frac{1}{2} = \frac{1}{8}$$

곧 3상3선식 배전선에서의 선로손실은 단상2선식의 경우의 1/8로 줄어든다.

예제 10-9

부하전력, 선로길이 및 선로손실이 동일할 경우 220/380V 3상4선식과 110/220V 단상3선식에서의 소요전선 동량을 비교하라. (단, 부하는 각 상 평형되고 있는 것으로 한다.)

풀이 220/380V 3상4선식에 4, 110/220V 단상3선식에 3이라는 첨자를 붙이기로 한다. 먼저 부하전력이 같다는 조건으로부터 선전류 I에 대해서는

$$3 \times 220 \times I_4 = 220 \times I_3$$

$$\therefore\ \frac{I_4}{I_3} = \frac{220}{660} = \frac{1}{3}$$

다음으로 선로손실이 같다는 조건으로부터 전선의 저항 R에 대해서는

$$3\,I_4^2\,R_4 = 2\,I_3^2\,R_3$$

$$\frac{R_4}{R_3} = \frac{2\,I_3^2}{3\,I_4^2} = \frac{2}{3} \times \left(\frac{660}{220}\right)^2 = 6.0$$

한편, 전선의 단면적은 저항에 반비례하므로 A에 대해서는

$$\frac{A_4}{A_3}=\frac{1}{6.0}$$

따라서 전선 가닥수를 고려하면 전선의 동량 S의 비는

$$\frac{S_4}{S_3}=\frac{4}{3}\times\frac{A_4}{A_3}=\frac{4}{3}\times\frac{1}{6.0}=0.222(=22.0\%)$$

곧 3상4선식에서의 소요동량은 단상3선식의 22.2% 밖에 되지 않는다.

Q10 연습문제

01 저압 뱅킹 배전방식에서 저전압의 고장에 의하여 건전한 변압기의 일부 또는 전부가 차단되는 현상은?

02 그림과 같이 지중케이블을 2차 변전소에 따로따로 전력을 공급하는 지중 전선로 방식은?

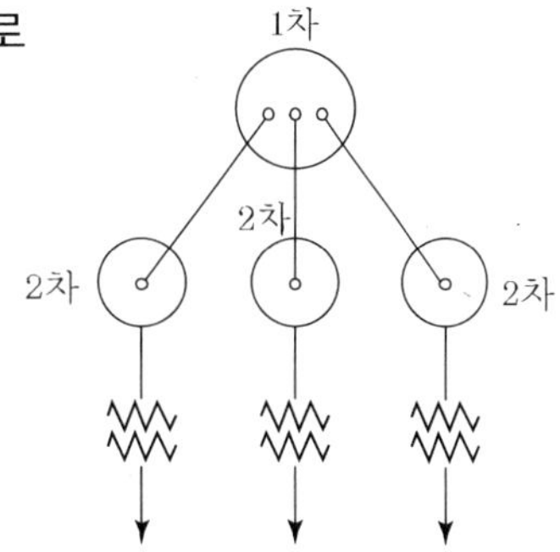

03 직류 2선식에 대하여 1선당의 송전 전력이 최대가 되는 전기방식은? (단, 중성선은 다른 선과 동일한 굵기이며, 송전 전력, 송전 거리, 전선로의 전력 손실이 일정하고, 같은 재료의 전선을 사용한 경우이다.)

04 전선량 및 송전 전력이 같은 조건 하에서 6.6kV 3상 3선식 배전선과 22.9kV 3상 4선식 배전선의 전력 손실비는 6.6kV 배전선을 100으로 하면 대략 얼마인가? (단, 3상 4선식 배전선의 중성선은 전압선의 굵기와 같으며, 중성선에는 전류가 흐르지 않는다고 가정한다.)

05 단상 2선식(110V) 저압 배전선로를 단상 3선식(110/220V)으로 변경하고 부하 용량 및 공급 전압을 변경시키지 않고 부하를 평형시켰을 때의 전선로의 전압 강하율은 변경 전에 비해서 몇 배가 되는가?

06 그림과 같은 단상 3선식 회로의 중성선 P점에서 단선되었다면 백열등 A(100W)와 B(400W)에 걸리는 단자 전압은 각각 몇 V인가?

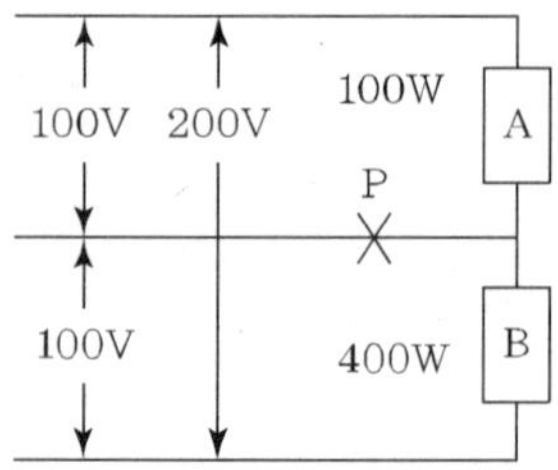

07 그림과 같은 3상 4선식 배전선에 역률 1인 부하 A, B, C가 각 상과 중성선간에 접속되어 있다. 상 a, b, c에 흐르는 전류가 각각 220A, 180A일 때 중성선에 흐르는 전류 A는? (단, 대칭 3상 전압 (a상 기준)이고, a-b-c)의 순이라 한다.)

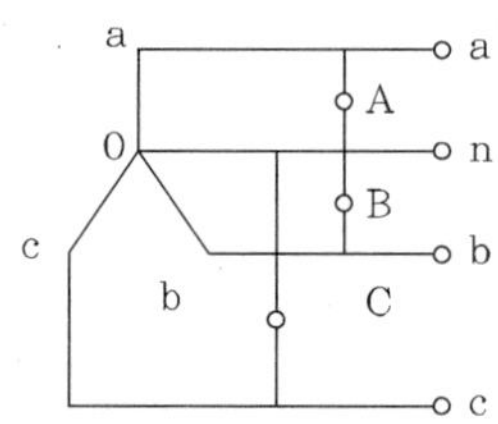

Transmission and Distribution Engineering

PART 11
배전선로의 전기적 특성

PART 11 배전선로의 전기적 특성

배선선로의 전기적 특성은 기본적으로 선로에서의 특성과 다를 바 없다. 그러나 대전력을 집중, 일관해서 장거리에 손전하는 송전선로와는 달리 배전선로는 소규모의 부하가 분산 접속되어 있다는 점과, 수용가와 직결되고 있어서 수요변동의 영향의 직접적으로 받기 쉽다는 특징을 가지고 있으므로 수용가에 대한 서비스 향상이라는 관점에서 이의 전기적 특성을 상세하게 검토할 필요가 있다.

11.1 선로정수

배전선로도 송전선로와 마찬가지로 전선을 쓰고 있기 때문에 선로정수로는 저항 R, 인덕턴스 L, 누설 컨덕턴스 g 및 정전용량 C를 생각할 수 있다. 그러나 배전선로는 송전선로에 비해 일반적으로 길이가 짧고 전압도 낮아서 가공선로의 충전전류가 부하전류보다 훨씬 작기 때문에 정전용량이나 컨덕턴스의 영향을 무시해도 큰 지장이 없다.

I 저항의 정의와 단위

전선의 저항 R은 식으로 표현된다.

$$R = \rho \frac{l}{A} \, [\Omega]$$

여기서 ρ : 전선의 저항률 $[\Omega \cdot \mathrm{m}]$
l : 전선의 길이 [m]
A : 전선의 단면적 $[\mathrm{m}^2]$

ρ의 개략값은 [표 11-1]과 같다.

【표 11-1】

경동선	연동선	경알루미늄선
$1/55\times10^{-6}$	$1/58\times10^{-8}$	$1/35\times10^{-6}$

II 인덕턴스의 정의와 단위

일반적인 배전선로(단상2선식, 단상3선식, 3상3선식 및 3상4선식)에서의 전선 1가닥당의 인덕턴스 L은 다음 식으로 계산된다.

$$L=\left(\frac{\mu_s}{2}+2\log_e\frac{D}{\gamma}\right)\times10^{-1}[\text{mH/km}]=0.05+0.4605\log_{10}\frac{D}{\gamma}[\text{mH/km}]$$

여기서 μ_s : 전선의 비투자율(동, 알루미늄은 1임)

D : 전압선의 등가선간거리[m]

3상의 경우는 $D=\sqrt[3]{D_{ab}D_{bc}D_{ca}}$

γ : 전선의 반지름[m]

중성선의 인덕턴스 $L_n=L$로 취급할 수 있다.

지중선로로 사용되는 케이블의 인덕턴스도 위에서 설명한 가공선의 경우와 같이 계산할 수 있다.

$$L_c=\left(\frac{\mu_s}{2}+2\log_e\frac{D_c}{\gamma}\right)[\text{mH/km}]=0.05+0.4605\log\frac{D_c}{\gamma}[\text{mH/km}]$$

여기서 D_c : 전압선의 등가선간거리[m]

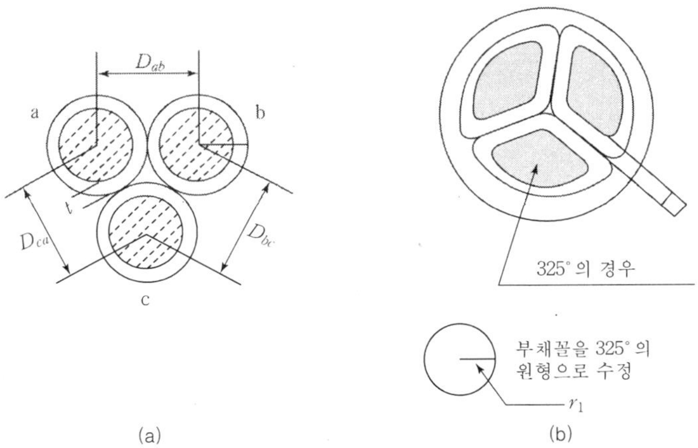

【그림 11-1 케이블전선 간 거리의 개념도】

도체의 단면이 원형일 경우

$$D_c = \sqrt[3]{D_{ab}D_{bc}D_{ca}} = 2(\gamma + t)[\text{m}]$$

도체 단면이 부채꼴 또는 반원형일 경우

$$D_c = 2(0.84 \times \gamma_1 + t)[\text{m}]$$

여기서 γ : 전선의 반지름[m]

t : 절연층의 두께 [m]

γ_1 : 부채꼴 또는 반원형의 도체의 단면과 같은 면적을 갖는 원형 도체의 반지름[m]

따라서 전선 1가닥당의 리액턴스 X_L은 다음과 같이 계산된다.

$$X_L = \omega L = 2\pi f L[\Omega/\text{km}]$$

여기서 X_L : 유도 리액턴스[Ω/km]

f : 주파수[Hz]

L : 인덕턴스[mH/km]

참고로 설비 변경에 의한 인덕턴스값의 변화는 [표 11-2]와 같다.

【표 11-2】

설비 변경 내용	인덕턴스값의 변화
선간 거리가 넓어지면	증가한다
전선이 굵어지면	감소한다

III 커패시턴스

가공배전선(케이블 제외)의 1km당의 대지정전용량 C는 다음 식으로 계산한다.

단상2선식(2선 일괄의 경우)

$$C = 2 \times \frac{4\pi\varepsilon \times 10^9}{2\log_e \dfrac{2h^2}{\gamma D}}[\mu\text{F/km}]$$

3상3선식(3선 일괄의 경우)

$$C = 3 \times \frac{4\pi\varepsilon \times 10^9}{2\log_e \dfrac{8h^3}{\gamma D^2}}[\mu\text{F/km}]$$

여기서 γ : 전선의 반지름[m]

D : 전선의 등가선간거리[m]

h : 전선의 지상 높이[m]

ε : 유전율[F/m]($\varepsilon = \varepsilon_\gamma \times \varepsilon_0$)

ε_γ : 비유전율(공기의 경우는 1임)

ε_0 : 8.85×10^{-12}[μF/m](진공의 유전율)

전력케이블의 경우는 가공배전선로의 경우와 비교하면 선간거리가 짧아지는 데다가 절연체의 비유전율이 크기 때문에 정전용량은 아주 커진다(20~30배).
단심케이블의 1km당의 정전용량 C는 다음의 식으로 계산한다.

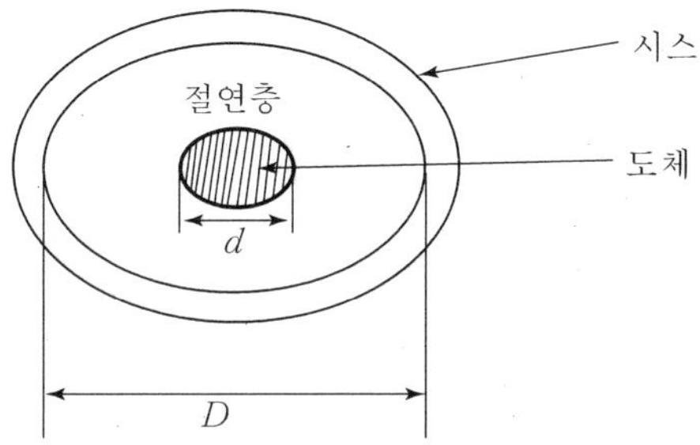

【그림 11-2 단심케이블의 개략도】

$$C = \frac{4\pi\varepsilon_\gamma \varepsilon_0 \times 10^9}{2\log_e \dfrac{D}{d}} [\mu\text{F/km}]$$

여기서 D : 절연체 바깥지름[m]

d : 도체의 바깥지름[m]

ε_γ : 비유전율(폴리에틸렌 2.0~2.5)

ε_0 : 진공의 유전율(8.85×10^{-12}[F/m])

11.2 전압강하

가공배전선로에 부하가 접속되지 않고 전압만 걸렸을 경우 수전단전압은 송전단전압과 그 크기가 거의 같다(정전용량이 무시되기 때문). 그러나 여기에 부하가 접속되면 수전단전압은 송전단전압보다 낮아진다. 이 전압의 차를 **전압강하**라고 한다.

보통 배전선로에서 전압강하라고 부르는 것은 송전단전압 E_s와 수전단전압 E_r의 절대값의 차, 바꾸어 말하면 전압계에 나타난 값의 산술차(스칼라차)로서 V_s와 V_r의 벡터차인 선로의 임피던스 전압강하와 다르다는 점에 주의할 필요가 있다.

전압강하의 크기는 접속된 부하의 크기에 따라 변화하는데 이 전압강하의 수전단전압에 대한 백분율%을 **전압강하율**이라고 한다.

$$\text{전압강하율} = \frac{E_s - E_r}{E_r} \times 100\%$$

여기서 E_s : 송전단전압[V]

E_r : 순전단전압[V]

전압강하율은 전선의 저항, 리액턴스, 역률 및 전선을 흐르는 전류와 관계가 있다.

다음으로 **전압변동률**이란 것이 있는데 이것은 다음의 식으로 주어지는 것이다.

$$\text{전압변동률} = \frac{E_{r0} - E_r}{E_r} \times 100\%$$

여기서 E_r : 전부하 시의 수전단전압[V]

E_{r0} : 무부하 시의 수전단전압[V]

역률 : 100%를 기준

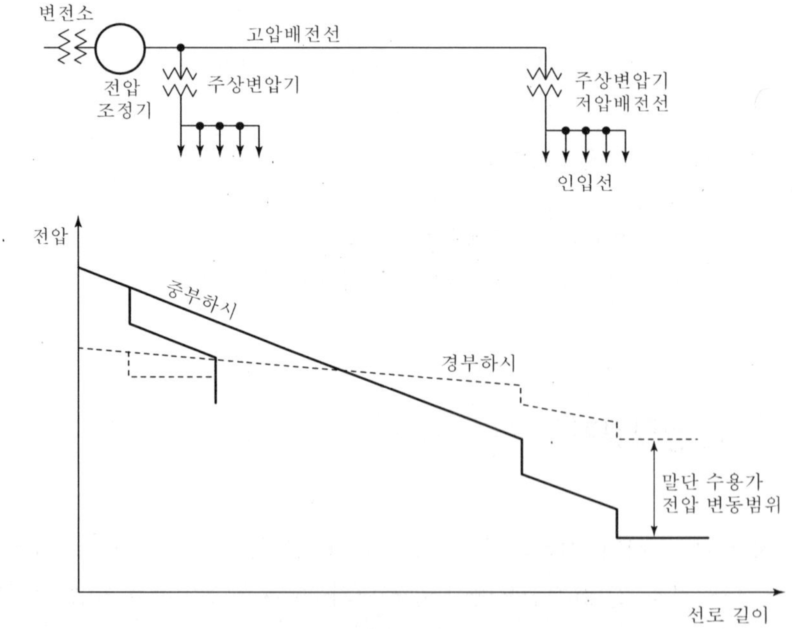

【그림 11-3 배전선로의 전압강하】

즉, 전압변동률은 부하가 갑자기 변화하였을 때 그 단자전압의 변화를 나타내는 것이다. 전술한 전압강하율은 어떤 주어진 시점에서 그때 흐르던 부하전류의 크기에 따라 수전단전압이 송전단전압에 비해서 얼마만큼 강하되는가 하는 전압의 크기를 대상으로 하는 데 반해, 전압변동률은 가령 하루 등 임의의 주어진 기간 내에서의 부하의 변동(경부하, 중부하)에 따라 전압의 변동폭이 어느 정도로 되느냐 하는 변동범위를 나타내는 것이다.
이 전압변동률의 한도는 전기사업법 시행규칙에 따라 공급점에서 유지해야 할 전압으로 따로 정하고 있다.

예제 11-1

3상3선식 고압배전선로의 말단에 100kW, 역률 80%(지상)의 부하가 접속되어 있다. 부하단의 전압을 6,000V라고 하면 송전단전압은 얼마인가? (단, 선로의 임피던스는 1선당 $0.5+j1.0\,\Omega$이라고 한다.)

풀이 송·수전단전압을 각각 V_s, V_r[V], 부하역률을 $\cos\theta$, 부하전력을 P_r[W], 부하전류를 I[A]라고 하면

$$V_s = V_r + \sqrt{3}\,I(R\cos\theta + X\sin\theta)$$

로 표시된다. 여기서 부하전류 I는

$$I = \frac{P_r}{\sqrt{3}\times 6{,}000\times 0.8} = \frac{1{,}000\times 10^3}{\sqrt{3}\times 6{,}000\times 0.8} = 120.28\,\text{A}$$

임피던스가 $0.5+j1.0\,\Omega$이므로 $R=0.5\,\Omega$, $X=1.0\,\Omega$이다. 따라서,

$$V_s = 6{,}000 + \sqrt{3}\times 120.28(0.5\times 0.8 + 1.0\times\sqrt{1-0.8^2}\,) = 6{,}208\text{V}$$

곧, 송전단전압은 6,208V이다.
참고로 이 선로에서의 전압강하율 ε은

$$\varepsilon = \frac{6{,}208-6{,}000}{6{,}000}\times 100 = 3.47\%$$

예제 11-2

3상3선식 1회선 배전선로의 말단에 역률 80%(지상)의 평형3상부하가 있다. 변전소 인출구(곧, 송전단) 전압이 6,600V, 부하의 단자전압이 6,000V일 때 부하전력은 몇 [kW]인가? (단, 전선 1가닥당의 저항은 1.4Ω, 리액턴스는 1.8Ω이라 하고 기타의 선로정수는 무시한다.)

풀이 배전선의 전압강하 e[V]는 전선류를 I라고 하면

$$e = V_s - V_r = \sqrt{3}\,I(R\cos\theta + X\sin\theta)$$

$$e = 6{,}600 - 6{,}000 = 600 = \sqrt{3}\,I(R\cos\theta + X\sin\theta)$$

$$= \sqrt{3}\,I(1.4\times 0.8 + 1.8\sqrt{1-0.8^2}\,)$$

$$\therefore\ I = \frac{600}{2.20\sqrt{3}} \fallingdotseq 157.5\text{A}$$

따라서 이때의 부하전력

$$P_r = \sqrt{3}\,V_r I\cos\theta = \sqrt{3}\times 6{,}000\times 157.5\times 0.8\times 10^{-3} = 1{,}310\text{kW}$$

예제 11-3

22.9kV 배전선로가 있는데 이 선로의 저항은 9.1Ω, 리액턴스는 12.6Ω이라고 한다. 수전단전압이 21kV이고 부하의 역률이 0.8(지상)에서 전압강하율이 10%라고 할 경우 이 배전선로의 구하라.

1) 송전단전압　　　　　　　　　　2) 송전단전력

풀이 이 예제는 전압강하율이 주어진 경우이기 때문에 먼저 이 전압강하율을 이용해서 이 선로에서의 전압강하분을 계산해 나가면 된다.

1) 송전단전압 V_s

$$\varepsilon = \frac{V_s - V_r}{V_r}\times 100\%\text{로부터}\quad V_s = V_r + V_r\times\varepsilon = 21 + 21\times 0.1 = 23.1\text{kV}$$

2) 송전단전력 P_S

$$V_s = V_r + \sqrt{3}\,I(R\cos\theta + X\sin\theta)\text{로부터}$$

$$I = \frac{V_s - V_r}{\sqrt{3}\,(R\cos\theta + X\sin\theta)} = \frac{(23.1-21.0)\times 10^3}{\sqrt{3}\,(9.1\times 0.8 + 12.6\times 0.6)} = 82\text{A}$$

$$\therefore\ P_s = P_r + 3I^2R = \sqrt{3}\,V_r I\cos\theta + 3I^2R$$

$$= \sqrt{3}\times 21\times 82\times 0.8 + 3\times(82)^2\times 9.1\times 10^{-3} = 2{,}570\text{kW}$$

예제 11-4

역률 80%의 3상평형부하에 공급하고 있는 길이 2km의 3상3선식 배전선로가 있다. 부하의 단자전압을 6,000V로 유지하였을 경우 선로의 전압강하율 ε 및 전력손실률 P가 다같이 10%를 넘지 않게 하기 위해서는 부하전력을 얼마까지 허용할 수 있는가? 또 이때의 ε 및 P를 구하여라. (단, 전선 1선당의 저항은 0.82Ω/km, 리액턴스는 0.38Ω/km라 하고 그 밖의 정수는 무시한다.)

풀이 제의에 따라

$$R = 0.82 \times 2 = 1.64\,\Omega$$

$$X = 0.38 \times 2 = 0.76\,\Omega$$

$$I = \frac{1{,}000P}{\sqrt{3} \times 6{,}000 \times 0.8} = \frac{P}{\sqrt{3} \times 4.8}\,\text{A}$$

전압강하율 10%일 경우의 전력을 P_1[kW]라고 하면

$$\varepsilon = 0.1 = \frac{\dfrac{P_1}{\sqrt{3 \times 4.8}}(R\cos\theta + X\sin\theta)}{6{,}000/\sqrt{3}}$$

$$= \frac{P_1(1.64 \times 0.8 + 0.76 \times 0.6)}{4.8 \times 6{,}000}$$

$$\therefore\ P_1 \fallingdotseq 1{,}629\text{kV} \cdots\cdots\cdots\cdots\ ①$$

전력손실률 10%일 때의 부하전력을 P_2[kW]라고 하면

$$P = 0.1 = \frac{\left(\dfrac{P_2}{\sqrt{3} \times 48}\right) \times 1.64 \times 10^{-3}}{P_2/3} = \frac{P_2 \times 1.64 \times 10^3}{4.8^2}$$

$$\therefore\ P_2 \fallingdotseq 1{,}405\text{kV} \cdots\cdots\cdots\cdots\ ②$$

위의 ①, ②를 비교하면 $P_1 > P_2$이므로 $\varepsilon = 0.1$의 경우 $P > 0.1$로 된다. 따라서 전력손실률 10%를 제한값으로 해서 이때의 전압강하율을 산출하면 이것은 전력에 비례하므로

$$\text{전압강하율} = 10 \times \frac{1{,}405}{1{,}629} \fallingdotseq 8.625\%$$

로 줄어들게 된다.

11.3 전력손실

배전계통에서 발생하는 전력손실은 주로 전선, 케이블의 저항에 의한 옴손실(열손 I^2R)과 변압기 손실이다.

[표 11-3]은 배전설비별 손실의 점유율 예를 나타낸 것이다.

【표 11-3 배전설비별 손실구성 %(1996년 기준)】

고압선	변압기	저압선, 인입선	계 기	기 타	계
29.17	40.21	19.03	5.22	6.37	100

I 옴손

1) 옴손의 기본식

배전선로에서의 옴손(Ohmic Loss ; 전력손) P_c는 다음 식으로 표시된다.

$$P_c = NI^2R[\mathrm{W}]$$

여기서 R : 전선 1가닥당의 저항[Ω]
I : 부하전류[A]
N : 전선의 가닥수(2선식 $N=2$, $N=3$)

또한 주어진 어느 시간 T[h] 내의 전력손실량 $W_c = NI^2RT$[Wh]이다.

한편, T시간 동안 전류(부하)가 일정하면 사용할 수 있으나 이 시간 내에서 전류가 변동할 경우에는 다음과 같이 구한다($N=1$로 가정해서 기술함).

$$W_c = R(I_1^2 t_1 + I_2^2 t_2 + \ldots)$$

여기서 t_1 : 전류 I_1이 흐른 시간

I_1, I_2, I_3 ⋯ 중 최대전류를 I_m라 하고 t_1, t_2 ⋯ 합계를 T, 뒤에 설명하는 손실 계수를 H라고 하면 다음과 같이 계산할 수 있다.

$$W_c = RI_m^2\ TH$$

2) 손실계수

전용선 또는 급전선처럼 그 말단에 단일부하가 집중되어 있는 경우 선전류를 I [A], 1선당의 저항을 R이라고 하면 1선당의 옴[Ω] 손실(전력) P_c는

$$P_c = I^2 R[\mathrm{W}]$$

로 되며, 또 T시간(예를 들면 1일) 중의 손실 전력량 W_c는 옴손만을 생각할 경우

$$\omega_c = \int_0^t I^2 Rdt[\mathrm{Wh}]$$

로 된다.

그러나 실제로 T시간 중에 흐르는 전류 I는 T시간 동안에서의 부하변동 여하에 따라 그 크기가 달라지고 있기 때문에 I를 하나의 대표값으로 고정시켜서 풀 수 없다. 그러므로 지금 편의상 T시간 중의 I의 최대값(이것도 실용적으로는 그 때그때의 순간값을 잡기가 어려우므로 30분 또는 1시간 평균값에서의 최대값을 쓰고 있음)를 I_m라 하고 그 동안에 실제 흐른 전류는 이 I_m의 H배였다고 생각해서

$$\omega_c = RHI_m^2 T[\mathrm{Wh}]$$

$$H = \frac{1}{I_m^2}\int_0^T I^2$$

로 계산하고 있다. 여기서 H는 손실계수라고 불리는 것으로 T시간 중의 최대 전류값 I_m을 1로 하는 단위법으로 나타낸 전류의 제곱$(I/I_m)^2$의 T시간 중 평균값에 상당하는 것이다. 즉, 이것은 다음 식처럼 쓸 수 있다.

$$\text{손실계수 } H = \frac{\text{일정 기간 중 전류의 제곱의 평균}}{\text{같은 기간 중 최대전류의 제곱}} \times 100\%$$

위 식의 분모, 분자에 선로저항을 각각 곱해 주면 분자는 일정 기간 중의 평균 손실전력, 분모는 같은 기간 중의 최대손실전력이 된다. 따라서

$$\text{손실계수 } H = \frac{\text{일정 기간 중 평균손실전력}}{\text{같은 기간 중 최대손실전력}} \times 100\%$$

이라고 쓸 수 있다.

그러므로 한편에서는 이것을 평균전력손실 $P_c = W_c/T(= HRI_m^2)$의 최대전력손실 $P_{cm}(= RI_m^2)$에 대한 비 P_c/P_{cm}로 나타내기도 한다. 또 $W_c = HTRI_m^2$에서

W_c는 최대전류 I_m가 $HT = T_e$시간(이것을 등가시간이라고 함) 중 흐르고 있는 경우의 손실과 같다고도 말할 수 있다.

결국 이 손실계수란 다음 식처럼 어떤 기간 중(보통 1일, 1개월 또는 1년을 취함)의 평균전력손실$\left(\int_0^T I^2 Rdt\right)$이 최대전력손실($I_m$이 계속 흘렀을 경우의 손실전력, $I_m^2 RT$)에 대한 백분율로서 정의되는 것이다.

$$H = \frac{\int_0^T I^2 Rdt}{I_m^2 RT} \times 100 = \frac{\int_0^T I^2 dt}{I_m^2 T} \times 100\%$$

여기서 T : 기간 중의 시간 수
I : 어느 순간에서의 전류 [A]
I_m : 기간 중의 최대전류 [A]
R : 저항 [Ω]

따라서 이 손실계수는 어느 기간 중에서의 최대전류에 대한 평균전류의 비로서 표현 되는 부하율(F)과는 다른 것이다.

손실계수는 부하곡선의 모양에 따라서 달라지는데 그 값은 부하율이 좋은 부하일 경우에는 부하율에 가까운 값이 되고($H \fallingdotseq F$) 부하율이 나쁜 부하일 경우에는 부하율의 제곱에 가까운 값으로 되는 경향이 있다($H \fallingdotseq F^2$).

곧 평균수요전력과 최대수요전력의 비로서 구해지는 부하율 F와 손실계수 H와의 사이에는

$$1 \geq F \geq H \geq F^2 \geq 0$$

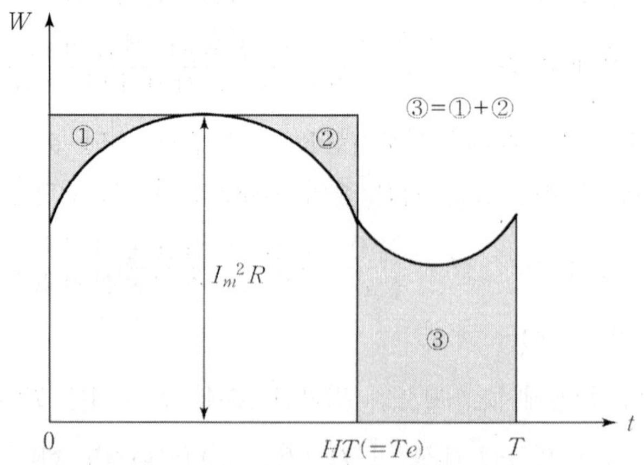

【그림 11-4 손실전력곡선과 등가시간의 개념도】

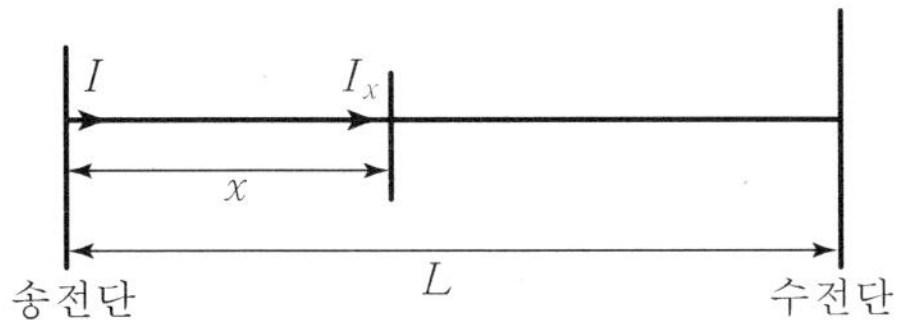

【그림 11-5 부하분포선로】

의 관계가 있으며, 일반적으로는

$$H = \alpha F + (1-\alpha)F^2$$

여기서 α는 정수로서 0.1~0.4로 표현된다. 이 α는 $I(t)$의 부하 곡선의 형태에 따라 그 값을 달리하게 되는데 대략 0.1~0.4 정도로 보고 있다.

부하가 분산되서 접속된 분산부하 배전선에서의 옴손 p는 [그림 11-5]에 나타낸 바와 같이 송전단으로부터 x의 거리에 있는 점의 선로전류를 I_x, 선로 단위길이 당의 저항을 γ, 선로의 길이를 L이라 하면 다음과 같다.

$$p = \int_0^T I_x^2 \gamma dx$$

한편, 부하가 선로의 말단에 집중되고 있을 경우에는 p가 최대로 되며(선로 전 구간에 부하전류 I가 흐르게 됨) 이것을 P_m이라고 하면 다음과 같다.

$$P_m = I_2 \gamma L$$

위의 양식으로부터 다음과 같이 h를 정의할 수 있다.

$$h = \frac{1}{I^2 L}\int_0^L I_x^2 dx = \frac{1}{I^2 R}\int_0^L I_x^2 \gamma dx$$

여기서 R : 전구간의 저항값[Ω](=γL)
γ : x구간 단위 길이당 저항값[Ω/km]

이것으로부터 알 수 있듯이 h는 동일 선로, 동일 송전단 전류의 경우 분산부하에 의한 손실 p와 말단 단일집중부하에 의한 손실 P_c와의 비를 나타낸다.

이와 같이 h는 손실계수 H에 대응하는 것으로서 H가 부하의 시간적 변동상황에 따른 전력손실의 정도를 나타내는 데 비해 h는 부하의 분산상태에 따른 전력손실의 정도를 나타내는 것이다. 그러므로 손실계수 H에 대응해서 이 h를 **분산손실계수**라고 부르고, 등가시간 $HT = T_e$에 대응하는 $hR = R_e$를 전력손실 등가저항이라고 한다.

다음으로 손실전력량 W는

$$W = \int_0^T \int_0^L I_x^2 r\, dx\, dt = r L \int_0^T h I^2 dt \text{[Wh]}$$

h가 T시간 중 변하지 않을 경우에는

$$W = Hh R I^2 T \text{[Wh]}$$

로 된다. h가 시간적으로 일정하지 않을 경우에도 그 변화가 심하지 않을 때에는 최대부하 시의 h값을 사용해서 계산하더라도 실용상으로는 별 지장이 없다.

예제 11-5

[그림 11-6]과 같은 3상3선식 배전선로의 전력손실을 구하여라. (단, 전선 1가닥당의 저항은 0.5Ω/km 라고 한다.)

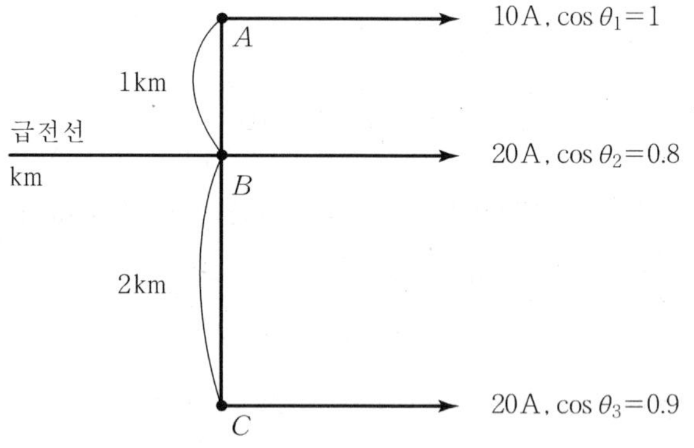

【그림 11-6】

풀이 먼저 급전선 내의 전류 I를 구한다. 각 부하점의 역률이 주어져 있으므로

$$I = (10 \times 1 + 20 \times 0.8 + 20 \times 0.9) + j\,(0 + 20\sqrt{1-0.8^2} + 20\sqrt{1-0.9^2}\,)$$
$$= 44.0 + j\,20.7\text{A}$$

각 부분의 전력손실 P_c는

$$P_c = NI^2 R = NI^2 \gamma l$$

여기서 γ : 전선 1가닥당의 저항[Ω/km]
l : 배전 거리[km]

AB간 손실 : $3 \times 10^2 \times 0.5 \times 1 = 150\text{W}$

BC간 손실 : $3 \times 20^2 \times 0.5 \times 2 = 1{,}200\text{W}$

급전선 내 손실 : $3 \times (44^2 + 20.7^2) \times 0.5 \times 3.6 = 12{,}770\text{W}$

$\therefore$ 전손실 $= 150 + 1{,}200 + 12{,}770 = 14{,}120\text{W} = 14.12\text{kW}$

예제 11-6

[그림 11-7]에 보인 것처럼 전선의 굵기가 균일하고 부하가 송전단에서부터 말단에 이르기까지 균등하게 분포되고 있는 평등부하분포의 경우에 있어서의 분산손실계수 h의 값을 구하라.

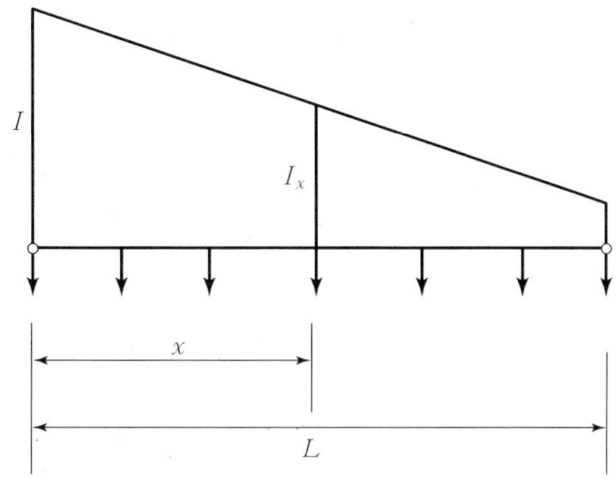

【그림 11-7】

풀이 송전단으로부터 거리가 x인 점에서의 전류 I_x는

$$I_x = I\left(1 - \frac{x}{L}\right)$$

전력손실 p는 전선의 단위 길이당의 저항을 r이라고 하면

$$p = \int_0^L I_x^2 r\,dx = \int_0^L I^2\left(1 - \frac{x}{L}\right)^2 r\,dx$$

$$= I^2 r\left[x - \frac{x^2}{L} + \frac{x^3}{3L^2}\right]_0^L = \frac{1}{3}I^2 r L$$

$I^2 rL$은 말단에 집중부하가 접속되어 있을 경우의 전력손실이므로 평등분포부하에 대한 손실은 송전단으로부터 전체 길이의 1/3에 해당하는 곳에 전부하가 집중하고 있다고 생각한 경우와 같다. 따라서 h의 정의에 따라 이 경우의 $h = 1/3$로 된다.

II 변압기 손실

변압기의 손실은 철손과 동손의 2가지로 나눌 수 있다. 철손은 부하의 유무에 관계없이 전압만 인가되고 있으면 발생하는 것으로 무부하손실이라고 부르기도 한다. 무부하 손실에는 이밖에도 여자전류에 의한 권선의 I^2R손 및 전연물의 유전체손도 다소 포함되지만 이들의 양은 워낙 적기 때문에 주로 철손만으로 이루어진다고 생각하면 된다.

이에 반해 동손은 부하전류에 의한 권선의 I^2R손으로서 이것은 부하가 변동하면 전류의 제곱에 비례해서 증감하게 되며 보통 이것을 **부하손실**이라고 부르고 있다.

참고로 [표 11-4]는 주상변압기에서의 철손과 동손의 비율을 보인 것이다.

【표 11-4 주상변압기 철손·동손의 비율】

	철 손[%]	동 손[%]	합 계[%]
손실전력(첨두 부하시)	33	67	100
손실전력량	65	35	100

변압기에는 회전 부분이 전혀 없기 때문에 기계적 손실은 없고, 따라서 효율은 일반의 회전기에 비해 훨씬 양호한 편이다. 보통 5kVA 정도의 소형의 것이라도 효율은 96% 정도이며, 10,000kVA 이상의 대형이 되면 99% 이상에 달하고 있다.

현재 각 전력회사에서 채택하고 있는 이들 변압기의 손실경감대책을 열거하면 다음과 같다.

1) 동손감소대책

- 동선의 권선수 저감
- 권선의 다면적 증가

2) 철손감소대책

- 자속밀도의 감소
- 저손실 철심재료의 채용
- 고배향성 규모 강판 사용
- 아몰파스 변압기의 채용
- 철심구조의 변경

III 변압기의 효율

변압기의 효율에는 입력과 출력의 실측값으로부터 계산해서 구하는 **실측효율**과 일정한 규약에 따라 결정한 손실값을 기준으로 계산해서 구하는 **규약효율**의 2가지가 있다.

$$실측효율 = \frac{출력의\ 측정값}{입력의\ 측정값} \times 100\%$$

$$규약효율 = \frac{출력(kW)}{출력(kW) + 손실(kW)} \times 100\%$$

$$= \frac{입력(kW) - 손실(kW)}{입력(kW)} \times 100\%$$

한편, 이들로부터 계산되는 효율은 어디까지나 주어진 그 시각에서의 부하에 대한 값에 지나지 않으므로 부하가 변동할 경우 효율을 종합적으로 판정하기 위해서는 다음에 정의하는 **전일효율**이라는 것을 사용하게 된다.

$$전일효율 = \frac{1일간의\ 출력전력량(kWh)}{1일간\ 출력전력량(kWh) + 1일간\ 손실전력량(kWh)} \times 100\%$$

$$= \frac{P_d}{P_d + (P_i \times 24) + P_{cd}} \times 100\%$$

여기서 P_d : 1일 중의 출력 전력량(kWh)

P_i : 변압기의 철손(kW)

P_{cd} : 변압기의 동손(1일 중의 손실전력량)(kWh)

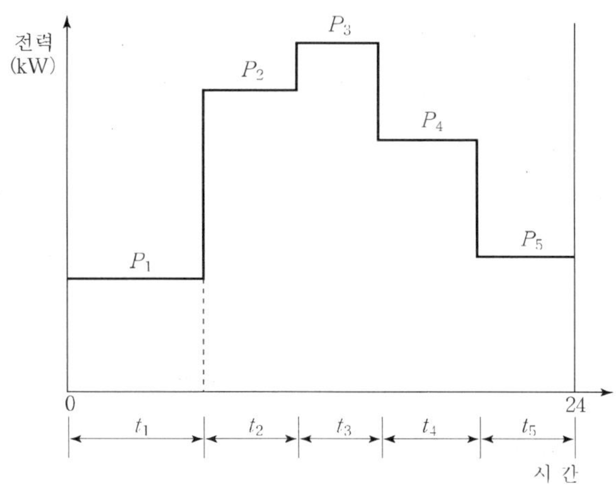

【그림 11-8】

가령 [그림 11-8]과 같은 부하곡선에 대해서 생각한다면

$$1일\ 출력전력량\ P_d = P_1 t_1 + P_2 t_2 + P_1 t_3 + P_4 t_4 + P_5 t_5 [\mathrm{kWh}]$$

손실전력량은 부하와 관계없이 일정한 철손전력량과 부하의 제곱에 비례하는 동손전력량이 있다. 철손을 W_i[kW], 전부하 동손을 W_c[kW], 변압기의 정격용량을 P[kW=kVA (역률이 1.0 경우)]라고 하면 1일(24h)의 손실전력량은

$$철손전력량\ P_{id} = W_i \times 24\mathrm{kWh}$$

$$동손전력량\ P_{cd} = W_c\left[\left(\frac{P_1}{P}\right)^2 t_1 + \left(\frac{P_2}{P}\right)^2 t_2 + \left(\frac{P_3}{P}\right)^2 t_3 + \left(\frac{P_4}{P}\right)^2 t_4 + \left(\frac{P_5}{P}\right)^2 t_5\right][\mathrm{kWh}]$$

로 되어 다음과 같이 계산된다.

$$전일효율 = \frac{P_d}{P_d + P_{id} + P_{cd}} \times 100\%$$

여기서 한 가지 주의할 점은 동손을 계산할 때 변압기의 정격용량은 [kWh]로 표현해야 한다는 것이다. 가령 역률 0.8의 부하 8kW는 $8/0.8 = 10\mathrm{kWh}$, 따라서 변압기 용량 10kVA가 이때의 100% 부하로 된다.

예제 11-7

변압기의 효율은 철손과 동손이 같아지는 부하일 때 최고효율로 된다는 것을 증명하라.

풀이 지금 부하를 P_1[kW]라고 하면 P_1[kW]에서의 동손은 전부하 동손을 W_c, 변압기의 정격용량을 P라 할 경우 $W_c\left(\frac{P_1}{P}\right)^2$가 된다. 여기서 $P_1/P = \alpha$, 즉 $P_1 = \alpha P$라고 하면 효율 η는 철손을 W_i라 할 경우

$$\eta = \frac{P_l}{P_l + W_i + W_c\left(\frac{P_1}{P}\right)^2} = \frac{\alpha P}{\alpha P + W_i + \alpha^2 L W_c} = \frac{P}{P + \frac{W_i}{\alpha} + \alpha W_c}$$

여기서 P는 일정하므로 η를 최고로 하는 것은 더 말할 것 없이 $\frac{W_i}{\alpha} + \alpha W_c$가 최소로 될 경우이다.

그러므로 $\mu = \frac{W_i}{\alpha} + \alpha W_c$라 하고 $\frac{d\mu}{d\alpha} = 0$을 풀면

$$W_i = \alpha^2 W_c = W_c\left(\frac{P_1}{P}\right)^2$$

즉, (철손$= P_1$ 부하에서의 동손)이 효율 최대의 조건이 된다는 것을 알 수 있다.

예제 11-8

용량 30kVA의 단상 주상변압기가 있다. 이 변압기의 어느 날의 부하가 30kW-2시간, 24kW-8시간 및 6kW-14시간이었다고 할 경우 이 변압기의 전일효율 및 일 부하율을 구하라. (단, 부하의 역률은 1, 변압기의 전부하 동손은 500W, 철손은 200W라고 한다.)

풀이 이 변압기에 걸리는 1일(24시간)의 부하전력량(공급량) W_0는

$$W_0 = 30\times 2 + 24\times 8 + 6\times 14 = 336\text{kWh}$$

1일 중의 평균부하 P_m는

$$P_m = \frac{336}{24} = 14\text{kW}$$

일 부하율

$$L_{fd} = \frac{\text{1일 중의 평균부하}}{\text{1일 중의 최대부하}}\times 100 = \frac{14}{30}\times 100 = 46.7\%$$

다음으로 변압기 1일 중의 손실전력량을 산출해 보자. 철손은 부하의 크기와 관계없이 일정하다는 것과 동손 $I^2\gamma$은 부하 비율의 제곱에 비례한다는 것을 고려해서

$$\text{1일 중의 손실량} = \left[200\times 24 + 500\left\{\left(\frac{30}{30}\right)^2\times 2 + \left(\frac{24}{30}\right)^2\times 8 + \left(\frac{6}{30}\right)^2\times 14\right\}\right]\times 10^{-3}$$

$$= 8.64\text{kWh}$$

이 변압기 1일 중의 입력전력량 W_i는

$$W_i = \text{공급량} + \text{손실량} = 336 + 8.64 = 344.64$$

따라서

$$\text{전일효율} = \frac{\text{1일 중의 공급량}}{\text{1일 중의 입력량}} = \frac{336}{344.64}\times 100 = 97.49\%$$

예제 11-9

용량[kVA], 6,600/105V인 변압기의 철손이 1kW, 전부하동손이 1.25kW이다. 이 변압기의 효율이 최고로 될 때에 부하 kW는 얼마인가? 또 이 변압기가 무부하로 18시간, 역률 100%의 반부하로 4시간, 역률 80%의 전부하로 2시간 운전된다고 할 때 이 변압기의 전일효율을 구하라. (단, 부하전압은 일정하다고 한다.)

풀이 먼저 효율이 최고로 되는 부하는 철손과 동손이 같은 경우이다. 구하고자 하는 부하를 P[kVA]라고 하면

$$1\text{kW} = \left(\frac{P}{100}\right)^2\times 1.25\text{kW}$$

로부터 $P=89$kVA(이때 역률이 $\cos\phi$ 였다면 $89\cos\phi$[kW]가 됨)

다음 전일 효율 η는

전부하 운전의 kWh 출력 $=2\times100\times0.8=160$kWh

반부하 운전의 kWh 출력 $=4\times50\times1.0=200$kWh

그러므로 총 kWh 출력 $=160+200=360$kWh

24시간의 철손 $=24\times1.0=24$kWh

전부하의 동손 $=2\times1.25=2.5$kWh

반부하의 동손 $=(4\times1.25)/4=1.25$kWh

전 손 실 $=24+2.5+1.25=27.75$kWh

따라서 전일효율 $\eta=\dfrac{360}{360+27.75}\times100=93\%$

∴ 최고효율시 부하 $89\cos\phi$[kW]

전일효율 $\eta=93\%$

11.4 시설과 부하

I 전력수요

전기의 수요는 문화와 산업의 발전에 따라 급격하게 증대하고 있으며 그 이용 분야도 다양하게 또한 다방면에 걸쳐서 널리 사용되고 있다. 우선 이들을 용도별로 나누면 다음과 같이 3가지로 된다.

① 주택용(전등수요)
② 상업용(공공 및 서비스업)
③ 산업용(동력수요)

[표 11-5]는 우리나라에서의 이러한 전력수요의 추이를 최근의 계약종별 판매량 구성비로 정리한 것이다.

【표 11-5 전력판매량 구성비】

연 도	주택부문	공공서비스 부문	생산부문
1992	18.9	19.9	61.2
1997	16.2	25.8	58.0

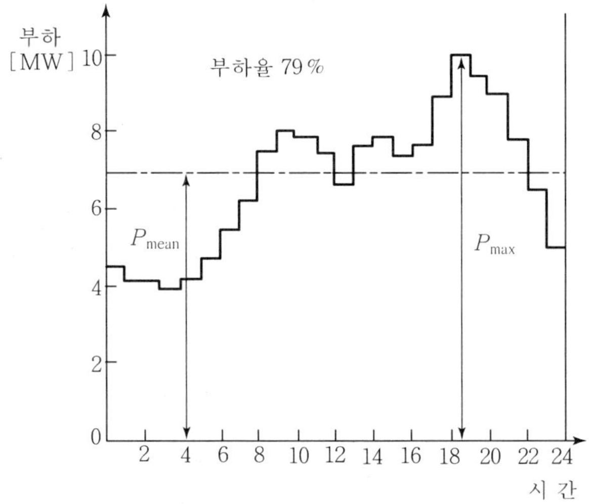

【그림 11-9 부하곡선의 일례】

어느 일정 기간 내 부하의 시간적 변동상황을 그림으로 나타낸 것을 **부하곡선**이라고 하는데 이것은 부하의 종류나 수요지역의 산업, 사회적인 상황에 따라 여러 가지 모양을 보이게 된다. [그림 11-10]은 **일 부하곡선**의 일례를 보인 것인데 보통 매 시간당 부하전력량을 계량해서 작성하게 된다.

주어진 기간 내의 부하전력 가운데 최대의 것을 **최대부하** 또는 **첨두부하**라고 하며 (그림에서 P_{max}로 나타낸 것), 또 이 기간 내의 사용전력량을 사용시간수로 나눈 것, 즉 그 기간 내 부하전력의 평균값을 **평균부하**라고 부르고 있다(그림에서의 Pmean로 나타낸 것).

이러한 부하곡선은 대상으로 하는 기간에 따라 월 부하곡선, 주간 부하곡선, 일 부하곡선 등으로 나누어진다. 과거 우리나라 연간 최대부하는 겨울철에 발생하였으나, 지난 70년대 후반부터는 에어컨 등 냉방부하가 집중되어 여름철로 서서히 옮겨져 이제는 완전히 여름철 최대전력(최대부하) 패턴이 굳어지고 있다. 참고로 [그림 11-10]은 지난 1988년 여름 최대부하(13,657MW)가 발생한 8월 10일의 일 부하곡선의 실적을 보인 것이다.

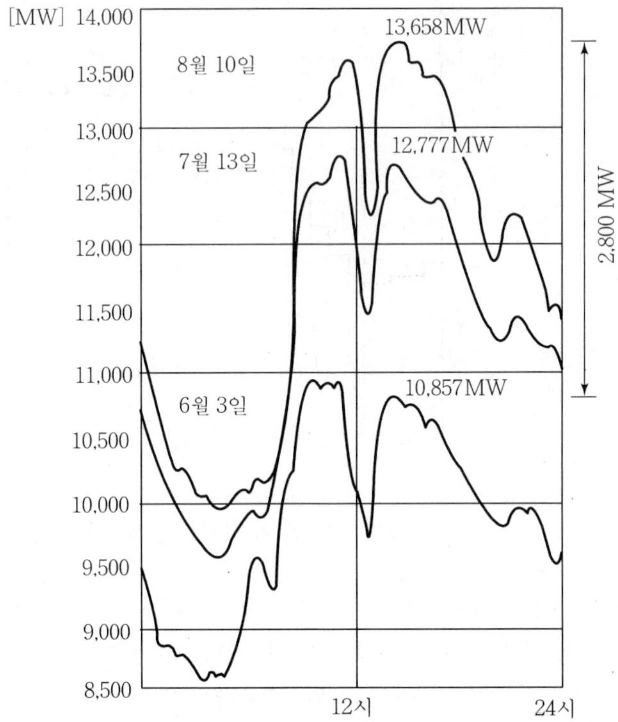

【그림 11-10 일 부하곡선의 일례】

II 전기의 공급방식

전기의 공급방식에는 전기 수급계약방법에 의한 구별, 공급전압에 의한 구별, 전기 공급시간 또는 계절에 의한 구별, 부하의 종류에 의한 구별 등 다음에 나타낸 바와 같이 여러 가지 분류방법이 있다.

① **수급계약별** : 종량선, 정액선
② **공급전압별** : 특별고압선, 고압선, 저압선
③ **공급시간별** : 주간선, 야간선, 주·야간선
④ **부하의 종류별** : 전등선, 동력선
⑤ **수용전력의 종류별** : 전용선, 일반선
⑥ **부하의 중요도에 따른 종류** : 1급선, 2급선, 3급선

III 수요와 부하

전기는 거의 쓰이지 않는 곳이 없을 정도로 모든 분야에서 사용되고 있으며, 또한 이에 따라 수많은 종류의 부하설비가 설치되고 있다. 그러나 실제 사용면에 있어서는 각 부하의 사용상태에 변화가 있기 때문에 반드시 부하설비(시설용량) 만큼의 배전설비를 준비할 필요는 없다.

예를 들면, 전등은 야간에, 전동기는 주로 주간에 많이 사용되면서 실제 전기의 사용조건 및 사용시간 등을 달리하고 있으며 난방용·냉방용 기기 등은 계절에 따라 그 수요를 달리하고 있다. 또 이들이 쓰인다고 하더라도 설치된 설비가 언제나 하나도 빠지지 않고 전부 사용되는 경우도 드물 것이다. 따라서 수요설비에 대해서는 그 전체 설비와 맞먹는 공급력을 가질 필요는 없고 보통 그 중의 몇 할 정도에 해당하는 공급력(=공급설비)을 가지고 공급해 주어도 될 것이다.

이러한 수요(=사용될 수 있는 설비의 용량)와 부하(=그 시점에서 실제로 수용설비가 소비하는 전력)와의 관계를 나타내는 것이 수용률, 부등률, 부하율 등이다.

1) 수용률

수용가의 부하설비 전부가 동시에 사용되는 일은 거의 없기 때문에 수용가의 부하설비용량의 합계와 그것이 실제로 사용되는 시점에서 최대전력은 반드시 일치하지 않는다. 즉, 수용가의 최대수요전력[kW]은 부하설비 정격용량의 합계[kW]보다 작은 것이 보통이다.

수용률이란 일정 기간 중에서의 수용가 최대수요전력[kW]과 그 수용가가 설치하고 있는 설비용량의 합계[kW]와의 비를 말한다. 즉,

$$\text{수용률} = \frac{\text{최대수요전력[kW]}}{\text{부하설비 합계[kW]}} \times 100\%$$

이 값은 부하의 종류나 사용기간, 계절 등에 따라서 차이가 있지만 기간을 1년으로 잡을 경우 대략 30~92% 범위이다. 이러한 수용률은 수요를 상정할 경우 중요한 요소로 사용된다.

2) 부등률

일반적으로 수용가 상호간, 배전변압기 상호간, 급전선 상호간 또는 변전소 상호간 각 개의 최대부하는 같은 시각에 일어나는 것이 아니고 그 발생 시각에 약간씩의 시간차가 있기 마련이다.
따라서 각 개의 최대수요전력의 합계는 그 군의 종합 최대수요전력(=합성 최대전력)보다도 큰 것이 보통이다. 이 최대전력의 발생시각 또는 발생시기의 분산을 나타내는 지표가 **부등률**이다. 즉,

$$\text{부등률} = \frac{\text{각 부하의 최대수요전력 합계[kW]}}{\text{각 부하를 종합하였을 때의 최대수요전력(합성 최대전력)}}\ [\text{kW}]$$

일반적으로 무슨 무슨 율이라고 하면 그것을 분수로 나타낼 경우 1보다 작은 것이 보통이지만 이 부등률만은 1보다 큰 값을 가지게 되며, 또한 이것을 [%]로 나타내지 않는다는 데 유의할 필요가 있다.
배전용 변압기의 용량 및 저압선의 굵기 등을 정할 경우에는 먼저 각 수용가의 설비용량에 수용률을 곱해서 최대수요전력을 구하고, 다음에 이 배전용 변압기가 공급하게 될 구역의 최대수요전력의 합계수를 수용가간의 부등률로 나눈다. 여기서 얻어진 값이 변압기로 공급되는 구역에 실제로 걸릴 최대수요전력으로 되는 것이며, 이로부터 변압기의 용량을 결정할 수 있다.
마찬가지로 하나의 급전선이 공급하는 변압기 각 개의 최대수요전력 합계를 변압기간의 부등률로 나눈 것이 급전선에 공급하는 최대수요전력으로 된다.

【표 11-6 부등률의 일례】

구 분		부 등 률
수용가 상호간	전 등 전 력	1.14 1.58
배전변압기 상호간	전 등 전 력	1.18 1.36
배전간선 상호간		1.09
배전용 변전소 상호간		1.03
1차 변전소 상호간		1.13

부등률에는 배전선 간 부등률, 주상변압기 간 부등률, 수용가 간 부등률 등이 있으며 이들 값은 설비의 필요용량을 산정할 경우에 상용된다. [표 11-6]은 부등률의 일례를 보인 것이다.

3) 부하율

전력의 사용은 시각 또는 계절에 따라서 상당히 변동한다. 부하율(Load Factor)은 어느 일정기간 내 부하변동의 정도를 나타내는 것으로써, 그 기간 중 평균수요전력(그 기간 내의 사용전력량을 사용시간으로 나눈 것)과 최대수요전력과의 비를 백분율로 나타낸 것이다. 곧

$$부하율 = \frac{평균수요전력[kW]}{최대수요전력[kW]} \times 100\%$$

$$= \frac{평균부하[kW]}{최대부하[kW]} \times 100\%$$

[그림 11-11]은 전등용 변압기의 일 부하곡선의 일례를 보인 것이다. 부하율은 기간을 얼마로 잡느냐에 따라 일 부하율, 월 부하율, 연 부하율, 등으로 나누어지는데, 기간을 길게 잡을수록 부하율의 값은 작아지는 경향이 있다.

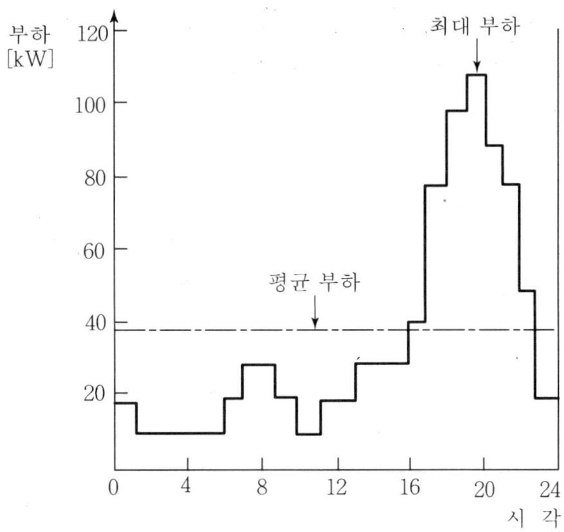

【그림 11-11 일 부하곡선의 일례】

【표 11-7 연 부하율의 일례】

종 류		부하율[%]
전등 수용가	일 반 대수용가	45 58
동력수용가		47
고압배전선		55

또 부하율은 배전선 단위, 변압기 단위, 전주 단위, 수용가 단위 등의 범위나 시기에 따라서 달라지기도 한다.

부하율은 그 전기설비가 얼마만큼 유효하게 이용되고 있는가 하는 정도를 나타내는 것이므로 부하율이 높을수록 설비가 효율적으로 사용되고 있다고 말할 수 있다. 최근에 와서는 연간 가동시간이 짧은 에어컨 등의 냉난방기기 사용이 급격히 증대해서 연 부하율이 악화되어가고 있다. 또 전기밥솥, 전자레인지 등 첨두형 기기의 보급으로 일 부하율도 크게 저하되고 있는 실정에 있다. 부하율은 전기요금 등의 산정에도 중요한 관계를 가진다.

[표 11-7]에 연 부하율의 일례를 나타내었다.

위에서 말한 바와 같이 부하율이 클수록 그에 대한 공급설비가 유효하게 사용되는 셈이기 때문에 부하율 향상을 위해 전력회사에서는 여러 가지 부하조성책을 강구하고 있다. 최근 우리나라에서 축열식 난방기기 및 축냉식 냉방설비의 개발을 유도하고, 하절기의 첨두부하 억제를 위해 여름철 휴가·보수기간조정 요금제도, 자율절전 요금제도 등의 부하관리 요금제도를 시행하고 있는 것은 바로 이러한 요구에 부응하는 것이라고 하겠다.

예제 11-10

역률 0.6의 유도 전동기 부하 30kW와 전열기 부하 25kW가 있다. 이 부하에 공급할 주상변압기의 용량 kVA은 얼마로 하면 적당하겠는가?

풀이 제의에 따라 부하의 유효전력

$$P_r = 30 + 25 = 55\,\text{kW}$$

부하(전동기)의 무효전력

$$Q_r = W_0 \sin\theta = \frac{P_r}{\cos\theta} \cdot \sin\theta = \frac{30}{0.6} \times \sqrt{1-0.6^2} = 40\,\text{kVA}$$

여기서 전열기의 역률은 100%이다. 따라서 부하의 합성 피상전력 W는

$$W = \sqrt{(\text{유효전력})^2 + (\text{무효전력})^2} = \sqrt{55^2 + 40^2} \fallingdotseq 68\,\text{kVA}$$

따라서 70 또는 75의 변압기를 설치하는 것이 적당하다(변압기는 [kVA]로 표시되므로 [kVA] 단위로 함).

예제 11-11

[그림 11-12]는 어떤 수용가의 일 부하곡선이다. 이 수용가의 일 부하율을 구하라.

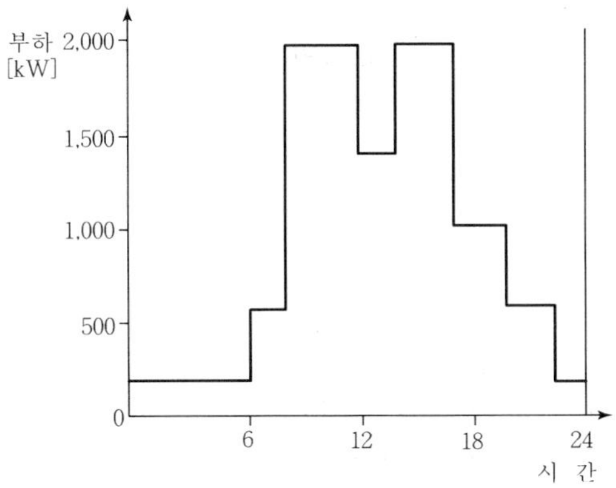

【그림 11-12 일 부하곡선】

풀이 1일 전력량 W는

$$W = 200 \times 8 + 600 \times 4 + 1,000 \times 3 + 1,400 \times 2 + 2,000 \times 7 = 23,800\text{kWh}$$

한편, 1일의 최대전력 = 2,000kW

1일의 평균전력 = 23,800 ÷ 24 = 991.67kW

따라서 일 부하율 $F = \dfrac{991.67}{2,000} \times 100 = 49.6\%$

예제 11-12

어떤 고층건물에서 고압으로 전력을 수저해서 저압으로 옥내 배전하고자 한다. 이 건물 내에 설치된 총설비 부하용량은 850kW이고 수용률은 60kW라고 한다면 이 건물 내 변전소에 설치해야 할 변압기의 용량은 얼마로 하여야 하겠는가? (단, 이 건물 내 설비 부하의 종합 역률은 0.75(지상)이라고 한다.)

풀이 $\text{수용률} = \dfrac{\text{최대수용전력}}{\text{접속부하}} \times 100\%$의 정식으로부터

변압기 용량 P_r = 최대수용전력 = 접속부하 × 수용률이므로, 즉

$$P_r = 850 \times 0.6 = 510\text{kW}$$

한편, 종합 역률이 0.75이므로

$$P_{ro} = \frac{510}{0.75} = 680\text{kVA}$$

그러므로 이 경우에는 700kVA의 변압기를 설치하면 된다.

예제 11-13

어느 변전소의 공급구역 내에 설치되어 있는 수용가의 설비용량 합계는 전등 600kW, 동력 800kW이다. 각 수용가의 수용률을 각각 전등 60%, 동력 80%, 각 수용가 간의 부등률을 전등 1.2, 동력 1.6, 변전소에서의 전등부하와 동력부하 상호간의 부등률을 1.4라고 한다면 이 변전소로부터 공급되는 최대전력은 몇 [kW]으로 되는가?

풀이

전등의 합성 최대수용전력 $= 600 \times (0.6/1.2) = 300\,\text{kW}$

동력의 합성 최대수용전력 $= 800 \times (0.8/1.6) = 400\,\text{kW}$

전등부하와 동력부하 상호간의 부등률은 1.4이므로

전등 및 동력의 합성 최대수용전력 $= (300 + 400)/1.4 = 500\,\text{kW}$

이로부터 공급구역 내에 설치된 부하설비용량의 합계는 $600 + 800 = 1{,}400\,\text{kW}$임에도 불구하고 변전소에서는 500kW의 최대부하로밖에 되지 않는다는 것을 알 수 있다. 실제로는 배전선로(주상변압기 포함)의 전력손실이 여기에 추가되어 실리게 되므로 이러한 손실분과 어느 정도의 여유분까지 감안해서 최대부하를 결정하게 된다.

예제 11-14

어느 지역에서의 전등수용가 총 설비용량(보유설비의 [kW])은 120kW로서 각 수용가의 수용률은 어느 곳이나 0.5라고 한다. 이 수용가군을 설비용량 50kW, 40kW 및 30kW의 3군으로 나누어 [그림 11-13]과 같이 변압기, T_1, T_2 및 T_3 으로 공급할 때 각 변압기마다의 종합 최대수용전력 및 평균수용전력, 고압간선에 걸리는 최대부하 및 종합부하율을 구하라.
(단, 각 변압기마다의 수용가 상호간의 부등률은 T_1 : 1.2, T_2 : 1.1, T_3 : 1.2

각 변압기마다의 종합 부하율은 T_1 : 0.6, T_2 : 0.5, T_3 : 0.4

각 변압기 부하 상호간의 부등률은 1.3

이라 하고, 전력손실은 무시하는 것으로 한다.)

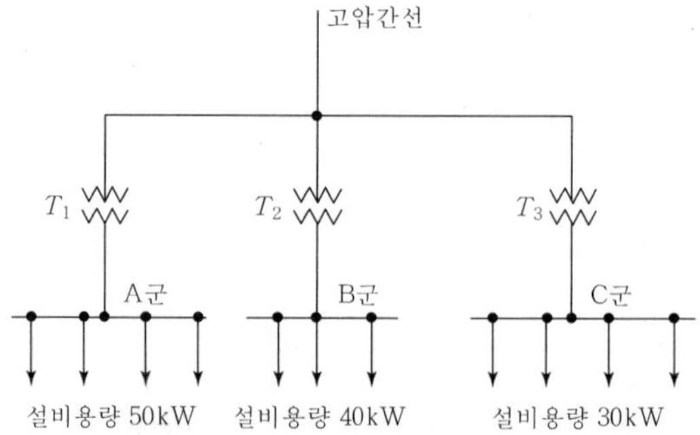

【그림 11-13】

풀이 최대수용전력=설비용량 × 수용률은

A군의 최대수용전력 $= 50 \times 0.5 = 25\text{kW}$

B군의 최대수용전력 $= 40 \times 0.5 = 20\text{kW}$

C군의 최대수용전력 $= 30 \times 0.5 = 15\text{kW}$

종합 최대수용전력=각 부하의 최대수용전력 합계 ÷ 부등률은

A군의 최대수용전력 $= 25 \div 1.2 = 20.83\text{kW}$

B군의 최대수용전력 $= 20 \div 1.1 = 18.18\text{kW}$

C군의 최대수용전력 $= 15 \div 1.2 = 12.5\text{kW}$

따라서 고압간선에 걸리는 최대부하는

$(20.83 + 18.18 + 12.5) \div 1.3 = 51.5\text{kW}$

다음으로 평균수용전력=최대수용전력 × 부하율은

A군의 최대수용전력 $= 20.83 \times 0.6 = 12.5\text{kW}$

B군의 최대수용전력 $= 18.18 \times 0.5 = 9.1\text{kW}$

C군의 최대수용전력 $= 12.5 \times 0.4 = 5.0\text{kW}$

따라서 종합부하율은

$$\frac{(12.5 + 9.1 + 5.0)}{51.51} \times 100 = 51.6\%$$

11.5 변압기와 부하

I 변압기 용량의 결정

주상변압기는 상수에 따라 단상과 3상변압기로 나누어진다. 일반적으로 전등용으로는 단상변압기 1대를 사용하고 동력용으로는 단상변압기 2대를 V결선 또는 3대를 Δ결선해서 사용하고 있다. 한편, 부하가 소용량일 경우에는 설치장소를 줄이기 위해 3상변압기를 쓰는 경우도 있다.

주상에 설치하는 22.9kV용 배전용 변압기에는 5, 10, 15, 20, 30, 50, 75, 100, 150kVA와 같은 표준용량을 가진 단상변압기가 사용되고 있고, 지상설치형 단상용으로는 30, 50, 75, 100, 150, 200kVA가, 3상용으로는 500kVA까지의 것이 사용되고 있다.

일반적으로 배전변압기의 용량은 다음과 같은 방법으로 결정된다. 즉, 변압기로부터 공급하고자 하는 수용가군에 대해서 개개의 수용가 설치용량의 합계에 수용률을 곱

해서 일차적으로 각 수용가의 최대수요전력의 합계를 얻은 다음, 이것을 수용가 상호간의 부등률로 나누어서 그 변압기로 공급해야 할 배전선로의 합성 최대부하, 즉 최대수요전력을 구하게 된다.

$$\text{합성 최대부하} = \frac{\text{부하용량} \times \text{수용률}}{\text{부등률}}$$

따라서 배전변전소 출력 또는 배전변압기의 용량은 이 최대수요전력에 대응하는 설비를 하게 되는데, 일반적으로는 현재의 부하로부터 앞으로의 그 지역의 발전 추세, 기타 통계자료를 이용해서 장래의 수요 증가를 감안한 다음 배전변압기의 표준용량 가운데 적당한 것을 선정하게 된다.

일반적으로 수용가의 수가 많을수록 수용률은 작아지고 반대로 부등률이 커지기 때문에 비교적 소용량의 것을 가지고도 많은 공급할 수 있게 된다.

II V-V결선 변압기의 출력

단상변압기를 3대를 $\Delta-\Delta$결선해서 운전하고 있을 때 그중 1대를 [그림 11-14]처럼 들어내면 V-V결선으로 되어 그대로 3상배전을 계속할 수 있다. UW 및 uw 간에 권선이 없더라도 1차 전압이 3상전압이라면 [그림 11-14 (b)]에서처럼 2차도 대칭 3상전압을 얻게 된다.

이러한 특징을 살려서 배전계통에서는 당초 부하가 작은 초창기에는 2대를 변압기에 V-V결선으로 접속해서 부하를 공급하다가 부하가 증가하면 그에 따라 새로 변압기를 1대 추가해서 $\Delta-\Delta$결선으로 바꾸어줌으로써 부하 증가에 쉽게 대응할 수 있는 방안을 많이 쓰고 있다.

[그림 11-14]에서 보는 바와 같이 V-V결선에서의 전압관계는 Δ결선의 경우와 같이 각 변압기의 단자 사이에 선간전압이 걸리지만 변압기 권선을 흐르는 전류는 선전류 그 자체이기 때문에 이때의 출력은 다음과 같이 된다. [그림 11-14]에서

P : 1대의 변압기의 용량[VA]

E : 선간 전압(변압기 정격전압[V])

I : 변압기의 정격전류[A]

라 하고, 변압기에 정격전류와 같은 크기의 전류를 흘렸을 경우(이 이상의 부하는 물론 걸 수 없음) 이때의 부하전력은 다음과 같이 된다.

$$\sqrt{3}\,EI = \sqrt{3}\,E \times \frac{P}{E} = \sqrt{3}\,P[\mathrm{VA}]$$

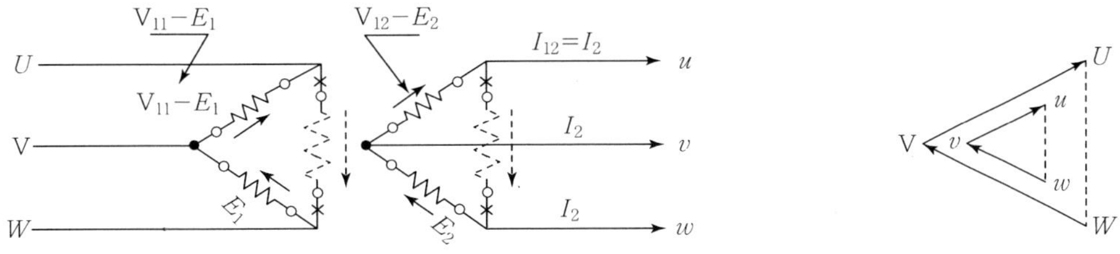

(a) 결선도　　　　(b) 벡터도

【그림 11-14 V-V 결선】

이에 대해서 변압기 설비용량은 $2P$[VA]이므로 전체 설비 용량에 대해서는 $\sqrt{3}P/2P = 0.866$배의 부하밖에 걸 수 없게 된다. 즉, V결선은 이용률이 나빠진다.

만일 Δ결선 변압기의 1대가 고장 때문에 제거되고 나머지 2대로 V결선해서 부하공급을 계속할 경우에는 다음과 같이 된다.

$$\frac{Pv}{P\Delta} = \frac{\sqrt{3}\,EI}{3EI} = \frac{1}{\sqrt{3}} \fallingdotseq 0.577$$

즉, 공급할 수 있는 전력은 고장 전의 57.7%로 감소한다.

[표 11-8]에 Δ결선과 V결선의 비교 예를 나타내었다.

【표 11-8 V결선 변압기의 출력】

	Δ 결선의 경우	V결선의 경우
변압기 1대의 용량P[kVA]	P	P
선간전압[kV]	E	E
역률[%]	100	100
변압기의 정격전류[A]	P/E	P/E
선전류[A]	$I = \sqrt{3}P/E$	$I = P/E$
3상부하[kVA]	$\sqrt{3}EI = 3P$	$\sqrt{3}EI = \sqrt{3}P$
설비변압기 용량[kVA]	$3P$	$2P$
이용률[%]	$39/39 = 100$	$\sqrt{3}P/2P = 86.6$

예제 11-15

고압 자가용 수용가가 있다. 이 수용가의 부하는 역률 1.0의 부하 50kW와 역률 0.8(지상)의 부하 100kW이다. 이 부하에 공급하는 변압기에 대해 다음을 구하라. (단, 변압기는 단상변압기를 사용하고 평상시는 과부하시키지 않는 것으로 한다.)

1) Δ결선하였을 경우 1대당의 최저용량[kVA]
2) 1대 고장으로 V결선하였을 경우의 과부하율%

풀이 이 수용가의 피상전력 P_0는

$$P_0 = \sqrt{(50+100)^2 + \left(\frac{100}{0.8} \times \sqrt{1-0.8^2}\right)^2} = 168\text{kVA}$$

1) Δ결선 시 1대당의 변압기 용량 P_T

$P_T = P_0/3 = 56\text{kVA}$

56kVA의 변압기는 시판되지 않으므로 75kVA의 변압기를 사용해야 한다.

2) V결선 시의 과부하율 F_0, V결선 출력은 $\sqrt{3}\,P_T$이므로

$$F_0 = \frac{P_o}{\sqrt{3}\,PT} \times 100 = \frac{168}{\sqrt{3} \times 75} \times 100 = 129\%$$

Q11 연습문제

01 전압강하율과 전압변동률에 대해서 설명하라.

02 수용률, 부등률, 부하율, 전일효율의 정의를 설명하라.

03 배전용 변전소의 용량과 Feeder의 회전수를 결정할 때 도시 배전과 농촌 배전에 있어서는 어떠한 차이점이 있는가?

04 단상2선식의 교류배전선에서 전선 1가닥의 저항이 0.15Ω, 리액턴스가 0.25Ω라고 한다. 부하가 220V, 6.6kW, 역률이 1.0일 경우 급전점의 전압을 계산하라.

05 전선 1가닥의 임피던스가 2.0+j5.0Ω의 3상1회선 송전선으로 공급되고 있는 전력 7,000kVA의 공장이 있다. 송전단의 전압이 23,000V로 일정할 때 공장의 수전단에서의 전압은 얼마로 되겠는가? (단, 공장의 역률은 0.8(지상)이고 부하는 평형되고 있는 것으로 한다.)

06 3상배전선로가 있다. 그 말단에 평형된 전등 · 전열부하 100kW를 공급하였을 때 변전소의 송전전압은 선로말단전압보다 5% 더 높았다. 지금 같은 선로의 말단에 상기 부하와 병렬로 3상전동기 부하 100kW를 추가하였을 때 선로말단의 전압을 그 전 전압과 같게 하기 위해서는 변전소의 송전전압을 배전선 말단전압보다 몇 % 더 높게 하면 되겠는가? (단, 전동기 부하 추가 전의 부하역률은 1.0, 추가 후의 부하 합성 역률은 0.8(지상)이라 하고 선로의 리액턴스는 무시하는 것으로 한다.)

07 연간 최대전류 150A, 배전거리 10km의 말단에 집중부하를 갖는 공칭전압 6,600V의 3상3선식 배전선로가 있다. 이 선로의 연간 손실전력량 kWh은 얼마인가? (단, 전선의 굵기를 38mm^2, 전선의 저항을 0.48Ω/km, 손실계수를 50%라 하고, 손실계수 G는 다음 식으로 주어지는 것으로 한다.)

$$G = \frac{W}{P \cdot H}$$

여기서 W : 1년간 손실전력량[Wh]
P : 1년간 발생하는 최대손실전력[W]
H : 1년간(평년)의 시간수

08 표와 같은 수용가의 부하를 종합한 경우의 다음을 구하라. (단, 각 수용가 간의 부등률은 1.3이라고 한다.)

1) 합성 최대전력[kW]
2) 평균전력[kW]
3) 부하율[%]
4) 1일 전력량[kWh]

수용가	설비용량[kVA]	역률[%](지상)	수용률[%]	부하율[%]
A	100	85	50	40
B	50	80	60	50
C	150	90	40	30

09 10kW, 200V의 3상유도전동기가 있다. 어느 하루의 부하실적이 1일 사용전력량 60kWh, 1일 중 최대사용전력 8kW, 최대전력 사용시의 전류가 30A라면, 이때 다음 값은 어떻게 되겠는가?

1) 1일의 부하율
2) 최대전력 공급 시의 역률

10 10kVA의 단상변압기 3대로 Δ 결선해서 급전하고 있었는데 그중 1대가 고장났기 때문에 이것을 들어내고 나머지 2대로 V 결선해서 급전하였다고 한다. 이 경우의 부하가 25.8kVA였다고 하면 나머지 2대의 변압기는 몇 %의 과부하로 되었겠는가?

11 500kVA의 단상변압기를 사용 3대(Δ－Δ 결선), 예비 1대를 설치한 변전소가 있다. 새로운 부하의 증가에 대응하기 위해 예비변압기를 추가로 살려서 결선법을 V결선으로 변경하여 급전하고자 할 경우 얼마까지의 최대부하에 공급할 수 있겠는가?

Transmission and Distribution Engineering

PART 12
지중배전선로

12.1 지중배전선로의 개요

12.2 지중배전설로 현황

12.3 지중배전선로 공사방식

12.4 지중배전선로의 특징

12.5 계통구성방식

12.6 전력케이블

12.7 지중배전용 기기

PART 12 지중배전선로

12.1 지중배전선로의 개요

I 지중배전선로의 추진 배경

우리나라 가공배전선의 지중화는 1973년 효자동에서 광화문 구간까지 복잡하게 시설되어 있는 배전선을 전선 정비측면에서 간선도로변의 전주를 뒷골목으로 이설, 저압케이블을 사용해 주상변압기로부터 인근 수용가를 공급함으로써 시작되었으며, 그 이후 다음과 같이 계획되어 확장되고 있다.

- 1975. 9 : 서울 4대문안 주요 간선도로변 지중화 지시(대통령)
  - 서울시 주관으로 관련 부서간 실무자 회의를 통해 지중화 사업계획(1977~1981, 32km)을 수립
  - 1977년도 서울역에서 시청 간의 지중화 설계 시 접속자재는 외자를 사용하였으며, 개폐기 대신 분기접속재로 사용계통을 구성함.
  - 1978년 남대문에서 안국동, 종로, 청계천의 지중화 계획 시는 지상변압기, 개폐기(6.6kV OS를 철재함에 내장) 설계시공함.
- 1982. 1 : 86아시안게임 및 88올림픽경기 대비 지중화 계획수립
- 1985. 4 : 지중화 계획보고(1986~2001) (한전 → 동자부)
- 1985. 6 : 지중화 계획 추진 지시 (동자부 → 한전)
- 1986 ~ : 서울 중심부, 6대 도시 등 지중화 필요지역 선정 시행

도시미관 개선에 대한 지중화사업의 필요성을 인식하여 가공선 지중화사업이 계속되고 있으나 지상기기 공간확보 문제점 등에 의해 사업추진이 어려운 상황이다.

II 지중배전선로의 필요성

- 도심지, 관광지, 국제 행사장 등 주요 지역미관 확보
- 도심지 부하밀도 증가(가공선로의 한계)
- 전력공급설비의 고신뢰성 및 설비의 현대화
- 도심지 위해시설 제거 및 시설보안
- 철도, 고속도로, 장경간 등 가공선로시설 곤란
- 관련법규 제약(도로법, 하천법, 공원법 등)

III 지중배전선로 적용지역

1) 가공배전선의 지중화

도시미관 개선에 대한 지중화사업의 필요성을 인식하여 가공선 지중화사업이 계속되고 있으나 지상기기 공간확보 문제점 등에 의해 사업추진이 어려운 상황이다.

2) 지중배전 계획사업

가공선로구성이 기술적으로 불가능하고 유지보수가 곤란한 지역으로 변전소 건설시나 기존 변전소 주변압기 증설시 다회선의 배전선을 인출하기 위해 전력구 또는 배전지중 대비관로를 시설하여 장차 부하 증가에 대비한 배전선을 지중화한다.

① 가공선이 집중되어 있는 변전소 인출 부근
② 고가도로, 고속도로, 철도 등을 횡단하는 장소
③ 부하밀도가 높고 고층빌딩으로서 공급여력을 확보하는데 다회선 구성이 기술적으로 곤란한 개소
④ 사업비 지원, 지역주민 및 행정관서와 업무협조가 원활한 지역 등

3) 신규 개발단지 조성에 따른 지중화

도시계획권자가 도시환경미화, 도로 중복굴착으로 인한 교통체증, 시민생활 불편 및 예산절감을 위해 처음부터 개발단지 내에 공동구를 건설, 전력선을 지중으로 건설하도록 도시계획함에 따라 행정부처와 협의하여 추진하는 사업으로, 예를 들면 여의도, 목동지역, 중문관광단지, 보문단지, 상계, 중계, 구미, 평촌, 산본, 시흥지구, 해운대 신시가지 등에서 적용되고 있다.

12.2 지중배전선로 현황

I 설비현황

지중배전선로의 설비현황은 [표 12-1]과 같다.

【표 12-1】

구 분	케 이 블 [C·km]	변 압 기 [대]	개 폐 기 [대]	맨 홀 핸 드 홀 [개]	관 로 [km]
1996. 12	11,938	16,555	12,430	20,660	3,214
1997. 12	13,382	18,449	14,442	24,707	3,615
증가율 [%]	12.1	11.4	16.2	19.6	12.5

* 가공전선 전년대비 증가율 : 4.5 %

II 연도별 지중화율

지중배전선로의 연도별 지중화율은 [표 12-2]와 같다.

【표 12-2】

연 도 별	1992	1993	1994	1995	1996	1997
지중화율 [%]	5.1	6.0	6.6	7.3	7.9	8.4

III 주요 도시별 지중화율

주요 도시별 지중화율(1997. 12)은 [표 12-3]과 같다.

【표 12-3】

도 시 명	서울	인천	대전	대구	광주	부산
지중화율 [%]	44.0	20.2	20.1	12.3	19.9	20.8

이밖에 외국 주요 도시 지중화율은 다음과 같다.

- 대 만(1992) : 14.4%(타이페이 : 70%)
- 프랑스(1992) : 30%(파리 : 100%)
- 일 본(1992) : 3.7%(동경 : 38.3%)
- 영 국(1989) : 60%(런던 : 100%)

12.3 지중배전선로 공사방식

I 종류 및 적용기준

1) 직매식

전력케이블을 직접 지중에 매설하는 방식으로 일반적으로 케이블 보호재로 트러프(Through)를 사용하여 케이블을 보호하며, 모래를 충전한 뒤 뚜껑을 덮고 되메우기 한다. 그러나 이 방식은 케이블 교체시에 도로굴착이 수반되어 현재는 거의 사용되지 않고 있다.

① 케이블 회선수가 2회선 이하
② 장래 회선증설이 예상되지 않는 경우
③ 추후 굴착이 용이한 경우
④ 기타 여건상 부득이한 경우

2) 관로식

합성수지관, 강관, 흄관 등 관재(Pipes)를 사용하여 관로를 구성한 후 케이블을 부설하는 방식으로, 일정 거리의 관로 양끝에 맨홀을 설치하여 케이블을 설치하고 접속한다. 유지·보수의 편이성으로 현재는 주로 이 방식이 사용되고 있다.

① 케이블 회선수가 3회선 이상 9회선 미만
② 장래 회선증설이 예상되는 경우
③ 도로 예정지역으로 도로포장계획이 있는 경우
④ 직매식이 불리한 경우

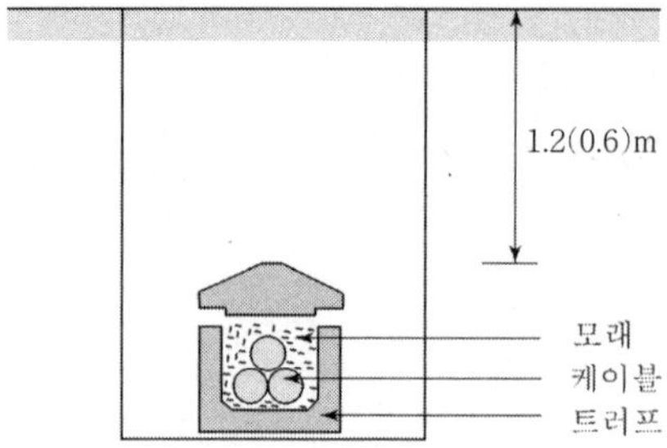

【그림 12-1 직매식 단면도】

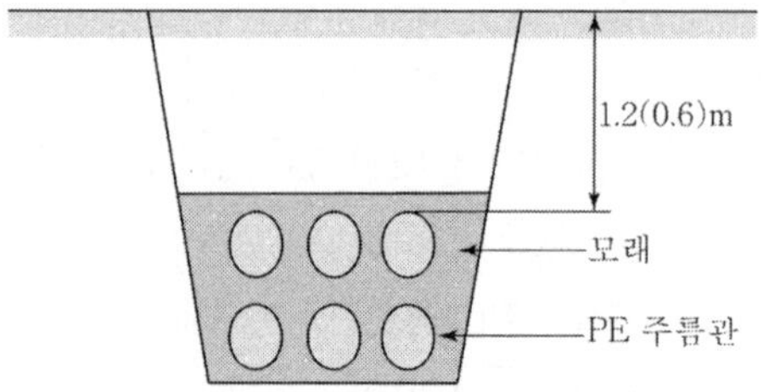

【그림 12-2 관로식 단면도】

3) 전력구식(암거식)

터널(Tunnel)과 같은 상부가 막힌 형태의 지하구조물로, 내부 벽측에 케이블을 부설하고 유지·보수작업을 위한 작업원의 통행이 가능한 크기로 건설비가 많이 소요되고 케이블 화재 시에 큰 피해가 예상되는 방식으로 보통 다음과 같은 경우에 적용한다.

① 케이블 회선수 9회선 이상
② 도로 양측에 관로의 분할시공(8공 이하)이 불가능할 경우
③ 발·변전소의 케이블 다회선 인출개소
④ 직매식·관로식이 곤란한 경우

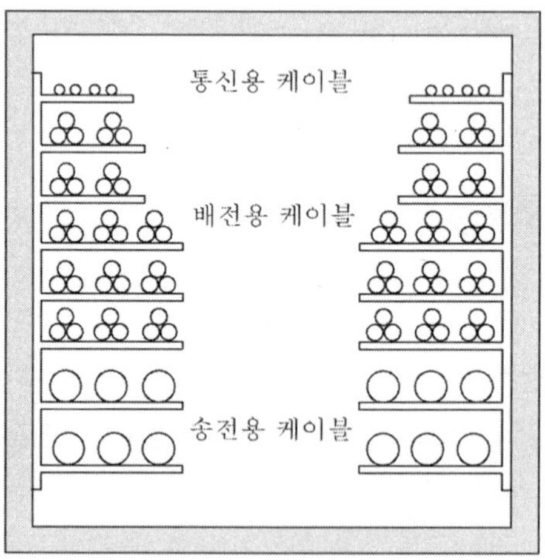

【그림 12-3 전력구 단면】

이밖에 다음과 같은 방식이 있다.

① **덕트식** : 발·변전소의 구내 등에서 관로나 전력구로 시설하기가 곤란하고 중량물의 영향을 받을 우려가 없는 경우에 설치하며, 상부 전체가 개폐 가능한 형태의 지하구조물

② **공동구** : 도시계획법에 의거 동일 구조물 내에 소유주가 다른 2개 이상의 시설물을 설치해 공동으로 사용하는 지하구조물

Ⅱ 공사방식별 장·단점

지중배전선로 공사방식별에 따른 장·단점을 살펴보면 [표 12-4]와 같다.

【표 12-4】

구 분	장 점	단 점
직 매 식	공사비가 저렴 공사기간이 짧음 굴곡개소 시공 용이 열발산 양호	외상사고 발생우려 보수, 점검 불편 증설, 철거 곤란
관 로 식	증설, 철거 용이 보수, 점검 비교적 용이 외상사고 발생 우려 감소	회선량 많을수록 송전용량 감소 굴곡개소 시공 곤란 케이블 신축 흡수력 저조
전력구식	다회선 포설 용이 보수, 점검 편리 증설, 철거 편리 외상사고 발생우려 적음 열발산 양호	공사비 고가 공사기간 장기간 소요 케이블 화재시 파급 확산

12.4 지중배전선로의 특징

지중배전선로의 특징을 가공배전선로와 비교하여 [표 12-5]에 나타내었다.

【표 12-5】

구 분	지중배전선로	가공배전선로
계통구성	환상(Loop, Open Loop)방식 망상(Network)방식 예비선 절체방식	수지상(樹枝狀)방식 연계(Tie-Line)방식 예비선 절체방식
공급능력	동일 루트에 다회선 시설이 가능해 도심지역에 적합	동일 루트에 4회선 이상을 곤란하므로 전력공급에 한계
건 설 비	건설비용 고가	지중설비에 비해 저렴
건설기간	장기간 소요	단기간
외부영향	외부기상여건 등의 영향 거의 없음.	전력선 접촉이나 기상조건에 정전빈도 높음
고장형태	외상사고, 접속개소 시공불량에 의한 장시간 정전사고 발생	수목접촉 등 단시간 정전 및 장시간 정전사고 발생
고장복구	고장점 발견이 어렵고 복구에 장시간 소요	고장점 발견과 복구 용이
유지보수	설비의 단순고도화로 보수업무 비교적 적음	설비의 지상노출로 보수업무 많은 편
유도장해	차폐 케이블 사용으로 유도장해 경감	유도장해 발생
송전용량	발생열의 구조적 냉각장애로 전선에 비해 낮음.	발생열의 냉각이 수월해 송전용량이 높은 편
안 전 도	충전부의 절연 및 정전차폐로 안전성 확보	충전부 노출로 적정이격거리 필요
설비보안	지하시설로 설비보안유지 용이	지상노출로 설비보안유지 곤란
환경미화	쾌적한 도심환경 조성	도심환경 저해요인
신규수용	설비구성상 신규수요 대응 탄력성 결여	신규수요에 신속대처 가능
이 미 지	전력설비의 현대화 설비안전성 이미지 제고	전통적 전력설비 위험설비
기 타 특수성	지상기기 설치공간 확보 시공상태 사후점검 곤란 선로매설위치 확인 곤란 공사시 다수의 대관 승인 굴착통제로 적기 시공 곤란 도심지 야간공사 시행	–

12.5 계통구성방식

각 종류에 따른 계통구성방식의 특징을 다음과 같이 나열하였다.

I 특고압 지중배전계통

1) 방사상 방식(Radial System)

① 전원 변전소로부터 1회선 인출 수용가 공급
② 경제적 공급방식
③ 신규부하 증설 용이
④ 케이블 고장, 공사, 설비점검 시 모든 수용 정전(별도 전원대책 필요)
⑤ 지중선 계통 부적합

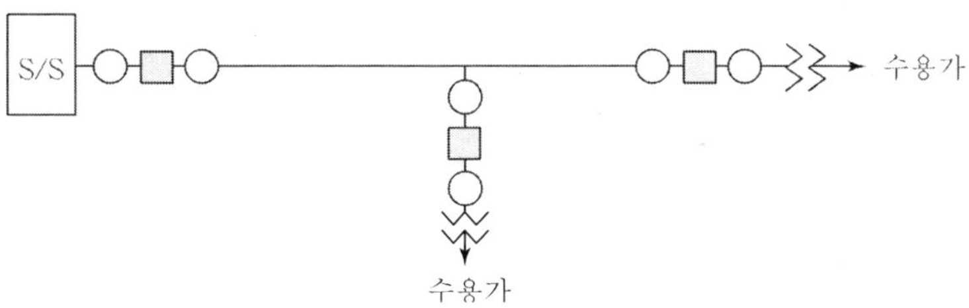

【그림 12-4 방사상방식】

2) 상용예비선 전환방식(Spare Line Transfer System)

① 일반적으로 서로 다른 변전소나 뱅크(Bank)에서 본선과 예비선 인출
② 상시 본선으로 공급하고 본선로 고장이나 공사시 예비선으로 전환 공급
③ 예비선 전환 시 순간정전 내지 단시간 정전 수반
④ 개폐기 전환방식
- 자동전환(ALTS : Auto Load Transfer Switch)방식
- 원격조작(Remote Control)방식
- 수동조작방식

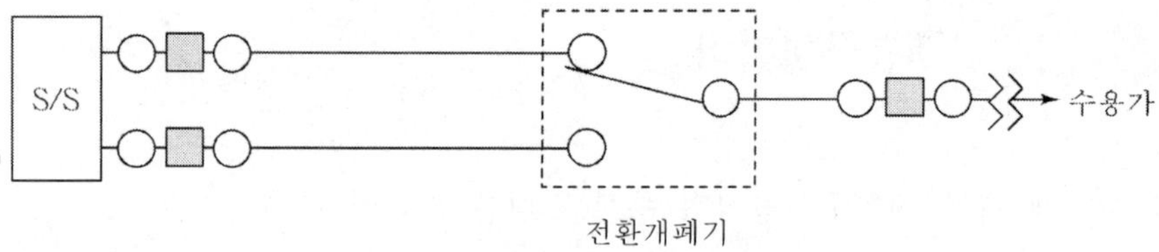

【그림 12-5 상용예비선 전환방식】

3) 환상공급방식

이 방식은 다음과 같이 2가지 방식으로 나뉘어진다.

(1) 순수환상방식(Loop System)

① 일반적으로 동일 변전소 동일 뱅크(Bank)에서 2회선으로 상시 공급

② 선로고장 시 고장구간 양측의 계전기를 통해 차단기를 동작하고 수용가는 무정전으로 공급 가능

③ 보호 및 차단장치 등으로 설비구성 고가

④ 전압강하, 전력손실 적음

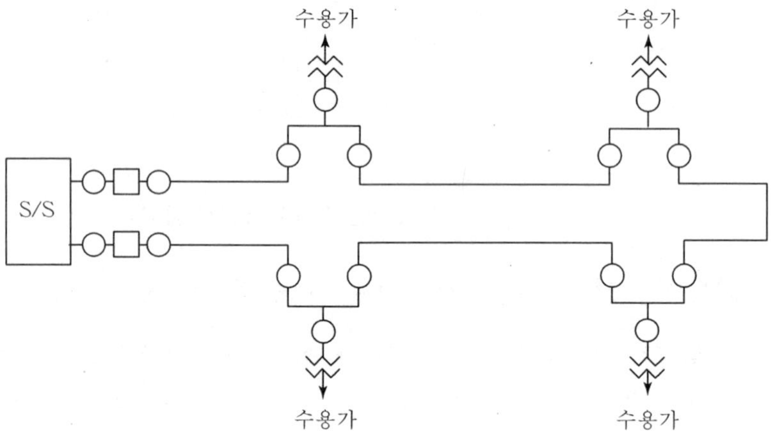

【그림 12-6 환상 공급방식】

(2) 개방환상방식(Open Loop System)

① 동일 변전소 동일 뱅크 또는 변전소나 뱅크를 달리하여 양 계통을 연계하고 선로 부하중심점을 상시 개방운전

② 선로고장 시 고장점 탐색 및 개폐기 조작방식에 따라 정전시간 좌우

③ 설비의 경제적 이점 등으로 실제 지중계통에 많이 적용

4) 스폿네트워크방식(Spot-Network System)

① 일반적으로 동일 뱅크에서 보통 3회선을 인출해 필요개소에서 각각 분기하고 차단기나 단로기를 거친 후 변압기와 연결

② 변압기 2차 측에 퓨즈와 차단기로 구성된 네트워크 프로텍터(Network Protector)를 통해 2차 측 모선이 서로 연결되어 각 변압기 병렬운전

③ 변압기 1차 측 1선로 고장 시 나머지 2회선으로 2차 측 병렬모선을 통해 부하 측에 무정전 전력공급

④ 공사비 고가

⑤ 선진외국의 경우 대형빌딩 단위로 본 공급방식이 보편화

⑥ 우리나라의 경우 아직 적용되어 있지 않음.

⑦ **부하적응성** : 500~10,000kW 범위 부하공급

⑧ **공급신뢰도** : 1회선의 케이블이나 변압기 고장에도 2차병렬 모선을 통해 무정전 공급 가능

⑨ **선로이용률** : 환산(Loop) 공급방식의 50%에 비해 3회선 네트워크방식은 67%임.

⑩ **전압변동률** : 변압기 2차 측의 병렬운전으로 부하분담이 균일하여 상시 부하변동에 대한 전압변동이 적음.

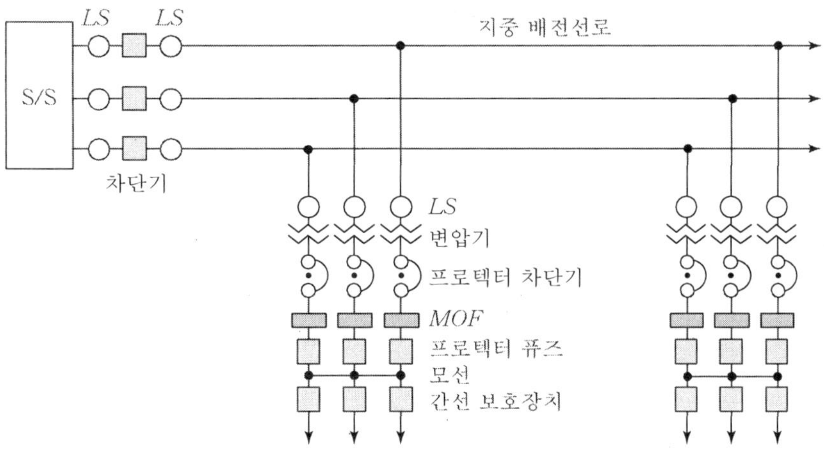

【그림 12-7 스폿네트워크방식】

5) 혼합방식

혼합방식의 모선도는 [그림 12-8]과 같다.

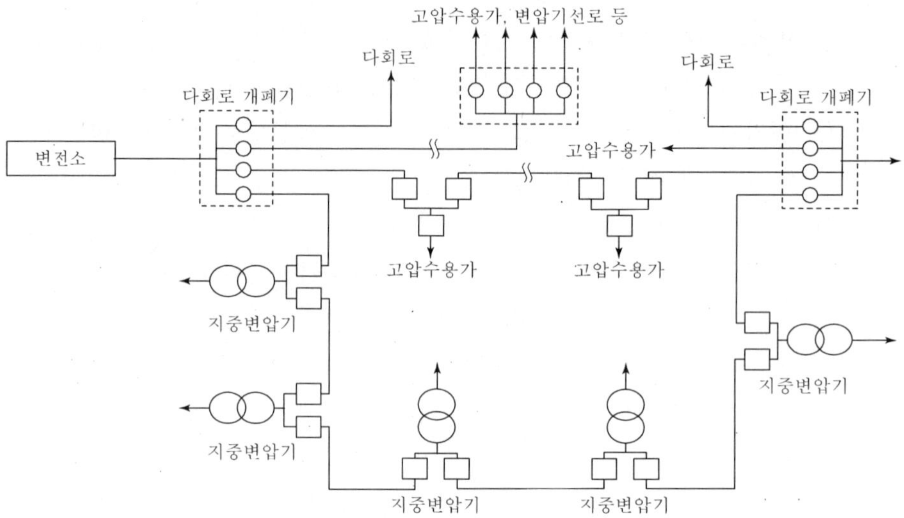

【그림 12-8 혼합방식】

II 저압지중배전계통

1) 방사상 인입방식

① 변압기에서 수용가에 단독으로 인입
② 변압기 주변 케이블 매설량 과다
③ 공급신뢰도 양호하나 비경제적

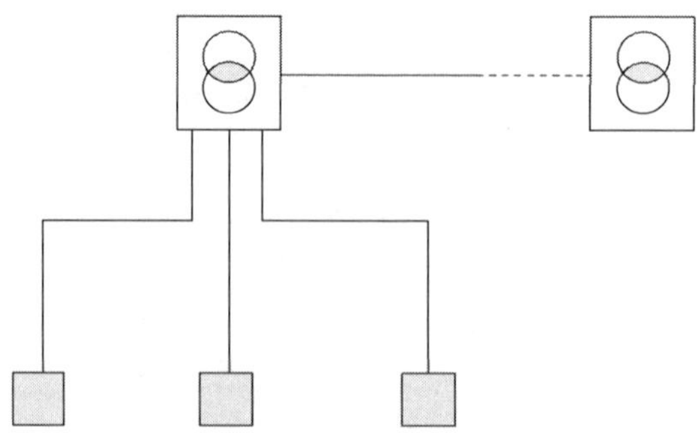

【그림 12-9 방사상 인입방식】

2) π형 인입방식

① 고압계통의 환상방식(Loop System)처럼 수용가를 π형상으로 연결하고 말단에서 다른 변압기와 연결

② 케이블 용량은 부하합계에 의해 결정되어 케이블이 굵어짐.

③ 케이블 고장 시 부하절체 가능

④ 공급신뢰도가 특히 요구되는 수용이나 지역 적용

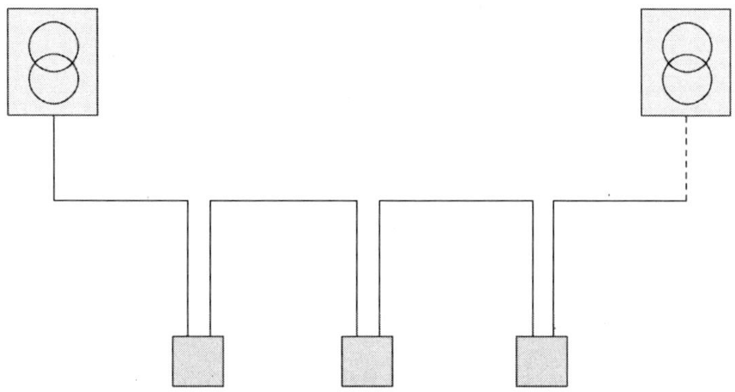

【그림 12-10 π형 인입방식】

3) T 형 인입방식

① 저압 간선케이블에서 인입케이블을 T 분기하는 방식

② 간선케이블 고장 시 모든 수용 정전

③ 부하변동에 따른 전압변동 발생

④ 공급신뢰도나 전압변동률이 다른 공급방식에 비해 떨어짐.

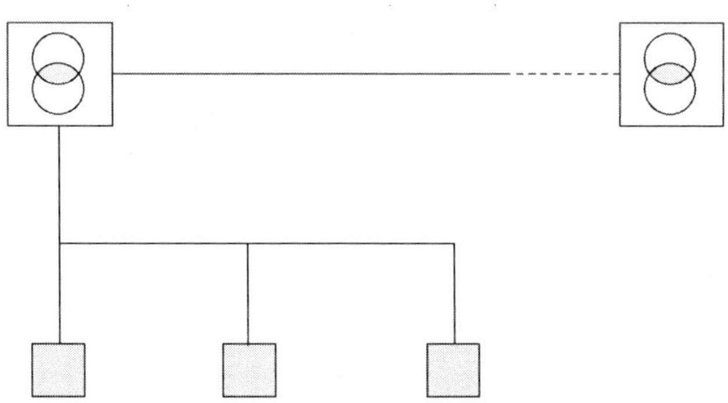

【그림 12-11 T 형 인입방식】

4) 혼합방식

① 방사선과 T형 혼합방식

② 우리나라에서 적용

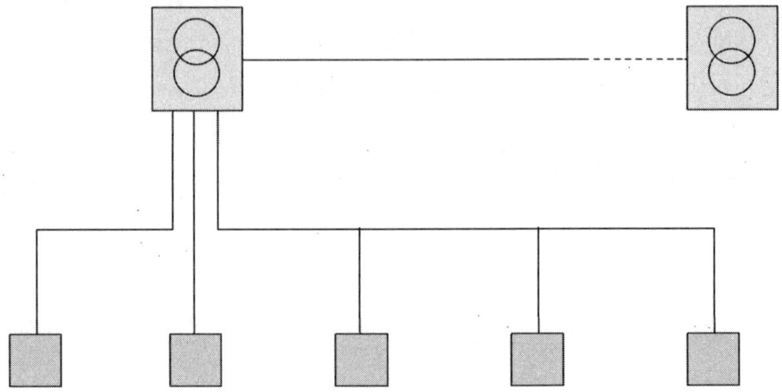

【그림 12-12 혼합방식】

5) 레귤러 네트워크방식(Regular Network System)

① 고압계통의 스폿 네트워크방식과 같이 보통 3회선의 1차선로에서 T분기하여 단로기를 거쳐 변압기와 연결

② 변압기 2차 측은 네트워크 프로텍타를 통해 그리드 케이블로 각 변압기가 상시 병렬운전

③ 그리드 케이블은 한류퓨즈와 접속

④ 스폿 네트워크방식은 변압기 2차측이 단일모선이지만 레귤러 네트워크방식은 그리드 케이블로서 환상(Loop)형태

⑤ 스폿 네트워크와 같은 무정전 공급방식으로 공급신뢰도 우수

⑥ 전압변동률이 작으나 설치비 고가

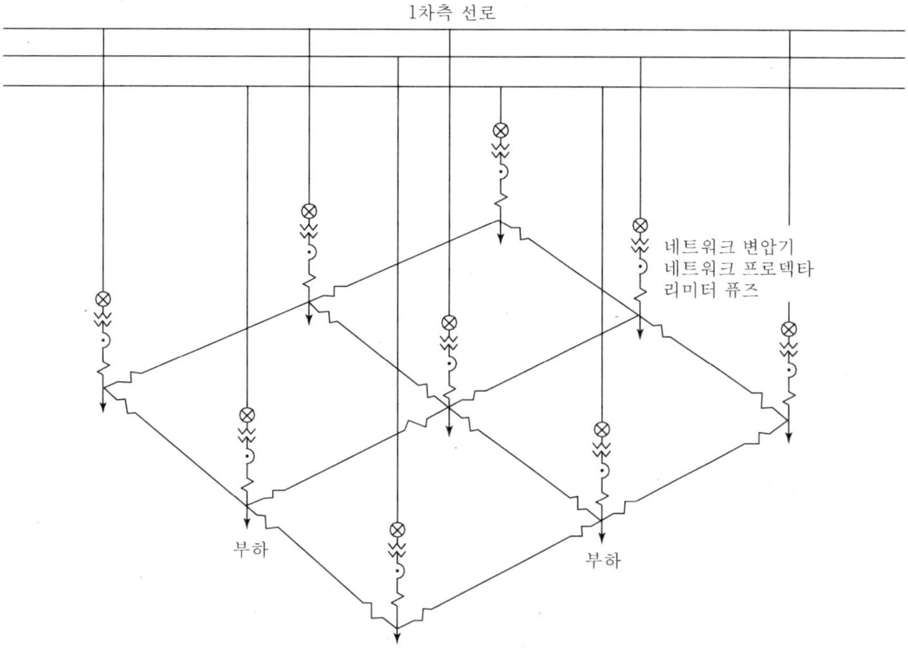

【그림 12-13 레귤러 네트워크방식】

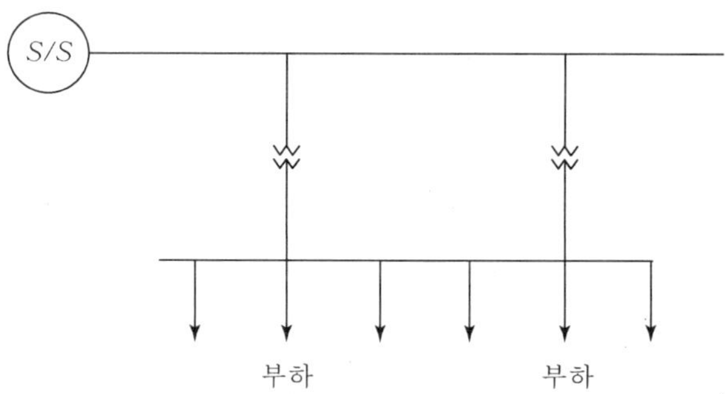

【그림 12-14 저압뱅킹방식】

6) 저압뱅킹(Banking)방식

① 1회선의 동일전선로에 여러 대의 변압기를 접속

② 변압기 2차 측을 상호 접속하여 변압기 병렬운전

③ 2차 측 모선을 통해 부하전력 공급

④ 공급신뢰도 높은 편임

⑤ 전압강하 및 전력손실 감소

⑥ 신규 부하증설 용이

12.6 전력케이블

I 배전용 CNCV케이블

CV케이블은 폴리에틸렌을 가교하고, 분자를 입체망 구조로 해서 폴리에틸렌의 결점인 열연화성을 대폭적으로 개선한 것으로 차폐층이 동테이프로된 CV-CU케이블(통상 CV케이블로 불린다)과 동선으로 된 CNCV케이블로 구분된다.

1) 구조

배전용 CNCV케이블의 구조는 [그림 12-15]와 같다.

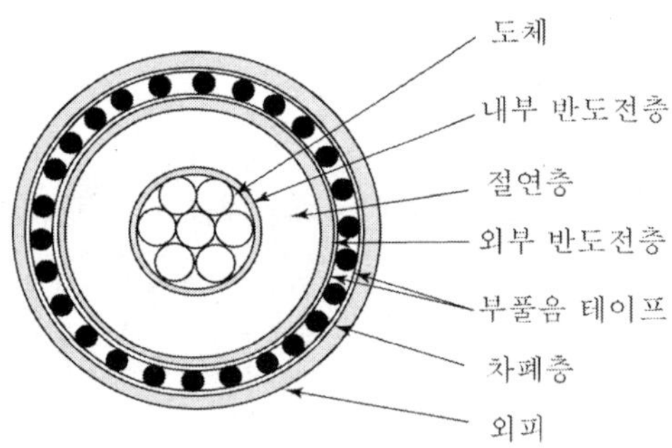

【그림 12-15 CNCV케이블의 구조】

2) 구성요소별 특성

(1) 도체

① 종류 : 구리(Cu), 알루미늄(Al)

② **규격** : 상시, 단시간, 단락시 허용전류 고려 결정

③ **수밀도체** : 수밀 콤파운드(Carbon Black 포함) 사용

④ 구 조
- 단 선
  - 원 형
  - 부채꼴형
- 연 선
  - 원 형
  - 압 축
    - 성 형
    - 분할(보통 1000mm^2 이상)
    - 성 형
  - 성 형

(2) 내부 반도전층

① 도체면의 전하분포를 고르게해 절연체의 절연내력 향상 : 주로 6.6kV 이상 적용

② 도체와 절연체 간의 간극형성 방지 : 코로나방전, 이온화(오존 O_3 발생) 방지

③ 케이블 제조 시 절연물의 도체 내 침투 방지

④ 절연체 및 외부 반도전층과 동시 성형압출

(3) 절연체

① 구비조건 : 파괴전압이 높고 유전손실이 적으며 절연성능 장기간 안정, 내트링(Treeing), 내코로나, 내열성, 내오존성

② 가교폴리에틸렌 절연체(반복임펄스 특성, 열 등) 사용

③ 연속사용온도 : 90℃(단시간 : 105℃, 단락시 온도 : 230℃)

※ 가교폴리에틸렌 케이블(CV : Cross-linked Polyethylene Insulated Polyvinyl Chloride Sheathed Cable : 600V 이상)

④ 특성

- 유전손실, 절연저항 등 전기적 특성 양호
- OF나 EP 고무 등에 비해 내코로나, 반복임펄스 특성, 열 등
- EV에 비해 내열성, 온도특성, 기계적 성능(내균열성, 내마모성, 인장강도 등) 및 내유, 내약품성 등 화학적 특성 개선
- 분자구조의 입체망상화

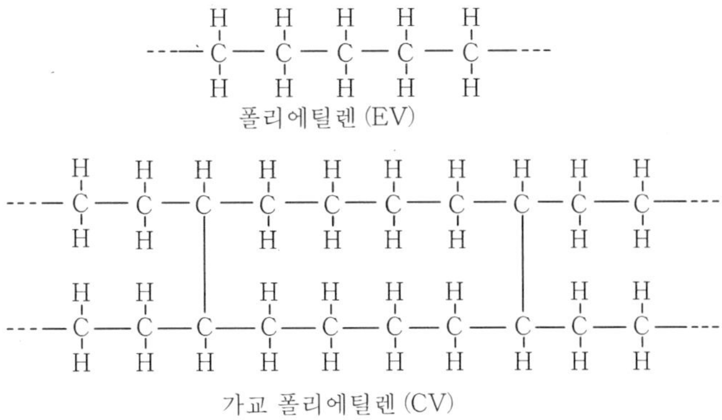

【그림 12-16 EV와 CV의 분자구조 비교】

(4) 외부 반도전층

① 전기력선 분포 개선 : 절연체의 절연내력 향상(3.3kV에서 적용하는 경우 있음)

(5) 차폐층

① 정전차폐
② 절연체의 내전압값 향상(3.3kV 이상 적용)
③ 중성선 역할 겸비(22.9kV 다중접지방식) : 고장전류 귀로
④ 고장 시 단락용량 고려해 크기 결정
⑤ 선로측정 시 이용

(6) 중성선 수밀층

① 발포성 차수테이프(부풀음테이프)
② 수분과 접촉 시 수분흡수하여 부풀음
③ 중성선 안쪽은 반도전성

(7) 외피

① PVC 사용 : 난연성 우수(내한성 약함)
② 난연케이블 : 흑색 할로겐프리 폴리올레핀 사용
③ 내후성, 내화학약품성, 기계적 강도 고려
※ PE : 내한성, 내수성 우수(가연성)

II 최근의 케이블

1) 소선절연 케이블

① 2500mm^2 이상 대형 도체의 경우 표피효과에 의한 교류실효저항 증가로 도체손실 저감대책으로 개발
② 도체소선을 1본씩 산화제2동 또는 에나멜로 절연

2) 직류케이블

① 교류케이블의 계통안정도, 충전전류, 유전체 손실 등 교류손 해소
② 동일용량 교류케이블에 비해 절연체 두께, 도체 굵기 작아 경제적
③ 고전압 직류케이블에서는 온도상승 시 파괴전압 저하 등으로 CV케이블 대신 보통 유침지절연 케이블 사용
④ 장거리 교류케이블에 적용

3) 스테인리스 시스(Stainless Sheath) 케이블

① 대용량 케이블의 알루미늄 시스(Al Sheath)에 의한 시스손실 감소

② 저항률이 큰 스테인리스 동을 시스로 사용하여 손실억제

③ 지락전류용량이 작아 지락귀로용 도체를 케이블 내에 배치한 와이어 실드(Wire Shield)부 CV케이블 사용

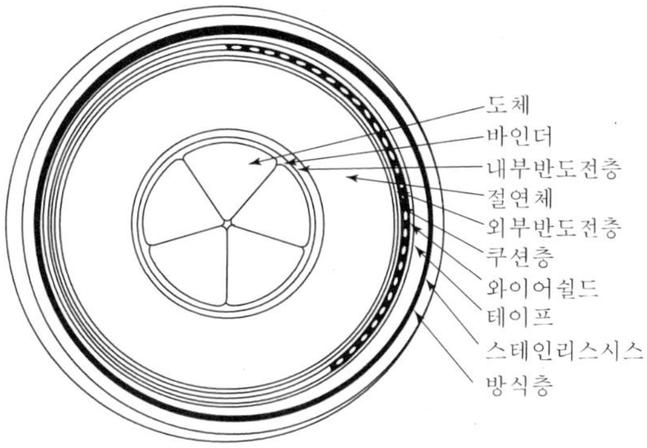

【그림 12-17 스테인리스 시스 케이블】

4) 극저온·초전도 케이블

① 동, 알루미늄 등 순도가 높은 도체는 극저온에서 상온에 비해 전기저항이 대단히 적은 것을 이용하여 질소나 수소의 액화가스로 냉각

② 동, 알루미늄 등 도전재료가 액체질소온도(약 77K) 근처에서 저항이 상온의 약 10%로 감소하고, 니오브.니오브탈륨합금(Nb.Nb-ti) 등은 액체헬륨온도(약 4.2K)영역에서 저항이 0이 되는 초전도성을 이용하는 저손실 케이블

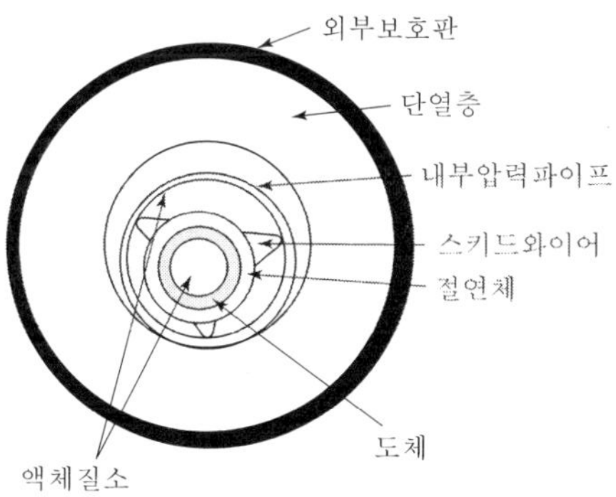

【그림 12-18 극저온케이블】

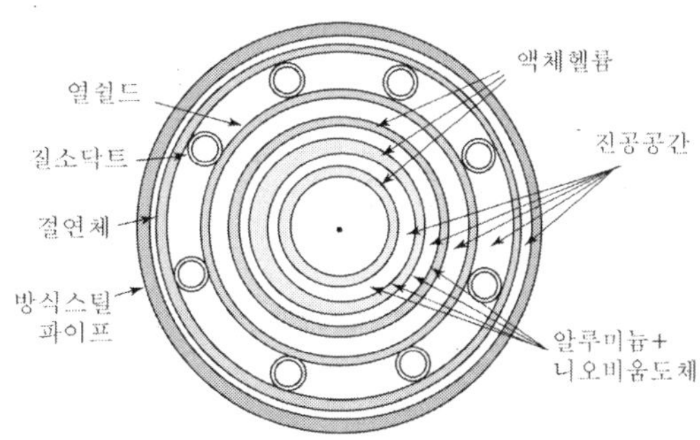

【그림 12-19 초전도케이블】

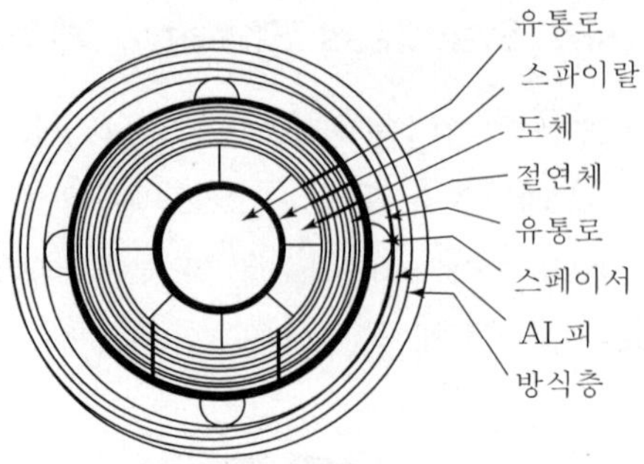

【그림 12-20 내부냉각 케이블】

5) 내부냉각 케이블

① CV케이블 도체 내부에 스테인리스 냉매관을 설치하여 송전용량 증대
② OF케이블의 유통로부에 냉매관을 설치하고 유통로는 시스 측에 별도 스페이스 확보(냉매로 절연유 사용 시 시스 측 절연유와 유통가능)
③ 냉매종류 : 물, 절연유, 프론(Fron) 등

6) 광(光)전력 복합케이블

① 부유도성 통신선으로 전력케이블과 동시 사용

7) 가스절연선로(Gas Insulated Transmission Line)

① 케이블 송전용량을 가공선로와 대등하게 증가
② 동, 알루미늄 파이프의 도체를 에폭시수지의 상이나 콘(Corn)형의 스페이서(Spacer)로 지지하고 알루미늄, 철, 스테인리스강 등의 금속시스 내에 절연특성이 우수한 SF_6 가스 충전
③ 정전용량 작고 충전전류, 유전손실 없음.

III 케이블 접속

1) 케이블 접속의 필요성

① 케이블의 방수처리
② 케이블의 전기적 특성인 전계집중현상 완화
③ 전기적 스트레스(Electrical Stress)의 완화방법은 [표 12-6]과 같다.

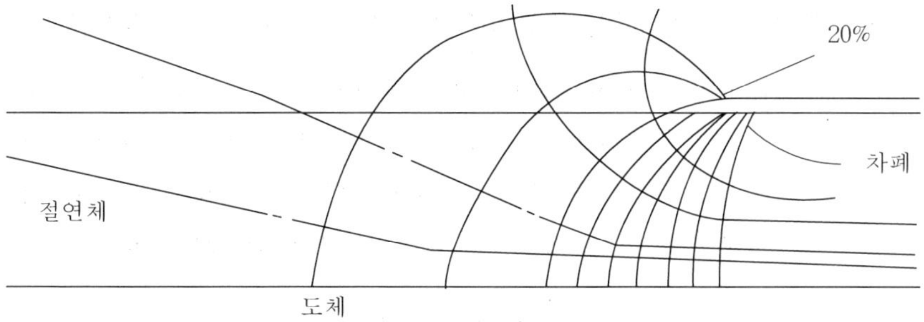

【그림 12-21 케이블의 전기력선 분포】

【표 12-6 종류별 스트레스 완화방법】

종 류	스트레스 콘	테이프 또는 관
원 리	절연보강	유전체 경계조건
형 태	조립형	비닐테이프, 열수축관
방 법	절연체상의 반도전층과 연결되도록 겹쳐 접지	절연체상의 반도전층과 연결되도록 겹쳐 시공

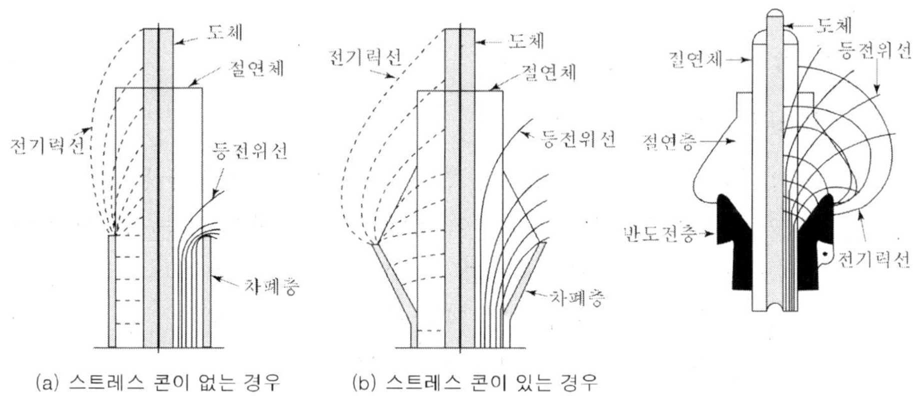

【그림 12-22 스트레스 콘 사용】

2) 접속방식별 접속재 종류

(1) 변압기 및 개폐기 엘보접속재 접속

① 조립형(Mold Type) 접속재 : 직선, 분기, 엘보 → 절연 및 차폐기능

- 직선·분기접속재, 엘보접속재, 케이블 어댑터, 절연캡, 절연커버(종단접속재 용) : Peroxide 가교방식의 EPDM 루버(절연 특성 우수)
- 종단접속재 : 폴리머 절연재(내트래킹, 내후성, 내오존성)

(2) 변압기 부싱, 절연플러그(DP, BIP) : 에폭시 절연재(강한 내구성)

① 열수축관(Heat Shrinkable Tube) : 서모 플라스틱(Thermo Plastic)의 기본인 C_3H의 PE에 높은 에너지의 방사선을 조사하면 H원자가 C원자로부터 H_2 가스로 방출되고 C 원자 간에 상호결합, 이를 가열하면 탄성을 갖고 가교상태로 환원되는 기억특성 함유(Elastic Memory)

【표 12-7 접속방식별 접속재 종류】

접속방식	접속재 종류	제작사	비 고
직선접속	테이프 레진형	3M	거의 사용 안함
	열수축형	Raychem	사용 안함
	조 립 형	Elastimold	주로 사용
분기접속	조 립 형	Elastimole, RTE	사용 안함
종단접속	자기수축형	3M	거의 사용안함
	열수축형	Raychem	사용 안함
	조 립 형	Elastimold	주로 사용

3) 접속 시 주의사항

(1) 공통사항

① 적정공구 준비 : 접속용 칼, 자, 펜치, 톱, 압축기 등

② 공법 절대준수 : 접속길이, 반도전층, 겹침길이 등 정확한 절단

③ 반도전층 제거(칼 사용법) : 절연체 손상 주의

④ 절연층 제거 및 청소 : 외부 반도전층 접촉 주위

⑤ 중성선 방수 : 외피연마 및 중성성 펴기

⑥ 테이프 감기 : 공극이 발생하지 않도록 반 겹쳐 늘려감기, 옥외 수직설치의 경우 맨 외장테이프는 빗물침투 방지 위해 아래에서 위로 감기

⑦ 도체 슬리브, 터미널 압축 : 적정규격 다이스(Dies) 사용, 압축순서 준수

- $60mm^2$: U26RT, $200mm^2$: U32RT, $325mm^2$: P39RT
- 도체 슬리브
- 도체 터미널

(2) 접속재별 주의사항

① 테이프 레진형 : 테이프 감는 요령 준수

② 조립형(Mold Type) : 정확한 작업준비, 반도전층 겹침길이, 표면접지

③ 열수축형

- 튜브표면 상처있을 경우 가열 시 균열
- 가열 시 주의 : 불꽃길이 25~30cm로 빨간 부분을 이용해 고르게 가열(타거나 수축불량 주의)
- 외부 절연튜브는 내부 접착제 및 양끝 방수 부분이 충분히 녹도록 가열

12.7 지중배전용 기기

I 지상설치형 변압기(PAD Tr)

1) 형태

① Dead Front

② Loop Feed

③ Load Break(Elbow Connector)

2) 퓨즈

① 퓨즈의 동작범위 : [그림 12-23]과 같음.

② 퓨즈의 정격 : 최대부하전류, 최대운전전압, 용융시간(Melting Time), 아크발생시간(Arcing Time), 용단시간(Clearing Time)

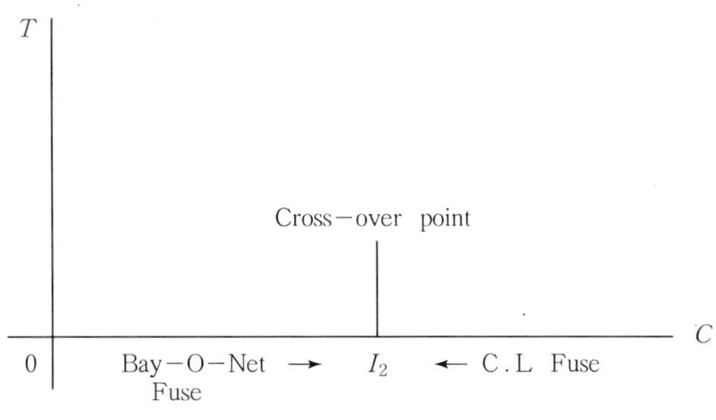

【그림 12-23 퓨즈의 동작범위】

③ 퓨즈의 종류

- 방출형 퓨즈(Expulsion Fuse) : 동작 시 발생하는 절연성 분해가스의 방출에 의해 소호
- 한류퓨즈(Current Limiting Fuse) : 고장전류 크기와 지속시간 제한

3) 특징

① 1차 측 2부싱(Bushing)

② 2퓨즈 보호 : 한류퓨즈 + 이중소장퓨즈

- 한류퓨즈 : 변압기 권선 1차 측 보호
- 이중소자퓨즈(Dual Element, Bay-O-Ner Fuse) : 권선 2차 측 보호

③ 과부하 용융온도 : 145℃(절연유 인화점 : 150℃)

145℃ = 유온상승(90℃) + 대기온도(35℃) + 퓨즈링크 상승온도(20℃)

④ 외부조작 무부하 탭(Tab) 절환

⑤ 권선 및 절연유 온도상승 한도 : 각각 65℃

⑥ 외함 도장

- 녹지대 설치용 : 녹색계통(멘셀 No. 7.5 GY 3.5/2)
- 보차도 설치용 : 회색계통(멘셀 No. 5Y 7/1)

⑦ 절연기준전압 : BIL 125kV

⑧ 자동압력 방출밸브 : $0.7 \pm 0.14 kg/cm^2 (10 \pm 2PSI)$

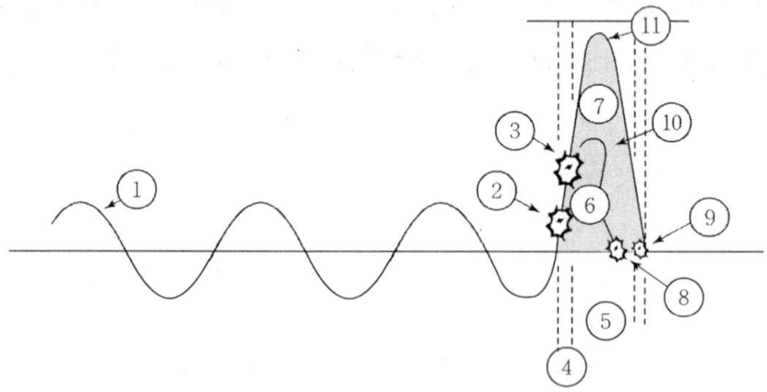

① 정상계통전류(System Current Prior to the Fault)
② 고장발생(Ignitiation of the Fault)
③ 퓨즈 용융점(Melting Point of the Fuse)
④ 퓨즈 용융시간(Melting Time of the Fuse)
⑤ 퓨즈 용단시간(Total Clearing Time of the Fuse)
⑥ 통과에너지(Let-thru Energy)
⑦ 발생에너지(Available Let-thru Energy)
⑧ Zero점 이동(Shifted Early Zero)
⑨ 본래 Zero점(Natural Zero)
⑩ 퓨즈 최대통과전류(Peak Let-thru Current of the Fuse)
⑪ 발생계통 최대전류(Peak Current of the Available Fault)

【그림 12-24 퓨즈 특성】

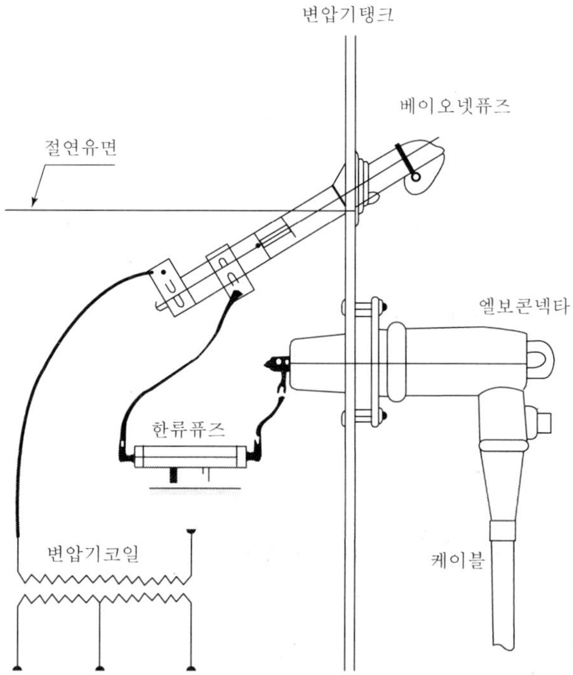

【그림 12-25 지상설치형 변압기의 내부구조】

4) 구조

지상설치형 변압기 구조는 [그림 12-25]와 같다.

5) 종류

지상설치형 변압기의 종류는 [표 12-8]과 같다.

【표 12-8 지상설치형 변압기의 종류】

구 분	6.6kV	22.9kV
단 상	30, 50, 75, 100, 150, 200	30, 50, 75, 100, 150, 200
3상(동등공용)	100+30, 15+50, 200+75	-
3상	75, 100, 150, 200, 300	75, 100, 150, 200, 300
1차 탭전압	57-, 60-, 63-, 66-, 69-	11.4~13.8, 19.9~23.9
2차 전압	1ϕ : 230/115, 3ϕ : 400/230	1ϕ : 230/115 3ϕ : 400/230, 460/230

6) 부품

① 절연부싱(Srand-off Insulator) : 엘보접속재 절연 시 사용
② 절연캡(Insulated Cap) : 변압기 부싱절연 시 사용
③ 바이패스 부싱(Feed Thru) : 변압기 가압하지 않고 선로 운영
④ 접지엘보(Grounding Elbow) : 변압기 부싱이용 선로접지

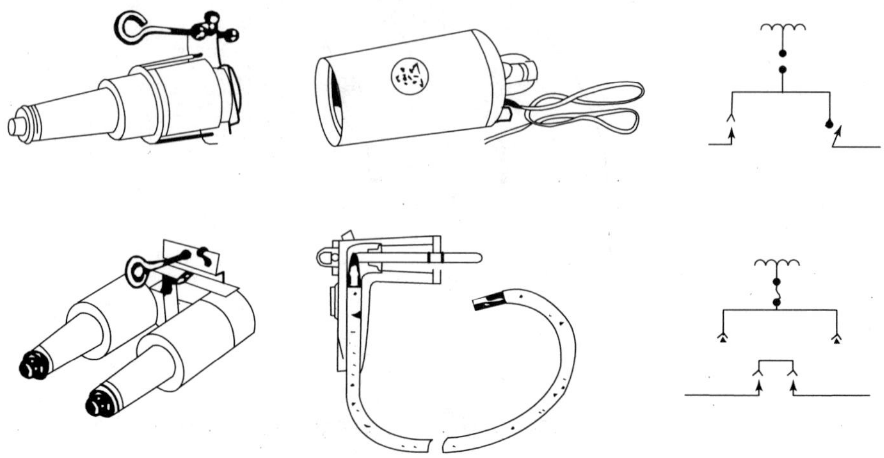

【그림 12-26 변압기 부품 및 접속도】

7) 조작

이중소자퓨즈나 변압기 엘보를 조작할 경우에는 안전을 위해 반드시 무전압상태에서 조작하는 것을 원칙으로 한다.

(1) 이중소자 퓨즈링크 교환

① 조작에 필요한 장비

- 절연조작봉(Hot Stick) : 길이 8인치(203mm) 이상
- 안전보호구 : 안전모, 절연보호장갑 등

② 조작 순서

- 자동방출 안전밸브를 당겨 변압기 내부압력과 외부압력 일치
- 퓨즈홀더 고리를 제쳐 잠금상태 풀고, 90° 회전시켜 밀봉분리
- 퓨즈홀더를 3 in(75mm) 정도 당겨 절연유가 빠진 후 완전히 뺌

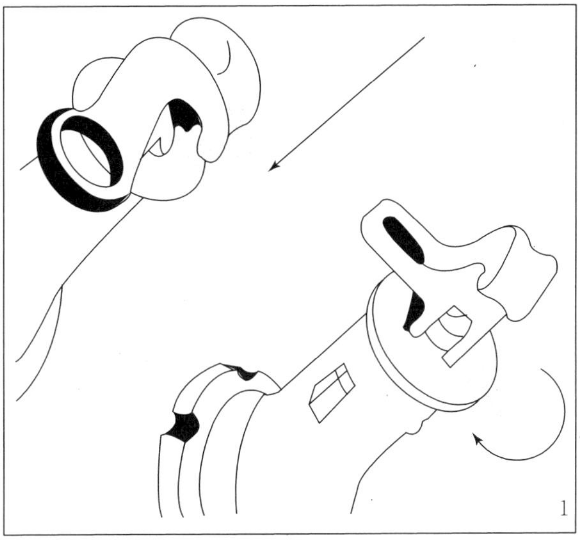

【그림 12-27】

• 퓨즈홀더 표면 닦고 퓨즈통(Fuse Cartridge) 분리

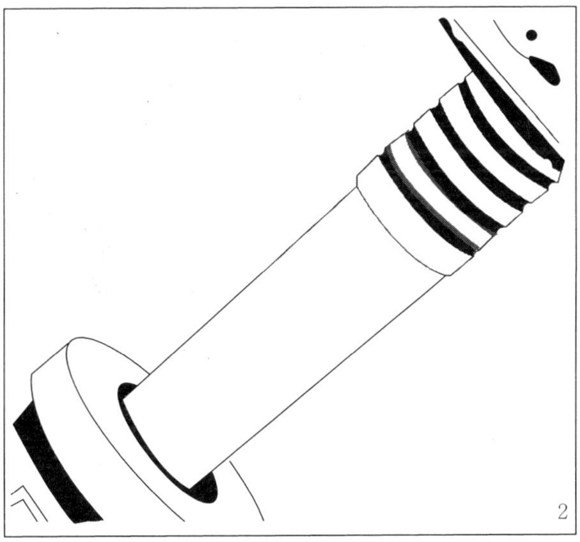

【그림 12-28】

• 퓨즈통의 나사 풀고 퓨즈링크(Fuse Link) 교환

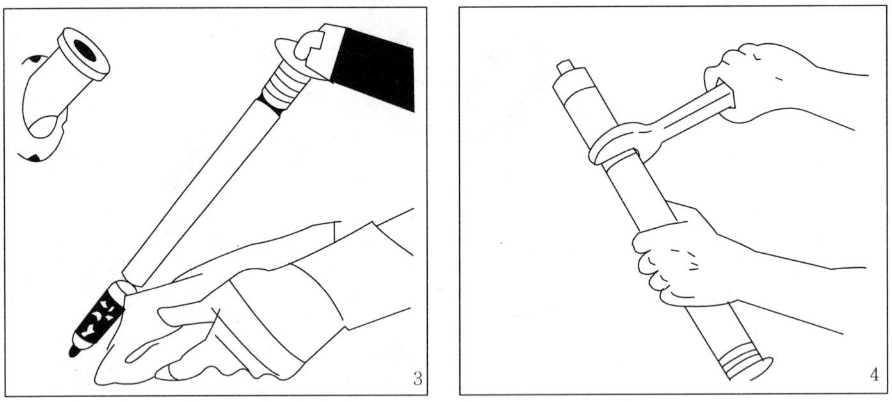

【그림 12-29】

③ 이중소자퓨즈 삽입

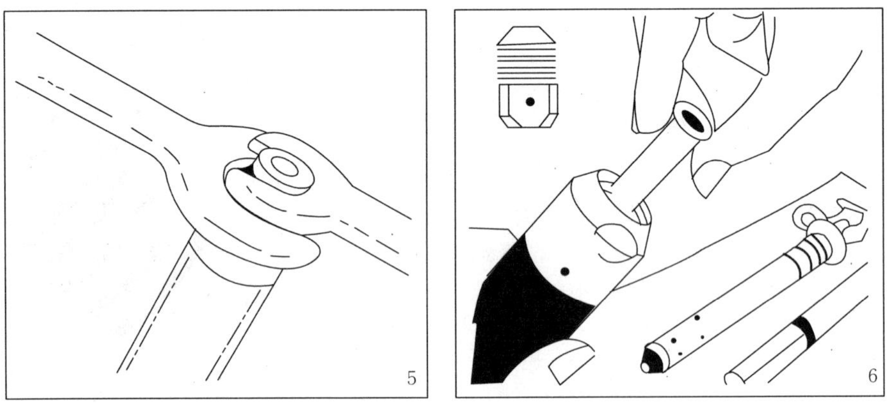

【그림 12-30】

• 퓨즈홀더 고리에 절연봉 걸어
• 변압기 퓨즈홀더통에 놓고 밀어넣은 후 돌려 밀봉
• 퓨즈홀더의 고리를 제껴 변압기 퓨즈홀더 통에 고정

(2) 이중소자 및 한류퓨즈 정격

① 이중소자퓨즈 정격

• CPS : 4038108C**M, [C** : C03, C04, C05, C06, C07, C09]
• Kearney : 124080 - **, [** : 5, 6, 8, 12, 15, 25]

② 한류퓨즈 정격

- CPS : 344***M61M, [*** : 30, 40, 50, 100]
- HI-Tech : HTDS2420**, [** : 35, 45, 65]

③ 변압기 엘보접속재

㉠ 조작에 필요한 장비

- 절연조작봉(Hot Stick) : 길이 8 in(203mm) 이상
- 안전보호구 : 안전모, 절연보호장갑 등

㉡ 선로가압 여부 확인

【표 12-9 22.9 kV 이중소자퓨즈 및 한류퓨즈 용량 선정】

구 분	용 량 [kVA]	이중소자퓨즈		한류퓨즈		비 고
		CPS	Kearney	CPS	Hi-Tech	
단 상	30	CO3 (5)	5 (5)	30	35	•업체 카달로그 참조 •( ) 내는 정격전류
	50	CO4 (6)	6 (6)	30	35	
	75	CO5 (8)	8 (8)	30	35	
	100	CO6 (12)	12 (12)	40	35	
	150	CO7 (15)	15 (15)	50	45	
	200	CO9 (25)	25 (25)	100	65	
3 상	75	CO3 (5)	5 (5)	30	35	•업체 카달로그 참조 •( ) 내는 정격전류
	100	CO3 (5)	5 (5)	30	35	
	150	CO4 (6)	6 (6)	30	35	
	200	CO5 (8)	8 (8)	30	35	
	300	CO6 (12)	12 (12)	40	35	

8) 운영

① **변압기 선로** : 22.9kV CN/CV 60mm^2 케이블 사용

② **개폐기 설치** : 간선과 변압기선로의 분기점

③ **변압기 1선로당 변압기(3상 기준) 및 고압수용가 수** : 5~7

④ **단상변압기 3대로 V결선 사용시 소용량 저압 X_2단자** : 절연

⑤ 엘보접속재 접지선(2.6 mm 연동선) 연결

⑥ 변압기 운반고리 하향 조정

⑦ **표시할 취부** : 상, 선로명, 접속시공자

⑧ **접속시공자 명찰** : 스테인리스 재질로 중앙케이블 중성선에 취부

⑨ **전압상태 조작금지** : 이중소자퓨즈, 엘보접속재, 탭절환기

⑩ 변압기 출고 시 별도 청구 부속재

- 엘보접속재(274LR, 방수 및 절연테이프 포함) : 케이블 조수
- 절연캡(270DRG) : 엘보접속재 연결 안 된 부싱수량, 작업 필요수량
- 절연부싱(271SOP) : 엘보접속재 절연 필요 시

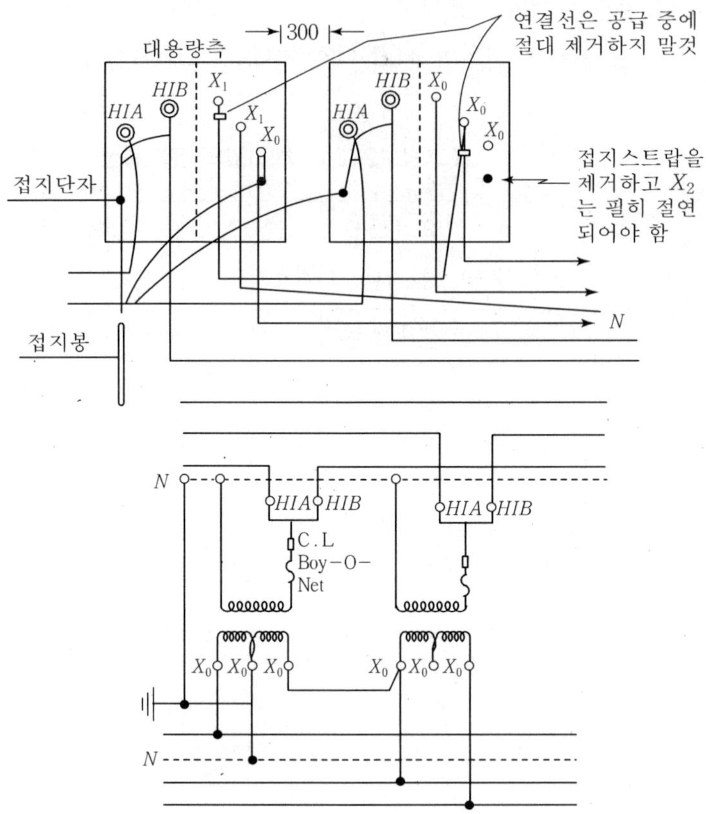

【그림 12-31 변압기 V 결선도】

II 지중선로용 개폐기(PAD s/w)

1) 형식

① 데드 브레이크식(Dead Break Type) : 지중 설치형

② 스틱 조작식(Stick Operable Type) : 지상 설치형

2) 특징

① 절연매체 : SF_6 가스

② 정격 : 25.8kV, 600A

③ 개폐 수명 : 전기적 1,000회(600A 전류 시), 기계적 5,000회

3) 설치 형태

① 지중설치형

- 접속재 : 데드 브레이크식 사용
- 설치장소 : 맨홀

② 지상설치형

- 접속재 : 스틱 조작식 사용(공간협속시 데드 브레이크식 사용)
- 설치장소 : 지상기기 기초대

③ 기기 조작방식

- 수동조작(Manual Operation)
- 원격조작(Remote Control)

④ 개폐기 기호표시

4	.	4	–	S	–	R	–	125
회로		스위치수		형식		조작방식		BIL

4) 운영

① 간선선로, 신규수용 인입개폐장치 : 4W – 4SW 사용원칙

② 양 전원 공급수용 및 ALTS 수용가의 재산한계점 : 4W – 2SW

③ 개폐기 조작 : 절연스틱(Hot Stick) 사용

④ 가스압력

- 표준압력 : 5 PSI 이상(압력계 녹색 범위)
- 조작금지 : 2 PSI 이하(압력계 붉은색 범위)
- 가스 재충전 : 제작업체에 연락, 전압인가 상태에서 충전 가능

【표 12-10 지중선로개폐기 종류】

데드 브레이크식		스틱 조작식	
BIL 125 kV	BIL 150 kV	BIL 125 kV	BIL 150 kV
절연캡(데드형) (K600 DRTP)	부싱 익스텐더(750 BE) + 절연플러그(DP)	부싱 익스텐더(K60 BE) + 접속재(K650 LRTP) + 절연캡(270DRG)	부싱 익스텐더(750 BE) + 접속재(750 LRTP) + 절연캡(370DRG)

* 절연캡(DRIP, DRG) : Insulating Receptacle
접속재(LRTP) : Load Break Reducing Tap Plug

⑤ 조작 후 개폐상태표시기 위치 확인
⑥ 개폐조작 완료 후 오조작 방지 위해 시건장치
⑦ 접속케이블 지지금구에 완전히 고정
⑧ 접지선(2.6mm 연동선), 표시할 취부
⑨ 개폐기 운반고리 하향조정
⑩ 단자번호별 선로명 표시
⑪ 미사용부싱 : 절연캡으로 절연

(1) SF_6가스 특징

- S(21.95%) + F(78.05%)의 불활성기체
- 높은 절연내력, 우수한 소호능력 등으로 절연 및 차단 분야의 최상매질(아크발생 시 전자 부착하여 음이온으로 이온화되기 쉬운 전기적 음성기체로 절연내력은 대기압에서 공기의 약 2.5배이고 전리를 일으키지 않아 절연회복 특성 우수)

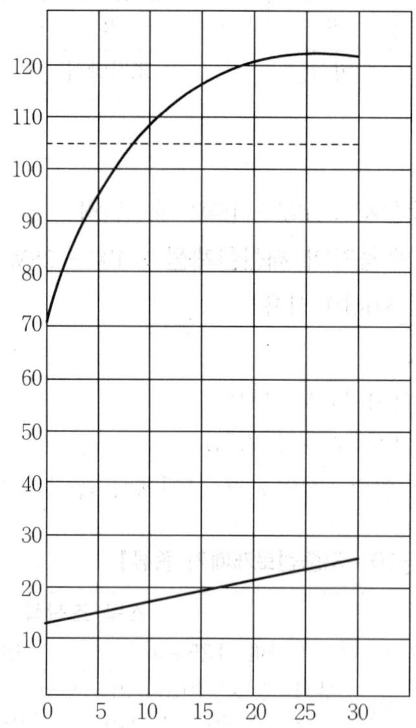

【그림 12-32 가스압력과 전압】

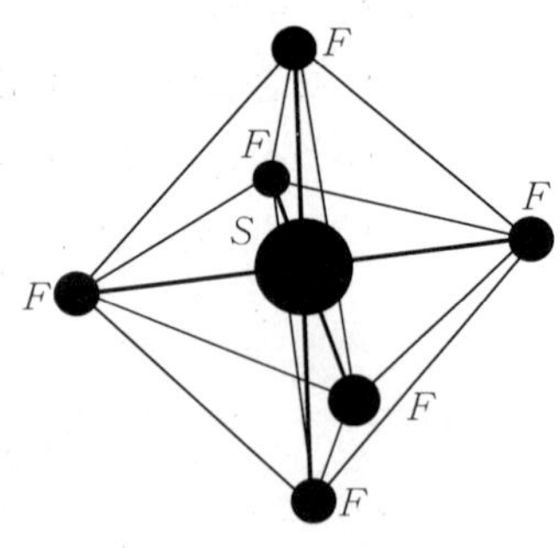

【그림 12-33 SF_6 분자모형】

- 무독, 무색, 무취하여 다른 재료를 부식시키지 않고 누설시 인체무해
- 열전도 특성(공기의 1.6배) 뛰어나 신속냉각소호 특성 우수
- 가장 무거운 기체 중의 하나(공기의 약 5배)
- 불연성이고 액화온도 낮아(7기압에서 −28℃) 한랭지에서도 액화 우려 없음.

(2) 할로겐(Halogen)족 화합물의 공통현

- 강한 전자부착성으로 자유전자 흡수 → 절연 및 소호 성능 유지

(3) 기기 적용 장점

- 소형, 경량화
- 안전도, 신뢰성 증가
- 유지, 보수 필요없음.
- 화재위험 없음.

5) 접속재 연결

(1) 데드 브레이크식(Dead Break Type)

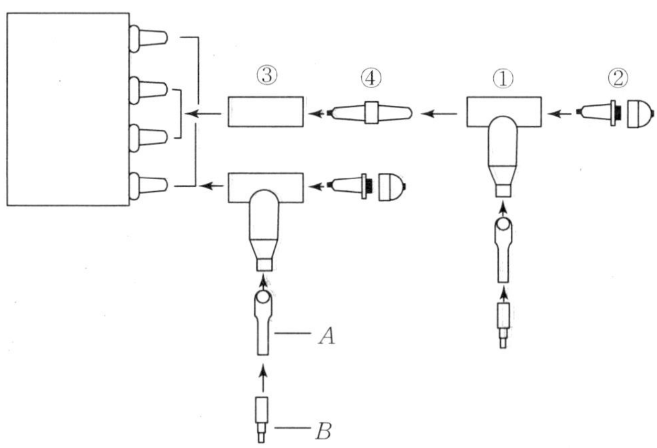

구분	케이블의 크기	125 kV BIL	150 kV BIL
A	325 200 60	650 LRC−650 650 LRC−400 650 LRC−20	650 LRC−650 650 LRC−400 650 LRC−20
B	325 200 60	650 CA−KA 650 CA−JAB 650 CA−HA	750 CA−KA 650 CA−JAB 650 CA−HA

NO	접속재 명칭	규 격	
		125kV BIL	150kV BIL
①	엘보접속재(Elbow Connector)	K650 BLR	750 BLR
②	절연플러그(Deadend Plug)	K600 DP	750 DP
③	부싱 익스텐더(Bushing Extender)	K600 BE	750 BE
④	접속플러그(Connection Plug)	K600 CP	750 CP
⑤	절연테이프(Grounding Kit)	Bishop No.125	Bishop No.125

【그림 12-34 데드 브레이크식】

(2) 스틱 조작식(Stick Operable Type)

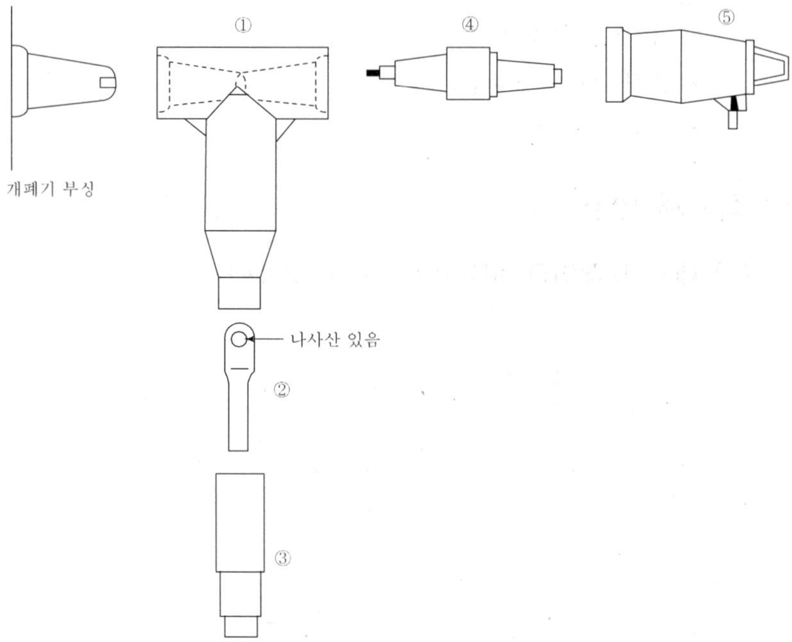

<table>
<tr><th rowspan="2">NO</th><th rowspan="2" colspan="2">접속재 명칭</th><th colspan="2">규 격</th></tr>
<tr><th>125kV BIL</th><th>150kV BIL</th></tr>
<tr><td>①</td><td colspan="2">엘보접속재</td><td>K650 BLR</td><td>750 BLR</td></tr>
<tr><td rowspan="3">②</td><td rowspan="3">스틱형 접속단자</td><td>325용</td><td colspan="2">03600-360</td></tr>
<tr><td>200용</td><td colspan="2">03600-310</td></tr>
<tr><td>60용</td><td colspan="2">03600-250</td></tr>
<tr><td rowspan="3">③</td><td rowspan="3">케이블 어댑터</td><td>325용</td><td>650 CA-KA</td><td>750 CA-KA</td></tr>
<tr><td>200용</td><td>650 CA-JAB</td><td>750 CA-JAB</td></tr>
<tr><td>60용</td><td>650 CA-HA</td><td>750 CA-HA</td></tr>
<tr><td>④</td><td colspan="2">접속플러그</td><td>K650 LRTRA2</td><td>750 LRTPA2</td></tr>
<tr><td>⑤</td><td colspan="2">절연캡</td><td>270 DRG</td><td>370 DRG</td></tr>
<tr><td>⑥</td><td colspan="2">절연테이프</td><td>Bishop No.125</td><td>Bishop No.125</td></tr>
</table>

【그림 12-35 스틱 조작식】

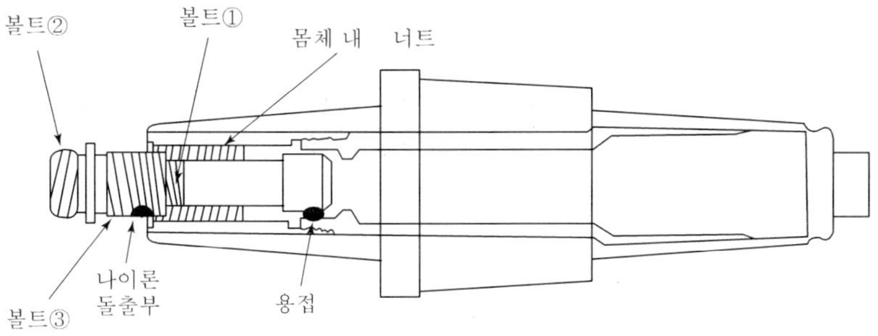

【그림 12-36 접속플러그(LRTP) 내부구조】

① 접속재(LRTP) 구조

- [그림 12-36]과 같이 접속재 내부에 너트 형성
- 볼트 ①은 접속재 내부 한 곳에 가볍게 용접되어 있고, 개폐기 부싱과 연결되는 볼트
- 볼트 ②와 볼트 ③은 원통형의 동일 몸체 위에 만들어져 있고, 볼트 ②는 케이블 커넥터와 연결되며, 볼트 ③은 왼나사로 접속재 내부너트와 접속

② 케이블 엘보접속재와 접속재(LRTP)의 접속

- 케이블 엘보접속재에 접속플러그(LRTP)를 삽입해 돌리면 케이블의 접속단자(Conductor Contact)의 너트와 볼트 ②가 결합
- 계속해서 돌리면 볼트 ③은 나일론 돌출부가 탈락하면서 접속재 내부의 너트와 결합(손이나 650OAT 사용)

③ 개폐기 부싱과의 접속

- 케이블과 접속된 접속플러그(LRTP)를 개폐기 부싱 위치에 맞추고 조작편(650 OAT)을 접속플러그에 삽입해 돌리면 볼트 ①의 용접부분이 떨어지면서 개폐기 부싱의 너트에 접근해 접속하게 됨
- 조작편을 계속해서 돌리면 완전히 개폐기 부싱과 결합한 후 조작핀에서 "딱" 소리가 나면서 겉돌게 됨.

Q12 연습문제

01 지중배전선로 적용지역에 대하여 설명하여라.

02 지중배전선로의 필요성에 대하여 설명하여라.

03 지중배전선로 공사방식별에 따른 장·단점에 대하여 설명하여라.

04 지중배전선로의 특징에 대하여 설명하여라.

05 특고압 지중배전계통에 대하여 설명하여라.

06 스폿 네트워크 방식(Spot-Network System)에 대하여 설명하여라.

07 저압뱅킹(Banking) 방식에 대하여 설명하여라.

08 SF_6 가스 특징에 대하여 설명하여라.

Transmission
and
Distribution
Engineering

PART 13
배전선로의 공법

PART 13 배전선로의 공법

13.1 활선공법

I 활선공법의 개요

1) 배전활선작업의 정의

활선작업이란 고압 이상의 전압이 가압된 선로나 기기에서 활선작업조가 활선장구를 사용하여 하는 작업을 말한다.

(1) 배전활선 간접작업

- 충전부에서 이격된 위치에서 간접활선을 이용한 작업
- 22.9kV에서 시행

(2) 배전활선 직접작업

- 작업자가 보호구를 착용하고 직접 충전부에 접촉하여 시행하는 작업
- 22.9kV : 절연 작업차와 보호구를 이용하여 시행

2) 배전활선 직접공법의 필요성

① 급속한 수요성장으로 인한 작업정전 증가
→ 활선작업 확대를 위한 작업정전 감축

② 간접활선공법(Hot Stick Method) 시행의 비효율성 잔존
→ 직접활선공법 개발로 조작시간 최소화

③ 기존 간접활선공법의 작업한계 도달
→ 장비 현대화 및 간편한 활선공구 사용으로 시공능률 향상

【표 13-1 외국 전력회사의 활선작업 현황】

구 분	주요 배전전압[kV]	활선작업공법
동경, 중부 전력	6.6	직·간접
Duck Power	13.2 23.5	직 접
Sandiego P & E	6.6 11.4	직 접

3) 배전활선 직접작업의 개발추진 실적

- 1991. 3. 11 : 배전활선 작업공법 개발자료 제출 지시(한전배전처 → 한전서울 연수원)
- 1991. 12. 17 : 직접작업공법(안) 작성
- 1992. 3. 6 : 배전활선 직접작업공법 개발 품의(직선 점퍼선 연결작업 외 6개 작업)
- 1992. 10. 10 : 배전활선 직접작업공법 추가개발 품의(장주 변경작업 외 4개 공법)
- 1992. 11. 11 : 배전활선 직접작업공법 심의확정(활선작업 촉진위원회)
- 1992. 12~1993. 5 : 배전활선 직접작업공법 교육계획 수립 및 교안작성

4) 활선장구의 발달과정

① 활선작업은 충전된 단로기(DS)에 디스콘 봉을 사용하여 개폐한 것으로부터 시작되었다.

② 1914년 미국 오하이오주에서 제작 사용된 공구는 초기제품인 수공업제품으로, 조잡하고 부피가 커서 작업하기가 불편하였다.

③ 요즈음의 활선장구는 작업정전 감소를 위한 무정전공법에의 적용이 활발해짐에 따라 그 필요성과 중요성이 검증되고 각종 기술개발에 따른 활선장구의 개량이 계속되고 있다.

5) 활선장구의 제작

활선작업은 고난도의 위험한 작업이므로 작업자들이 사용하는 공구는 엄격한 시험 조건하에서 제작되어야 한다. 또한 항상 안전하게 공구를 보존하기 위해 공구의 강도 및 절연강도 유지에 세밀한 주의를 기울여야 한다.

(1) 활선장구 제작의 3대 요소

① 최대의 절연
② 최대의 강도
③ 최소의 중량

(2) 품질의 외형

① 강도
② 절연
③ 용이하게 조작
④ 여러 유형의 다양한 전선로 작업에 대한 적응성

(3) 활성공구의 금속부품

금속의 물적 특성을 최대한 유지하고, 공장의 열처리부에서는 사용온도 조절에 세심한 주의와 적절한 마무리 손질을 위해 기계적 처리를 세밀하게 한다. 공구 제작 전에는 규정된 인장강도 보유 여부를 시험봉 실험을 통해 합격하면 실제 현장에서 3~6개월간 공구의 융통성이 있는지 또는 강도상 결점이 없는지 시험한다.

(4) 에폭시 글라스 핫스틱(Epoxiglas Hot Stick)

에폭시란 특수 송진을 포화시킨 유리섬유를 단세포로 된 합성수지로 만든 코어(core)에 피복해 만든 것으로, 여기서 합성수지는 수백만 개의 세포에 흡수성과 습기의 응축을 방지하기 위해 불활성가스를 충전하여 만든 것이다.
최대의 절연과 기계적 강도를 갖도록 단세포 거품을 내부에 보강하였으며, 제작 시 2.54cm마다 전자장치로 전기적 특성을 시험하였고, 흡수성이 없고 화학약품에 대한 내력이 크며 기후의 영향에도 크게 영향을 받지 않는다.

① 에폭시 글라스의 주성분

- 유리섬유
- 에폭시 수지
- 단세포 합성수지 거품

② 에폭시 글라스 스틱의 특성

- 목제 스틱의 단점인 습기문제를 해결함으로써, 표면에 물이 묻어도 내부로 침투하지 않아 건조시키면 즉시 사용할 수 있다.

- 색이 독특하기 때문에 작업상 편리하다.
- 목재에 비해 기계적·전기적 강도가 크다.
- 유지·보수가 용이하다.
- 파열되지 않고 만곡, 팽창, 수축 또는 부식되지 않는다.
- 신뢰도가 크며 목재에 비해 수명이 길다.
- 비, 눈, 햇빛, 바람에 영향을 받지 않는다.
- 화학약품에 대한 내력이 크다.

③ 에폭시 글라스 스틱의 수리

ⓐ 공구청소

에폭시 글라스 활선공구는 6개월마다 정기적으로 다음과 같이 청소 및 정비한다.

1. 고무장갑을 착용한다.
2. 아세톤을 깨끗한 그릇에 담는다.
3. 수세미에 아세톤을 적신 다음 오물이 묻은 부분과 상처가 생긴 부분을 깨끗이 청소한다.
4. 상처가 생긴 흠에 낀 오물은 칼 끝으로 제거한다.
5. 청소 후 스틱표면을 마른걸레로 깨끗이 닦는다.

► 주의사항 ◄

- 에폭시 글라스 스틱은 사용 전 마른걸레로 깨끗이 닦은 후 사용한다.
- 에폭시 글라스 스틱의 금속부분에는 일반용 기름을 칠해서는 안 되며, 지정된 윤활제나 흑연가루를 발라야 한다.
- 특히 습기가 많은 날씨에는 표면을 마른걸레로 수시로 닦아야 한다.

ⓑ 스틱표면의 수리

1. 스틱표면을 깨끗이 닦는다.
2. 파여진 곳을 칼로 약간 긁어내고 연마지로 문질러 낸 후 아세톤으로 닦아낸다.
3. 큰통(A통)에 든 약과 작은통(B통)의 약을 4 : 1 비율(A : B = 4 : 1)로 오렌지색으로 균일하게 될 때까지 깨끗한 나무로 잘 혼합한다.
4. 혼합된 본드를 상처난 부분에 바른 다음, 22℃ 되는 곳에서 24시간 보관 후 사용한다.

5. 혼합된 본드는 20분 이내에 사용해야 한다.
6. 본드가 완전히 굳은 후 스틱표면의 잉여분을 줄로 밀어내고, 부드러운 연마지로 닦아 낸다.
7. 스틱을 수리한 후 광택제로 닦아내면 새로운 공구와 같은 효과가 난다.

ⓒ 금속공구의 윤활제

1. 윤활제는 공구의 회전부분에 주입하는 것으로 독성이 없어 회전부분의 보수에 사용한다.
2. 윤활제는 강하고 내구성이 있는 피막을 만들기 때문에 금속 부분의 마모나 파손되는 것을 방지한다.

▸ 주의사항 ◂

- 상처가 생긴 스틱의 표면에 일반용 페인트를 칠해서는 안 된다.
- 파손된 금속 부분을 임시로 용접해 사용해서는 안 된다.
- 용접을 하게 되면 원래의 열처리가 파손되고 강도가 떨어져 손상된 부분에 하중이 많이 걸리게 되면 위험하므로, 어떠한 경우에도 파손된 공구는 사용해서는 안 된다.

6) 활선장구 관리

(1) 활선장구 보관

활선장구는 제작 시에 상당히 주의를 하지만, 평상시에도 즉시 사용할 수 있도록 보관, 관리해야 한다. 공구를 적절하게 보호관리하면 수명이 연장될 뿐만 아니라 이것을 사용하는 작업자의 안전을 도모할 수 있고 신뢰할 수 있게 된다. 물이 묻었을 경우에는 섭씨 32~38℃되는 건조실이나 공구 캐비닛 속에 수직으로 걸어 놓고 건조시켜야 한다.

(2) 공구검사

공구에 외부충격 및 과중한 하중이 걸려 왜곡되지 않았는지 주기적으로 조사한다. 사용전·후에 공구가 만곡되거나 금이 가거나 리벳이나 볼트가 원위치에서 이탈되었는지를 조사해야 한다.

▶ 주의사항 ◀

- 사용 시 공구를 지상에 직접 방치해서는 안 되고 스틱 공구걸이 또는 깨끗한 공구 포 위에 놓고 사용해야 한다.
- 활선장구는 일반 작업용 공구와 별도로 분리보관해야 한다.
- 활선공구는 별도로 보관해야 하며 겹쳐 보관해서는 안 된다.
- 장기간 보관 시에는 핫스틱의 금속부에 흑연가루 및 윤활제를 바르고 고무장구는 탈크분을 발라 보관해야 한다.

(3) 사용제한

활선공구는 용도 및 사용법을 숙지한 후 각각의 공구를 그 사용법에 따라 해당 작업에 사용해야 한다. 또한 정격하중을 초과하거나 활선작업용으로 인정한 것 외에는 사용해서는 안 된다.

(4) 활선봉의 절연내력

① **목제 핫스틱** : 목재를 접합해 스틱으로 만들어 절연을 피막한 것으로 현재는 사용하지 않는다. 절연내력은 1ft(30.48cm)당 75,000V의 전압을 5분간 가압하여 견뎌야 한다.

② **에폭시 글라스 핫스틱** : 목제 스틱보다 무게가 가볍고 기계적 강도가 크며, 가격도 저렴하고 절연내력도 크다. 절연내력은 1ft당 100,000V의 전압으로 5분간 가압하여 견뎌야 한다.

▶ 주의사항 ◀

- 손상된 공구는 절대로 사용하지 말아야 한다.
- 파손된 스틱 및 금속류는 수리과정이 복잡하고 기술이 필요하므로 임의로 수리하여 사용하지 말아야 한다.

13.2 무정전공법

I 무정전공법의 개요

1) 무정전작업의 필요성

최근 사회생활수준의 전반적인 향상과 정보산업의 고도화에 따라 일상생활의 전기에 대한 의존도는 점차 심화되어 순간의 정전도 허용되지 않을 만큼 고품질을 요구하고 있기 때문에 이에 대한 대응으로 선진국에서는 정전감소를 위해 여러 각도에서 부단한 노력을 기울이고 있다. 우리나라도 전력공급 신뢰도의 척도인 호당 정전시간의 80% 이상을 차지하고 있는 작업정전시간을 획기적으로 줄이기 위해 무정전공법을 적극 도입해 확대시키고 있는 과정에 있다. 지난 1965년부터 무정전공법 중에 하나인 활선작업공법을 도입하여 이제 시공업체에서도 정착단계 이르렀으나 활선작업공법은 그 작업범위가 제한을 받기 때문에 전반적인 정정시간 감축에는 한계가 있어서 이러한 작업범위의 제한이 거의 없는 공법의 개발적용이 절대적으로 필요하게 되었다.

설비의 최적화를 위한 작업으로 지금까지는 주로 정전범위가 큰 발·송변전설비에서의 무정전작업을 위한 설비투자가 이루어졌으나 고객과 직접 연결되어 있는 배전설비에 대한 작업정전은 불가피한 것으로 간주하여 왔다.

특히 우리나라의 정전시간은 선진국에 비해 높은 실정으로 전력설비에서의 이러한 정전시간은 고도정보화 및 국제개방시대에서 국가경쟁력을 저하시키는 요인이 되며, 따라서 작업정전을 최소화시킬 수 있는 새로운 무정전작업공법의 개발과 적용이 시급한 실정이다.

우리나라와 외국 간의 정전시간 비교를 해보면 [표 13-2]와 같다.

【표 13-2 우리나라와 외국 간의 정전시간 비교표】

[단위 : 분/호]

구 분	한 국 (1994)	일본 전력 9사평균 (1993)	동경 전력 (1993)	미국 FPL (1987)	미국 PG & E (1992)	호주 PE (1993)
고 장	22	32	3	58	–	70
작 업	82	7	1	6	–	43
계	104	39	4	64	80	113

【표 13-3 무정전공법 도입의 필요성】

작업의 필요성과 정전	특 징
• 공사작업의 필요성 – 공장, 빌딩, 주택 등의 신설이나 증설 등 – 노후설비의 교체 • 작업정전 – 지금까지의 공법으로는 일부 간단한 작업을 제외하고 필히 정전이 필요	• 고도정보화의 진전 • 산업의 고도화, 자동화 • 사회생활의 편리화 • 정전 협의, 조정의 곤란화

2) 무정전공법 발전과정

무정전작업은 1960년대부터 미국을 중심으로 활선작업이 시행되어 왔으며 우리나라에서의 무정전작업은 1965년부터 전력회사 소속전기원 중심으로 간섭활선작업을 시행해 왔고, 1987년부터 공사업체로는 최초로 (합)대광전기(경남 울산 소재)를 시작으로 공사업계에 급속도로 확산되었으며, 1992년부터는 작업능률의 향상을 위해 직접활선공법을 개발·적용하고 있다.

이와 병행하여 활선작업으로서는 시행할 수 없는 일부 공정에 대한 무정전공사 방법의 개발을 위해 외국의 적용사례 연구 및 기술검토 등을 거쳐 1994년 4월에 이동용 변압기차와 바이패스 케이블(By-Pass Cable)차의 규격을 제정하고, 1994년 6월에 장비 제조업체에서 무정전장비를 개발하여 실증시험을 마쳤다.

또한 무정전 배전공사 전문업체의 육성을 위해 전력회사인 한전이 중심이 되어 관련 지침 및 기준을 제정하고 1994년 12월에 67개의 무정전공사 전문업체를 선정하여 전국적으로 확대·적용 중에 있다.

(1) 활선작업공법

① 간접공법 : Hot Stick 공법, Manipulator 공법, Robot 공법

② 직접작업공법

(2) 임시송전공법

① 무부하구간 정전공법 : 공사용 개폐기 공법

② 부하전환공법 : 바이패스 케이블공법, 이동용 변압기 공법, 공사용 발전기 공법, 임시연계선공법, WHM 바이패스 공법

3) 전력회사가 추진한 무정전공법의 개발 및 추진경위

- 1987. 3 ~ 12 : 해외 무정전공법 실용화 정밀 수집
- 1988. 1 ~ 10 : 무정전공법에 관한 해외 자료조사
- 1988. 11 : 작업정전 감소대책 특별반 운영
- 1990. 5 : 6.6kV용 바이패스 케이블(By-Pass Cable) 장치 시범세트 도입
- 1993. 10 ~ 1994. 6 : 무정전 가지공법 시범운영(순천, 울산)
- 1994. 6 : 22.9kV-Y용 무정전장비 국산화 개발
- 1995. 3 : 무정전공법 현장 적용추진
- 1996 ~ : 무정전공법 전국 확대시행

4) 무정전 시공장비의 개요

무정전 시공장비는 [그림 13-1]과 같은 개요로 이루어져 있다.

5) 무정전공법 작업 시 일반적인 유의사항

① 철저한 현장조사와 사전준비
② 작업원들의 작업내용 숙지
③ 활선작업조의 사전 방호조치 철저시행
④ 해당 공법별 표준작업절차 준수
⑤ 활선 부분과 사선 부분의 사전숙지
⑥ 안전규정 준수
⑦ 교통안전정리 철저

6) 안전하고 효율적인 시공을 위한 대책

① 기술개발을 통한 장비의 개선, 컴팩트(Compact)화
② 특별교육실시
③ 장비 및 장구의 시험 및 관리강화
- 케이블 및 접속재류
- 이동용 변압기 및 개폐기 등 기기류
- 활선작업차 및 활선장구류

④ 작업장 안전관리 강화

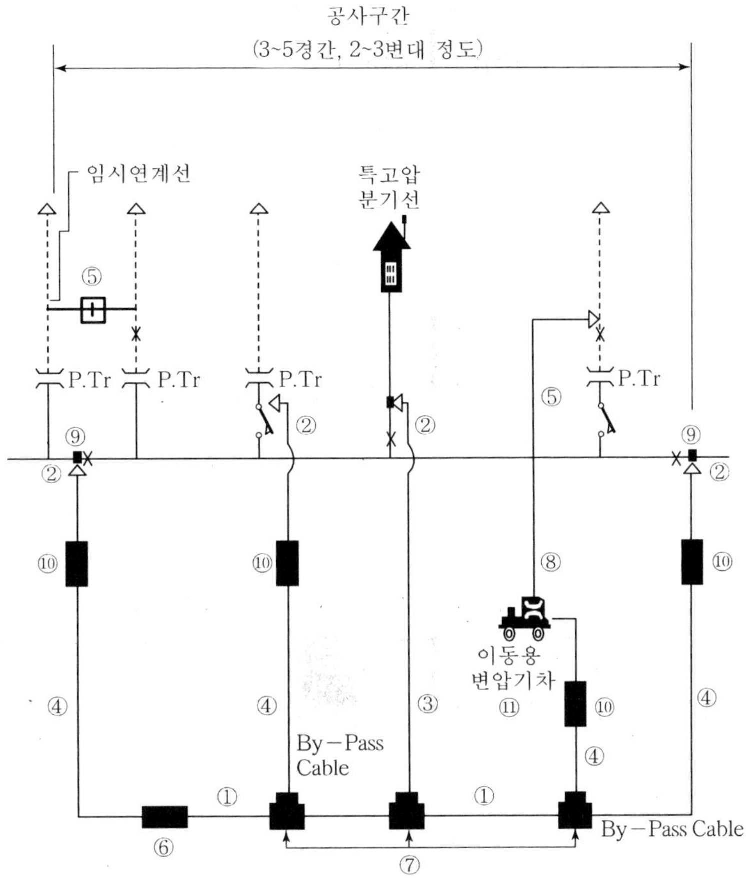

① 중간케이블
② 본선접속용 케이블 크램프
③ 분기케이블
④ 개폐기 접속케이블
⑤ 저압케이블
⑥ 직선접속재
⑦ 분기접속재
⑧ VAN 접속부 접속재
⑨ 전주체부금구류
⑩ 공사용 개폐기
⑪ 공사용 개폐기
(이동용 변압기차 내장용)

【그림 13-1　무정전 시공장비의 개요도】

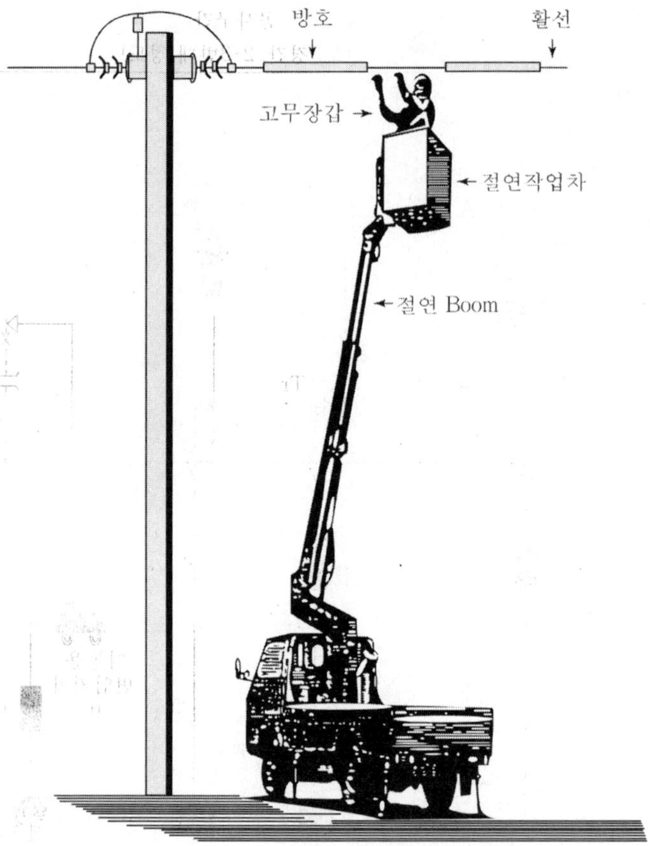

* 완벽한 방호와 절연 붐(Boom)의 절연성능이 중요

【그림 13-2 활선작업차를 이용한 작업자의 절연확보도】

7) 무정전공법의 향후 전망

1995년의 이동용 변압기 공법 및 바이패스 케이블 공법에 대한 현장 적용단계를 거쳐 1995년부터는 작업정전을 현재의 50% 수준으로 대폭 감축하고, 새로운 공법(공사용 발전기공법, WHM By-Pass 공법, 지중선 By-Pass 공법 등)을 지속적으로 연구·개발함으로써 2000년도에는 작업정전의 Zero화를 달성할 수 있을 것이다.

또한 배전공사의 과제로 통합적인 비용 억제, 현장작업환경의 개선(안정적인 젊은 노동력의 확보), 현장작업의 성력화(고령자의 활용), 효율적인 무정전공사의 추진(전기공급 신뢰도의 유지) 등을 들 수 있는데, 이에 대한 대책으로 Prefabrication 공법의 개발, Manipulator 등의 기계화 및 Robot화 공법의 개발 등 배전공사의 고도화를 위해 노력해야 한다. 이러한 신 공법의 개발은 사회환경 변화에 대응한 향후 배전공사의 추진에 필요불가결한 것이며 현장작업에 상당한 개혁을 가져올 것이다.

II 무정전공법의 시공절차

1) 이동용 변압기차공법

(1) 공법개요

① 작업방법

무정전으로 주상변압기를 교체하고자 할 경우, 이동용 변압기차를 이용해 저압부하를 공급하고 변압기를 교체한다.

② 작업개요도

이동용 변압기차 공법의 작업개요도는 [그림 13-3]과 같다.

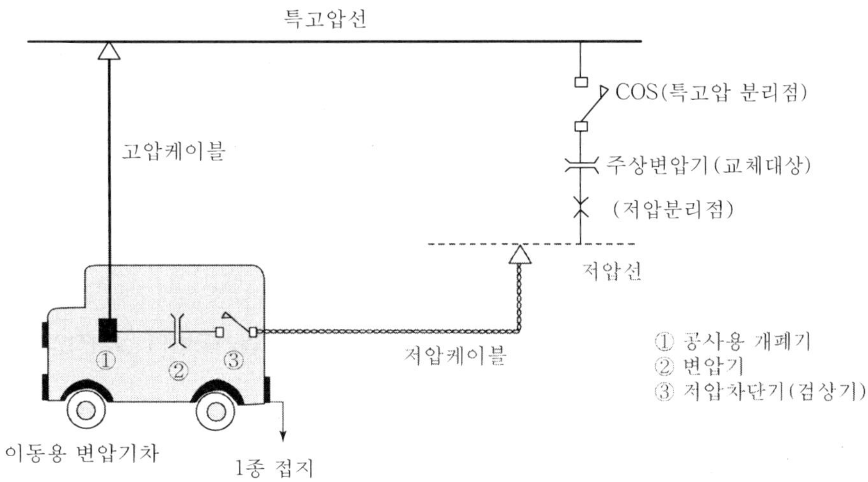

【그림 13-3 이동용 변압기차의 작업개요도】

③ 작업인원 및 장비

ⓐ 작업인원

- 활선작업원 4명
- 기타 공사 필요인원

ⓑ 장비

- 활선방비 1식
- 이동용 변압기차 1대

(2) 이동용 변압기공법의 절차

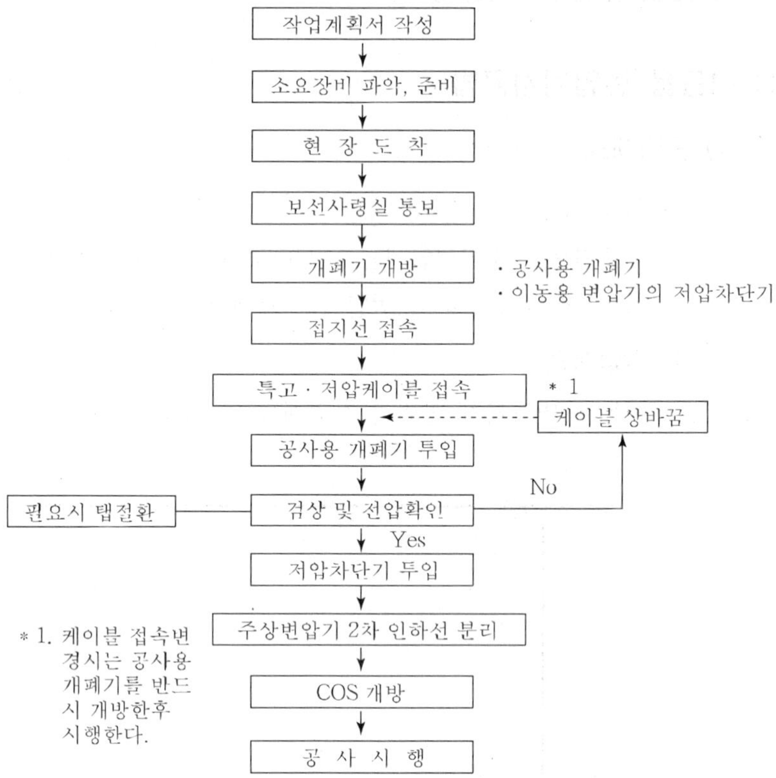

【그림 13-4 이동용 변압기공법의 설치작업도】

① 설치작업

이동용 변압기공법의 설치작업은 [그림 13-4]와 같다.

② 철거작업

이 공법의 철거작업은 [그림 13-5]와 같다.

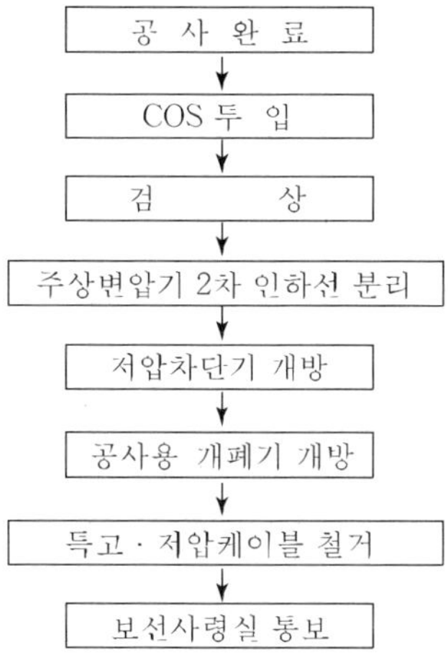

【그림 13-5 이동용 변압기공법의 철거작업도】

(3) 이동용 변압기차의 구성

[그림 13-6]은 이동용 변압기차를 나타낸 것으로 각 구성별 특징은 다음과 같다.

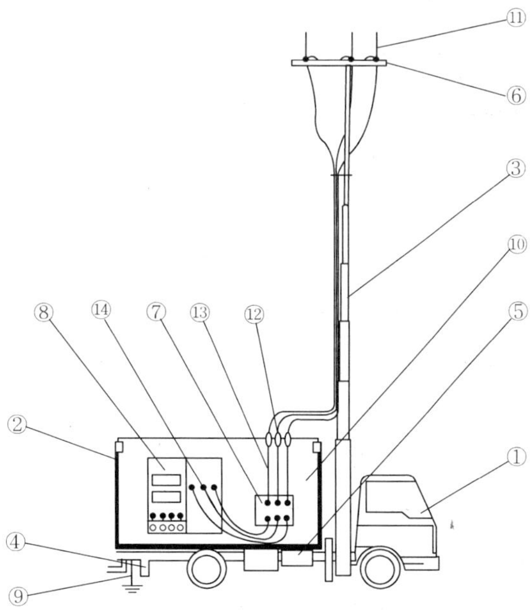

【그림 13-6 이동용 변압기차의 구성】

품번	품 명	사 양	수량	품번	품 명	사 양	수량
1	차대	2.5t 트레이드 트럭 파워 스티어링	1	8	변압기	1차 22.9kV 2차 3ϕ 380V /1ϕ 220V 300KVA	1
2	VAN	AL 외판, 방수형	1	9	접지 릴	차량접지용 릴	1
3	작동 붐	텔레스코픽 붐	1	10	누설전류 측정기	0~1,000μA	1
4	아우트리거	차대지지용	4	11	입상케이블	종단접속재 및 직선접속재 조립체	3
5	유압장치	PTO & PUMP, 작동 유 탱크, 방향제어밸브 각종 실린더	1	12	VAN 접속부	직선접속재 조립체	3
6	가지주 및 완금	FRP 101×101×2,500 101×101×2,500	1 1	13	개폐기 접속케이블	T-Elbow 및 직선접속재	3
7	개폐기	2W/1S, 600A	1	14	변압기 접속케이블	T-Elbow 및 직선접속재	3

【그림 13-6 (계속)】

① 차대

- 소형인 KIA 2.5t 트레이드 사용
- 도록폭이 좁은 공간도 쉽게 이동할 수 있으며 파워 스티어링 장착

② VAN : 변압기, 검상장치, 개폐기 등을 보호하기 위해 알루미늄 VAN을 사용했으며 야간에도 VAN 내부를 볼 수 있도록 실내등 부착, 주행 중 밴 내부의 환기를 위해 환기구 부착

③ 작동 붐(Boom) : 형상은 사각 박스형으로 붐의 처짐, 꺾임에 강하면서도 가벼운 고장력 강판 사용하여 제작

- 4단 붐으로 구성되어 유압실린더와 와이어 로프에 의한 3단 동시신축 작동
- 최대작업높이 12.5m

④ 아우트리거(Outrigger)

- 유압 인출식 잭
- 가공전선작업 시 차체를 안전하게 지지함
- Stroke : Front Jack 395mm, Rear Jack 322mm

⑤ 유압장치

- 엔진동력 및 PTO를 통해 얻어진 동력으로 구동

- 유압펌프, 각종 실린더, 방향제어밸브
- 데릭 실린더 및 Holding V/V 부착
- Tilt CYL, 더블 및 파일럿 체크 밸브 부착

⑥ **가지주 및 완금** : 가벼우면서도 강한 FRP로 제작되어 있고 고압지지 금구가 설치되어 있으며, 붐이 어떤 위치에 있어도 항상 수직을 유지할 수 있도록 수직유지장치 설치

- 완금 크기 : 101×101×2,000L
- 가지주 : 101×101×2,500L

⑦ **개폐기** : 고압 개폐기를 적용하여 특고압 배전선로의 신설 및 증설, 수용가용 인입 개폐장치로서 선로구분 및 분기용으로 사용 가능하게 되어 있으며, 접속방법은 각 상별로 엘보 및 플러그 타입을 사용하여 용이하게 접속분리가 가능하도록 함.

⑧ **변압기** : 기후의 악조건에서도 신뢰도가 높은 PAD Mounted Transformer를 사용 1차 전압 22.9kVA의 3ϕ 변압기로 2차 측 전압출력은 3ϕ 380V, 1ϕ 220V로 되어 있으며, 안전을 위해 1차 보호장치가 내장된 변압기 사용

⑨ **접지 릴** : 차량 후미 오른쪽에 부착하며 단락이나 예상치 못한 사고 시 차량이나 인명을 보호

⑩ **누설전류 측정기** : 작업자의 안전을 도모하기 위해 붐의 누설전류를 체크하는 측정기를 장착하여 누설되는 전류량을 확인할 수 있으며, 규정값 이상의 누설전류가 있을 때는 경고용 버저가 울림.

- 동작전압 : DC 24V
- 측정범위 : 0~1,000μA
- 경고용 버저범위 : 400~600μA

⑪ **입상케이블** : 가완목에 종단접속재를 설치하여 손쉽게 본선 인입이 가능하도록 하고, 입상케이블이 4단 붐의 지지로 VAN 상부에 부착된 VAN 접속부와 손쉽게 탈부착이 가능하도록 함.

⑫ **VAN 접속부** : 직선접속재와 조립체로 구성이 되어 있다.

⑬ **개폐기 접속케이블** : T-Zlbow 및 직선접속재로 구성이 되어 있다.

⑭ **변압기 접속케이블** : T-Elbow 및 직선접속재로 구성이 되어 있다.

2) 바이패스 케이블공법

(1) 공법개요

① 작업방법

공사구간에 분기선로, 특고압 수용가, 변대주 등의 설비가 있을 경우 공사구간의 전원 및 부하 측을 공사용 개폐기와 바이패스 케이블(By-Pass Cable)로 임시 연결해 공급하면서 공사구간의 점퍼선을 활선작업으로 분리하고 시공한다.

② 작업개요도

바이패스 케이블공법의 작업개요도는 [그림 13-7]과 같다.

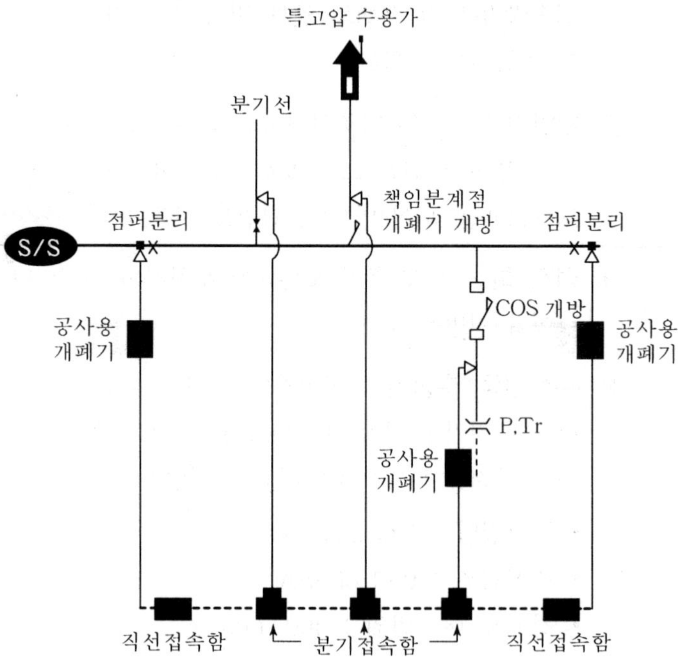

【그림 13-7 바이패스 케이블공법의 작업개요도】

③ 작업인원 및 장비

ⓐ 작업인원

- 활선작업 4명
- 기타 공사 필요인원

ⓑ 장비

- 활선장비 1식
- 바이패스 케이블 1식
- 공사용 개폐기 1식

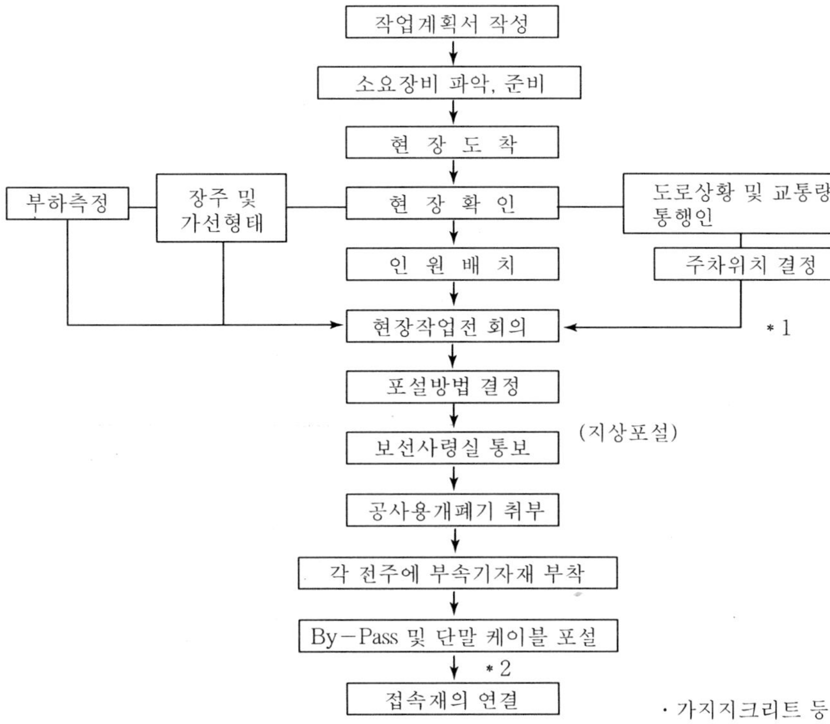

*1. 배전선 재폐로 계전기의 록크여부, 사고정전시 대책 등을 충분히 협의한다.
*2. 접속부분, 단말부분 등의 오염(먼지, 수분 등)을 잘 닦고 실리콘그리스를 도포한다.
차폐선의 접지선 접속을확인한다.
절연측정 후 바이패스, 선로의 잔류전하를 방전시킨다.

【그림 13-8】

(2) 바이패스 케이블공법의 절차

① 절차작업

바이패스 케이블공법의 절차작업은 [그림 13-8]과 같다.

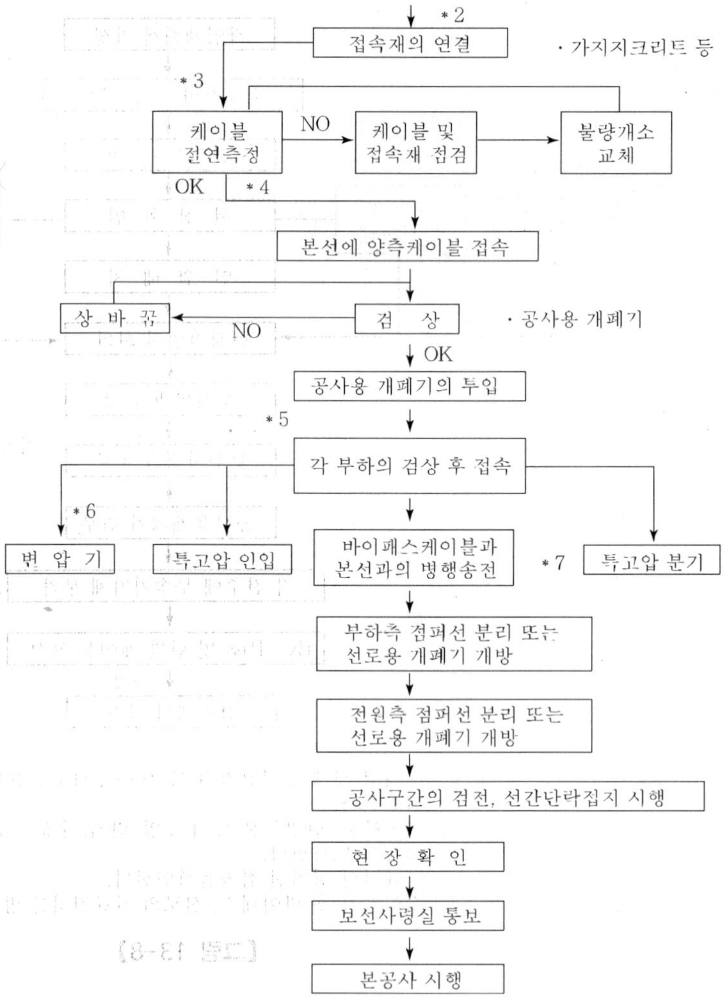

*3. 접속 재연결하여 케이블 절연 측정을 한다.
*4. 케이블 절연 측정을 하여 본선에 양측케이블 접속을 한다.
*5. 접속크램프측은 바이패스 본선부터 충전되고 있으므로 활선에 유의한다.
검상은 휴대용 검상기 등으로 시행한다.
*6. 변압기 개폐기를 개방하고 1, 2차의 접속부에서 검상한다. 두입하여 검상을 할때 이상이 있으면 변압기개폐기를 개방하여 서로 상을 바꾼다.
*7. 절체시 본선측 활선작업은 보호구, 방호구 사용을 확실히 한다.

【그림 13-8 (계속)】

② 철거작업

바이패스 케이블공법의 철거작업절차는 [그림 13-9]와 같다.

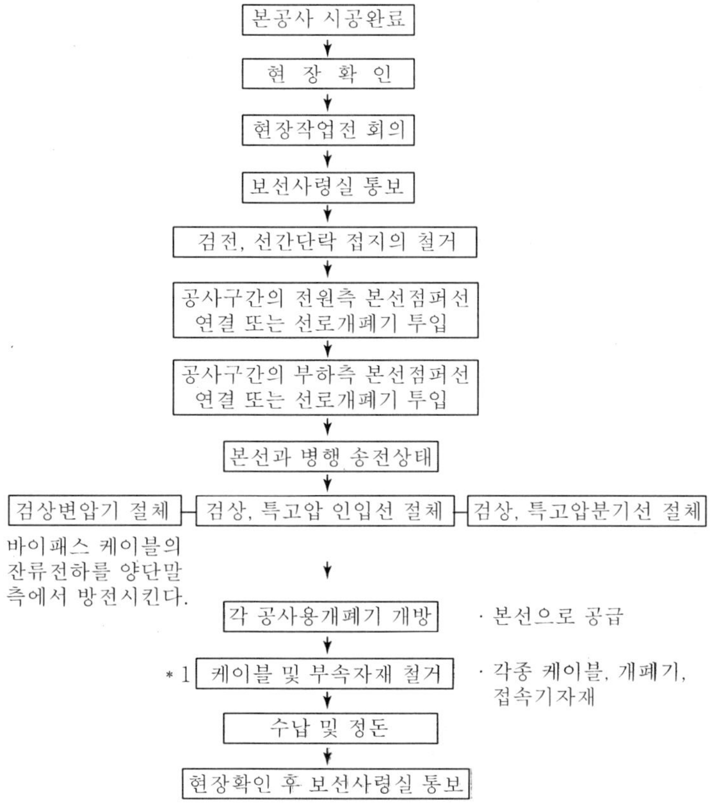

【그림 13-9】

(3) 바이패스 케이블 설치도

바이패스 케이블 설치도는 [그림 13-10]과 같다.

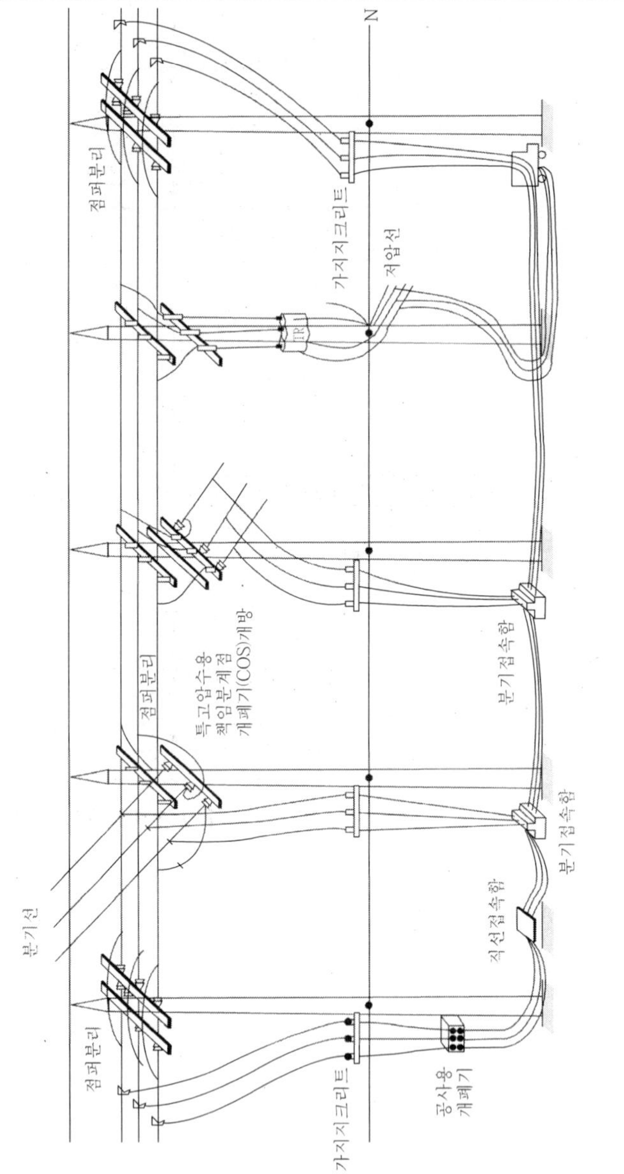

【그림 13-10】

(4) 케이블차의 구성

케이블차의 구성도는 [그림 13-11]과 같으며, 각 구성별 특징은 다음과 같이 나열하였다.

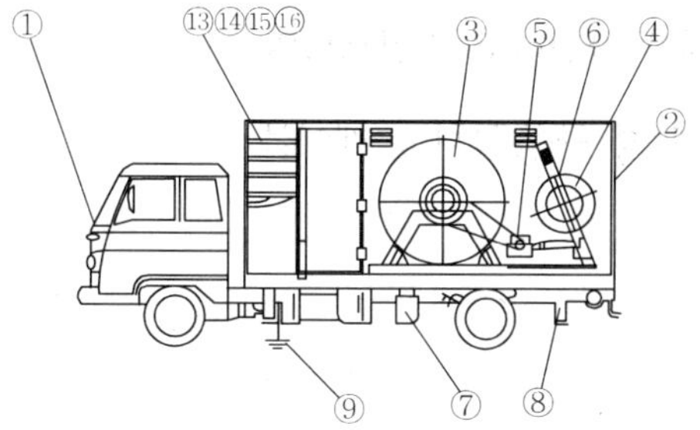

By−Pass 케이블 드럼차

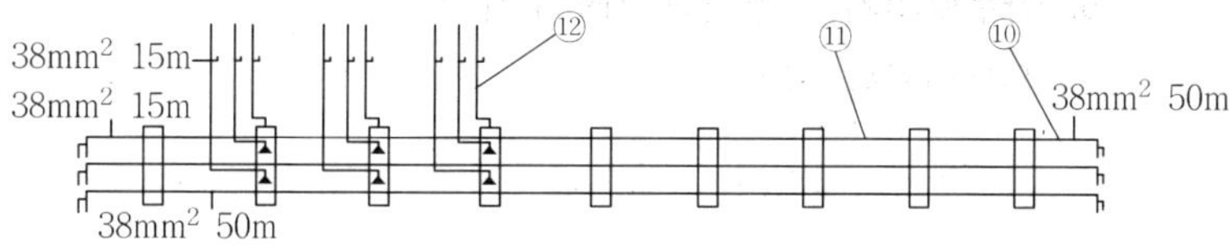

품번	품 명	사 양	수량	품번	품 명	사 양	수량
1	차대	5t 라이노 트럭 에어콘 장착	1	8	아우트리거	차대지지용	4
2	VAN	AL 외판, 방수형	1	9	접지릴	차량접지용 릴	1
3	메인드럼	1,200m 적재형	1	10	바이패스 케이블	양단 인입용	6
4	보조드럼	50m 적재용	3	11	중간케이블	50m	24
5	메인드럼 구동장치	위엄감속식 클러치, 브레이크 부착	1	12	입상케이블	15m	9
6	보조드럼 구동장치	평치차 감속식	1	13	직선접속재 및 보관함	접속재보관, 이동용	9
7	유압장치	PTO & Pump, 작동유 탱크, 비례제어밸브, 각종 실린더 및 유압모터	1	14	분기접속재 및 보관함	보관·이동용, 포설용	3
				15	직선접속 보조상자	포설용	9
				16	분기접속	포설용	3

【그림 13-11 케이블차의 구성도】

① **차대 및 VAN** : 강력한 주행성능을 가진 5t 라이노 트럭차대에 방수밀폐구조의 VAN을 장착하였으며 2곳의 통기창 및 실내등을 갖추고 있음.

② **메인 드럼 및 보조드럼** : 전력케이블의 수명을 연장하고 변형을 최소화하기 위해 대지름의 메인 드럼을 채택하였으며, 수동포설을 위한 케이블의 이동적재가 간편하고 지면으로의 하강이 손쉬운 보조드럼 시스템 구비

③ **메인 드럼 구동장치** : 케이블 자유풀기가 클러치로써 자유롭게 선택 가동하고 자체 디스크 브레이크에 의해 드럼의 자전이 방지

④ **유압장치** : 메인 드럼 및 보조드럼용 방향전환밸브를 최신 비례제어밸브로 적용하였으며, 조이스틱의 조작폭에 비례해 유량이 공급됨으로써 원하는 회전속도를 자유롭게 얻을 수 있음.

⑤ **아우트리거** : 장기간 차량주차 시에 타이어의 부담을 덜어주도록 4곳의 아우트리거를 설치

⑥ **바이패스 케이블** : 엘보접속재를 변압기차에 직접 접속할 수 있는 구조로 되어 있고 반대쪽은 직선접속재와 연결

⑦ **중간케이블** : 적·백·청색의 색띠를 가지고 있으며 유연성이 좋고 가벼워서 작업이 편리

⑧ **입상케이블** : 중간에 분기작업을 하거나 변압기차가 없는 경우에 인입용으로 사용되며 한쪽은 종단접속재로 되어 있음.

⑨ **접속재 및 보호함** : 직선 및 분기접속재가 있으며 설치시 전주에 이를 고정할 보호함이 준비되어 있음.

⑩ **접속재 보호상자** : 그리스 및 수입포 등이 구비되어 있으며 이동 및 적재시 충격으로부터 보호

(5) 케이블류

각종 케이블의 종류를 [그림 13-12]에 나타내었다.

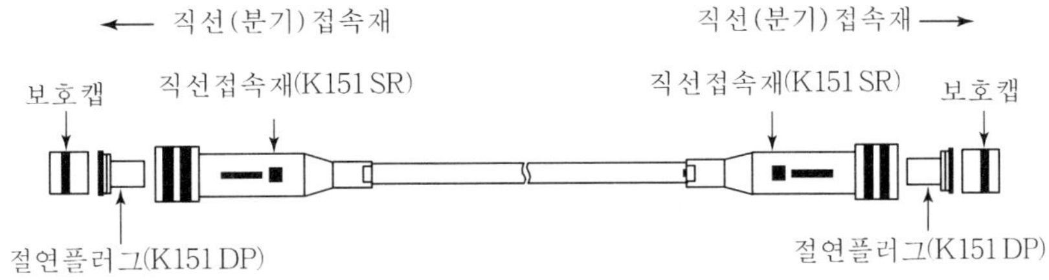

(a) 중간케이블(케이블차)

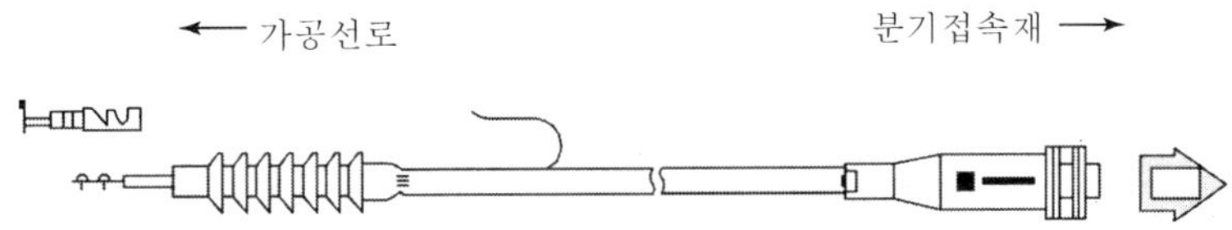

(b) 분기케이블(케이블차)

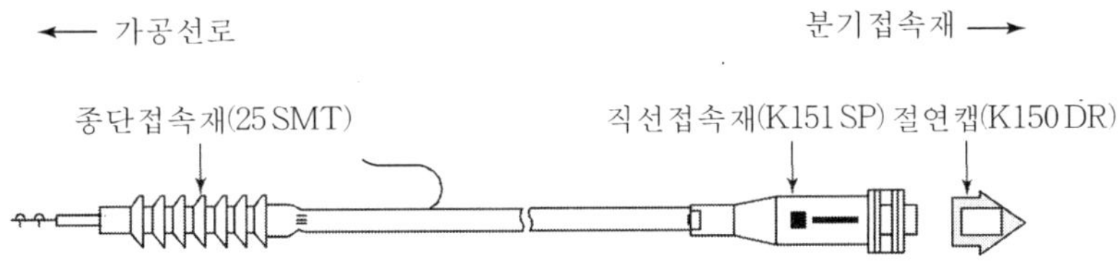

(c) 입상케이블(케이블차)

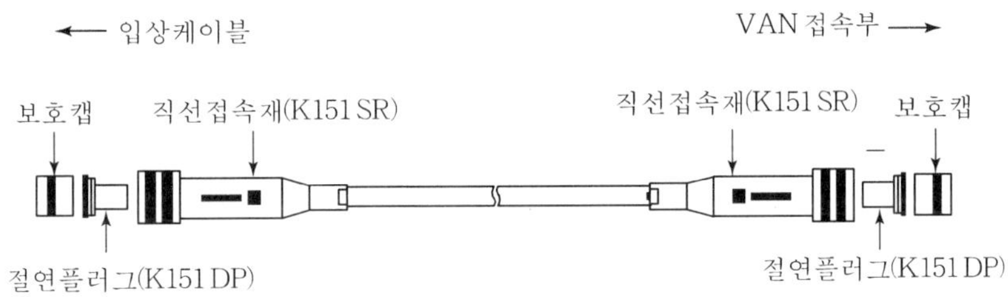

(d) 단말케이블(변압기차)

【그림 13-12 케이블 종류】

3) 공사용 개폐기공법

(1) 공법개요

① 작업방법

공사구간 내에 부하가 없고 공사구간 이후 부하를 다른 선로로 절체할 수 있는 경우, 공사용 개폐기를 설치하여 공사구간의 전원 및 부하측 점퍼선을 활선작업으로 분리하고 시공한다.

② 작업개요

공사용 개폐기공법의 작업개요는 [그림 13-13]과 같다.

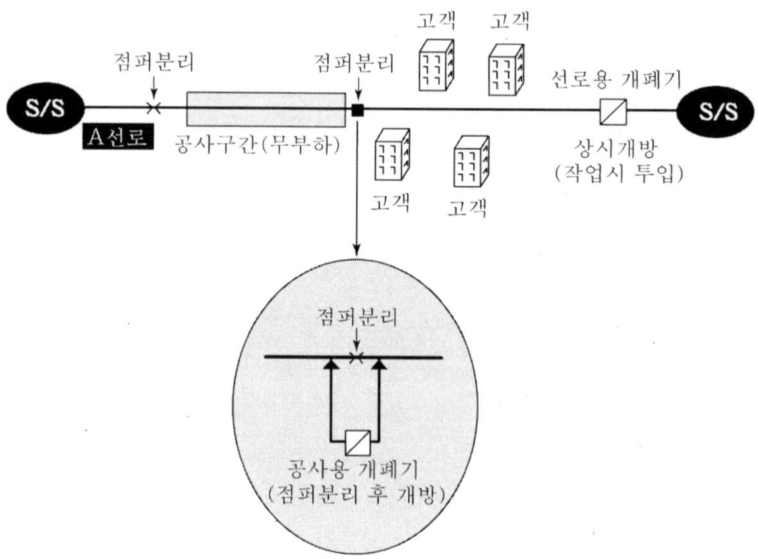

【그림 13-13】

③ 작업인원 및 장비

ⓐ 작업인원 및 장비

- 활선작업원 4명
- 기타 공사 필요인원

ⓑ 장비

- 활선장비 1식
- 공사용 개폐기 1대

(2) 공사용 개폐기 1대

① 설치작업

공사용 개폐기공법의 설치작업절차는 [그림 13-14]와 같다.

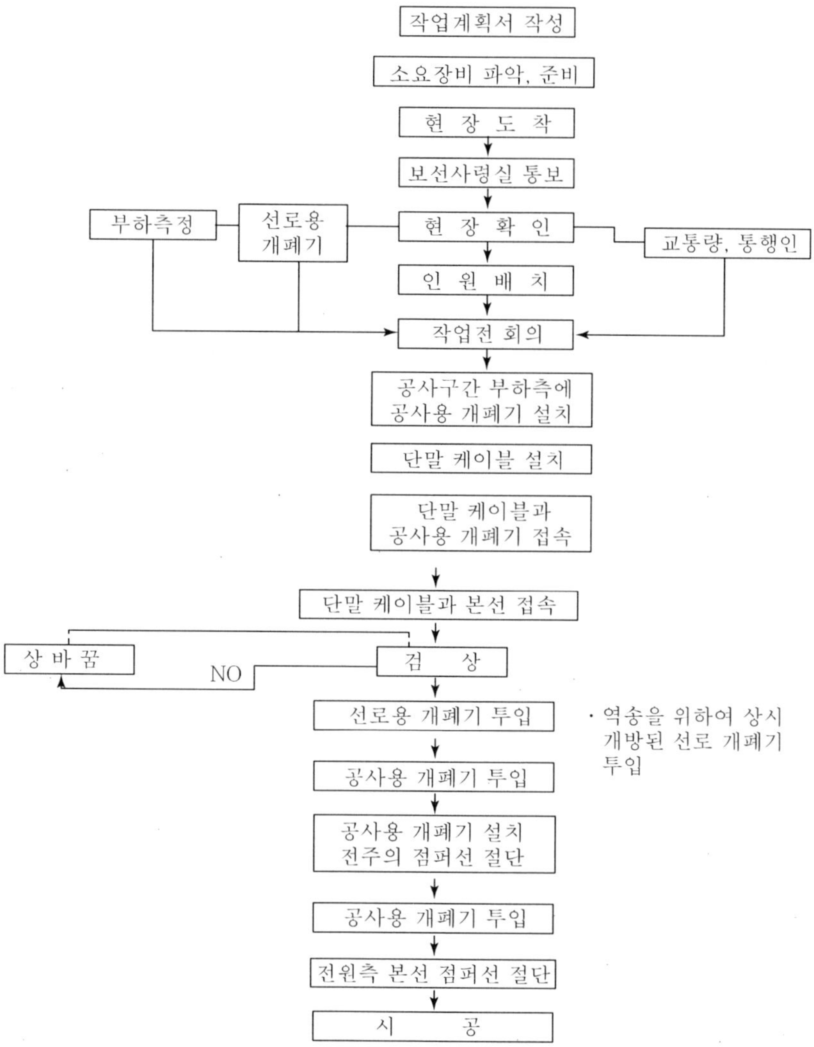

【그림 13-14】

② 철거작업

공사용 개폐기공법의 철거작업절차는 [그림 13-15]와 같다.

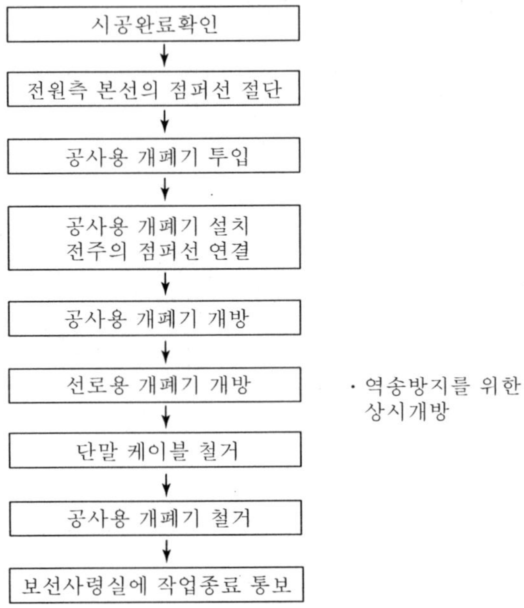

【그림 13-15】

Q13 연습문제

01 배전활선작업의 정의에 대하여 설명하여라.

02 배전활선 직접공법의 필요성에 대하여 설명하여라.

03 활선장구 제작의 3대 요소에 대하여 설명하여라.

04 에폭시 글라스 스틱의 특성에 대하여 설명하여라.

05 무정전작업의 필요성에 대하여 설명하여라.

06 바이패스 케이블공법개요에 대하여 설명하시오.

07 공사용 개폐기공법에 대하여 설명하여라.

Transmission and Distribution Engineering

PART 14 배전선로의 관리와 보호

PART 14 배전선로의 관리와 보호

14.1 전압조정

I 전압의 유지 기준

일반적으로 수용가에서 사용하게 되는 모든 전기기기는 정격전압에서 운전될 때 가장 그 효율이 좋아지게끔 정격전압을 기준해서 설계되어 있다. 따라서 공급전압이 이 정격전압을 유지하지 못하고 이보다 높아지거나 또는 낮아지면 우선 그 효율면에서 나쁜 영향을 미치게 된다. 가령 백열전구(텅스텐 사용)를 예로 들면, 이것은 정격값보다 공급전압이 5%만 저하해도 광도가 8% 감소되고, 반대로 공급전압이 정격값보다 5%만 상승하면 전구의 수명은 45%나 단축된다.

또한 유도전동기에서는 공급전압이 낮아지면 부하전류가 증가하고, 공급전압이 상승하면 역률이 나빠진다. 이와 같이 모든 전기는 전압변동의 영향을 민감하게 받고 있다.

일반적으로 전선로에 부하전류가 흐르면 임피던스 때문에 전압강하가 일어나게 된다. 이때 이 전압강하의 정도는 전원으로부터 거리가 멀어질수록, 또 부하의 크기가 커질수록 심해진다. 한편, 배전선로에서는 수용가에 따라 실제로 수전하는 거리에 차이가 있고, 또한 부하라는 것은 시시각각으로 변화하기 때문에 수용가에서의 전압변동폭은 상당히 커지기 마련이다.

【표 14-1 전압의 유지범위】

표준전압	유지해야 하는 전압	비 교
110V 220V 380V	110V의 상하로 6V 이내 220V의 상하로 13V 이내 380V의 상하로 38V 이내	104~116V 207~233V 348~418V
주파수 60Hz	60Hz의 상하로 0.2Hz 이내	59.8~60.2Hz

이처럼 전기의 품질 향상이라는 사회적인 요구가 점차 높아짐에 따라 전압의 허용 변동범위를 정해 이를 법률화하고 전력회사에서 이 공급기준을 준수하도록 하고 있으며, 전력회사도 이에 대한 안정화에 노력하고 있다.
전기사업법 규정에 의해 유지해야 할 전압은 기술상 부득이한 경우를 제외하고는 그 전기의 공급지점에서 [표 14-1]의 왼쪽칸의 표준전압에 따라 각각 오른쪽칸에 명기한 값으로 유지해야 한다고 정하고 있다.
따라서 배전선로를 설계함에 있어서 이 정해진 범위 내에 전압변동을 유지하는 것은 물론이고 부하의 급격한 변동에 의해서 전등에 깜박임현상이 일어나거나 전동기에 출력 저하가 일어나지 않도록 하여야 한다.

II 전압조정의 필요성과 방법

양질의 전기를 공급하기 위해서는 수용단의 전압변동을 될 수 있는 대로 작게 할 필요가 있다는 것은 더 말할 필요가 없다. 일반적으로 변전소로부터 수용가에 이르기까지에는 고압배전선, 배전변압기, 저압배전선 및 인입선 등이 있다. 전압강하는 이를 각 부분에서 일어나고 있으며, 이때 그 크기는 부하의 대소나 역률의 고저에 따라 변화하게 된다. 이 결과 일반적으로는 변전소의 모선전압 자체도 이에 따라 같이 변하므로 적당한 방법으로 이 전압강하를 보상해 주어야 한다.
만일 고압배전선의 전압이 일정하게 유지된다면 설사 전압강하가 상당히 있더라도 그 전압에 따라서 배전변압기 탭을 적당히 선정해 줌으로써 배전변압기 2차 측의 단자전압을 표준값에 유지할 수 있다. 그러나 실제로는 부하의 변동에 따라 고압배전선 내의 전압강하가 각 지점에 따라 변화하고 있을 뿐만 아니라 변전소의 모선전압도 이와 함께 변화하므로, 배전변압기의 2차 전압은 장소에 따라 상당히 변동하게 되어 수용가 측 공급지점의 전압을 위에서 설명한 허용범위 내에 유지할 수 없게 된다. 따라서 여기서 배전선 전압조정의 필요성이 생기게 된다.
우선 전압조정으로 얻어지는 이점을 들어보면 다음과 같다.

① **수용가 측** : 적당한 전압을 공급받음으로써 생산기기의 적정운전으로 효율 증대, 생산성 향상이 기대되며 기기의 수명 보전에도 도움이 된다.
② **전력공급자 측** : 전력손실의 경감과 과전압으로부터의 기기보호가 가능하며 저전압에 인한 효율저하를 막을 수 있다.

부하의 변동에 관계없이 공급전압을 정해진 변동 한도 내[표 14-1]에 유지하기 위해서는 변전소 및 배전선로를 종합해서 전압의 조정을 실시해야 한다. 이 경우의 조정설비로는 주상변압기의 탭조정, 승압기, 유도전압조정기, 병렬 및 직렬콘덴서 등을 들 수 있다.

먼저 [그림 14-1]은 전력계통 전반에 걸친 전압조정 계통도를, [그림 14-2]는 이 중 배전계통 내에서의 전압강하 배분의 개요를 나타낸 것이다.

수용가로의 공급전압을 허용범위 내로 유지하기 위해서는 일반적으로 다음과 같은 방법이 적용되고 있다.

1) 변전소에서의 전압조정에는 모선 또는 급전선마다 전압조정설비를 설치해서 변전소에서 내어보이는 송전전압을 중부하시에는 높게, 경부하 시에는 낮게 조정한다. 최근에는 이러한 송전단전압을 조정을 변전소 내의 주변압기의 OLTC(부하 시 전압조정장치)로 하고 있으며, 특히 배전용 변전소의 경우 자동전압 조정장치(AVR)로 제어되는 OLTC의 자동운전으로 부하시간대와 관계없이 배전선로 송출전압을 상시 규정전압범위 내(22.9kV 특고압 배전선로의 경우 22.9kV -1%~+4%)로 유지하고 있다.

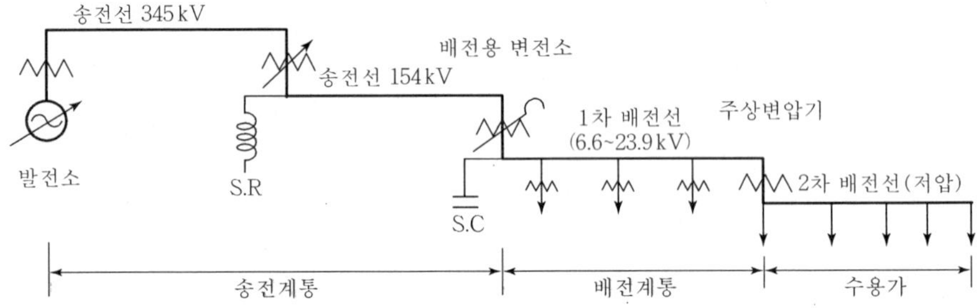

【그림 14-1 전압조정 계통도】

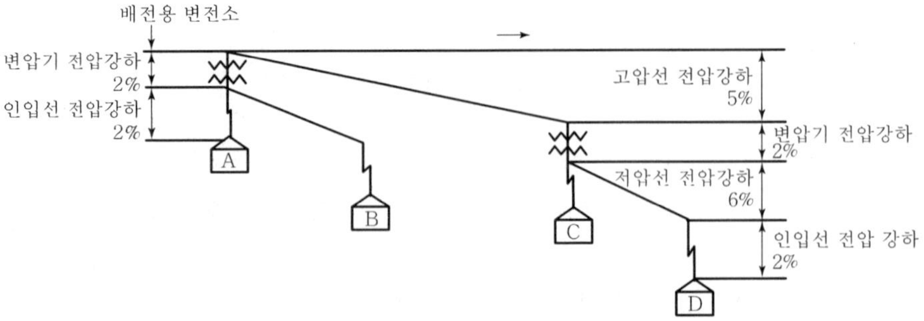

【그림 14-2 배전계통에서의 전압강하 배분의 일례】

2) 배전선에서의 전압조정에는 전선로의 설계상 고압선 및 저압선에서의 전압강하를 적정한도 이내로 억제한다.

현재 우리나라에서는 특고압 배전선로 및 저압선로에서의 전압강하 한도를 각각 10% 이내로 운영하고 있으며, 특히 저압선로의 경우에는 배전설비별로 적정전압강하 한도(주상변압기 2%, 저압선 6%, 인입선 2%)를 분담하는 방법으로 전압조정장치를 병용해서 가장 경제적이며 효율적인 전압조정의 효과를 내고 있다.

배전선로에서 사용하는 전압조정기는 아래와 같다.

- **고정승압기** : 일반적으로 사용하지 않는다.
- **자동전압조정기** : SVR, IR의 2종류가 있으나 현재 우리나라에서는 SVR만을 사용하고 있다.
- **직렬콘덴서** : 특별한 경우 외에는 사용하지 않는다.
- **병렬콘덴서** : 선로의 무효전력을 흡수해서 전압강하 방지에 기여하고 있다.

3) 배전변압기에서의 전압조정에는 고압선 각 부의 전압에 따라서 배전변압기의 사용탭을 적정하게 선정한다.

그러나 배전선로는 면상으로 분포되어 있고 부하 역시 중부하 시와 경부하 시에 있어서의 변동 특성이 같지 않으며, 각 개의 배전선로를 개별적으로 조정할 수 없다는 여러 가지 문제점이 있어 전압조정의 어려움은 매우 크다. 따라서 효율적인 전압조정방법으로는 변전소에서의 적정한 송출전압 조정방법 선태고가 배전선로 자체의 조정(전압강하의 적정배분)을 병행해서 종합적으로 실시해 나가는 것이 바람직하다.

III 변전소에서의 전압조정

배전선로의 부하는 중부하 시와 경부하 시에서 크게 변화하므로 변전소 수전 측의 송전선로에 대해서는 병렬리액터 또는 전력용 콘덴서를 사용해서 조정하는 한편, 주변압기 1차 측의 무부하 시 탭조정장치, **부하 시 탭절환장치**(ULTC) 등을 활용해서 전압을 일정하게 유지하고 있다. 이 중 ULTC의 운전은 전압의 정밀조정과 신속한 조정을 기하는 데 특히 유용하지만 그 특성이 전기적·기계적인 제약으로 동작 횟수에 제한(ULTC의 전기적 수명은 30만 회 정도, 일일 동작 20회 시 내용연수 30년으로 보고 있음)이 있기 때문에 전압조정을 ULTC에만 의존하는 것은 피해야 할 것이다.

한편, ULTC가 없는 변전소의 경우(66 kV 이하)에는 자동전압 조정장치로써 **정지형 전압조정기**(SVR)와 **유도 전압조정기**(IR)를 많이 쓰고 있으나 현재 우리나라에서는 이 중 SVR만을 사용하고 있다.

같은 모선에 접속된 각 배전선로의 길이 및 부하상태가 비슷한 경우에는 모선에 일

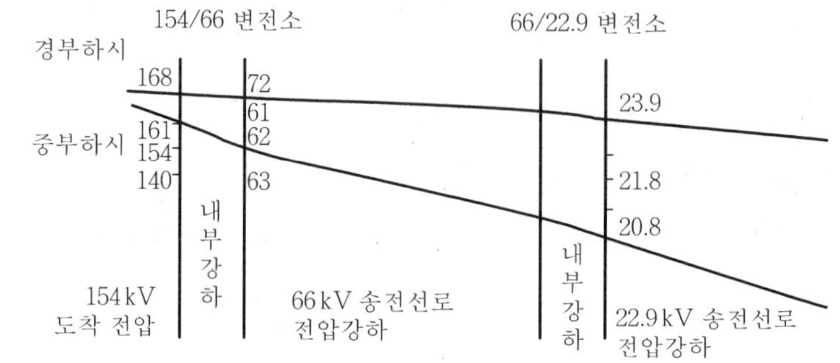

(a) 전압조정장치가 없는 경우

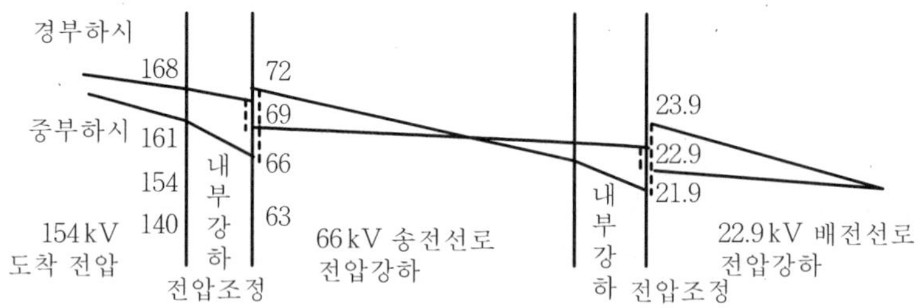

(b) 전압조정장치가 있는 경우

【그림 14-3 변전소 모선전압의 조정 예】

괄해서 대용량의 저압조정기를 설치하는 모선전압조정이 경제적이지만, 특히 선로의 길이나 부하상태가 서로 다른 배전선로에는 급전선에 전압조정기를 설치해서 각 급전선마다 개별적으로 전압을 조정해 주는 것이 더 좋은 경우가 있다. 또한 선로의 길이가 부하의 크기에 비해서 특히 길 경우에는 선로의 중간에도 전압조정기를 설치해서 전압을 2단으로 조정하는 경우도 있다.

전압의 조정범위는 보통 1차 정격전압에 대한 비율로 표시한다. 일반적으로 ±10% 및 ±5%를 표준으로 하고 있는데 전자가 보다 일반적이며, 후자는 대도시와 같이 수요 밀도가 높고 배전선의 전압강하가 작은 지역의 변전소에서 사용된다.

참고로 [그림 14-3]은 우리나라에서의 154/66/22.9kV의 전압조정장치에 의한 전압조정 형태의 일례를 보인 것이다.

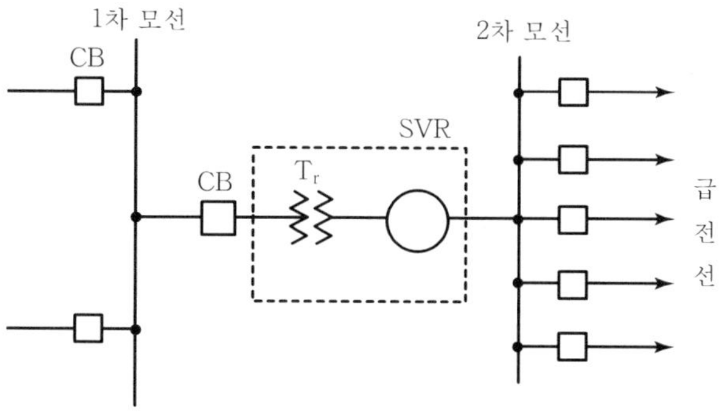

(a) 모선 일괄조정(집단조정)

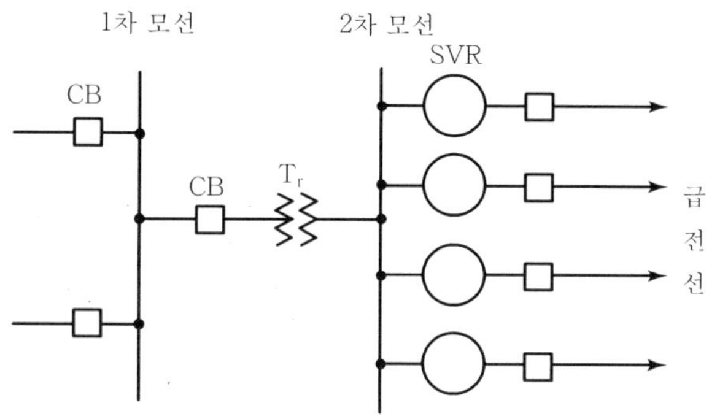

(b) 급전선 조정(개별조정)

【그림 14-4 전압조정기의 사용방법】

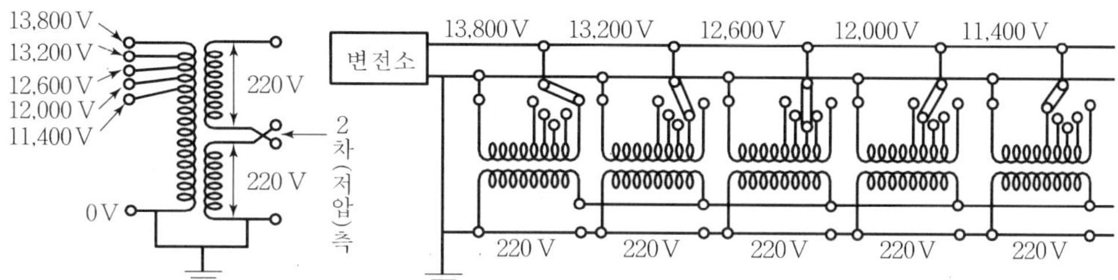

【그림 14-5 주상변압기에서의 탭선정 예】

전압조정기를 변전소에 설치해서 전압조정을 할 경우에는 이것을 변전소의 주상변압기 2차 측에 설치해서 모선전압을 일괄조정하는 ① **모선 전압조정기**, ② 각 배전선마다에 설치해서 급전선별로 전압을 조정하는 **급전선 전압조정기**, ③ ①과 ②를 병용하는 등의 3가지 종류가 있다.

앞에서 설명한 바와 같이 현재 우리나라에서는 변전소로부터의 송전전압조정을 위해 부하 시 탭조정장치(ULTC)를 많이 쓰고 있다.

IV 배전변압기의 탭선정

배전선로의 전압은 전원에서 멀어질수록 낮아지므로 각 주상변압기의 탭을 동일하게 선정해서 접속하면 변압기의 2차 전압은 전원에서 멀어질수록 낮아진다.

그러나 주상설치형 배전용 변압기의 1차 측에는 보통 5% 간격으로 5개의 탭(가령 22.9kV용의 경우에는 13,800, 13,200, 12,600, 12,000, 11,400V)이 있으므로 전원에서 먼 주상변압기일수록 낮은 탭전압을 사용하고 이것을 선로전압에 맞추어 선정하도록 하면 변압기의 위치에 관계없이 2차 측의 전압을 거의 일정하게 유지할 수 있다.

V 승압기

고압배전선로의 길이가 길어서 전압강하가 너무 클 경우에는 주상변압기의 탭조정만으로는 전압을 유지할 수 없는 경우가 생긴다. 이와 같은 경우에는 배전선로의 도중에 승압기(Booster)를 설치해서 전압강하를 보상할 수 있다. 승압기에는 단상변압기 1대인 것, 단상변압기 2대를 V결선한 것, 단상변압기 3대를 △결선한 것의 3가지가 있다.

종래의 승압기는 변압비 일정의 고정승압기로 전압강하의 경감에는 유효하지만 경부하시에는 반대로 전압이 너무 상승하게 된다는 결점이 있었으나, 최근에는 선로전압의 크기에 따라서 자동적으로 탭을 바꿀 수 있는 자동승압기가 사용되고 있다(우리나라의 경우 아직 승압기를 사용하지 않고 있음).

1) 단상승압기

먼저 [그림 14-6]을 보면

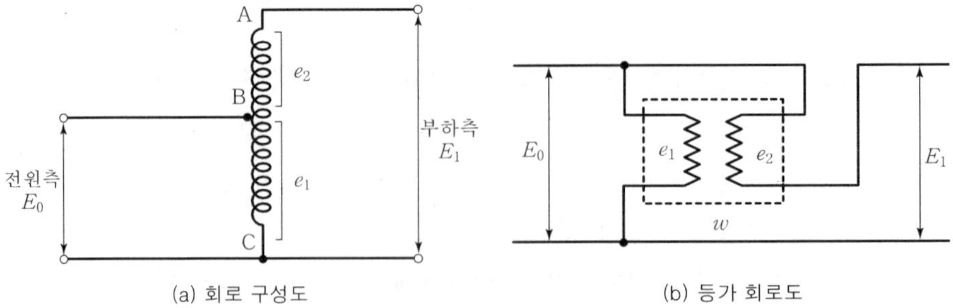

【그림 14-6 단상승압기】

여기서 E_0 : 승압 전의 전압[V]

E_1 : 승압 후의 전압[V]

e_1 : 승압기의 1차 정격전압[V]

e_2 : 승압기의 2차 정격전압[V]

a : 승압기의 권수비(e_1/e_2)

W : 부하의 용량[VA]

w : 승합기의 용량[VA]

이라고 하면

$$E_1 = E_0\left(1+\frac{1}{a}\right)[\text{V}] \quad \cdots\cdots (14.1)$$

$$w = \frac{W}{E_1}\times e_2[\text{VA}] \quad \cdots\cdots (14.2)$$

로 된다. 즉, E_0를 E_1으로 승압하고 V형으로 접속해서 3상을 승압하는 경우의 결선도이다.

그림에서 승압 후의 E_1은

$$E_1 = E_0\left(1+\frac{1}{a}\right)[\text{V}] \quad \cdots\cdots (14.3)$$

승압기의 용량은

$$w = \frac{W_1}{\sqrt{3}\,E_1}\times e_2[\text{VA}] \quad \cdots\cdots (14.4)$$

이다. 단, w는 승압기 1대의 용량이므로 승압기의 총 용량은 $2w$[VA]를 필요로 한다. [그림 14-7 (b)]는 이때의 벡터도이다.

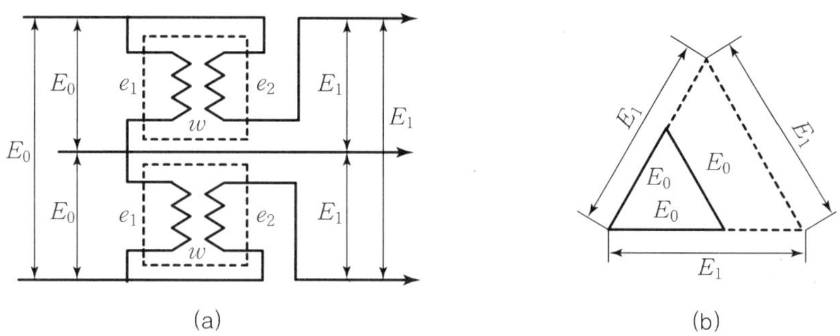

【그림 14-7 3상 V결선 승압기】

2) 3상 Δ결선 승압기

[그림 14-8 (a)]는 단상변압기 3대를 Δ형으로 접속해서 3상승압을 할 경우의 결선도이고, [그림 14-8 (b)]는 그 벡터도이다.

그림에서 알 수 있는 바와 같이

$$E_1 = E_0\sqrt{1+3\cdot\frac{1}{a}+3\left(\frac{1}{a}\right)^2} \fallingdotseq E_0\left(1+\frac{3}{2}\frac{1}{a}\right)[\mathrm{V}] \quad \cdots\cdots (14.5)$$

$$\omega = \frac{W}{\sqrt{3E_1}}\times e_2[\mathrm{VA}] \quad \cdots\cdots (14.6)$$

를 얻을 수 있다.

여기서 w는 승압기 1대의 용량이므로 승압기의 총 용량은 $3w$[VA]를 필요로 한다.

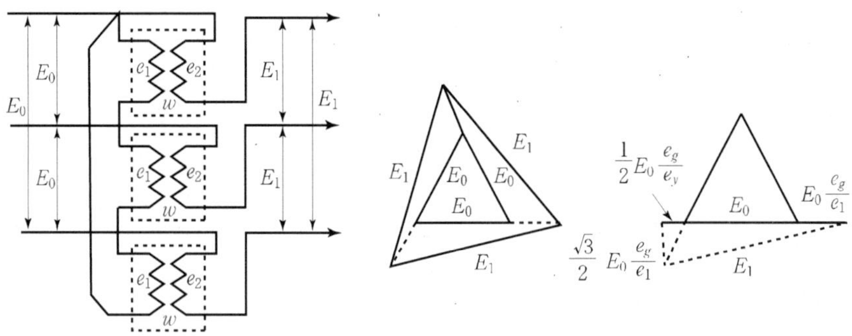

【그림 14-8 3상 Δ결선 승압기】

예제 14-1

단상교류회로에서 AB 두 점간에 전압은 3,000V이다. 지금 전압을 올려 주기 위해서 3,300/220V의 변압기를 다음 그림처럼 접속해서 40kW의 전력을 전등부하에 공급하고자 한다. 이때 승압기의 용량은 얼마로 하여야 하는가?

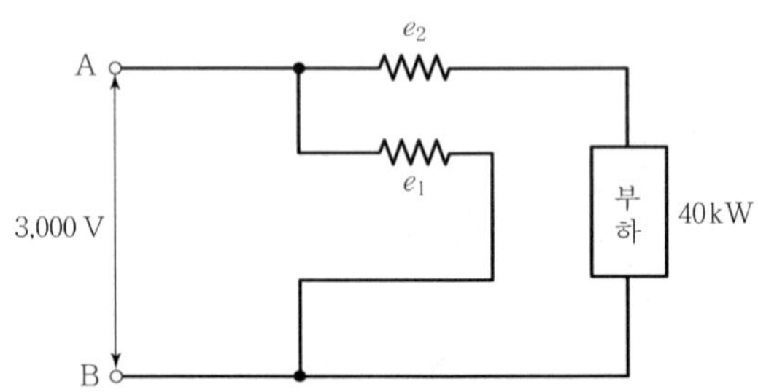

【그림 14-9】

풀이

이 변압기의 권수비$=\dfrac{3,300}{220}=15$, 부하 측의 선간전압은 식 (14.1)로부터

$$E_1 = 3,000\left(1+\frac{1}{15}\right) = 3,200\text{V}$$

이다. 전등부하이므로 역률=1.0, 따라서 부하 $W=40\text{kVA}$가 된다. 그러므로 승압기의 최소용량 w는 식 (14.2)로부터

$$w = \frac{40}{3,200}\times 220 = 2.75\text{kVA}$$

따라서 승압기의 용량은 3kVA의 것을 선정하면 된다.

예제 14-2

3상3선식 3,000V, 200kVA의 배전선로 전압을 3,100V로 승압하기 위해서 단상변압기 3대를 다음 그림과 같이 접속하였다. 이 변압기의 1차, 2차 전압 및 용량을 구하라. (단, 변압기의 손실은 무시하는 것으로 한다.)

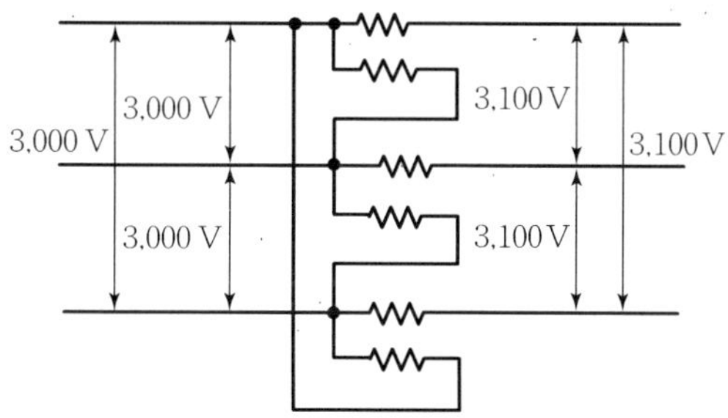

【그림 14-10】

풀이

변압기의 탭전압은 3,000V가 가장 적합하므로 $e_1 = 3,000\text{V}$로 한다. 식 (14.5)로부터

$$3,100 = 3,000\left(1+\frac{1.5\times e_2}{3,000}\right)$$

$$\therefore\ e_2 = 66.7\text{V}$$

승압기의 용량은 식 (14.6)으로부터

$$w = \frac{200}{\sqrt{3}\times 3,100}\times 66.7 = 2.48\text{kVA}$$

따라서 승압기의 총 용량 $3w = 3\times 2.48 \fallingdotseq 7.5\text{kVA}$

Ⅵ 전압변동과 플리커

최근에 와서 가정용 전기기기의 보급, 작업환경의 개선 등으로 보다 쾌적한 생활을

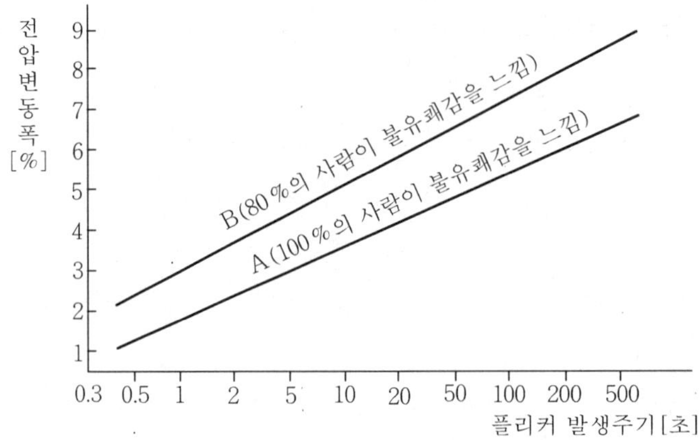

【그림 14-11 플리커 불유쾌 한계곡선】

누리고자 하는 사회적인 요구도가 높아지고 있으며, 전기의 품질에 대해서도 단순히 어느 일정 기간 동안의 전압유지뿐만 아니라 순간적인 전압동요의 억제까지도 중요시하게 되었다. 부하의 특성에 기인하는 전압동요에 의해서 조명이 깜박거리거나 텔레비전의 영상이 일그러지는 현상을 일반적으로 플리커라고 부르는데, 이것이 어느 정도 이상으로 심해지면 인간에게 심한 불쾌감을 느끼게 한다.

전압변동에 영향을 가장 크게 주는 요소로는 임피던스 변동이 심한 제강용 아크로가 있으며, 이밖에도 X선 장치, 전동기, 용접기, 유도로 및 저항로 등이 있다. 배전계통에서의 플리커 허용값에 관해서는 [그림 14-11]의 불유쾌 한계곡선이 많이 사용된다. 우리나라에서도 최근 이 문제에 대한 관심 높아지기 시작하였고 각 방면에서 여러 가지로 조사·연구가 진행 중에 있다. 플리커의 원인이 되는 가장 큰 요인은 전동기의 기동전류이므로 앞으로는 일반 배전선에 사용하는 단상유도전동기에 대해서 충분히 검토해서 적정한 기준을 세워야 할 것이다.

우리나라의 경우, 전등용 변압기에서 공급 가능한 단상전동기의 용량을 기동방식에 따라 제한하고 있는데, 분상형과 콘덴서형은 1.5마력, 반발형은 1.5마력을 최대값으로 운영하고 있다.

플리커의 경감대책에는 전원 측에서 실시하는 방법과 부하측에서 실시하는 방법으로 크게 나누어지는데, 전자는 플리커 발생부하가 신증설될 경우에 플리커를 미리 예측

하고 이것을 줄이기 위해 전력공급측에서 실시하는 방법으로 다음과 같은 것이 있다.

① 전용계통으로 공급한다.
② 단락용량이 큰 계통에서 공급한다.
③ 전용변압기로 공급한다.
④ 공급전압을 승압한다.

또한 후자는 플리커를 발생시키는 수용가측에서 실시하는 방법으로는 다음과 같은 것이 있다.

1) 전원계통에 리액터분을 보상하는 방법

- 직렬콘덴서 방식
- 3권선 부상변압기 방식

2) 전압강하를 보상하는 방법

- 부스터 방식
- 상호 보상리액터 방법

3) 부하의 무효전력 변동분을 흡수하는 방법

- 동기조상기와 리액터 방식
- 사이리스터(Thyristor)를 이용한 콘덴서 개폐방식
- 사이리스터용 리액터

4) 플리커 부하전류의 변동분을 억제하는 방식

- 직렬리액터 방식
- 직렬리액터 가포화방식 등이 있다.

VII 고조파 문제

1) 고조파 장해

고조파란 기본 주파수에 정수배의 주파수를 갖는 전압 또는 전류이며, 이것을 포

함한 전압·전류는 [그림 14-12]에 나타낸 바와 같이 고조파를 포함하지 않는 경우의 정현파형에 대해 일그러진(왜곡된) 파형으로 된다.
고조파는 통상 제5조파나 제7조파 등으로 불려지고 있는데, 이것은 기본 주파수의 5배나 7배의 주파수를 지닌 것을 나타낸 것이며 일반적으로 제3조파 이상의 홀수차 조파가 현저한 것이다.

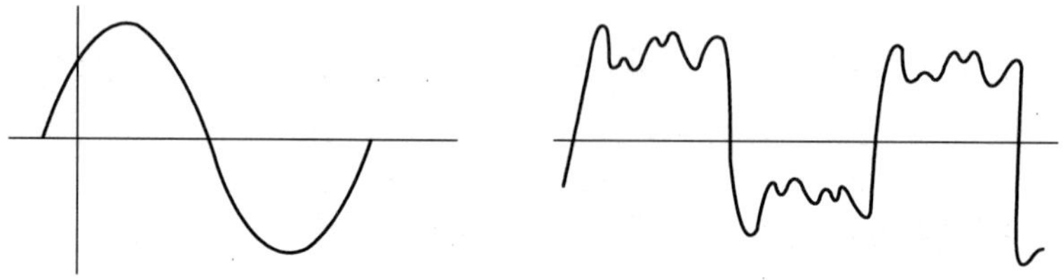

(a) 고조파를 포함하지 않는 파형 (b) 고조파를 포함한 파형

【그림 14-12 고조파의 파형】

종래 고조파에 의한 장해는 별로 문제가 되지 않았으나 최근에는 사이리스터 변환기의 눈부신 발달에 따라 이것이 여러 방면에서 이용되고, 대용량화됨에 따라 일부 지역에서는 교류측에서 각종 문제가 발생하게 되었으므로 배전선로에 있어서도 고조파가 주는 영향을 충분히 고려할 필요가 있다.
국내의 경우 일반 전기사업자가 고객의 전기사용에 따른 협력과 관련해 고조파 허용기준값을 [표 14-2]와 같이 설정해서 운영하고 있다.
전력계통의 전압 및 전류의 파형을 일그러뜨리는 원인이 되고 있는 고조파 발생기기를 열거하면 다음과 같다.

① 사이리스터 등의 반도체를 사용한 기기에 의한 것(정류기, 변환기)
② 아크로 등의 비선형 부하 특성을 지닌 기기에 의한 것
③ 변압기, 회전기 등의 자기포화 등에 의한 것
④ 형광등, TV 등의 기구

이 중에서도 특히 사이리스터를 사용한 대형 변환기 및 아크로의 대용량화가 문제되고 있다.
배전선에 고조파 성분이 포함되면 직접적인 영향으로 고조파 전류의 과대 유입에 의한 기기설비의 과부하, 과열, 소음 등의 나쁜 결과를 입게 된다. [표 14-3]에 고조파가 기기에 주는 영향의 일부를 나타내었다.

2) 고조파의 경감대책

고조파의 발생원인과 이에 의한 장해의 실태는 복잡, 다양하기 때문에 뚜렷한 경감대책을 제시할 수 없으나 현재 일부 채택되고 있는 방법 몇 가지를 소개하면 다음과 같다.

【표 14-2 고조파 허용기준값】

계통 / 항목 / 전압	지중선로가 있는 S/S에서 공급하는 고객		가공선로가 있는 S/S에서 공급하는 고객	
	전압왜형률[%]	등가방해전류[A]	전압왜형률[%]	등가방해전류[A]
66kV 이하	3	–	3	–
154kV 이상	1.5	3.8	1.5	–

【표 14-3 고조파가 기기에 주는 영향】

기 기 명	영향의 종류
콘덴서 및 리액터	고조파 전류에 대한 회로의 임피던스가 공진현상 등으로 감소해서 과대한 전류가 흐름으로써 과열, 소손 또는 진동, 소음이 발생함.
변 압 기	고조파 전류에 의한 철심의 자기적인 왜곡현상으로 소음 발생 고조파 전류·전압에 의한 철손, 동손의 증가
유도전동기	고조파 전류에 의한 정상진동토크의 발생으로 회전수의 주기적 변동, 철손, 동손 등의 손실 증가
케 이 블	3상4선식 회로의 중성선에 고조파 전류가 흐름에 따라 중성선의 과열
형 광 등	과대한 전류가 역률개선용 콘덴서나 초크 코일의 흐름에 따라 과열, 소손이 발생함.
통 신 선	전자유도에 의한 잡음전압의 발생
전 력 량 계	측정 오차 발생, 전류코일의 소손 발생
계 전 기	고조파 전류·전압에 의한 설정레벨의 초과 내지는 위상변화에 의한 오불 동작
음 향 기 기	트랜지스트, 다이오드, 콘덴서 등의 부품고장, 수명저하, 성능열화, 잡음발생 등
전력·퓨즈	과대한 고조파 전류에 의한 용단
계기용 변성기	측정 정도의 악화

(1) 고조파 장해의 예방(공진현상의 회피)

- 직렬리액터 삽입
- 직렬리액터 용량 증가
- 콘덴서·직렬리액터 용량 변경

(2) 계통에서의 대책

- 정류상수의 증가(변환기 다상화)
- 과대한 위상제어의 회피
- 교류필터의 설치

이밖에 피해기기 측의 장해 방지대책으로는 다음을 들 수 있다.

① 설비 측의 정수를 변경(고조파 분류조건의 변경)하여 유입 고조파를 저감시킨다.

② 기기 자체의 고조파 내량을 강화시킨다.

14.2 역률의 개선

I 부하의 역률

부하의 역률은 일반적으로 전등, 전열기 등에서는 거의 100%이지만, 유도전동기, 용접기 등에서는 상당히 나쁘며 또한 부하상태에 따라서도 그 값이 일정하지 않다. 역률을 저하시키는 원인으로는 유도전동기 부하의 영향을 첫째로 꼽고 있다. 유도전동기는 특히 경부하일 때 역률이 낮은데, 일반적으로는 이러한 경부하상태로 운전하는 시간이 긴 것이 보통이다. 또 소형전동기를 사용하는 가정용 전기기기와 방전등류의 보급도 역률을 저하시키는 원인이 되고 있다. 그밖에 주상변압기 여자전류의 영향도 비교적 큰 편이다. 특히 경부하 시에는 선로전압이 상승해서 여자전류가 증가하기 때문에 역률은 더욱더 나빠진다.

「일정한 전력을 수전할 경우 부하의 역률이 낮을수록 선로전류는 커지고 전압강하는 증대하며 또한 선로손실도 역률의 제곱에 반비례해서 증가한다.」

또한 발전기나 변압기 등의 용량은 kVA로 주어지므로 역률이 나빠지면 그만큼 kW 출력도 감소된다. 따라서 부하역률의 좋고 나쁨은 부하점에서 발전소에 이르는 전 전기설비에 영향을 미치게 되므로 역률개선의 중요성은 매우 크다고 하겠다. 같은 전력을 수송할 때 다른 조건은 그대로 두고 역률만을 개선하면 다음과 같은 효과를 얻을 수 있다.

① 변압기, 배전선의 손실 저감

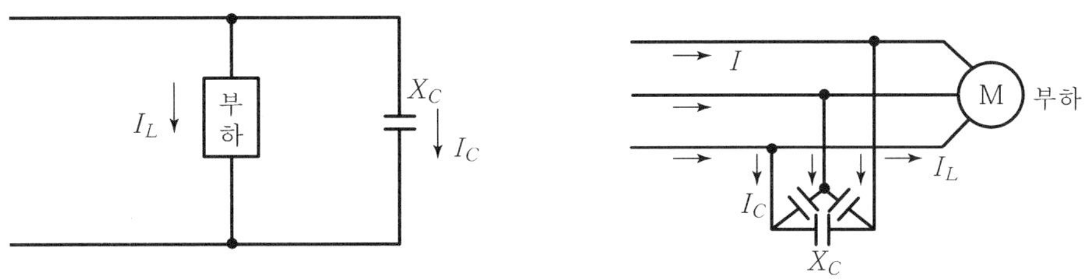

(a) 단상 회로도　　(b) 3상 회로도

【그림 14-13　전력용 콘덴서의 접속 예】

② 설비용량의 여유 증가

③ 전압강하의 경감

배전선로의 역률개선은 [그림 14-13]과 같이 전력용 콘덴서를 부하에 병렬로 접속시켜서 하고 있는데 일반적으로 채용하고 있는 방법으로는 다음과 같은 3가지를 들 수 있다.

① 고압콘덴서를 변전소에 집중설치하거나 고압배전선로의 주상에 설치한다.

② 고압콘덴서를 고압 자가용 수용가의 수전실에 설치한다.

③ 저압콘덴서를 부하에 직접 설치한다.

이상의 3가지 중 ①은 전력공급자 측에서, ②, ③은 수용가 측에서 설치하는 것이 보통이다. 저압콘덴서는 부하에 근접해서 설치되므로 역률개선효과가 직접적이고 또 그 효과도 전 계통에 미치게 된다는 좋은 점은 있으나, 그 반면에 가동률이 낮고 또한 단위용량당의 가격도 고압콘덴서의 약 3배 정도로 비싸지기 때문에 배전선로에서는 일반적으로 고압콘덴서가 널리 사용되고 있다.

콘덴서의 용량은 저압용은 [μF]이고, 고압용은 [kVA]로 표시하는 것이 보통이다.

다음 3상회로에서 필요로 하는 콘덴서의 용량 Q[kVA] 및 정전용량 C[μF]는 [그림 14-14]에서 콘덴서의 정격전압을 V[V], 주파수를 f[Hz], 충전전류를 Δ결선에서 I_d, Y결선에서 I_s라고 하면

① Δ결선의 경우

$$Q = 3\,VI_d = 3 \times 2\pi f\, C_d\, V_2 \times 10^{-3}\text{kVA}$$

$$\therefore\ C_d = \frac{Q}{3 \times 2\pi f\, V^2} \times 10^3 \quad \cdots\cdots (14.7)$$

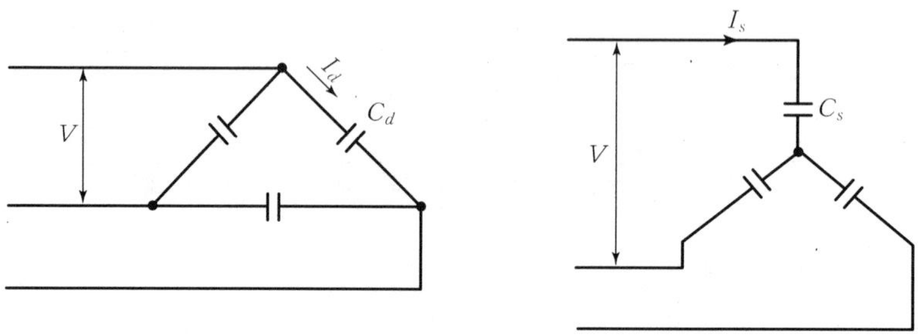

【그림 14-14 3상용 콘덴서】

② Y결선의 경우

$$Q = \sqrt{3}\ VI_s = \sqrt{3} \times 2\pi f\, C_s \frac{V_2}{\sqrt{3}} \times 10^{-3}\text{kVA}$$

$$\therefore\ C_s = \frac{Q}{2\pi f\, V^2} \times 10^9\,\mu\text{F} \quad \cdots\cdots (14.8)$$

식 (14.7)과 식 (14.8)을 비교하면 Δ결선으로 접속할 때 필요로 하는 콘덴서의 정전용량 [μF]는 Y결선으로 접속하는 경우의 1/3로 충분하다는 것을 알 수 있다.
또 위 식에서 보는 바와 같이 콘덴서의 정전용량 C는 전압의 제곱에 반비례하고 있으므로 고압 측에 콘덴서를 설치하는 쪽이 저압 측에 설치하는 것보다 유리하다는 것도 알 수 있다.

II 역률개선용 콘덴서의 용량계산

[그림 14-15]는 전력 P[kW], 역률 $\cos\theta$인 부하를 보인 것이다.
여기서 이 부하의 역률을 $\cos\theta$로부터 $\cos\theta$로 개선하기 위해서 얼마만큼의 진상용량 Q_c를 설치하면 될 것인가 하는 것을 살펴보자.
[그림 14-16]에서 피상 전력 P_0[kVA]는

$$P_0 = P - j\,Q = P(1 - j\tan\theta) \quad \cdots\cdots (14.9)$$

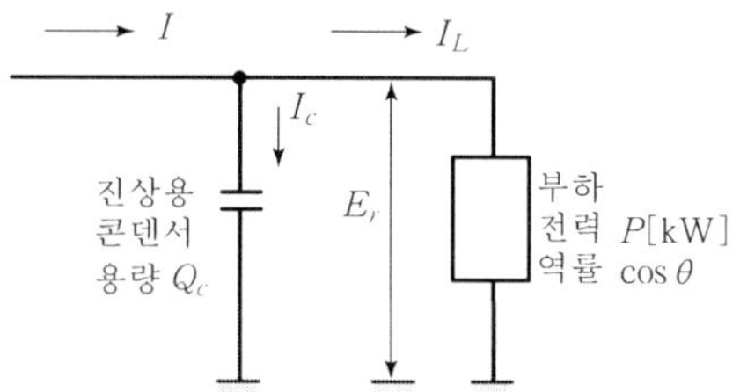

【그림 14-15】

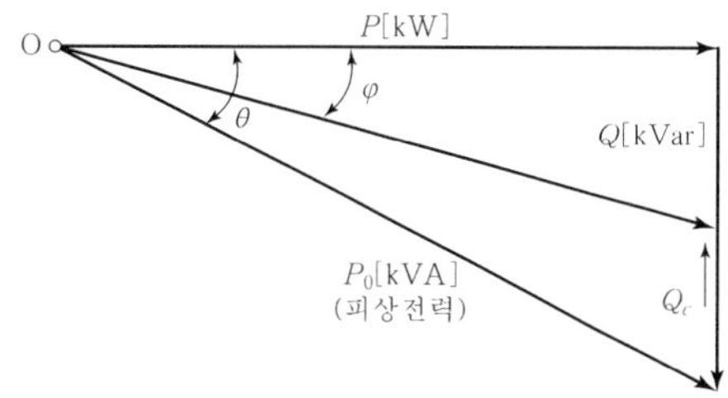

【그림 14-16】

인데 역률개선 후의 무효전력은 $P\tan\theta$로 되므로 필요한 진상용량 Q_c는

$$Q_c = P(\tan\theta - \tan\phi) \quad \cdots\cdots (14.10)$$

로 구해진다.

위 식을 변형하면 다음과 같이 된다.

$$Q_c = P\left(\sqrt{\frac{1}{\cos^2\theta} - 1} - \sqrt{\frac{1}{\cos^2\phi} - 1}\right) \quad \cdots\cdots (14.11)$$

예제 14-3

어떤 공장의 3상부하가 20kW, 역률이 60%(지상)라고 한다. 이것을 역률 80%로 개선하기 위해서 소요되는 콘덴서의 용량(kVA)을 구하라. 또 이 콘덴서에 걸리는 전압이 200V라고 하면 그 정전용량(μF)은 얼마로 되겠는가? (단, 주파수는 60 Hz라고 한다.)

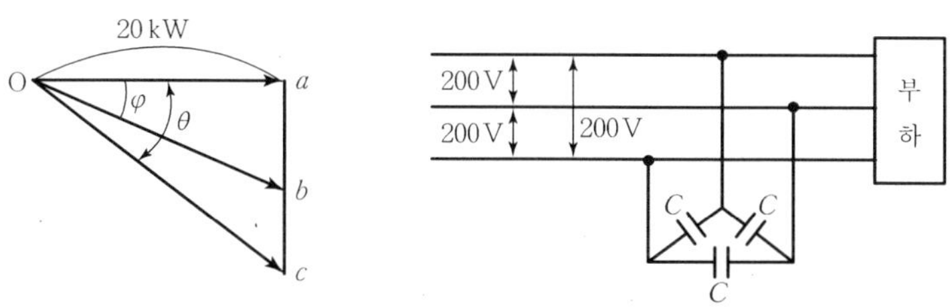

【그림 14-17】

풀이 [그림 14-17]처럼 처음의 역률각을 θ, 개선 후의 역률각을 ϕ라고 하면

역률개선 전의 무효전력 $Q_1 = ac = 200\tan\theta$

역률개선 후의 무효전력 $Q_2 = ac = 200\tan\phi$

콘덴서의 진상무효전력 $Q_c = bc = ac - ab = 20(\tan\theta - \tan\phi)$

$$= 20\left(\frac{4}{3} - \frac{3}{4}\right) = 20 \times \frac{7}{12} \fallingdotseq 11.7\text{kVA}$$

다음 콘덴서를 [그림 14-17]처럼 접속하고 각 상 간의 정전용량을 $C[\mu F]$라고 하면

$$3\times200\times(2\pi\times60\times C\times10^{-6})\times200=11.7\times100$$

$$\therefore\ 3C=\frac{11.7\times10^{9}}{200^{2}\times2\pi\times60}=\frac{11{,}700}{4.8\pi}=775.9\mu\text{F}$$

예제 14-4

어느 수용가가 당초 역률 80%(지상)로 60kW의 부하를 사용하고 있었는데 새로이 역률 60%(지상)인 40kW의 부하를 추가해서 사용하게 되었다. 이때 콘덴서로 합성역률을 90%로 개선하려고 할 경우 이에 소요될 콘덴서 용량 Q를 구하라.

풀이 먼저 각각의 부하전력에 대한 무효전력을 구한 다음 합성부하에 대한 유효전력과 무효전력을 계산해서 역률개선을 위해 필요한 진상무효전력을 산출하면 된다. 즉,

$$60\text{kW 부하에 대한 무효전력}=60\times\frac{0.6}{0.8}=45\text{kVA}$$

$$40\text{kW 부하에 대한 무효전력}=40\times\frac{0.8}{0.6}=53.3\text{kVA}$$

합성부하에 대해서는

$$\text{유효전력}=60+40=100\text{kW}$$

$$\text{무효전력}=45+53.3=98.3\text{kVA}$$

합성역률을 90%로 개선하였을 경우에는

$$\text{무효전력}=\frac{100}{0.9}\times\sqrt{1-0.9^{2}}=48.4\text{kVA}$$

따라서 구하고자 하는 콘덴서 용량 Q는

$$Q=98.3-48.4\fallingdotseq50\text{kVA}$$

예제 14-5

3km의 3상3선식 배전선로의 말단에 1,000kW, 역률 80%(지상)의 부하가 접속되어 있다. 지금 전력용 콘덴서로 역률이 100%로 개선되었다면 이 선로의 ① 전압강하, ② 전력손실은 역률개선 전의 몇 %로 되겠는가? (단, 선로의 임피던스는 1선당 $0.3+j0.4\,\Omega$/km라 하고 부하 전압은 6,000V로 일정하다고 한다.)

풀이 선로의 저항 및 리액턴스를 각각 R, $X\,[\Omega]$, 부하전류를 I[A], 역률을 $\cos\theta$ 라고 하면 전압 v는 다음 식으로 표시된다.

$$v=\sqrt{3}\,I(R\cos\theta+X\sin\theta)\text{V}$$

1) 역률개선 전

$$I = \frac{P_r}{\sqrt{3}\,V\cos\theta} = \frac{1,000\times10^3}{\sqrt{3}\times6,000\times0.8} = \frac{1,000}{\sqrt{4.8}\,3}\text{A}$$

$R = 0.3\times3 = 0.9\,\Omega$

$X = 0.4\times3 = 1.2\,\Omega$

① 전압강하

$$v = \sqrt{3}\times\frac{1,000}{4.8\sqrt{3}}\times(0.9\times0.8+1.2\times\sqrt{1-0.8^2}) = 300\text{V}$$

② 전력손실

전력손실을 ω라고 하면

$$\omega = 3I^2R = 3\times\left(\frac{1,000}{4.8\sqrt{3}}\right)^2\times0.9 = 39,063\text{W} \fallingdotseq 39\text{kW}$$

2) 역률개선 후

$$I = \frac{1,000\times10^3}{\sqrt{3}\times6,000\times1.0} = \frac{1,000}{6\sqrt{3}}\text{A}$$

① 전압강하 v'

$$v' = \sqrt{3}\times\frac{1,000}{6\sqrt{3}}\times(0.9\times1.0+1.2\times\sqrt{1-1.0^2}) = 150\text{V}$$

② 전력손실 w'

$$w' = 3\times\left(\frac{1,000}{6\sqrt{3}}\right)^2\times0.9 = 25,000\text{W} = 25\text{kW}$$

즉, 역률개선 후의 전압강하는 300V에서 150V로 50%로 줄고 전력손실도 39kW에서 25kW로 64%로 감소한다.

[주] 전력손실은 역률의 제곱에 반비례하므로 다음과 같이 $(0.8/1.0)^2 = 0.64 = 64\%$로 계산해도 된다.

예제 14-6

변전소로부터 고압 3상3선식의 전용 배전선로로 수전하고 있는 공장이 있다. 지금 선로의 1선당 $r=1\Omega$, $x=2\Omega$, 공장의 부하는 300kW, 역률 60%(지상), 공장의 수전실에서의 전압은 2,900V라 한다. 이 전압을 3,050V로 개선하면서 동시에 배전선로의 전력손실을 경감하기 위해서 공장의 수전실에 전력용 콘덴서를 설치하고자 한다. 이때 소요될 콘덴서 용량[kVA]은 얼마나 되겠는가? 그리고 이때 이 콘덴서를 설치함으로써 얻어질 전력손실의 경감량은 얼마로 되겠는가? (단, 공장의 부하역률, 부하의 크기 [kW] 및 배전선로의 변전소 인출구에서의 전압은 일정하게 유지되는 것으로 한다.)

풀이

부하전류 $I = \dfrac{P}{\sqrt{3}\,Vr\cos\theta} = \dfrac{300\times 1{,}000}{\sqrt{3}\times 2{,}900\times 0.6} = 99.55\,\text{A}$

전압강하 $v \fallingdotseq \sqrt{3}\,I(R\cos\theta + X\sin\theta)$

$= \sqrt{3}\times 99.55\times(1\times 0.6 + 2\times 0.8) = 380\text{V}$

따라서 변전소 인출구 전압 V_s는

$V_s = 2{,}900 + 380 = 3{,}280\text{V}$

다음으로 역률 개선 후의 전압강하 v'

$(\cos\theta \rightarrow \cos\theta')$

$v' = \sqrt{3}\,I'(R\cos\theta' + X\sin\theta')$

인데, 제의에 따라 v'가 3,050V 개선되었다고 하므로

$v' = 3{,}280 - 3{,}050 = 230\text{V}$

$\therefore\ I' = \dfrac{P}{\sqrt{3}\,V'\cos\theta'} = \dfrac{300\times 10^3}{\sqrt{3}\times 3{,}050\times\cos\theta} = \dfrac{100/\sqrt{3}}{3.05\times\cos\theta'}\,\text{A}$

이것을 위 식에 대입하면

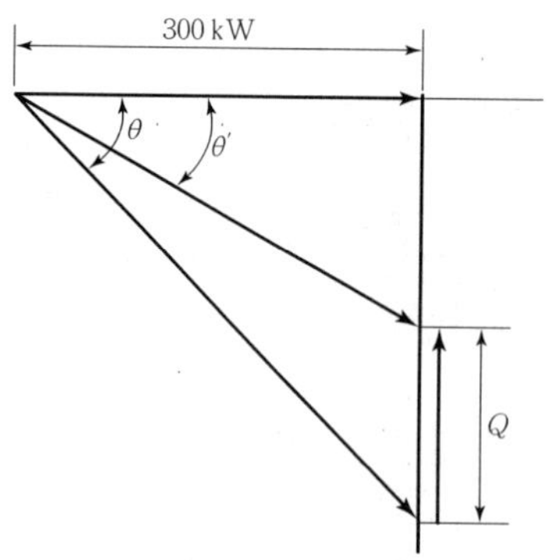

【그림 14-18】

$$230 = \sqrt{3}\times\frac{100\sqrt{3}}{3.05\cos\theta'}(1\times\cos\theta' + 2\times\sin\theta) = \frac{300}{3.05} + \frac{600}{3.05}\tan\theta'$$

이 경우의 유효전력, 무효전력 및 피상전력의 관계를 나타내는 벡터도는 [그림 14-18]과 같이 삼각형이 되므로 이것으로부터 소요콘덴서 용량은

$$Q = 300\tan\theta - 300\tan\theta' = 300\left(\frac{0.8}{0.6} - 0.67\right) \fallingdotseq 200\text{kVA}$$

배전선로의 전력손실의 경감량은

$$P = 3\times R\times(I^2 - I'^2)$$

$$= 3\times 1\times\left[(99.55)^2 - \left(\frac{100\times\sqrt{3}}{3.05\times 0.831}\right)^2\right] = 15{,}720\text{W} = 15.72\text{kW}$$

III 역률개선에 의한 설비용량의 여유증가

역률이 개선됨으로써 부하전류가 감소하게 되어 같은 설비로도 설비용량에 여유가 생기게 된다. 이것은 바꾸어 말한다면 설비용량을 더 늘리지 않고도 부하의 증설이 가능해 진다는 것이다.

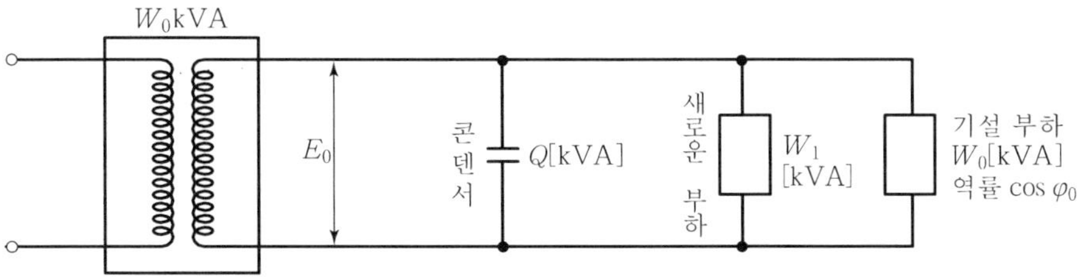

【그림 14-19 역률개선에 의한 출력증가】

[그림 14-19]와 같이 정격용량 W_0[kVA]의 변압기를 통해서 W_0[kVA]의 부하를 공급하고 있을 경우 이대로는 이 변압기에서 더 이상의 부하를 공급할 수 없다. 그러나 지금 기설부하와 같은 역률의 피상전력 W_1[kVA]의 콘덴서를 접속하면 변압기의 합성역률은 $\cos\phi$로 개선되고 그 결과 이 변압기에서는 새로운 부하 W_1[kVA](역률은 $\cos\phi_0$)만큼 더 공급할 수 있게 된 것이다.

따라서 역률 $\cos\phi_0$의 새로운 부하 W_1[kVA]에 대응하는 전력용 콘덴서의 용량 Q[kVA]는 [그림 14-20]으로부터

$$Q = CE - DE = P(\tan\phi_0 - \tan\phi) = W_0\cos\phi(\tan\phi_0 - \tan\phi)$$

$$= W_0\cos\phi\left(\sqrt{\frac{1}{\cos^2\phi_0} - 1} - \frac{\sqrt{1\cos^2\phi}}{\cos\phi}\right)[\text{kVA}]$$

$$\therefore \frac{Q}{W_0} = \cos\phi\sqrt{\frac{1}{\cos^2\phi_0} - 1} - \sqrt{1 - \cos^2\phi} \quad \cdots\cdots (14.12)$$

또 $P_0 = W_0\cos\phi_0$이므로

$$\frac{Q}{P_0} = \frac{\cos\phi}{\cos\phi_0}\sqrt{\frac{1}{\cos^2\phi_0} - 1} - \frac{\sqrt{1 - \cos^2\phi}}{\cos\phi_0} \quad \cdots\cdots (14.13)$$

이 경우에 더 공급할 수 있는 부하 W[kVA](역률 $\cos\phi_0$) 및 전력의 증가분 P_1[kW]은 다음과 같이 된다.

$$W_1 = BC = OC - OB$$

$$= \frac{P}{\cos\phi_0} = W_0 = W_0\left(\frac{\cos\phi}{\cos\phi_0} - 1\right)[\text{kVA}] \quad \cdots\cdots\cdots\cdots\cdots\cdots\cdots \quad (14.14)$$

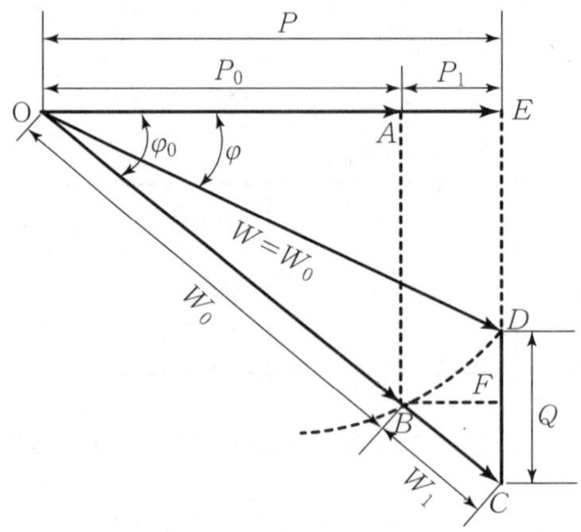

【그림 14-20 역률개선에 의한 출력 증가의 벡터도】

예제 14-7

정격용량 300kVA의 변압기에서 지상 역률 70%의 부하에 300kVA를 공급하고 있다. 합성역률을 90%로 개선해서 이 변압기의 전용량까지 공급하고자 할 때 소요될 전력용 콘덴서의 용량 및 이때 증가시킬 수 있는 부하(역률은 지상 90%)는 얼마인가?

풀이 전력 콘덴서의 용량 Q는 식 (14.12)로 부터

$$Q = W_0\left(\cos\phi\sqrt{\frac{1}{\cos^2\phi_0} - 1} - \sqrt{1-\cos^2\phi}\right)$$

$$= 300\left(0.9\sqrt{\frac{1}{0.7^2} - 1} - \sqrt{1-0.9^2}\right) = 144.9\text{kVA}$$

증가부하의 피상전력 W_1 및 전력 P_1은 식 (14.13), (14.14)로 부터

$$W_1 = W_0\left(\frac{\cos\phi}{\cos\phi_0} - 1\right) = 300\left(\frac{0.9}{0.7} - 1\right) = 85.8\text{kVA}$$

$$P_1 = W_1\cos\phi_0 = 85.8 \times 0.7 \fallingdotseq 60\text{kW}$$

또는 $P_1 = W_0(\cos\phi - \cos\phi_0) = 300(0.9 - 0.7) = 60\text{kW}$

예제 14-8

5,000kVA의 변전설비를 갖는 수용가에서 현재 5,000kVA, 역률 75%(지상)의 부하가 운전 중이다. 여기에 1,045kVA의 콘덴서를 설치하면 역률 80%(지상)의 부하를 몇 kW 증가할 수 있겠는가? 또 이때의 종합역률은 얼마로 되겠는가?

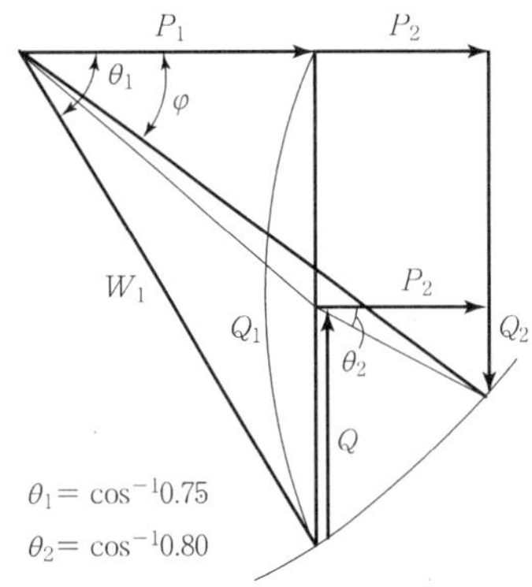

【그림 14-21】

풀이 그림과 같이 기설의 부하를 $W_1 = 5{,}000\text{kVA}$, $\cos\theta_1 = 0.75$로 하면 그 유효전력 P_1 및 무효전력 Q_1은 각각

$$P_1 = W_1\cos\theta_1 = 3{,}750\text{kW}$$

$$Q_1 = W_1\sin\theta_1 = 5{,}000\times\sqrt{1-(0.75)^2} = 3{,}305\text{kVA}$$

따라서 Q[kVA]의 콘덴서를 설치해서 무효 전력을 보상하면

$$Q_1 - Q = 3{,}305 - 1{,}045 = 2{,}260\text{kVar}$$

증가 부하의 유효전력을 P_2[kW], 역률을 $\cos\theta_2$ 라고 하면 그 무효 전력 Q_2는

$$Q_2 = P_2\tan\theta_2,\ \ \tan\theta_2 = \frac{0.6}{0.8} = 0.75$$

이다. 이때 피상전력이 5000kVA로 되기 위해서는

$$5{,}000 = \sqrt{(P_1+P_2)^2 + (Q_1 - Q + Q_2)^2}$$

가 성립하지 않으면 안 된다. 즉,

$$5{,}000 = \sqrt{(3{,}750+P_2)^2 + (2{,}260 + P_2\tan\theta_2)^2}$$

$$5{,}000^2 = (3{,}750+P_2)^2 + (2{,}260+0.75P_2)^2$$

이것을 풀면 $P_2 \fallingdotseq 500\text{kW}$

이때의 종합역률을 $\cos\phi$라 하면

$$\cos\phi = \frac{P_1+P_2}{W_1} = \frac{4{,}250}{5{,}000} = 0.85$$

즉, $\cos\phi$는 지상역률 85%로 된다.

Ⅳ 역률개선에 의한 전압강하의 경감

역률을 개선하면 선로전류가 줄어들게 되므로 선로에서의 전압강하는 경감된다. 가령 [그림 14-22]와 같은 배전선로에서 E_r를 수전단 전압, R, X를 선로저항 및 리액턴스, P_r를 부하의 유효전력, $\cos\theta_0$를 부하전류 역률이라고 하면 전압강하 ΔE는 다음 식으로 표시된다.

$$\Delta E = I(R\cos\theta_0 + X\sin\theta_0) = \frac{P_r}{E_r}(R + X\cos\theta_0) \quad \cdots\cdots (14.15)$$

이때 수전단에 부하와 병렬로 콘덴서를 설치해서 역률을 $\cos\theta_1$으로 개선한 후의 전압강하 $\Delta E'$는 유효 전류가 변하지 않는다고 가정하면

$$\Delta E' = \frac{P_r}{E_r}(R + X\tan\theta_1) \quad \cdots\cdots (14.16)$$

으로 될 것이다.
식 (14.15)과 (14.16)을 비교하면

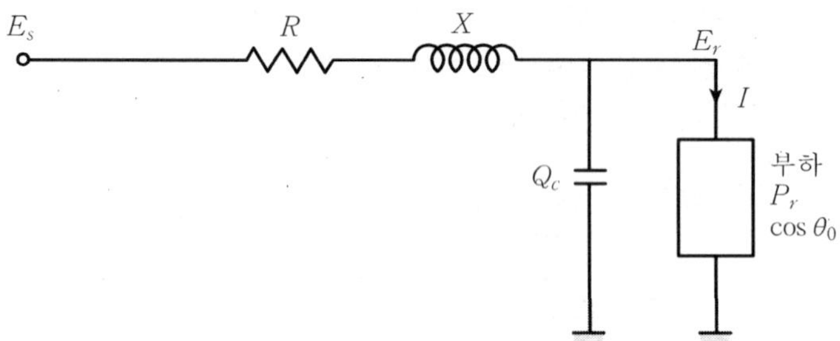

【그림 14-22】

$$\Delta E' - \Delta E = \frac{XP_r}{E_r}(\tan\theta_0 - \tan\theta) \quad \cdots\cdots (14.17)$$

로 되며, 이것은 $\tan\theta_0 > \tan\theta_1$이므로 역률개선으로 전압강하가 경감되었음을 나타내는 것이다.
이처럼 배선선로가 기고 부하역률도 나빠서 말단의 전압강하가 클 경우에는 콘덴서를 수전단(말단)에 설치함으로써 전압강하의 경감을 기대할 수 있다. 한편 위 식 (14.17)는 다음과 같이 간략화할 수 있다.

$$\frac{E-E'}{E_r}\times 100 = \frac{XP}{E_r^2}(\tan\theta_0 - \tan\theta_1)\times 100$$

$$= \frac{X}{E_r^2}P_r\ (\tan\theta_0 - \tan\theta_1)\times 100$$

$$\fallingdotseq \frac{Q_c}{R_c}\times 100\%$$

여기서 $R \fallingdotseq \frac{E_r^2}{X}$(콘덴서 설치모선의 단락용량)

$$Q_c = P_r(\tan\theta_0 - \tan\theta_1)$$

이 계산식으로부터 콘덴서 설치에 의한 전압상승(즉, 전압강하의 경감)은 콘덴서 용량과 단락용량의 비로 쉽게 구할 수 있다는 것을 알 수 있다.

가령 모선의 단락용량이 30,000[kVA]이고 여기에 역률개선용으로 투입된 콘덴서 용량이 1,500[kVA]였다면 역률개선 결과 배전선로의 전압강하 경감량 ΔV_c는

$$\Delta V_c = \left(\frac{1,500}{30,000}\right)\times 100 = 5\%$$

로 계산된다.

이밖에도 역률개선의 이점으로 전기요금의 저감을 들 수 있다. 전기요금은 계약전력[kW]으로 정해지는 기본요금과 사용전력량[kWh]으로 정해지는 전력량 요금의 2가지로 구성되어 있다. 전력수용가의 부하역률을 개선하면 그만큼 전력회사는 설비의 합리화가 이루어지기 때문에 고객의 역률개선을 촉진한다는 목적으로 기본요금에 역률에 따른 요금을 추가 또는 감액하고 있다.

우리나라의 전기요금제도는 고객의 역률이 90%에 미달하는 경우에는 미달하는 매 1%에 대해서 기본요금의 1%씩을 추가하고, 무효전력을 계량할 수 있는 계기를 설치한 수용가의 역률이 90%를 초과하는 경우에는 95%까지의 초과하는 매 1%에 대해서 기본요금의 1%씩 감액하고 있다. 이러한 역률요금은 계약전력이 6kW 이상의 일반용 전력, 교육용 전력, 산업용 전력, 농사용 전력, 심야전력(을) 및 임시전력 수용가에게 적용하고 있다.

예제 14-9

다음과 같은 일반용 고객이 있다.

수전전압 : 22.9kV　　계약전력 : 1,000kW
평균부하 가동시간 : 200[시간/월]　　평균전력 : 800kW
평균역률 : 75%(지상)

이 고객이 콘덴서를 설치해서 역률을 90%로 개선하였다고 할 경우 역률개선 전후의 전기요금을 비교하라.

풀이 전기요금 단가는 1998년 4월 30일 현재의 자료를 사용한다.

1) 개선 후
기본요금 : 5,400원/kW × 1,000kW/월 = 5,400,000원/월
전력량 요금 : 6,160원/kW × 800kW × 200H/월 = 9,856,000원/월
∴ 전기요금 : 5,400,000 + 9,856,000 = 15,256,000원/월

2) 개선 전
역률이 15% 미달이므로
기본요금 : 5,400,000 × (1 + 0.15) = 6,210,000원/월
∴ 전기 요금 : 6,210,000 + 9,856,000 = 16,066,000원/월

따라서 콘덴서 설치에 의한 전기요금 저감액은
16,066,000 − 15,256,000 = 810,000원/월

예제 14-10

어느 평형 3상3선식 배전선로로 100kW, 지상 역률 60%의 부하에 전력을 공급할 경우 이 선로의 전력손실률은 12%라고 한다.
지금 부하에 병렬로 콘덴서를 설치해서 이 선로의 전력손실률을 5%로 감소시키기 위해서는 몇 [kVA]의 콘덴서를 필요로 하게 되는가를 계산하라. (단, 수전단의 전압은 변화하지 않는 것으로 한다.)

풀이 3상3선식의 선로손실 L[kW]

$$L = 3\,|\,I\,|^2 R \times 10^{-3}\text{kW} \quad \cdots\cdots (1)$$

여기서 I : 부하전류[A]
R : 배전선로의 1가닥당의 저항[Ω]

또 부하의 유효·무효전력 P, Q는

$$P[\text{kW}] = \sqrt{3}\, VI\cos\theta \times 10^{-3}$$

$$Q[\text{kVar}] = \sqrt{3}\, VI\sin\theta \times 10^{-3}$$

이므로(V : 수전단전압 [V])

$$|I|^2 = \frac{P_2 + Q_2}{3V_2} \times 10^6 \quad \cdots\cdots (2)$$

식 (2)를 식 (1)에 대입하면

$$L = \frac{R}{V_2}(P^2 + Q^2) \times 10^3 \quad \cdots\cdots (3)$$

따라서 콘덴서 설치 전의 전력손실률은 식 (3)으로부터

$$0.12 = \frac{R}{V_2}(P^2 + Q^2) \times 10^3 \quad \cdots\cdots (4)$$

콘덴서 Q_c[kVA]을 설치한 경우도 마찬가지로 해서

$$0.05 = \frac{R}{V_2} 60^2 + (80^2 - Q_c) \quad \cdots\cdots (5)$$

식 (4), (5)로부터

$$Q_c = 80 - \sqrt{\frac{0.05}{0.12}(60^2 + 80^2) - 60^2} \simeq 56.2\text{kVA} \quad \cdots\cdots (6)$$

그러므로 56kVA의 콘덴서를 설치하면 된다.

V 콘덴서 설치장소의 선정

역률개선을 위한 진상콘덴서를 설치할 장소는 [그림 14-23]과 같이 여러 장소를 고려할 수 있으나 꼭 어느 장소가 최적이라고 결정할 수 없다. 이것은 [표 14-4]와 같이 콘덴서의 설치효과, 보수·점검, 투자비용 및 수용가마다 계통구성이나 부하상황 등의 여러 가지 요인이 작용하기 때문이다.

① **수전역률개선 효과** : 설치장소에 거의 관계가 없다.

② **소요콘덴서 용량** : 분산 설치할수록 이용률이 낮아져서 총 용량은 증가한다.

③ **손실저감 효과** : 역률과 손실, 무효전력량의 관계는 비례하지 않는다(역률이 100%에 가까워지면 1%당 저감효과는 작아짐).

④ **설비여력** : 말단에 설치할수록 커진다.

⑤ **전압강하 경감** : 말단에 설치할수록 커진다(효과는 설치점에서 본 전원 임피던스에 따라 결정됨).

이상으로 봤을 때 역률개선과 에너지 절감이라는 관점에서는 진상콘덴서를 모두 말단에 설치하는 것이 좋겠지만, 실제로는 투자효율 등의 부대조건을 고려해서 대략 다음과 같은 기준에 따라 설치장소를 정하고 있다.

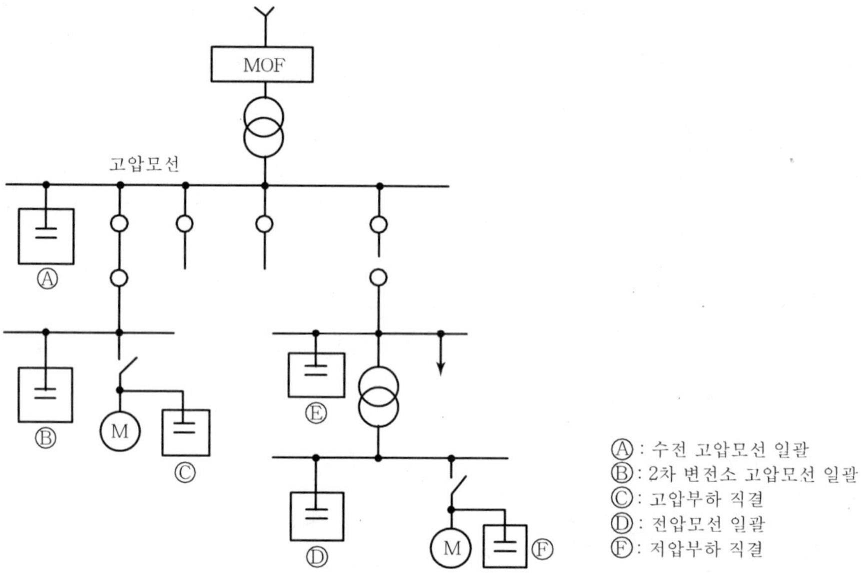

【그림 14-23 전력용 콘덴서의 설치장소】

【표 14-4 변전소 일괄설치와 말단 분산설치의 비교】

항 목	변전소 일괄설치	말단 분산설치(부하직결 포함)
소요콘덴서 용량	최 소	최 대
전력손실 경감효과	소	대
전압강하 경감효과	소	대
전기요금 경감효과	동 일	동 일
보수점검	간단하다	복잡하다
초기투자	소	일반적으로 크다 (저압일 경우 특히 크다)

① 비교적 대용량의 부하에는 직결한다.
② 소용량 부하의 집합장소는 묶어서 일괄설치한다.
③ 종합적인 부하역률개선용 콘덴서는 수전 측 고압모선에 설치한다.

다음 콘덴서의 소요용량은 가령 목표역률값이 일정하다고 하더라도 실제로 걸리는 부하의 크기에 따라 그 크기가 달라지므로, 원활한 역률조정을 위해서는 콘덴서 용량을 적당한 크기로 나누어서(즉, 콘덴서를 몇 개의 뱅크용량으로 구분) 부하변동에 따라 이들은 적당히 개폐하는 것이 바람직하다.

예제 14-11

다음과 같은 공장에서의 콘덴서 설비의 뱅크용량을 결정하라.

최대사용전력 : 2,000kW　　최대사용 시 역률 : 85%(지상)
경부하 시 전력 : 400kW　　경부하 시 역률 : 80%(지상)
평균전력(가동시간 내) : 1,400kW　　개선 전 역률 : 85%(지상)
목표역률 : 98%(지상)

풀이 먼저 이 공장에서 소요될 콘덴서의 총용량을 Q_{max}[kVA]라고 하면 식 (14.11)로부터

$$Q_{max} = P_{max}\left(\sqrt{\frac{1}{\cos^2\theta_0}-1}-\sqrt{\frac{1}{\cos^2\theta}-1}\right)$$
$$= 2{,}000\left(\sqrt{\frac{1}{0.85^2}-1}-\sqrt{\frac{1}{0.98^2}-1}\right)$$
$$= 338\text{kVA}$$

이 콘덴서 가운데 고정적으로 접속하게 될 용량 Q_s[kVA]는 경부하 시의 전력으로부터

$$Q_s = P_{min}\tan\theta = P_{min}\left(\sqrt{\frac{1}{\cos^2\theta}-1}\right)$$
$$= 400\left(\sqrt{\frac{1}{0.8^2}-1}\right) = 300\text{kVA}$$

또 평균전력에 상당하는 콘덴서 용량 Q_{mean} 은

$$Q_{mean} = 1400\left(\sqrt{\frac{1}{0.85^2}-1}-\sqrt{\frac{1}{0.98^2}-1}\right) = 583\text{kVA}$$

따라서 이 경우에는 역률조정을 3단계로 구분·운용하는 것으로 해서 뱅크용량을 300 kVA×3으로 결정하여 다음과 같이 하면 좋을 것이다.

경부하 시 1뱅크 투입 : 300kVA
중간부하 시 1뱅크 추가투입 : 600kVA
중부하 시 1뱅크 추가투입 : 900kVA

보다 세밀한 콘덴서 조정을 생각한다면 총 용량 900kVA를 300kVA×1뱅크와 200 kVA×3뱅크의 4단계 조정으로 나누어서 중간부하 시에는 부하의 크기에 따라 200 kVA 뱅크를 적당히 1~3뱅크 선정해서 투입하는 것이 더 좋을 것이다.

14.3 전력손실

I 송배전손실

전력계통에서의 전력손실은 대체로 송전거리 및 송전용량에 영향을 주는 전원의 입지 및 구성비, 전압에 관계하는 수용구성과 송배전전압, 역률에 관계하는 부하상태와 부하율, 배전방식 등에 따라 좌우된다. 그러나 여기서는 배전계통과 밀접한 관계가 있는 것에 대해서만 기술하기로 한다.

일반적으로 배전선로의 전력손실은 전압강하와 밀접한 관계가 있어서 전력손실의 경감은 동시에 전압강하, 따라서 전압변동의 경감과 직결된다.

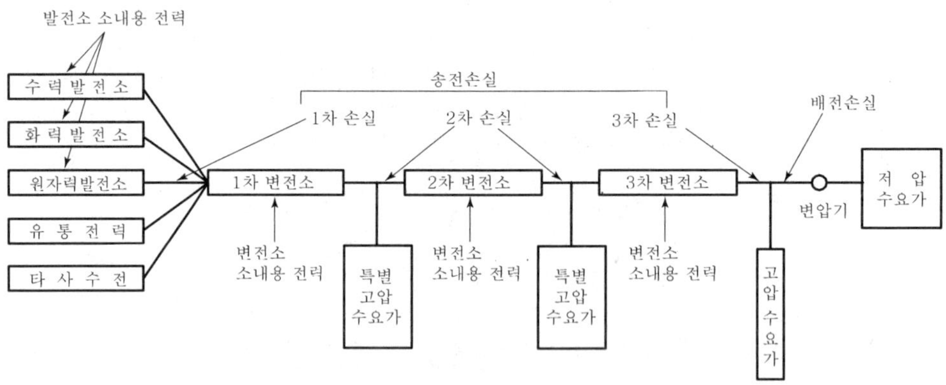

【그림 14-24 전력계통의 송배전손실 개념도】

그러므로 이들 중 한쪽만을 고려한다는 것은 불충분할 것이며 어느 쪽에 중점을 둘 것인가에 따라 적당한 대책이 수립되기도 하고 경제적 검토도 이루어진다고 할 수 있다. [그림 14-24]는 송배전계통에서의 송전손실과 배전손실의 구분을 나타낸 것이고, [표 14-5]는 우리나라에서의 전력손실률 추세를 송전손실과 배전손실로 세분해서 나타낸 것이다.

표에서 보는 바와 같이 우리나라의 송배전손실률은 전기 3사 통합 당시인 1961년만 해도 29.35%나 되었으나 30여 년간 꾸준히 감소하였으며, 1980년대부터는 선진국 수준인 5% 수준을 유지하고 있다.

이러한 송배전손실의 감소요인을 나열하면 다음과 같다.

① 66kV 송전선의 154kV 격상과 복도체 사용
② 154kV 송전선의 2회선 루프계통 구성
③ 345kV 송전선의 2회선, 4도체 루프계통 구성
④ 송전선의 역상배열에 의한 가공지선의 유도전류 감소
⑤ ACSR 전력선의 강심선(Steel) 표면을 알루미늄으로 도포한 알루미늄피복 ACSR/AM선 사용
⑥ 수요단의 규정전압 유지
⑦ 배전전압의 격상
- 1차 전압 : 3/3kV, 6.6kV → 22.9kV
- 2차 전압 : 100/200V → 220/380V

【표 14-5 전력손실률 추세(1961~1997년)】

[단위 : %]

구분＼연도	1961	1966	1971	1976	1981	1986	1991	1995	1996	1997
송배전손실	11.18	10.68	5.83	5.59	3.95	3.30	3.16	3.35	3.27	3.02
배전손실	18.17	7.40	5.59	5.23	2.71	2.57	2.44	2.11	2.13	1.83
합 계	29.35	18.08	11.42	10.82	6.66	5.87	5.60	5.46	5.40	4.85

⑧ 특고압 자가용 수전설비의 수요 증가

일반적으로 배전선로의 전력손실은 설명한 바와 같이 선로의 전항손(옴손) 및 배전 변압기의 저항손(동손)과 철손으로 대별된다. 선로의 저항손은 선로에 흐르는 전류의 제곱과 전선의 저항에 비례하므로 전력손실을 경감시키는 기본은 전선의 전류밀도는 어떻게 감소시키는가에 있다고 하겠다.
배전선로의 손실경감책으로는 다음과 같은 방법을 들 수 있다.

① 전류밀도의 감소와 설치
② 전력용 콘덴서의 설치
③ 고압선로에서의 대책
④ 저압선로에서의 대책
⑤ 배전전압의 승압

1) 전류밀도의 감소와 평형

배전선로 전류밀도의 감소 내지 평형화는 켈빈의 법칙(Kelvin's Law)에 따르며 이에 맞는 값으로 하는 것이 가장 경제적이다.
일반적으로 배전선로에서는 각 선의 부하전류가 불평형으로 되는 것이 보통이다. 이럴 경우에는 가령 부하의 재배분 등으로 우선 야기된 불평형을 적극적으로 바로 잡아주어야 하고, 앞으로 예상될 부하의 증가, 선로의 구분연장 등에 대비해서도 될 수 있는 대로 부하의 불평형이 일어나지 않도록 하여야 한다.

2) 전력용 콘덴서의 설치

선로손실은 부하역률의 제곱에 반비례해서 증감하므로 역률개선은 바로 손실경감과 직결된다. 배전선로의 부하역률개선은 주로 전력용 콘덴서를 부하와 병렬로 접속해서 실시하고 있는데 이에 대해서는 앞서 14.2절에서 설명한 그대로이다.

3) 고압선로에 있어서의 대책

그동안 배전계통은 도시의 발전이나 부하의 증가에 대응해 확대되어 온 과정에서 어느새 긴 선로로 되어 있거나 급전점이 부하의 중심에서 멀리 떨어져 버리게 된 경우가 많다. 이러한 경우에는 배전선로를 재검토해서 급전선의 변경, 증설, 선로의 분할은 물론 변전소의 증설에 의한 급전선의 단축화 등 가능한 대책을 강구하는 것이 바람직하다.

4) 저압선로에 있어서의 대책

저압배전선에 대해서는 특히 변압기의 배치와 용량을 적절하게 정하고 저압배전선의 길이를 합리적으로 정비하거나 변압기의 사용효율을 향상시킬 필요가 있다. 그밖에 배전변압기 중에서도 특히 철손이 많은 적철심형을 지양해서 권칠심형으로 대체하고 아몰퍼스코어 소재 변압기를 개발 사용하는 것도 유효한 대책일 것이다.

5) 배전전압의 승압

이상적인 경우 전력손실과 전압강하율은 전압의 제곱에 반비례해서 감소되므로 배전전압을 승압한다는 것은 손실경감책으로나 전압변동 경감책으로서도 극히 효과적이다.

지난날 우리나라에서는 고압선에서 3,300V를 6,600 또는 3,300V 변압기를 그대로 사용할 수 있는 5,700V로 승압해 왔으나 최근에는 고압선을 모두 22.9kV Y 결선으로 승압하고 있다. 참고로 [표 14-6]에 22.9kV 승압에 따른 효과의 일례를 나타낸 것이다.

한편, 2차 측의 저압배전 전압도 100/200V를 220/380V로 승압하고 있다.

【표 14-6 승압의 효과 예】

전 압	3.3kV	11.4kV	22.9kV
전압강하 전력손실	1 1	$1/2\sqrt{3}$ 1/12	$1/4\sqrt{3}$ 1/48

예제 14-12

[그림 14-25]와 같은 3상배전선이 있다. 변전소 A의 전압을 3,300V, 중간점 B의 부하를 50V(지상역률 80%), 말단의 부하를 50A(지상역률 80%)라고 한다. 여기서 AB 간의 선로길이를 2km, BC간의 선로길이를 4km라 하고 선로의 임피던스는 r=0.9Ω/km, x=0.4Ω/km 라 할 때 다음 사항을 구하라.

(1) B, C점의 전압

(2) C점에 전력용 콘덴서를 설치해서 진상전류를 40A 취하게 할 때 B, C점의 전압

(3) 전력용 콘덴서 설치 전후의 선로손실

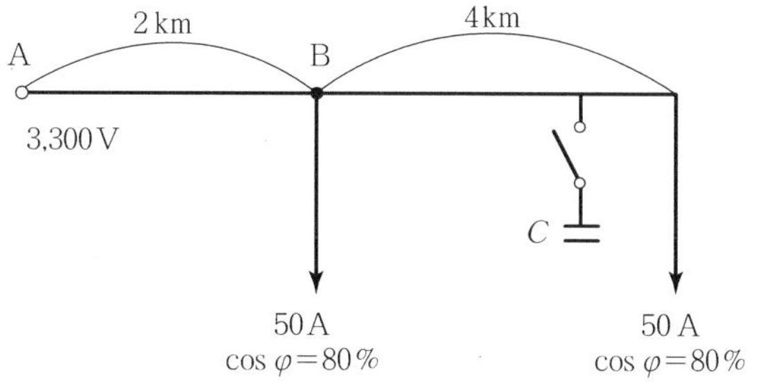

【그림 14-25】

풀이 3상회로의 계산에서는 가령 V를 선간전압이라고 한다면

$$V_s = V_r + \sqrt{3}\,I(R\cos\theta + X\sin\theta)$$

$$\therefore\ V_r = V_s - \sqrt{3}\,I(R\cos\theta + X\sin\theta)$$

1) A, B 간에는 같은 위상의 50A씩 합계 100A의 전류가 흐르므로

$$V_B = V_A - \sqrt{3} \times 100[(1.8 \times 0.8) + (0.8 \times 0.6)]$$
$$= 3{,}300 - 333 = 2{,}967\text{V}$$

B, C 간에는 50A만이 흐르기 때문에

$$V_C = V_B - \sqrt{3} \times 50[(3.6 \times 0.8) + (1.6 \times 0.6)]$$
$$= 2{,}967 - 333 = 2{,}634\text{V}$$

2) C점에 진상용 콘덴서를 연결하였을 경우는

$$V_B' = V_A - 333 - \sqrt{3} \times 40[(1.8 \times 0) - (0.8 \times 1)]$$
$$= 3{,}300 - 333 + 55 = 3{,}022\text{V}$$
$$V_C' = V_B - 333 - \sqrt{3} \times 40[(3.6 \times 0) - (1.6 \times 1)]$$
$$= 3{,}022 - 333 + 111 = 2{,}800\text{V}$$

3) 콘덴서 설치 전의 손실은 3선을 합계해서

$$3 \times (100^2 \times 1.8) + (50^2 \times 3.6) \times 10 - 3 = 81\text{kW}$$

콘덴서 설치 후의 A, B 간의 전류는

$$\sqrt{(100 \times 0.8)^2 + (100 \times 0.6 - 40)^2} = \sqrt{6{,}800}\ \text{A}$$

마찬가지로 A, B간의 전류는

$$3 \times \sqrt{(50 \times 0.8^2) + (50 \times 0.6 - 40)^2} = \sqrt{1{,}700}\ \text{A}$$

따라서 콘덴서 설치 후의 선로손실은

$$3 \times [(6{,}800 \times 1.8) + (1{,}700 \times 3.6)] \times 10^{-3} = 55\text{kW}$$

$$\therefore \frac{\text{설치 후의 손실}}{\text{설치 전의 손실}} = \frac{55}{81} = 68\%$$

콘덴서를 설치했기 때문에 선로 내의 손실은 68%로 되어 원래의 손실보다 32%나 줄어들게 된다.

14.4 배전전압 승압

우리나라에서는 배전선 2차 측의 저압배전전압을 100/200V 시스템에서 220/380V 시스템으로 승압하는, 이른바 220/380V 승압공사를 지난 1970년대 초부터 시작해서 이제는(1996년 현재) 전국적으로 95.6%의 수용가에 220V 전압을 공급할 수 있는 단계에 이르렀다. 여기서는 간단히 한국 전력에서 추진하고 있는 220/380V 승압공사의 개요를 소개한다.

I 승압의 필요성 및 효과

1) 승압의 필요성

과거 가정용 제품으로는 전구, 라디오, 텔레비전 등이 대부분이었으나 점차 생활 수준이 향상되고 주거환경이 변화됨에 따라 룸 에어컨, 심야기기 등의 냉·난방기기 또는 전자레인지, 전기오븐 등의 주방용 기기와 같은 대용량 가전제품의 사용이 증가하고 있다.

이처럼 날로 증가하고 있는 가전제품을 100V로 계속 사용하려면 옥내 배선을 한층 더 용량이 큰 굵은 전선으로 교체해 주어야 한다. 그러나 이 배전전압을 220V로 승압한다면 옥내 배선의 증가없이 기설의 동일전선으로 이러한 수용 증가에 쉽게 대처할 수 있고 전력손실 감소와 전압변동이 적은 양질의 전기를 공급할 수 있게 된다.

【표 14-7 세계 각국의 가정용 사용전압】

구 분	220V급 전용	110/220V 공용	110V급 전용	계
아 시 아	30	10	–	40
유 럽	27	5	–	32
북아메리카	8	19	3	30
남아메리카	6	6	1	13
오세아니아	11	–	–	11
아프리카	42	7	1	50
계	124	47	5	176
점유율[%]	70.5	26.7	2.8	100

* 일본 해외규격 통신사 발행 "World Voltage"

승압의 필요성은 크게 전력사업자 측과 수용가 측으로 구분할 수 있다. 전력사업자 측으로서는 저압설비의 투자비를 절감하고 전력손실을 감소시켜 전력 판매원가를 절감시키며, 전압강하 및 전압변동률을 감소시켜서 수용가에게 전압강하가 적은 양질의 전기를 공급할 수 있다는 데 그 필요성이 있다. 한편, 수용가 측에서는 대용량 기기를 옥내 배선의 증설없이 사용하고 양질의 전기를 풍족하게 사용할 수 있다는 데 그 필요성을 들 수 있다.

참고로 외국에서의 가정용 사용전압 실태를 [표 14-7]에 나타내었다.

2) 승압 효과

(1) 공급용량의 증대

2차 배전전압을 현재의 110V에서 220V로 승압하면 같은 굵기의 전선을 사용할 경우 선로의 공급용량은 2.2배로 증대한다. 신설하는 배전선로의 경우는 110V 때보다 가는 전선을 사용할 수 있다.

(2) 전력손실의 감소

전선로의 전력손실은 공급전압의 제곱에 반비례해서 감소한다. 즉, 110V를 220V로 승압할 경우 저압배전선로에서의 전력손실은 $1/4(=2^2)=25\%$로 대폭 감소된다. 저압배전선로는 광범위한 지역에 걸쳐 분포되어 있고, 선로길이도 길기 때문에 그 효과는 매우 크다고 할 수 있다.

(3) 전압강하율의 개선

선로의 전압강하율은 같은 전선을 사용할 경우 전압의 제곱에 반비례한다. 현재 도시지역에 있어서는 110/220V 저압배전선로는 수요가 증가함에 따라 부분적으로 저전압현상을 일으키고 있어 이에 대한 저전압 보상공사가 뒤따르고 있으나, 현재 2차 전압을 110V에서 220V로 승압하는 경우에는 이러한 저전압현상을 대폭 해소할 수 있다.

(4) 지중배전방식의 채택 용이

지중배전방식은 가공배전방식에 비해서 변압기 설치 시 공간확보가 어렵고 많은 건설비가 소요되지만 2차 배전전압으로 승압하면 변압기의 단위용량과 선로공급능력을 증대시켜 시설비를 감소시킬 수 있다.

(5) 고압배전선 연장의 감소

220/380V 저압배선은 110/220V 방식에 비해 상당히 넓은 지역에 전력을 공급할 수 있으므로 고압배전선을 수용지점 가까이까지 연장하지 않고도 저압으로 공급할 수 있기 때문에 고압선 연장 감소에 의한 공사비를 절감할 수 있다.

(6) 대용량의 전기기기 사용 용이

생활수준 향상에 따라 보급되는 냉방기, 온수기 및 주방기기 등 대용량의 가전기기를 기존 옥내 배선의 교체 또는 증설 없이 용이하게 사용할 수 있으며 저압전동기의 사용용량 한도도 늘릴 수 있다.

II 승압의 추진현황

1) 추진경위

2차 배전전압의 승압은 1963년 4월 ECAFE(아시아 극동 경제위원회)의 승압권장에 따라 검토·착수되었다. 1970년 정부(상공부)에서 승압방침을 결정하였고 신규 집단고객에 대해서 220V 공급을 개시하였다.

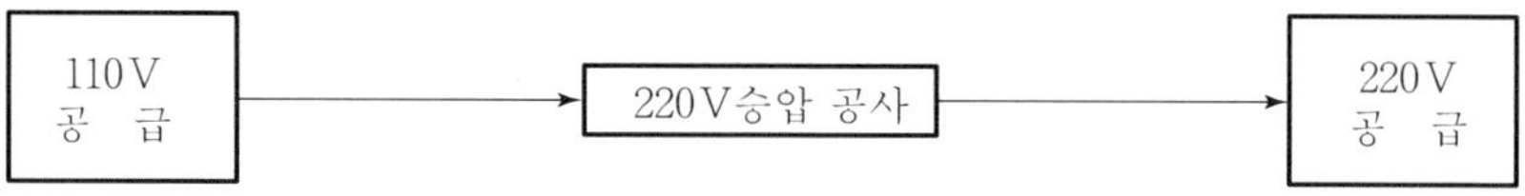

【그림 14-26 220V 직접 승압방식】

승압의 추진연혁을 보면 1971년 승압 초기에는 신규수용을 대상으로 220V 단일전압공급을 시행하였으나, 기존 110V용 가전기기의 사용 불편에 따라 1979년 11월 110V와 220V 단일전압으로 승압하고 있다.

2) 승압방식

우리나라에서 시행하고 있는 승압방식에는 220V로 직접 승압하는 방식과 110V와 220V 양 전압 공급기간을 거쳐 220V로 승압하는 양 전압에 의한 승압방식이 있다.

(1) 직접 승압방식

220V 직접 승압방식이란 [그림 14-26]과 같이 110V로 사용하고 있는 가정용 전압을 220V로 승압하기 위해 수용가가 보유하고 있는 110V 기기를 220V에 사용할 수 있도록 가전기기별로 소형 강압기 또는 220V 신품기기로 교환지급하고, 조명기구 및 배전기구는 220V용으로 교환하는 승압방식을 말한다.

이 방식은 승압효과를 조기에 획득할 수 있는 장점이 있는 반면에 110V 기기 사용이 불편하고 많은 보상비가 소요되므로 도시지역보다 가전기기의 보급률이 낮은 농촌지역이나 신규개발지역을 중심으로 실시되고 있다.

(2) 양 전압에 의한 승압방식

100V 기기 생산 금지조치에 따라 보급되는 220V 기기를 사용할 수 있도록 110V 수용가에 220V 전원을 임시설비에 의해 추가시설하는 양 전압공사를

우선 시공하고, 110V 기기의 상당수가 220V용으로 바뀌고 난 후에 잔여 110V 기기를 보상하고 양 전압 임시설비를 철거함으로써 220V로 전환하게 하는 방식이다. 이 방식은 기기보상비가 적은 장점이 있는 반면 승압기간이 장기간 소요되는 단점이 있다. 한편, 이 방식은 도시지역과 같이 가정용 전기기기의 보급률이 높은 지역에 적합한 것으로 평가되고 있다.

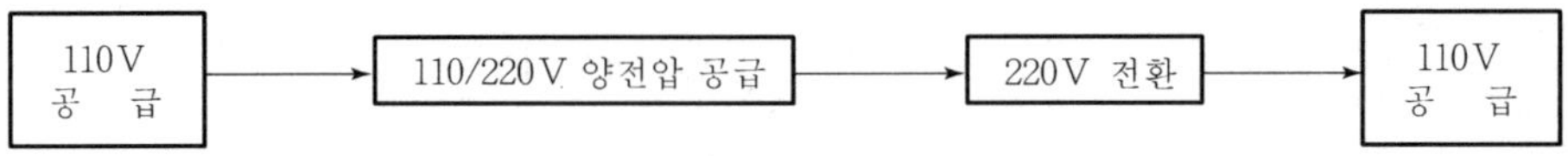

【그림 14-27 양 전압에 의한 승압방식】

이때 각 수용가에 대한 공사방법은 다음과 같다.

① 주상변압기에서부터 전력량계까지는 전선 1조 추가시설
② 전력량계는 단상3선식용으로 교환 부설
③ 수용가 옥내는 220V용 가전제품 사용장소까지 전선을 노출 배선함(기존 110V 옥내 배선은 변동 없이 계속 사용)

[표 14-8]에 1996년말 현재까지의 220V 승압공사 추진실적을 나타내었다.

【표 14-8 전압별 수용 호수(1996년 12월말 기준)】

전압별 / 구 분	110 V (미승압 수용)	110/220 V (임시승압 수용)	220 V (승압 수용)	계
수용 호수	537,000	1,476,000	10,184,000	12,197,000
점 유 율	4.4	12.1	83.5	100

III 안전대책

220V 공급에 따른 수용가의 안전대책은 우선 대지전압이 110V에서 220V로 상승하므로 전기사용 시의 위험성을 고려하지 않을 수 없다. 따라서 전기설비기술기준 제187조에 명시된 바와 같이 220V 공급수용가에는 의무적으로 인입구에 누전차단기를 부설하도록 규정하고 있다.

1) 누전차단기의 부설

(1) 허용 인체 통과전류

인체의 감전 위험요소는 인체를 통과한 전기량에 비례한다. 즉, 통과하는 전류의 크기와 시간에 따라 다르다.

인체 통과전류의 안전한계에 대해서는 Koeppen과 Osypka가 1960년에 인

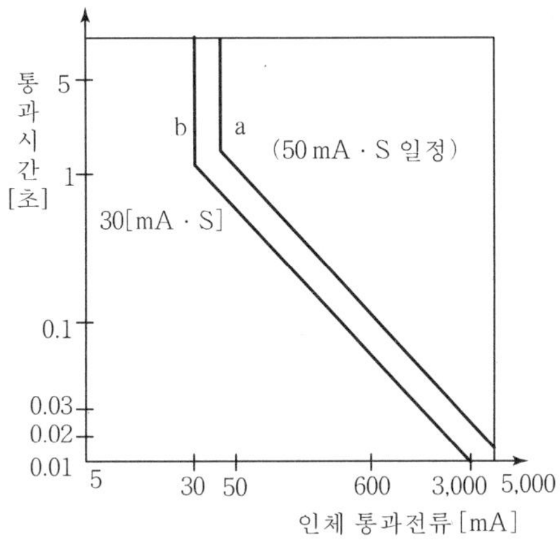

【그림 14-28 인체의 안전한계】

체에 미치는 영향에 대해 다음과 같은 한계선을 발표하였는데, 세계 각국에서는 이 한계선을 안전한계선으로 많이 이용하고 있다. 즉, 다음 [그림 14-28]의 a곡선에서 전류－시간의 곱 $Q = I_m \times T = 50\text{mA} \cdot \text{sec}$ 이내에 해당하는 부분이 위험한계선에서 여기에 안전율 1.67을 고려한 b곡선을 인체의 안전한계선으로 적용하고 있다.

$$(\text{전류} \times \text{시간}) = (30\text{mA} \times \text{초})$$

(2) 30mA, 0.03s 누전차단기의 안전성

인체가 완전히 젖어 있는 상태(인체저항 500Ω로 추정)에서 220V에 완전접촉시 인체에 흐르는 전류는 220V/500Ω=440mA이다. 이때 0.03s 누전차단기 부설시의 통전 전류시간은 440mA × 0.03s=13.2mA · s로 되는데, 이 값은 상술한 안전한계값 30mA · s 이내이므로 충분히 안전한 것임을 알 수 있다.

(3) 누전차단기의 동작기능과 원리

누전차단기의 동작기능과 원리는 다음 [그림 14-29 (a)]와 같이 정상상태의

선로에 지락이 발생하였을 경우 그 지락전류를 감지해서 전로를 차단하는 것이다. 그 기본원리는 [그림 14-29 (b)]와 같이 각 상 도체를 일괄하여 환상 철심을 관통시키고 이 환상철심에 감긴 2차 코일을 주개폐부의 트립 코일에 접속시킨다. 지락사고 시 주회로에 지락전류가 흐르게 되면 이것이 환상철심에 자속을 발생시켜서 영상변류기 2차 코일에 전압을 유기하고 트립을 코일을 여자해서 차단동작을 행하게 된다.

2) 제3종 접지

누전차단기가 부설되어 있는 수용가라 할지라도 인체 감전보호에 완벽을 기하기 위해서 습기 또는 물기가 있는 장소에 설치된 각종 전기설비의 철대 및 금속제 외함은 접지를 시공하여 인체의 접촉전압을 제한하도록 전기설비기술기준 제36조에 규정하고 있다. 이때의 접지저항값은 수용가 인입구에 30mA 감도전류의 누전차단기를 부설할 경우 500Ω 이하(전기설비기술기준 제21조)로 정하고 있다.

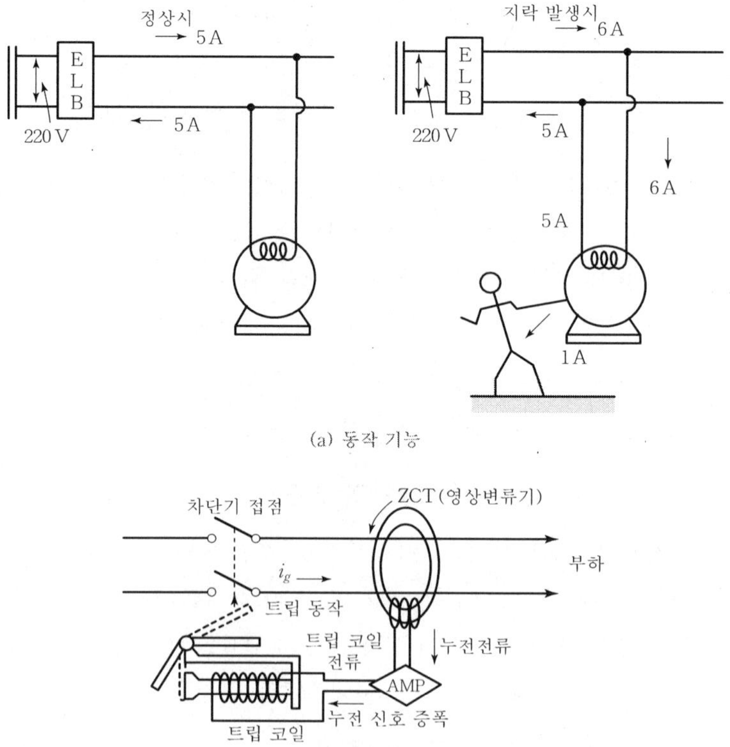

(a) 동작 기능

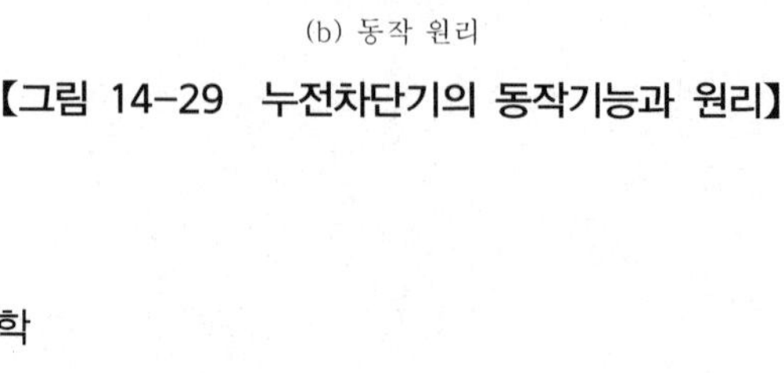

(b) 동작 원리

【그림 14-29 누전차단기의 동작기능과 원리】

14.5 배전선로의 보호

I 배전선로의 사고

우리나라의 배전선로는 그 대부분이 가공전선로로 되어 있으므로 뇌, 바람, 비, 눈 등의 기상조건에 의한 사고가 큰 비중을 차지하고 있다. 최근에는 교통량의 증가와 더불어 차량의 충돌에 의한 사고나 건축물의 고층화에 의한 접촉사고 같은 것도 점차 증가하고 있다. 이들의 사고에 의한 정전이나 전압강하는 직접 수용가에게 영향을 미치는 것이다. 또 배전선로는 도로를 따라서 가설되고 있기 때문에 선로사고는 바로 도로상의 사람에게도 위해를 가할 우려가 있다. 그밖에 이상 고전압이 수용가 내에 침입해서 기기라든지 인체에게 피해를 줄 경우도 있기 때문에 이에 대해서는 충분한 보호대책을 수립함과 동시에 사고의 파급을 적극 방지하고, 또 신속한 사고 복구를 도모하여야 할 것이다.

고압배전선로에서의 사고는 선로사고와 기기사고로 크게 나누어지는데 그 중에서도 선로사고가 더 많은 비중을 차지하며, 그 중에서도 1선지락사고가 가장 많이 일어나고 있다. 그러나 기기 사고, 그 중에서도 특히 변압기 사고는 무시할 수 없으며 최근에는 고압수용가 옥내 기기의 사고도 적지 않다. 일반적으로 기기 사고는 그 기기를 파손시킴으로써 단락사고로 되는 경우가 많다.

【표 14-9 고·저압선의 사고】

사고의 종류		사고의 내용	사고의 원인
고압선	단락사고	선간단락	자동차 충돌, 기기 내 불량에 의한 접촉, 풍수해, 지지물 도괴에 의한 단락, 도로공사 시의 손상
	서로 다른 상의 지락사고	선간단락 전압선의 접지	뇌격에 의한 애자의 파괴
	접지사고	전압선의 접지	자동차 충돌에 의한 단선 기기 내 불량에 의한 접촉 수목 및 조류 접촉, 도로공사 시의 손상
저압선	단락사고	선간단락	지지물 도괴에 의한 혼촉 인입선의 손상
	접지사고	전압선의 접지	지지물 도괴 등에 의한 전압선 접지 인입선의 손상

1) 선로의 사고

선로사고의 대부분은 단선, 애자 파손, 수목 및 조류 접촉(주로 까치집 접촉사고), 지지물 사고 등에 의한 1선지락사고이다(변압기 사고도 1선지락으로 되는 것이 많음).

[표 14-9]는 고·저압배전선로에서의 사고를 정리한 것이다.

2) 변압기 사고

변압기의 사고는 크게 나누어 변압기 자체의 원인에 의한 것과 변압기 이외의 원인에 의한 것 2가지가 있다.

배전선로 사고에서는 이 변압기 자체의 고장에 의한 것이 전체의 반 이상을 차지하고 있기 때문에 이의 사고방지를 위해서는 특히 변압기의 보수점검에 유의함과 동시에 변압기 자체가 적정하게 설계된 것인지 아닌지 하는 것까지 충분히 검토할 필요가 있다.

변압기 이외의 원인에 의한 사고는 다음과 같은 것들이 있다.

① 과부하에 의한 것
② 뇌해에 의한 것
③ 저압배전선, 인입선의 혼촉에 의한 것

3) 기타 기기의 사고

변압기 이외의 기기사고로는 유입개폐기, 애자형 개폐기 등의 개폐기류 사고, 전력 콘덴서, 피뢰기 및 수용가 옥내의 계기용 변성기, 고압전동기 등의 사고를 들 수 있다. 이들 기기의 사고도 변압기와 마찬가지로 기기 자체의 사고와 다른 원인에 의한 사고로 나누어진다. 개폐기의 사고는 이들 두 가지 원인이 반반 정도이고 피뢰기에 대해서는 피뢰기 자체의 속류차단능력의 열화에 의한 사고가 많으며, 그 외에는 대부분 기기 자체의 열화에 의한 것이 많으므로 기기의 보수, 점검을 철저히 할 필요가 있다. 또한 이들 기기의 사고는 그 대부분이 단락사고로 되어 있다.

4) 통신선에 의한 유도장해

배전선로의 유도장해는 크게 나누어 전자유도장해, 정전유도장해, 고조파 유도장해의 3가지로 구분된다. 고압배전선로는 시가지 또는 도로상에 건설되는 경우가 대부분이므로 통신선에 접근해서 운전되기 때문에 통신선에 대한 유도장해는 무시할 수 없다.

전자유도는 지락사고 시 지락전류에 의한 유도장해로서 지락전류가 클수록 장해도 커진다. 배전선로가 비접지방식으로 운전될 경우에는 지락전류가 그다지 크지 않지만 특히 우리나라의 22.9kV – Y 계통처럼 중성점 접지의 3상4선식 배전선로일 경우에는 상당히 큰 지락전류가 흐르기 때문에 유도장해문제가 심각해진다.

한편, 전자유도장해는 배전선의 지락사고시에만 발생하는 것이므로 사고의 신속한 검출과 사고구간의 고속차단으로 어느 정도 대처할 수 있다.

II 배전선로의 보호

일반적으로 고압배전계통은 보호계전기로, 저압배전계통은 퓨즈를 사용해서 보호하고 있다.

보호장치는 회로에 단락이나 지락사고가 발생하였을 경우 또는 과부하로 되었을 때 신속하게 고장구간을 제거해서 기기 및 선로를 보호함과 동시에 사고파급방지의 역할을 다할 필요가 있으므로 일반적으로 [표 14-10]과 같은 보호장치를 사용하고 있다.

1) 고압배전선로의 보호(변전소 측)

고압배전선에 과부하를 발생하거나 선로에 접속되어 있는 기기류의 단락 또는 다른 물체의 접촉 등에 의한 1선지락사고가 일어났을 경우에는 다른 배전선로에 사고가 파급되지 않도록 신속하게 고장선로를 차단해야만 한다.

【표 14-10 사고와 보호장치】

	사고의 종류	보호장치의 종류
고압배전선	접지사고 과부하, 단락사고 뇌해사고	접지계전기 과전류계전기 피뢰기, 가공지선
주상변압기	과부하, 단락사고	고압퓨즈
저압배전선	고저압 혼촉 과부하, 단락사고	제2종 접지공사 저압퓨즈

이러한 사항을 자동적으로 처리하기 위해 고압배전선로에는 다음과 같은 보호장치를 설치하고 있다.

(1) 단락보호(과부하보호)

배전선에 단락사고 또는 과부하가 발생했을 경우, 배전선을 자동차단하기 위해 변전소에는 각 배전선마다에 과전류계전기(유도계전기)를 설치한다. 이것은 동작입력이 클수록 동작시간이 빨라지는 이른바 반한시 특성을 지니고 있으며 동시에 과전류 입력으로 되면 일정한 동작시간으로 되는 정한시 특성을 지니고 있다.

(2) 지락보호

배전선의 지락고장은 바람에 의한 순간 혼촉이나 수목 및 까치집 접촉 내지는 건축현장에서의 일시적 접촉, 절연 열화, 단선, 애자파손, 고저압 혼촉 등에 의해 발생하는데 이러한 사고의 보호를 위해 선택지락계전 보호방식이 널리 채용되고 있다.

2) 고압(특고압)배전선로의 보호(배전선로 측)

전력난 시대에서 벗어나 무제한 송전이 가능하게 됨에 따라 기존의 배전선로인 3.3kV, 6.6kV로는 공급능력이 부족하기 때문에, 배전선로를 3상4선식 22.9kV－Y선로로 점차 승압시킴에 따라 장긍장, 대형 배전선로에 대한 선로용 보호장치의 필요성이 대두되었다. 이에 부응하여 1966년부터 도입, 설치된 자동재폐로 차단기(Recloser)는 대표적인 전류감지식 과전류 보호기기로 처음에는 미국 맥그로 에디슨(McGraw Edison)사의 유압식이 도입되어 사용되었다. 이를 더욱 효율적으로 운영하기 위해서 맥그로 에디슨 사와 웨스팅 하우스(Westing House) 사의 전자식 제품이 도입되었으며, 1980년대 초에 이를 국산화한 일진전기, 건화전기 제품이 현재 사용되고 있다.

자동재폐로 차단기는 자동구간 개폐기(Sectionalizer), 선로용 퓨즈(Line Fuse)와 배전용 변전소에 설치된 보호계전기와 협조하여 운영된다. 자동구간 개폐기는 자동재폐로 차단기와 협조하여 운영되고, 자동루프 스위치(Loop Swtich)는 기존의 자동재폐로 차단기의 단점을 보완한 것이며, 1995년에 설치된 고장구간 자동검출 개폐기(FAS Swtich)의 운영으로 고장구간의 극소화가 가능하게 되는 등 배전선로 개폐기 운영의 자동화가 추진되고, 배전 자동화가 추진되어 배전선로 운영의 질을 한 단계 향상시키고 있다.

그리고 고압 및 특고압 배전선로에서는 부하개폐는 물론 작업정전이나 사고정전시 정전구간을 축소시키고 정전시간을 단축시키기 위해 개폐기를 설치한다. 전원이 서로 다른 배전선로의 상호간 또는 서로 다른 피더(Feeder) 상호간을 루프(Loop)화하는 경우에는 양 배전선로의 루프점에 루프용 개폐기를 설치하고 재중배전선로와 가공배전선로가 접속되는 지점에도 개폐장치를 설치하고 있다. 특히 배전설비의 현대화에 수반하여 공급 신뢰도의 향상, 작업의 안전, 보수·관리의 용이성, 공중재해의 방지 측면에서 유입개폐기로부터 기중개폐기, 가스개폐기로 교체하여 시설하고 있는 추세이며, 대도시의 번화가 및 시가지에는 0.5km마다, 중·소도시의 시가지의 경우에는 1km마다 개폐기를 주상에 설치하고 있다.

(1) 자동재폐로 차단기

배전선로에서 자동재폐로 차단기(Recloser) 설치지점의 부하 측 고장발생 시에 고장전류를 감지하여 지정된 시간에 과전류를 스스로 빠른 속도로 차단하고, 자동으로 재폐로 동작을 수행하여 고장구간을 재가압한다. 순간고장 시이 차단기는 차단-재폐로 동작을 되풀이함으로써 순간고장을 제거할 수 있는 기회를 제공하여 선로를 재가압할 수 있으며, 영구고장 시에도 정정횟수만큼 동작한 후에 영구개방됨으로써 고장구간을 분리하여 정전구역을 최소화할 수 있는 가장 이상적인 전류감지식 과전류 보호장치이다. 주로 수목 등에 의한 이물접촉 고장과 같은 순간고장이 많이 발생하는 야외지역의 장긍장 선로에서 그 사용효율을 높일 수 있다.

(2) 자동구간 개폐기

자동구간 개폐기(Sectionalizer) 설치지점의 부하측 영구고장 발생 시에 자동재폐로 차단기가 고장전류를 차단하여 선로가 무전압상태일 때, 미리 정정된 횟수를 계수한 후 자동으로 선로에서 고장구간을 분리한다. 순간고장 발생 시에는 이 개폐기가 개방되기 전에 후비 자동재폐로 차단기에 의해 고장이 제거되므로 동작하지 않는다. 이 개폐기는 고장전류 차단능력이 없으므로 후비에 차단능력을 갖는 자동재폐로 차단기와 함께 직렬로 설치해야 하며, 상대적으로 중요도가 낮은 선로에 사용된다.

(3) 선로용 퓨즈

선로용 퓨즈(Line Fuse)는 단상분기선에 적용할 수 있는 가장 기본적이고 경제적인 과전류 보호기기이다. 이 퓨즈는 외부 기기장치인 컷 아웃 스위치(COS : Cut Out Switch)와 내부의 녹는 부분인 퓨즈링크로 구성되는 수동식 보호기기이다.

(4) 자동루프 스위치

기존의 전류감지식 자동재폐로 차단기에 전압감지기능을 덧붙인 자동루프 스위치(Loop Switch)는 상시개방인 타이차단기(Tie Recloser)와 상시투입인 구간차단기(Sectionalizing Recloser)로 구성되어 있으며, 선로고장 발생 시 고장구간을 자동으로 분리한 후, 건전구간은 다른 선로에서 절환받아 전원을 공급하는 발전된 방식의 배전선로 보호방식이다. 자동재폐로 차단기는 설치 지점의 부하 측 고장발생 시에만 유효한 반면에 이 스위치는 부하 측은 물론 전원측 고장발생 시에도 효율적으로 동작이 가능하다.

(5) 자동부하절환 개폐기

자동부하절환 개폐기(ALTS : Automatic Load Transfer Switch)는 공공의 이익에 중대한 영향을 미치거나 전력확보의 필요성이 있는 중요한 고객에게 이중전원을 공급하는 예비선 공급방식에 적용되는 기기이다. 주전원이 정전되면 일정시간의 지연 후에 자동으로 예비전원으로 절환되며, 주전원이 복귀되면 일정시간 지연 후에 예비전원에서 주전원으로 되돌아온다.

(6) 고장구간 자동검출개폐기

고장구간 자동검출개폐기(FAS Switch)는 전압, 전류, 시간, 카운트 조합방식으로 고장 사실을 스스로 감지하여 고장구간만 양측에서 자동분리하고, 건전구간을 자동으로 인지하여 신속하게 정상공급하는 기능을 보유하고 있으므로 고장복구시간을 획기적으로 감소시킬 수 있다.

(7) 고장구간 자동개폐기

고장구간 자동개폐기(ASBS, ASS : Auto Section Switch)는 특고압 수전을 받는 고객의 인입구에 설치하여 구내고장이나 사고발생 시 후비보호장치와 협조하여 고장구간을 자동분리해 고객의 구내고장이 배전선로에 파급되는 것을 방지하며, 구내의 과부하 발생시에도 자동차단한다.

3) 주상변압기의 보호

배전선의 사고 중 배전변압기 고장에 기인하는 것이 상당히 많기 때문에 변압기의 보호장치는 서비스 향상이라는 관점에서도 중요시되고 있다.
최근 많이 사용되고 있는 변압기의 보호방식으로는 고압측에 퓨즈링크를 넣은 컷 아웃 스위치를 사용하고 저압측에는 **캐치 홀더**를 쓰는 방식이 있다. 그 외에 저압 측의 1선을 접지해 고저압 코일의 혼촉에 의한 위험을 방지하고 있는 것, 변압기에 허용용량 이상의 부하가 장시간 걸렸을 때 온도 상승으로 변압기가 열화해서 소손되는 것을 막기 위해서 **소손방지기**를 사용하는 경우도 있다.

또한 고압용 변압기의 외함은 보통 주철 또는 철판으로 만들어지고 있는데 이것이 평소 고압 또는 특고압으로 사용될 경우 내부의 절연열화에 의해서 상당히 높은 전압으로 충전될 위험성이 있기 때문에 반드시 **제1종 접지공사**(접지사항 10Ω 이하)를 하도록 정하고 있다.

한편, 저압으로 사용하는 변압기의 외함은 300V 이하일 경우에는 **제3종 접지공사**(접지저항 100Ω 이하), 300V를 넘는 경우에는 **특별 제3종 접지공사**(접지저항 10Ω 이하)를 하도록 정하고 있다.

4) 저압배전선로의 보호

배전선로뿐만 아니라 전기 각 부분에서 발생하는 사고는 사고가 난 그 부분을 즉시 개방해서 사고의 영향을 전원측에 미치지 않도록 하는 것이 원칙이며, 이를 위해서 각 부분에 보호용 차단기를 설치하고 있다. [그림 14-30]은 저압배전선로에서의 보호장치의 설치 예를 나타낸 것이다.

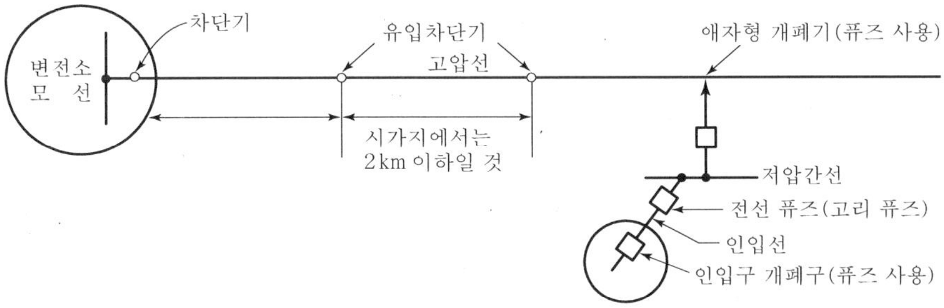

【그림 14-30 저압배전선로의 보호장치 예】

【표 14-11 퓨즈용량】

전선의 굵기[mm]	퓨즈의 정격전류[A]	캐치용량[A]
2.6	30	50
3.2	50	50
4.0	75	100
5.0	100	100
22.0	100	100
38.0	150	200
60.0	200	300

저압배전선의 보호로는 저압선의 단락, 과부하 보호용으로는 자동차단기를 설치하거나 퓨즈를 설치하는 외에도 고저압 혼촉 시의 저압 측 보호를 위해서 변압기 2차 측에 **제2종 접지공사**를 실시한다. 그밖에 저압배전선로가 뱅킹방식일 경우에는 각 구분장소에 퓨즈 또는 브레이커를, 네트워크 방식일 경우에는 네트워크 프로텍터를 사용한다.
퓨즈의 선정은 인입선 전선의 굵기에 따라 [표 14-11]에 나타낸 바와 같은 용량의 것을 사용한다.

5) 접지보호

배전선로는 다음과 같은 목적으로 접지공사를 한다.

① 혼촉, 누전, 접촉 등에 의한 위험을 방지한다.
② 이상전압을 억제하고 대지전압을 저하시켜 보호장치의 동작을 확실하게 한다.
③ 피뢰기 등의 뇌해 방지설비의 보호효과를 향상시킨다.

6) 고저압 혼촉

전선로나 기기의 절연이 열화해서 고저압선에 혼촉이 일어나면 저압회로의 옥내배선에 고전압이 침입해서 인체에 위해를 주거나 옥내 전기기기를 손상시킨다.
통상 고전압의 침입을 막기 위해서 변압기의 2차 측을 제2종 접지공사로 접지하지만 혼촉에 의한 저압선의 전압 상승은 [그림 14-31 (a)]와 같은 비접지 3상3선식의 경우에는 다음과 같이 된다.
변압기 2차 측의 접지저항을 R, 고압선 1선의 대지정전용량을 C_s라고 하면 혼촉으로 접지저항을 통해서 대지에 흐르는 전류 i는

$$i = \frac{V/\sqrt{3}}{\sqrt{R^2 + (1w\,C_s)^2}} \fallingdotseq 3w\,C_s \frac{V}{\sqrt{3}}\,[\mathrm{A}]$$

보통 $R \ll \frac{1}{3w\,C_s}$[V]로 되는데 이 값은 고압회로의 충전전류가 작기 때문에 비교적 작아서 인체에 위험을 줄 정도는 아니다.
그러나 [그림 14-31 (b)]와 같은 중성점 접지의 3상4선식 고저압 혼촉의 경우는 사정이 달라진다. 여기서 중성점의 접지저항을 R_n라도 하면 혼촉 시 R을 흐르는 전류 I는

$$i = \frac{E}{Rn + R}[\text{A}]$$

로서 저압선의 전압 상승은

$$IR = E \cdot \frac{R}{R_n + R}$$

로 되어 전압 상승은 E를 R_n과 R를 분압한 값으로 된다. 따라서 앞 식으로부터 저압선의 전압 상승을 방지하려면 중성점의 접지저항을 크게 하지 않으면 안 된다. 한편, 고압선 지락고장 시의 전압 상승을 막기 위해서는 중성점 저항을 작게 해야 할 필요가 있어 중성점 저항의 선정에 문제가 생긴다.

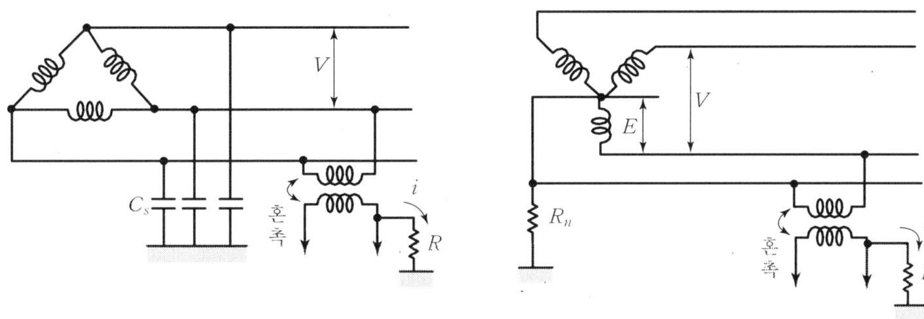

(a) 비접지 3상3선식 (b) 중성점 접지 3상4선식

【그림 14-31 고저압 혼촉사고의 일례】

이처럼 중성점 저항은 중요한 요소이다. 일반적으로는 혼촉사고 시 저압선의 전압 상승이 5V 이하로 되게끔 1선지락전류를 사용해서 배전변압기의 접지저항(R_n도 포함해서)을 계산해서 선정하고 있다.

예제 14-13

최근에 많이 쓰고 있는 무정전 전원장치에 대해 설명하라.

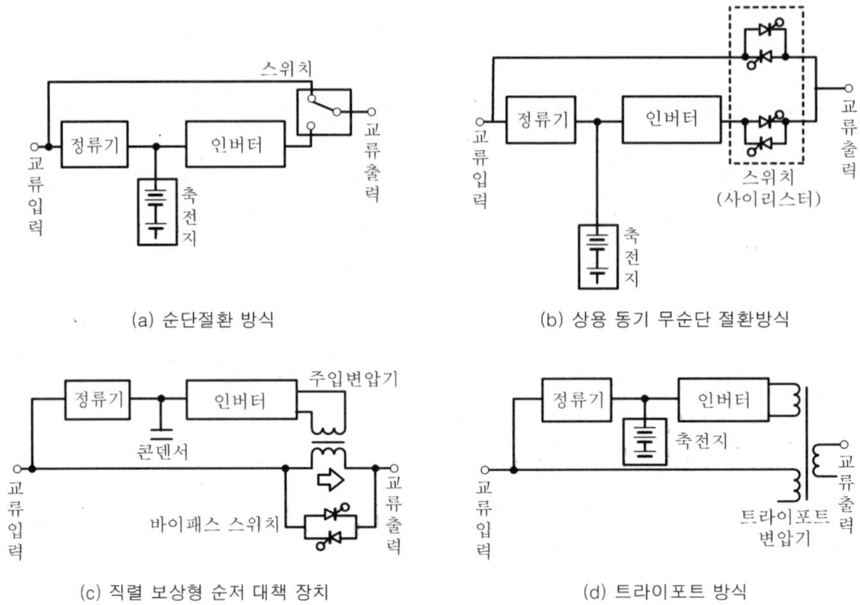

【그림 14-32 무정전 전원장치의 회로구성 예】

풀이 우선 안정된 전력을 공급한다는 관점에서 정전압 정주파장치(CVCF : Constant Voltage Constant Frequency)라는 것과, 기기 측에서의 정전 및 순시전압저하 대책으로서 무정전 전원장치(UPS : Uninterruptible Power Supply System)라는 것이 있는데 기본적으로는 같은 것이라고 생각할 수 있다.

무정전 전원장치를 필요로 하는 부하로는 더 말할 것 없이 컴퓨터 부하가 압도적이다.

① 순단절환방식 : 평상시 상용전원에서 수전하고 순간정지사고 시에는 스위치 절체로 수전을 계속한다.

② 상용동기 무순단 절환방식 : 평상시에는 상용입력과 동기를 취해 인버터를 운전하고 순간정지사고 발생시에는 인버터 운전으로 절체한다.

③ 직렬 보상형 순저대책장치 : 평상시에는 바이패스 스위치를 닫아서 직접 상용 전원으로 부처 부하에 전력을 공급하고 순간저전압 발생시에는 바이패스 스위치를 열어서 콘덴서에 축적한 에너지로 보상시킨다. 대용량의 CVCF에 비해 소형이고 값도 싼 편이다.

④ 트라이포트 방식 : 평상시는 트라이포트 변압기를 통해서 전력을 공급하고 순간정전 발생시에는 인버터를 통해 전력을 공급한다. 이는 UPS의 장점을 살리면서 고효율화를 꾀한 것이다.

14.6 배전자동화의 개요

I 배전자동화 개념

배전자동화(DAS : Distribution Automation System)란 광범위하게 산재되어 있는 배전설비를 컴퓨터 및 통신기술을 이용해 중앙에서 집중원격 감시·제어하고 선로고장구간을 자동검출하여 정전구간 및 정전시간을 최소화시키고자 하는 시스템을 말한다.

1) 추진배경

배전설비는 옥외에 설치되어 온도변화, 비, 바람, 뇌(雷), 서지(Surge) 등에 노출되어 있다. 이러한 현장에 정밀기기를 설치하는 데에 따르는 어려움을 극복하고자 그동안 많은 기술발전이 이루어졌다. 최근 현대사회가 고도정보화로 진전되고 도시기능이 고도화·다양화됨에 따라 전력에 대한 의존도가 날로 높아가고 고품질의 전력을 요구하게 되었다.

전기를 사용하는 입장에서 볼 때 정격전압과 정격주파수 유지 및 무정전이 가장 중요하다. 아무리 고도의 정보화사회가 되더라도 전기가 없으면 안락한 가정생활과 경제활동 등 모든 것이 마비되는 것이 오늘날의 현실이기 때문이다. 또한 사회가 발달하고 경제규모가 커지면 커질수록 일상생활의 전력의존도는 더욱 높아질 뿐만 아니라 전력의 질적 향상 등 전력공급 신뢰도가 더 한층 요구될 것으로 예상되고 있다.

배전선로 사고발생에는 1개 선로 전구간이 광범위하게 정전이 되고 변전소에서 1~2회 재폐로를 실시한 후 송전해 전력을 공급하고 있으나 선로의 지락, 단락사고 시에는 작업원이 현장에 출동해 사고구간을 분리하고 나머지 건전구간을 개폐기를 조작하여 부하융통을 실시해 전기를 공급하고 있다.

앞으로의 배전계통은 더욱 대규모·복잡화되가는 경향이므로 도면이나 서류데이터로부터 판단하는 수동시스템으로는 계통조작판단에 필요한 시간이 증가하고 신뢰도가 저하되며, 계통조작 지령업무가 복잡해 정보서비스 저하가 예상된다.

또한 대도시의 상시 교통정체와 정전으로 인한 신호기 정지로 교통체증이 야기되어 현장도착시간이 과다하게 소요되고, 고객 건물 내부에 설치한 개폐기의 조작곤란으로 예상 밖으로 장시간 정전이 이어지고 있는 실정이다.

이처럼 수동시스템을 기본으로 한 계통운영체계로는 한계가 있고 21세기를 맞이하여 전기의 사회적 역할이 증대됨을 인식하여 공급신뢰도를 향상시키기 위해

거대한 계통설비의 효율적인 운용이 필요하게 되어 컴퓨터를 중심으로 한 배전자동화시스템을 개발하려는 노력이 시도되었다. 배전선로 정전범위 극소화 및 정전시간 단축 등 배전계통의 효율적인 운용 및 전력공급의 신뢰도 향상을 위해 컴퓨터제어를 기본으로 하는 배전자동화가 절실하게 필요하게 되었다.

2) 목적

① 정전시간 단축으로 공급신뢰도 대폭 향상
② 선로운전정보 자동제공으로 운전효율 극대화
③ 중앙집중 감시제어로 계통운용 현대화

3) 주요 기능

(1) 배전설비 운전자동화 : 개폐기 상태 원격감시 및 원방조작

개폐기의 조작을 위해 현장 보수인력이 출동하기 위해서는 사전준비나 현장출동 등에 많은 시간이 소요된다. 더욱이 교통이 복잡해짐에 따라 증가되는 시간적 손실을 없애기 위해 현장으로 출동하지 않고 개폐기를 조작할 수 있다.

(2) 배전설비 운전정보의 실시간 획득

배전전압, 부하상황, 사고정보 등의 배전계통을 보수·운용하는 데에 필요한 모든 데이터를 자동적으로 수집함으로써 설비운용을 효율화하는 것을 그 목적으로 한다.

- 개폐기에 내장된 센서에 의해 부하감시 및 전압·전류 원격계측 : 배전선 전류, 전압, 구간전류, 상(相) 상태 등의 계측정보
- 선로운전정보 자동수집 : 전원측이나 배전선의 사고정보
- 변전소의 차단기, 보호릴레이 등의 상태정보

(3) 고장구간의 자동검출 및 최적계통전환

고장구간을 자동검출해 분리하고 건전구간은 부하유통 판단 후 역송

(4) 부하제어기능

일반 가정에의 에어컨 보급 및 빌딩의 냉방수요 증가 등으로 인해 전력수요 피크가 높아짐에 따라 여름철 피크타임 이외의 시간대에 전력수요를 증가시켜 부하의 평준화를 도모한다. 이를 위해 심야전력, 시간대별 요금, 수급조정 계약 등의 부하개폐를 타임 스위치의 ON/OFF 제어기능을 한다.

(5) 원격검침

검침업무의 인력 절감 및 효율화를 목적으로 수용가에 설치되어 있는 거래용 전력량계를 전력회사에서 자동적으로 원격검침하는 것을 말한다. 기존의 검침, 요금계산, 고지서 발행업무는 별도로 처리되어 많은 인력이 소요되고, 검침데이터의 부정확성 및 업무의 중복성이 초래되고 있으나 배전자동화시스템에서는 수용가의 전력 사용과 관련해 자동수집되는 원격검침정보는 수용가별 요금계산을 수행한 후 고지서를 자동으로 발행한다.

4) 구성

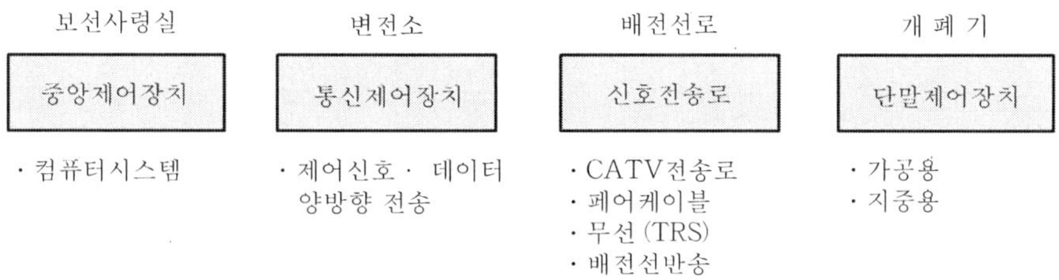

【그림 14-33】

II 추진전략

1) 지역특성을 감안한 시스템규모 구분적용

【표 14-12】

지 역	대도시(교통체증지역)	군, 읍, 면 소재지(부하산재지역)
주전산기	워크스테이션	PC
신호전송로	• CATV사업지역 : 광·동축케이블 • 기타 지역 : 페어 케이블 * 배전용 광섬유복합 가공지선 개발시 사용 검토	• 전력선 반송방식(PLC) • 무선 : 주파수공용방식(TRS : Trunked Radio System) 이용
기 능	• 개폐기 원격감시 및 제어 • 고장구간검출 및 건전구간 역송	

2) 타 시스템 연계

(1) 연계시스템

배전 지리정보시스템(DGIS), SCADA, 123, 인접 배전자동화 시스템

(2) 연계데이터

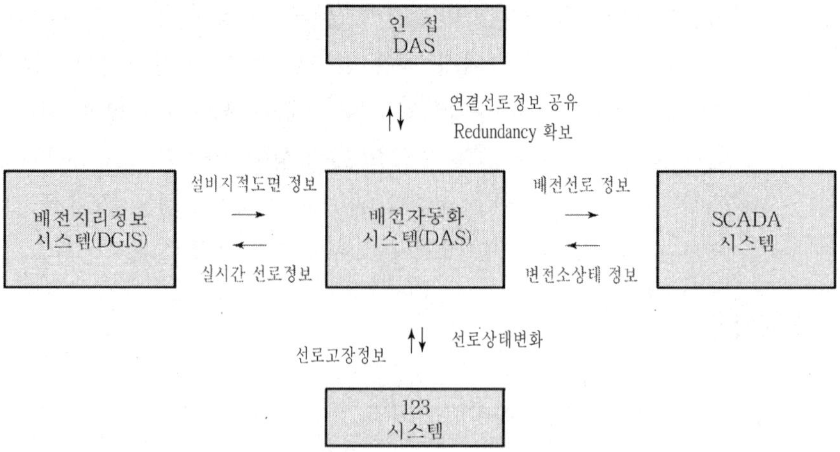

【그림 14-34】

3) 추진현황

【표 14-13】

연 도	항 목	내 용
1977	배전자동화사업 추진계획수립	• 단기 : 루프 스위치 설치 • 장기 : 원방제어 시스템 도입 운용
1983	배전자동화 연구계획확정	• 연구기간 : 1984~1987 • 연구내용 : 소규모 시험선로 운전
1984~1985	시험선로 및 통신방식 결정	• 경기도 4개 D/L • 통신방식 : PLC 방식
1988~1990	시스템 설치 및 실증시험	• 시스템명 : Emetcon(미국 WH사) - H/W : Micro VAX Ⅱ • 대상설비 : 경기도 20개 D/L, 개폐기 42대 • 전 송 로 : 배전선로 • 전송방식 : 배전선 반송방식(9.6kHz, 76.2Baud) • 기 능 : 개폐기 ON/OFF
1990~1993	한국형 배전자동화 시스템 개발	• 연구기관 : 전기연구소, 생산업체(6개사) 공동 • 시스템명 : KODAS • 통신제어장치, 단말장치 제작 : 이천전기 외 5개사
1993~1996	KODAS 실증시험	• 시스템명 : KODAS - H/W : DEC 3600 AXP • 대상설비 : 서울 24개 D/L, 개폐기 125대 • 전 송 로 : 페어 케이블 • 전송방식 : 멀티드롭(1,200bps) • 기능 : 감시, 제어, 계측, 부하융통, 그래픽 표시

4) 예상효과

(1) 공급신뢰도 향상

① 고장점 탐사시간 단축

- 사고원인 탐사범위 축소로 원인발견을 조기에 시행
- 현행 30~60분 → 1분 이내

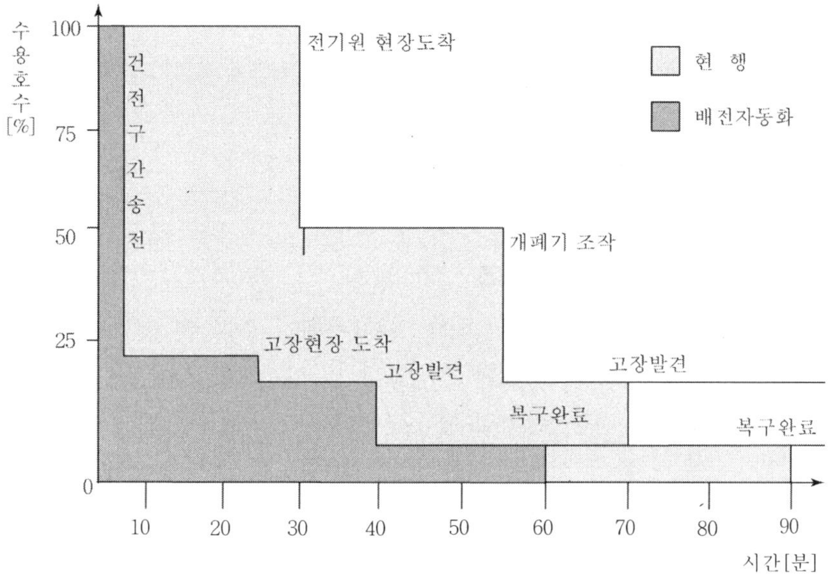

【그림 14-35】

② 건전구간 정전시간 단축

- 컴퓨터 제어에 의해 역송조작을 신속화
- 현행 20~40분 → 1분 이내

③ 호당 정전회수 및 정전시간 단축

- 현재의 10% 수준으로 축소

(2) 신뢰도 향상을 위한 투자액 절감

① 신뢰도 향상을 위한 설비보강 투자의 한계비용이 급증되므로 설비보강과 배전자동화의 병행추진이 유리

• 일본 북해도 전력의 예

【표 14-14】

항 목	호당정전호수 감소율[%]	호당정전시간 감소율[%]	투자비용 [억 엔]	차 액 [억 엔]
설비보강	35.3	35.3	82	26
배전자동화	75.5	69.1	56	

(3) 설비투자 및 운전비용 절감

① 선로운전 정보수집과 부하융통 계산에 의한 경제적 계통운전

- 선로손실 발생의 극소화
- 배전선로 이용율 향상 및 균등화

② 부하증가에 따른 신증설 투자시기 조정 가능

(4) 현장작업여건 개선

① 전기원의 현장출동에 의한 개폐기 조작 및 전압·전류 측정업무 개선

- 컴퓨터에 의한 원격조작 및 계측으로 업무량 대폭 감소

② 계통운용·관리업무의 신속화

- 배전계통운용·관리업무에 필요한 정보를 집중·일원화하여 판단 및 처리속도 개선

(5) 고객과의 정보연계

① 원격검침, 부하제어, 고객정보서비스 사업 등에 활용 가능한 기반시설 구축

5) 데이터 전송방식에 따른 배전자동화의 분류

배전자동화용 전송로로 현재 사용되고 있는 것을 보면 크게 3가지가 있는데, 다음과 같이 분류하고 있다.

(1) 배전선 반송방식

배전선 이용방식은 전력회사 소유의 배전선이 일반 가정까지 설치되어 있어 시스템 확대가 쉽고 운용 및 보수면에서 아주 유리하기 때문에 전송로로 이용하기 용이한 것이 장점이다. 배전선을 전송로로서만 볼 경우 신호감소, 잡음, 임피던스 특성은 신호전송에 부적합한 방식이다. 그러나 배전선로가 배전기기에 직접 접속되어 있다는 이점을 활용하여 배전기기의 정보수집 및 제어를 하기 위한 연구는 오래 전부터 이루어져서 통신선로에 사용되고 있는

전송기술에 배전선로의 특성을 가미한 기술이 개선되어 왔으며, 일부의 목적에 대해서는 제한적으로 실용화된 시스템이 개발되어 왔다.

배전선을 전송매체로 사용하는 이 방식은 사용주파전압에 신호를 중첩시키는 금속회로(선간)방식, 배전선과 대지 간에 신호를 주입하는 대지귀로방식의 2가지로 크게 구분할 수 있다.

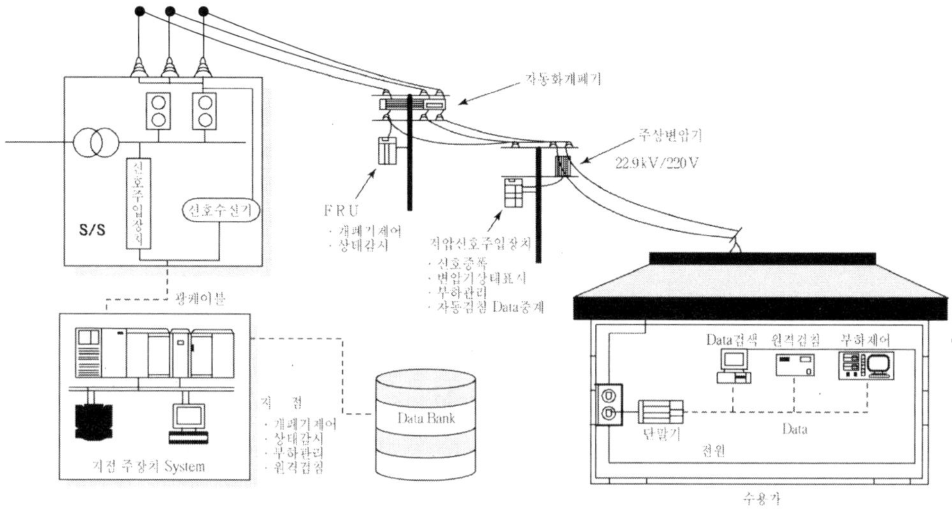

【그림 14-36 배전선 반송방식 구성도】

일반적으로 금속회로방식은 대지귀로방식에 비해 통신의 신뢰도는 높으나 옥외장치가 많이 필요해서 비용문제가 뒤따르며, 대지귀로방식은 다른 기기 등의 유도 및 간섭이 문제가 된다. 현재 배전선을 전송로로 이용하는 통신방식인 금속회로방식에서는 음성주파수 대역의 저주파를 이용하는 리플제어방식이 대표적이며 대지귀로방식에서는 고주파를 사용하는 PLC(Power Line Carrier)방식이 대표적이다.

배전계통의 선로형태가 복잡해지고 선로부하변동으로 인해 신호주입전력의 산정이 어려우며, 다른 신호전송로 중에 비해 신호형태가 크고, 잡음레벨이 높아 전송의 신뢰성 확보를 위해 전송속도, 전송거리 등에 한계가 있는 것이 단점이므로, 이것을 보완하기 위해서는 주상변압기까지는 CATV망을 이용하고 각 수용가까지는 저압배전선에 의한 PLC 방식을 이용하는 것이 바람직하다고 본다. 앞으로 군, 읍, 면 지역의 시스템에 이용하기 위해서는 통신 성공률을 높이기 위한 기술개발이 해결해야 할 과제이다.

① 배전선 반송 금속회로(선간)방식 : 높은 신뢰도, 고가

- 리플제어방식 : 소규모 시스템 선로개폐기 제어에 사용됨.
- 펄스신호방식 : 60Hz의 상용주파전압을 직접 이용하는 방식으로 콘덴서의 충·방전 특성을 이용해 과도적인 고주파 펄스를 발생시켜 신호로 이용하는 방식
- 고주파 신호방식 : 배전선의 임의의 지역에 결합장치를 설치하여 데이터를 송·수신하는 방식

② 배전선 반송 대지귀로방식(PLC 방식)

- 미국, 일본 등 선진외국에서 현재 실용화되어 이용하고 있는 전송방식으로 현재 우리나라는 경기지사 시스템 전송로로 이용

③ 참고 : 일본은 현재 리플제어방식과 스펙트럼 확산방식을 이용

- 리플제어방식 : 소규모 시스템 선로 개폐 제어에 사용
- 스펙트럼 확산방식 : 배전선의 연속한 넓은 대역에 확산신호를 이용하는 방식으로 불량이 적고 다른 기기에 영향이 없어 대용량 시스템 선로제어에 사용

(2) 전용선 통신방식

전용선 통신방식은 전송로별로 페어 케이블, 동축케이블, 광케이블 방식으로 구분할 수 있다. 전송로의 선택은 시스템의 규모, 장래의 확장성, 다른 용도와의 공용화, 공사 및 보수비용 등을 종합적으로 고려하여 최적의 방식을 결정해야 한다.

① 페어케이블 방식

페어케이블 방식은 동축케이블이나 광케이블 방식과는 달리 전송로를 구성하는 특수한 기기가 필요하지 않고 전송로의 접속, 분기 등을 일반 전기기술자도 쉽게 할 수 있어 널리 쓰이는 방식이다. 그러나 이 방식은 협대역(狹帶域), 전송속도의 저속 및 전력선 유도, 서지의 영향 등이 커서 사용에 한계가 있다.

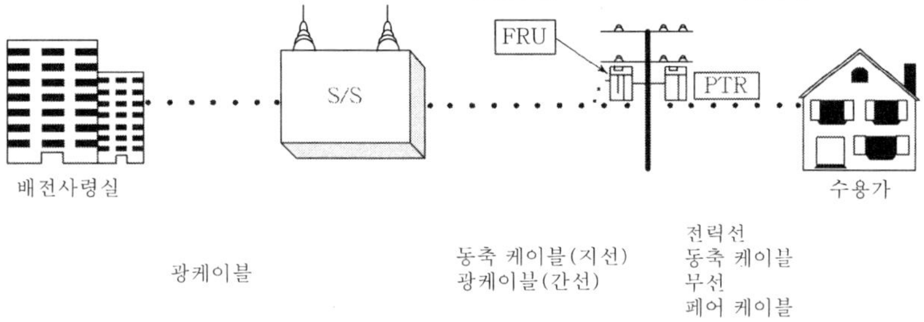

【그림 14-37 전용선 통신방식 구성도】

② 동축케이블 방식

동축케이블 방식은 CATV망의 확대보급과 함께 앞으로 많이 이용될 전송로로 양방향 전송 및 멀티미디어 서비스 등 고객에게 각종 서비스를 제공할 수 있을 것으로 예상된다.

③ 광케이블 방식

광케이블 방식은 광대역(廣帶域), 저손실, 무유도, 세심(細心), 경량(輕量) 등 여러 가지 특징이 있으며, 전력회사에 가장 적합한 전송로로 공중통신을 선두로 전력, 철도, 도로 등 여러 분야에서 이용이 확산되고 있는 추세이다.

(3) 무선전송방식

무선전송방식은 선로자동화용으로 실용화된 것은 근래 미국의 일부 전력회사에서 사용되고 있으며, 1999년부터 우리나라의 소규모 배전자동화시스템에서 무선망 사업자(에어미디어)의 무선망을 이용해 사용 중에 있다.

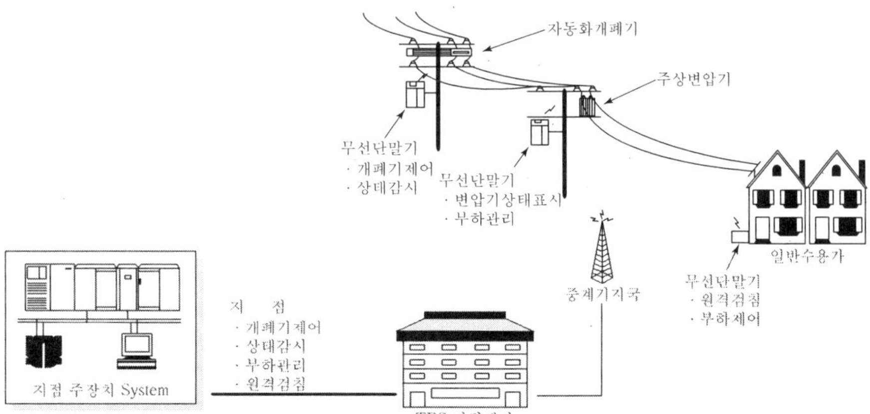

【그림 14-38 TRS망을 이용한 무선통신방식 구성도】

14.7 옥내 배선의 보호

전등, 전열기, 전동기 등에 전기를 공급할 때는 사람에 대한 감전, 기계기구류의 손상이 일어나지 않도록 전로의 보호용 개폐기, 과전류 차단기, 누전차단기 등을 시설하여야 한다.

일반적으로 옥내 배선의 보호는 옥내 부하에 대한 과전류 보호, 지락보호 및 절연접지보호 등으로 크게 나눌 수 있다.

I 옥내 배선의 과전류 보호

전선이나 전기 기계기구는 각각 안전하게 흘릴 수 있는 전류에 한도가 있으며, 전류가 이 한도를 넘으면 전선이나 기계기구의 온도가 지나치게 상승하거나 절연물이 변질해서 불이 나거나 하는 위험한 재해의 원인이 된다.

이와 같은 재해를 막기 위해서 한도 이상의 과전류가 흘렀을 경우에 전선이나 기계기구가 위험한 온도에 이르기 전에 전류를 자동적으로 차단하는 기능을 가진 설비(즉, 과전류 차단기)를 회로의 요소에 설치해야 한다.

옥내에서 일어나는 과전류에는 과부하전류와 단락전류의 2가지가 있다. 전자의 과부하전류는 가령 3kW까지 사용하도록 설계되어 있는 배선을 5kW로 사용하거나 해서 안전하게 흘릴 수 있는 전류보다 수 배 이상의 전류를 흘리는 경우를 말한다. 반면 후자의 단락전류는 기구의 고장이나 사용자의 과실로 안전하게 흘릴 수 있는 전류의 10배 정도 이상의 전류를 흘리는 경우를 말한다. 어느 경우이건 이러한 과전류를 흘리는 것은 위험하므로 이를 신속하게 차단해야 한다.

옥내 배선에서 사용하는 과전류차단기에서 주요한 것은 퓨즈와 배선용 차단기의 2가지이다.

1) 퓨즈

퓨즈(Fuse)는 가장 간단한 과전류차단기로서 과전류에 의한 발열을 스스로 용단하고 회로를 차단해 전선이나 기계기구를 보호하는 기능을 가진다. 이것은 간단하고 값도 싸지만 한 번 끊어지고 나면(즉, 용단되면) 다시 새로운 것으로 바꾸어 주어야 하는 불편이 있다.

【표 14-15 퓨즈의 정격전류와 용단시간】

정격전류의 구분	시 간	
	정격전류 1.6배의 전류 통과시	정격전류 2배의 전류 통과시
30 A 이하	60	2
30 A 초과 60 A 이하	60	4
60 A 초과 100 A 이하	120	6
100 A 초과 200 A 이하	120	8
200 A 초과 400 A 이하	120	10
400 A 초과 600 A 이하	120	12
600 A 초과	180	20

퓨즈에는 가정용이나 옥내 시설에 사용되는 정도의 것으로부터 고압회로의 전력 퓨즈에 이르기까지 여러 가지 종류가 있다.

퓨즈는 어느 크기의 전류까지는 연속적으로 사용해도 용단되지 않아야 하고 그 한도를 넘는 전류에 대해서는 일정한 시간 내에 확실하게 용단되어야 한다. 기술기준에서도 저압용 퓨즈의 전류 특성을 정격전류의 1.1배의 전류에 견디고, 정격전류의 1.6배와 2배의 전류가 흐를 때에는 다음 [표 14-15]에 표시한 시간 이내에 용단되어야 한다고 정하고 있다.

2) 배선용 차단기

이른바 노퓨즈 브레이커로 과부하전류와 단락전류 어느 것에 대해서도 전선이나 기계기구를 보호할 수 있다. 이것은 퓨즈와 달리 차단한 후에 간단히 원상태로 복귀할 수 있다는 장점을 지니고 있다.

배선용 차단기는 동작기구 및 트립장치를 절연물의 외함 내에 하나로 조립한 것으로서 평상상태의 전로를 수동으로 개폐할 수 있으며 또한 과부하 및 단락사고시에는 안전하게 자동차단할 수 있다.

KS에서 정격전압은 교류 600V 이하 및 전류 250V 이하, 정격전류는 1000A까지 단극, 2극 및 3극의 것이 정해져 있고 정격차단용량은 2500A로부터 50,000석을 사용한 전자석을 사용한 전자식 차단기도 많이 쓰이기 시작하고 있다.

과전류 차단기의 합리적 사용을 위해서는 단락시 그 단락전류에 충분히 견딜 수 있어야 하며, 더욱이 공장 등의 변압기 용량이 증가하는 경우나 단락전류값이 크게 되는 경향이 있을 때에는 과전류 차단기를 목적에 상응하도록 경제적이고 합리적인 것을 선택해서 사용해야 한다.

II 옥내 배선의 지락보호

60V 이상의 저압에서 사용하는 금속제 외함 내의 기계기구에서 전로에 지락전류가 발생할 경우에는 자동적으로 전로를 차단하는 장치가 필요하다. 누전차단기는 기기의 절연이 나빠졌을 때 회로를 순시에 개방해서 감전사고를 방지하기 위해 1930년대부터 유럽에서 개발되어 현재 세계 각국에서 많이 사용되고 있다. 이것은 동작원리상 전압동작형과 전류동작형으로 나누어지는데 최근에는 후자의 전류동작형이 보다 많이 사용되고 있다. 이것은 지락사고 발생시 각 상(선) 전류에 생긴 불평형을 차동변류기 및 검출부에서 파악하여 전로의 각 극을 자동차단하는 것으로서 지락전류값이 명판에 기재된 정격감도전류 이상이 되면 반드시 동작하고, 정격감도전류의 1/2 이하에서는 동작하지 않도록 조정되는 것이 보통이다. 이 전류동작형은 전압동작형에 비해 감전방지상 기능적으로 더 우수할 뿐 아니라 전로의 누전화재에 대해서도 보호작용을 지니고 있다고 한다. 우리나라에서도 지난 1970년대부터 시작된 220/380V 승압공사와 보조를 맞추어 이 전류동작형 누전차단기의 사용이 급속도로 늘어나고 있다.

또한 옥내 전로의 전기사고는 감전재해와 누전화재로 구분할 수 있다. 인체 통과전류가 심장기능에 미치는 영향은 통전시간이 심장의 맥동주기를 초과할 경우에는 비록 수 초 이내 일지라도 그 통과전류의 크기와 통과시간의 곱이 50mA·s를 초과하였을 때 치명적인 영향을 준다고 알려져 있다. 감전사고를 방지하기 위해서 사용하는 누전차단기는 감전전류 30mA 이하, 동작 시간 0.1s 이하의 고감도·고속도의 것이 일반적으로 사용되고 있다. 또한 누전화재의 방지로는 누전차단기 이외에 누전화재 경보기가 있다.

이 이외에 지락 시의 주된 보호장치로는 전기기기의 금속함 등에 시설하는 접지공사 보호방법이 있다. 이는 전기기기의 고장, 절연열화 등에 의해 금속제 박스가 누전될 경우에 생긴 대지전위를 이 부분의 접지공사로 더 낮은 값으로 억제하는 방법이다.

III 감전 방지대책

감전사고는 작업자 또는 대중의 과실, 고의 및 기계기구류 내 전로의 절연불량 등에 의해서 발생하는데 여기서는 후자의 경우에 대해서 생각해 본다.

즉, 전동기나 전기세탁기 등에서 절연불량이 생기면 외함 등에 대지전압이 발생해서 감전사고를 일으키게 되는데, 이러한 경우에 대한 방지대책으로는 다음과 같은 것들이 고려되고 있다.

1) 단순접지

저압의 기계기구류에서 주로 외함 등을 제3종 접지공사로 접지하는 방법인데, 현실적으로 절연파괴 시 외함 등에 생기는 대지전압을 인체에 위험이 없는 값까지 저하시킨다는 것은 상당히 어려운 일이다.

2) 누전차단기의 설치

현재 우리나라에서도 220/380V 승압공사의 진전에 따라 전류동작형의 누전차단기가 많이 보급되고 있다.

3) 저전압법

보일러나 탱크 등과 같은 금속케이스 내에서 작업을 할 경우에는 220V 또는 110V에서도 감전사고가 발생하기 쉽기 때문에 변압기로 회로전압을 12V, 24V, 42V 등으로 저하시켜서 공급하는 방법이다.

4) 이중절연기기

상술한 바와 같이 접지는 중요한 보호대책이지만 그 효과에는 한계가 있기 때문에 이중절연기기가 개발되었다. 이것은 본래 그 기기로서 당연히 필요한 '절연기능'과 그것이 소용없게 되었을 때 외함이 충전하는 것을 막기 위한 '보호절연'이라는 2가지 절연구조를 갖는 기기이다. 이와 같은 기기를 사용할 경우에는 외함을 접지하지 않아도 된다.

14.8 옥내 배선의 접지공사

I 접지공사의 종류

접지공사는 일반 전기설비는 물론 전화설비, 소방설비, 위험물 설비, 기타 음향설비 등에 이르기까지 보완상 매우 중요한 사항이다. 여기서는 전기 일반용에 대한 접지만 다루기로 한다.

접지공사는 매우 중요한 역할을 지니고 있으며 그 실행목적은 다음과 같다.

① 고저압 혼촉 시의 전압선 전위 상승 억제(보호)
② 기기의 지락사고 발생시 사람에 걸리는 분담전압의 억제
③ 선로로부터의 유도에 의한 감전방지
④ 이상전압 억제의 의한 절연계급의 저감, 보호장치의 동작 확실화

전기설비기술기준에서는 접지공사를 다음과 같이 4가지로 구분하고 있다.

1) 제1종 접지공사

피뢰기, 특고압 계기용 변성기의 2차 측 전로, 고압 또는 특고압 계기의 철대 등과 같이 접지사고가 발생하였을 때 고압이나 특고압이 침입할 가능성이 있고 위험도도 높은 경우에 요구된다. 접지저항값은 10Ω 이하로 정해져 있다.

2) 제2종 접지공사

변압기의 고압 측 또는 특고압 측 전로의 1선지락전류 암페어 수로 150(변압기의 고압전로와 저압전로와의 혼촉에 의해 저압전로의 대지전압이 150V를 넘을 경우에 2초 이내에 자동적으로 고압전로를 차단하는 장치를 설치할 경우에는 300)을 나눈 값과 같은 옴수 이하로 한다. 단, 고압으로부터 저압으로 변성하는 변압기의 제2종 접지공사는 계산상 5Ω 미만이 되더라도 5Ω 미만의 값으로 할 필요는 없다. 이 접지공사는 고압·특고압 선로로부터 저압으로 변성하는 변압기(주상변압기 등)의 저압 측 중성점(중성점에 시공할 수 없을 경우에는 1단자)에서 시공한다.

다음으로 변압기 내부나 병가한 고·저압 가공선 간에서 혼촉사고가 일어난 경우를 살펴보기로 한다. [그림 14-39]는 이러한 고저압 혼촉 시의 개요도를 보인 것인데 사고가 나면 접지를 통해 지락전류가 흘러 고압배전선의 지락전류 I[A]와 제2종 접지의 저항값 R[Ω]과의 곱인 IR[V]만큼 저압선의 전위가 상승한다. 기술기준에는 이 값을 150V(또는 300V) 이하가 되도록 규정하고 있다.

즉, 제2종 접지공사는 고저압 혼촉 시의 저압선 전위 상승을 적당한 값으로 억제하기 위한 것이다. 1선지락전류는 실측값 또는 계산에 의해서 구할 수 있는데, 이때의 계산식은 다음과 같이 규정하고 있다.

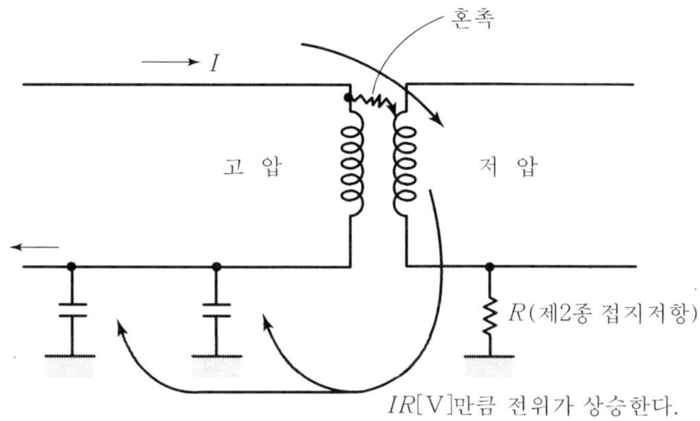

【그림 14-39 고·저압 혼촉의 일례】

(1) 가공선만일 경우

$$I_1 = 1 + \frac{\frac{V}{3}L - 100}{150} \quad \cdots\cdots (14.20)$$

우선 제2항의 값은 소수점 이하는 절상한다. 또 I_1이 2 미만일 경우에는 2로 한다.

(2) 케이블만일 경우

$$I_1 = 1 + \frac{\frac{V}{3}L' - 1}{2} \quad \cdots\cdots (14.21)$$

위의 경우와 같다.

(3) 가공선과 케이블을 병용한 경우

$$I_1 = 1 + \frac{\frac{V}{3}L - 100}{2} + \frac{\frac{V}{3}L - 1}{2} \quad \cdots\cdots (14.22)$$

오른쪽 제2항 및 제3항은 값은 각각의 값이 부(-)가 될 경우에는 0으로 한다. I_1의 값은 소수점 이하로 절상하고, I_1이 2 미만일 경우에는 2로 한다.

여기서 I_1 : 1선지락전류[A]
V : 전로의 공칭 전압을 1.1로 나눈 전압[kV]
L : 동일 모선에 접속되는 고압가공전선의 전연연장[km]
L' : 동일 모선에 접속되는 고압케이블의 선로연장[km]

공칭전압은 앞서 제1장에서 설명한 바와 같이 3kV급에서는 3.3kV, 6kV급에서는 6.6kV이었다. 따라서 이들을 1.1로 나눔으로써 각 식의 V는 3.3÷1.1=3 또는 6.6÷1.1=6으로 된다.

L은 배전용 변전소의 같은 변압기로부터 나오고 있는 고압가공전선의 전선연장인데, 여기서 말하는 전선연장이란 전선을 1선으로 연결해서 본다는 것이다. 가령 3상3선식에서 1km, 단상 2선식에서 1km의 경우는 1km×3+1 km×2=5km로 한다. 가공선은 3선식으로 된 곳과 2선식으로 된 곳이 있기 때문에 이와 같이 계산하고 있지만 케이블은 3상3선식이므로 L'는 케이블의 길이 그 자체를 취하면 된다. 즉, 케이블 1km는 $L'=1$로 한다.

3) 제3종 접지공사

접지저항값은 100Ω(저압전로에서 당해 전로에 접지가 생긴 경우에 0.5초 이내에 자동적으로 전로를 차단하는 장치를 시설할 경우에는 500Ω) 이하로 한다.

이 접지공사는 고압계기용 변성기의 2차 측 전로, 고압 지중케이블의 금속피복, 300Ω 이하의 기기의 철대, 외함에 시공한다. [그림 14-40]은 외함에 R_3[Ω]의 제3종 접지공사가 시공되어 있을 때 기기의 절연불량으로 금속제 외함에 누전이 일어났을 경우의 예를 보인 것이다.

이때 외함에 나타나는 전압 V_1은 지락전류를 I[A]라고 하면

$$I=\frac{V}{R_2+R_3}\text{[A]} \quad \cdots\cdots (14.23)$$

외함에 걸리는 전압은 R_3과 I의 곱이므로

$$V_1=IR_3=\frac{R_3 V}{R_2+R_3}\text{[V]} \quad \cdots\cdots (14.24)$$

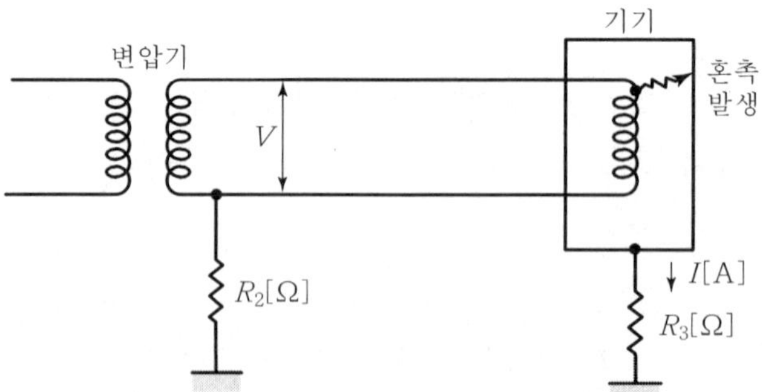

【그림 14-40】

인체가 외함에 접촉하면 이때 인체를 통해서 흐르게 될 전류(즉, 감전전류) I_2는 [그림 14-41]과 같은 등가회로가 형성되어서 다음과 같이 된다.

$$I_2 = I \times \frac{R_3}{R_3 + R} = \frac{V}{R_2 + \frac{R_3 R}{R_3 + R}} \times \frac{R_3}{R_3 + R} [\mathrm{A}]$$
$$= \frac{R_3 V}{R_2 R_3 + R_3 R + R R_2} [\mathrm{A}] \qquad \cdots\cdots\cdots\cdots\cdots\cdots (14.25)$$

따라서 제3종 접지공사가 규정저항값대로 시공되어 있다고 하더라도 제2종 접지공사의 저항값에 따라서는 반드시 안전하다고 할 수 없는 경우도 생기기 때문에 최근에는 누전차단기를 설치해서 적극적으로 고장전로를 차단하는 방법을 사용하고 있다.

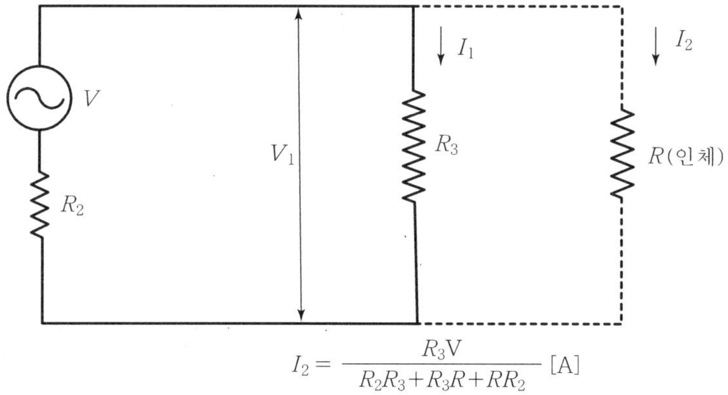

【그림 14-41】

4) 특별 제3종 접지공사

접지저항값 10Ω(저압전로에서 당해 전로에 접지가 생긴 경우 0.5초 이내에 자동적으로 전로를 차단하는 장치를 시설할 경우에는 500Ω) 이하로 한다. 이 접지공사는 300V를 넘는 저압용(400V 배전) 기기의 철대, 금속관 및 외함 등에 시공한다. 참고로 [그림 14-42]에 이러한 접지공사의 개요를 나타내었다.

이상으로 접지공사는 [표 14-16]과 같이 요약정리할 수 있다.

【표 14-16 접지공사의 개요】

접지 종별	설비 또는 기기의 종별	비 고
제1종	• 피뢰기 • 옥내 또는 지상에 시설하는 특고압 또는 고압기기의 외함 • 주상에 설치하는 3상4선식 접지계통의 변압기 및 기기 외함 • 22.9kV를 넘는 특고압선과 교차, 접근할 경우에 시설하는 보호망 • 교류 전차선의 아랫부분에 접근하는 경우에 시설하는 보호망	
제2종	주상에 시설하는 비접지계통 고압 주상변압기의 저압측 중성점 또는 저압 측의 일단과 그 변압기의 외함	
제3종	• 약전선과 교차 또는 접근 개소에 시설하는 보호선과 보호망 • 삭도의 아랫 부분에 교차, 접근하는 경우에 시설하는 보호 장치의 금속 부분 • 굴뚝 등과 접근하는 경우 굴뚝 등의 금속 부분 • 철주, 철탑, 강관주 • 교류 전차선과 교차하는 고압전선로의 완철 • 고·저압 가공케이블의 조가용 강연선 • 1차가 접지계통인 경우의 다중접지된 중성선 및 저압선의 접지 측 전선. 단, 주상변압기 2차 측 접지는 제외 • 주상에 시설하는 고압콘덴서, 고압 전압조정기 및 고압 개폐기 등 기기의 외함 • 옥내 또는 지상에 시설하는 400V 이하 저압기기의 외함 • 콘크리트주의 고압 및 특고압용 완철 • 1차가 비접지계통인 경우의 단상3선식 저압 중성선의 말단	단, 합성접지 저항값은 5Ω/km
특별 제3종	옥내 또는 지상에 시설하는 400V를 넘는 저압기기의 외함	

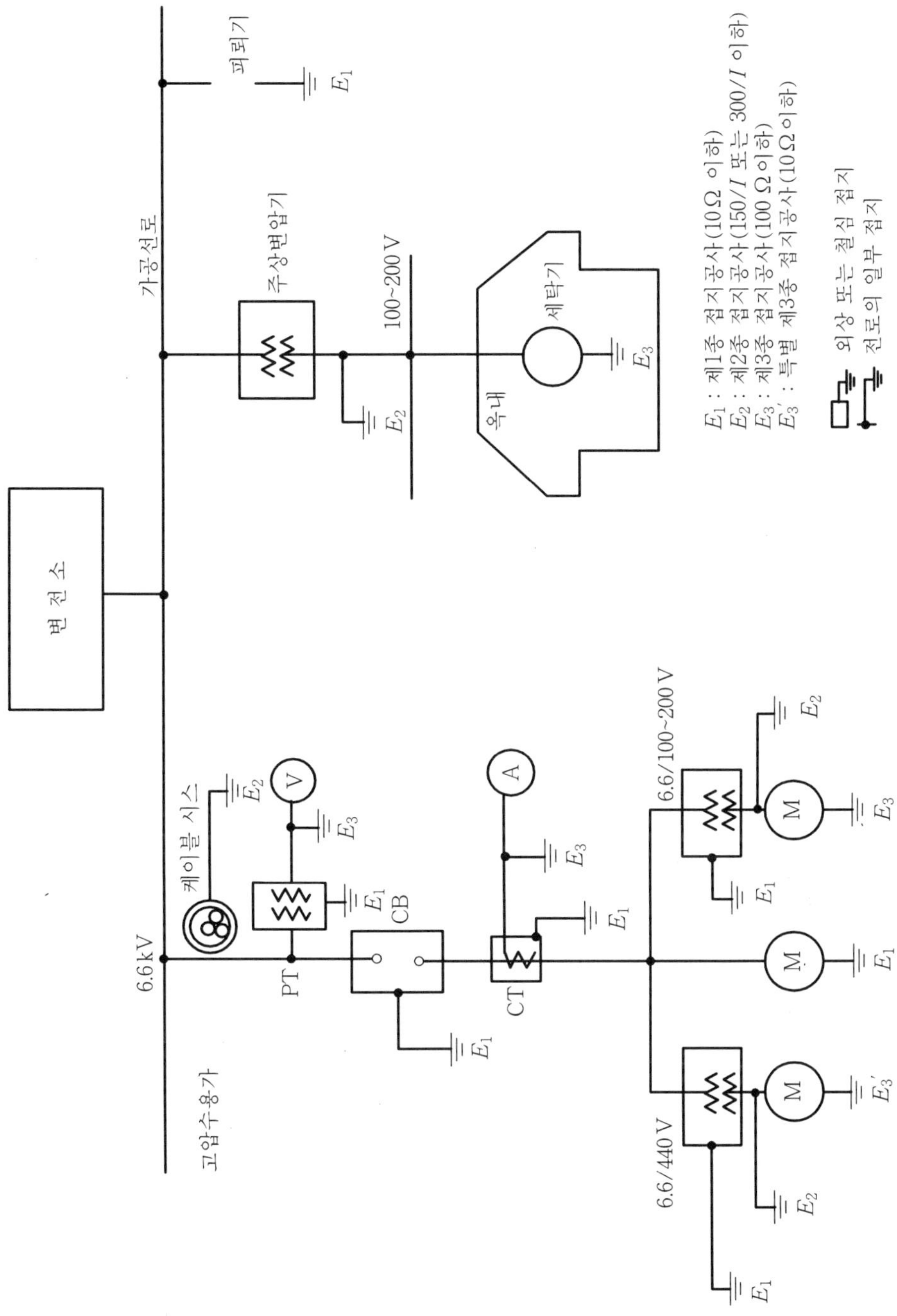

【그림 14-42 접지공사의 개요】

II 접지공사의 시설기준

1) 접지선의 굵기

접지선은 연동선 또는 이것과 동등 이상의 강도 및 굵기의 금속선을 사용하고 굵기(지름)는 아래의 값 이상으로 한다.

① 제1종 접지공사 : 2.6mm
② 제2종 접지공사 : 4.0mm[단, 고압전로 또는 15kV 이하의 특별고압전로(실제는 11.4kV 선로)에 사용할 경우에는 2.6mm]
③ 제3종 접지공사 : 1.6mm
④ 특별 제3종 접지공사 : 1.6mm

2) 공사방법

제1종 또는 제2종 접지공사에 사용하는 접지선을 사람이 접촉할 우려가 있는 장소에 시설할 경우에는 다음과 같이 시공한다.

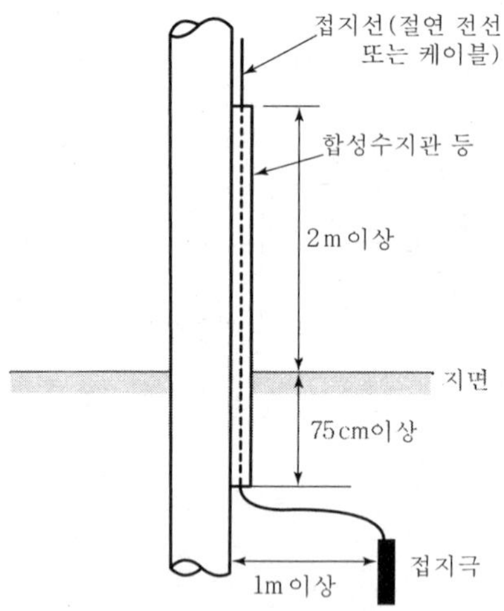

【그림 14-43 접지공사방법】

① 접지선은 지하 75cm 이상의 깊이에 매설한다.
② 접지선을 철주 등의 금속체에 따라서 시설할 경우 접지극은 금속체로부터 1m 이상 격리해서 매설한다.

③ 접지선에는 절연 전선 또는 케이블을 사용한다.

④ 지하 75cm부터 지표상 2m까지의 부분은 합성수지관 또는 동등 이상의 절연효력과 강도가 있는 것으로 피복한다.

[그림 14-43]은 이러한 공사방법을 나타낸 것이다.

예제 14-14

3상3선식이 90km, 단상2선식이 15km의 6.6kV 가공배전선로에 접속된 주상변압기의 저압측에 시설된 제2종 접지공사의 저항값을 구하라.

풀이 $V=6$, $L=90\times3+15\times2=30$이므로

$$I_1=1+\frac{\frac{V}{3}L-100}{150}=1+\frac{\frac{6}{3}\times300-100}{150}=1+3.33=1+4=5\text{A}$$

여기서 오른쪽변 제2항은 소수점 이하를 절상하였다.

따라서 접지저항 R는

$$R=\frac{150}{I}=\frac{150}{3}=30\,\Omega$$

만일 이 전로에서 1초과, 2초 이내에 자동적으로 고압전로를 차단할 수 있게 되어 있다면 다음과 같이 된다.

$$R=\frac{300}{5}=60\,\Omega$$

예제 14-15

[그림 14-44]와 같은 계통에서 기기의 A점에서 완전지락이 발생하였을 경우

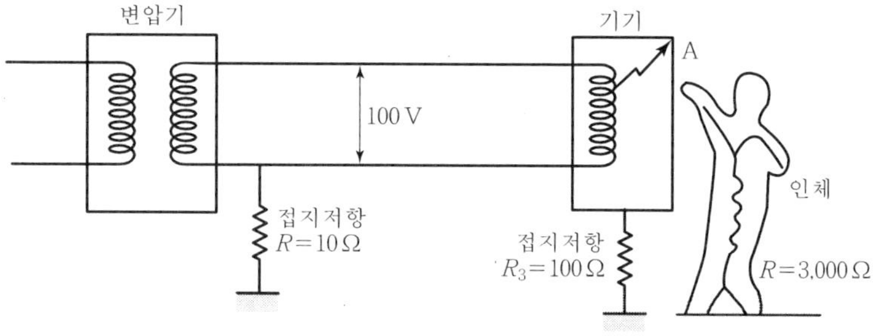

【그림 14-44】

1) 이 기기의 외함에 인체가 접촉하고 있지 않을 경우 이 외함의 대지전압은 몇 [V]가 되겠는가?
2) 이 기기의 외함에 인체가 접촉하였을 경우 인체에는 몇 [mA]의 전류가 흐르는가?
3) 인체 접촉 시 인체에 흐르는 전류를 10mA 이하로 하려면 기기의 외함에 시공된 접지공사의 접지저항 R_3[Ω]의 값을 얼마의 것으로 바꾸어 주어야 하겠는가?

풀이 이 문제의 등가회로는 [그림 14-45]와 같이 된다.

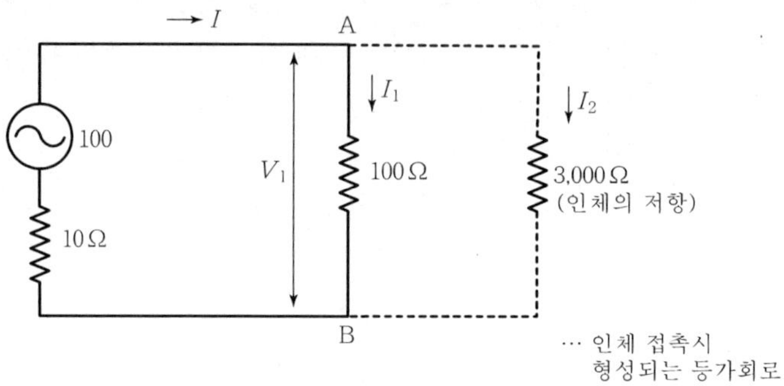

【그림 14-45 등가회로】

1) 인체가 접촉하고 있지 않을 경우

$$V_1 = \frac{100}{10+100} \times 100 ≒ 91\text{V}$$

2) 인체가 접촉했을 경우

$$I_2 = \frac{100 \times 100}{10 \times 100 + 100 \times 3{,}000 + 3{,}000 \times 10} = 0.0302\text{A} = 30.2\text{mA}$$

3) 인체에 10mA가 흐른다고 하면 AB간의 전압 V_1은

$$V_1 = 0.01 \times 3{,}000 = 30\text{V}$$

이로부터 다음 식이 성립한다.

$$4{,}100 = \left(\frac{30}{R_3'} \times 0.01\right) \times 10 + 30$$

이로부터

$$R_3' = \frac{300}{69.9} ≒ 4.29\,\Omega$$

즉, 기기의 외함을 현재의 $R_3 = 100\,\Omega$ 이하의 저항(R_3')을 가지고 새로 접지해야 한다.

예제 14-16

오늘날 우리나라 배전계통의 운용면에서 관심을 모으고 있는 배전자동화 시스템에 대해서 설명하라.

풀이 배전설비는 다양하고 방대한 양의 설비가 지역적으로 분산해서 설치되어 있을 뿐만 아니라 옥외의 가혹한 자연조건에 노출되어 있다.

현대사회 맹점의 하나라고 불리고 있는 정전, 제아무리 정보화가 진전해서 편리하게 되어도 전기가 없으면 가정생활, 경제활동은 마비되어 버리는 것이 오늘날의 모습이다. 배전자동화란 바로 이러한 정전을 줄이고, 전력설비운용의 효율성을 높이기 위해 제어대상기기에 원방감시 제어기능을 부여하고, 제어소에서 일괄제어를 가능하게 한 것을 말한다. 초기의 자동화단계에서는 원방제어기능에만 중점을 두었으나 최근에는 배전선로의 운용과 전력수급에 관한 정보처리를 컴퓨터나 통신수단에 의해 자동화하는 컴퓨터 제어형태로 정착되고 있다. [표 14-17]은 이러한 배전자동화의 기능과 효과를 정리해서 나타낸 것이다.

【표 14-17 배전자동화의 기능과 효과】

기 능		효 과
선 로 개 폐 기 감시제어	개폐기 상태 감시 사고시 구분 절환 작업 정전부하 절환	정전구간 축소, 정전시간 감소 안전사고 감소, 손실 감소 설비이용률 향상
배전관리 정 보 의 자동수집	급전선부하 계측 전압변동 계측 다선 검출, 사고 예지 정보수집	배전손실 절감 과부하사고 예방 양질의 전기공급
부하관리	냉·난방 부하제어 공장 부하첨두의 둔화	부하첨두 상승지연 전원설비 투자지연 고압수용가 수요제어
자동원격 검 침	전력량계 자동검침 계절별 심야전력요금 전환 부하 분선	전력설비이용 검침 전력회사의 수용가 양방향 서비스 검침시스템 다양화

E/X/E/R/C/I/S/E

Q14 연습문제

01 다음 사항에 대해서 설명하라.

① 주상변압기의 탭
② 모선전압조정
③ 선로전압강하 보상기
④ 유도형 전압조정기
⑤ 자동승압기

02 긴 고압배전선로로 공급되는 농촌의 전등부하에 대해서는 전압을 적당히 유지하기 위해 어떤 전압조정방법을 취하고 있는가?

03 배전용 변전소에서의 고압배전선 송출전압의 조정방법을 열거하고 그 우열을 비교하라.

04 주상변압기의 탭 폭은 일반적으로 5%로 되어 있는 데 이것을 2.5%로 했을 경우의 득실에 대해서 설명하라.

05 배전선 전수용가의 전압변동범위를 일정한 한계 내에 유지하려고 할 경우 다음의 조건이 고저압선 중부하 시 저압강하의 조함에 어떤 영향을 미치게 되는가를 고찰하라.

① 변전소 송출전압의 조정범위
② 주상변압기 탭 폭의 정정

06 전압변동이 큰 고압배전선로에서의 전압변동 경감대책을 열거하고 설명하라.

07 전력 880kW로 역률 75%(지상)인 부하가 있다. 전력용 콘덴서를 설치함으로써 역률을 90%로 개선하고자 할 때 소요될 조상용량 Q_c는 몇 [kVA]인가?

08 역률 80%, 10,000kVA의 부하를 갖는 변전소에 2,000kVA의 콘덴서를 설치해서 역률을 개선하면 변압기에 걸 수 있는 부하[kVA]는 얼마까지 늘어나겠는가?

09 정격용량 300kVA의 변압기로 300kVA 지상역률 0.7의 부하에 전력을 공급하고 있다. 지금 합성역률을 0.9로 개선해서 이 변압기의 전 용량으로 공급하려고 할 때 필요한 전력용 커패시터의 용량과 이때 추가할 수 있는 부하는 얼마인가?

10 어느 수용가가 당초 역률 80%(지상)로 600kW의 부하를 사용하고 있었는데, 새로이 역률 60%(지상)로 400kW의 부하를 추가해서 사용하게 되었다. 콘덴서로 합성역률을 90%로 개선하려고 할 경우 콘덴서의 소요용량을 구하라.

11 변전소로부터 3상3선식 1회선의 전용 배전선로로 수전하고 있는 공장이 있다. 이 배전선로 1가닥 당의 임피던스는 $2.5+j5.0\Omega$이며, 공장 부하는 8,000kW, 역률은 90%로 개선하려고 할 경우 콘덴서의 소요용량을 구하라.

12 고압배전선로의 부하단에 40kW, 지상역률 0.8의 단일집중부하가 있다. 이 부하단에서 부하와 병렬로 10kVA의 콘덴서를 접속하면 선로손실은 얼마만큼(몇 %) 감소되겠는가? (단, 부하단의 전압은 콘덴서의 설치와 관계없이 일정하다고 한다.)

13 어느 변전소에서 지상역률 80%인 부하 6,000kW에 공급하고 있었는데, 새로이 지상역률 60%의 부하가 1,200kW 더 늘어나게 되었으므로 이에 따라 콘덴서를 설치하고자 한다. 아래의 각 경우에 대한 소요콘덴서를 용량을 구하라.

① 부하 증가 후에도 역률을 80%로 유지할 경우

② 부하 증가 후에도 변전소의 용량[kVA]을 그대로 유지하고자 할 경우

③ 부하 증가 후의 역률을 90%로 유지할 경우

14 용량 10,000kVA의 변전소에서 현재 10,000kVA, 지상역률 0.8의 부하에 전력을 공급하고 있다. 이 변전소로부터 다시 지상역률 0.6, 1,000kW의 부하에 전력을 공급하고자 할 경우 변전소를 과부하시키지 않고 증가된 부하까지 함께 공급하기 위해서는 최저 몇 [kVA]의 전력용 콘덴서가 필요하겠는가? 또 이때 이 콘덴서까지 포함한 부하의 합성역률은 얼마로 되겠는가?

15 배전계통의 역률저하에 따른 장해(또는 결점)를 열거하고 이의 개선방법을 설명하라.

16 배전선로의 전력손실 경감대책에 대해서 각 설비를 구분별로 열거하고 설명하라.

17 고압배전선에 적용할 역률개선용 콘덴서에 대해서 선로운용상 고려해야 할 사항을 들고 그 대책을 설명하라.

18 송배전계통에서 무효전력의 합리적 배분의 의의와 경제적 설계에 관한 기본적인 방침을 설명하라.

19 대규모 빌딩에서 옥내 배선의 전기방식을 선정함에 있어서 고려해야 할 사항을 설명하라.

20 대용량의 고압수전설비를 설치할 경우 그 설치장소의 선정, 사용기기의 선정에 대해서 유의할 사항을 기술하라.

21 접지공사의 종류에 대하여 설명하라.

22 일반 전기설비에서 접지의 필요성에 대하여 설명하라.

23 누전차단기의 동작원리를 간단히 설명하라.

24 옥내 배선의 지락보호에 대하여 간단히 설명하라.

Transmission and Distribution Engineering

PART 15
가공설비

15.1 지지물 공사

15.2 지선공사

15.3 전선 접속

15.4 주상변압기 공사

15.5 COS 설치

15.6 계기공사

PART 15 가공설비

15.1 지지물 공사

I 부속자재

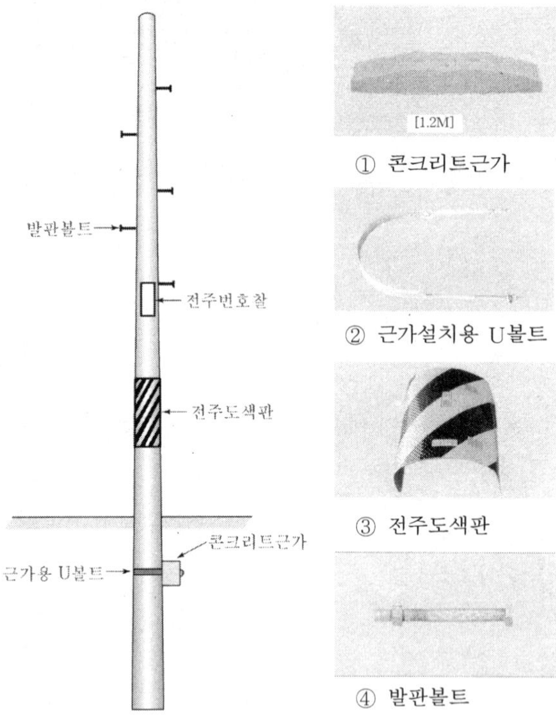

【그림 15-1】

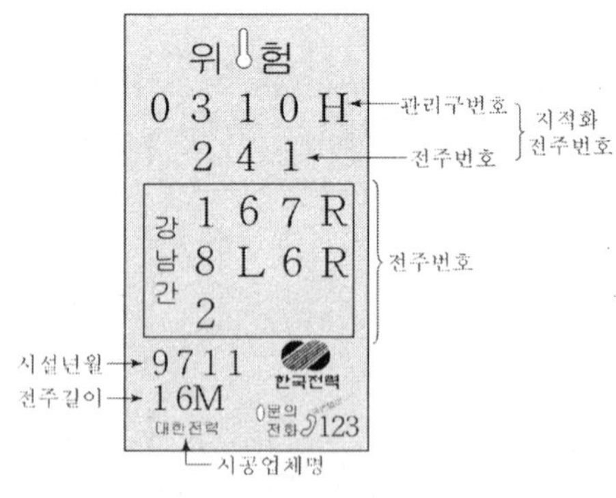

【그림 15-2 전주번호찰 예】

II 전주근입

1) 표준근입

【표 15-1】

전주길이[m]	설계하중[kg]	표준근입[m]
8	200	1.4
10	350(500)	1.7
12	500(700)	2.0
14	500(700)	2.4
16	500(700)	2.5

* 기초안전율 : 2.0 이상, ( )는 중하중용 전주

2) 보정근입

① 경사면에 건주하는 경우

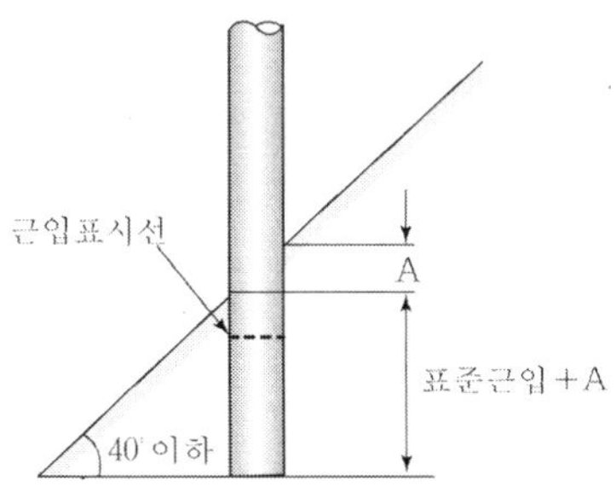

*40°를 초과하는 경우에는 콘크리트 보강공사 시행

【그림 15-3】

② 경사지와 평탄지의 경계지점에 건주하는 경우

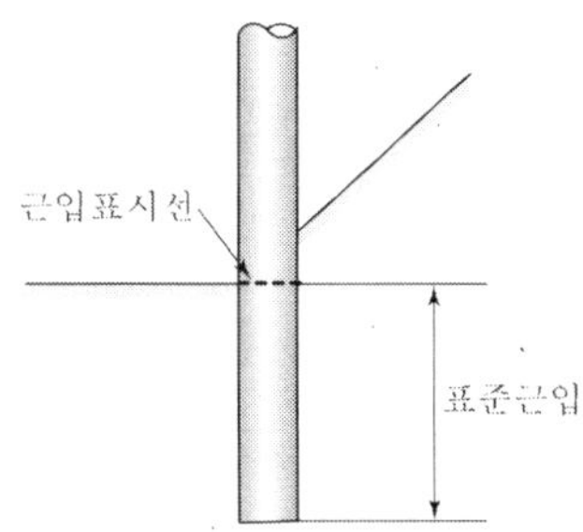

【그림 15-4】

③ 제방도로의 경사면에 건주하는 경우

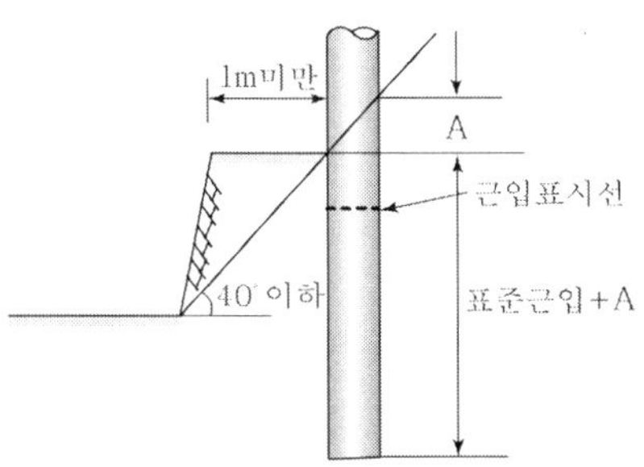

【그림 15-5】

④ 도로의 측구에 건주하는 경우

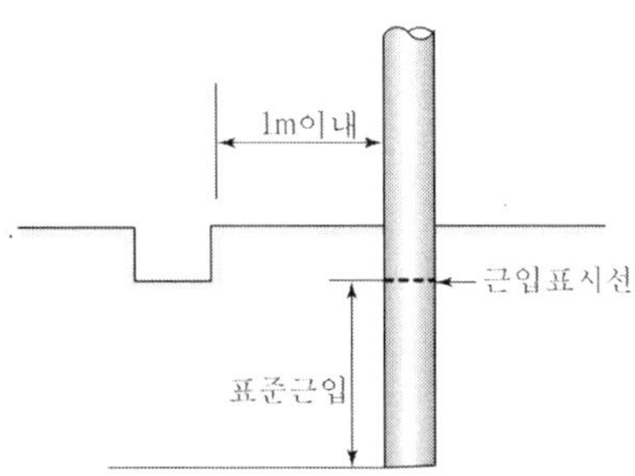

【그림 15-6】

⑤ 지반이 연약한 장소에 건주하는 경우

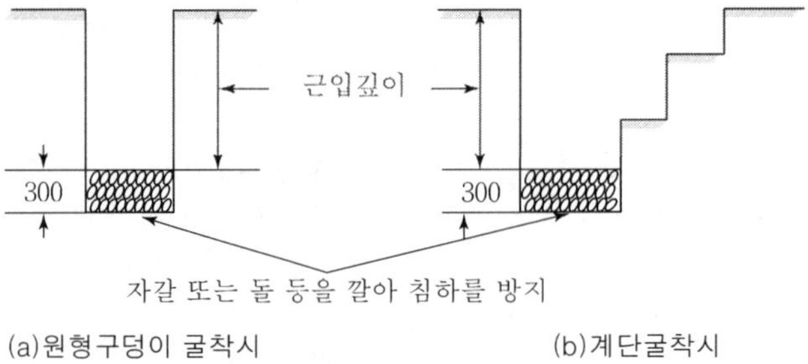

【그림 15-7】

⑥ 암반지역의 전주기초 보강

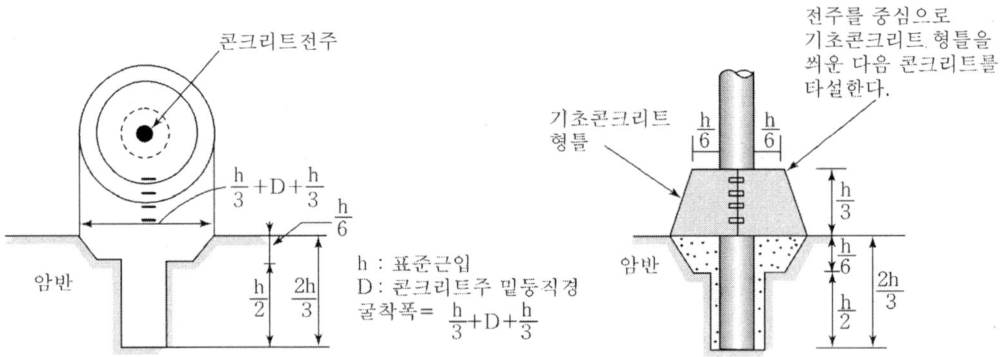

【그림 15-8】

⑦ 시가지 등의 콘크리트 원형기초 보강

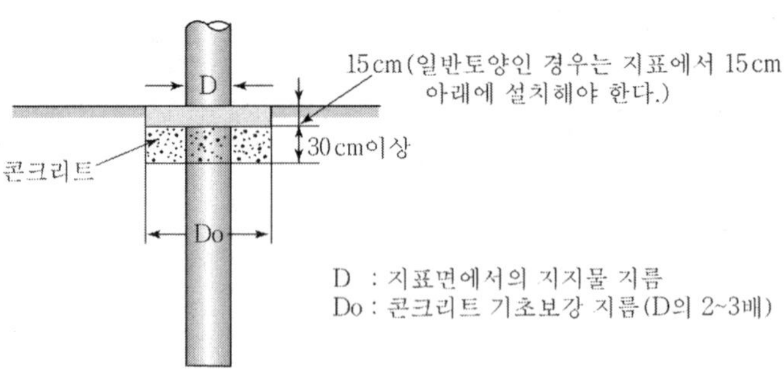

【그림 15-9】

3) 전주 구덩이 굴착방법

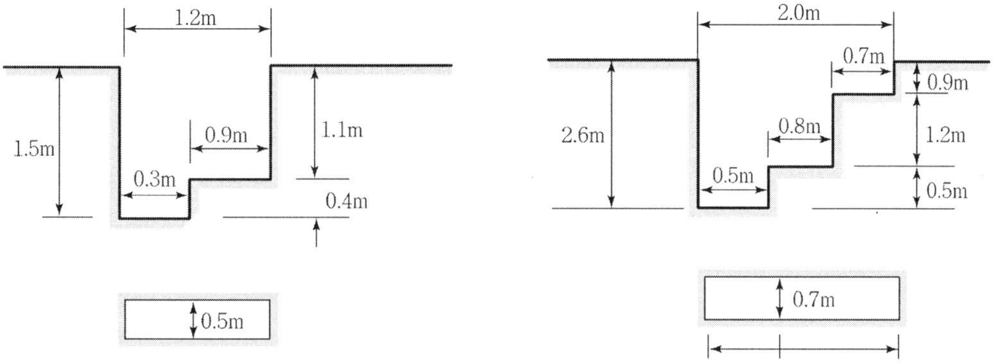

【그림 15-10】

4) 전주공법

(1) 건부차에 의한 건주공법

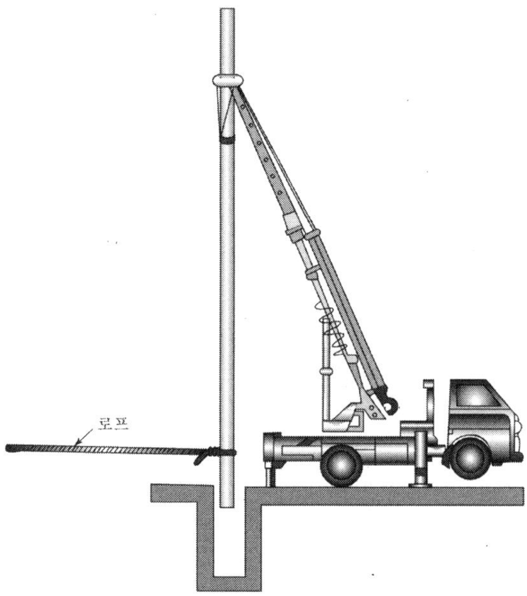

【그림 15-11】

(2) 인력에 의한 전주공법

【그림 15-12】

① 콘크리트근가 1개 설치방법

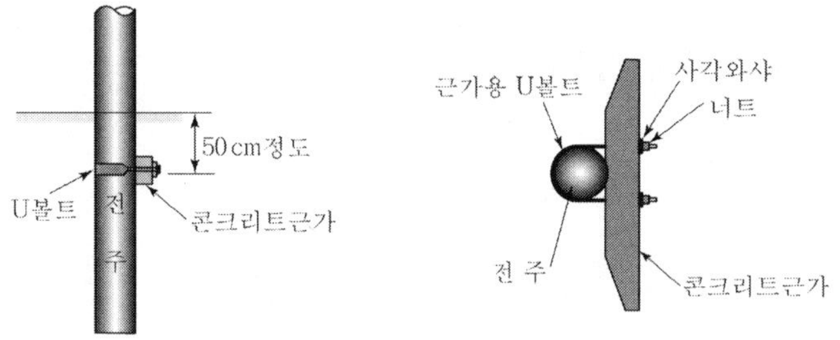

【그림 15-13】

② 콘크리트근가 2개를 설치하는 경우

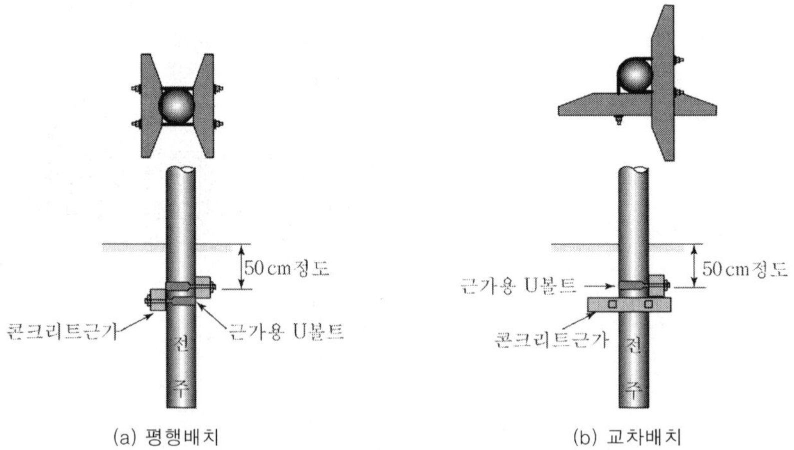

(a) 평행배치 (b) 교차배치

【그림 15-14】

③ 제방 또는 도로노견에 설치하는 경우

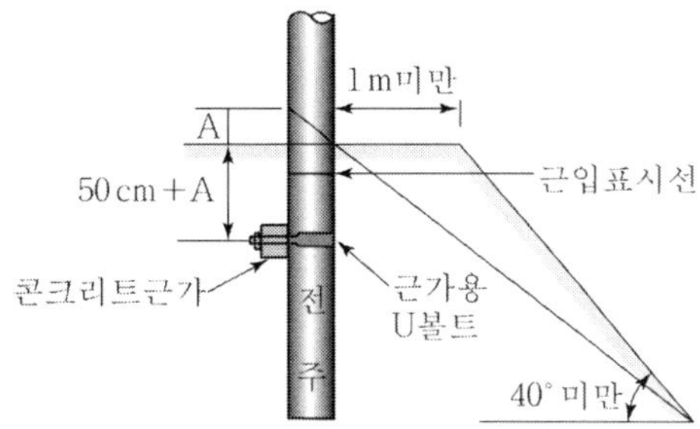

【그림 15-15】

15.2 지선공사

I 지선공사용 자재

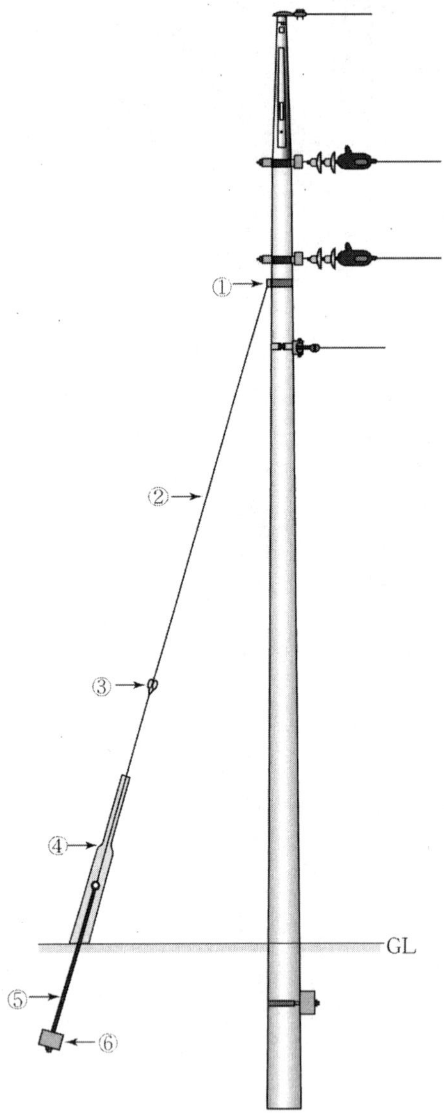

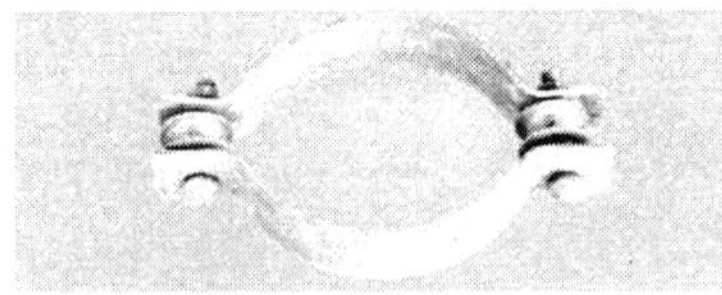

① 지선밴드

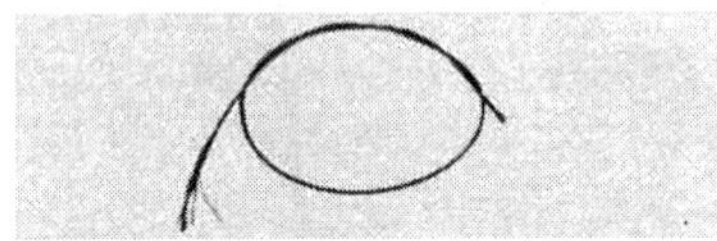

② 아연도 철연선

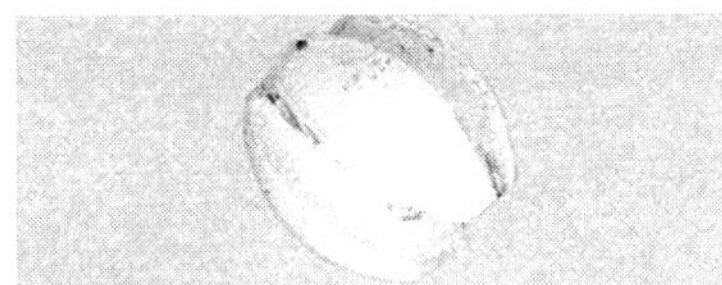

③ 지선애자

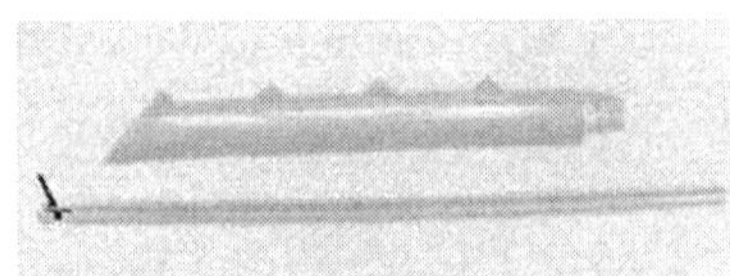

④ 지선카바

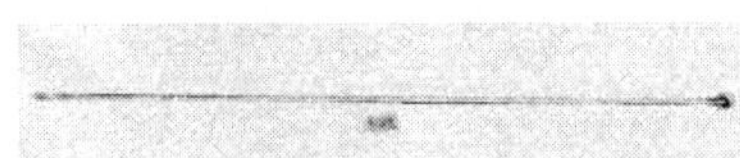

⑤ 지선롯트

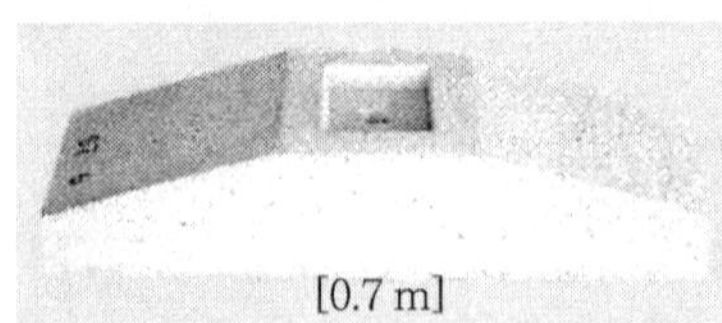

⑥ 콘크리트근가

【그림 15-16】

II 사용목적에 의한 분류

【표 15-2】

<table>
<tr><td>보통지선</td><td>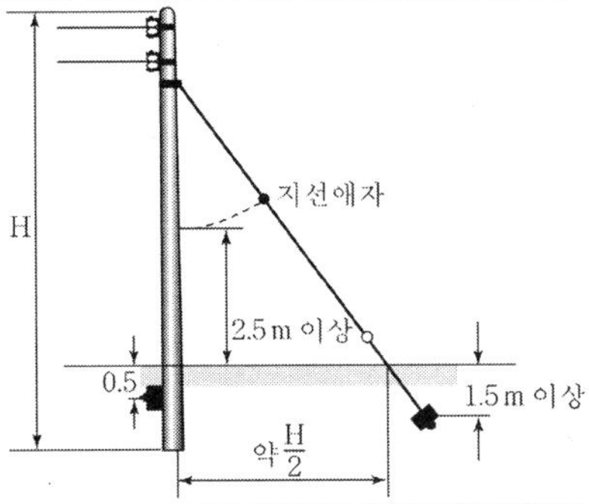
</td><td>일반개소</td></tr>
<tr><td>수평지선</td><td>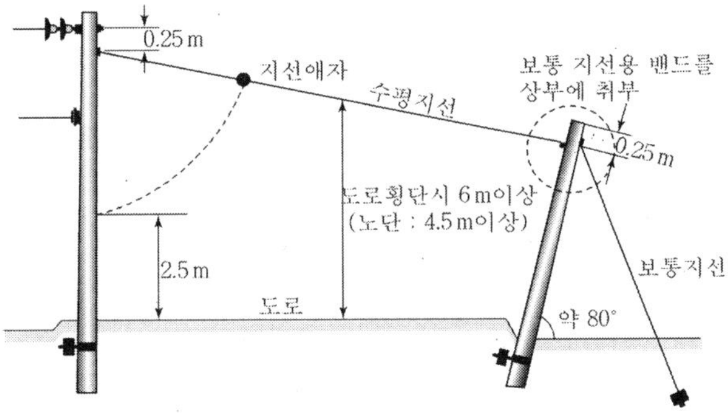
</td><td>토지상황에 따라 보통지선 시설이 곤란한 개소</td></tr>
<tr><td>공동지선</td><td>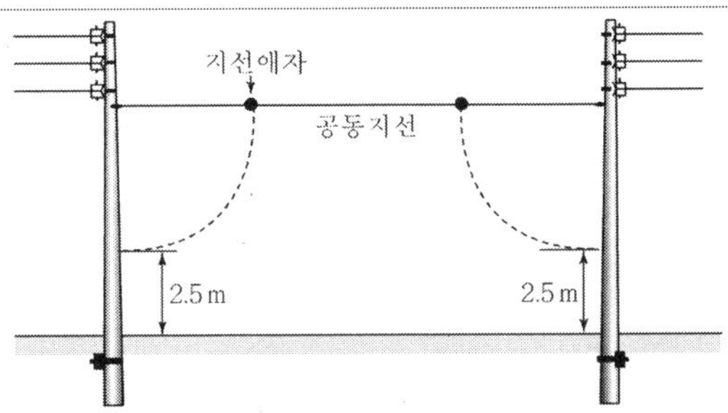
</td><td>장력이 거의 같은 인류주, 준기주 또는 각도주가 인접한 경우 양 전주 간에 수평으로 시설</td></tr>
<tr><td>Y지선</td><td>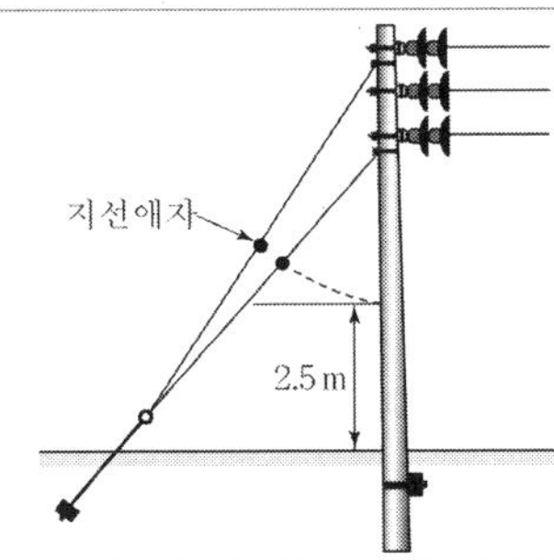
</td><td>다수의 완철을 설치한 경우, 장력이 큰 경우 또는 H주에 시설하는 경우</td></tr>
</table>

【표 15-2 (계속)】

궁지선	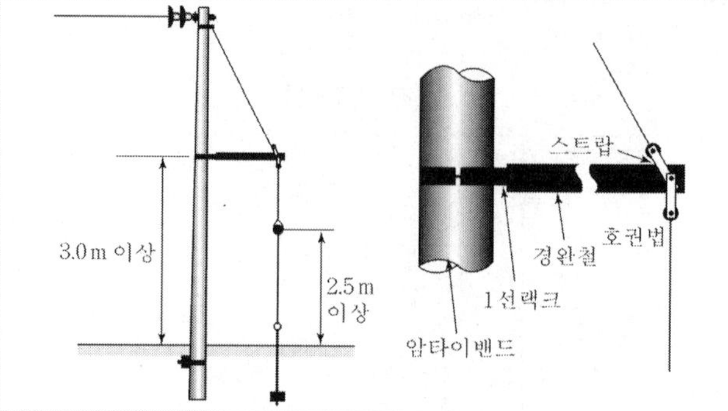	장력이 비교적 적고 공사상 부득이 한 개소

15.3 전선 접속

I 동선접속법

1) 22~38 mm^2의 경우 우산형 접속을 한다.

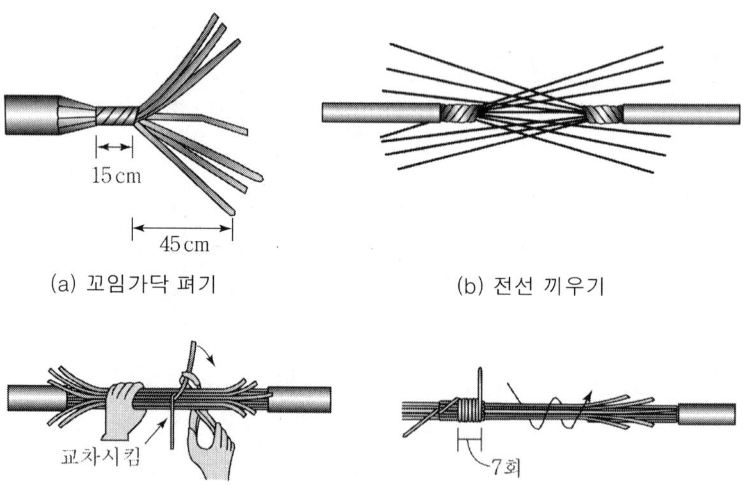

(a) 꼬임가닥 펴기 (b) 전선 끼우기

(c) 소선 감기

【그림 15-17】

2) 중심에서 1.5cm 사이를 두고 1가닥씩 엇갈리게 감는다. 7회째 감기가 끝날 때마다 펜치로 약간의 상처를 내어 미끄러지지 않도록 감고 끝단이 일직선이 되도록 다음 [그림 15-18]과 같이 감는다.

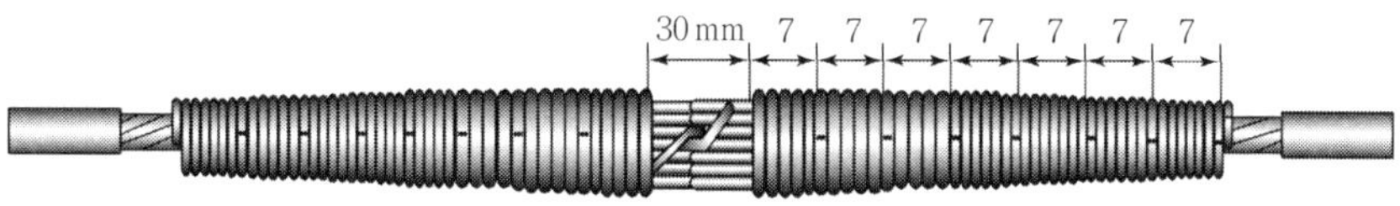

【그림 15-18】

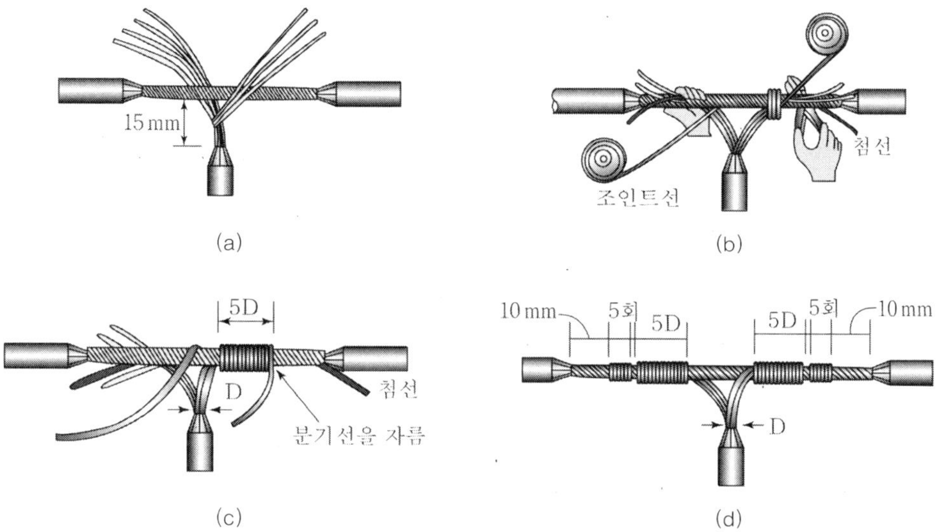

【그림 15-19 장력이 가해지지 않는 부분의 분기선 접속방법】

II 슬리브 커버 시공법

1) 분기슬리브의 커버외형도

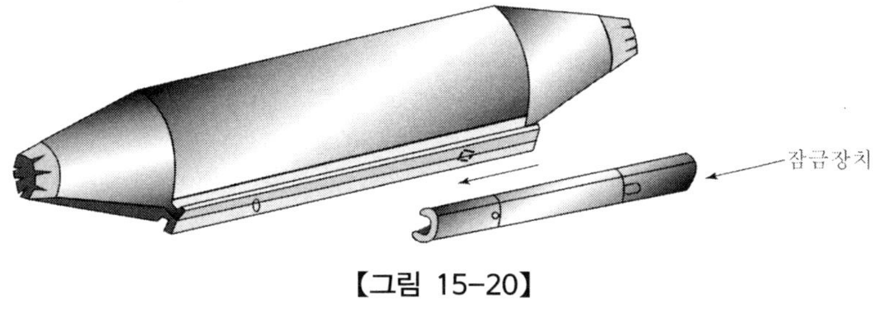

【그림 15-20】

2) 분기슬리브 커버 취부순서

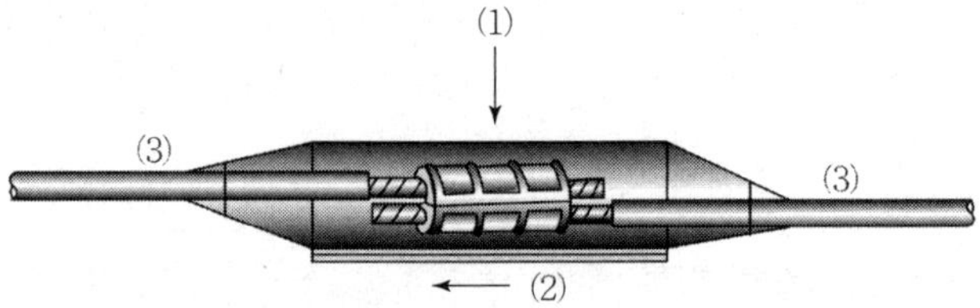

(a) 점퍼개소

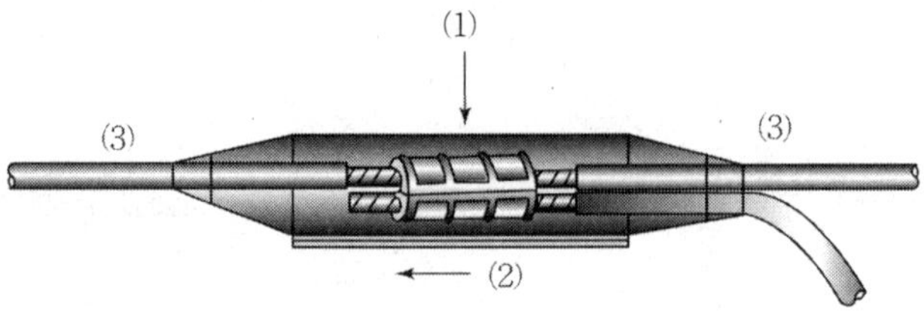

(b) 분기개소

【그림 15-21】

【표 15-3 전선규격별 분기슬리브의 박축접속 시공기준】

분기슬리브 기호	적용 전선[mm^2]	다이스 규격(Y-35)	압축회수
E1-1	32-32	U-D3	1
E2-1	58-32	"	1
E1-2	58-58	U-N	1
E3-1	95-32	"	1
E3-2	95-58	"	2
E3-3	95-95	"	2
E4-1	160-32, 58	"	2
E4-2	160-95	"	3
E4-3	160-160	"	3

15.4 주상변압기 공사

Ⅰ 주상변압기 설치장주도

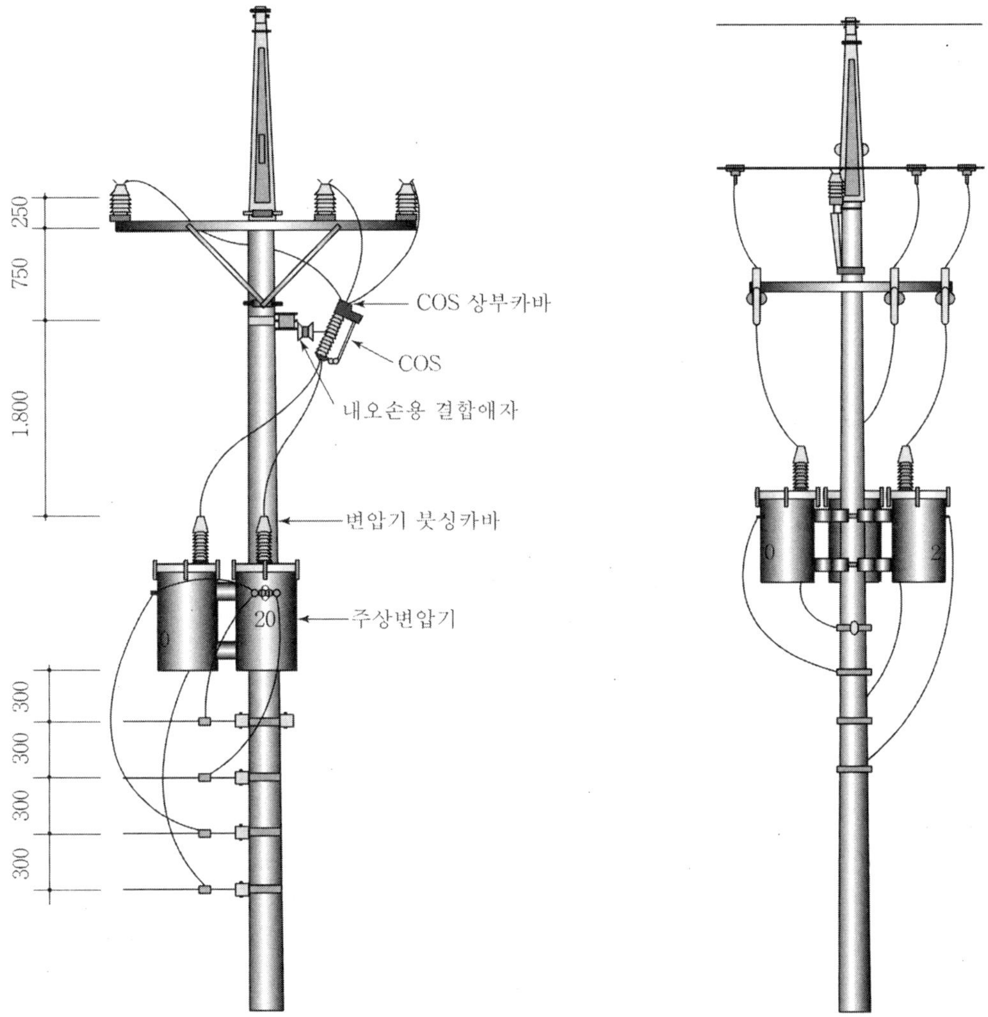

【그림 15-22】

Ⅱ 변압기의 각부 명칭

【표 15-4】

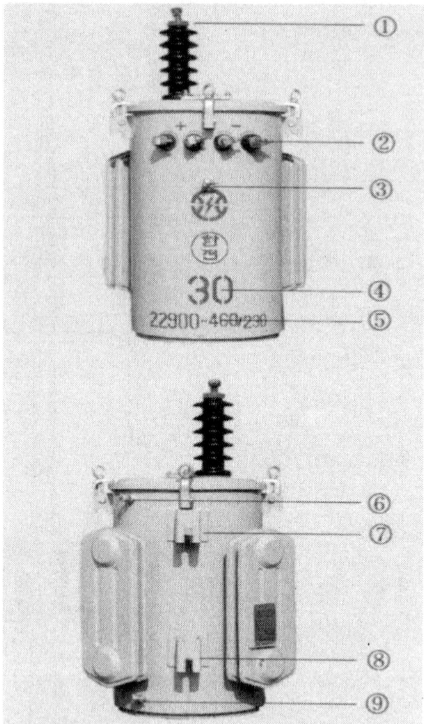

각부 명칭

① 특고압 부싱단자
② 저압 부싱단자(230/115급은 3개로 구성되어 있음)
③ 저압측 접지단자
④ 정격용량표시
⑤ 정격전압표시
- 22,900/230/115 : 어두운 회록색 (1989년 3월 이전 제품은 황색)
- 22,900/460/230 : 적색

⑥ 방압밸브
- 동작압력 : 0.7±0.14kg/cm^2
- 최소복귀압력 : 0.42kg/cm^2

⑦ 행거 브래킷(상)
⑧ 행거 브래킷(하)
⑨ 접지단자

1차 정격전압 2차 정격전압		13,200 V 230/115 V	13,200 V 460/230 V
탭위치	**탭결선**	**탭전압**	
1	3−4	14,400	13,800
2	3−5	13,800	13,200
3	2−5	13,200	12,600
4	2−6	12,600	12,000
5	1−6	12,000	11,400

1단접지 변압기의 내부결선도

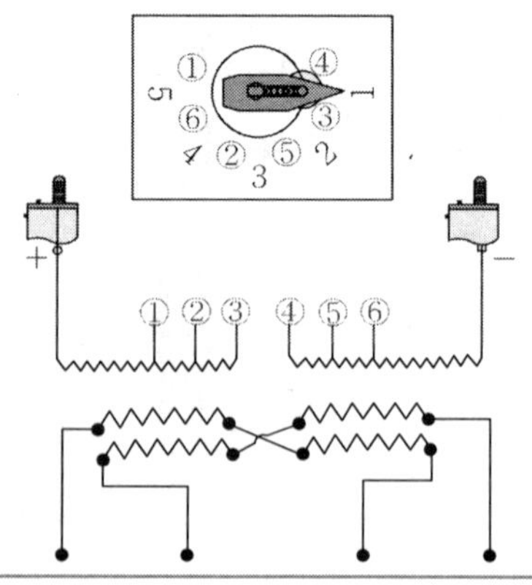

III 주상변압기의 행거밴드

【표 15-5】

종 류	S-1(1대응)	종 류	S-3(3대응)
상 부	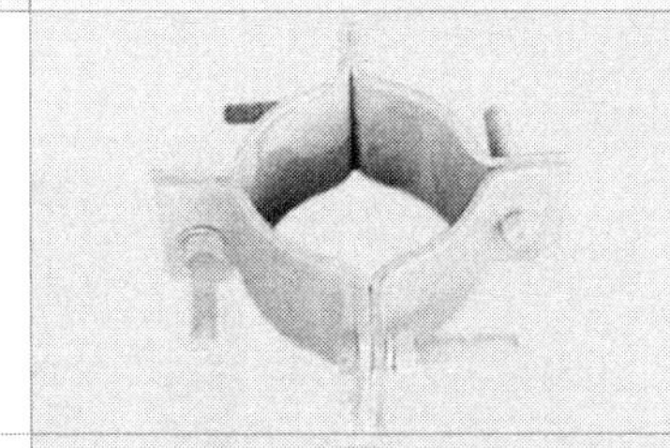	상 부	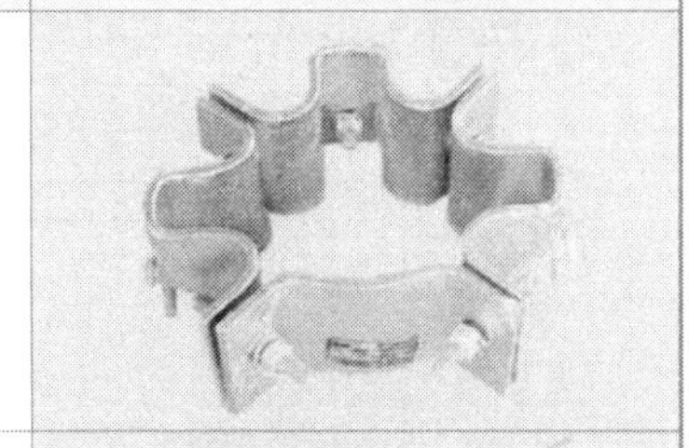
하 부	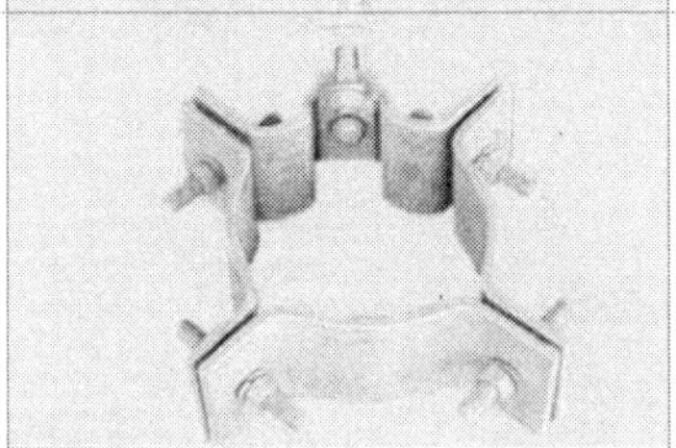	하 부	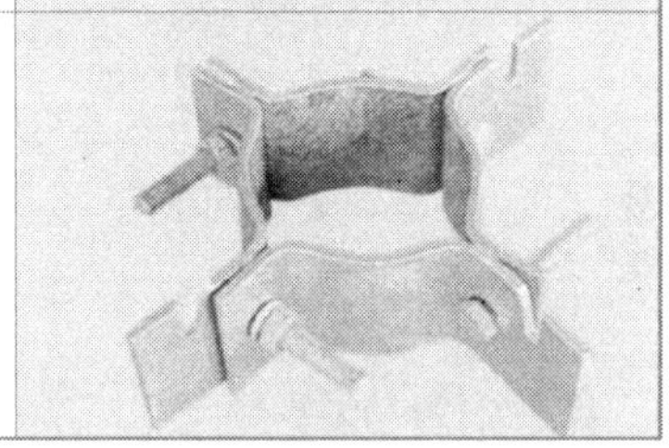

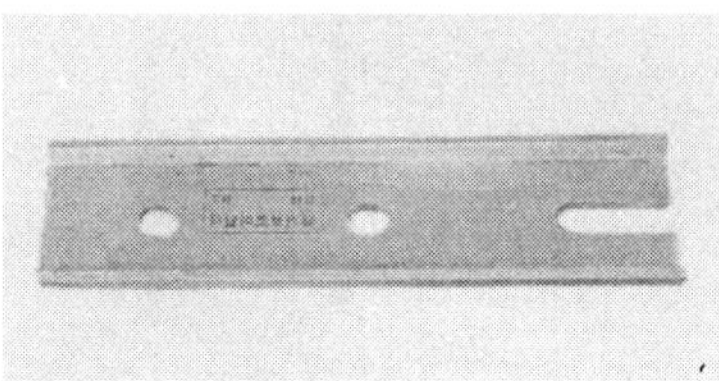

【그림 15-23 행거 보조어댑터】

【그림 15-24 주상변압기 부싱커버】

IV 행거밴드와 보조어댑터 취부도

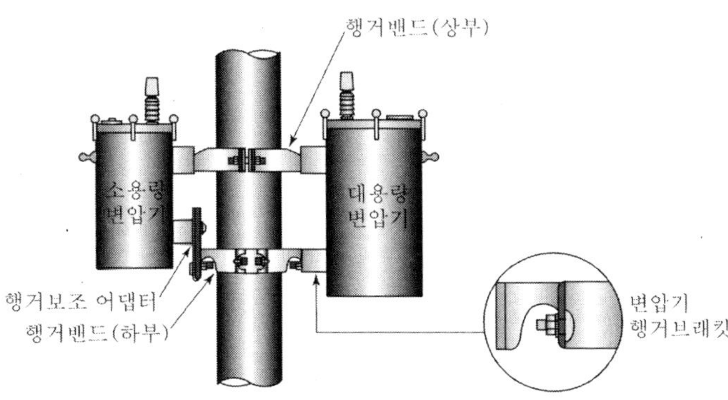

【그림 15-25】

Ⅴ 주상변압기 결선도

1) 단상2선식 220V 결선(230/115V 변압기)

(1) 구형 변압기

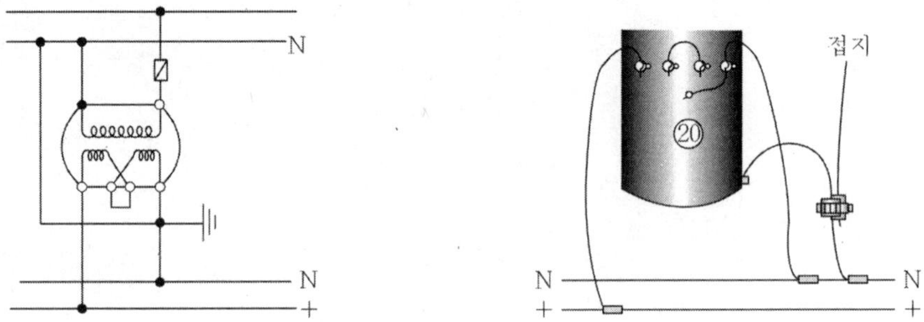

【그림 15-26】

(2) 신형 변압기

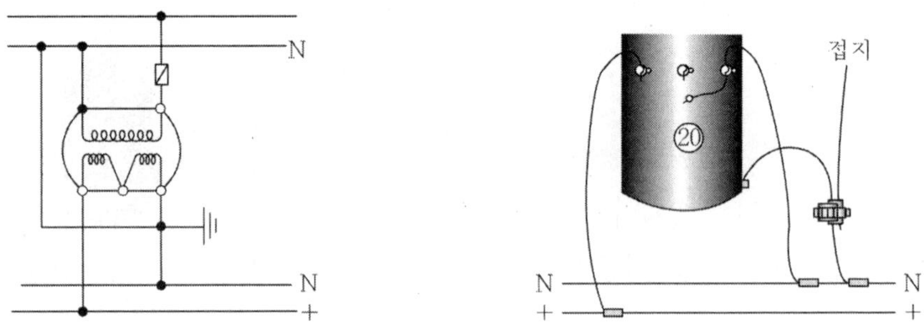

【그림 15-27】

2) 단상3선식 220V 결선(13,200 – 460/230 변압기)

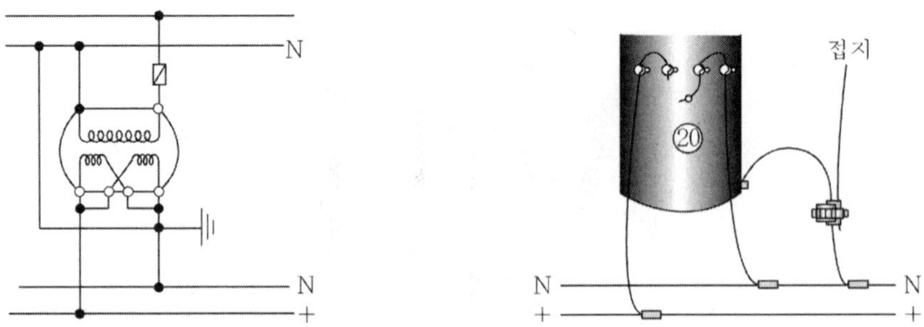

【그림 15-28】

3) 단상3선식 110/220V 결선

(1) 구형 변압기

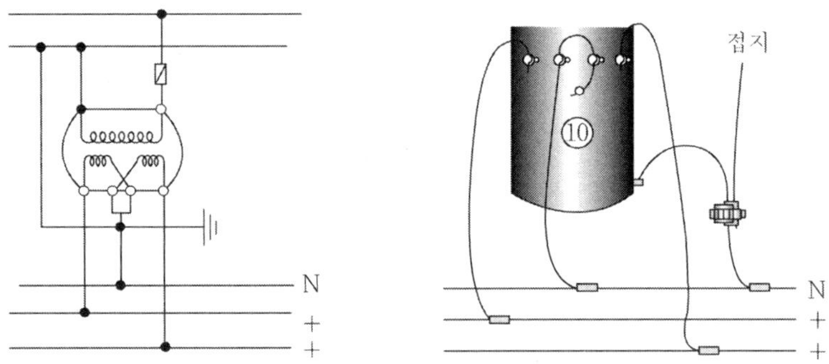

【그림 15-29】

(2) 신형 변압기

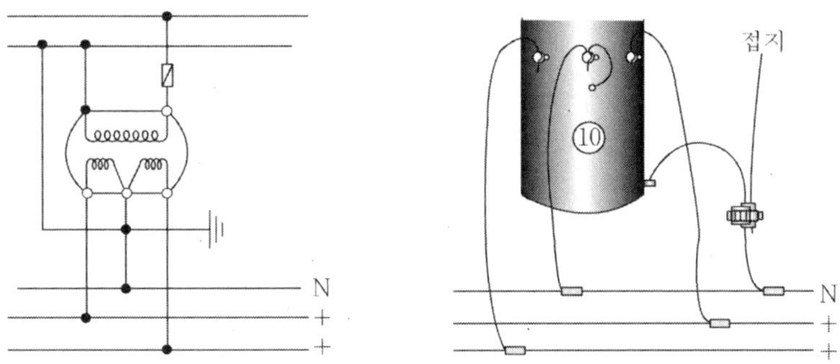

【그림 15-30】

4) 3상4선식 110/220V(V 결선)

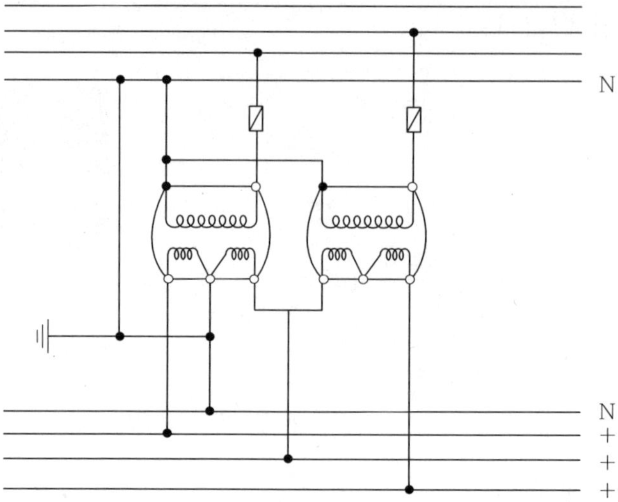

【그림 15-31】

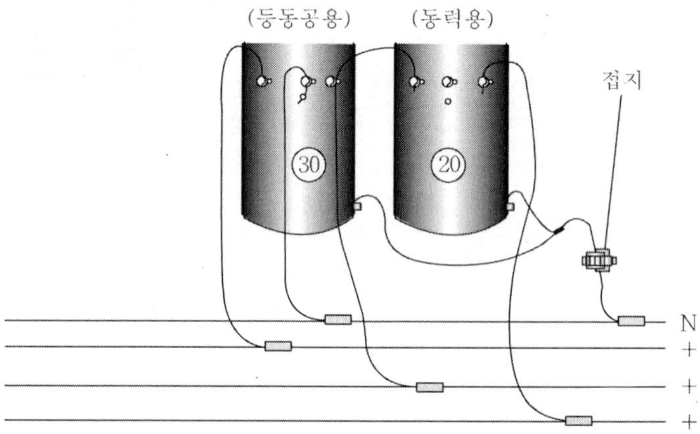

【그림 15-32】

5) 3상4선식 220/380V(Y 결선) [22,900-230/115 변압기]

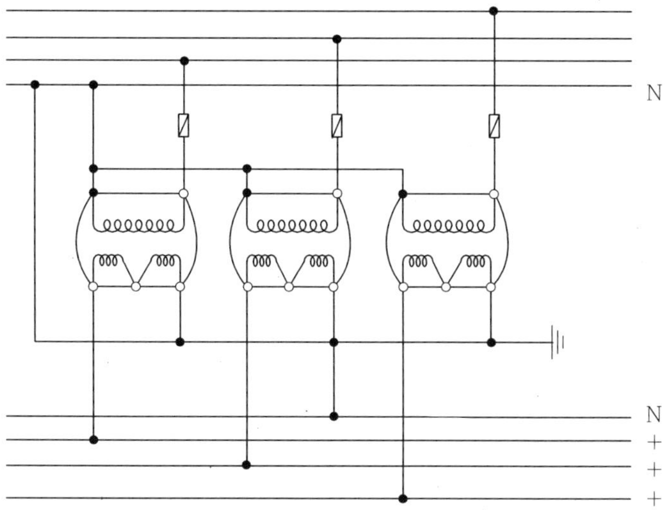

【그림 15-33】

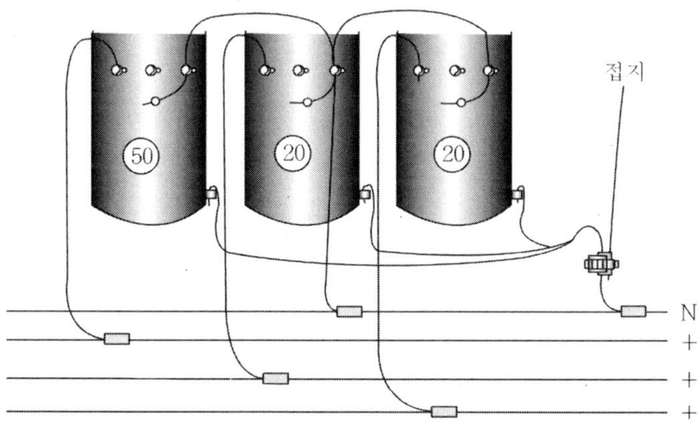

【그림 15-34】

6) 3상4선식 220/380V(Y 결선) [22,900-460/230 변압기]

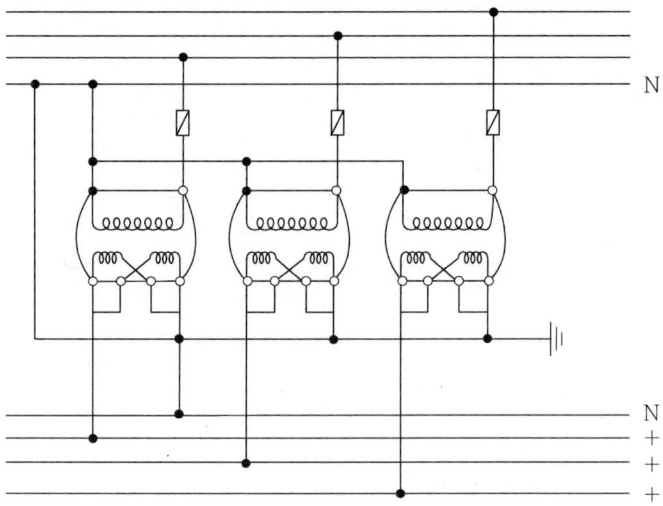

【그림 15-35】

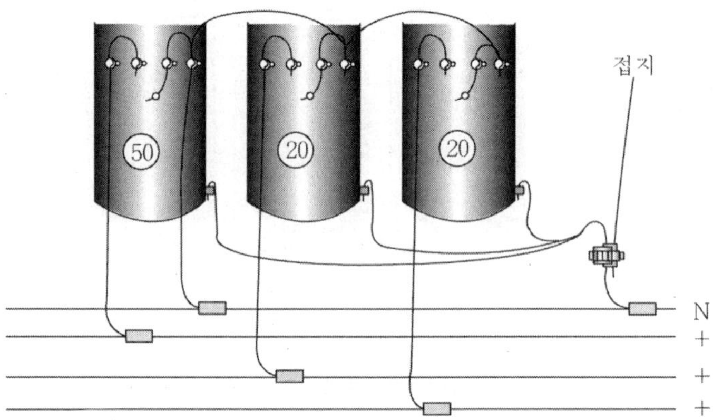

【그림 15-36】

15.5 COS설치

I 사용자재

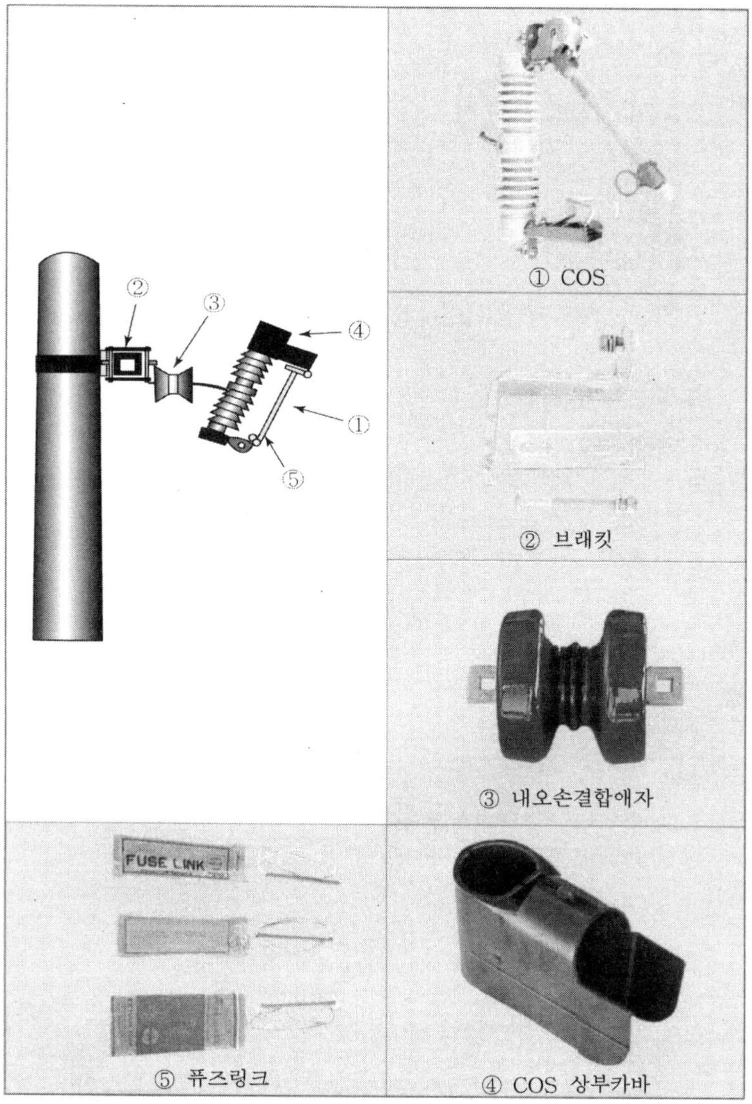

【그림 15-37】

II 퓨즈링크의 조립순서

1) COS 퓨즈통 윗뚜껑을 연다.

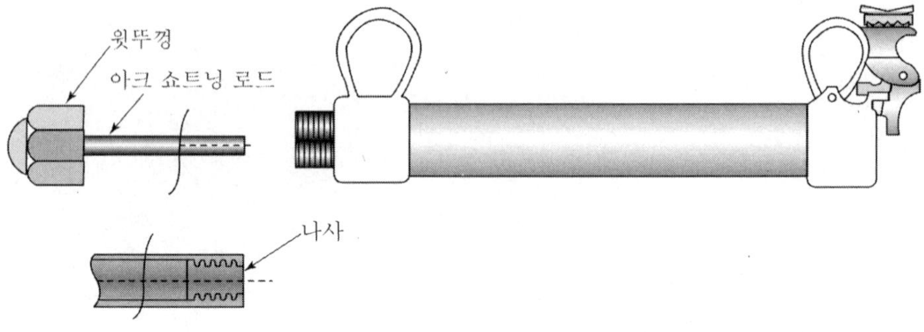

【그림 15-38】

2) 퓨즈통의 윗뚜껑에 붙은 아크 쇼트닝 로드(Arc Shortening Rod)의 밑부분에 퓨즈링크를 끼운다.

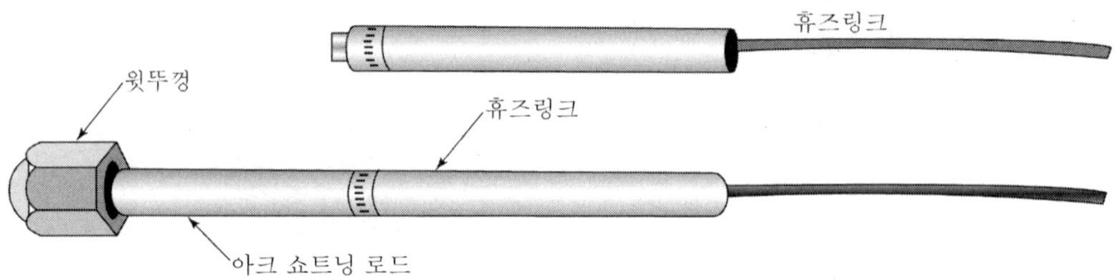

【그림 15-39】

3) 윗뚜껑을 닫고 퓨즈링크를 당겨 퓨즈통에 조립한다.

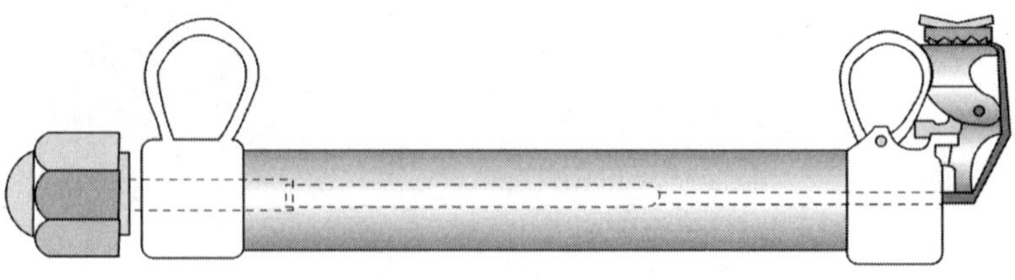

【그림 15-40】

15.6 계기공사

I 전력량계

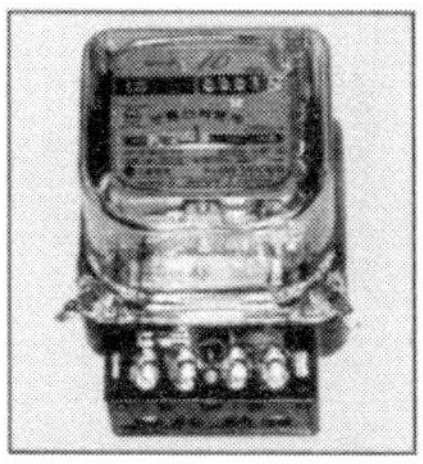

【1ϕ 2W】

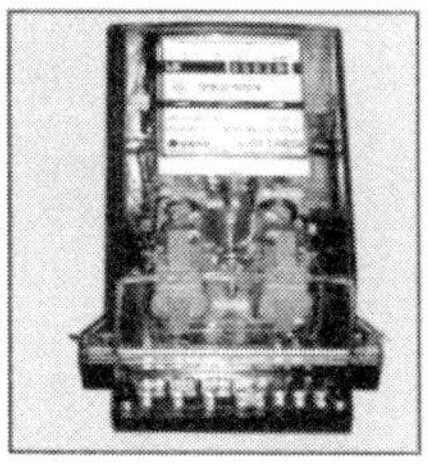

【3ϕ 4W】

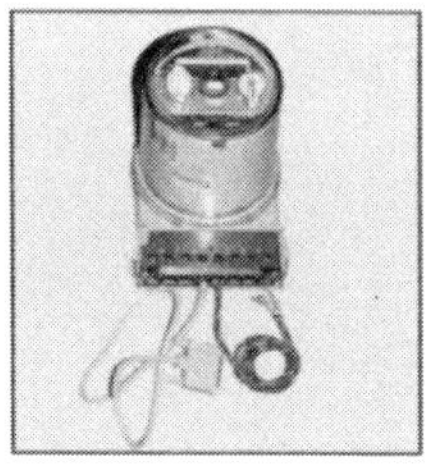

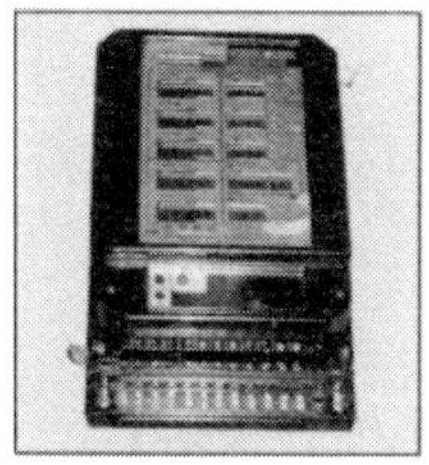

【전자식】

II 계기함

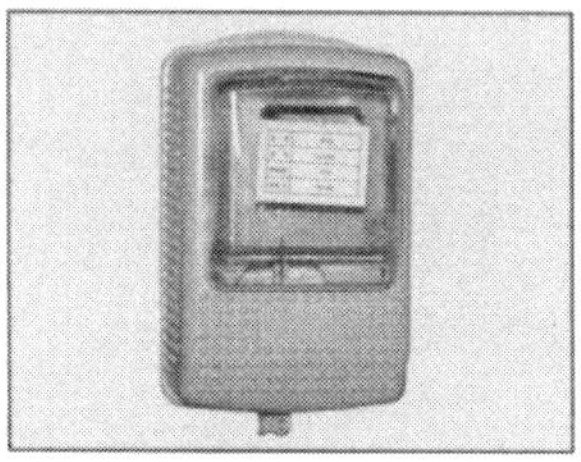

【1ϕ 2W】

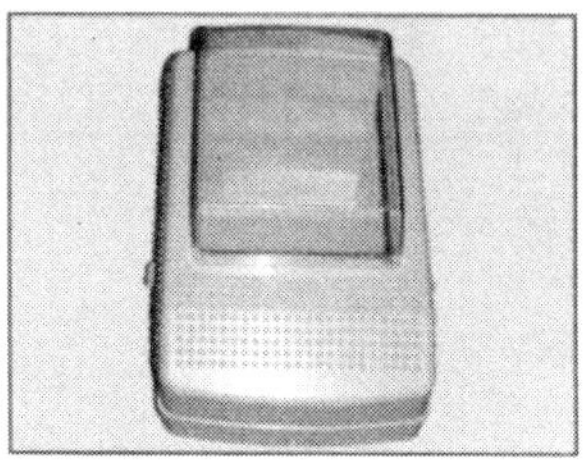

【3ϕ 4W】

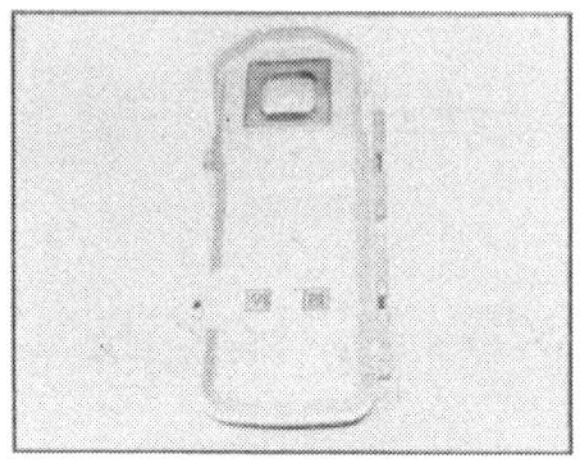

【농사용】

III 타임스위치 (심야전력용)

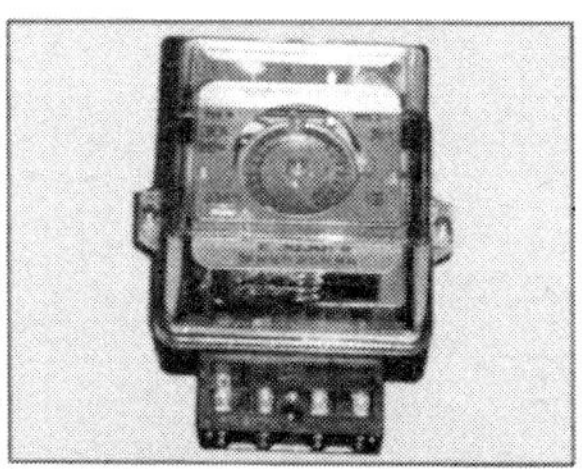

IV 단 자 대

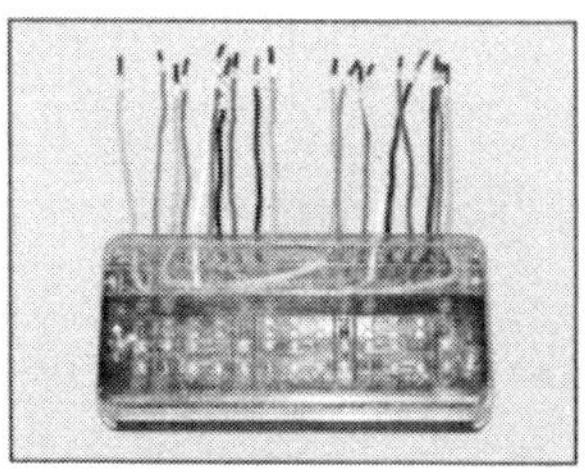

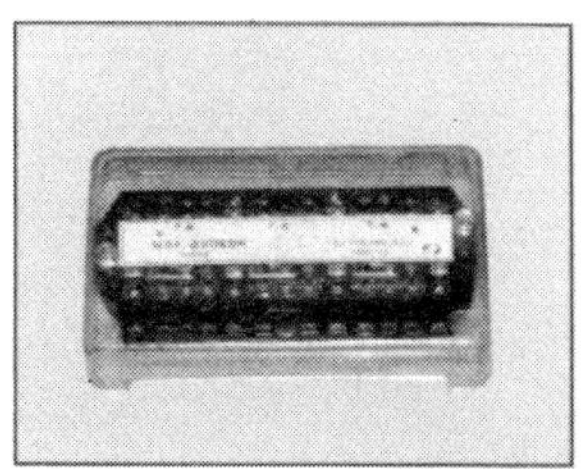

Ⅴ MOF

Ⅵ CT

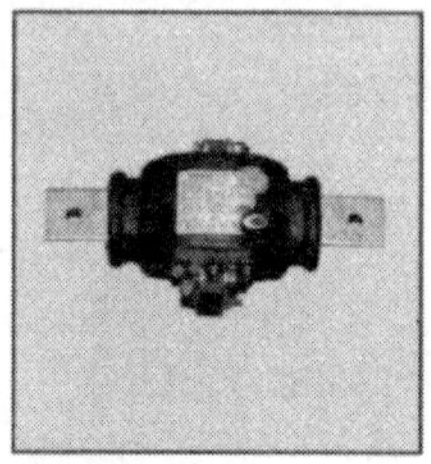

Ⅶ 봉인

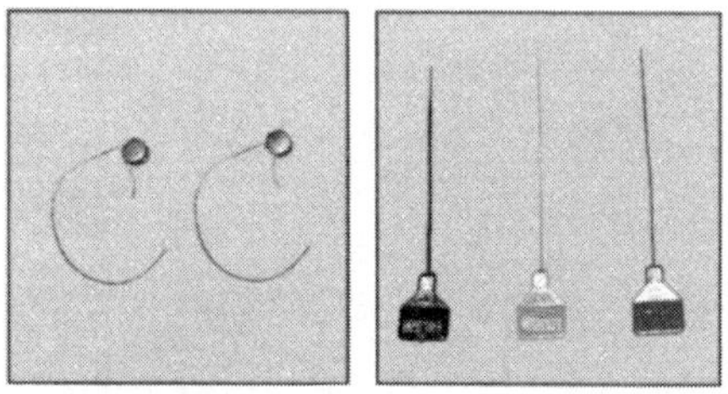

Ⅷ 계기결선도

1) 단상2선식 결선도

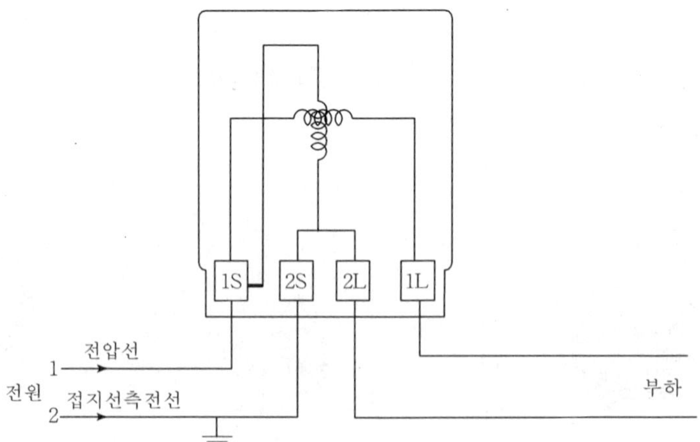

【그림 15-41】

2) 3상3선식 결선도

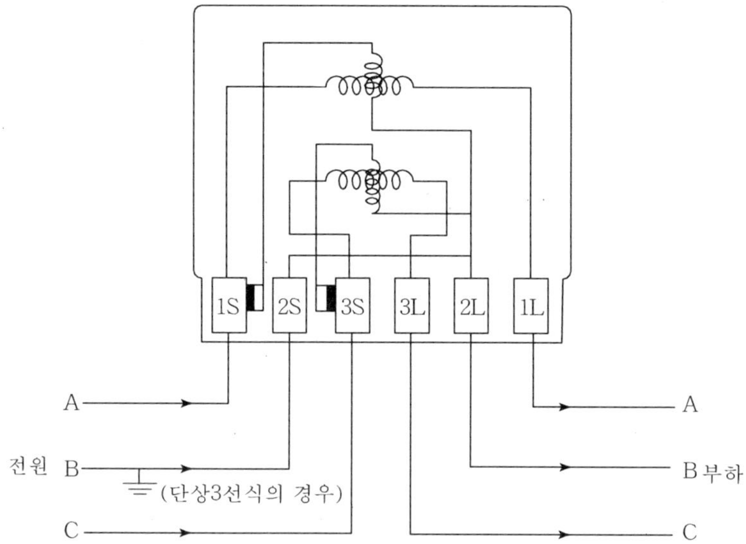

【그림 15-42】

3) 3상4선식 결선도

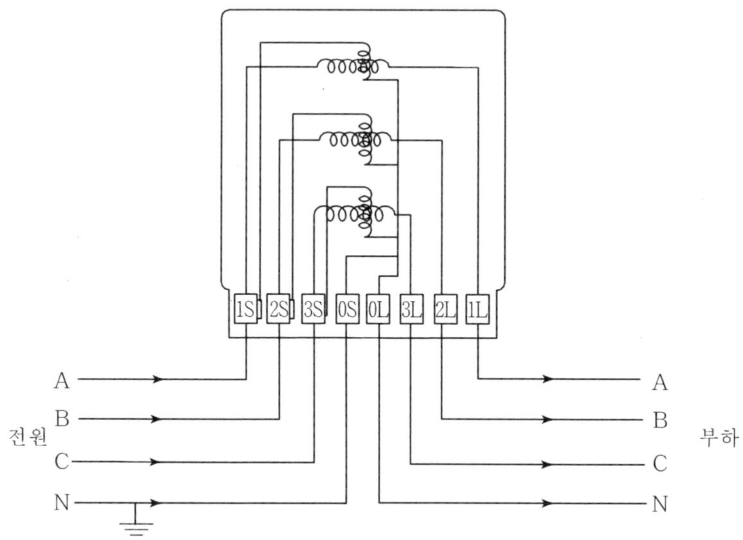

【그림 15-43】

4) 변류기를 이용한 결선도

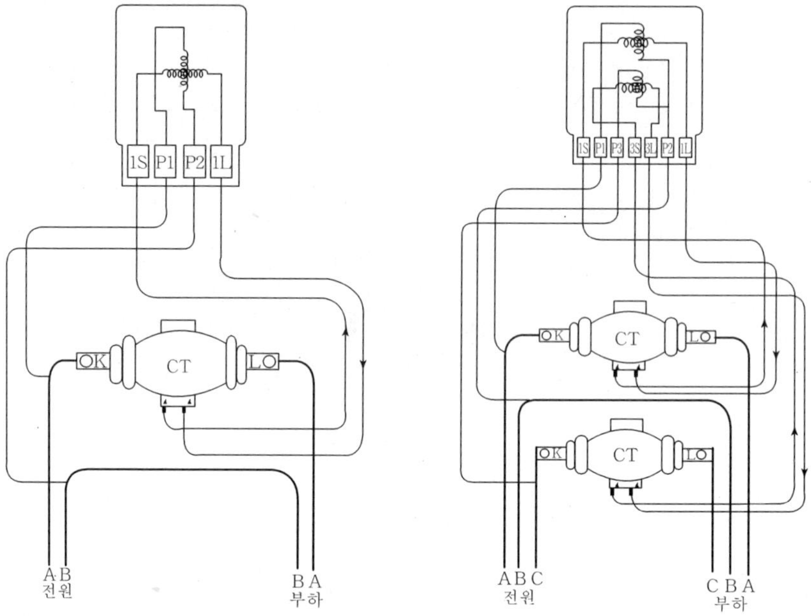

【그림 15-44】

5) 변성기 부착 결선도

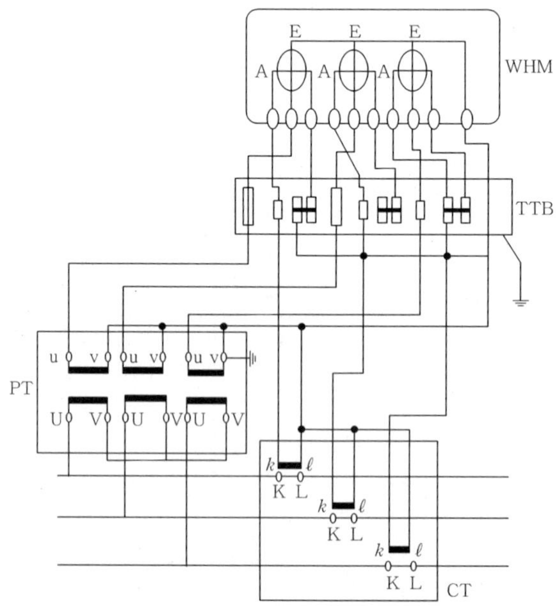

【그림 15-45】

Q15 연습문제

01 보통지선에 대하여 설명하라.

02 수평지선에 대하여 설명하라.

03 공동지선에 대하여 설명하라.

04 Y지선에 대하여 설명하라.

05 궁지선에 대하여 설명하라.

06 변압기 단상2선식 220V 결선에 대하여 설명하라.

07 변압기 단상3선식 220V 결선에 대하여 설명하라.

08 변압기 3상4선식 110/220V(V 결선)에 대하여 설명하라.

09 변압기 3상4선식 220/380V(Y 결선)에 대하여 설명하라.

Transmission and Distribution Engineering

부　　록

부록1

마무리 송배전공학 요점정리

01 송배전계통 구성

I

- 전력계통 : 전기를 생산하여 수용가에게 공급하는 일련의 설비
- 발전설비 : 수력, 화력, 원자력발전소 등
- 수송설비 : 송전선, 변전소, 배전선 등
- 수용설비 : 가정이나 공장 등의 전력사용 설비
- 운용설비 : 전력계통의 유기적인 결합과 효율적 관리, 운용을 위한 급전설비, 통신설비 등

II 송배전선로의 구성

발전소 → 1차변전소(345KV) → 송전선로 → 2차변전소(22.9KV) → 배전선로 → 수용가(220/380V)

III 송전방식 비교

1) 교류송전 방식

- 전압의 승압·감압이 용이
- 회전자계를 얻기가 용이
- 발전부터 배전까지의 전 계통의 일관된 운용 가능

2) 직류송전 방식

- 절연계급을 낮출 수 있다.(실효치는 교류 최대치의 $1/\sqrt{2}$)
- 송전효율이 좋다(역률이 항상 1).
- 안정도가 좋다(리액턴스, 위상각등 불 고려).
- 차단용량 감소
- 비동기 연계가 가능

3) 직류송전 방식의 구성

발전기(교류) → 직류로 변환 → 송전선 → 교류로 역 변환 → 수용가

4) 직류송전 적용 분야

- 대용량 장거리 송전
- 해저케이블 직류송전
- 서로 다른 주파수의 교류계통 간 연계
- 도시 밀집 지역의 직류송전

5) 교류송전 방식

- 3상 3선식을 주로 채용
- 3상 4선식에서는 상전압과 선간전압 이용이 가능(배전계통에서 많이 채택)

IV 송전전압

1) 송전전압과 송전전력

- 송전전력 손실 $P_L = 3I^2R = 3\left(\dfrac{P}{\sqrt{3}\,V\cos\theta}\right)^2 R = \dfrac{P^2R}{V^2\cos^2\theta}$
- 송전전압이 높을수록 송전손실이 감소(송전전력이 증가)

2) 표준전압과 공칭전압

- 송전손실과 송전설비 비용을 고려해 최적의 송전전압을 결정

- Alfred Still 식 : 경제적 산정 실험식

$$사용전압(V) = 5.5\sqrt{0.6 \times 송전거리(Km) + \frac{송전전력(KW)}{100}}$$

- **표준전압** : 송배전계통의 표준으로 결정된 전압
- **공칭전압** : 전선로를 대표하는 전압
- **기준전압** : 공칭전압 $\times 1/1.1$
- **최고전압** : 공칭전압 $\times 1/1.1 \times 1.15$
- 국내 표준 전압[표 1-4]

02 가공전선로

I 개요

- 대부분 나전선을 사용
- **절연전선** : 저압 가공인입선, 300V 이하의 가공전선, 3,500V 이하의 고압가공 인입선 등에 제한적으로 사용

II 전선의 종류

1) 구조에 의한 분류

(1) 단선 : 치수를 단선의 굵기[mm]로 표시

(2) 연선 : 소선을 꼬아 만든 전선

- 연선을 구성하는 소선의 총 수(N) $N = 3n(n+1)+1$ (단, n은 피치 서클의 수(층수))
- 연선의 바깥 지름 $D = (2n+1)d$[mm] (단, d는 소선의 지름)
- 연선의 단면적 $A = Na$[mm^2] (단, a는 소선의 단면적)
- 동심 연선 구조 예 [그림 2-1]

(3) 중공 전선 : 200kV 이상(지름 25mm 이상)의 초고압 송전선용

2) 재료에 의한 분류

- 경동선 : 도전율 96~98% 인장강도 35~48kg/mm^2
- 경알루미늄선 : 도전율 61% 인장강도 16~18kg/mm^2
- 강선 : 도전율 10% 인장강도 55~140kg/mm^2
- 합금선
- 쌍금속선 : 코퍼웰드(구리 피복 강선)등 도전율 30%, 40% 2종 인장강도 75~115kg/mm^2
- 합성 연선 : 강심알루미늄선(ACSR : Aluminium Cable Steel Reinforced)

3) 조합에 의한 분류

- 단도체
- 복도체

III 전선의 허용전류

- 허용 전류(안전전류) : 전선을 허용온도 이하로 유지하면서 흘릴 수 있는 최대전류
- 허용온도 : 단시간 과부하 100℃ 연속사용 90℃
- 허용전류 계산 기준 환경 : 주위온도 40℃ 일사량 0.1W/cm^2, 풍속 0.5m/s
- 켈빈의 법칙 : 1년간 손실전력량 금액과 건설비 구입한 단위 길이의 전선비에 대한 이자와 감가상각비를 가산한 연경비가 같게되는 굵기가 가장 경제적인 전선의 굵기이다.

$$\sigma = \sqrt{\frac{WMP}{\rho N}}$$

여기서 σ : 경제적 전류밀도(A/mm^2)
W : 전선의 중량(kg/mm^2·m)
M : 전선의 가격(원/kg)
P : 전선의 연경비 비율
ρ : 저항률(ω/mm^2·m)
N : 1년간 전력 가격(원/KW·년)

IV 전선의 이도(dip)

1) 전선 지지점의 고저차가 없는 경우

- 이도 $D = \frac{WS^2}{8T_0}$ [m]

- 전선이 길이 $L = S + \frac{8D^2}{3S}$ [m]

여기서 W : 전선의 중량[kg/m]
T_0 : 전선의 수평 장력[kg]
S : 경간 길이[m]

2) 전선 지지점의 고저차가 있는 경우

- $S_1 = \frac{S}{2} - \frac{T_0 h}{wS}$

- $D = \frac{w}{8T_0}\left(S - \frac{2T_0}{wS}h\right)^2$

- $L = S + \frac{w^2 S^2}{24T_0} + \frac{h^2}{2S}$

- 최대사용장력 안전율 : 경동선 2.2, 기타 전선 2.5 적용

3) 전선의 진동

- 최대진동주파수 : 중공동선 4~15Hz, ACSR 6~25Hz
- 진동의 절점 간의 거리(루프 거리) : 3~10m
- 상하 진동폭 : 전선 지름의 0.5~2배
- 전선 지지점에 방진장비 설치, 전선의 오프셋 유지

V 애자 : 전선을 철탑에 고정시키고 전기적으로 절연시킨다.

1) 종류

(1) 핀애자 : 66kV 이하에 사용

(2) 현수 애자 : 국내 송전선에 널리 이용, 사용전압에 따라 애자련을 형성하여 사용

(3) 장간 애자 : 내염, 내무특성이 좋으나 기계적 강도가 약함. 특수한 장소에 사용

(4) 지지 애자(라인 포스트 애자) : 저전압 송전선로에 사용

2) 애자의 전기적 특성

(1) 정전용량

- 250mm 현수애자 정전용량 : 40~44pF 정도

(2) 섬락전압 : 애자 상하 금구 사이의 전압을 증가시킬 때 양 금구 간에 지속적인 아크가 발생되는 전압

- 건조 섬락전압 : 60Hz 상용주파수에서 건조한 애자가 섬락할 때의 전압
- 주수 섬락전압 : 비에 젖었을 때 애자가 섬락하는 전압
- 50% 섬락전압 : 표준충격파(1.2×50μs)를 인가하여 인가회수의 50% 이상이 섬락하는 전압

(3) 애자의 전압분포

- 전선에 가까울수록 전압 분담이 크고 중간이 작으나 지지물에 가까워질 수록 약간 증가함.[그림 2-14]
- 전선 측 전압분담비를 낮추기 위해 초호환, 초호각 등을 설치

(4) 애자련 개수 결정

- 내부 이상전압에 의한 섬락이 발생하지 않도록 함.
- 최대상규대지전압(Y전압)의 4배 정도를 기준으로 결정

VI 가공전선로 지지물

- 지지물 : 목주, 철근 콘크리트주, 철주, 철탑

1) 철탑

(1) 표준철탑

① 성질상 분류

- 4각 철탑 : 철탑의 강도가 전선 방향과 직각 방향이 같은 철탑
- 방형 철탑 : 철탑의 강도가 전선 방향과 직각 방향이 다른 철탑

② 형태상 분류

- 4각 철탑 : 단면이 정방형인 철탑
- 방형 철탑 : 단면이 직사각형인 철탑
- 문형 철탑(간트리 철탑) : 문 모양을 한 철탑(전철, 송전선로 인출 개소 등에 사용)
- 우두형 철탑 : 철탑의 중앙부를 좁히고 윗 부분을 넓힌 형태의 철탑
- 회전형 철탑 : 철탑을 암(arm) 밑에서 90° 회전한 철탑
- MC(motor columbus) 철탑 : 콘크리트 충진 강관 철탑. 경량화, 운반 조립이 용이

③ 사용목적에 의한 분류

- 직선 철탑(A형 철탑) : 선로의 직선 부분(3° 이내)에 사용
- 각도 철탑 : 수평각도가 3 이상인 경우 사용되는 철탑
  - B형 철탑 : 20° 이하 경각도용
  - C형 철탑 : 30° 이상 중각도용
- 억류지지 철탑(D형 철탑) : 전부의 전선을 끌어 당겨 고장 시킬 수 있는 철탑
- 내장보강 철탑(E형 철탑) : 장경간 등 선로보강용으로 설치

(2) **특수 철탑** : 강을 건너거나 골짜기를 지나가는 장(長)경간 등 특수한 장소에 설치하는 철탑

03 지중송전선로

I 지중선 채용 이유

- 도시미관
- 수용밀도가 높은 지역
- 뇌, 풍수적 요건에 대한 높은 신뢰로가 요구되는 경우
- 보안상 제한조건 등

II 지중선의 장단점

1) 장점

- 인축에 대한 안전성이 높다.
- 경과지 확보 용이
- 화재, 폭풍우 영향을 받지 않음.
- 지역, 환경과 조화
- 다회선 설치 가능
- 시설보안상 유리

2) 단점

- 건설비가 높다.
- 건설공기가 길다.
- 건설작업에 의한 장해 유발
- 송전용량이 작다.
- 사고복구가 어렵다.

III 지중송전선로의 구성

1) 송전방식

- 유니트방식
- 루프방식
- 방사상 방식
- 수지식 방식

2) 배전방식

- 인입선방식
- 예비선 절체방식
- π 인입선방식
- 스폿 네트워크방식

IV 전력케이블의 종류

- 심선수 : 단심, 2심, 3심 케이블
- 절연재료에 의한 분류

종류			사용 전압	비고
지절연 케이블	솔리드 케이블	벨트지 케이블	600V~15kV	구조 간단, 경제적, 절연내력이 낮음.
		H지 케이블	11~33kV	접선 방향 전계에 대한 절연 내력 증대
		SL지 케이블	11~33kV	연피에 의한 열발산이 양호. 송전용량 증대
	압력형 케이블	저가스압 케이블	55kV 급 이하	
		OF케이블	66~500kV	대표적 압력형 케이블. 66kV 이상에서 널리 사용
		PGF, POF케이블	66~500kV	
		Flat 케이블	66kV 급	
고무·플라스틱 케이블		CV케이블	600V~15kV	특고압 이하 배전선로용에 대부분 적용
		EV케이블	3~33kV	저압에 사용
		BN케이블	3~22kV	
신기술 케이블		관로기중케이블	~500kV	도체와 쉬스간에 SF_6를 충진
		극저온 케이블	500~700kV	도체 냉각을 통해 저항을 2자리 정도 낮춤.
		초전도케이블		초전도재료를 이용해 젓항을 0에 접근 시킴.

V 전력케이블의 전기적 특성

1) 케이블의 각종 손실

저항손, 유전체손, 연피손

2) 전위경도

- 케이블의 절연내력 : 절연지의 두께에 따라 결정
- 절연지의 파괴전압 : 200~300kV/cm
- 최대전위경도 : 40~50kV/cm

3) 허용전류의 결정

- 케이블의 종류, 심선수, 절연지의 두께 및 최고허용온도
- 제손실
- 매설의 깊이, 토양의 온도 및 건조상태
- 시공방법
- 동일 관내 및 동일 동내 케이블 가닥수 및 상대적 위치
- 전력케이블의 허용온도
- 케이블 안전전류

VI 전력케이블 시공방식

- 직매식
- 관로식
- 암거식(전력구식)
- 각 방식별 장단점

VII 지중선로 방식문제

- **유전 양극 방식** : 피방식 금속보다 부식하기 쉬운 물질을 양극, 피방식 금속을 음극에 연결. 방식전류가 양극에서 음극으로 흐르게 함. 국부적 방식에 사용
- **외부전원방식** : 직류전원장치의 양극을 전해질 내에 설치한 양극(희생양극)에 접속하고 피방식 금속을 음극에 접속. 방식범위가 크고 유효 범위가 넓으나 다른 매설물 간섭에 의한 전식 발생 가능성이 있어 도심 지역 적용 시 주의 요망
- **배류방식** : 매설금속에 유입한 전기철도로부터의 누설전류를 대지로 유출시키지 않고 직접 레일로 되돌려 주는 방식

04 선로정수와 코로나

Ⅰ 선로정수

- 저항(R)
- 인덕턴스(L)
- 정전용량(C)
- 누설 콘덕턴스(g)

Ⅱ 저항(R)

- $R = \rho \dfrac{l}{S}$
- ρ : 고유 저항률(비저항)

  $\rho = \dfrac{1}{58} \times \dfrac{100}{C} [\Omega/\text{m} \cdot \text{mm}^2]$ (단, C는 표준연동의 도전율을 100%로서 비교한 퍼센트 도전율)
- **표준 연동의 도전율** : 20℃에서 $1/58\Omega/\text{m} \cdot \text{mm}^2$
- **경동선 퍼센트 도전율** : 97%
- **알루미늄 퍼센트 도전율** : 67%
- **표피효과** : 교류전류가 도체에 흐를 경우 전선의 중심부일수록 리액턴스가 커져 전선표면으로 갈수록 전류가 많이 흐르는 현상

  표피효과는 주파수가 높을수록, 전선의 단면적이 클수록, 도전율이 클수록, 비투자율이 클수록 커진다.

Ⅲ 인덕턴스(L)

1) 왕복 2도선 인덕턴스

- $L = 0.05 + 0.4605 \log_{10} \dfrac{D}{r}$ [mH/km]

  여기서 D : 도선 간 거리[m]

  r : 도체의 직경[m]

2) 3상 1회선 송전선로

- 정3각형 배치인 경우 $L = 0.05 + 0.4605\log_{10}\dfrac{D}{r}$ [mH/km]
- 비정3각형 배치인 경우 $L = 0.05 + 0.4605\log_{10}\dfrac{D}{r}$ [mH/km]

  (단, $D = \sqrt[3]{D_{ab}D_{bc}D_{ca}}$ (기하학적 평균거리))

3) 1선 대지귀로 인덕턴스

- 왕로 전선 인덕턴스

  $$L_a = 0.05 + 0.4605\log_{10}\frac{h+H}{r} \simeq 0.05 + 0.4605\log_{10}\frac{2H_e}{r}\text{[mH'km]}$$

  여기서 H_e : 등가 대지면의 깊이

- 대지귀로 인덕턴스

  $$L_a{}' = 0.05 + 0.4605\log_{10}\frac{h+H}{H} \simeq 0.05\text{[mH'km]}$$

- 1선 대지귀로 인덕턴스

  $$L = L_a + L_a{}' = 0.1 + 0.4605\log_{10}\frac{2H_e}{r}\text{[mH'km]}$$

4) 2선 대지귀로의 경우

- 2선 대지귀로의 영향은 서로 상쇄되어 나타나지 않음.
- 왕복 2도선의 경우와 동일

  $$L = 0.05 + 0.4605\log_{10}\frac{D}{r}\text{[mH/km]}$$

5) 3선 일괄 작용 인덕턴스(개략 값)

=자기 인덕턴스(Le)+2×상호 인덕턴스=2.4+2×1.1=4.6mH/Km

IV 정전용량

1) 왕복 2도체 정전용량

$$C_n = \frac{0.02413}{\log_{10}\frac{D}{r}} [\mu\text{F/Km}]$$

2) 3상 1회선 정전용량

- 작용 정전용량 $C_n = C_s + 3C_m = \frac{0.2413}{\log_{10}\frac{D}{r}} [\mu\text{F/Km}]$

여기서 C_s : 대지 정전용량
C_m : 선간 상호 정전용량
D : 기하학적 평균 거리

3) 정전용량 개략값

- 단도체 방식 3상 작용 정전용량 : $0.009\mu\text{F/km}$
- 대지 정전용량 : 1회선의 경우 : $0.005\mu\text{F/km}$
  2회선의 경우 : $0.004\mu\text{F/km}$

4) 누설 콘덕턴스

- $Y = g + j\omega C[\mho/\text{km}]$: 일반적으로 극히 작기 때문에 무시함.

V 복도체 송전선로

1) 인덕턴스

- $L_n = \frac{0.05}{n} + 0.4605\log_{10}\frac{D}{\sqrt[n]{rS^{n-1}}} [\text{mH/km}]$

여기서 n : 복도체 수
S : 소도체의 기하학적 평균거리

- 4도체의 경우 $S = \sqrt[3]{S_0 \times \sqrt{2}S \times S_0} = \sqrt[6]{2} \times S_0$

2) 정전용량

$$C_n = \frac{0.02413}{\log_{10}\frac{D}{\sqrt[n]{nS^{n-1}}}}[\mu\text{F/km}]$$

Ⅵ 전력케이블 선로정수

1) 선로정수

(1) 저항

- $R_0 = \frac{1}{58\sigma} \times \frac{1}{\frac{\pi}{4}d_0^2 n}(1+k_2)(1+k_3)[\Omega/\text{km}]$

여기서 σ : 도전율 0.97~0.99
d_0 : 연동선(소선)의 표준 지름[mm]
n : 소선수
k_2 : 소선연선율(60가닥 이하 2%, 60가닥 이상 3%)
k_3 : 다심케이블의 경우 심선연선율(2~4심 1%, 5~7심 2%)

(2) 인덕턴스

- $L = 0.05 + 0.4605\log_{10}\frac{D}{r}[\text{mH/km}]$

여기서 D : 도체의 중심 거리[m]
r : 도체의 반지름[m]
가공선에 비해 D값이 작다.(약 1/3 정도)

(3) 정전용량

- 단심 케이블 $C = \frac{0.2413\varepsilon}{\log_{10}\frac{R}{r}}[\mu\text{F/km}]$

여기서 r : 도체의 반지름[m]
R : 연피의 안 반지름(절연 반지름)[m]
ε : 유전율(유침지 절연층인 경우 3.4~3.9)

- 다심 케이블 $C = \frac{0.0556\varepsilon n}{G}[\mu\text{F/km}]$

여기서 n : 심선수(3심 케이블이면 $n=3$)
G : 형상계수

가공전선로의 선간거리 D대신 절연반지름을 사용하므로 C값이 가공전선로에 비해 약 30배 정도 크다(정전용량 개략값 $C = 0.3 \sim 1.7\mu\text{F/km}$).

2) 케이블의 충전전류 충전용량

- 충전 전류 $I_c = \omega C \dfrac{V}{\sqrt{3}} \times 10^{-3}[\text{A}]$
- 충전 용량 $Q_c = \sqrt{3}\, VI_c = \omega CV^2 \times 10^{-3}[\text{KVA}]$

3) 절연저항

- 단심 케이블 $R_i = 0.3665\rho\log_{10}\dfrac{R}{r}[\text{M}\Omega/\text{km}]$

여기서 r : 심선의 반지름[m]
R : 연피의 반지름[m]
ρ : 절연물의 저항율[Ω/cm]

- 다심 벨트 케이블 $R_i = \dfrac{\rho G}{2\pi n} \times 10^{-6}[\text{M}\Omega/\text{km}]$

여기서 G : 형상계수

VII 송전계통 임피던스

1) 옴 임피던스

선로 1선당 임피던스 z 및 y는

- $\dot{z} = R + j\omega L = R + jX[\Omega/\text{km}]$
- $\dot{y} = \dot{z} = g + j\omega C = g + jY \simeq j\omega C[\mho/\text{km}]$

옴 임피던스는 1차 측에서 측정한 값(Z_1)과 2차 측에서 측정한 값(Z_2)으로 환산하려면 변압비($n = E_1/E_2$)의 제곱배($Z_2 = n^2 Z_1$) 해야 한다.

2) % 임피던스

- $\%Z = \dfrac{Z[\Omega] \cdot I[A]}{E[V]} \times 100[\%]$

$$\%Z_2 = \frac{Z_2 I_2}{E_2} \times 100 = \frac{n^2 Z_1 \times \frac{1}{n} I_1}{nE_1} \times 100 = \frac{Z_1 I_1}{E_1} \times 100 = \%Z_1$$

따라서 %Z는 1차 측에서 본 임피던스나 2차 측에서 본 임피던스가 동일하다.

3) 옴 임피던스와 % 임피던스와의 관계

- $\%Z = \frac{ZI}{1000E} \times 100 = \frac{ZI}{10E}$ [%] (단, E는 KV 값)
- $\%Z = Z \times \frac{EI}{10E^2} = \frac{Z \times \mathrm{kVA}}{10E^2}$ [%]

  $\therefore\ \Omega Z = \frac{\%Z \times 10E^2}{\mathrm{kVA}}$ [Ω]

4) %임피던스의 집계

%Z는 kVA 값에 비례하므로 %임피던스 집계를 위해서는 기준용량 kVA로 환산한 후 집계하여야 한다.

- $\%Z_b = \%Z \times \frac{\mathrm{kVA_b}}{\mathrm{kVA}}$

VIII 코로나

1) 코로나 방전

공기전연이 부분적으로 파괴되어 낮은 소리나 엷은 빛은 내면서 방전하는 현상

- 공기의 파열 극한 전위 경도(g_0) : 표준상태(20℃ 1기압)에서 직류 약 30kV/cm (교류인 경우 실효값 21kV/cm)

2) 코로나 발생 임계전압

- $E_0 = 24.3 m_0 m_1 \delta d \log_{10} \frac{D}{r}$ [kV]

여기서 m_0 : 전선의 표면상테 계수

m_1 : 일기 계수(맑은 날 1.0 우천 시, 눈, 안개 시 0.8 등)

δ : 상대 공기밀도 t℃, b mmHg인 경우 $\delta = \dfrac{0.386b}{273+t}$

D : 선간 거리

$d=2r$: 전선의 지름

r: 전선의 반지름[cm]

3) 코로나 장해 및 방지대책

(1) 코로나 장해

① 코로나 손실

Peek식(3상3선식 정삼각형 배치의 경우)

$$P = \frac{241}{\delta}(f+25)\sqrt{\frac{d}{2D}}(E-E_0)^2 \times 10^{-5}\text{[kW/km/line]}$$

여기서 E : 전선의 대지전압[kV]

E_0 : 코로나 임계전압[kV]

f : 주파수[Hz]

d : 전선의 지름[cm]

D : 전선의 선간 거리[cm]

δ : 상대공기밀도

② 코로나 잡음

③ 통신선 유도장해

④ 소호리액터 소호능력 저하

⑤ 전선의 부식 촉진

(2) 코로나 방지대책

① 굵은 전선사용

② 복도체 사용

③ 가선 금구 개량 등

05 송전 특성

부록 1

I 단거리 송전선로(벡터도 [그림 5-2])

- 전압강하 $= E_s - E_r = I(R\cos\theta_r + X\sin\theta_r)$
- 전압강하율 $\varepsilon = \dfrac{E_s - E_r}{E_s} \times 100[\%] = \dfrac{I(R\cos\theta_r + X\sin\theta_r)}{E_r} \times 100[\%]$
- 선간전압인 경우 $V_s = V_r + \sqrt{3}\,I(R\cos\theta_r + X\sin\theta_r)$

II 4단자 정수회로

모든 전기계통은 4단자 회로망으로 표시 가능 [그림 5-2]

- $\begin{matrix} E_s = AE_r + BI_r \\ I_s = CE_r + D_{I_r} \end{matrix}$ 혹은 $\begin{pmatrix} E_s \\ I_s \end{pmatrix} = \begin{pmatrix} A & B \\ C & D \end{pmatrix}\begin{pmatrix} E_r \\ I_r \end{pmatrix}$

  A, B, C, D를 4단자 정수라 하고 $AD - BC = 1$의 관계가 있다.

1) 단거리 송전선로

$$\begin{pmatrix} A & B \\ C & D \end{pmatrix} = \begin{pmatrix} 1 & Z \\ 0 & 1 \end{pmatrix}$$

2) 중거리 송전선로

(1) T형 회로

$$\begin{pmatrix} A & B \\ C & D \end{pmatrix} = \begin{pmatrix} 1 & \frac{Z}{2} \\ 0 & 1 \end{pmatrix}\begin{pmatrix} 1 & 0 \\ Y & 1 \end{pmatrix}\begin{pmatrix} 1 & \frac{Z}{2} \\ 0 & 1 \end{pmatrix} = \begin{pmatrix} 1 + \frac{ZY}{2} & Z\left(1 + \frac{ZY}{4}\right) \\ Y & 1 + \frac{ZY}{2} \end{pmatrix}$$

(2) π형 회로

$$\begin{pmatrix} A & B \\ C & D \end{pmatrix} = \begin{pmatrix} 1 & 0 \\ \frac{Y}{2} & 1 \end{pmatrix}\begin{pmatrix} 1 & Z \\ 0 & 1 \end{pmatrix}\begin{pmatrix} 1 & 0 \\ \frac{Y}{2} & 1 \end{pmatrix} = \begin{pmatrix} 1 + \frac{ZY}{2} & Z \\ Y\left(\frac{1 + ZY}{4}\right) & \frac{1 + ZY}{2} \end{pmatrix}$$

(3) 장거리 송전선로

- $\begin{pmatrix} \dot{A} & \dot{B} \\ \dot{C} & \dot{D} \end{pmatrix} = \begin{pmatrix} \cosh\gamma l & Z_\omega \sinh\gamma l \\ \dfrac{1}{Z_\omega}\sinh\gamma l & \cosh\gamma l \end{pmatrix}$

- 특성 임피던스(파동 임피던스) $Z_\omega = \sqrt{\dfrac{z}{y}} = \sqrt{\dfrac{r+jz}{g+jb}} \simeq \sqrt{\dfrac{j\omega L}{j\omega C}} = \sqrt{\dfrac{L}{C}}$

- 전파정수 $\gamma = \sqrt{zy} = \sqrt{(r+jx)(g+jb)} \simeq \sqrt{j\omega L j\omega C} = j\omega\sqrt{LC}$

  $\gamma = \alpha + j\beta$ 로 두면 α : 감쇠 정수, β : 위상정수

III 송수전전력 계산식

$E = E\angle\theta_1$, $I = I\angle\theta_2$; $\theta = \theta_1 - \theta_2$라 하면

교류전력 계산식은 I의 공핵 I^*를 취해 곱하면

- $W = EI^* = EI(\cos(\theta_1-\theta_2) + jEI\sin(\theta_1-\theta_2)$
  $= EI\cos\theta + jEL\sin\theta$
  $= P + jQ$

여기서 P : 유효전력

Q : 무효 전력(지상 무효전력을 正으로 함.)

IV 전력 원선도

- $(P_s - m'E_s^2)^2 + (Q_s - n'E_s^2)^2 = \rho^2$
- $(P_r - mE_s^2)^2 + (Q_r - n'E_r^2)^2 = \rho^2$
- 송전원 중심 $E_s^2(m'+jn')$ 반지름 $\rho = \dfrac{E_sE_r}{b}$
- 수전원 중심 $-E_r^2(m+jn)$ 반지름 $\rho = \dfrac{E_sE_r}{b}$

송·수전 전력이 변하더라도 항상 송·수전 원상의 점에서 운전되므로 그에 따른 무효전력 보상이 요구됨.

1) 무효전력 보상을 위한 조상설비

- 동기조상기 : 동기발전기의 전기자 반작용에 의한 V특성 이용

중부하 시 과여자로 진상전류, 경부하 시 부족여자로 지상전류를 공급

- 전력용 콘덴서 : 전력계통은 대부분 지상 역률이므로 콘덴서에 의한 진상전류를 공급하여 역률을 개선
- 분로 리액터 : 계통 특성상 진상역률 보상이 필요한 경우 사용

V 패런티 현상

장거리 송전선로의 경우 정전용량 때문에 무부하 충전의 경우 진상충전전류와 자기 리액턴스로 인해 수전단 전압이 송전단 전압보다 높아지는 현상

VI 송전용량

1) 송전용량 증대 방안

- 송·수전단 전압의 상차각이 적을 것 : 100kV 이상의 장거리 송전선로에서는 30~40°가 적당
- 조상기 용량이 적당할 것 : 조상설비용량은 수전전력의 약 75%
- 송전효율이 적당할 것(약 90% 이상)

2) 송전용량 개략 계산법

(1) 고유 부하법

- $P = \dfrac{V_r^2}{Z_\omega} = \dfrac{V^2}{\sqrt{\dfrac{L}{C}}}$ [MW/회선]

여기서 P : 고유송전용량[MW]
Z_ω : 선로의 특성 임피던스[Ω]
V_r : 수전단 전압[kV]

복도체의 경우 단도체보다 L이 감소하고 C가 증대되므로 송전용량이 증대된다.

(2) 송전용량 계수법

송전선로의 길이를 고려한 방법

- $P_r = k\frac{V_r^2}{l}$ [kW]

여기서 V_r : 수전단 선간 전압[kV]

l : 송전거리[km]

k : 용량계수(전압계급에 의해 결정)

(3) Still 공식(경제적인 송전 전압[V] 결정 실험식

- $V = 5.5\sqrt{0.6l[\text{km}] + \frac{P_r[\text{kW}]}{100}}$

06 중성점 접지방식과 유도장해

I 개요

1) 중성점 접지 목적

- 지락고장 시 건전 상 전압상승 억제(전선로 및 기기 절연 레벨 경감)
- 뇌, 아크, 서지 등에 의한 이상전압 발생 경감
- 지락고장 시 접지계전기 동작을 확실하게 한다.
- 소호리액터 접지방식에서 1선지락 시 아크를 신속히 소멸시켜 송전을 계속할 수 있다.

2) 유효접지

건전상의 전압상승을 평상시 Y전압의 1.3배를 넘지 않도록 임피던스를 조절해서 접지하는 것

II 중성점 접지방식의 종류

1) 직접접지방식

(1) 장점

- 1선지락 시 건전 상 전압 상승이 거의 없음.
- 피뢰기 책무 경감
- 변압기 단절연이 가능하여 변압기 및 부속설비 중량과 가격 경감 가능
- 1선지락 시 지락전류가 크므로 보호계전기 동작이 확실

(2) 결점

- 지락전류가 저역율의 대전류이므로 과도안정도가 나빠진다.
- 병행 통신선에 유도장해가 크다.
- 지락전류에 의한 기계적 충격이 크다.
- 계통사고의 70~80%에 해당되는 지락사고에 의한 차단기 대전류 차단 기회가 증대

2) 저항 접지방식

- 저저항 접지방식 : $R = 30\,\Omega$ 정도
- 고저항 접지방식 : $R = 100 \sim 1{,}000\,\Omega$ 정도

저항이 너무 낮으면 통신선에 대한 유도장해가 커지고 너무 크면 지락계전기 동작이 곤란해지고 건전 상 대지전압이 상승한다.

3) 소호리액터 접지방식

대지 간 정전용량($3\omega C$)과 병렬공진시켜 리액턴스를 무한대로 유지하여 고장전류를 영(0)으로 하는 방식, 즉

$$\omega L = \frac{1}{3\omega C}$$

- 합조도 : 소호리액터의 탭이 공진점을 벗어나는 정도

$$P = \frac{I - I_c}{I_c} \times 100\,[\%]$$

여기서 I_c : 전 대지 충전전류

- $\omega L = \dfrac{1}{3\omega C}$ 인 경우 합조도가 0

- $\omega L < \dfrac{1}{3\omega C}$ 인 경우 과보상(I가 Ic보다 큰 경우) 합조도는 正
- $\omega L > \dfrac{1}{3\omega C}$ 인 경우 부족보상(Ic가 I보다 큰 경우) 합조도는 負(이상전압 발생 위험이 높다.)
- 리액터 용량 $W_L = \dfrac{V}{\sqrt{3}} \times 3\omega C \dfrac{V}{\sqrt{3}} = \omega C V^2$
- 중성점 접지방식 비교[표 6-2]

III 중성점 잔류 전압

- $E_n = \dfrac{\sqrt{C_a(C_a - C_b) + C_b(C_b - C_c) + C_c(C_c - C_a)}}{C_a + C_b + C_c} \times \dfrac{V}{\sqrt{3}}$
- C_a, C_b, C_c는 각 상의 대지 정전용량
- $C_a = C_b = C_c = 0$이면 잔류 대지전압이 영(0)이 된다(공전선로의 연가가 필요).

IV 유도장해

1) 정전유도 : 송전선로의 영상전압과 통신선과의 정전용량의 불평형에 의해 통신선에 정전적으로 유도되는 전압

- $E_n = \dfrac{\sqrt{C_a(C_a - C_b) + C_b(C_b - C_c) + C_c(C_c - C_a)}}{C_a + C_b + C_c + C_2} \times E$
- C_a, C_b, C_c는 각 상의 통신선과의 상호 정전용량
- C_2 : 통신선의 대지 정전용량
- 완전 연가가 되면 $C_a = C_b = C_c = 0$가 되어 정전유도전압을 영으로 할 수 있다.

2) 전자유도 : 전력선과 통신선과의 상호 리액턴스에 의해 유도되는 전압

- $E_m = -j\omega Ml(I_a + I_b + I_c) = -j\omega Ml(3I_0)$

  여기서 l : 양선의 병행 길이[m]

  $3I_0$: 3 × 영상전류 = 지락전류 = 기 유도전류[A]
- 국내 송전선 전자유도전압 제한치 : 650V
- 상호 인덕턴스 측정이 어려우므로 실험식을 사용하여 통신선 유도전압을 계산

Ⅴ 유도장해 경감대책

1) 전력선 측 대책

- 전력선과 통신선 이격거리 증대
- 저항접지 시 저항 값을 크게 유지(기유도 전류를 억제)
- 고속도 지락보호 계전방식 채택, 고장선 신속 차단
- 송전선과 통신선 간에 차폐선 설치(M의 저잠)

2) 통신선 측 대책

- 통신선 도중에 중계 코일 삽입, 구간 분할(병행길이 단축)
- 연피통신 케이블 사용(M의 저감)
- 통신선에 우수 피뢰기 설치(유도전압 강제 억제)
- 배류코일, 중화코일 등으로 통신선을 접지. 저주파수 유도전류를 대지로 흘림(통신 잡음의 저감).

3) 차폐선 효과

- $V_2 = -Z_{12}I_0 + Z_{2s}I_1 = -Z_{12}I_0 + Z_{2s}\dfrac{Z_{1s}I_0}{Z_s}$

  $= -Z_{12}I_0\left(1 - \dfrac{Z_{1s}Z_{2s}}{Z_sZ_{12}}\right)$

  여기서 Z_{12} : 전력선과 통신선 상호 인덕턴스
  Z_{1s} : 전력선과 차폐선 상호 인덕턴스
  Z_{2s} : 통신선과 차폐선 상호 인덕턴스
  I_0 : 전력선의 영상 전류
  I_1 : 차폐선의 유도전류

- $\lambda = \left(1 - \dfrac{Z_{1s}Z_{2s}}{Z_sZ_{12}}\right)$ = 차폐계수
- 차폐선을 전력선에 근접 설치하는 경우 $Z_{12} \simeq Z_{2s}$가 되므로 $\lambda' = \left(1 - \dfrac{Z_{1s}}{Z_s}\right)$
- 차폐선을 통신선에 근접 설치하는 경우 $Z_{1s} \simeq Z_{12}$ 가 되므로 $\lambda'' = \left(1 - \dfrac{Z_{2s}}{Z_s}\right)$
- Z_s(차폐선의 자기 인덕턴스)를 될수록 작게 하면 차폐효과가 증대된다.
- 송전선로의 가공지선을 통해 차폐선 역할을 동시에 수행토록 한다.

07 고장계산

I 단락전류 계산

1) 옴법

- 단락전류 $I_s = \dfrac{E}{Z}$[A]

여기서 Z : 전 송전계통 임피던스(발전기+변압기+송전선로)[Ω]
E : 상전압[V]

2) 백분율법(%Z법)

(1) %Z

$$\%Z = \frac{ZI}{E} \times 100 = \frac{PZ}{10E^2} = \frac{PZ}{10V^2}[\%]$$

(2) Z[Ω]

$$Z[\Omega] = \frac{\%Z \cdot 10V^2}{P} = [\Omega]$$

(3) 단락전류

$$I_s = \frac{E}{Z} = \frac{E}{\dfrac{\%ZE}{100I}} = \frac{100}{\%Z} I_n[\text{A}]$$

(4) 단락용량

$$P_s = \frac{100}{\%Z} P_n$$

(5) %Z는 기준용량이 비례

$$\%Z_b = \%Z \times \frac{[\text{kVA}]_b}{[\text{kVA}]}$$

여기서 $\%Z_b$: 기준 용량$[\text{kVA}]_b$에서의 %Z

(6) 단락법

$$Z[p.u.] = \frac{ZI}{E}$$ (%Z에서 100%를 없앤 값)

Ⅱ 대칭좌표법

1) 전압 계산

(1) 각 상전압 → 대칭분 전압

$$V_0 = \frac{1}{3}(V_a + V_b + V_c)$$

$$V_1 = \frac{1}{3}(V_a + aV_b + a^2V_c)$$

$$V_2 = \frac{1}{3}(V_a + a^2V_b + aV_c)$$

(2) 대칭분 전압 → 각 상전압

$$V_a = V_0 + V_1 + V_2$$

$$V_b = V_0 + a^2V_1 + aV_2$$

$$V_c = V_0 + aV_1 + a^2V_2$$

2) 전류 계산

(1) 각 상전류 → 대칭분 전류

$$I_0 = \frac{1}{3}(I_a + I_b + I_c)$$

$$I_1 = \frac{1}{3}(I_a + aI_b + a^2I_c)$$

$$I_2 = \frac{1}{3}(I_a + a^2I_b + aI_c)$$

(2) 대칭분 전류 → 각 상전류

$$I_a = I_0 + I_1 + I_2$$

$$I_b = I_0 + a^2I_1 + aI_2$$

$$I_c = I_0 + aI_1 + a^2I_2$$

여기서 $a^2 + a + 1 = 0$

- V_0, I_0 : 영상 전압, 영상 전류 $Z_0 = \dfrac{V_0}{I_0}$: 영상 임피던스
- V_1, I_1 : 정상 전압, 정상 전류 $Z_1 = \dfrac{V_1}{I_1}$: 정상 임피던스
- V_2, I_2 : 역상 전압, 역상 전류 $Z_2 = \dfrac{V_2}{I_2}$: 역상 임피던스

3) 발전기 기본식

$V_0 = -I_0 Z_0$

$V_1 = E_a - I_1 Z_1$

$V_2 = -I_2 Z_2$

4) 고장계산

(1) 고장계산 방법

대칭분(V_0, V_1, V_2, I_0, I_1, I_2) 중에서 3가지 조건을 알면 발전기 기본식을 이용해 나머지 3개 값을 구한 다음 대칭분→상전압 변환공식을 이용해 고장전압, 전류를 계산

(2) 고장계산 조건

① 1선지락고장(a상 지락인 경우) : $V_a = 0$, $I_b = I_c = 0$

② 2선(a, b상)지락인 경우 : $V_a = V_b = 0$, $I_c = 0$

③ 선간(b, c상) 단락인 경우 : $I_a = 0$, $I_b = -I_c$, $V_b = V_c$

④ 3상단락인 경우 : $I_a + I_b + I_c = 0$, $V_a = V_b = V_c = 0$

08 안정도

I 안정도 분류

1) 정태안정도(static stability)

송전계통이 불변 부하 혹은 극히 서서히 증가하는 부하에 대해 계속적으로 송전할 수 있는 능력

2) 과도안정도(transient stability)

계통에 갑작스런 고장과 같은 급격한 외란이 발생한 경우 탈조하지 않고 새로운 평형상태를 회복하여 송전을 계속할 수 있는 능력

3) 동태안정도(dynamic stability)

고속 자동조정기로 동기기의 여자전류를 제어할 경우의 정태안정도를 특별히 동태안정도라 함.

II 최대송전전력

- $P=\dfrac{V_s V_r}{X}\sin\theta$

여기서 V_s : 송전단 전압
V_r : 수전단 전압
θ : 송·수전단 전압 상차각
$\theta=90°$일 때 송전전력이 최대(Pmax)

III 안정도 향상대책

1) 직렬 리액턴스(X)를 작게 한다.

- 발전기나 변압기의 리액턴스를 작게 한다.
- 선로의 병행 회선수를 늘리거나 복도체 혹은 다도체 방식을 사용한다.
- 직렬콘덴서를 삽입하여 선로의 리액턴스를 보상한다.

2) 전압변동을 작게 한다.

- 속응여자방식을 채용
- 계통연계를 한다.

3) 중간 조상방식을 채용한다.

4) 고장전류를 줄이고 고장구간을 신속하게 차단한다.

- 적당한 중성점 접지방식을 채용하여 지락전류를 줄인다.
- 고속도 계전기, 고속도 차단기를 사용한다.
- 고속도 재폐로방식을 채용한다.

5) 고장 시 발전기 입·출력의 불평형을 작게 한다.

- 조속기의 동작을 빠르게 한다.
- 고장 발생과 동시에 발전기 회로의 저항을 직렬 혹은 병렬로 삽입하여 발전기 입·출력의 불평형을 작게 한다.

09 이상전압

I 이상전압의 종류

1) 내부 이상전압

- 개폐 서지에 의한 이상전압
- 사고 시 과도 이상전압
- 계통 조작과 고장 시의 지속적인 이상전압

* 접지계통별 내부 이상전압의 크기 : [표 8-2] 참조

2) 외부 이상전압

- 직격뢰
- 유도뢰
- 타선과의 혼촉

* 충격파형 표시방법 예 : 1,000kV $1.2 \times 50\mu s$(파고값, 파두길이 × 파미길이)

* 표준 충격파형 : [그림 8-2] 참조

II 진행파

1) 가공선의 파동임피던스(Z)

$$Z = \sqrt{\frac{L}{C}} = \sqrt{\frac{0.4605 \times 10^{-3}}{0.02413 \times 10^{-6}}} \log_{10}\frac{2h}{r} = 138\log_{10}\frac{2h}{r}\,[\Omega]$$

2) 전파속도(V)

$$V = \frac{1}{\sqrt{LC}} = \frac{1}{\sqrt{0.4605 \times 0.02413 \times 10^{-9}}} = 3 \times 10^{5}[\mathrm{km/s}]$$

3) 진행파의 반사와 투과

$$e_r = \frac{Z_2 - Z_1}{Z_2 + Z_1}e_i,\ i_r = -\frac{Z_2 - Z_1}{Z_2 + Z_1}i_i$$

$$e_t = \frac{2Z_2}{Z_2 + Z_1}e_i,\ i_t = \frac{2Z_1}{Z_2 + Z_1}e_i$$

여기서 e_i : 인입 전위, i_i : 인입전류

e_r : 반사 전위, e_t : 투과전위

i_r : 반사전류, i_i : 투과전류

- 반사계수$(\beta) = \dfrac{Z_2 - Z_1}{Z_2 + Z_1}$
- 투과계수 $\gamma_e = \dfrac{2Z_2}{Z_2 + Z_1}$ $\gamma_i = \dfrac{2Z_1}{Z_2 + Z_1}$

혹은 $i_t = \dfrac{2e_1}{Z_2 + Z_1}$, $e_t = Z_2 i_t = \dfrac{2Z_2}{Z_2 + Z_1}e_i$

(1) 종단 개방 시($Z_2 = \infty$)

$e_r = e_i,\ e_t = 2 \times e_i$

$i_r = -i_r,\ i_t = 0$

(2) 종단 접지 시($Z_2 = 0$)

$e_r = -e_i,\ e_t = 0$

$i_r = i_t,\ i_t = 2 \times i_i$

- 전반사 : 반사파의 파고가 진입파의 파고와 같게 되는 반사

III 피뢰기

1) 피뢰개의 역할

이상전압이 내습하면 방전시키고 속류를 차단한다.

2) 피뢰기의 정격전압

속류차단이 되는 교류의 최고전압

3) 피뢰기의 제한전압

충격파의 전류가 흐르고 있을 때의 피뢰기의 단자전압

4) 충격비

$$충격비 = \frac{충격\ 방전\ 개시전압}{상용\ 주파\ 방전\ 개시전압의\ 파고값}$$

5) 피뢰기의 방전내량

피뢰기 갭의 방전에 따라 피뢰기를 통해서 대지로 흐르는 충격전류(방전전류)의 허용한도

6) 제한전압

방전 후 피뢰기 단자 간에 남게 되는 충격전압

7) 피뢰기의 구비조건

- 충격방전 개시전압이 낮을 것
- 상용주파 방전개시전압은 높을 것
- 방전내량이 크면서 제한전압은 낮을 것
- 속류차단 능력이 충분할 것

8) 피뢰기 설치

- 가능한 한 피보호기기와 인접하여 설치(50m 이내)
- 제1종 접지공사(접지저항 10Ω 이하)

Ⅳ 가공지선에 의한 뇌차폐

1) 유도뢰 차폐

- 가공지선의 보호율(m)

$$m = \frac{q_1}{q_0}$$

여기서 q_1 : 가공지선이 있는 경우 전선에 유도되는 전하

q_0 : 가공지선이 없는 경우 전선에 유도되는 전하

2) 직격뢰 차폐

- 차폐각(보호각) : 35~40도
- 발전소 고압측 1~2km 구내에는 2가닥 가공지선 사용
- 광섬유 복합 가공지선(Composit Fiber-Optic Ground Wire : OPGW) 사용

3) 섬락 및 역섬락

- 철탑 접지저항을 작게 유지
- 매설지선 설치

4) 절연협조

- 절연협조 : 계통 내 기기, 기구 및 애자 등의 절연강도를 이상전압, 보호레벨 등을 고려해 합리적, 경제적으로 결정
- 기준충격절연강도(Basic Insulation Level : BIL) : 공칭전압별 통일된 절연체계를 구성

I 보호계전기 역할과 기능

센서 CT, PT(전기적 상태측정) → 보호계전기(계통이상검출) → 차단기 동작(사고구간 제거)

* CT : Curent Transformer(변류기)
* PT : Potential Transformer(변성기)

II 보호계전기 종류

1) 동작기구에 의한 분류

- 유도형 계전기
- 전류력계형 계전기
- 가동철심형 계전기
- 가동코일형 계전기
- 전자형(정지형) 계전기

2) 동작시간에 의한 분류

- 순한시계전기
- 정한시계전기
- 반한시계전기
- 정한시·반한시계전기

*동작특성 : [그림 10-6] 참조

3) 용도(기능)에 의한 분류

(1) 단락보호용

- 과전류계전기(Over Current Relay : OC)
- 과전압계전기(Over Voltage Relay : OV)
- 부족전압계전기(Under Voltage Relay : UV)
- 단락방향계전기(Directional Short Circuit Relay : DS)
- 선택단락계전기(Selective Short Circuit Relay : SS)
- 거리계전기(Distance Relay : Z)
- 방향거리계전기(Directive Distance Relay : DZ)

(2) 지락보호용

- 과전류지락계전기(Over Current Ground Relay : OCG)
- 방향지락계전기(Directional Ground Relay : DG)
- 선택지락계전기(Selective Ground Relay : SG)

(3) 기타 용도

- 탈조보호계전기(Step-out Protective Relay : SO)
- 주파수계전기(Frequency Relay : F)
- 한시계전기(Times Limit Relay : TL)

III 보호계전 방식의 적용

1) 방사성 선로 단락보호

(1) 전원이 1단에만 있는 경우

- 과전류계전기(OC) 적용
- 계전기의 동작 시간을 차등화하여 고장구간을 분리

(2) 전원이 양단에 잇는 경우

- 방향단락계전기(DS)와 과전류계전기(OC)를 조합하여 적용
- 필요한 경우 계전기 동작 시간을 차등화하여 고장구간을 최소화

2) 환상선로 단락보호

(1) 전원이 1단에만 있는 경우

- 방향단락계전기(DS) 적용
- 필요한 경우 계전기 동작 시간을 차등화 하여 고장구간을 최소화

(2) 전원이 2군데 이상 있는 경우

- 방향거리계전기(DZ)를 적용

3) 모선보호

- 단모선 방식
- 2중모선 방식
- 1-1/2 차단방식

4) 발전기보호

- 내부고장보호 : 차동계전방식
- 외부고장보호 : 반한시 과전류계전기 사용

5) 변압기보호

- 비율차동 계전기 적용
- 전압차동 계전방식과 전류차동 계전방식으로 구분

11 변전소

I 변전소의 역할

- 전압의 변성과 조정
- 전력의 집중과 배분
- 전력 조류의 제어
- 송배전선로 및 변전소보호

II 변전소설비

1) 주변압기

- 단상용(고전압, 대용량의 경우 많이 사용)
- 3상용(소용량의 경우 경제적으로 유리)

2) 조상설비

비교항목	전력용 콘덴서	분로 리액터	동기조상기
무효전력 흡수	진상용	지상용	진상 · 지상용
조정방법	계단적	계단적	연속적
가격	저렴	저렴	고가
전력손실	적다(출력의 0.3%)	적다(출력의 0.6%)	크다(출력의 2~3%)

부록 1

3) 모선

(1) 재료 : 경동연선, 경 알루미늄 연선, 알루미늄 파이프

(2) 모선방식

① 단일모선방식 : 경제적, 보수·점검 불리
② 표준 2중모선방식 : 보수·점검 유리, 계통의 효율적 운용 가능
③ 1-1/2 차단기방식 : 보수·점검 시 정전범위 축소 가능, 계통신뢰도 향상, 경제성 다소 불리
④ 환상모선방식 : 모선의 부분정전 가능, 차단기 보수·점검 편리, 모선 내 직렬기기 전류증대, 보호방식 복잡

4) 차단기

종류	약어	소호 원리
유입차단기	OCB	소호실에서 아크에의한 절연유 분해 가스의 흡수력을 이용
기중차단기	ACB	대기 중에 아크를 길게하여 소호실에서 냉각 차단
자기차단기	MBB	대기 중에서 전자력을 이용하여 아크를 소호실 내로 유도해서 냉각 차단
공기차단기	ABB	압축된 공기를 아크에 불어넣어서 차단
진공차단기	VCB	고진공 중에서 전자의 고속도 확산에 의해 차단
가스차단기	GCB	고성능 절연특성을 가진 특수가스(SF_6)를 흡수하여 차단

5) 단로기

선로로부터 기기를 분리, 구분할 때 사용하는 개폐장치(부하개폐기, 접촉기도 사용)

6) 계기용 변성기

- 계기용 변압기(PT)
- 변류기(CT)
- 전류·전압 변성기(MOF)

7) 피뢰기

8) 중성점 접지기기

접지용 저항기, 소호리액터, 보상 리액터

9) 접지장치

10) 배전반

계통의 기기상태를 감시, 조작

11) 기타 설비

- **소외 설비** : 가공지선 설치, 이상전압 억제용 서지 흡수기 등
- **소내 설비** : 전원설비, 애자 청소설비, 압축공기 발생장치, 소화설비, 냉각설비 등
- 제어·통신보안 설비, 축전지, 충전설비

III 변전소 접지

1) 목적

- 기기 보호
- 송전계통 중성점 접지
- 운전원 및 공중의 안전

2) 접지 개소

- 피뢰침 및 철탑
- 주변압기 중섬점
- 건물의 금속부분
- 계기용 변성기 2차 측

IV 차단기 정격 및 동작 책무

1) 정격

- **정격전압** : 선간 전압의 표시
- **정격차단전류** : 차단 가능 지상역률의 차단전류 한도
- **정격차단 용량**(kVA 혹은 MVA로 표시)
  3상 정격차단 용량 = $\sqrt{3}$ ×(정격전압)×(정격차단전류)

2) 동작 책무

(1) 표시방법

O − t_1 − t_2 − CO

여기서 O : open
C : close
CO : close and open
t_1, t_2 : 시간 간격

(2) 일반적인 차단기 동작 책무

- 일반용 : O − (3분) − CO − (3분) − CO 혹은 CO − (15초) − CO
- 고속도 재투입용 : O − (0.3초) − CO − (3분) − CO

V 가스절연 개폐설비(Gas Insulting Station)

- 종래의 대기절연방식 대신 SF_6 가스를 사용한 밀폐방식 개폐소
- SF_6의 절연내력은 공기의 2.5~3.5배. 가스압력이 3~4kg/cm^2에서는 절연유 이상
- 용지취득이 어렵고 도심부 등에 많이 채용

1) 장점

- 개폐소의 소형화
- 충전부가 완전밀폐되어 안전성이 높다.
- 대기 오염 영향 배제, 신뢰도가 높다.
- 소음이 적고 환경에 조화 가능
- 건설공기 단축 가능

2) 단점

- 밀폐되어 있어 내부를 직접 볼 수 없다.
- 가스의 압력, 수분을 엄중하게 감시할 필요가 있다.
- 한랭지, 산악지방에서 액화방지대책 필요
- 내부 점검, 부품교체가 어렵다.
- 비교적 고가이다.

VI 원방감시제어(SCADA : Supervisory Control And Data Acquisition)

전력시스템의 대용량화에 따라 컴퓨터에 의한 정보처리 및 감시제어 자동화를 통한 고신뢰성 전력계통 운영방식

1) SCADA의 기능

- 원방감시기능
- 원격제어기능
- 원격측정기능
- 자동기록기능
- 경보발생기능
- 에너지 관리시스템EMS), 배전자동화시스템(DAS) 등 타 시스템과의 연계기능

12 배전계통의 구성

I 배전선로의 개요

1) 배전전압의 구분

- 저압 : 직류 750V 이하, 교류 600V 이하
- 고압 : 직류 750~7,000V, 교류 600~7,000V
- 특별고압 : 7000V 이상의 직·교류 전압

2) 국내 공칭 배전전압

- 송전선 → 22.9KV → 220/380V
- 고압배전계통 구성 : 급전선 → 간선 → 분기선으로 구성

(1) 구성방식(가공선)

① 수지식(방사상식) : 부하분포에 따라 나뭇가지(수지)식으로 분기선을 추가 설치하는 방식

② 환상(루프)식 : 배전 간선을 하나의 환상(루프)로 구성하는 방식

③ 망상식(네트워크) : 배전 간선을 망상(네트워크)로 접속하고 수 개소의 접속점에 급전선을 연결하는 방식

(2) 고압 지중선 배전방식

① 방사상식

- 전원 변전소로부터 1회선 인출 수용가 공급
- 경재적 공급 방식
- 신규부하 증설이 용이

② 예비선 절체방식

- 서로 다른 변전소로부터 본선과 에비선을 인출
- 예비선 절체 시 순간 정전 내지 단시간 정전이 수반됨.
- 개폐기 절체방식 : 자동 절체, 원격 절체, 수동절체

③ 환상공급방식

ⓐ 순수환상방식

- 동일변전소 동일 뱅크로부터 2회선으로 상시 공급(설비 구성이 고가)
- 선로고장 시 고장구간 양측의 계전기를 통해 차단기를 동작함.
- 건전선로에 의한 수용가 무정전 공급이 가능함.

ⓑ 개방환상방식

- 동일변전소 동일 뱅크 또는 다른 변전소나 뱅크로부터 양 계통을 연계하고 선로 부하중심을 상시 개방 운전함.
- 선로고장 시 고장점 탐색 및 개폐기 조작방식에 따라 정전 시간이 좌우됨.

④ 스포트 네트워크방식

- 공급 신뢰도 : 1회선의 케이블이나 변압기의 고장에도 2차 병렬모선을 통해 부하 측 무정전 전력공급이 가능
- 선로 이용률 : 환상공급방식(50%)에 비해 3회선 네트워크방식은 67%
- 전압 변동률 : 변압기 2차 측의 병렬운전으로 부하 부담이 균일화됨으로써 상시 부하변동에 대한 전압변동이 적음.

(3) 저압 배전계통의 구성

① 방사상 방식

② 저압뱅킹방식 : 동일 고압 배전선로에 접속되어 있는 2대 이상의 배전용 변압기를 경유해서 저압 측 간선을 병렬 접속하는 방식

ⓐ 장점

- 변압기 공급전력을 서로 융통시키므로 변압기 용량 절감 가능
- 전압 변동 및 전력 손실 경감
- 부하 증가에 대응할수 있는 탄력성 향상
- 적절한 고장 보호방식에 의해 신뢰도 향상(정전 감소)

③ 저압 네트워크방식

- 어느 회선 사고에도 무정전 공급이 가능
- 건설비가 높고 특별한 보호장치 요구

(4) 스포트 네트워크방식

- 네트워크 방식을 간소화한 것
- 도심부 고층빌딩, 큰 공장 등 부하밀도가 높은 집중부하에 적용

3) 배전선로 전기방식

(1) 고압 배전선로 전기방식

- 3상3선식(중성점 비접지식) : 2차 측 △결선
- 3상4선식 : 2차 측 Y결선, 중성점 접지 가능

(2) 저압 배전선

- 단상2선식
- 단상3선식 : 2종류 전압 이용가능
- 3상3선식
- 3상4선식
- 전기방식의 소요 전선 비교

전기 방식	중성선 굵기(%)	전선 총 중량(%)
단상2선식	–	100
단상3선식	100	37.5
	50	31.3
3상3선식	–	75.0
3상4선식	100	33.3
	50	29.2

13 배전선로 전기적 특성

Ⅰ 선로정수

1) 저항

$$R = \rho\frac{l}{S}$$

여기서 ρ : 비저항[Ω·m]
l : 전선의 길이[m]
S : 전선의 단면적[mm^2]

2) 인덕턴스

(1) 가공선로

$$L = 0.05 + 0.4605\log_{10}\frac{D}{r}\,[\text{mH/km}]$$

여기서 D : 전선의 등가선간 거리[m]
r : 전선의 반지름[m]

(2) 지중선로

$$L = 0.05 + 0.4605\log_{10}\frac{D_c}{r}\,[\text{mH/km}]$$

여기서 D_c : 전선의 등가선간 거리[m]

① 도체의 단면이 원형인 경우

$$D_c = 2(r+t)[\text{m}]$$

② 도체의 단면이 부채꼴 혹은 반원형인 경우

$$D_c = 2(0.84\times r_1 + t)[\text{m}]$$

여기서 r : 전선의 반지름[m]
t : 절연층의 두께[m]
r_1 : 부채꼴 혹은 반원형의 도체와 같은 면적을 갖는 원형도체의 반지름[m]

3) 캐패시턴스

(1) 가공선 단상2선식의 경우(2선 일괄)

$$C=2\times\frac{4\pi\varepsilon\times10^9}{2\log_e\dfrac{2h^2}{rD}}[\mu\text{F/km}]$$

(2) 가공선 3상3선식의 경우(3선 일괄)

$$C=3\times\frac{4\pi\varepsilon\times10^9}{2\log_e\dfrac{8h^3}{rD^2}}[\mu\text{F/km}]$$

여기서 h : 전선의 지상 높이[m]

(3) 전력 케이블(단심 케이블의 경우)

$$C=\frac{4\pi\varepsilon\times10^9}{2\log_e\dfrac{D}{d}}[\mu\text{F/km}]$$

여기서 D : 절연체 바깥지름[m]
d : 도체의 바깥 지름[m]

II 전압 강하

- 전압강하율[%] $=\dfrac{E_s-E_r}{E_r}\times100[\%]$

여기서 E_s : 송전단 전압
E_r : 수전단 전압

- 전압변동률[%] $=\dfrac{E_{r0}-E_r}{E_r}\times100[\%]$

여기서 E_{r0} : 무부하 시 수전단 전압
E_r : 전부하 시 수전단 전압

III 전력손실

1) 옴손

(1) 배전선로의 전력손(옴 손)

$$P_c = NI^2R[\mathrm{W}]$$

여기서 R : 전선 1가닥의 저항[Ω]
I : 부하전류[A]
N : 전선의 가닥 수

(2) T시간 동안의 전력손실량

$$W_c = NI^2RT[\mathrm{Wh}]$$

(3) 손실계수[H] : 부하의 시간적 변동에 따른 전력 손실정도를 표시

$$\text{손실계수[H]} = \frac{\text{어느 기간 중의 평균손실전력}}{\text{같은 기간 중의 최대손실전력}}$$

(4) 분포 손실계수[h] : 부하의 분산 상태에 따른 전력 손실의 정도를 표시

부하형태	분산 부하율	분산 손실계수
평등 분포	1/2	1/3
말단일수록 큰 분포	2/3	8/15
송전단일수록 큰 분포	1/3	1/5
중앙일수록 큰 분포	1/2	23/60

2) 변압기 손실

(1) 철손과 동손

【주상 변압기 철손 동손 비율】

	철손	동손
손실 전력(첨두 부하 시)	33%	67%
손실 전력량	65%	35%

3) 변압기 효율

- 실측 효율 $= \frac{\text{출력의 측정값}}{\text{입력의 측정값}} \times 100$

- 규약 효율 $= \dfrac{\text{출력[kW]}}{\text{출력[kW]} + \text{손실[kW]}} \times 100[\%]$

  $= \dfrac{\text{입력[kW]} + \text{손실[kW]}}{\text{입력[kW]}} \times 100[\%]$

- 전일 효율 $= \dfrac{\text{1일간의 출력 전력량}}{\text{1일간의 출력 전력량[kWh]} + \text{1일간의 손실 전력량[kWh]}}$

  $= \dfrac{P_d}{P_d + (P_i \times 24) + P_{cd}}$

여기서 P_d : 1일 중의 출력 전력량[kWh]

P_i : 철손

P_{cd} : 동손(1일 중의 손실 전력량)

Ⅳ 시설과 부하

1) 전력수요구분

- 주택용
- 상업용
- 산업용

2) 수요와 부하의 관계

- 수용률 $= \dfrac{\text{최대수요전력}}{\text{부하설비합계}} \times 100[\%]$
- 부동률 $= \dfrac{\text{각 부하의 최대전력 수요전력의 합}}{\text{합성 최대수요전력}} \times 100[\%]$(1보다 큰 값을 가짐)
- 부하율 $= \dfrac{\text{평균수요전력}}{\text{최대수요전력}} \times 100[\%]$

Ⅴ 변압기 용량 결정

합성 최대부하를 기준으로 결정[KVA]

- 합성 최대부하 $= \dfrac{\text{부하용량} \times \text{수용률}}{\text{부동률}}$
- 1상 고장 시 V-V결선 공급전력 : 57.7%로 감소

14 배전선로 관리와 보호

I 전압 조정

1) 전압유지범위(전기사업법)

【전압 유지 범위】

표준전압	유지하여야 하는 전압	비고
110V	±6V	104~116V
220V	±13V	207~233V
380V	±38V	348~418V
주파수 60Hz	±0.2Hz	59.8~60.2Hz

2) 변전소 전압조정장치

- 부하 시 탭 절환장치(ULTC)
- 자동전압조정장치
  - 정지형 전압조정기(SVR) : 현재 국내에서는 SVR만 적용
  - 유도 전압 조정기(IR)
- 승압기

3) 기타 배전선로 문제점

- 전압변동과 플리커 현상
- 고조파 문제
- 역률 개선 : 컨덴서를 이용해 지상역률 개선

II 역률 개선

1) 역률 개선용 콘덴서 용량 계산식

$$Q_c = P\sqrt{\frac{1}{\cos^2\theta} - 1} - \sqrt{\frac{1}{\cos^2\phi} - 1}\ [\text{kVA}]$$

여기서 P : 전력[kW]

$\cos\theta$: 개선 전 역률

$\cos\phi$: 개선 후 역률

2) 콘덴서 설치장소의 선정

- 수전 역률 개선 효과 : 설치장소와 거의 무관
- 소요 콘덴서 용량 : 분산 설치할수록 이용률이 낮아져 총 용량은 증가
- 손실저감 효과 : 역률과 손실, 무효전력량의 관계는 비례하지 않음.
- 설비여력 : 말단에 설치할수록 커짐.
- 전압강하 경감 : 말단에 설치할수록 커짐.

III 전력손실

1) 송배전손실

약 5% 수준

2) 경감책

- 전류밀도의 감소와 평형
- 전력용 콘덴서의 설치
- 고압선로에서의 대책 : 급전점과 부하중심이 멀어진 경우 급전선의 변경, 증설, 선로 분할 등 급전선 단축화 가능 대책 강구
- 저압선로에서의 대책 : 적절한 변압기의 배치와 용량설정, 권철심형 등 저철손 변압기로 교체 등
- 배전전압의 승압 : 22.9kV−Y결선으로 승압

IV 배전전압의 승압

1) 승압 효과

- 공급용량의 증대 : 110 → 220V승압의 경우 선로공급용량이 2.2배 증가
- 전력손실의 감소 : 전력손실은 공급전압의 제곱에 반비례
- 전압강하율의 개선 : 전압강하율은 전압의 제곱에 반비례
- 지중배선방식 채택 용이 : 변압기 단위 용량과 선로공급 능력 증대
- 고전압 배전선 연장의 감소 : 공사비 절감
- 대용량 전기기기 사용 용이

2) 승압에 따른 안전대책

(1) 누전차단기 부설

- 누전차단기 감도 전류 : 인체저항 500Ω, 기준 300mA, 0.03s

(2) 제3종 접지

- 접지저항값 : 수용가 인입구에 30mA 감도전류의 누전차단기를 부설할 경우 500Ω 이하

V 배전선로의 보호

1) 배전선로 사고

- 선로의 사고 : 단락사고, 지락사고, 접지사고
- 변압기 사고
- 기타 기기사고
- 통신선의 유도장해

2) 배전선로의 보호

고압배전계통은 보호계전기 저압배전계통은 퓨즈를 사용

(1) 고압배전계통

① **단락보호** : 과전류계전기(유도계전기) 사용, 동작전류는 허용전류의 150% 동작시간 0.2초

② **지락보호** : 선택지락보호계전기, 자동구분개폐기(정격용량 400~600A)

③ **주상변압기** : 고압 측 : 컷아웃 스위치 저압 측 : 캐치홀더, 소손방지기 등 사용
고압용 변압기 외함 : 제1종 접지공사
저압용 변압기 외함 : 300V 이하 제3종, 300V 이상 특별 제3종 접지(접지저항 10Ω 이하)

(2) 저압 배전선로 보호 : 고저압 혼촉 보호를 위해 제2종 접지

(3) 접지보호

- 혼촉 누전 접촉에 의한 위험 방지
- 이상전압을 억제, 대지전압을 저하시켜 보호장치 동작을 확실하게 함.
- 피뢰기 등 뇌해 방지설비 보호 효과 향상

(4) 고저압 혼촉 : 혼촉 시 저압 측 전압상승이 15V 이하가 되도록 1선지락전류를 사용하여 접지저항 계산

<table>
<tr><th></th><th>사고의 종류</th><th>보호장치의 종류</th><th>비고</th></tr>
<tr><td rowspan="3">고압배전선</td><td>접지사고</td><td>접지계전기</td><td>동작전류 : 배전선 허용전류의 150%
동작시간 : 0.2s</td></tr>
<tr><td>과부하, 단락사고</td><td>과전류 계전기</td><td></td></tr>
<tr><td>뇌해사고</td><td>피뢰기 가공지선</td><td></td></tr>
<tr><td rowspan="2">주상변압기</td><td rowspan="2">과부하, 단락사고</td><td>고압 퓨즈</td><td>고압 측 : 컷아웃 스위치
저압 측 : 캐치홀더</td></tr>
<tr><td>접지공사</td><td>고압 측 : 제1종 접지
저압 측 : 제3종 접지(300V 이하)
특별 제3종 접지(300V 이상)</td></tr>
<tr><td rowspan="2">저압배전선</td><td>고저압 혼촉</td><td>제2종 접지공사</td><td></td></tr>
<tr><td>과부하, 단락사고</td><td>저압퓨즈</td><td></td></tr>
</table>

VI 옥내배선 보호

1) 과전류 보호

- 퓨즈
- 배선용 차단기

2) 지락보호

- 누전차단기 : 감전전류 30mA 이하 동작시간 0.1s 이하의 고감도 고속도형 사용

3) 감전방지 대책 수립

- 단순 접지 : 저압 기기의 제3종 접지
- 누전차단기 설치
- 저전압법 : 금속외함 내 회로 저전압 사용
- 2중 절연기기 사용

VII 옥내배선 접지공사

1) 제1종 접지공사

- 접지저항값 10Ω 이하
- 피뢰기, 특고압 계기용 변성기 2차 측, 고압 또는 특고압 계기의 철대 등 접지 사고 시 특고압이 침입할 가능성이 있는 경우 실시

2) 제2종 접지공사

- 접지저항값 : 150을 변압기 고압(특고압) 측 전로의 1선지락전류의 암페어수로 나눈 옴수 이하(다만, 고압 측과 저압 측 전로와의 혼촉에 의해 저압전로의 대지전압이 150V를 넘을 경우 2초 이내에 자동적으로 전로를 차단하는 장치를 설치한 경우에는 300, 고압을 저압으로 변성하는 변압기의 경우 최소 5Ω)
- 비접지 계통의 고압주상변압기와 저압 측 중성점 또는 저압 측 말단과 변압기 외함

3) 제3종 접지공사

- 접지저항값 100Ω 이하(다만, 저압전로에서 당해 전로에 접지가 생긴 경우에 0.5초 이내에 자동적으로 전로를 차단하는 장치를 시설할 경우 500Ω 이하)

4) 특별 제3종 접지공사

- 접지저항 10Ω(0.5초 이내 자동차단 장치가 있는 경우 500Ω)
- 옥내 또는 지상에 설치되는 400V 이상 저압기기의 외함 접지

5) 접지공사 시설 기준

(1) 접지선의 굵기

① 제1종 접지공사 : 2.6mm

② 제2종 접지공사 : 4.0mm(단, 고압전로 혹은 15kV 이하의 특별고압전로에서는 2.6mm)

③ 제3종 접지공사 : 1.6mm

④ 특별 제3종 접지공사 : 1.6mm

(2) 공사방법

① 제1종, 2종의 경우

- 접지선은 지하 75cm 이하 깊이에 매설
- 접지선을 철주 등 금속재에 따라 시설할 경우 접지극은 금속재로부터 1m 이상 격리해서 매설

② **접지선** : 절연전선, 케이블 사용

③ 지하 75cm부터 지표상 2m까지의 부분은 합성수지관 혹은 동등 이상의 절연효력 강도가 있는 것으로 피복

* 참고문헌 : 최신 송배전공학 송길영 저(동일출판사)

부록2

실전 연습문제

Q 001

우리나라에서 사용하는 공칭전압 22,000(22,000/38,000)에서 괄호안의 (22,000/38,000)의 의미는?

① (선간전압/상전압)
② (비접지전압/접지전압)
③ (상전압/선간전압)
④ (접지전압/비접지전압)

풀이

Y결선에서
22,000 → 1상당 전압(상전압)
38,000 → 선과 선전압(선간 전압)

Q 002

전선 및 기계기구를 보호하기 위한 목적으로 전로 중 필요한 개소에는 과전류 차단기를 시설하여야 하는데 다음 중 필요한 개소가 아닌 곳은?

① 인입구　② 간선의 전원 측
③ 평형 부하의 말단　④ 분기점

풀이

과전류 차단기 시설개소
- 전선 및 기계기구를 보호하기 위한 인입구
- 간선의 전원 측
- 분기점

Q 003

반지름 16mm의 강심 알루미늄 연선으로 구성된 완전 연가된 3상 1회선 송전선로가 있다. 각 상간의 등가 선간 거리가 3000mm라고 할 때, 이 선로의 작용 인덕턴스는 약 몇 mH/km인가?

① 0.8　② 1.1
③ 1.5　④ 1.8

풀이

인덕턴스

$$L = 0.05 + 0.4605\log_{10}\frac{3000}{16} \fallingdotseq 1.1\,\text{mH/km}$$

Q 004

전력 계통의 주파수 변동은 주로 무엇의 변화에 기인하는가?

① 유효 전력　② 무효 전력
③ 계통 전압　④ 계통 임피던스

풀이

- 전압 조정 : 무효전력을 조정한다.
- 주파수 조정 : 유효전력을 조정한다.

정답 001 ③ 002 ③ 003 ② 004 ①

Q 005

다음 중 감전방지대책으로 적절하지 못한 것은?

① 회로전압의 승압
② 누전차단기를 설치
③ 이중절연기기를 사용
④ 기계 기구류의 외함을 접지

풀이

감전방지대책
- 인체보호용 누전차단기 설치
- 기계기구 외함 접지
- 기기 절연강화
- 절연변압기 사용

Q 006

다음 중 송전선로에서 이상전압이 가장 크게 발생하기 쉬운 경우는?

① 무부하 송전선로를 폐로하는 경우
② 무부하 송전선로를 개로하는 경우
③ 부하 송전선로를 폐로하는 경우
④ 부하 송전선로를 개로하는 경우

풀이

부하 시보다는 무부하 시, 선로를 폐로할 때보다는 개로 시 가장 큰 이상전압이 발생한다.

Q 007

그림과 같이 수심이 5m인 수조가 있다. 이 수조의 측면에 미치는 수압 P_0[kg/m²]는 얼마인가?

① 2500
② 3000
③ 3500
④ 4000

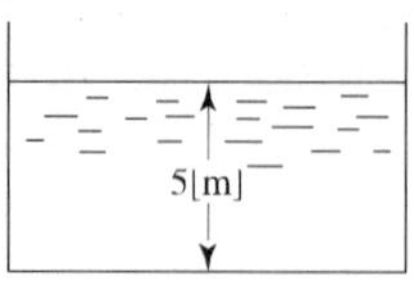

풀이

바닥면 단위면적당 압력 $P = \omega H[\text{kg/m}^2]$

수조 측면 압력 $P_0 = \frac{1}{2}\omega H$에서

$$P_0 = \frac{1}{2}\times 1000\times 5 = 2500\,\text{kg/m}^2$$

Q 008

그림의 F점에서 3상단락고장이 생겼다. 발전기 쪽에서 본 3상단락전류는 몇 kA가 되는가? (단, 154kV 송전선의 리액턴스는 1000MVA를 기준으로 하여 2%/km이다.)

① 43.7
② 47.7
③ 53.7
④ 59.7

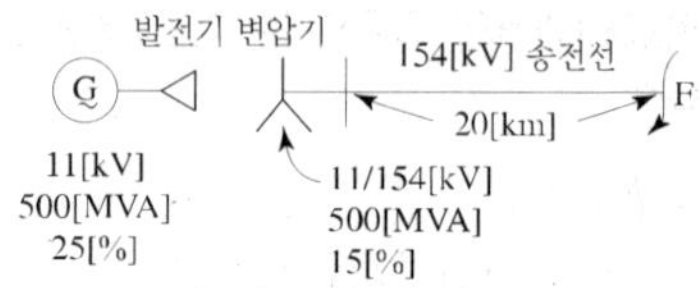

풀이

$$I_s = \frac{100}{\%Z}\times\frac{P_n}{\sqrt{3}\,V}$$ 에서

기준용량 P_n = 1000 MVA으로 하고 $\%Z$를 환산한다.

발전기 $\%Z = \frac{1000}{500}\times 25 = 50\,\%$

변압기 $\%Z = \frac{1000}{500}\times 15 = 30\,\%$

선로 $\%Z = 2\,\%/\text{km}\times 20 = 40\,\%$

∴ 전체 $\%Z = 50 + 30 + 40 = 120\%$

$$I_s = \frac{100}{120}\times\frac{1000}{\sqrt{3}\times 11} = 43.7\text{kA}$$

* 송전선 단락 시 발전기 쪽에서 바라볼 때이므로 정격전압은 11kV이다.

Q 009

한류 리액터를 사용하는 가장 큰 목적은?

① 충전전류의 제한 ② 접지전류의 제한
③ 누설전류의 제한 ④ 단락전류의 제한

풀이

한류 리액터 설치 목적 : 단락전류 제한(차단기 용량 감소)

정답 005 ① 006 ② 007 ① 008 ① 009 ④

Q 010

계전기의 반한시 특성이란?

① 동작전류가 클수록 동작 시간이 길어진다.
② 동작전류가 흐르는 순간에 동작한다.
③ 동작전류에 관계없이 동작 시간은 일정하다.
④ 동작전류가 크면 동작 시간은 짧아진다.

풀이

계전기 동작시한 분류
- 순한시 계전기 : 즉시 동작
- 정한시 계전기 : 전류크기와 관계없이 일정시간 후 동작
- 반한시 계전기 : 시간과 전류가 반대로 동작
- 반-정한시 계전기 : 반한시 특성 후 정한시 동작

Q 011

전력계통의 과도안정도 향상대책과 관련 없는 것은?

① 속응여자방식의 채용
② 계통의 연계
③ 중간 조상방식의 채용
④ 빠른 역률 조정

풀이

안정도 향상대책
- 직렬리액턴스를 작게 한다(단락비 크게).
- 전압 변동률을 작게 한다.
- 계통을 연계한다.
- 속응여자방식 채용
- 중간 조상방식 채용
- 고속차단 및 재폐로방식을 채택한다.

Q 012

피뢰기의 충격방전 개시전압은 무엇으로 표시하는가?

① 직류 전압의 크기 ② 충격파의 평균치
③ 충격파의 최대치 ④ 충격파의 실효치

풀이

충격방전 개시전압 : 충격 전압이 가해져 뇌전류를 방전할 때 도달하는 최고 전압값을 의미하며 최대값으로 표시한다.

Q 013

전력용 콘덴서를 변전소에 설치할 때 직렬리액터를 설치하려고 한다. 직렬리액터의 용량을 결정하는 식은? (단, f_0는 전원의 기본 주파수, C는 역률개선용 콘덴서의 용량, L은 직렬리액터의 용량이다.)

① $L = \dfrac{1}{(2\pi f_0)^2 C}$ ② $L = \dfrac{1}{(6\pi f_0)^2 C}$

③ $L = \dfrac{1}{(10\pi f_0)^2 C}$ ④ $L = \dfrac{1}{(14\pi f_0)^2 C}$

풀이

직렬리액터 : 제5고조파를 제거한다.

Q 014

네트워크 배전방식의 장점이 아닌 것은?

① 정전이 적다.
② 전압 변동이 적다.
③ 인축의 접촉 사고가 적어진다.
④ 부하 증가에 대한 적응성이 크다.

풀이

네트워크 배전방식 단점
- 인축접지사고가 많다.
- 고장 시 고장전류가 역류한다.

네트워크 배전방식 장점
- 무정전 공급 가능
- 신뢰성 우수
- 전압강하 및 전력손실이 적다.
- 부하 증가에 대한 적응성이 크다.

정답 010 ④ 011 ④ 012 ③ 013 ③ 014 ③

Q 015

단로기에 대한 설명으로 적합하지 않은 것은?

① 소호장치가 있어서 아크를 소멸시킨다.
② 무부하 및 여자전류의 개폐에 사용된다.
③ 배전용 단로기는 보통 디스커넥팅바로 개폐한다.
④ 회로의 분리 또는 계통의 접속 변경 시에 사용한다.

풀이

단로기	무부하전류 개폐	전류 차단능력이 없다.(소호매질無) ➡ 회로 접속변경
개폐기	무부하전류 개폐 부하전류 개폐	배전선로 고장 또는 보수점검 시 정전구간 축소
차단기	무부하전류 개폐 부하전류 개폐 고장전류 차단	정격차단전류(단락전류) 제한 ➡ 차단기용량 감소(한류리액터)

Q 016

3상 선로의 전압이 V[V]이고 P[W], 역률 $\cos\theta$인 부하에서 한 선의 저항이 R[Ω]이라면 이 3상 선로의 전체 전력손실은 몇 W가 되겠는가?

① $\dfrac{PR}{\sqrt{3}\,V^2\cos^2\theta}$　② $\dfrac{P^2R^2}{V^2\cos^2\theta}$

③ $\dfrac{PR^2}{V\cos^2\theta}$　④ $\dfrac{P^2R}{V^2\cos^2\theta}$

풀이

전력손실

$$P_l = 3I^2R = 3\times\left(\frac{P}{\sqrt{3}\,V\cos\theta}\right)^2\times R = \frac{P^2R}{V^2\cos^2\theta}$$

Q 017

화력 발전이 점유하는 비중이 수력발전에 비하여 대단히 큰 전력계통에서 수력발전의 운전 방법으로 가장 적절한 것은?

① 일정출력 운전　② 기저부하 운전
③ 예비출력 운전　④ 첨두부하 운전

풀이

수력발전 : 효율이 좋고, 부하 변동에 대한 속응성이 우수하여 첨두 부하용 발전소로서 운전하고 있다.

Q 018

가공지선에 대한 설명으로 틀린 것은?

① 직격뢰에 대해서는 특히 유효하며, 탑 상부에 시설하므로 뇌는 주로 가공지선에 내습한다.
② 가공지선 때문에 송전 선로의 대지 용량이 감소하므로 대지 사이에 방전할 때 유도전압이 특히 커서 차폐 효과가 좋다.
③ 송전선 지락 시 지락전류의 일부가 가공지선에 흘러 차폐작용을 하므로 전자유도 장해를 적게 할 수도 있다.
④ 유도뢰 서지에 대하여도 그 가설구간 전체에 사고방지의 효과가 있다.

풀이

가공지선 : 직격뇌, 유도뢰 차폐, 유도장해 경감
차폐각 $\theta = 30^\circ \sim 45^\circ$이며 각이 작을수록 차폐효과가 크지만 시설비는 고가이다.

Q 019

경간이 200m인 가공 전선로가 있다. 사용 전선의 길이는 경간보다 몇 m 더 길게 하면 되는가? (단, 사용 전선의 1m 당 무게는 2.0kg, 인장 하중은 4000kg이고 전선의 안전율은 2로 하고 풍압하중은 무시한다.)

① $\dfrac{1}{2}$　② $\sqrt{2}$

③ $\dfrac{1}{3}$　④ $\sqrt{3}$

풀이

$$D = \frac{WS^2}{8T} = \frac{2\times200^2}{8\times\frac{4000}{2}} = 5$$

$L = S + \dfrac{8D^2}{3S}$ 에서

$$\frac{8D^2}{3S} = \frac{8\times5^2}{3\times200} = 0.333 = \frac{1}{3}\,\text{m}$$

정답 015 ① 016 ④ 017 ④ 018 ② 019 ③

Q 020

수력발전소에서 낙차를 취하기 위한 방식이 아닌 것은?

① 댐식　　② 수로식
③ 역조정지식　　④ 유역 변경식

풀이

- 낙차에 의한 분류 : 수로식, 댐식, 댐수로식, 유역변경식
- 유량에 의한 분류 : 유입식, 저수지식, 조정지식, 양수식

Q 021

변압기 보호용 비율차동계전기를 사용하여 △-Y 결선의 변압기를 보호하려고 한다. 이 때 변압기 1, 2차 측에 설치하는 변류기의 결선 방식은?

① △ - △　　② △ - Y
③ Y - △　　④ Y - Y

풀이

변압기 1차와 2차 간 변위를 보정하기 위해 변류기는 반대로 결선한다.
변압기 결선 △ - Y ⇒ 변류기 결선 Y - △

Q 022

그림과 같은 선로에서 A점의 차단기 용량은 몇 MVA가 적당한가?

① 50　　② 100
③ 150　　④ 200

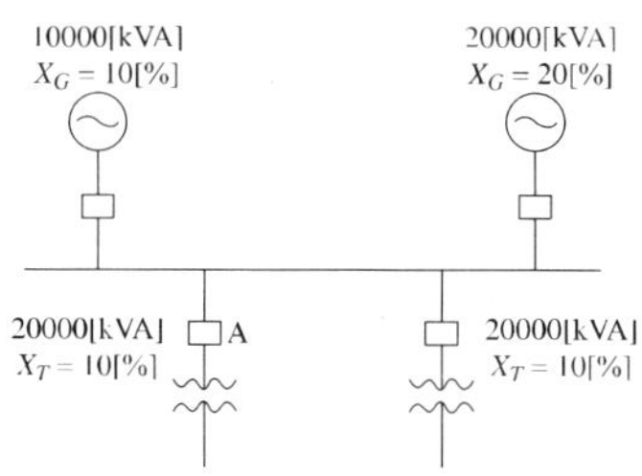

풀이

$P_s = \frac{100}{\%Z}P$ 에서 기준용량 $P = 20000\,\text{kVA}$로 설정 시 $\%Z$를 환산하면

$\%X_G = \frac{20000}{10000} \times 10 = 20\,\%$

합성 $\%Z = \frac{20 \times 20}{20 + 20} = 10\,\%$

$\therefore\ P_s = \frac{100}{\%Z}P = \frac{100}{10} \times 20000 \times 10^{-3} = 200\,\text{MVA}$

Q 023

선로 고장발생 시 타 보호기기와의 협조에 의해 고장 구간을 신속히 개방하는 자동구간 개폐기로서 고장전류를 차단할 수 없어 차단 기능이 있는 후비보호장치와 직렬로 설치되어야 하는 배전용 개폐기는?

① 배전용 차단기　　② 부하 개폐기
③ 컷아웃 스위치　　④ 섹셔널라이저

풀이

배전선로에 고장이 발생할 경우 리클로저의 동작으로 선로가 무전압 상태가 되면 이를 감지하여 무전압 상태의 횟수를 기억하였다가 정해진 횟수에 도달하면 선로의 무전압 상태에서 선로를 개방하여 고장 구간을 분리시킨다. 섹셔널라이저는 고장 전류를 차단할 수 있는 능력이 없으므로 리클로저와 직렬로 조합하여 사용한다.

* 배전선로 보호협조 순서
: 리클로저 – 섹셔널라이저 – 라인퓨즈

Q 024

유효접지계통에서 피뢰기의 정격전압을 결정하는데 가장 중요한 요소는?

① 선로 애자련의 충격섬락전압
② 내부 이상전압 중 과도 이상전압의 크기
③ 유도뢰의 전압의 크기
④ 1선지락고장 시 건전상의 대지전위 즉, 지속성 이상전압

정답 020 ③　021 ③　022 ④　023 ④　024 ④

풀이

피뢰기 정격 전압이란 선로단자와 접지단자 간에 인가할 수 있는 상용주파 최대허용전압으로 그 크기 결정은 $V = \alpha\beta V_m$[V] 로 표시하며 여기서, α: 접지계수, β: 유도계수, V_m : 공칭 전압

Q 025

송전단 전압이 66kV, 수전단 전압이 61kV 인 송전선로에서 수전단의 부하를 끊은 경우 수전단 전압이 63kV 라면 전압 변동률은 약 몇 % 인가?

① 2.55 ② 2.90
③ 3.17 ④ 3.28

풀이

전압 변동률

$$\delta = \frac{\text{무부하시 수전단전압} - \text{부하시 수전단전압}}{\text{부하시 수전단전압}} \times 100$$

$$= \frac{63-61}{61} \times 100 = 3.28\%$$

Q 026

접지봉을 사용하여 희망하는 접지저항까지 줄일 수 없을 때 사용하는 것은?

① 차폐선 ② 가공지선
③ 크로스본드선 ④ 매설지선

풀이

매설지선 : 철탑의 접지저항값을 감소시켜 역섬락을 방지한다. 아연도금 철선을 사용하여 30~60cm 깊이에 30~50m 정도의 길이로 매설한다.

Q 027

그림과 같은 T-S 선도를 갖는 열사이클은?

① 카르노사이클
② 랭킨사이클
③ 재생사이클
④ 재열사이클

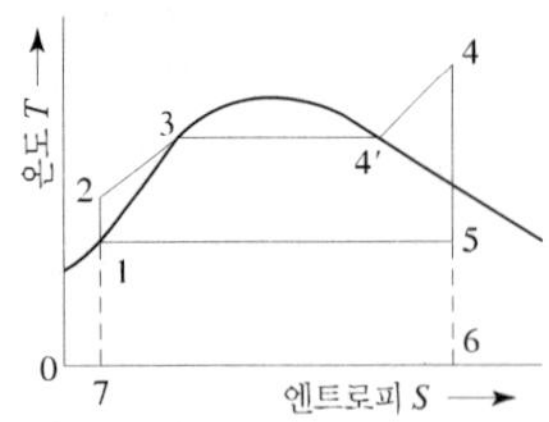

Q 028

장거리 송전선로는 일반적으로 어떤 회로로 취급하여 회로를 해석하는가?

① 분산부하회로 ② 집중정수회로
③ 분포정수회로 ④ 특성 임피던스회로

풀이

- 단거리 송전선로 : 집중정수회로
- 중거리 송전선로 : 집중정수회로(T형, π형)
- 장거리 송전선로 : 분포정수회로

Q 029

전력계통을 연계시켜서 얻는 이득이 아닌 것은?

① 배후 전력이 커져서 단락용량이 작아진다.
② 부하의 부등성에서 오는 종합첨두부하가 저감된다.
③ 공급 예비력이 절감된다.
④ 공급 신뢰도가 향상된다.

풀이

전력계통의 연계방식의 장·단점 비교

(1) 장 점
- 계통 전체로서의 신뢰도가 증가
- 부하 변동의 영향이 작아져서 안정된 주파수 유지가 가능
- 전력의 융통으로 설비용량이 절감
- 경제 급전이 용이

(2) 단 점
- 연계설비를 신설해야 한다.
- 사고 시 타계통으로 사고가 파급 확대
- 병렬회로 수가 많아지므로 단락전류가 증대하고 통신선의 전자유도 장해 증가

Q 030

코로나 방지에 가장 효과적인 방법은?

① 선간거리를 증가시킨다.
② 선로의 이도를 작게 한다.
③ 선로의 높이를 가급적 낮춘다.
④ 전선의 외경을 크게 한다.

정답 025 ④ 026 ④ 027 ② 028 ③ 029 ① 030 ④

풀이

코로나 방지 대책

- 임계전압을 높인다.
  $\left(E_0 = 24.3 m_0 m_1 \delta d \log_{10}\frac{D}{r}\right)$
- 전선 직경을 크게 한다.
- 복도체 방식 채용
- 가선금구 개량
- 선간거리 증가는 득보다 실이 많으므로 대책이 될 수 없다.

Q 031

송전선로에서 1선지락 시에 건전상의 전압 상승이 가장 적은 접지방식은?

① 비접지방식　　② 직접접지방식
③ 저항접지방식　　④ 소호리액터접지방식

풀이

직접접지방식 특징

- **장점** : 전위상승 최소, 변압기 단절연 가능, 계전기 동작 신속 확실
- **단점** : 지락전류 최대, 유도장해 최대, 안정도가 나쁘다.

Q 032

지상역률 0.6, 출력 480kW인 부하에 병렬로 용량 400kVA의 전력용 콘덴서를 설치하면 합성역률은 어느 정도로 개선되는가?

① 0.75　　② 0.86
③ 0.89　　④ 0.94

풀이

개선 후 역률

$$\cos\theta_2 = \frac{\text{유효전력}}{\sqrt{\text{유효전력}^2 + (\text{개선전 무효전력} - \text{콘덴서 용량})^2}}$$

$$= \frac{480}{\sqrt{480^2 + \left(480 \times \frac{0.8}{0.6} - 400\right)^2}} = 0.894$$

* 무효전력 = 유효전력 $\times \tan\theta$ = 유효전력 $\times \frac{\sin\theta}{\cos\theta}$

Q 033

환상선로의 단락보호에 사용하는 계전방식은?

① 비율차동계전기
② 방향거리계전방식
③ 과전류계전방식
④ 선택접지계전방식

풀이

방향계전기+단락계전기=방향단락계전기(방향거리계전기)

* **환상선로** : 이 표현을 쓰면 보기에 "방향"을 의심하자!!

Q 034

저압뱅킹(banking)방식에 대한 설명으로 옳은 것은?

① 깜박임(light flicker) 현상이 심하게 나타난다.
② 저압 간선의 전압강하는 줄어지나 전력손실은 줄일 수 없다.
③ 캐스케이딩(cascading) 현상의 염려가 있다.
④ 부하의 증가에 대한 융통성이 없다.

풀이

저압뱅킹방식 특징

: 2대 이상 변압기의 저압 측 병렬연결

- 부하가 밀집된 시가지에 적당
- 전력손실 및 전압강하 감소
- 부하 변동에 대한 탄력성 향상
- 변압기 용량 및 저압선 동량이 절감
- 저압선의 고장으로 인한 변압기 일부 또는 전부가 차단될 수 있다(캐스케이딩 현상).

Q 035

다음 중 모선의 종류가 아닌 것은?

① 단모선　　② 2중모선
③ 3중모선　　④ 환상모선

풀이

모선의 종류에는 단모선, 이중모선, 환상모선 등이 있다.

정답　031 ②　032 ③　033 ②　034 ③　035 ③

Q 036

다음 중 송전계통의 절연협조에 있어서 절연레벨을 가장 낮게 잡고 있는 기기는?

① 피뢰기 ② 단로기
③ 변압기 ④ 차단기

풀이
절연협조는 계통을 설계 시 상호간 적당한 절연강도를 가지는 것을 의미하며, 절연 협조 순서는 피뢰기 → 변압기(코일, 부싱) → 결합콘덴서 → 애자이다.

Q 037

현수애자에 대한 설명이 잘못된 것은?

① 애자를 연결하는 방법에 따라 클래비스형과 볼소켓형이 있다.
② 2~4층의 갓 모양의 자기편을 시멘트로 접착하고 그 자기를 주철제 베이스로 지지한다.
③ 애자의 연결 개수를 가감함으로써 임의의 송전전압에 사용할 수 있다.
④ 큰 하중에 대하여는 2연 또는 3연으로 하여 사용할 수 있다.

풀이
②번은 핀애자의 설명이다.

Q 038

옥내배선의 굵기를 설계하는 요령으로 가장 적당하게 설명한 것은?

① 부하의 위치와 전압강하를 고려하여 결정하여야 한다.
② 승강기 등의 부하와 동일 굵기로 사용할 수 있도록 하여야 한다.
③ 부하의 수용률과 허용전류를 고려하여 결정하여야 한다.
④ 전압강하, 허용전류, 기계적강도 등을 고려하여 결정하여야 한다.

풀이
- 전선 굵기 결정 3요소 : 허용전류(가장 중요), 전압강하, 기계적 강도
- 전선 굵기 결정 5요소 : 허용전류(가장 중요), 전압강하, 기계적 강도, 코로나 손, 경제성

Q 039

선로의 길이가 50km인 66kV 3상3선식 1회선 송전선의 1선당 대지정전용량은 0.0058μF/km이다. 여기에 시설할 소호리액터의 용량은 약 몇 kVA인가? (단, 소호리액터의 용량은 10%의 여유를 주도록 한다.)

① 386 ② 435
③ 524 ④ 712

풀이
소호리액터 용량

$$Q_L = Q_c = 3\omega C_s E^2 \times \ell \times 1.1$$
$$= 3 \times 2\pi \times 60 \times 0.0058 \times 10^{-6} \times 50 \times \left(\frac{66000}{\sqrt{3}}\right)^2 \times 1.1 \times 10^{-3}$$
$$= 523.8$$

Q 040

설비용량 600kW, 부등률 1.2, 수용률 60%일 때의 합성 최대수용전력은 몇 kW인가?

① 240 ② 300
③ 432 ④ 833

풀이
합성 최대전력[kW]

$$= \frac{\text{설비용량} \times \text{수용률}}{\text{부등률}} = \frac{600 \times 0.6}{1.2} = 300\text{kW}$$

정답 036 ① 037 ② 038 ④ 039 ③ 040 ②

Q 041

배전계통에서 전력용 콘덴서를 설치하는 목적으로 다음 중 가장 타당한 것은?

① 전력손실 감소
② 개폐기의 차단능력 증대
③ 고장 시 영상전류 감소
④ 변압기 손실 감소

풀이

역률개선 시 효과
- 전력손실 및 전압강하 감소
- 설비용량 여유분 증가(변압기·개폐기 등의 용량 감소)
- 전기요금 절약

Q 042

송전선로에서 단선고장 시 이상전압이 가장 큰 접지방식은?

① 비접지방식 ② 직접접지방식
③ 저항접지방식 ④ 소호리액터접지방식

풀이

소호리액터접지 : 단선사고 시 전위상승 최대(직렬 공진), 지락전류와 유도장해는 최소
* 항상 직접접지와 반대로 생각할 것

Q 043

선로의 단위 길이당의 분포 인덕턴스를 L, 저항을 r, 정전용량을 C, 누설 콘덕턴스를 각각 g라 할 때 전파정수는 어떻게 표현되는가?

① $\sqrt{g+\dfrac{j\omega C}{r}}+j\omega L$
② $\sqrt{r+\dfrac{j\omega L}{g}}+j\omega C$
③ $\sqrt{(r+j\omega L)(g+j\omega C)}$
④ $(r+j\omega L)(g+j\omega C)$

풀이

전파정수
$\gamma=\sqrt{Z\cdot Y}=\sqrt{(r+j\omega L)(g+j\omega C)}$

Q 044

3상3선식 가공송전선로의 선간거리가 각각 D_{12}, D_{23}, D_{31}일 때 등가선간거리는 어떻게 표현되는가?

① $\sqrt{D_{12}\cdot D_{23}+D_{23}\cdot D_{31}+D_{31}\cdot D_{12}}$
② $\sqrt[3]{D_{12}\cdot D_{23}\cdot D_{31}}$
③ $\sqrt{D_{12}^2+D_{23}^2+D_{31}^2}$
④ $\sqrt[3]{D_{12}^3\cdot D_{23}^3\cdot D_{31}^3}$

풀이

등가선간거리=평균선간거리
$D'=\sqrt[n]{D_1\cdot D_2\cdot D_3\ldots D_n}$

Q 045

불평형 3상전압을 V_a, V_b+V_c라 하고 $a=\varepsilon^{j\frac{2\pi}{3}}$라 할 때 $V_x=\dfrac{1}{3}(V_a+aV_b+a^2V_c)$이다. 여기에서 V_x는 어떤 전압을 나타내는가?

① 정상전압 ② 단락전압
③ 영상전압 ④ 지락전압

풀이

- 영상분 $V_0=\dfrac{1}{3}(V_a+V_b+V_c)$
- 정상분 $V_1=\dfrac{1}{3}(V_a+aV_b+a^2V_c)$
- 역상분 $V_2=\dfrac{1}{3}(V_a+a^2V_b+aV_c)$

Q 046

3상용 차단기의 용량은 그 차단기의 정격전압과 정격차단전류와의 곱을 몇 배로 한 것인가?

① $\dfrac{1}{\sqrt{2}}$ ② $\dfrac{1}{\sqrt{3}}$
③ $\sqrt{2}$ ④ $\sqrt{3}$

풀이

차단기 정격용량(3상)= $\sqrt{3}$ ×정격전압×정격차단전류

정답 041 ① 042 ④ 043 ③ 044 ② 045 ① 046 ④

Q 047

그림과 같은 전력계통에서 A점에 설치된 차단기의 단락용량은 몇 MVA인가? (단, 각 기기의 % 리액턴스는 발전기 G_1, G_2는 정격용량 15MVA 기준 각각 15%이고, 변압기의 정격용량 20MVA 기준 8%, 송전선은 정격용량 10MVA 기준 11%이며, 기타 다른 정수는 무시한다.)

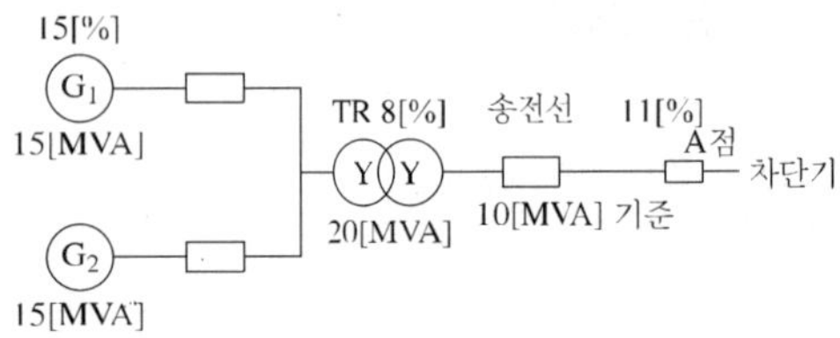

① 20 ② 30 ③ 40 ④ 50

풀이

단락용량 $P_s = \frac{100}{\%Z} P_n$에서 기준용량

$P_n = 20\text{MVA}$로 하고 $\%Z$를 환산하면

G_1에서 $\%X = \frac{20}{15} \times 15 = 20\%$,

G_2에서 $\%X = \frac{20}{15} \times 15 = 20\%$

TR에서 $\%X = 8\%$

송전선에서 $\%X = \frac{20}{10} \times 11 = 22\%$

합성 $\%X = \frac{20 \times 20}{20 + 20} + 8 + 22 = 40\%$

$\therefore P_s = \frac{100}{40} \times 20 = 50\text{MVA}$

Q 048

MHD발전에 대한 설명으로 옳은 것은?

① 수차 직결 유도발전기에 의한 발전방식이다.
② 2종의 도체의 접점 간에 온도차가 생겼을 때 기전력이 발생되는 발전방식이다.
③ 열음극으로부터 열전자 방출에 의한 발전방식이다.
④ 도전성 유체와 자장의 상호작용에 의한 직접발전방식이다.

풀이

MHD(Magnato-Hydro Dynamic)발전 : 전자 유도 작용을 이용한 발전방식으로 도전성 유체와 자속의 양자에 직각 방향으로 기전력이 발생한다.

Q 049

송전선로에서 가공지선을 설치하는 목적이 아닌 것은?

① 뇌(雷)의 직격을 받을 경우 송전선 보호
② 유도에 의한 송전선의 고전위 방지
③ 통신선에 대한 차폐효과 증진
④ 철탑의 접지저항 경감

풀이

철탑의 접지저항 경감 ⇒ 매설지선

Q 050

망상(Network) 배전방식에 대한 설명으로 옳은 것은?

① 부하 증가에 대한 융통성이 적다.
② 전압 변동이 대체로 크다.
③ 인축에 대한 감전사고가 적어서 농촌에 적합하다.
④ 환상식보다 무정전 공급의 신뢰도가 더 높다.

풀이

(1) 네트워크 배전방식 단점
- 인축접지사고가 많다.
- 고장 시 고장전류가 역류한다.

(2) 네트워크 배전방식 장점
- 무정전 공급 가능
- 신뢰성 우수
- 전압강하 및 전력손실이 적다.
- 부하 증가에 대한 적응성이 크다.

정답 047 ④ 048 ④ 049 ④ 050 ④

Q 051

전력계통의 안정도 향상대책으로 직렬리액턴스를 작게 하기 위한 방법이 아닌 것은?

① 발전기의 리액턴스를 작게 한다.
② 변압기의 리액턴스를 작게 한다.
③ 복도체를 사용한다.
④ 계통을 연계한다.

풀이

안정도 향상대책

계통의 직렬 리액턴스 작게	발전기, 변압기 리액턴스 작게
	단락비 크게
	복도체 및 다회선방식 채용
	직렬콘덴서 설치
전압 변동을 작게	속응여자방식(AVR) 채용
	계통을 연계
	중간 조상방식 채용
계통에 주는 충격을 작게	중성점 접지방식 채용
	고속 차단방식 채용
	재폐로방식 채용
고장 시 전력변동의 억제	조속기동작을 신속
	제동저항기 설치

Q 052

다음 중 켈빈(Kelvin)의 법칙이 적용되는 경우는?

① 전력 손실량을 축소시키고자 하는 경우
② 전압 강하를 감소시키고자 하는 경우
③ 부하 배분의 균형을 얻고자 하는 경우
④ 경제적인 전선의 굵기를 선정하고자 하는 경우

Q 053

배전반에 접속되어 운전 중인 PT와 CT를 점검할 때의 조치사항으로 옳은 것은?

① CT는 단락시킨다.
② PT는 단락시킨다.
③ CT와 PT 모두를 단락시킨다.
④ CT와 PT 모두를 개방시킨다.

풀이

PT → 개방, CT → 단락(이유 : 2차 측 절연보호)

Q 054

송배전선로에서 전선의 장력을 2배로 하고 또 그 경간을 2배로 하면 전선의 이도는 처음의 몇 배가 되는가?

① $\frac{1}{4}$ ② $\frac{1}{2}$
③ 2 ④ 4

풀이

이도 $D = \frac{WS^2}{8T}$ 에서, $D \propto \frac{S^2}{T} = \frac{2^2}{2} = 2$

Q 055

변압기의 내부고장 시 동작하는 것으로서 단락고장의 검출 등에 사용되는 계전기는?

① 부족전압계전기 ② 비율차동계전기
③ 재폐로계전기 ④ 선택계전기

풀이

발전기, 변압기 내부 고장 검출용 : 차동계전기, 비율차동계전기, 부흐홀쯔계전기(변압기만 적용)

* 발전기나 변압기 내부고장 검출 문제는 보기에서 우선적으로 "차동"을 찾자!!

정답 051 ④ 052 ④ 053 ① 054 ③ 055 ②

Q 056

한 대의 주상변압기에 역률(뒤짐) $\cos\theta_1$, 유효전력 P_1[kW] 의 부하와 역률(뒤짐) $\cos\theta_2$, 유효전력 P_2[kW]의 부하가 병렬로 접속되어 있을 때 주상변압기 2차측에서 본 부하의 종합 역률은 어떻게 되는가?

① $\dfrac{P_1+P_2}{\sqrt{(P_1+P_2)^2+(P_1\tan\theta_1+P_2\tan\theta_2)^2}}$

② $\dfrac{P_1+P_2}{\sqrt{(P_1+P_2)^2+(P_1\sin\theta_1+P_2\sin\theta_2)^2}}$

③ $\dfrac{P_1+P_2}{\dfrac{P_1}{\cos\theta_1}+\dfrac{P_2}{\cos\theta_2}}$

④ $\dfrac{P_1+P_2}{\dfrac{P_1}{\sin\theta_1}+\dfrac{P_2}{\sin\theta_2}}$

풀이

부하병렬접속 시

합성 유효전력 $= P_1 + P_2$

합성 무효전력 $= P_1\tan\theta_1 + P_2\tan\theta_2$

무효전력(P_r) = 피상전력(P_a)× $\sin\theta$

= 유효전력(P)× $\tan\theta$

∴ 합성 역률

$$\cos\theta = \frac{P}{P_a} = \frac{P_1+P_2}{\sqrt{(P_1+P_2)^2+(P_1\tan\theta_1+P_2\tan\theta_2)^2}}$$

Q 057

직류송전방식에 비하여 교류송전방식의 가장 큰 이점은?

① 선로의 리액턴스에 의한 전압강하가 없으므로 장거리 송전에 유리하다.

② 지중송전의 경우, 충전전류와 유전체손을 고려하지 않아도 된다.

③ 변압이 쉬워 고압송전에 유리하다.

④ 같은 절연에서 송전전력이 크게 된다.

풀이

송전방식

(1) 직류
- 절연계급을 낮출 수 있다.
- 리액턴스에 의한 전압강하가 없다.

(2) 교류
- 회전자계를 쉽게 얻을 수 있다.
- 승압, 강압이 쉽다.
- 고압 대전류 차단이 용이하다.

Q 058

직접접지방식이 초고압 송전선에 채용되는 이유 중 가장 적당한 것은?

① 지락고장 시 병행 통신선에 유기되는 유도전압이 작기 때문에

② 지락 시의 지락전류가 적으므로

③ 계통의 절연을 낮게 할 수 있으므로

④ 송전선의 안정도가 높으므로

풀이

1선지락 시 전위상승이 낮아 계통절연을 낮게 할 수 있다.

Q 059

200kVA 단상변압기 2대를 V–V 결선하여 사용하면 약 몇 kVA 부하까지 걸 수 있겠는가?

① 200　② 283

③ 346　④ 400

풀이

$P_v = \sqrt{3} \times$ 1대 용량$= \sqrt{3} \times 200 = 346$kVA

Q 060

특고압 수용가가 근거리에 밀집하여 있을 경우, 설비의 합리화를 가할 수 있고, 경제적으로 유리한 지중송전계통의 구성 방식은?

① 루프(loop) 방식　② 수지상 방식

③ 방사상 방식　④ 유니트(unit) 방식

정답 056 ① 057 ③ 058 ③ 059 ③ 060 ①

Q 061

계통 연계의 이점이 아닌 것은?

① 고장 시 단락용량이 줄어든다.
② 공급 신뢰도가 증대된다.
③ 공급 예비력이 절감된다.
④ 부하율이 향상된다.

풀이
계통을 연계하면 %Z가 감소하여 단락용량은 증가한다.

Q 062

송전계통의 안정도 증진방법으로 틀린 것은?

① 직렬리액턴스를 작게 한다.
② 중간조상방식을 채용한다.
③ 계통을 연계한다.
④ 원동기의 조속기 작동을 느리게 한다.

풀이
안정도 향상대책

계통의 직렬 리액턴스 작게	발전기, 변압기 리액턴스 작게
	단락비 크게
	복도체 및 다회선 방식채용
	직렬 콘덴서 설치
전압 변동을 작게	속응여자방식(AVR) 채용
	계통을 연계
	중간 조상방식 채용
계통에 주는 충격을 작게	중성점 접지방식 채용
	고속차단방식 채용
	재폐로방식 채용
고장시 전력변동의 억제	조속기동작을 신속
	제동저항기 설치

Q 063

전압 66kV, 주파수 60Hz, 길이 12km의 3상 3선식 1회선 지중 송전선로가 있다. 케이블의 심선 1선당의 정전용량이 0.04μF/km라고 할 때 이 선로의 3상 무부하 충전용량은 약 몇 kVA인가?

① 5,569 ② 788.26
③ 11,138 ④ 13,642

풀이

$$Q_c = 3\omega CE^2\ell$$

$$= 3\times 2\pi\times 60\times 0.04\times 10^{-6}\times 12\times\left(\frac{66000}{\sqrt{3}}\right)^2\times 10^{-3}$$

$$\fallingdotseq 788.26[\text{kVA}]$$

Q 064

길이가 35km인 단상 2선식 전선로의 유도리액턴스는 약 몇 Ω인가? (단, 전선로의 단위길이당 인덕턴스는 1.3mH/km/선, 주파수는 60Hz이다.)

① 18 ② 26
③ 34 ④ 40

풀이

$$X_L = \omega L = 2\pi\times 60\times 1.3\times 10^{-3}\times 35\times 2 = 34.3\Omega$$

Q 065

어느 발전소에 주발전기로서 3상 93,000kVA인 것이 4기 있다. 이들은 50Hz에 대해서는 167rpm, 60Hz에 대해서는 200rpm으로 회전한다. 이 발전기는 몇 극인가?

① 18 ② 36
③ 54 ④ 72

풀이

- $N_s = \dfrac{120f}{P}$ 에서 $P = \dfrac{120\times 60}{200} = 36$
- $N_{s2} = \dfrac{120f}{P}$ 에서 $P = \dfrac{120\times 50}{167} \fallingdotseq 36$

정답 061 ① 062 ④ 063 ② 064 ③ 065 ②

Q 066

송전계통의 접지에 대한 설명으로 옳은 것은?

① 소호리액터 접지방식은 선로의 정전용량과 직렬공진을 이용한 것으로 지락전류가 타방식에 비해 좀 큰 편이다.
② 고저항 접지방식은 이중고장을 발생시킨 확률이 거의 없으나, 비접지식보다는 많은 편이다.
③ 직접접지방식을 채용하는 경우 이상전압이 낮기 때문에 변압기 선정 시 단절연이 가능하다.
④ 비접지방식을 택하는 경우, 지락전류의 차단이 용이하고 장거리 송전을 할 경우 이중고장의 발생을 예방하기 좋다.

풀이

직접접지방식 특징

- 장점 : 전위상승 최소, 변압기 단절연 가능, 계전기 동작 신속 확실
- 단점 : 지락전류 최대, 유도장해 최대, 안정도가 나쁘다.

Q 067

다음 중 무부하 시의 전류 차단을 목적으로 사용하는 것은?

① 진공차단기 ② 유입차단기
③ 단로기 ④ 자기차단기

풀이

단로기 : 무부하 전류, 여자 전류 개폐만 가능

Q 068

변압기를 보호하기 위한 계전기로 사용되지 않는 것은?

① 비율차동계전기 ② 온도계전기
③ 부흐홀쯔계전기 ④ 선택접지계전기

풀이

선택접지계전기 : 2회선 이상의 지락사고 선택차단

Q 069

우리나라의 154kV 송전계통에서 채택하는 접지방식은?

① 비접지방식 ② 직접접지방식
③ 고저항접지방식 ④ 소호리액터접지방식

풀이

우리나라 초고압 송전선로는 직접접지방식(단절연 가능)을 사용한다.

Q 070

유도장해를 방지하기 위한 전력선 측의 대책으로 옳지 않은 것은?

① 소호리액터를 채용한다.
② 차폐선을 설치한다.
③ 중성점 전압을 가능한 높게 한다.
④ 중성점 접지에 고저항을 넣어서 지락전류를 줄인다.

풀이

유도장해 방지대책

전력선 측	통신선 측
• 연가를 충분히 한다. • 이격거리 크게 한다. • 소호 리액터 접지 방식 • 고장 시 신속한 제거 • 수직 교차 • 차폐선 설치(30~50% 경감) • 전력선 케이블화	• 절연 변압기 • 연피 케이블 • 성능 우수한 피뢰기 사용 • 배류 코일설치 • 통신선 및 기기 절연 강화

Q 071

옥내배선의 전선의 굵기를 결정할 때 고려되는 사항이 아닌 것은?

① 절연저항 ② 전압강하
③ 허용전류 ④ 기계적 강도

풀이

전선굵기 선정 3요소 : 허용전류, 전압강하, 기계적 강도이다. 이중 가장 중요 요소는 허용전류이다.

정답 066 ④ 067 ③ 068 ④ 069 ② 070 ③ 071 ①

Q 072

다음 계전기 특성곡선에서 D가 의미하는 특성은?

① 반한시성 정한시특성
② 반한시특성
③ 정한시특성
④ 순한시특성

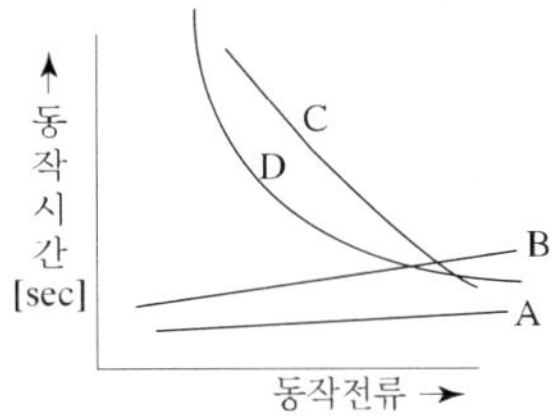

풀이

동작시간 분류
- 순한시계전기 : 즉시 동작
- 정한시계전기 : 전류 크기와 관계없이 일정 시간 후 동작
- 반한시계전기 : 시간과 전류가 반대로 동작
- 반-정계전기 : 반한시특성 후 정한시동작

Q 073

가공전선의 구비조건으로 옳지 않은 것은?

① 도전율이 클 것 ② 기계적 강도가 클 것
③ 비중이 클 것 ④ 신장률이 클 것

풀이

비중은 작을 것

Q 074

다음 중 부하 전류의 차단에 사용되지 않는 것은?

① NFB ② OCB
③ VCB ④ DS

풀이

단로기(DS) : 무부하전류, 여자전류 개폐만 가능

Q 075

변전소에서 비접지 선로의 접지보호용으로 사용되는 계전기에 영상전류를 공급하는 것은?

① CT ② GPT
③ ZCT ④ PT

풀이

- ZCT(영상 변류기) : 영상전류 공급
- GPT(접지 변압기) : 영상전압 공급

Q 076

송전선로에 매설지선을 설치하는 주된 목적은?

① 직격뢰로부터 송전선을 차폐보호하기 위하여
② 철탑 기초의 강도를 보강하기 위하여
③ 현수애자 1연의 전압분담을 균일화하기 위하여
④ 철탑으로부터 송전선로로의 역섬락을 방지하기 위하여

풀이

매설지선 : 철탑의 접지저항값을 감소시켜 역섬락을 방지한다. 아연도금 철선을 사용하여 30~60cm 깊이에 30~50m 정도의 길이로 매설한다.

Q 077

150kVA 단상변압기 3대를 △-△ 결선으로 사용하다가 1대의 고장으로 V-V 결선하여 사용하면 약 몇 kVA 부하까지 걸 수 있겠는가?

① 200 ② 220
③ 240 ④ 260

풀이

V 결선 시 출력 P_V =1대 용량×$\sqrt{3}$ 이므로

$P_V = 150 \times \sqrt{3} = 260\text{kVA}$

정답 072 ① 073 ③ 074 ④ 075 ③ 076 ④ 077 ④

Q 078

다음 (ⓐ), (ⓑ), (ⓒ)에 알맞은 것은?

원자력이란 일반적으로 무거운 원자핵이 핵분열하여 가벼운 핵으로 바뀌면서 발생하는 핵분열 에너지를 이용하는 것이고, (ⓐ) 발전은 가벼운 원자핵을(과) (ⓑ)하여 무거운 핵으로 바꾸면서 (ⓒ) 전후의 질량결손에 해당하는 방출 에너지를 이용하는 방식이다.

① ⓐ 원자핵융합 ⓑ 융합 ⓒ 결합
② ⓐ 핵결합 ⓑ 반응 ⓒ 융합
③ ⓐ 핵융합 ⓑ 융합 ⓒ 핵반응
④ ⓐ 핵반응 ⓑ 반응 ⓒ 결합

Q 079

송전거리, 전력, 손실률 및 역률이 일정하다면 전선의 굵기는?

① 전류에 비례한다.
② 전압에 제곱에 비례한다.
③ 전류에 반비례한다.
④ 전압의 제곱에 반비례한다.

풀이

전력손실 $P_\ell = \dfrac{P^2 \rho \ell}{A V^2 \cos^2\theta}$ 에서 $A \propto \dfrac{1}{V^2}$

Q 080

이상전압에 대한 설명 중 옳지 않은 것은?

① 송전선로의 개폐조작에 따른 과도현상 때문에 발생하는 이상전압을 개폐서지라 부른다.
② 충격파를 서지라 부르기도 하며 극히 짧은 시간에 파고값에 도달하고 극히 짧은 시간에 소멸한다.
③ 일반적으로 선로에 차단기를 투입할 때가 개방할 때보다 더 높은 이상전압이 발생한다.
④ 충격파는 보통 파고값과 파두길이와 파미길이로 나타낸다.

풀이

개폐서지 전압은 부하 시보다 무부하 시가 크고, 회로를 폐로 때보다 개방 시가 크다.

Q 081

60Hz, 154kV, 길이 100km인 3상 송전선로에서 대지 정전용량 Cs = 0.005μF/km, 전선간의 상호정전용량 Cm = 0.0014μF/km일 때 1선에 흐르는 충전전류는 약 몇 A인가?

① 17.8 ② 30.8
③ 34.4 ④ 53.4

풀이

$I_c = \dfrac{E}{X_c} = \omega C E \ell = \omega (C_s + 3C_m) \times \ell \times \dfrac{V}{\sqrt{3}}$

$I_c = 2\pi \times 60 \times (0.005 + 3 \times 0.0014) \times 10^{-6} \times 100 \times \dfrac{154000}{\sqrt{3}} = 30.8\text{A}$

Q 082

반지름 0.6cm인 경동선을 사용하는 3상 1회선 송전선에서 선간거리를 2m로 정삼각형 배치할 경우, 각 선의 인덕턴스는 약 몇 mH/km인가?

① 0.81 ② 1.21
③ 1.51 ④ 1.81

풀이

인덕턴스 $L = 0.05 + 0.4605 \log_{10} \dfrac{D}{r}$ 에서

정삼각형 배치인 경우 $D' = \sqrt[3]{2 \cdot 2 \cdot 2} = 2\text{m}$

$\therefore L = 0.05 + 0.4605 \log10 \left(\dfrac{2 \times 10^2}{0.6} \right) = 1.21\text{mH/km}$

정답 078 ③ 079 ④ 080 ③ 081 ② 082 ②

Q 083

그림과 같은 회로의 영상, 정상, 역상 임피던스 Z_0, Z_1, Z_2는?

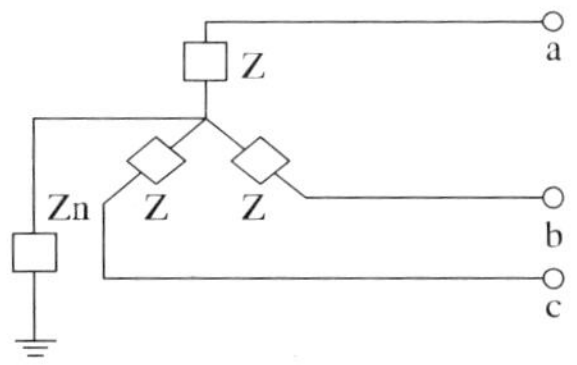

① $Z_0 = 3Z + Z_n$, $Z_1 = 3Z$, $Z_2 = Z$

② $Z_0 = 3Z_n$, $Z_1 = Z$, $Z_2 = 3Z$

③ $Z_0 = Z + Z_n$, $Z_1 = Z_2$, $Z_2 = Z + 3Z_n$

④ $Z_0 = Z + 3Z_n$, $Z_1 = Z_2 = Z$

풀이

영상, 정상, 역상 임피던스 모두 1상만 계산한다.
영상 임피던스(Z_0)는
$Z_0 = Z + 3Z_n$
정상 임피던스와 역상 임피던스는 변압기와 선로가 정지상태이므로 같다.
$\therefore\ Z_1 = Z_2 = Z$

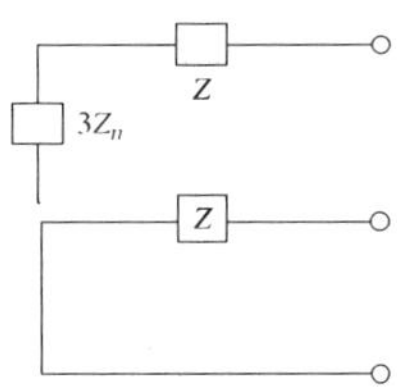

Q 084

다음 중 배전선로의 손실을 경감하기 위한 대책으로 적절하지 않은 것은?

① 전력용 콘덴서 설치
② 배전전압의 승압
③ 전류밀도의 감소와 평형
④ 누전차단기 설치

Q 085

소호리액터접지의 합조도가 정(+)인 경우에는 어느 것과 관련이 있는가?

① 공진 ② 과보상
③ 접지저항 ④ 아크전압

풀이

- **과보상** : 소호리액터 접지에서 단선 시 직렬 공진에 의한 이상전압이 발생하므로 10% 정도 여유를 준다.
  합조도 $P = \dfrac{I_L - I_c}{I_c}$, $P > 0$
- 조건 : $I_L > I_c$, $\omega L < \dfrac{1}{3\omega C}$

Q 086

전선의 표피효과에 관한 설명으로 옳은 것은?

① 전선이 굵을수록, 주파수가 낮을수록 커진다.
② 전선이 굵을수록, 주파수가 높을수록 커진다.
③ 전선이 가늘수록, 주파수가 낮을수록 커진다.
④ 전선이 가늘수록, 주파수가 높을수록 커진다.

풀이

- **표피효과** : 교류에서 전류가 도체 표면에 집중적으로 흐르는 현상
- 주파수, 굵기, 전압이 클수록 크다.

Q 087

전원이 양단에 있는 환상선로의 단락보호에 사용되는 계전기는?

① 방향거리계전기 ② 부족전압계전기
③ 선택접지계전기 ④ 부족전류계전기

풀이

- 전원이 2군데 이상 환상선로 단락보호
  : 방향거리 계전기
- 전원이 2군데 이상 방사선로 단락보호
  : 방향단락 계전기+과전류 계전기

정답 083 ④ 084 ④ 085 ② 086 ② 087 ①

Q 088

수력발전소에서 조속기의 작동을 민감하게 하면, 수압상승률 α와 속도상승률 β는 어떻게 변화하는가?

① α는 감소하고, β는 증가한다.
② α는 증가하고, β는 감소한다.
③ α, β 모두 증가한다.
④ α, β 모두 감소한다.

풀이

조속기의 작동을 민감하게 하면 부하 변화에 대해 주파수 변화가 적으므로 속도상승률은 감소한다.

Q 089

송전계통의 안정도 향상대책이 아닌 것은?

① 계통의 직렬리액턴스를 증가시킨다.
② 전압 변동을 적게 한다.
③ 고장시간, 고장전류를 적게 한다.
④ 계통분리방식을 적용한다.

풀이

안정도 향상대책

계통의 직렬 리액턴스 작게	발전기,변압기 리액턴스 작게
	단락비 크게
	복도체 및 다회선 방식채용
	직렬 콘덴서 설치
전압 변동을 작게	속응여자방식(AVR) 채용
	계통을 연계
	중간조상방식 채용
계통에 주는 충격을 작게	중성점 접지방식 채용
	고속차단방식 채용
	재폐로방식 채용
고장시 전력변동의 억제	조속기동작을 신속
	제동저항기 설치

Q 090

경간 200m, 전선의 자체무게 2kg/m, 인장하중 5000kg, 안전율 2인 경우, 전선의 이도(dip)는 약 몇 m인가?

① 2　　② 4
③ 6　　④ 8

풀이

이도 $D=\dfrac{WS^2}{8T}$에서 $D=\dfrac{2\times200^2}{8\times\dfrac{5000}{2}}=4\text{m}$

Q 091

3상 배전선로의 말단에 지상역률 80%, 160kW인 평형 3상 부하가 있다. 부하점에 전력용 콘덴서를 접속하여 선로손실을 최소가 되게 하려면 전력용 콘덴서의 용량은 몇 kVA가 필요한가? (단, 부하단 전압은 변하지 않는 것으로 한다.)

① 100　　② 120
③ 160　　④ 200

풀이

- 선로손실 최소 → 역률 100% 개선
- 콘덴서 용량

$$Q_c=P_a\cdot\sin\theta=P\cdot\tan\theta=160\times\frac{0.6}{0.8}=120[\text{kVA}]$$

Q 092

재점호가 가장 일어나기 쉬운 차단전류는?

① 동상(同相)전류　　② 지상전류
③ 진상전류　　④ 단락전류

풀이

재점호는 C(정전용량)에 의해 일어난다.

Q 093

코로나방지에 가장 효과적인 방법은?

① 선간거리를 증가시킨다.
② 전선의 높이를 가급적 낮게 한다.
③ 선로의 절연을 강화한다.
④ 복도체를 사용한다.

정답 088 ② 089 ① 090 ② 091 ② 092 ③ 093 ④

풀이

코로나방지 대책

- 임계전압을 높인다.
$\left(E_0 = 24.3 m_0 m_1 \delta d \log_{10}\frac{D}{r}\right)$
- 전선 직경을 크게 한다.
- 복도체방식 채용
- 가선금구 개량
- 선간거리 증가는 득보다 실이 많으므로 대책이 될 수 없다.

Q 094

154kV 송전선로의 전압을 345kV로 승압하고 같은 손실률로 송전한다고 가정하면 송전전력은 승압 전의 약 몇 배 정도 되겠는가?

① 2 ② 3
③ 4 ④ 5

풀이

전력손실률 일정 시 $P \propto V^2$이므로

$P = \left(\frac{345}{154}\right)^2 = 5$

Q 095

차단기의 정격차단시간은?

① 가동 접촉자의 동작시간부터 소호까지의 시간
② 고장 발생부터 소호까지의 시간
③ 가동 접촉자의 개극부터 소호까지의 시간
④ 트립코일 여자부터 소호까지의 시간

풀이

정격차단시간 : 트립코일 여자부터 아크소호까지의 시간(개극시간+아크시간)으로 3~8Hz이다.

Q 096

저압뱅킹배전방식에서 캐스케이딩(cascading) 현상이란?

① 저압선이나 변압기에 고장이 생기면 자동적으로 고장이 제거되는 현상
② 변압기의 부하배분이 균일하지 못한 현상
③ 저압선의 고장에 의하여 건전한 변압기의 일부 또는 전부가 차단되는 현상
④ 전압동요가 적은 현상

풀이

캐스케이딩 현상 : 저압선의 고장으로 건전한 변압기의 일부 또는 전부가 차단되는 현상

Q 097

22kV, 60Hz 1회선의 3상 송전선에서 무부하 충전전류를 구하면 약 몇 A인가? (단, 송전선의 길이는 20km이고, 1선 1km 당 정전용량은 0.5μF이다.)

① 12 ② 24
③ 36 ④ 48

풀이

충전전류 $I_c = \frac{E}{X_c} = \omega CE\ell$

$= 2\pi \times 60 \times 0.5 \times 10^{-6} \times 20 \times \frac{22000}{\sqrt{3}}$

$= 47.9[A]$

Q 098

그림과 같은 3상 송전계통에서 송전단 전압은 3300V이다. 지금 1점 P에서 3상 단락사고가 발생했다면 발전기에 흐르는 단락전류는 약 몇 A가 되는가?

① 320
② 330
③ 380
④ 410

정답 094 ④ 095 ④ 096 ③ 097 ④ 098 ③

풀이

단락전류 $I_s = \frac{E}{Z} = \frac{E}{\sqrt{R^2 + X^2}}$ 에서

$$I_s = \frac{\frac{3300}{\sqrt{3}}}{\sqrt{0.32^2 + (2 + 1.25 + 1.75)^2}} = 380\,\text{A}$$

Q 099

전선의 반지름 r[m], 소도체 간의 거리 l[m], 선간거리 D[m]인 복도체의 인덕턴스 L은 $L = 0.4605\,P + 0.025$ mH/km이다. 이 식에서 P에 해당되는 값은?

① $\log_{10}\frac{D}{\sqrt{rl}}$　　② $\log_e\frac{D}{\sqrt{rl}}$

③ $\log_{10}\frac{l}{\sqrt{rD}}$　　④ $\log_e\frac{l}{\sqrt{rD}}$

풀이

복도체($n=2$)이므로 등가반지름 $r_e = \sqrt{r \cdot l}$

$\therefore\ L = 0.025 + 0.4605\log_{10}\frac{D}{\sqrt{r \cdot l}}$ [mH/km]

Q 100

전력원선도의 가로축과 세로축을 나타내는 것은?

① 전압과 전류　　② 전압과 전력

③ 전류와 전력　　④ 유효전력과 무효전력

Q 101

그림과 같은 수용설비용량과 수용률을 갖는 부하의 부등률이 1.5이다. 평균부하 역률을 75%라 하면 변압기 용량은 약 몇 kVA인가?

① 45

② 30

③ 20

④ 15

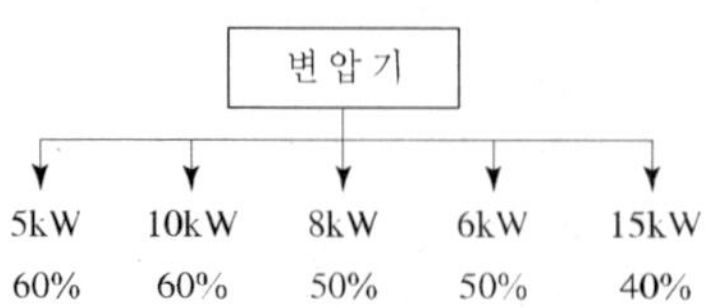

풀이

변압기 용량[kVA]

$$= \frac{\sum(\text{설비용량} \times \text{수용률})}{\text{부등률} \times \text{역률}}$$

$$= \frac{(5\times0.6 + 10\times0.6 + 8\times0.5 + 6\times0.5 + 15\times0.4)}{1.5\times0.75}$$

$= 19.56\,\text{kVA}$

Q 102

송전계통에서 절연협조의 기본이 되는 사항은?

① 애자의 섬락전압

② 권선의 절연내력

③ 피뢰기의 제한전압

④ 변압기 붓싱의 섬락전압

풀이

피뢰기 제한전압 : 뇌전류 방전 중 피뢰기 양단자에 나타나는 전압으로 절연협조의 기준이 된다.

Q 103

다음 중 지락사고 시의 건전상의 전압 상승이 가장 적은 접지방식은?

① 소호리액터접지식　　② 고저항접지식

③ 비접지식　　④ 직접접지식

풀이

직접접지방식 특징

- 장점 : 전위상승 최소, 변압기 단절연 가능, 계전기 동작 신속 확실
- 단점 : 지락전류 최대, 유도장해 최대, 안정도가 나쁘다.

Q 104

가공지선을 설치하는 목적이 아닌 것은?

① 뇌해 방지　　② 정전 차폐 효과

③ 전자 차폐 효과　　④ 코로나의 발생 방지

정답 099 ① 100 ④ 101 ③ 102 ③ 103 ④ 104 ④

풀이

가공지선 : 직격뇌, 유도뢰 차폐, 유도장해 경감차폐각 $\theta = 30^\circ \sim 45^\circ$이며, 각이 작을수록 차폐효과가 크지만 시설비는 고가이다.

Q 105

모선 보호에 사용되는 계전방식이 아닌 것은?

① 전류차동 보호방식 ② 방향거리 계전방식
③ 위상 비교방식 ④ 선택접지 계전방식

풀이

모선보호에 사용되는 계전방식 : 전류차동 보호방식, 방향거리 계전방식, 위상비교방식, 전압차동 보호방식, 환상모선 보호방식이 있다.

Q 106

정격전압 154kV, 1선의 유도리액턴스가 10Ω인 3상 3선식 송전선로에서 154kV, 100MVA 기준으로 환산한 이 선로의 리액턴스는 약 몇 %인가?

① 1.41 ② 2.16
③ 4.22 ④ 6.48

풀이

$\%X = \dfrac{P \cdot X}{10\,V^2}$에서

$\%X = \dfrac{100 \times 10^3 \times 10}{10 \times 154^2} \fallingdotseq 4.22\%$

Q 107

송전선의 특성 임피던스는 저항과 누설 리액턴스를 무시하면 어떻게 표시되는가? (단, L은 선로의 인덕턴스, C는 선로의 정전용량이다.)

① $\sqrt{\dfrac{L}{C}}$ ② $\sqrt{\dfrac{C}{L}}$

③ $\dfrac{L}{C}$ ④ $\dfrac{C}{L}$

풀이

특성 임피던스

$Z_0 = \sqrt{\dfrac{Z}{Y}} = \sqrt{\dfrac{R + j\omega L}{G + j\omega C}}$에서

$R = G = 0$일 때 $Z_0 = \sqrt{\dfrac{L}{C}}$

Q 108

다음 중 이상 전압에 대한 방호장치가 아닌 것은?

① 병렬콘덴서 ② 가공지선
③ 피뢰기 ④ 서지흡수기

풀이

이상전압 방호대책
- 가공지선을 설치 : 차폐각(30°~45°)이 작을수록 효과 크다.
- 매설지선을 설치 : 철탑 접지저항값을 감소시켜 역섬락 방지
- 피뢰기 설치 : 이상전압에 대한 기계기구 보호
- 서지 흡수기 설치 : 회전기보호(발전기)

Q 109

송배전선로는 저항 R, 인덕턴스 L, 정전용량(커패시턴스) C, 누설콘덕턴스 g라는 4개의 정수로 이루어진 연속된 전기회로이다. 이들 정수를 선로정수(Line Constant) 라고 부르는데 이것을 (ⓐ), (ⓑ)등에 따라 정해진다. 다음 중 (ⓐ), (ⓑ)에 알맞은 내용은?

① ⓐ 전압·전선의 종류
ⓑ 역률
② ⓐ 전선의 굵기·전압
ⓑ 전류
③ ⓐ 전선의 배치·전선의 종류
ⓑ 전류
④ ⓐ 전선의 종류·전선의 굵기
ⓑ 전선의 배치

풀이

선로정수(R, L, C, G)는 전선의 종류, 굵기, 배치에 따라 변하고 전압, 전류, 역률 등과 무관하다.

정답 105 ④ 106 ③ 107 ① 108 ① 109 ④

Q 110

다음 중 모선보호용 계전기로 사용하면 가장 유리한 것은?

① 재폐로계전기 ② 옴형계전기
③ 역상계전기 ④ 차동계전기

풀이
모선보호에 사용되는 계전방식 : 전류차동 보호방식, 방향거리 계전방식, 위상비교방식, 전압차동 보호방식, 환상모선 보호방식이 있다.

Q 111

각 수용가의 수용설비용량이 50kW, 100kW, 80kW, 60kW, 150kW이며, 각각의 수용률이 0.6, 0.6, 0.5, 0.5, 0.4일 때 부하의 부등률이 1.3이라면 변압기 용량은 약 몇 kVA가 필요한가? (단, 평균 부하역률은 80%라고 한다.)

① 142 ② 165
③ 183 ④ 212

풀이
변압기 용량[kVA]

$$= \frac{\sum(\text{설비용량} \times \text{수용률})}{\text{부등률} \times \text{역률}}$$

$$= \frac{50\times0.6+100\times0.6+80\times0.5+60\times0.5+150\times0.4}{1.3\times0.8}$$

$= 211.5\,[\text{kVA}]$

Q 112

다음 중 플리커 경감을 위한 전력공급 측의 방안이 아닌 것은?

① 단락 용량이 큰 계통에서 공급한다.
② 공급전압을 낮춘다.
③ 전용 변압기로 공급한다.
④ 단독 공급계통을 구성한다.

풀이
플리커 경감대책
- 전력공급 측 : 공급전압 승압, 단락용량이 큰 계통에서 공급, 전용 변압기로 공급
- 수용가 측 : 전압강하 보상, 리액터 보상, 부하의 무효전력 변동분을 흡수

Q 113

다음 중 고속도 재투입용 차단기의 표준 동작 책무 표기로 가장 옳은 것은? (단, t는 임의의 시간 간격으로 재투입하는 시간을 말하며, O은 차단동작, C는 투입동작, CO는 투입 동작에 계속하여 차단동작을 하는 것을 말함.)

① O – 1분 – CO
② CO – 15초 – CO
③ CO – 1분 – CO – t초 – CO
④ O – t초 – CO – 1분 – CO

풀이
차단기 동작 책무
- 일반형 갑 O – 1분 – CO – 3분 – CO
  을 CO – 15초 – CO
- 고속형 O – θ(t초) – CO – 1분 – CO

Q 114

다음 중 코로나 손실에 대한 설명으로 옳은 것은?

① 전선의 대지전압의 제곱에 비례한다.
② 상대공기밀도에 비례한다.
③ 전원주파수의 제곱에 비례한다.
④ 전선의 대지전압과 코로나 임계전압의 차의 제곱에 비례한다.

풀이
코로나 손실

$$P_c = \frac{241}{\delta}(f+25)\sqrt{\frac{d}{2D}}(E-E_0)^2\times10^{-5}$$

[km/km/선]에서 δ : 상대공기밀도, f : 주파수, d : 전선직경, D : 선간거리, E : 대지전압, E_0 : 코로나 임계전압

정답 110 ④ 111 ④ 112 ② 113 ④ 114 ④

Q 115

아래의 충격파형은 직격뇌에 의한 파형이다. 여기에서 T_f와 T_t는 무엇을 표시한 것인가?

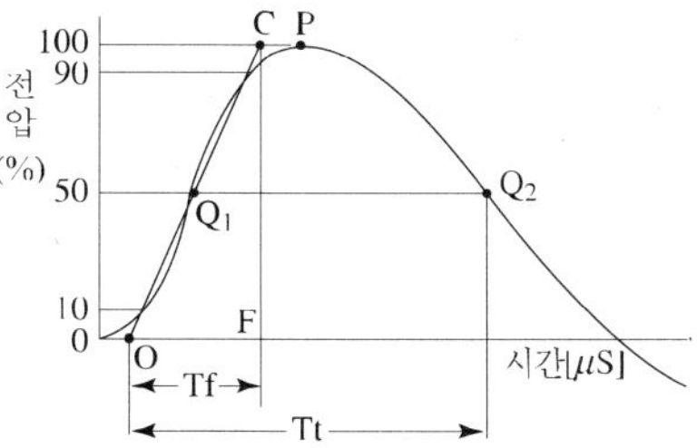

① T_f = 파고값, T_t = 파미길이
② T_f = 파두길이, T_t = 충격파 길이
③ T_f = 파미길이, T_t = 충격반파 길이
④ T_f = 파두길이, T_t = 파미길이

풀이

충격파는 파고값과 파두길이(파고값에 달하기까지의 시간)와 파미길이(파미의 부분으로서 파고값의 50%로 감쇠할 때까지의 시간)으로 나타낸다.

* 국제표준 충격파 : $1.0 \times 40[\mu sec]$, $1.2 \times 50[\mu sec]$

Q 116

선로 고장발생 시 타 보호기기와의 협조에 의해 고장구간을 신속히 개방하는 자동구간 개폐기로서 고장전류를 차단할 수 없어 차단 기능이 있는 후비보호장치와 직렬로 설치되어야 하는 배전용 개폐기는?

① 배전용 차단기 ② 부하 개폐기
③ 컷아웃 스위치 ④ 섹셔널라이저

풀이

섹셔널라이저는 고장전류 차단능력이 없으므로 리클로저와 직렬로 설치한다.

Q 117

공통 중성선 다중접지 3상4선식 배전선로에서 고압 측(1차 측) 중성선과 저압 측(2차 측) 중성선을 전기적으로 연결하는 주 목적은?

① 저압 측의 단락사고를 검출하기 위함
② 저압 측의 접지사고를 검출하기 위함
③ 주상변압기의 중성선 측 붓싱(bushing)을 생략하기 위함
④ 고저압 혼촉 시 수용가에 침입하는 상승 전압을 억제하기 위함

풀이

고저압 혼촉 시 수용가의 전위상승을 억제하여 기계기구 절연보호를 한다.

Q 118

다음 중 전동기 등 기계 기구류 내의 전로의 절연 불량으로 인한 감전 사고를 방지하기 위한 방법으로 거리가 먼 것은?

① 외함 접지 ② 저 전압 사용
③ 퓨즈 접지 ④ 누전차단기 설치

풀이

퓨즈(Fuse) : 절연 불량으로 인한 감전사고를 방지할 수 없다(과전류로부터 보호).

Q 119

그림과 같이 평지에서 동일 장력으로 가설된 두 경간의 이도가 각각 4m, 9m이다. 지금 중앙의 지지점에서 전선이 풀어졌을 경우 지표상의 최저 높이는 약 몇 m인가? (단, 지지점의 높이는 16m라 하고 전선의 신장은 무시하는 것으로 한다.)

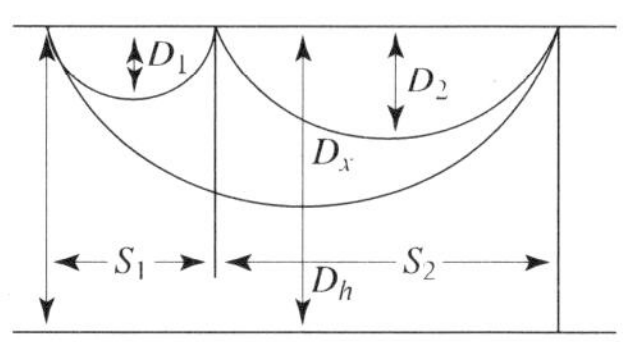

① 2.43
② 2.77
③ 3.45
④ 3.86

정답 115 ④ 116 ④ 117 ④ 118 ③ 119 ②

풀이

(1) $L_1 = S_1 + \frac{8D_1^2}{3S_1}$, $L_2 = S_2 + \frac{8D_2^2}{3S_2}$,

전체길이 $L = S + \frac{8D_x^2}{3S}$

(2) $L = L_1 + L_2$ 이므로

$$(S_1 + S_2) + \frac{8}{3}\left(\frac{D_1^2}{S_1} + \frac{8D_2^2}{S_2}\right)$$

(3) $S = S_1 + S_2$ 이므로

$$\frac{8D_x^2}{3(S_1 + S_2)} = \frac{8}{3}\left(\frac{D_1^2}{S_1} + \frac{D_2^2}{S_2}\right),$$

$$D_x^2 = \left(\frac{D_1^2}{S_1} + \frac{D_2^2}{S_2}\right)(S_1 + S_2)$$

(4) 장력은 같으므로 $T = \frac{WS_1^2}{8D_1} = \frac{WS_2^2}{8D_2}$ 에서

$$\frac{S_2}{S_1} = \sqrt{\frac{D_2}{D_1}} = \sqrt{\frac{9}{4}} = 1.5,\quad S_2 = 1.5S_1$$

(5) (3)번 결과식에 (4)번 결과식을 대입하면

$$D_x^2 = \left(\frac{D_1^2}{S_1} + \frac{D_2^2}{1.5S_1}\right)(S_1 + 1.5S_1),$$

$$D_x = \sqrt{\left(\frac{4^2}{1} + \frac{9^2}{1.5}\right)(1 + 1.5)} \fallingdotseq 13.23\text{m}$$

(6) 지표상 최저높이 $D_h = 16 - 13.23 = 2.77\text{m}$

Q 120

3상3선식 송전선이 있다. 1선당의 저항은 8Ω, 리액턴스는 12Ω이며, 수전단의 전력이 1000kW, 전압이 10kV, 역률이 0.8일 때, 이 송전선의 전압강하률은 몇 %인가?

① 14　② 15
③ 17　④ 19

풀이

전압강하율 $\varepsilon = \frac{e}{V_r} \times 100\%$이고,

$$e = \frac{P}{V_r}(R + X\tan\theta)\text{이므로}$$

$$\varepsilon = \frac{P}{V_r^2}(R + X\tan\theta) \times 100\%$$

$$= \frac{1000 \times 10^3}{(10 \times 10^3)^2} \times \left(8 + 12 \times \frac{0.6}{0.8}\right) \times 100 = 17\%$$

Q 121

배전계통을 구성할 때 저압 뱅킹배전방식의 캐스케이딩(cascading) 현상이란?

① 전압 동요가 적은 현상
② 변압기의 부하 배분이 불균일한 현상
③ 저압선이나 변압기에 고장이 생기면 자동적으로 고장이 제거되는 현상
④ 저압선의 고장에 의하여 건전한 변압기의 일부 또는 전부가 회로로부터 차단되는 현상

풀이

캐스케이딩 현상 : 저압선의 고장으로 건전한 변압기의 일부 또는 전부가 차단되는 현상

Q 122

모선전압이 6600V인 변전소에서 저항 6Ω, 리액턴스 8Ω의 송전선을 통해서 역률 0.8의 부하에 급전할 때 부하점 전압을 6000V로 하면 몇 kW의 전력이 전송되는가?

① 300　② 400
③ 500　④ 600

풀이

전압강하 $e = V_s - V_r = \frac{P}{V}(R + X\tan\theta)$에서

$$P = \frac{(V_s - V_r) \cdot V}{(R + X\tan\theta)} \times 10^{-3}\text{kW}$$

$$P = \frac{(6600 - 6000) \times 6000}{\left(6 + 8 \times \frac{0.6}{0.8}\right)} \times 10^{-3} = 300\text{kW}$$

정답　120 ③　121 ④　122 ①

Q 123

"전선의 단위길이 내에서 연간에 손실되는 전력량에 대한 전기요금과 단위길이의 전선값에 대한 금리, 감가상각비 등의 년간 경비의 합계가 같게 되는 전선 단면적이 가장 경제적인 전선의 단면적이다." 이 법칙은?

① 뉴크의 법칙 ② 켈빈의 법칙
③ 플레밍의 법칙 ④ 스틸의 법칙

풀이

- 경제적인 전선 굵기 : 켈빈의 법칙
- 경제적인 전선 굵기 요소 : 허용전류, 전압강하, 기계적 강도

Q 124

다음 중 송전선로의 특성 임피던스와 전파정수를 구하기 위한 시험으로 가장 적절한 것은?

① 무부하시험과 단락시험
② 부하시험과 단락시험
③ 부하시험과 충전 시
④ 충전시험과 단락시험

Q 125

전선의 굵기가 균일하고 부하가 균등하게 분산되어 있는 배전선로의 전력손실은 전체 부하가 선로 말단에 집중되어 있는 경우에 비하여 어느 정도가 되는가?

① $\frac{1}{2}$ ② $\frac{1}{3}$
③ $\frac{2}{3}$ ④ $\frac{3}{4}$

풀이

부하별 전압강하와 전력손실

	전압 강하	전력 손실
말단 집중 부하	$e = IR$	$P_l = I^2R$
평등 분산 부하	$e' = \frac{1}{2}e$	$P_l' = \frac{1}{3}P_l$
송전단일수록 커지는 분산부하	$e' = \frac{1}{3}e$	$P_l' = \frac{1}{5}P_l$

Q 126

그림과 같은 배전선에서 부하중심점의 위치는 급전점 F로부터 몇 m 지점인가? (단, 부하역률은 모두 1이다.)

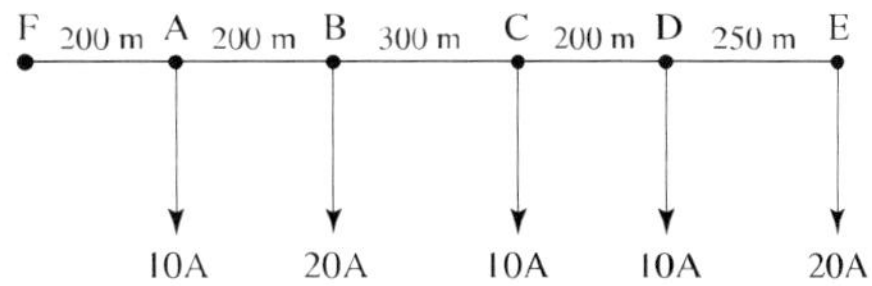

① 300 ② 500
③ 700 ④ 900

풀이

부하중심점 $x = \frac{\sum L_i I_i}{\sum I_i}$

$= \frac{200\times70 + 200\times60 + 300\times40 + 200\times30 + 250\times20}{(10+20+10+10+20)}$

$= 700\text{m}$

Q 127

직렬콘덴서를 선로에 삽입할 때의 이점이 아닌 것은?

① 선로의 인덕턴스를 보상한다.
② 수전단의 전압변동률을 줄인다.
③ 정태안정도를 증가한다.
④ 수전단의 역률을 개선한다.

풀이

- 역률 개선 : 병렬(전력용)콘덴서

Q 128

단로기의 사용 목적은?

① 과전류의 차단 ② 단락사고의 차단
③ 부하의 차단 ④ 선로의 개폐

풀이

- 단로기(D·S) : 무부하 전류 개폐

정답 123 ② 124 ① 125 ② 126 ③ 127 ④ 128 ④

Q 129

다음 중 가공송전선로에 사용되는 전선의 구비 조건으로 적절하지 않은 것은?

① 도전율이 높을 것
② 기계적인 강도가 클 것
③ 비중이 클 것
④ 내구성이 있을 것

풀이

가공전선로 전선의 구비조건

- 경제성이 있을 것
- 기계적 강도가 클 것
- 도전율이 클 것
- 비중(밀도)이 작을 것
- 가요성이 있을 것
- 부식성이 작을 것
- 내구성이 있을 것

Q 130

직접접지방식에 대한 설명 중 옳지 않은 것은?

① 이상전압 발생의 우려가 적다.
② 계통의 절연수준이 낮아지므로 경제적이다.
③ 변압기의 단절연이 가능하다.
④ 보호계전기가 신속히 동작하므로 과도안정도가 좋다.

풀이

직접접지방식 특징

- 장점 : 전위상승 최소, 변압기 단절연 가능, 계전기 동작 신속 확실
- 단점 : 지락전류 최대, 유도장해 최대, 안정도가 나쁘다.

Q 131

충전 전류에 의해 수전단의 전압이 송전단의 전압보다 높아지는 현상은?

① 페란티 현상 ② 코로나 현상
③ 카르노 현상 ④ 보어 현상

풀이

- 페란티 현상 : 경(무)부하시 $V_s < V_r$
- 페란티 현상 방지 : 분로(병렬)리액터

Q 132

계전기의 반한시 특성이란?

① 동작전류가 클수록 동작시간이 길어진다.
② 동작전류가 흐르는 순간에 동작한다.
③ 동작전류에 관계없이 동작시간은 일정하다.
④ 동작전류가 크면 동작시간은 짧아진다.

풀이

반한시 특성 : 전류가 작으면 동작시간은 길어지고 전류가 커지면 동작시간은 짧아진다.

Q 133

역률 80%의 3상 평형부하에 공급하고 있는 선로길이 2km의 3상3선식 배전선로가 있다. 부하의 단자전압을 6000V로 유지하였을 경우, 선로의 전압강하율이 10%를 넘지 않게 하기 위해서는 부하전력을 약 몇 kW까지 허용할 수 있는가? (단, 전선 1선당의 저항은 0.82Ω/km, 리액턴스는 0.38Ω/km라 하고, 그 밖의 정수는 무시한다.)

① 1303 ② 1629
③ 2257 ④ 2821

풀이

$\varepsilon = \dfrac{P}{V^2}(R + X\tan\theta)$에서

$$P = \varepsilon \times \frac{V^2}{R + X\tan\theta}$$
$$= 0.1 \times \frac{6000^2}{\left(0.82 \times 2 + 0.38 \times 2 \times \dfrac{0.6}{0.8}\right)} \times 10^{-3}$$
$$= 1629\text{kW}$$

정답 129 ③ 130 ④ 131 ① 132 ④ 133 ②

Q 134

전력수용의 수용률은?

① 수용률$=\frac{\text{평균전력[kW]}}{\text{설비용량[kW]}}\times 100\%$

② 수용률$=\frac{\text{설비용량[kW]}}{\text{평균전력[kW]}}\times 100\%$

③ 수용률$=\frac{\text{최대수용전력[kW]}}{\text{부하설비합계[kW]}}\times 100\%$

④ 수용률$=\frac{\text{부하설비합계[kW]}}{\text{최대수요전력[kW]}}\times 100\%$

Q 135

다음 중 자기여자를 방지하기 위한 충전용 발전기의 조건으로 가장 적절한 것은?

① 발전기 용량은 선로의 충전용량보다 작아야 한다.
② 발전기 용량은 3배의 선로 충전용량보다 작아야 한다.
③ 발전기 용량은 선로의 충전용량보다 커야 한다.
④ 발전기 용량은 3배의 선로 충전용량과 같아야 한다.

풀이

자기여자현상을 방지하기 위해서는 발전기용량은 선로 충전용량보다 커야 한다.

Q 136

네트워크 배전방식의 장점이 아닌 것은?

① 정전이 적다.
② 전압변동이 적다.
③ 인축의 접촉사고가 적어진다.
④ 부하증가에 대한 적응성이 크다.

풀이

네트워크방식 : 무정전 공급 가능. 부하증가에 대한 적응성이 크다. 입축접지사고가 많다.

Q 137

배전선로의 고장전류를 차단할 수 있는 것으로 가장 알맞은 것은?

① 단로기
② 구분개폐기
③ 컷아웃 스위치(COS)
④ 차단기

풀이

차단기(CB) : 고장전류 차단이 가능하다.

Q 138

다음 중 가공 송전선로에 있는 애자련 중 전압 부담이 가장 큰 것은?

① 전선에 가장 가까운 것
② 중앙에 있는 것
③ 철탑에 가장 가까운 것
④ 철탑에서 $\frac{1}{3}$ 지점의 것

풀이

- 전압분담 최대 : 전선로에 가장 가까운 것
- 전압분담 최소 : 철탑으로부터 $\frac{1}{3}$ 지점의 것

Q 139

개폐 서지의 이상전압을 감쇄할 목적으로 설치하는 것은?

① 단로기 ② 차단기
③ 리액터 ④ 개폐 저항기

풀이

개폐저항기 : 개폐 서지 억제

정답 134 ③ 135 ③ 136 ③ 137 ④ 138 ① 139 ④

Q 140

1대의 주상변압기에 역률(늦음) $\cos\theta_1$, 유효전력 P_1[kW]의 부하와 역률(늦음) $\cos\theta_2$, 유효전력 P_2[kW]의 부하가 병렬로 접속되어 있을 경우 주상변압기에 걸리는 피상전력은 어떻게 나타내는가?

① $\dfrac{P_1}{\cos\theta_1} + \dfrac{P_2}{\cos\theta_2}$ [kVA]

② $\sqrt{\left(\dfrac{P_1}{\cos\theta_1}\right)^2 + \left(\dfrac{P_2}{\cos\theta_2}\right)^2}$ [kVA]

③ $\sqrt{(P_1 + P_2)^2 + (P_1\tan\theta_1 + P_2\tan\theta_2)^2}$ [kVA]

④ $\sqrt{\left(\dfrac{P_1}{\sin\theta_1}\right) + \left(\dfrac{P_2}{\sin\theta_2}\right)}$ [kVA]

풀이

- 합성 유효전력 $P = P_1 + P_2$
- 합성 무효전력 $Q = Q_1 + Q_2$

$Q_1 = P_1\tan\theta_1,\ Q_2 = P_2\tan\theta_2$

∴ 피상전력

$P_a = \sqrt{(P_1 + P_2)^2 + (P_1\tan\theta_1 + P_2\tan\theta_2)^2}$

Q 141

3상4선식 배전방식에서 1선당의 최대전력은? (단, 상전압 : V, 선전류 : I라 한다.)

① $0.5VI$　　② $0.57VI$

③ $0.75VI$　　④ $1.0VI$

풀이

$3\phi 4\omega$에서 전력 $P = 3VI$이므로 1선당 전력

$P' = \dfrac{P}{4} = \dfrac{3VI}{4} = 0.75VI$

Q 142

154/22.9kV, 40MVA인 3상 변압기의 % 리액턴스가 14%라면 1차 측으로 환산한 리액턴스는 약 몇 Ω인가?

① 5Ω　　② 18Ω

③ 83Ω　　④ 560Ω

풀이

$\%X = \dfrac{PX}{10V^2}$에서

$X = \%X \times \dfrac{10V_1^2}{P} = 14 \times \dfrac{10 \times 154^2}{40 \times 10^3} \fallingdotseq 83\Omega$

Q 143

전력계통의 전압조정과 무관한 것은?

① 발전기의 조속기

② 발전기의 전압조정장치

③ 전력용콘덴서

④ 전력용 분로리액터

풀이

발전기를 계통과 병렬운전하는 경우 발전기의 조속기는 유효전력을 조정한다.

Q 144

그림은 유입차단기(탱크형)의 구조도이다. A의 명칭은?

① 절연 liner

② 승강간

③ 가동접촉자

④ 고정접촉자

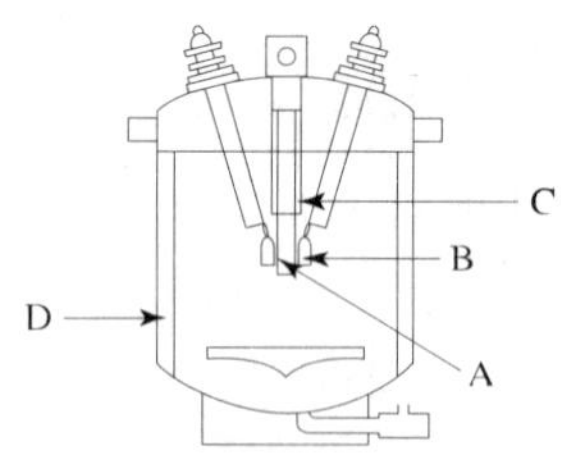

풀이

- A : 가동접촉자　• B : 고정접촉자
- C : 승강간　• D : 절연라이너

정답　140 ③　141 ③　142 ③　143 ①　144 ③

Q 145

3상 송전선로에서 선간단락이 발생하였을 때 다음 중 옳은 것은?

① 정상전류와 역상전류가 흐른다.
② 정상전류, 역상전류 및 영상전류가 흐른다.
③ 역상전류와 영상전류가 흐른다.
④ 정상전류와 영상전류가 흐른다.

풀이

	정상분	역상분	영상분	영상분
1선지락	○	○	○	$I_0 = I_1 = I_2 \neq 0$
선간 단락	○	○	×	$I_0 = 0$
3상 단락	○	×	×	$I_1 \neq 0,\ I_2 = I_0 = 0$

Q 146

환상선로의 단락보호에 사용하는 계전방식은?

① 비율차동계전방식 ② 방향거리계전방식
③ 과전류계전방식 ④ 선택접지계전방식

풀이

방향계전기+단락계전기=방향단락계전기(방향거리계전기)

Q 147

송전계통의 중성점 접지용 소호리액터의 인덕턴스 L은? (단, 선로 한 선의 대지정전용량을 C라 한다.)

① $L = \frac{1}{C}$ ② $L = \frac{C}{2\pi f}$

③ $L = \frac{1}{2\pi f C}$ ④ $L = \frac{1}{3(2\pi f)^2 C}$

풀이

소호리액터 접지방식 $\omega L = \frac{1}{3\omega C}[\Omega]$에서

$L = \frac{1}{3\omega^2 C} = \frac{1}{3(2\pi f)^2 C}$

Q 148

직접접지방식에 대한 설명으로 옳지 않은 것은?

① 변압기 절연이 낮아진다.
② 지락전류가 커진다.
③ 지락고장시의 중성점 전위가 높다.
④ 통신선의 유도장해가 크다.

풀이

직접접지방식 특징
- 장점 : 전위상승 최소, 변압기 단절연 가능, 계전기 동작 신속 확실
- 단점 : 지락전류 최대, 유도장해 최대, 안정도가 나쁘다.

Q 149

송전선로의 코로나 임계전압이 높아지는 경우가 아닌 것은?

① 상대 공기밀도가 적다.
② 전선의 반지름과 선간거리가 크다.
③ 날씨가 맑다.
④ 낡은 전선을 새 전선으로 교체하였다.

풀이

임계전압 $E_0 = 24.3 m_0 m_1 \delta d \log_{10}\frac{D}{r}$($m_0$: 전선표면계수, m_1 : 날씨계수, δ : 상대공기밀도, d: 전선직경)에서 ②, ③, ④는 해당되지만, ①의 상대공기밀도가 커야 한다.

Q 150

피뢰기의 충격방전 개시전압은 무엇으로 표시하는가?

① 직류전압의 크기 ② 충격파의 평균치
③ 충격파의 최고치 ④ 충격파의 실효치

풀이

피뢰기 단자간에 충격 전압을 인가할 경우 방전을 개시하는 전압으로 충격파의 최고치로 표시한다.

정답 145 ① 146 ② 147 ④ 148 ③ 149 ① 150 ③

Q 151

루프(loop) 배전방식에 대한 설명으로 옳은 것은?

① 전압강하가 적은 이점이 있다.
② 시설비가 적게 드는 반면에 전력손실이 크다.
③ 부하밀도가 적은 농·어촌에 적당하다.
④ 고장 시 정전범위가 넓은 결점이 있다.

풀이

루프배선의 이점은 선로의 도중에 고장발생 시, 고장 개소의 분리 조작이 용이하여 그 부분을 빨리 분리시킬 수 있고 전류의 통로에 융통성이 있으므로 전력 손실과 전압 강하가 적다.

Q 152

다음 중 부하전류의 차단능력이 없는 것은?

① 단로기 ② 가스차단기
③ 유입개폐기 ④ 진공차단기

풀이

단로기는 무부하 전류 개폐만 가능하다.

Q 153

역률 0.8(지상)의 2800kW 부하에 전력용 콘덴서를 병렬로 접속하여 합성 역률을 0.9로 개선하고자 할 경우, 필요한 전력용 콘덴서의 용량은 약 몇 kVA인가?

① 372kVA ② 558kVA
③ 744kVA ④ 1116kVA

풀이

$$Q_c = P\left(\frac{\sin\theta_1}{\cos\theta_1} - \frac{\sin\theta_2}{\cos\theta_2}\right) = 2800\left(\frac{0.6}{0.8} - \frac{\sqrt{1-0.9^2}}{0.9}\right) \fallingdotseq 744\text{kVA}$$

Q 154

파동 임피던스 $Z_1=500\Omega$인 선로의 종단에 파동 임피던스 $Z_2=1000\Omega$의 변압기가 접속되어 있다. 지금 선로에서 파고 $e_i=600\text{kV}$의 전압이 진입할 경우, 접속점에서의 전압의 반사파 파고는 몇 kV인가?

① 200kV ② 300kV
③ 400kV ④ 500kV

풀이

$$e_2 = \frac{Z_2 - Z_1}{Z_1 + Z_2}e_i = \frac{1000-500}{500+1000}\times 600 = 200\text{kV}$$

Q 155

단상 2선식(110V) 저압 배전선로를 단상 3선식(110/220V)으로 변경하였을 때 전선로의 전압 강하율은 변경 전에 비해서 어떻게 되는가?(단, 부하용량은 변경 전후에 같고 역률은 1.0 이며 평형부하이다.)

① $\frac{1}{4}$로 된다.
② $\frac{1}{3}$로 된다.
③ $\frac{1}{2}$로 된다.
④ 변하지 않는다.

풀이

전압강하율 $\varepsilon \propto \frac{1}{V^2}$이고, $V=2$배이므로

$\varepsilon = \frac{1}{4}$이다.

정답 151 ① 152 ① 153 ③ 154 ① 155 ①

Q 156

송전선로의 페란티 효과에 관한 설명으로 옳지 않은 것은?

① 송전선로에 충전전류가 흐르면 수전단 전압이 송전단 전압보다 높아지는 현상을 말한다.
② 페란티 효과를 방지하기 위하여 선로에 분로리액터를 설치한다.
③ 장거리 송전선로에서 정전용량으로 인하여 발생한다.
④ 페란티 현상을 방지하기 위해서는 진상 무효전력을 공급하여야 한다.

풀이

페란티 현상을 방지하기 위해서는 지상 무효전력을 공급하여야 한다.

Q 157

다음 중 송전계통에서 안정도 증진과 관계 없는 것은?

① 리액턴스 감소
② 재폐로방식의 채용
③ 속응여자방식의 채용
④ 차폐선의 채용

풀이

안정도 향상대책
- 계통의 직렬리액턴스 감소
- 전압변동률을 적게 한다(속응여자방식 채용, 계통의 연계, 중간조상방식).
- 계통에 주는 충격을 적게 한다(소호리액터 접지방식), 고속차단방식, 재폐로방식).
- 고장 시 발전기 입력과 출력의 불평형을 적게 한다.

Q 158

배전선로에서 수용가에의 공급 전압을 허용 범위 내에 유지하기 위해서 적용하는 방법이 아닌 것은?

① 배전변압기에서의 전압조정에는 고압선 각부의 전압에 따라서 배전변압기의 사용 탭을 적정하게 선정한다.
② 66kV 이하의 변전소에서의 전압조정에는 모선 또는 급전선마다 정지형 전압조정기를 설치해서 조정한다.
③ 우리나라에서는 배전선로에서의 전압강하 한도를 10%로 잡고 적정한 전압강하 값을 설비별로 부담하는 방법으로 전압 조정용 기기와 병용해서 사용한다.
④ 배전선로의 부하는 중부하 시와 경부하 시에 크게 변화하므로 변전소 수전 측의 송전선로에 대해서는 소호리액터를 사용해서 조정한다.

풀이

전압조정 : 전압조정기, 배전변압기 탭 변환 등이 있다.

Q 159

전력선에 의한 통신선로의 전자유도장해의 주된 발생요인으로 가장 알맞은 것은?

① 전력선의 연가가 충분하기 때문에
② 전력선의 전압이 통신선로보다 높기 때문에
③ 영상전류가 흐르기 때문에
④ 전력선과 통신선로 사이의 차폐효과가 충분하기 때문에

풀이

전자유도전압 $E_m = j\omega Ml3I_0$

정답 156 ④ 157 ④ 158 ④ 159 ③

Q 160

66kV 3상 1회선 송전선로에서 1선의 리액턴스가 22Ω, 전류가 300A일 때 % 리액턴스는?

① $10\sqrt{3}$　② $10\sqrt{3}$
③ $\frac{10}{\sqrt{2}}$　④ $\frac{10}{\sqrt{3}}$

풀이

$$\%X = \frac{I \cdot X}{E} \times 100\%$$
$$= \frac{300 \times 22}{\frac{66000}{\sqrt{3}}} \times 100 = 17.32 = 10\sqrt{3}$$

Q 161

22.9kV 가공배전선로에서 주 공급선로의 정전사고 시 예비전원선로로 자동전환되는 개폐장치는?

① 고장구간 자동개폐기
② 자동선로 구분개폐기
③ 자동부하 전환개폐기
④ 기중부하 개폐기

풀이

자동부하 전환개폐기(A.L.T.S) : 수용가의 수전선로에 설치되어 주전원의 정전 시 예비전원으로 신속히 전환하여 정전시간을 최소화함으로써 수용가가 항상 안정된 전원을 공급받을 수 있도록 하는 SF_6가스절연방식의 개폐기

Q 162

동기조상기에 대한 설명 중 옳지 않은 것은?

① 무부하로 운전되는 동기전동기로 역률을 개선한다.
② 전압조정이 연속적이다.
③ 중부하 시에는 과여자로 운전하여 뒤진 전류를 취한다.
④ 진상, 지상 무효전력을 모두 얻을 수 있다.

풀이

- 동기조상기 : 연속적, 진상·지상 공급, 시충전 가능
- 전력용 콘덴서 : 계단적, 진상 공급, 시충전 불가능

Q 163

어느 수차의 정격회전수가 450rpm이고 유효낙차가 220m일 때 출력은 6000kW이었다. 이 수차의 특유속도는 약 몇 m·kW인가?

① 35m·kW　② 38m·kW
③ 41m·kW　④ 47m·kW

풀이

$$N_s = N \cdot \frac{P^{\frac{1}{2}}}{H^{\frac{5}{4}}} = 450 \times \frac{6000^{\frac{1}{2}}}{220^{\frac{5}{4}}} \fallingdotseq 41\text{m} \cdot \text{kW}$$

Q 164

송전전력, 선간전압, 부하역률, 전력손실 및 송전거리를 동일하게 하였을 경우 단상2선식에 대한 3상3선식의 총 전선량(중량)비는 얼마인가?

① 0.75　② 0.94
③ 1.15　④ 1.33

풀이

각 전기방식별 비교

전기방식	전력	1선당 공급전력		전력손실	전선 중량비 (전력 손실비)
$1\phi 2\omega$	$VI\cos\theta$	$\frac{VI}{2}$	1	$2I^2R$	1(100)
$1\phi 3\omega$	$2VI\cos\theta$	$\frac{2VI}{3}$	1.33		$\frac{3}{8}$(37.5)
$3\phi 3\omega$	$\sqrt{3}\,VI\cos\theta$	$\frac{\sqrt{3}\,VI}{3}$	1.15	$3I^2R$	$\frac{3}{4}$(75)
$3\phi 4\omega$	$3VI\cos\theta$	$0.75VI$	1.5		$\frac{1}{3}$(33.3)

정답 160 ② 161 ③ 162 ③ 163 ③ 164 ①

Q 165

송전선로에 매설지선을 설치하는 목적으로 알맞은 것은?

① 직격뇌로부터 송전선을 차폐보호하기 위하여
② 철탑 기초의 강도를 보강하기 위하여
③ 현수애자 1연의 전압 분담을 균일화하기 위하여
④ 철탑으로부터 송전선로로의 역섬락을 방지하기 위하여

풀이
매설지선은 뇌해방지 및 역섬락을 방지한다.

Q 166

저압뱅킹 배전방식에서 캐스케이딩현상을 방지하기 위하여 인접 변압기를 연락하는 저압선의 중간에 설치하는 것으로 알맞은 것은?

① 구분퓨즈　　② 리클로우저
③ 섹셔널라이저　　④ 구분개폐기

풀이
캐스케이딩현상 방지 : 변압기 1차 측에 퓨즈를 설치하고 인접 변압기를 연락하는 저압선의 중간에 구분퓨즈를 설치한다.

Q 167

직류송전방식이 교류송전방식에 비하여 유리한 점을 설명한 것으로 옳지 않은 것은?

① 표피효과에 의한 송전손실이 없다.
② 통신선에 대한 유도잡음이 적다.
③ 선로의 절연이 쉽다.
④ 정류가 필요 없고 승압 및 강압이 쉽다.

풀이
송전방식
(1) 직류
- 절연계급을 낮출 수 있다.
- 리액턴스에 의한 전압강하가 없다.

(2) 교류
- 회전자계를 쉽게 얻을 수 있다.
- 승압, 강압이 쉽다.
- 고압 대전류 차단이 용이하다.

Q 168

송전단전압 161kV, 수전단전압 154kV, 상차각 40°, 리액턴스 45Ω일 때 선로손실을 무시하면 전송전력은 약 몇 MW인가?

① 323MW　　② 443MW
③ 354MW　　④ 623MW

풀이

$$P=\frac{E_s E_r}{X}\sin\delta=\frac{161\times154}{45}\times\sin40=354\text{MW}$$

Q 169

66kV, 60Hz 3상 1회선 송전선이 통신선과 나란히 가선되어 있다. 송전선의 1선지락사고로 영상전류가 80A 흐를 때 통신선에 유기되는 전자유도전압은 약 몇 V인가? (단, 영상전류는 전 전선에 걸쳐 같은 크기이고 상호 인덕턴스는 0.05mH/km이며, 송전선과 통신선의 병행길이는 40km이다.)

① 75V　　② 136V
③ 150V　　④ 181V

풀이

$$E_s=j\omega M\cdot l 3I_0$$
$$=2\pi\times60\times0.05\times10^{-3}\times40\times3\times80 \fallingdotseq 181\text{V}$$

정답 165 ④ 166 ① 167 ④ 168 ③ 169 ④

Q 170

복도체에 있어서 소도체의 반지름을 r[m], 소도체 사이의 간격을 S[m]라고 할 때 2개의 소도체를 사용한 복도체의 등가 반지름은?

① $\sqrt{r \cdot S}$[m] ② $\sqrt{r^2 \cdot S}$[m]
③ $\sqrt{r \cdot S^2}$[m] ④ $r \cdot S$[m]

풀이

$r_e = r^{\frac{1}{n}} \cdot S^{\frac{n-1}{n}} = \sqrt{r \cdot S}$

Q 171

다음 중 무부하 시의 충전전류 차단만이 가능한 기기는?

① 진공차단기 ② 유입차단기
③ 단로기 ④ 자기차단기

풀이

단로기 : 무부하전류만 개폐가능

Q 172

다음 중 코로나 임계전압에 직접 관계가 없는 것은?

① 전선의 굵기 ② 기상조건
③ 애자의 강도 ④ 선간거리

풀이

$E_0 = 24.3 m_0 m_1 \delta \cdot d \log_{10} \frac{D}{r}$ 이므로 애자의 강도와 관계없다.

Q 173

한류리액터를 사용하는 가장 큰 목적은?

① 충전전류의 제한 ② 접지전류의 제한
③ 누설전류의 제한 ④ 단락전류의 제한

풀이

한류리액터 : 단락전류 제한, 차단기 용량 감소

Q 174

20kV 미만의 옥내 변류기로 주로 사용되는 것은?

① 유입식 권선형 ② 부싱형
③ 관통형 ④ 건식 권선형

풀이

- 건식 : 20kV 미만
- 유입식 : 110kV 이하
- 애자형 : 110kV 초과

Q 175

154kV 3상 1회선 송전선로 1선의 리액턴스가 25Ω이고 전류가 400A일 때 % 리액턴스는 약 얼마인가?

① 6.49% ② 10.22%
③ 11.25% ④ 19.48%

풀이

$$\%X = \frac{I \cdot X}{E} \times 100\%$$

$$= \frac{400 \times 25}{\frac{154000}{\sqrt{3}}} \times 100 \fallingdotseq 11.25\%$$

Q 176

3상3선식 송전선로를 연가(transposition) 하는 주된 목적은?

① 전압강하를 방지하기 위하여
② 송전선을 절약하기 위하여
③ 고도를 표시하기 위하여
④ 선로정수를 평형시키기 위하여

풀이

연가의 효과
- 직렬 공진의 방지
- 통신선의 유도장해 감소
- 선로정수의 평형

정답 170 ① 171 ③ 172 ③ 173 ④ 174 ④ 175 ③ 176 ④

Q 177

다음 중 현재 널리 사용되고 있는 GCB(Gas Circuit Breaker)용 가스는?

① SF_6 가스　② 알곤가스

③ 네온가스　④ N_2 가스

풀이

절연내력과 소호능력이 우수한 SF_6 가스(육불화유황)를 사용한다.

Q 178

발전기나 변압기의 내부고장 검출에 가장 많이 사용되는 계전기는?

① 역상계전기　② 비율차동계전기

③ 과전압계전기　④ 과전류계전기

풀이

내부고장 검출용 : 부흐홀쯔계전기, 차동계전기, 비율차동계전기

Q 179

정격 10kVA의 주상변압기가 있다. 이것의 2차 측 일부하 곡선이 그림과 같을 때 1일의 부하율은 몇 %인가?

① 52.35

② 54.35

③ 56.25

④ 58.25

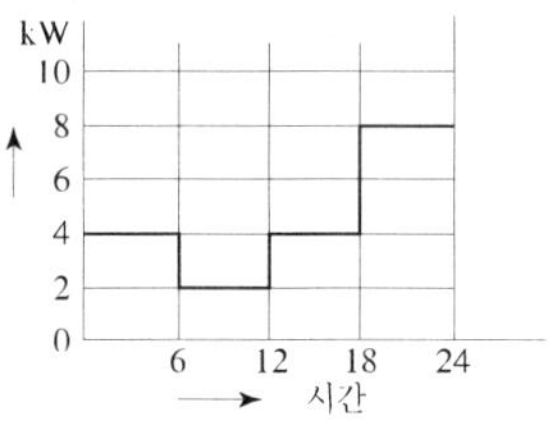

풀이

$$일부하율 = \frac{소비전력량/시간}{최대전력} \times 100$$

$$= \frac{(24+12+24+48)/24}{8} \times 100 = 56.25\%$$

Q 180

가공전선의 구비조건으로 옳지 않은 것은?

① 도전율이 높을 것

② 기계적인 강도가 클 것

③ 비중이 클 것

④ 신장률이 클 것

풀이

비중은 작을수록 좋다.

Q 181

파동임피던스가 500Ω인 가공송전선 1km 당의 인덕턴스는 약 몇 mH/km인가?

① 1.67　② 2.67

③ 3.67　④ 4.67

풀이

$$L = 0.4605 \times \frac{Z_0}{138} = 0.4605 \times \frac{500}{138} \fallingdotseq 1.67\text{mH/km}$$

Q 182

송전단전압이 3.4kV, 수전단전압이 3kV인 배전선로에서 수전단의 부하를 끊은 경우 수전단 전압이 3.2kV로 되었다면 전압변동률은 약 몇 %인가?

① 6.25　② 6.67

③ 12.5　④ 13.3

풀이

$$\delta = \frac{V_{r0} - V_{rn}}{V_{rn}} \times 100\%$$

$$= \frac{3200 - 3000}{3000} \times 100 = 6.67\%$$

정답 177 ①　178 ②　179 ③　180 ③　181 ①　182 ②

Q 183

교류송전방식에 비교하여 직류송전방식을 설명할 때 옳지 않은 것은?

① 선로의 리액턴스가 없으므로 안정도가 높다.
② 유전체손은 없지만 충전용량이 커지게 된다.
③ 코로나손 및 전력손실이 적다.
④ 표피효과나 근접효과가 없으므로 실효저항의 증대가 없다.

풀이

직류송전방식은 주파수가 0이므로 유전체손과 충전용량이 없다.

Q 184

피뢰기가 구비하여야 할 조건으로 옳지 않은 것은?

① 속류의 차단능력이 충분할 것
② 충격 방전 개시 전압이 높을 것
③ 상용 주파 방전 개시 전압이 높을 것
④ 방전 내량이 크면서 제한 전압이 낮을 것

풀이

피뢰기의 구비조건
- 충격 방전 개시 전압이 낮을 것
- 사용 주파 방전 개시 전압이 높을 것
- 제한 전압이 낮을 것
- 속류 차단성능이 클 것

Q 185

선택접지(지락)계전기의 용도를 옳게 설명한 것은?

① 단일 회선에서 접지고장 회선의 선택 차단
② 단일 회선에서 접지전류의 방향 선택 차단
③ 병행 2회선에서 접지고장 회선의 선택 차단
④ 병행 2회선에서 접지사고의 지속시간 선택 차단

풀이

SGR : 2회선 이상 지락사고선 선택 차단

Q 186

경간이 200m인 가공전선로가 있다. 사용전선의 길이는 경간보다 몇 m 더 길게 하면 되는가? (단, 사용전선의 1m 당 무게는 2kg, 인장하중은 4000kg, 전선의 안전율은 2로 하고 풍압하중은 무시한다.)

① $\frac{1}{2}$　　② $\sqrt{2}$
③ $\frac{1}{3}$　　④ $\sqrt{3}$

풀이

$$D=\frac{WS^2}{8T}=\frac{2\times200^2}{8\times\frac{4000}{2}}=5$$

$$\therefore\ \frac{8D^2}{3S}=\frac{8\times5^2}{3\times200}=0.33=\frac{1}{3}\text{m}$$

Q 187

송전선로에 복도체를 사용하는 이유로 가장 알맞은 것은?

① 선로의 진동을 없앤다.
② 철탑의 하중을 평형화한다.
③ 코로나를 방지하고 인덕턴스를 감소시킨다.
④ 선로를 뇌격으로부터 보호한다.

풀이

복도체 사용 : 코로나 방지, 인덕턴스 감소, 정전용량 증가

Q 188

중성점 비접지방식에서 가장 많이 사용되는 변압기의 결선 방법은?

① V−V　　② Y−Y
③ △−Y　　④ △−△

풀이

비접지이므로 중성점이 없는 △−△이다.

정답 183 ② 184 ② 185 ③ 186 ③ 187 ③ 188 ④

Q 189

다음 중 부하 전류의 차단에 사용되지 않는 것은?

① NFB ② OCB
③ VCB ④ DS

풀이
DS(단로기) : 무부하전류만 개폐가능하다.

Q 190

다음 중 모선방식의 종류에 속하지 않는 것은?

① 단일 모선 ② 2중 모선
③ 3중 모선 ④ 환상 모선

Q 191

다음 중 송·배전선로에 대한 설명으로 옳지 않은 것은?

① 송·배전선로는 저항, 인덕턴스, 정전용량, 누설컨덕턴스라는 4개의 정수로 이루어진 연속된 전기회로이다.
② 송·배전선로의 전압강하, 수전전력, 송전손실, 안정도 등을 계산하는데 선로정수가 필요하다.
③ 장거리 송전선로에 대해서 정밀한 계산을 할 경우에는 분포 정수 회로로 취급한다.
④ 송·배전선로의 선로정수는 원칙적으로 송전전압, 전류 또는 역률 등에 의해서 영향을 많이 받게 된다.

풀이
선로정수는 전압, 전류와 무관하다.

Q 192

무효전력 흡수 능력면에서 동기조상기가 전력용 콘덴서보다 유리한 점으로 가장 알맞은 것은?

① 필요에 따라 용량을 수시로 변경할 수 있다.
② 진상전류 이외에 지상전류를 취할 수 있다.
③ 전력손실이 적다.
④ 선로의 유도리액턴스를 보상하여 전압강하를 줄인다.

풀이
- 동기조상기 : 연속적, 진상·지상 공급, 시충전 가능
- 전력용 콘덴서 : 계단적, 진상 공급, 시충전 불가능

Q 193

송전선의 통신선에 대한 유도장해 방지대책이 아닌 것은?

① 전력선과 통신선과의 상호인덕턴스를 크게 한다.
② 전력선의 연가를 충분히 한다.
③ 고장발생 시의 지락전류를 억제하고, 고장구간을 빨리 차단한다.
④ 차폐선을 설치한다.

풀이
유도장해 방지대책

전력선 측	통신선 측
• 연가를 충분히 한다. • 이격거리를 크게 한다. • 소호 리액터 접지 방식 • 고장 시 신속한 제거 • 수직 교차 • 차폐선 설치(30~50[%] 경감) • 전력선 케이블화	• 절연 변압기 • 연피 케이블 • 성능 우수한 피뢰기 사용 • 배류 코일 설치 • 통신선 및 기기 절연강화

정답 189 ④ 190 ③ 191 ④ 192 ② 193 ①

Q 194

다음 중 배전선로의 손실 경감과 관계가 없는 것은?

① 배전 전압의 승압
② 다중접지방식 채용
③ 역률 개선
④ 부하의 불평형 방지

풀이

$P_\ell \propto \frac{1}{V^2}$, $P_\ell \propto \frac{1}{\cos^2\theta}$ 이므로 다중접지방식 채용과는 관계없다.

Q 195

100kW, 역률 0.8(뒤짐)인 부하를 역률 0.95(뒤짐)로 개선하는 데 필요한 전력용콘덴서의 용량은 약 몇 kVA인가?

① 22　　② 32
③ 42　　④ 52

풀이

$$Q_c = P\left(\frac{\sin\theta_1}{\cos\theta_1} - \frac{\sin\theta_2}{\cos\theta_2}\right)$$
$$= 100\left(\frac{0.6}{0.8} - \frac{\sqrt{1-0.95^2}}{0.95}\right) = 42.13\text{kVA}$$

Q 196

그림과 같은 66kV 선로의 송전전력이 20,000kW, 역률이 0.8lag일 때 a상에 완전 지락사고가 발생하였다. 지락계전기 DG에 흐르는 전류는 약 몇 A인가? (단, 부하의 정상, 역상임피던스 및 기타 정수는 무시한다.)

① 2.1
② 2.9
③ 3.7
④ 5.5

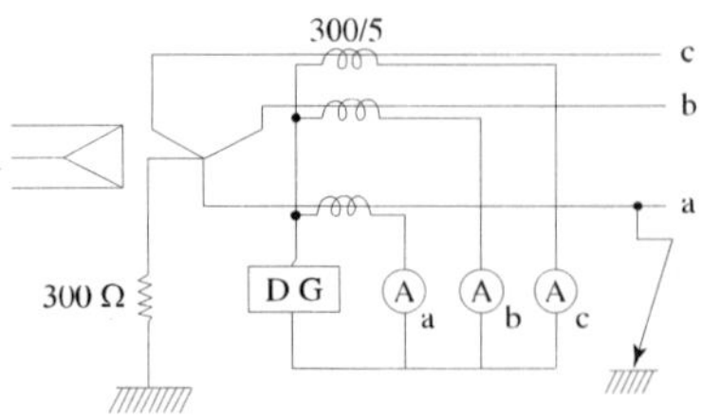

풀이

$$I_g = \frac{V}{R} = \frac{\frac{66000}{\sqrt{3}}}{300} = 127\text{A}$$

지락계전기에 흐르는 전류는 2차이므로

$$I_2 = I_1(I_g) \times \frac{1}{\text{CT비}} = 127 \times \frac{5}{300} = 2.1\text{A}$$

Q 197

60Hz, 154kV, 길이 100km인 3상 송전선로에서 1선의 대지 정전용량 $C_s = 0.005\mu$F/km, 선간 상호정전용량 $C_m = 0.0014\mu$F/km일 때 1선에 흐르는 충전전류는 약 몇 A인가?

① 21　　② 31
③ 37　　④ 53

풀이

$$I_c = \omega CE \cdot \ell = \omega(C_s + 3C_m) \times E \times \ell$$
$$= 2\pi \times 60 \times (0.005 + 3 \times 0.0014) \times 10^{-6} \times \frac{154000}{\sqrt{3}} \times 100 \fallingdotseq 30.84\text{A}$$

Q 198

발전기의 부하가 불평형이 되어 발전기의 회전자가 과열 소손되는 것을 방지하기 위해 설치하는 계전기는?

① 과전압계전기　　② 계자상실계전기
③ 비율차동계전기　　④ 과전류계전기

풀이

계자상실계전기(40) : 동기기의 계자회로에 이상(단락, 단선 등)이 발생되어 계자자속이 상실되었을 때 동작되어 기기를 보호할 목적으로 사용되며 최근에는 전기자 권선이 연결된 주회로에 off set mho형 거리계전기를 이용한다.

정답 194 ② 195 ③ 196 ① 197 ② 198 ②

Q 199

화력발전소에서 절탄기(절탄기)의 용도는?

① 보일러에 공급되는 급수를 예열한다.
② 포화증기를 과열한다.
③ 연소용 공기를 예열한다.
④ 석탄을 건조한다.

풀이

절탄기 : 배기가스 여열을 이용하여 급수가열(연료가 열 4~11%)

Q 200

다음 중 송전선로의 코로나 임계전압이 높아지는 경우가 아닌 것은?

① 날씨가 맑다.
② 상대공기밀도가 작다.
③ 기압이 높다.
④ 전선의 반지름과 선간거리가 크다.

풀이

$$E_0 = 24.3 m_0 m_1 \delta \cdot d \log_{10} \frac{D}{r}$$

m_0 : 전선표면계수, m_1 : 날씨계수, δ : 상대공기밀도, d: 전선 직경, r: 도체 반지름, D: 등가선간거리

Q 201

유효낙차 100m, 최대유량 20m^3/s의 수차에서 낙차가 81m로 감소하면 유량은 몇 m^3/s가 되겠는가? (단, 수차 안내날개의 열림은 불변이라고 한다.)

① 15 ② 18
③ 24 ④ 30

풀이

$$\frac{Q_2}{Q_1} = \left(\frac{H_2}{H_1}\right)^{\frac{1}{2}} \text{에서}$$

$$Q_2 = 20 \times \left(\frac{81}{100}\right)^{\frac{1}{2}} = 18\text{m}^3/\text{s}$$

Q 202

3상 배전선로의 말단에 역률 80%(lag)인 평형 3상의 집중부하가 있다. 변전소 인출구의 전압이 3300V일 때 부하의 단자전압을 최소 3000V로 유지하려면 부하전력은 약 몇 kW까지 허용할 수 있는가? (단, 전선 1선의 저항을 2Ω, 리액턴스를 1.8Ω이라 하고 그 밖의 선로정수는 무시한다.)

① 156 ② 269
③ 367 ④ 487

풀이

$$e = 3300 - 3000 = 300$$

$$e = \frac{P}{V}(R + X\tan\theta) \text{에서}$$

$$P = \frac{e \cdot V}{R + X \cdot \tan\theta} \times 10^{-3}$$

$$= \frac{300 \times 3000}{2 + 1.8 \times \frac{0.6}{0.8}} \times 10^{-3} = 268.7\text{kW}$$

Q 203

직류 송전에 대한 설명으로 옳지 않은 것은?

① 직류 송전에서는 유효전력과 무효전력을 동시에 보낼 수 있다.
② 역률이 항상 1로 되기 때문에 그만큼 송전 효율이 좋아진다.
③ 직류 송전에서는 리액턴스라든지 위상각에 대해서 고려할 필요가 없기 때문에 안정도상의 난점이 없어진다.
④ 직류에 의한 계통 연계는 단락용량이 증대하지 않기 때문에 교류 계통의 차단용량보다 작아도 된다.

풀이

직류 송전방식은 주파수 0이므로 무효분이 존재하지 않는다.

정답 199 ① 200 ② 201 ② 202 ② 203 ①

Q 204

전자계산기에 의한 전력조류 계산에서 슬랙(slack) 모선의 지정값은? (단, 슬랙모선을 기준모선으로 한다.)

① 유효전력과 무효전력
② 모선 전압의 크기와 유효전력
③ 모선 전압의 크기와 무효전력
④ 모선 전압의 크기와 모선 전압의 위상각

풀이

슬랙 모선(slack bus) : 모선 내 흐르는 무효전력과 유효전력 정확히 파악하기 위해 측정장치를 이용. 모선의 전압과 위상각을 구하여 전력조류를 계산한다.

Q 205

다음 중 원자력발전소에서 감속재로 사용되지 않는 것은?

① 경수 ② 중수
③ 흑연 ④ 카드뮴

풀이

감속재 : 핵분열 시 고속 중성자를 열 중성자로 감소
- 온도계수 : 감속재 온도 1℃ 변화에 대한 반응도의 변화
- 재료 : 경수(H_2O), 중수(D_2O), 흑연(C), 버릴륨(Be)
  ↳ 감속비 가장 크다.

Q 206

다음 중 단로기에 대한 설명으로 바르지 못한 것은?

① 선로로부터 기기를 분리, 구분 및 변경할 때 사용되는 개폐기구로 소호 기능이 없다.
② 충전전류의 개폐는 가능하나 부하전류 및 단락전류의 개폐 능력을 가지고 있지 않다.
③ 부하 측의 기기 또는 케이블 등을 점검할 때에 선로를 개방하고 시스템을 절화하기 위해 사용된다.
④ 차단기와 직렬로 연결되어 전원과의 분리를 확실하게 하는 것으로 차단기 개방 후 단로기를 열고 차단기를 닫은 후 단로기를 닫아야 한다.

풀이

단로기 : 무부하 전류만 개폐 가능하다.
* 조작순서 – 정전 : CB(off) → D·S(off)
– 급전 : D·S(on) → C·B(on)

Q 207

송전선로의 송전용량을 결정할 때 송전용량계수법에 의한 수전전력[kW]을 나타낸 식으로 알맞은 것은? (단, 수전단선간전압은 [kV]이고, 송전거리는 [km]이다.)

① 송전용량계수 $\times \dfrac{(\text{수전단선간전압})^2}{\text{송전거리}}$

② 송전용량계수 $\times \dfrac{\text{수전단선간전압}}{\text{송전거리}}$

③ 송전용량계수 $\times \dfrac{(\text{송전거리})^2}{\text{수전단선간전압}}$

④ 송전용량계수 $\times \dfrac{\text{송전거리}}{\text{수전단선간전압}}$

풀이

$$P_r = k\frac{V_r^2}{\ell}$$

Q 208

어떤 고층건물의 부하 총 설비전력이 800kW 이고, 수용률이 0.5이며, 역률이 0.8(뒤짐)일 때 이 건물의 변전시설용량의 최저값은 몇 kVA인가?

① 350 ② 500
③ 750 ④ 900

풀이

$$\text{변전시설용량} = \frac{800 \times 0.5}{0.8} = 500\text{kVA}$$

정답 204 ④ 205 ④ 206 ④ 207 ① 208 ②

Q 209

차단기의 고속도 재폐로의 목적으로 가장 알맞은 것은?

① 고장의 신속한 제거
② 안정도 향상
③ 기기의 보호
④ 고장전류 억제

풀이

재폐로 : 고장 시 신속히 차단하여 제거한 후 즉시 재투입하는 방식(안정도 증진)

Q 210

수전단을 단락한 경우 송전단에서 본 임피던스가 300Ω이고, 수전단을 개방한 경우 송전단에서 본 어드미턴스가 1.875×10^{-3} ℧일 때, 이 송전선의 특성 임피던스는 몇 Ω인가?

① 200　　② 300
③ 400　　④ 500

풀이

$$Z_0 = \sqrt{\frac{Z}{Y}} = \sqrt{\frac{300}{1.875 \times 10^{-3}}} = 400\,\Omega$$

Q 211

통신선과 병행인 60Hz의 3상 1회선 송전선에서 1선지락으로 110A의 영상전류가 흐르고 있을 때 통신선에 유기되는 전자유도전압은 약 몇 V인가? (단, 영상전류는 송전선 전체에 걸쳐 같은 크기이고, 통신선과 송전선의 상호 인덕턴스는 0.05mH/km이고, 양선로의 병행 길이는 55km이다.)

① 252　　② 293
③ 342　　④ 365

풀이

$$E_s = \omega M \cdot l \times 3I_0$$
$$= (2\pi \times 60 \times 0.05 \times 10^{-3}) \times 55 \times 3 \times 110 = 342.12\text{V}$$

Q 212

송배전계통에 발생하는 이상전압의 내부적 원인이 아닌 것은?

① 직격뢰　　② 선로의 개폐
③ 아크 접지　　④ 선로의 이상상태

풀이

- 외부적 원인 : 직격뇌, 유도뇌
- 내부적 원인 : 개폐 서지, 잔류전압에 의한 전위상승, 1선지락 시 전위상승, 무부하 시 전위상승

Q 213

변압기를 보호하기 위한 계전기로 사용되지 않는 것은?

① 비율차동계전기　　② 온도계전기
③ 부흐홀쯔계전기　　④ 주파수계전기

풀이

변압기보호계전기 : 비율차동계전기, 온도계전기, 압력계전기, 부흐홀쯔계전기

Q 214

송전선이 통신선에 미치는 유도장해를 억제 및 제거하는 방법이 아닌 것은?

① 송전선에 충분한 연가를 실시한다.
② 송전계통의 중성점 접지개소를 택하여 중성점을 리액터 접지한다.
③ 송전선과 통신선의 상호 접근거리를 크게 한다.
④ 송전선 측에 특성이 양호한 피뢰기를 설치한다.

풀이

피뢰기 설치는 송전선 측 대책이 아니라 통신선 측 대책이다.

정답 209 ② 210 ③ 211 ③ 212 ① 213 ④ 214 ④

Q 215

다음 중 보상 변류기에 대한 설명으로 알맞은 것은?

① 변압기의 고·저압 간의 전류, 위상을 보상한다.
② 계전기의 오차와 위상을 보상한다.
③ 전압강하를 보상한다.
④ 역률을 보상한다.

풀이
변압기 1차, 2차 상차각을 감소하기 위한 보조권선이다.

Q 216

최소동작전류 이상의 전류가 흐르면 한도를 넘는 양(量)과는 상관없이 즉시 동작하는 계전기는?

① 반한시계전기 ② 정한시계전기
③ 순한시계전기 ④ Notting 한시계전기

풀이
- 순한시성 계전기 : 최소동작전류 이상의 전류가 흐르면 즉시 동작하는 특성
- 정한시성 계전기 : 규정된 이상의 전류가 흐를 때 전류의 크기와 관계없이 정해진 시간 후에 동작
- 반한시성 계전기 : 전류크기와 시간이 반대로 동작

Q 217

변압기 중성점의 비접지방식을 직접접지방식과 비교한 것 중 옳지 않은 것은?

① 전자유도장해가 경감된다.
② 지락전류가 작다.
③ 보호계전기의 동작이 확실하다.
④ 선로에 흐르는 영상전류는 없다.

풀이
보호계전기의 동작이 신속하고 확실한 것은 직접접지방식의 특징이다.

Q 218

저압 밸런서를 필요로 하는 방식은 ?

① 3상3선식 ② 3상4선식
③ 단상2선식 ④ 단상3선식

풀이
단상3선식에서의 전압불평형을 방지시켜준다.

Q 219

각 수용가의 수용설비용량이 50kW, 100kW, 80kW, 60kW, 150kW이며, 각각의 수용률이 0.6, 0.6, 0.5, 0.5, 0.4일 때 부하의 부등률이 1.3 이라면 변압기 용량은 약 몇 kVA가 필요한가? (단, 평균 부하역률은 80%라고 한다.)

① 142kVA ② 165kVA
③ 183kVA ④ 212kVA

풀이

$$\text{변압기용량} = \frac{\sum(\text{설비용량}\times\text{수용률})}{\text{부등률}\times\text{역률}}$$

$$= \frac{50\times0.6+100\times0.6+80\times0.5+60\times0.5+150\times0.4}{1.3\times0.8}$$

$$\fallingdotseq 212\text{kVA}$$

Q 220

송전방식에는 교류송전과 직류송전방식이 있다. 교류에 비하여 직류송전방식의 장점은?

① 전압변경이 쉽다.
② 송전효율이 좋다.
③ 회전자계를 쉽게 얻을 수 있다.
④ 설비비가 싸다.

풀이
직류송전방식의 특징 : 절연레벨 경감, 안정도가 좋고 무효전력이 없으며, 리액턴스에 의한 전압강하가 없다. 송전효율이 좋다.

정답 215 ① 216 ③ 217 ③ 218 ④ 219 ④ 220 ②

Q 221

통신선과 평행된 주파수 60Hz의 3상 1회선 송전선에서 1선지락으로 영상전류가 100A 흐르고 있을 때 통신선에 유기되는 전자유도전압은 약 몇 V인가? (단, 영상전류는 송전선 전체에 걸쳐 있으며, 통신선과 송전선의 상호 인덕턴스는 0.05mH/km이고, 양 선로의 병행 길이는 50km이다.)

① 94V ② 163V
③ 242V ④ 283V

풀이

$E_s = j\omega M \cdot \ell \times 3 \cdot I_0$
$= 0.05 \times 10^{-3} \times 2\pi \times 60 \times 50 \times 3 \times 100 \fallingdotseq 283$

Q 222

다음 그림은 변류기의 접속도이다. 이와 같은 접속을 무슨 접속이라 하는가 ?

① 교차접속
② 직렬접속
③ 병렬접속
④ 차동접속

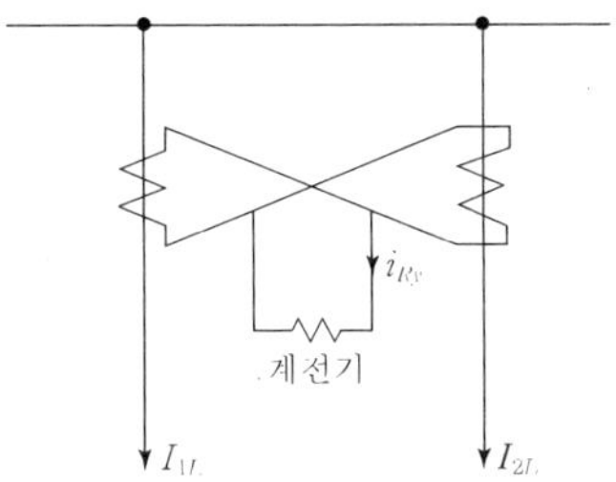

Q 223

중거리 송전선로의 T형 회로에서 일반 회로 정수 C는 무엇을 나타내는가?

① 저항 ② 어드미턴스
③ 임피던스 ④ 리액턴스

풀이

- B : 임피던스 차원
- C : 어드미턴스 차원

Q 224

3상 송전선로에서 지름 5mm의 경동선을 간격 1m로 정삼각형 배치를 한 가공전선의 1선 1km 당의 작용인덕턴스는 약 몇 mH/km인가?

① 1.0mH/km ② 1.25mH/km
③ 1.5mH/km ④ 2.0mH/km

풀이

$L = 0.05 + 0.4605 \log_{10}\left(\frac{1000}{2.5}\right) = 1.25\text{mH/km}$

Q 225

선로전압강하보상기(LDC)에 대하여 옳게 설명한 것은?

① 분로 리액터로 전압상승을 억제 하는 것
② 직렬콘덴서로 선로리액턴스를 보상하는 것
③ 승압기로 저하된 전압을 보상하는 것
④ 선로의 전압강하를 고려하여 모선전압을 조정하는 것

Q 226

다음 중 직격뢰에 대한 방호설비로 가장 적당한 것은?

① 가공지선 ② 서지흡수기
③ 복도체 ④ 정전방전기

풀이

직격뢰에 대한 방호장치 : 가공지선, 피뢰기, 피뢰침, 소호각 등이 있다.

Q 227

400kVA 단상변압기 3대를 △-△결선으로 사용하다가 1대의 고장으로 V-V결선을 하여 사용하면 대략 몇 kW 부하까지 걸 수 있겠는가?

① 133kW ② 577kW
③ 693kW ④ 866kW

풀이

$P_v = 1\text{대 용량} \times \sqrt{3} = 400\sqrt{3} \fallingdotseq 693$

정답 221 ④ 222 ④ 223 ② 224 ② 225 ④ 226 ① 227 ③

Q 228

다음 중 송전선로의 역섬락을 방지하기 위한 대책으로 가장 알맞은 방법은?

① 가공지선을 설치함
② 피뢰기를 설치함
③ 탑각저항을 낮게 함
④ 소호각을 설치함

풀이
매설지선을 설치하여 철탑의 탑각 접지저항을 감소시켜 역섬락을 방지

Q 229

배전선로의 고장전류를 차단할 수 있는 것으로 가장 알맞은 것은?

① 단로기
② 구분개폐기
③ 컷아웃 스위치(COS)
④ 차단기

풀이
차단기 : 고장전류(단락전류)차단 가능

Q 230

송전선에 복도체를 사용할 경우, 같은 단면적의 단도체를 사용하였을 경우와 비교할 때 옳지 않은 것은?

① 전선의 인덕턴스는 감소되고 정전용량은 증가된다.
② 고유 송전용량이 증대되고 정태안정도가 증대된다.
③ 전선 표면의 전위경도가 증가한다.
④ 전선의 코로나 개시전압이 높아진다.

풀이
복도체 사용 시 등가직경이 증가하므로 전위경도가 감소하여 코로나 방지에 좋다.

Q 231

전원이 양단에 있는 환상선로의 단락보호에 사용되는 계전기는?

① 방향거리계전기 ② 부족전압계전기
③ 선택접지계전기 ④ 부족전류계전기

풀이
방향거리계전기 : 환상선로 단락보호용

Q 232

다음 중 송전선로의 특성 임피던스와 전파정수를 구하기 위한 시험으로 가장 적절한 것은?

① 무부하시험과 단락시험
② 부하시험과 단락시험
③ 부하시험과 충전시험
④ 충전시험과 단락시험

Q 233

이상전압의 파고치를 저감시켜 기기를 보호하기 위하여 설치하는 것은?

① 리액터
② 아아모 로드(Armour rod)
③ 피뢰기
④ 아킹 호온(Arcing horn)

Q 234

3상3선식 송전선로가 있다. 전선 한 가닥의 저항은 10Ω, 리액턴스는 20Ω이고 수전단의 선간전압은 60kV, 부하역율은 0.8(늦음)이다. 전압강하율은 5%로 하면 이 송전선로로 약 몇 kW까지 수전할 수 있는가?

① 6200kW ② 7200kW
③ 8200kW ④ 9200kW

정답 228 ③ 229 ④ 230 ③ 231 ① 232 ① 233 ③ 234 ②

풀이

- 전압강하율이 5%이므로 전압강하
$e = \varepsilon \times V = 60,000 \times 0.05 = 3000\text{V}$

$e = \frac{P}{V}(R + X\tan\theta)$에서 $P = \frac{eV}{R + X\tan\theta}$

$= \frac{3000 \times 60000}{10 + 20 \times \frac{0.6}{0.8}} \times 10^{-3} = 7200\text{kW}$

Q 235

코로나 현상에 대한 설명으로 거리가 먼 것은?

① 소호리액터의 소호능력이 저하된다.
② 전선 지지점 등에서 전선의 부식이 발생한다.
③ 공기의 절연성이 파괴되어 나타난다.
④ 전선의 전위경도가 40kV/cm 이상일 때부터 나타난다.

풀이

공기절연파괴 극한전압
- 교류 : 21kV/cm
- 직류 : 30kV/cm

Q 236

그림과 같은 3상3선식 전선로의 단락점에 있어서의 3상단락전류는 약 몇 A인가? (단, 66kV에 대한 %리액턴스 10%이고, 저항분은 무시한다.)

① 1750A
② 2000A
③ 2500A
④ 3030A

풀이

- $I_s = \frac{100}{10} \times \frac{20000}{\sqrt{3} \times 66} \fallingdotseq 1750\text{A}$

Q 237

승압기에 의하여 전압 V_e에서 V_h로 승압할 때, 2차 정격전압 e, 자기용량 W인 단상 승압기가 공급할 수 있는 부하용량은 어떻게 표현되는가?

① $\frac{V_h}{e} \times W$
② $\frac{V_e}{e} \times W$
③ $\frac{V}{V_h - V_e} \times W$
④ $\frac{V_h - V_e}{V_e} \times W$

풀이

- 자기용량 $W = e \times I_2 = e \times \frac{\text{부하용량}}{V_h}$
- 부하용량$= \frac{V_h}{e} = W$

Q 238

3상 송전선로의 고장에서 1선지락사고 등 3상 불평형 고장 시 사용되는 계산법은?

① 옴[Ω] 법에 의한 계산
② %법에 의한 계산
③ 단위(PU)법에 의한 계산
④ 대칭좌표법

풀이

대칭좌표법 : 3상불평형 고장계산

Q 239

부하역률이 $\cos\theta$인 경우의 배전선로의 전력손실은 같은 크기의 부하전력으로 역률이 1인 경우의 전력손실에 비하여 몇 배인가?

① $\frac{1}{\cos^2\theta}$
② $\frac{1}{\cos\theta}$
③ $\cos\theta$
④ $\cos^2\theta$

풀이

$$P_l = \frac{\frac{1}{\cos^2\theta}}{1} = \frac{1}{\cos^2\theta}$$

정답 235 ④ 236 ① 237 ① 238 ④ 239 ①

Q 240

정전압 송전방식에서 전력원선도를 그리려면 무엇이 주어져야 하는가?

① 송·수전단 전압, 선로의 일반회로정수
② 송·수전단 전류, 선로의 일반회로정수
③ 조상기 용량, 수전단 전압
④ 송전단 전압, 수전단 전류

풀이

전력원선도를 그리려면 반지름 $\left(\dfrac{E_s E_r}{B}\right)$이 주어져야 한다.

Q 241

선로의 길이가 250km인 3상3선식 송전선로가 있다. 중성선에 대한 1선 1km의 리액턴스는 0.5Ω, 용량 서셉턴스는 3×10^{-6}[℧]이다. 이 선로의 특성 임피던스는 약 몇 Ω인가?

① 366Ω　　② 408Ω
③ 424Ω　　④ 462Ω

풀이

$$Z_0 = \sqrt{\frac{Z}{Y}} = \sqrt{\frac{0.5}{3\times10^{-6}}} = 408\,\Omega$$

Q 242

선로 고장발생 시 타 보호기기와의 협조에 의해 고장구간을 신속히 개방하는 자동구간 개폐기로서 고장전류를 차단할 수 없어 차단기능이 있는 후비보호장치와 직렬로 설치되어야 하는 배전용 개폐기는?

① 배전용 차단기　　② 부하 개폐기
③ 컷아웃 스위치　　④ 섹셔널라이저

풀이

섹셔널라이저 : 선로 고장발생시 타 보호기기와의 협조에 의해 고장 구간을 신속히 개방하는 자동구간 개폐기로서 고장전류를 차단할 수 없어 차단기능이 있는 리클로저와 직렬로 설치한다.

Q 243

배전계통을 구성할 때 저압 뱅킹배전방식의 캐스케이딩(cascading) 현상이란?

① 전압 동요가 적은 현상
② 변압기의 부하 배분이 불균일한 현상
③ 저압선이나 변압기에 고장이 생기면 자동적으로 고장이 제거되는 현상
④ 저압선의 고장에 의하여 건전한 변압기의 일부 또는 전부가 회로로부터 차단되는 현상

풀이

- 캐스케이딩 현상 : 저압선의 고장에 의하여 건전한 변압기의 일부 또는 전부가 회로로부터 차단되는 현상
- 방지대책 : 구분 퓨즈 설치

Q 244

전력용 피뢰기에서 직렬 갭(gap)의 주된 사용 목적은 ?

① 방전내량을 크게 하고 장시간 사용하여도 열화를 적게 하기 위함
② 충격방전 개시전압을 높게 하기 위함
③ 상시는 누설전류를 방지하고 충격파 방전 종료 후에는 속류를 즉시 차단하기 위함
④ 충격파가 침입할 때 대지에 흐르는 방전전류를 크게 하여 제한전압을 낮게 하기 위함

풀이

직렬 갭 : 이상전압 내습 시 뇌전류를 대지로 방전하고 속류를 차단한다.

Q 245

전력손실이 없는 송전선로에서 서지파(진행파)가 진행하는 속도는? (단, L : 단위선로 길이당 인덕턴스, C : 단위선로 길이당 커패시턴스이다.)

① $\sqrt{\dfrac{L}{C}}$　　② $\sqrt{\dfrac{C}{L}}$
③ $\dfrac{1}{\sqrt{LC}}$　　④ $\sqrt{LC}$

정답 240 ① 241 ② 242 ④ 243 ④ 244 ③ 245 ③

풀이

$$v = \frac{\omega}{\beta} = \frac{\omega}{\omega\sqrt{LC}} = \frac{1}{\sqrt{LC}}$$

Q 246

다음 중 가공지선의 설치 목적으로 볼 수 없는 것은?

① 유도뢰에 대한 정전차폐
② 전압강하의 방지
③ 직격뢰에 대한 차폐
④ 통신선에 대한 전자유도 장해 경감

풀이

가공지선 : 직격뢰, 유도뢰차폐 및 통신선 유도장해 경감

Q 247

불평형 3상 전압을 V_a, V_b, V_c라 하고 $a = \varepsilon^{j\frac{2\pi}{3}}$라할 때 $V_x = \frac{1}{3}(V_a + aV_b + a^2V_c)$이다. 여기에서 V_x는?

① 정상전압 ② 단락전압
③ 영상전압 ④ 지락전압

풀이

• 영상분 $V_0 = \frac{1}{3}(V_a + V_b + V_c)$
• 정상분 $V_1 = \frac{1}{3}(V_a + aV_b + a^2V_c)$
• 역상분 $V_2 = \frac{1}{3}(V_a + a^2V_b + aV_c)$

Q 248

다음 중 무부하 시의 충전전류 차단만이 가능한 것은?

① 진공차단기 ② 유입차단기
③ 단로기 ④ 자기차단기

풀이

단로기 : 무부하전류 개폐가능

Q 249

다음 중 재점호가 가장 일어나기 쉬운 차단전류는?

① 동상전류 ② 지상전류
③ 진상전류 ④ 단락전류

풀이

재점호를 일으키기 쉬운 전류는 충전전류(진상)이다.

Q 250

3상 배전선로의 말단에 지상역률 80%, 160kW인 평형 3상 부하가 있다. 부하점에 전력용 콘덴서를 접속하여 선로 손실을 최소가 되게 하려면 전력용 콘덴서의 필요한 용량은? (단, 부하단 전압은 변하지 않는 것으로 한다.)

① 100kVA ② 120kVA
③ 160kVA ④ 200kVA

풀이

$$Q_c = P\tan\theta = 160 \times \frac{0.6}{0.8} = 120\text{kVA}$$

Q 251

다음 중 송전선로에 복도체를 사용하는 이유로 가장 알맞은 것은 ?

① 선로를 뇌격으로부터 보호한다.
② 선로의 진동을 없앤다.
③ 철탑의 하중을 평형화한다.
④ 코로나를 방지하고 인덕턴스를 감소시킨다.

풀이

복도체 특징 : 코로나를 방지하고 인덕턴스를 감소, 송전용량 증가

정답 246 ② 247 ① 248 ③ 249 ③ 250 ② 251 ④

Q 252

다음 중 동작시간에 따른 보호계전기의 분류와 그 설명으로 틀린 것은?

① 순한시 계전기는 설정된 최소작동전류 이상의 전류가 흐르면 즉시 작동하는 것으로 한도를 넘은 양과는 관계가 없다.
② 정한시 계전기는 설정된 값 이상의 전류가 흘렀을 때 작동 전류의 크기와는 관계없이 항상 일정한 시간 후에 작동하는 계전기이다.
③ 반한시 계전기는 작동시간이 전류값의 크기에 따라 변하는 것으로 전류값이 클수록 느리게 동작하고, 반대로 전류값이 작아질수록 빠르게 작동하는 계전기이다.
④ 반한시성 정한시 계전기는 어느 전류값까지는 반한시성이지만 그 이상이 되면 정한시로 작동하는 계전기이다.

풀이

반한시 계전기 : 전류값이 작으면 동작시간은 길어지고 전류값이 커지면 동작시간은 짧아진다.

Q 253

송전용량계수법에 의하여 송전선로의 송전용량을 결정할 때 수전전력의 관계를 옳게 표현한 것은?

① 수전전력의 크기는 송전거리와 송전전압에 비례한다.
② 수전전력의 크기는 송전거리에 비례하고 수전단 선간전압의 제곱에 비례한다.
③ 수전전력의 크기는 송전거리에 반비례하고 수전단 선간전압에 비례한다.
④ 수전전력의 크기는 송전거리에 반비례하고 수전단 선간전압의 제곱에 비례한다.

풀이

$$P_r = k\frac{V_r^2}{l} = \frac{(\text{송전용량계수})\times(\text{수전단선간전압})^2}{\text{송전거리}}$$

Q 254

복도체의 선로가 있다. 소도체의 지름이 8mm, 소도체 사이의 간격이 40cm일 때 등가 반지름은?

① 2.8cm　　② 3.6cm
③ 4.0cm　　④ 5.7cm

풀이

$r_e = \sqrt{r \cdot s} = \sqrt{0.4 \times 40} = 4\text{cm}$

Q 255

다음 중 수차의 캐비테이션의 방지책으로 옳지 않은 것은?

① 과부하 운전을 가능한 한 피한다.
② 흡출수두를 증대시킨다.
③ 수차의 비속도를 너무 크게 잡지 않는다.
④ 침식에 강한 금속재료로 러너를 제작한다.

풀이

- **캐비테이션(공동현상)** : 유수 중에 저압부가 생겨 기포가 생기는 현상
- **방지대책** : 적당한 회전수 선정, 낙차 감소, 스테인리스강 사용

Q 256

전력계통의 안정도 향상대책으로 직렬 리액턴스를 적게 하기 위한 방법이 아닌 것은?

① 발전기의 리액턴스를 적게 한다.
② 변압기의 리액턴스를 적게 한다.
③ 복도체를 사용한다.
④ 단락비가 작은 발전기를 사용한다.

풀이

직렬 리액턴스를 감소시키는 대책
- 발전기, 변압기 리액턴스를 작게 한다.
- 단락비를 크게 한다.
- 복도체 및 다회선 방식을 채용한다.
- 직렬 콘덴서를 설치한다.

정답 252 ③ 253 ④ 254 ③ 255 ② 256 ④

Q 257

원자로에서 핵분열로 발생한 고속중성자를 열중성자로 바꾸는 작용을 하는 것은?

① 제어재 ② 냉각재
③ 감속재 ④ 반사체

풀이
감속재 : 고속중성자를 열중성자(저속중성자)로 감속(경수, 중수, 흑연, 베릴륨)

Q 258

임피던스 Z_1, Z_2 및 Z_3를 그림과 같이 접속한 선로의 A쪽에서 전압파 E가 진행해 왔을 때 접속점 B에서 무반사로 되기 위한 조건은?

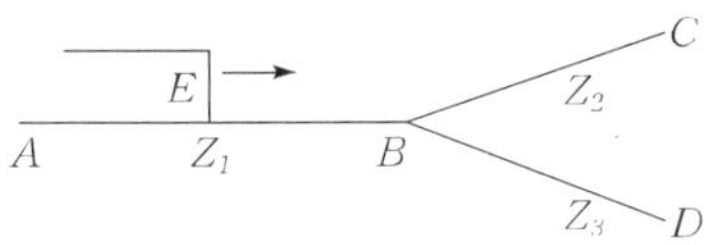

① $Z_1 = Z_2 + Z_3$ ② $\frac{1}{Z_3} = \frac{1}{Z_1} + \frac{1}{Z_2}$
③ $\frac{1}{Z_1} = \frac{1}{Z_2} + \frac{1}{Z_3}$ ④ $\frac{1}{Z_2} = \frac{1}{Z_1} + \frac{1}{Z_3}$

풀이
무반사 조건 : B점(변이점)을 기준으로 양쪽의 임피던스 또는 어드미턴스가 같으면 된다.
따라서 $\frac{1}{Z_1} = \frac{1}{Z_2} + \frac{1}{Z_3}$이다.

Q 259

설비 A가 150kW, B가 350kW, 수용률이 각각 0.6 및 0.7일 때 합성 최대전력이 279kW이면 부등률은?

① 1.1 ② 1.2
③ 1.3 ④ 1.4

풀이
$$\text{부등률} = \frac{150 \times 0.6 + 350 \times 0.7}{279} = 1.2$$

Q 260

송전전압 154kV, 주파수 60Hz, 선로의 작용 정전용량 0.01μF/km, 길이 100km인 1회선 송전선을 충전시킬 때 자기여자를 일으키지 않는 최소발전기용량은 약 몇 kVA인가? (단, 발전기의 단락비는 1.1이고, 포화율은 0.1이라고 한다.)

① 5162kVA ② 8941kVA
③ 15486kVA ④ 26822kVA

풀이
$Q_c = 3\omega CE^2 l \times 10^{-3} \fallingdotseq 8941$

Q 261

주변압기 등에서 발생하는 제5고조파를 줄이는 방법은?

① 전력용 콘덴서에 직렬리액터를 접속
② 변압기 2차 측에 분로리액터 연결
③ 모선에 방전코일 연결
④ 모선에 공심 리액터 연결

풀이
직렬리액터 : 제5고조파를 제거하여 전압의 파형을 개선

Q 262

그림과 같이 일직선 배치로 완전 연가한 경우의 등가선간거리는?

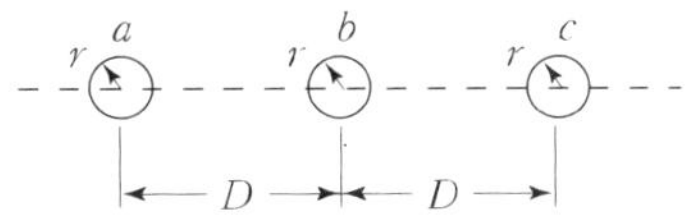

① $\sqrt[3]{2}\,D$ ② $\sqrt{2}\,D$
③ $\sqrt{D}$ ④ $\sqrt{3}\,D$

풀이
수평배열이므로
$D' = \sqrt[3]{D \cdot D \cdot 2D} = D \cdot \sqrt[3]{2}$

정답 257 ③ 258 ③ 259 ② 260 ② 261 ① 262 ①

Q 263

전원으로부터 합성 임피던스가 0.25%(10000 kVA 기준)인 곳에 설치하는 차단기의 용량은?

① 250MVA ② 400MVA
③ 2500MVA ④ 4000MVA

풀이

$$P_s = \frac{100}{0.25} \times 10000 \times 10^{-3} = 4000\text{MVA}$$

Q 264

탑각의 접지와 관련이다. 접지봉으로써 희망하는 접지저항치까지 줄일 수 없을 때 사용하는 것은?

① 가공지선 ② 매설지선
③ 크로스본드선 ④ 차폐선

풀이

매설지선 : 철탑의 탑각 접지저항을 감소시켜 역섬락을 방지한다.

Q 265

직류 2선식 대비 전선 1가닥당 송전전력이 최대가 되는 전송방식은? (단, 선간전압, 전송전류, 역률 및 전송거리가 같고 중성선은 전력선과 동일한 굵기이며 전선은 같은 재료를 사용하고, 교류방식에서 $\cos\theta = 1$로 한다.)

① 단상2선식 ② 단상3선식
③ 3상3선식 ④ 3상4선식

풀이

직류 2선식(1선당 공급전력 $P = 0.5\,VI$)을 기준으로 송전전력이 최대가 되는 것은 3상3선식이다. (1선당 공급전력 $P = 0.57\,VI$)

* 1선당 공급전력이 최대전기방식 : 3상4선식(1선당 공급전력 $P = 0.75\,VI$)

Q 266

한류 리액터를 사용하는 가장 큰 목적은?

① 충전전류의 제한 ② 접지전류의 제한
③ 누설전류의 제한 ④ 단락전류의 제한

풀이

한류 리액터 설치목적 : 단락전류제한(차단기용량 감소)

Q 267

송전선로에서 송수전단 전압 사이의 상차각이 몇 [°]일 때 최대전력으로 송전할 수 있는가?

① 30° ② 45°
③ 60° ④ 90°

풀이

$P_s = \dfrac{E_s \cdot E_r}{X}\sin\delta$에서 $\sin\delta = 1$일 때 최대전력이므로 90°이다.

Q 268

파동임피던스 $Z_1 = 600\,\Omega$인 선로 종단에 파동임피던스 $Z_2 = 1300\,\Omega$의 변압기가 접속되어 있다. 지금 선로에서 파고 $e_i = 900$kV의 전압이 진입되었다면 접촉점에서의 전압 반사파는 약 몇 kV인가?

① 192kV ② 332kV
③ 524kV ④ 988kV

풀이

$$\text{반사파 } e_2 = \frac{Z_2 - Z_1}{Z_1 + Z_2} e_1 = \frac{1300 - 600}{600 + 1300} \times 900 \fallingdotseq 332\text{kV}$$

정답 263 ④ 264 ② 265 ③ 266 ④ 267 ④ 268 ②

Q 269

저압뱅킹 배전방식에서 캐스케이딩(cascading) 현상이란?

① 저압선이나 변압기에 고장이 생기면 자동적으로 고장이 제거되는 현상
② 변압기의 부하배분이 균일하지 못한 현상
③ 저압선의 고장에 의하여 건전한 변압기의 일부 또는 전부가 차단되는 현상
④ 전압동요가 적은 현상

풀이
- 캐스케이딩현상 : 저압선의 고장에 의하여 건전한 변압기 일부 또는 전부가 차단되는 현상
- 방지대책 : 구분퓨즈설치

Q 270

초호각(arcing horn)의 역할은?

① 애자의 파손을 방지한다.
② 풍압을 조절한다.
③ 송전 효율을 높인다.
④ 고주파수의 섬락전압을 높인다.

풀이
초호각(아킹혼) : 섬락으로부터 애자련 보호 및 애자련의 전압분담 균등화

Q 271

3상 3선식 송전선을 연가할 경우 일반적으로 몇의 배수(培數)의 구간으로 등분하여 연가하는가?

① 2	② 3
③ 5	④ 6

풀이
- 연가 : 각상의 전자유도되는 크기와 각상의 정전유도되는 크기를 같게 하기 위해 선로를 3등분한다.
- 연가 주목적 : 선로정수평형
- 연가 효과 : 유도장해방지, 직렬공진에 의한 이상전압방지

Q 272

다음 중 보호대상과 사용되는 계전기의 연결로 옳지 않은 것은 ?

① 발전기 내부단락 검출용 – 비율차동계전기
② 발전기 계자보호 및 직류기 기동용 – 부족전류계전기
③ 발전기 부하불평형 회전자 과열소손 – 역상과전류계전기
④ 과부하 단락사고 – 과전압계전기

풀이
과부하 단락사고 – 과전류계전기

Q 273

전력계통의 절연협조 계획에서 채택되어야 하는 모선 피뢰기와 변압기의 관계에 대한 그래프로 옳은 것은 ?

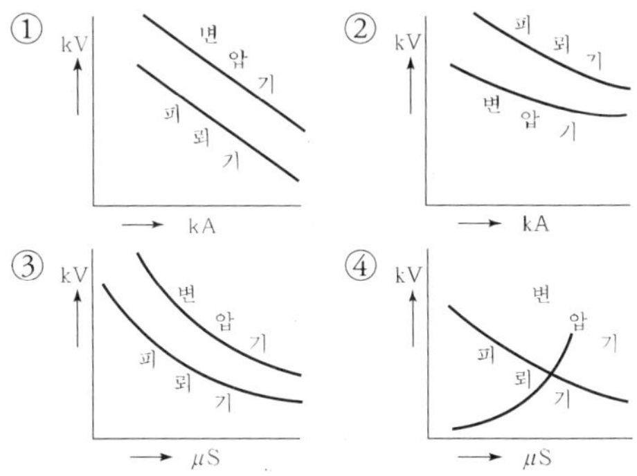

풀이
절연협조 : 계통 내의 각 기계기구 상호간 적정한 절연강도를 지니게 하는 것이며 피뢰기 제한전압을 기준으로 한다.

Q 274

변전소에서 비접지 선로의 접지보호용으로 사용되는 계전기에 영상전류를 공급하는 것은?

① CT	② GPT
③ ZCT	④ PT

풀이
ZCT(영상 변류기) : 영상전류를 계전기에 공급

정답 269 ③ 270 ① 271 ② 272 ④ 273 ③ 274 ③

Q 275

전압 66000V, 주파수 60Hz, 길이 20km, 심선 1선당 작용 정전용량 0.3464μF/km인 3상 지중전선로의 3상무부하 충전전류는 약 몇 A인가? (단, 정전용량 이외의 선로정수는 무시한다.)

① 83.5A ② 91.5A
③ 99.5A ④ 107.5A

풀이

- $I_c = \omega CE \cdot l$

$$= 2\pi \times 60 \times 0.3464 \times 10^{-6} \times 20 \times \frac{66000}{\sqrt{3}} = 99.5\text{A}$$

Q 276

전선 4개의 도체가 정4각형으로 그림과 같이 배치되어 있을 때 소도체 간 기하 평균거리는 약 몇 m인가?

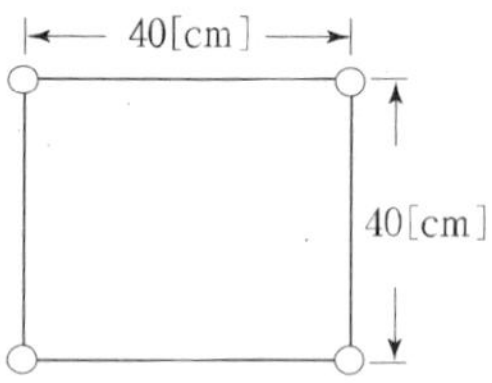

① 0.40m
② 0.45m
③ 0.50m
④ 0.57m

풀이

- 등가선간거리 $= \sqrt[n]{D_1 \cdot D_2 \cdot D_3 \cdots D_n}$,
- 4도체방식 = 한변길이 $\times \sqrt[6]{2}$ 이므로
  $D = 0.4\sqrt[6]{2} = 0.45\text{m}$

Q 277

3상3선식 1회선 배전선로의 말단에 역률 0.8(늦음)의 평형 3상 부하가 있다. 변전소 인출구(송전단)전압이 6600V, 부하의 단자전압이 6000V일 때 부하전력은 몇 kW인가? (단, 전선 1가닥당의 저항은 4Ω, 리액턴스는 3Ω이라 하고 기타 선로정수는 고려하지 않는다.)

① 333kW ② 576kW
③ 998kW ④ 1728kW

풀이

$$e = \frac{P}{V}(R + X\tan\theta) = V_s - V_r \text{ 에서}$$

$$P = \frac{e \cdot V}{(R + X\tan\theta)} \times 10^{-3}$$

$$= \frac{600 \times 6000}{\left(4 + 3 \times \frac{0.6}{0.8}\right)} \times 10^{-3} = 576\text{kW}$$

Q 278

고압배전선로 구성방식 중에서 수요 분포에 따라 임의의 각 장소에서 분기선을 끌어서 공급하는 방식은?

① 가지식(수지식) ② 환상식
③ 망상식 ④ 뱅킹식

풀이

환상식 : 수요 분포에 따라 임의의 각 장소에서 분기선을 끌어서 공급하는 방식

Q 279

가공배전선로에서 부하용량 4000kVA 이하의 분기점에 설치하여 후비보호장치인 차단기 또는 리클로우저와 협조하여 고장구간을 자동으로 구분 분리하는 개폐장치는 ?

① 고장구간 자동개폐기
② 자동선로 구분개폐기
③ 자동부하 전환개폐기
④ 기중부하 개폐기

풀이

고장구간 자동개폐기 : 22.9kV-Y 배전선로에서 부하용량 4000kVA(또는 특수부하는 2000kVA) 이하인 지점에 설치하여 고장구간을 후비보호장치와 협조하여 자동으로 구분 분리하는 개폐기로서 고장으로 인한 계통의 사고확대를 방지하여 주는 보호장치이다.

정답 275 ③ 276 ② 277 ② 278 ② 279 ①

Q 280

전선 a, b, c가 일직선으로 배치되어 있다. a와 b, b와 c 사이의 거리가 각각 5m일 때 이 선로의 등가선간거리는 몇 m인가?

① 5　　② 10
③ $5^3\sqrt{2}$　　④ $5\sqrt{2}$

풀이

일직선 배열 등가선간거리
$D' = \sqrt[3]{D \cdot D \cdot 2D} = D \cdot \sqrt[3]{2}$ 이다.

Q 281

전력용 퓨즈의 장점으로 틀린 것은?

① 소형으로 큰 차단용량을 갖는다.
② 밀폐형 퓨즈는 차단 시에 소음이 없다.
③ 가격이 싸고 유지 보수가 간단하다.
④ 과도전류에 의해 쉽게 용단되지 않는다.

풀이

전력용 퓨즈 특징
- 소형, 경량이며 저렴하다.
- 고속차단, 차단용량이 크다.
- 재투입이 불가능하며, 과도전류에 용단되기 쉽다.

Q 282

충전전류는 일반적으로 어떤 전류를 말하는가?

① 앞선전류　　② 뒤진전류
③ 유효전류　　④ 누설전류

풀이

- 충전전류 : 진상전류 = 앞선전류
- 단락전류 : 지상전류 = 뒤진전류

Q 283

전선로의 지지물 양쪽의 경간의 차가 큰 장소에 사용되며, 일명 E철탑이라고도 하는 표준 철탑의 일종은?

① 직선형 철탑　　② 내장형 철탑
③ 각도형 철탑　　④ 인류형 철탑

Q 284

3상용 차단기의 정격차단용량은?

① 정격전압 × 정격차단전류
② 3 × 정격전압 × 정격전류
③ 3 × 정격전압 × 정격차단전류
④ $\sqrt{3}$ × 정격전압 × 정격차단전류

Q 285

케이블의 전력손실과 관계가 없는 것은?

① 도체의 저항손　　② 유전체손
③ 연피손　　④ 철손

풀이

케이블 전력손실
- 저항손 – 도체
- 유전체손 – 절연물
- 시즈손 – 연피(전자유도작용)

Q 286

3,300V 배전선로의 전압을 6,600V로 승압하고 같은 손실률로 송전하는 경우 송전전력은 승압전의 몇 배인가?

① $\sqrt{3}$　　② 2
③ 3　　④ 4

풀이

$P \propto V^2$ 에서 $P = \left(\frac{6600}{3300}\right)^2 = 4$

정답 280 ③ 281 ④ 282 ① 283 ② 284 ④ 285 ④ 286 ④

Q 287

페란티 효과의 발생 원인은?

① 선로의 저항　② 선로의 인덕턴스
③ 선로의 정전용량　④ 선로의 누설컨덕턴스

풀이

페란티 현상 : 경부하 또는 무부하 시 선로 정전용량에 의해 송전단 전압보다 수전단 전압이 높아지는 현상(방지-분로 리액터 설치)

Q 288

후비보호계전방식의 설명으로 틀린 것은?

① 주보호계전기가 보호할 수 없을 경우 동작하며, 주보호계전기와 정정값은 동일하다.
② 주보호계전기가 그 어떤 이유로 정지해 있는 구간의 사고를 보호한다.
③ 주보호계전기에 결함이 있어 정상 동작할 수 없는 상태에 있는 구간 사고를 보호한다.
④ 송전선로에서 거리계전기의 후비보호계전기로 고장선택계전기를 많이 사용한다.

풀이

후비보호계전방식 : 주보호기가 고장제거를 실패한 경우 일정 시간을 두고 동작하는 백업 계전방식이다.

Q 289

불평형 부하에서 역률은 어떻게 표현되는가?

① $\dfrac{\text{유효전력}}{\text{각 상의 피상전력의 산술 합}}$

② $\dfrac{\text{유효전력}}{\text{각 상의 피상전력의 벡터 합}}$

③ $\dfrac{\text{무효전력}}{\text{각 상의 피상전력의 산술 합}}$

④ $\dfrac{\text{무효전력}}{\text{각 상의 피상전력의 벡터 합}}$

Q 290

고압 배전선로의 보호방식에서 고장 전류의 차단방식이 아닌 것은?

① 퓨즈에 의한 보호방식
② 리클로저(recloser)에 의한 방식
③ 섹셔널라이저(sectionalizer)에 의한 방식
④ 자동부하 전환스위치(ALTS : auto load transfer switch)에 의한 방식

Q 291

장거리 대전력 송전에서 교류송전방식에 비교한 직류송전방식의 장점이 아닌 것은?

① 송전 효율이 높다.
② 안정도의 문제가 없다.
③ 선로 절연이 더 수월하다.
④ 변압이 쉬워 고압송전이 유리하다.

풀이

직류송전방식 장점

- 절연 계급을 낮출 수 있다.
- 유전체손이 없다.
- 리액턴스에 의한 전압 강하가 없다.
- 비동기 연계가 가능하며 임의 크기의 교류계통을 연계할 수 있다.

Q 292

3상3선식 소호리액터접지방식에서 1선의 대지 정전용량을 C[μF], 상전압 E[kV], 주파수 f[Hz]라 하면, 소호리액터의 용량은 몇 kVA인가?

① $\pi f CE^2 \times 10^{-3}$　② $2\pi f CE^2 \times 10^{-3}$
③ $3\pi f CE^2 \times 10^{-3}$　④ $6\pi f CE^2 \times 10^{-3}$

풀이

3상1회선 소호 리액터 용량

$Q_L = Q_C$
$= 3 \times 2\pi f\, CE^2 \times 10^{-3}$ kVA

정답　287 ③　288 ①　289 ②　290 ④　291 ④　292 ④

Q 293

배전선의 전압조정 방법이 아닌 것은?

① 승압기 사용 ② 유도전압조정기 사용
③ 병렬콘덴서 사용 ④ 주상변압기 탭 전환

Q 294

역률개선용 콘덴서를 부하와 병렬로 연결할 때 △결선방법을 채택하는 이유로 가장 타당한 것은?

① 부하저항을 일정하게 유지할 수 있기 때문이다.
② 콘덴서의 정전용량[μF]의 소요가 적기 때문이다.
③ 콘덴서의 관리가 용이하기 때문이다.
④ 부하의 안정도가 높기 때문이다.

풀이

△결선 시 $(E = V)$ $Q_c = 3\omega CV^2$

Y결선 시 $\left(E = \dfrac{V}{\sqrt{3}}\right)$

$Q_c = 3\omega C\left(\dfrac{V}{\sqrt{3}}\right)^2 = \omega CV^2$에서 용량이 같을 경우

$3\omega C_\triangle V^2 = \omega C_Y V^2$에서 $C_\triangle = \dfrac{1}{3}C_Y$

Q 295

변전소 구내에서 보폭전압을 저감하기 위한 방법으로 잘못된 것은?

① 접지선을 얕게 매설한다.
② mesh식 접지방법을 채용하고 mesh 간격을 좁게 한다.
③ 자갈 또는 콘크리트를 타설한다.
④ 철구, 가대 등의 보조 접지를 한다.

Q 296

그림과 같은 회로의 영상, 정상, 역상 임피던스 Z_0, Z_1, Z_2는?

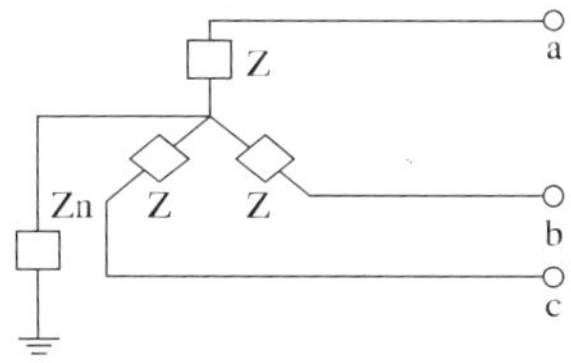

① $Z_0 = Z + 3Z_n$, $Z_1 = Z_2 = Z$
② $Z_0 = 3Z + Z_n$, $Z_1 = 3Z$, $Z_2 = Z$
③ $Z_0 = 3Z_n$, $Z_1 = Z$, $Z_2 = 3Z$
④ $Z_0 = Z + Z_n$, $Z_1 = Z_2 = 3Z_n$

풀이

영상, 정상, 역상 임피던스 모두 1상만 계산한다.

영상 임피던스(Z_0)는

$Z_0 = Z + 3Z_n$

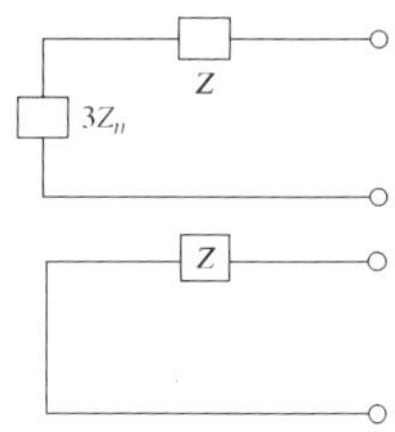

정상 임피던스와 역상 임피던스는 변압기와 선로가 정지상태이므로 같다.

$\therefore\ Z_1 = Z_2 = Z$

Q 297

송전선로에 근접한 통신선에서 발생하는 유도장해에 관한 설명으로 틀린 것은?

① 정전유도의 원인은 전력선의 영상전압에 의해 발생한다.
② 전자유도의 원인은 전력선의 영상전류에 의해 발생한다.
③ 유도장해를 억제하기 위하여 송전선에 충분한 연가를 한다.
④ 유도되는 전압은 통신선의 길이에 비례한다.

풀이

전자유도 $E_n = j\omega Ml \times 3I_0$는 길이에 비례하지만,

정전유도 전압

$E_n = \dfrac{\sqrt{C_a(C_a - C_b) + C_b(C_b - C_c) + C_c(C_c - C_a)}}{C_a + C_b + C_c + C_0} \times \dfrac{V}{\sqrt{3}}$

은 관계없다.

정답 293 ③ 294 ② 295 ① 296 ① 297 ④

Q 298

일반적인 경우 그 값이 1 이상인 것은?

① 수용률　　② 전압강하율
③ 부하율　　④ 부등률

풀이

$$\text{부등률} = \frac{\sum(\text{설비용량} \times \text{수용률})}{\text{합성 최대전력}} \geq 1$$

Q 299

중성점 접지방식에서 직접접지방식을 다른 접지방식과 비교하였을 때 그 설명이 틀린 것은?

① 보호계전기의 동작이 확실하여 신뢰도가 높다.
② 변압기의 저감절연이 가능하다.
③ 다중접지사고로의 진전성이 대단히 크다.
④ 단선고장 시의 이상전압이 최저이다.

풀이

직접접지방식 특징

- 장점 : 전위상승 최소, 변압기 단절연 가능, 계전기 동작 신속 확실
- 단점 : 지락전류 최대, 유도장해 최대, 안정도가 나쁘다.

Q 300

송전단 전압 161kV, 수전단 전압 155kV, 상차각 60도, 리액턴스가 50Ω일 때 선로손실을 무시하면 송전전력은 약 몇 MW인가?

① 300　　② 321
③ 432　　④ 580

풀이

$$P = \frac{E_s E_r}{X}\sin\delta = \frac{161 \times 155}{50} \times \sin 60^\circ = 432\text{MW}$$

Q 301

재폐로 차단기에 대한 설명으로 옳은 것은?

① 배전선로용은 고장구간을 고속 차단하여 제거한 후 다시 수동조작에 의해 배전이 되도록 설계된 것이다.
② 재폐로계전기와 함께 설치하여 계전기가 고장을 검출하여 이를 차단기에 통보, 차단하도록 될 것이다.
③ 3상 재폐로 차단기는 1상의 차단이 가능하고 무전압 시간을 약 20~30초로 정하여 재폐로 하도록 되어 있다.
④ 송전선로의 고장구간을 고속 차단하고 재송전하는 조작을 자동적으로 시행하는 재폐로 차단장치를 장비한 자동차단기이다.

풀이

계통의 안정도를 향상시킬 목적으로 차단기가 차단되어 사고가 소멸된 후 자동적으로 송전선을 투입하는 일련의 동작을 재폐로라 한다.

Q 302

전력선과 통신선과의 상호인덕턴스에 의하여 발생되는 유도장해는?

① 정전유도장해　　② 전자유도장해
③ 고조파유도장해　　④ 전력유도장해

풀이

- 전자유도 장해 : 상호인덕턴스(M), 영상전류(I_0)
- 정전유도 장해 : 선간정전용량(C_m), 영상전압(V_0)

Q 303

모선의 보호계전방식에 해당되는 것은?

① 전력평형 보호방식 ② 전압차동 보호방식
③ 표시선 계전방식　　④ 위상비교 반송방식

풀이

모선보호에 사용되는 계전방식 : 전류차동 보호방식, 전압차동 보호방식, 환상모선 보호방식, 방향거리 계전방식, 위상비교방식

정답 298 ④ 299 ③ 300 ③ 301 ④ 302 ② 303 ②

Q 304

과전류계전기(OCR)의 탭(tap) 값을 옳게 설명한 것은?

① 계전기의 최소동작전류
② 계전기의 최대부하전류
③ 계전기의 동작시한
④ 변류기의 권수비

풀이
과전류 계전기 탭 설정 전류부터 동작하므로 최소동작전류가 된다.

Q 305

정전용량 C[F]의 콘덴서를 △결선해서 3상전압 V[V]를 가했을 때의 충전용량과 같은 전원을 Y결선으로 했을 때의 충전용량의 비(△결선/Y결선)는?

① $\frac{1}{3}$　② 3
③ $\frac{1}{\sqrt{3}}$　④ $\sqrt{3}$

풀이
$\frac{\triangle}{Y} = 3$, $\frac{Y}{\triangle} = \frac{1}{3}$

Q 306

정격전압 1차 6600V, 2차 220V의 단상변압기 2대를 승압기로 V결선하여 6300V의 3상 전원에 접속하면 승압된 전압은 약 몇 V인가?

① 6,410　② 6,460
③ 6,510　④ 6,560

풀이
승압된 전압
$= E_1\left(1 + \frac{e_2}{e_1}\right) = 6300\left(1 + \frac{220}{6600}\right) = 6510\text{V}$

Q 307

절연내력을 시험하기 위해 시험용 변압기를 사용하였다. 이때 전압조정을 하기 위하여 일반적으로 가장 많이 사용되는 것은?

① 한류리액터
② 유도전압조정기
③ 소형 발전기의 변속장치
④ 다단식 저항 전압조정기

Q 308

기력발전소에서 탈기기의 설치 목적으로 가장 타당한 것은?

① 급수 중의 용존 산소 및 이산화탄소 분리
② 급수의 습증기 건조
③ 물때의 부착 방지
④ 염류 및 부유물질 제거

풀이
탈기기 : 급수기에 포함된 산소를 분리하여 급수계통 표면부식을 방지한다.

Q 309

가공송전선로를 가선할 때에는 하중조건과 온도조건 등을 고려하여 적당한 이도(dip)를 주도록 하여야 한다. 다음 중 이도에 대한 설명으로 옳은 것은?

① 이도가 작으면 전선이 좌우로 크게 흔들려서 다른 상의 전선에 접촉하여 위험하게 된다.
② 전선을 가선할 때 전선을 팽팽하게 가선하는 것을 이도를 크게 준다고 한다.
③ 이도를 작게 하면 이에 비례하여 전선의 장력이 증가되며, 심할 때는 전선 상호간이 꼬이게 된다.
④ 이도의 대소는 지지물의 높이를 좌우한다.

정답　304 ①　305 ②　306 ③　307 ②　308 ①　309 ④

풀이

이도는 지지물의 높이를 결정한다.

Q 310

복수기에 냉각수를 보내는 펌프는?

① 순환펌프
② 급수펌프
③ 배출펌프
④ 복수펌프

Q 311

교류 저압배전방식에서 밸런서를 필요로 하는 방식은?

① 단상 2선식
② 단상 3선식
③ 3상 3선식
④ 3상 4선식

풀이

$1\phi 3w$은 부하 불평형시 전압 불평형이(경부하 측 전위 상승) 발생하므로 저압 밸런서를 설치한다.

Q 312

송전선의 4 단자정수가 $A=D=0.92$, $B=j80$ 요일 때 C의 값은 몇 ℧인가?

① $j\,1.92\times10^{-4}$
② $j\,2.47\times10^{-4}$
③ $j\,1.92\times10^{-3}$
④ $j\,2.47\times10^{-3}$

풀이

$AD-BC=1$에서

$$C=\frac{AD-1}{B}=\frac{0.92^2-1}{j80}=j1.92\times10^{-3}\,℧$$

Q 313

송전선로에서 역섬락이 생기기 쉬운 때는?

① 선로손실이 클 때
② 코로나 현상이 발생할 때
③ 선로정수가 균일하지 않을 때
④ 철탑각부의 접지저항이 클 때

풀이

매설지선
- 철탑의 접지저항값을 감소시켜 역섬락을 방지한다.
- 아연도금 철선을 사용하여 30~60cm 깊이에 30~50m 정도의 길이로 매설한다.

Q 314

차단기와 차단기의 소호매질이 틀리게 연결된 것은?

① 공기차단기 – 압축공기
② 가스차단기 – SF_6 가스
③ 자기차단기 – 진공
④ 유입차단기 – 절연유

풀이

자기차단기 – 전자력

Q 315

현수애자 4개를 1련으로 한 66kV 송전선로가 있다. 현수애자 1개의 절연저항이 1,500MΩ이라면 표준경간을 200m로 할 때 1km 당의 누설컨덕턴스는 몇 ℧인가?

① 0.83×10^{-9} ② 1.66×10^{-9}
③ 0.83×10^{-6} ④ 1.66×10^{-6}

풀이

애자 1련 절연저항 $=1500\times4=6000\,\mathrm{M\Omega}$,

1km 당 절연저항 $\frac{6000}{5}=1200\,\mathrm{M\Omega}$

∴ 누설 콘덕턴스

$$=\frac{1}{\text{절연저항}}=\frac{1}{1200\times10^6}=0.83\times10^{-9}\,℧/\mathrm{km}$$

정답 310 ① 311 ② 312 ③ 313 ④ 314 ③ 315 ①

Q 316

전력계통에서 전력용 콘덴서와 직렬로 연결하는 리액터로 제거되는 고조파는?

① 제5고조파　② 제4고조파
③ 제3고조파　④ 제2고조파

풀이
직렬 리액터 : 제5고조파 제거

Q 317

조상설비가 있는 1차 변전소에서 주변압기로 주로 사용되는 변압기는?

① 승압용 변압기　② 누설 변압기
③ 3권선 변압기　④ 단권 변압기

풀이
3권선 변압기 : Y － Y － △
↳ 3차(안정권선)

Q 318

전력용 콘덴서 회로에 방전코일을 설치하는 주된 목적은?

① 합성 역률의 개선
② 전원개방 시 잔류 전하를 방전시켜 인체의 위험방지
③ 콘덴서의 등가 용량 증대
④ 전압의 개선

풀이
전력용 콘덴서 Bank 구성요소
- 직렬리액터 : 제5고조파 제거
- 방전코일 : 잔류전하 방전(인체 감전사고 방지)
- 전력용 콘덴서 : 역률 개선

Q 319

소도체의 반지름이 r[m], 소도체 간의 선간거리가 d[m]인 2개의 소도체를 사용한 345kV 송전선로가 있다. 복도체의 등가 반지름은 어떻게 표현되는가?

① $\sqrt{rd}$　② $\sqrt{rd^2}$
③ $\sqrt{r^2 d}$　④ rd

풀이
등가반지름 $r_e = r^{\frac{1}{n}} \cdot d^{\frac{n-1}{n}}$ 에서 $n=2$이므로
$r_e = \sqrt{r \cdot d}$

Q 320

π형 회로의 일반회로정수에서 B는 무엇을 의미하는가?

① 저항　② 리액턴스
③ 임피던스　④ 어드미턴스

풀이
- B : 임피던스[Ω]
- C : 어드미턴스[℧]

Q 321

송전선로에서 역섬락을 방지하는 가장 유효한 방법은?

① 피뢰기를 설치한다.
② 가공지선을 설치한다.
③ 소호각을 설치한다.
④ 탑각 접지저항을 작게 한다.

풀이
매설지선
- 철탑의 접지저항값을 감소시켜 역섬락을 방지한다.
- 아연도금 철선을 사용하여 30~60cm 깊이에 30~50m 정도의 길이로 매설한다.

정답 316 ① 317 ③ 318 ② 319 ① 320 ③ 321 ④

Q 322

변전소에서 수용가에 공급되는 전력을 끊고 소내 기기를 점검할 필요가 있을 경우와 점검이 끝난 후 차단기와 단로기를 개폐시키는 동작을 설명한 것으로 옳은 것은?

① 점검 시에는 차단기로 부하회로를 끊고 단로기를 열어야 하며, 점검 후에는 차단기로 부하회로를 연결한 후 단로기를 넣어야 한다.
② 점검 시에는 단로기를 열고 난 후 차단기를 열어야 하며, 점검 후에는 단로기를 넣고 난 다음에 차단기로 부하회로를 연결하여야 한다.
③ 점검 시에는 단로기를 열고 난 후 차단기를 열어야 하며, 점검히 끝난 경우에는 차단기를 부하에 연결한 다음에 단로기를 넣어야 한다.
④ 점검 시에는 차단기로 부하회로를 끊고 난 다음에 단로기를 열어야 하며, 점검 후에는 단로기를 넣은 후 차단기를 넣어야 한다.

풀이

- 정전 시 조작 순서 : 차단기 개방 → 단로기 개로
- 급전 시 조작 순서 : 단로기 폐로 → 차단기 투입

Q 323

길이가 35km인 단상 2선식 전선로의 유도리액턴스는 약 몇 Ω인가? (단, 전선로의 단위길이당 인덕턴스는 1.3mH/km/선이고, 주파수는 60Hz이다.)

① 17.6　　② 26.5
③ 34.3　　④ 68.5

풀이

$X_L = \omega L \cdot l$
$= 2\pi \times 60 \times 1.3 \times 10^{-3} \times 2 \times 35$
$= 34.3\Omega$

Q 324

직접접지방식을 다른 접지방식에 비교하였을 때 틀린 것은?

① 통신선에 미치는 유도장해가 최소이다.
② 기기의 절연수준 저감이 가능하다.
③ 보호계전기의 동작이 확실하여 신뢰도가 높다.
④ 접지고장 시 건전상의 이상전압이 최저이다.

풀이

직접접지방식 특징
- 장점 : 전위상승 최소, 변압기 단절연 가능, 계전기 동작 신속 확실
- 단점 : 지락전류 최대, 유도장해 최대, 안정도가 나쁘다.

Q 325

유입차단기에 대한 설명으로 틀린 것은?

① 기름이 분해하여 발생되는 가스의 주성분은 수소가스이다.
② 붓싱 변류기를 사용할 수 없다.
③ 기름이 분해하여 발생된 가스는 냉각작용을 한다.
④ 보통 상태의 공기 중에서보다 소호능력이 크다.

풀이

유입차단기 특징
- 공기보다 소호능력이 크다.
- 방음설비가 필요 없다.
- 붓싱형 변류기를 사용할 수 있다.
- 보수가 어렵다.

Q 326

유도장해의 방지책으로 차폐선을 이용하면 유도전압을 몇 % 정도 줄일 수 있는가?

① 30~50　　② 60~70
③ 80~90　　④ 90~100

정답 322 ④ 323 ③ 324 ① 325 ② 326 ①

Q 327

저압 네트워크 배전방식에 대한 설명으로 틀린 것은?

① 전압강하가 적다.
② 부하밀도가 적은 곳에 유용하다.
③ 무정전 공급의 신뢰도가 높다.
④ 부하의 증가에 대한 적응성이 크다.

풀이

네트워크 배전방식
(1) 단점
- 인축접지사고가 많다.
- 고장 시 고장전류가 역류한다.

(2) 장점
- 무정전 공급 가능
- 신뢰성 우수
- 전압강하 및 전력손실이 적다.
- 부하 증가에 대한 적응성이 크다.

Q 328

전주 사이의 경간이 80m인 가공 전선로에서 전선 1m의 하중이 0.37kgf, 전선의 이도(dip)가 0.8m이라면 전선의 수평장력은 몇 kgf인가?

① 330　② 350
③ 370　④ 390

풀이

$D=\dfrac{WS^2}{8T}$ 에서

$T=\dfrac{WS^2}{8D}=\dfrac{0.37\times 80^2}{8\times 0.8}=370\text{kg}$

Q 329

송전단 전압이 3300V, 수전단 전압이 3000V인 3상 배전선에서 부하전력이 1200kW, 역률이 0.9일 때 선로 저항은 약 몇 Ω인가? (단, 선로의 리액턴스는 무시한다.)

① 0.68　② 0.75
③ 0.83　④ 0.95

풀이

전압강하 $e=V_s-V_r=\dfrac{P}{V}(R+X\tan\theta)$ 에서

$X\tan\theta \fallingdotseq 0,\ e=3300-3000=300$

$300=\dfrac{1200\times 10^3}{3000}\times R$

$R=\dfrac{300\times 3000}{1200\times 10^3}=0.75\,\Omega$

Q 330

설비 A가 150kW, 수용률 0.5, 설비 B가 250kW, 수용률 0.8일 때 합성 최대전력이 235kW이면 부등률은 약 얼마인가?

① 1.10　② 1.13
③ 1.17　④ 1.22

풀이

$\text{부등률}=\dfrac{\sum(\text{설비용량}\times\text{수용률})}{\text{합성 최대전력}}$

$=\dfrac{(150\times 0.5+250\times 0.8)}{235}=1.17$

Q 331

피뢰기의 제한전압이란?

① 상용주파수의 방전개시전압
② 충격파의 방전개시전압
③ 충격방전 종료 후 전력계통으로부터 피뢰기에 사용주파전류가 흐르고 있는 동안의 피뢰기 단자전압
④ 충격방전전류가 흐르고 있는 동안의 피뢰기의 단자전압의 파고값

풀이

피뢰기 제한전압 : 피뢰기 동작 중 양단자 사이 전압

정답 327 ② 328 ③ 329 ② 330 ③ 331 ④

Q 332

송전선로를 연가하는 주된 목적은?

① 페란티효과의 방지 ② 직격뢰의 방지
③ 선로정수의 평형 ④ 유도뢰의 방지

풀이

연가의 효과
- 직렬 공진의 방지
- 통신선의 유도장해 감소
- 선로정수의 평형

Q 333

송전선에 낙뢰가 가해져서 애자에 섬락이 생기면 아크가 생겨 애자가 손상되는 경우가 있다. 이것을 방지하기 위하여 사용되는 것은?

① 댐퍼
② 아아모로드(armour rod)
③ 가공지선
④ 아킹혼(arcing horn)

풀이

소호환(아킹링), 소호각(아킹혼) : 뇌로부터 애자련 보호 애자련의 전압 분담 균일화

Q 334

지중 케이블에서 고장점을 찾는 방법이 아닌 것은?

① 머리 루프(Murray loop) 시험기에 의한 방법
② 메거(Megger)에 의한 측정 방법
③ 수색 코일(Search coil)에 의한 방법
④ 펄스에 의한 측정법

풀이

메거 : 절연저항 측정

Q 335

전력선 1선의 대지전압을 E, 통신선의 대지정전용량을 C_b, 전력선과 통신선 사이의 상호정전용량을 C_{ab} 라고 하면 통신선의 정전유도전압은?

① $\dfrac{C_{ab}+C_b}{C_b}\cdot E$

② $\dfrac{C_{ab}+C_b}{C_{ab}}\cdot E$

③ $\dfrac{C_b}{C_{ab}+C_b}\cdot E$

④ $\dfrac{C_{ab}}{C_{ab}+C_b}\cdot E$

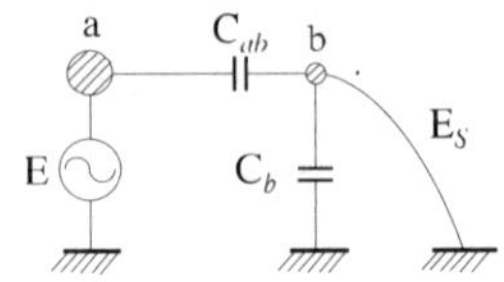

풀이

$$E_s = \frac{\text{상호정전용량}}{\text{대지정전용량}+\text{상호정전용량}}\times \text{대지전압}$$

Q 336

수소냉각발전기에 대한 설명 중 옳지 않은 것은?

① 풍손이 감소하고 발전기 효율이 상승한다.
② 수소는 열전도가 크고 냉각효과가 높다.
③ 수소는 공기보다 코로나 발생전압이 낮다.
④ 발전기는 전폐형으로 습기의 침입이 적다.

풀이

코로나 임계전압이 증가한다.

Q 337

피뢰기의 구비조건으로 적합하지 않은 것은?

① 충격방전 개시전압이 높을 것
② 상용주파 방전개시전압이 높을 것
③ 속류의 차단능력이 충분할 것
④ 방전내량이 크고, 제한전압이 낮을 것

풀이

충격방전 개시전압은 낮을수록 좋다.

정답 332 ③ 333 ④ 334 ② 335 ④ 336 ③ 337 ①

Q 338

송전계통에서 지락보호계전기의 동작이 가장 확실한 접지방식은?

① 직접접지방식 ② 비접지방식
③ 고저항접지방식 ④ 소호리액터접지방식

풀이

직접접지방식 특징
- 장점 : 전위상승 최소, 변압기 단절연 가능, 계전기 동작 신속 확실
- 단점 : 지락전류 최대, 유도장해 최대, 안정도가 나쁘다.

Q 339

송전선에 복도체를 사용하는 경우, 같은 단면적의 단도체를 사용하는 것에 비하여 우수한 점으로 알맞은 것은?

① 전선의 코로나 개시전압은 변화가 없다.
② 전선의 인덕턴스와 정전용량은 감소한다.
③ 전선 표면의 전위 경도가 증가한다.
④ 송전용량과 안정도가 증대된다.

풀이

복도체 : 코로나가 방지되며, L 감소, C 증가, 송전용량 증가, 전위경도 감소, 임계전압 증가, 안정도 증가

Q 340

전선지지점에 고저차가 없는 경우 경간 300m인 송전선로가 있다. 이도를 10m로 유지할 경우 지지점 간의 전선 길이는 약 몇 m인가?

① 300.0 ② 300.3
③ 300.6 ④ 300.9

풀이

$$L = S + \frac{8D^2}{3S} = 300 + \frac{8 \times 10^2}{3 \times 300} \fallingdotseq 300.9$$

Q 341

변전소 구내의 지표면에 자갈을 포설하는 이유는?

① 배수를 쉽게 하기 위해서
② 변전소 미관을 위해서
③ 잡초 억제를 위해서
④ 보폭전압을 저감하기 위해서

풀이

보폭전압 저감방법
- 접지선을 깊게 매설
- 자갈 포설
- 메시접지방식 채택
- 철구 등의 보호장치

Q 342

단선고장 시의 이상전압이 가장 큰 접지방식은? (단, 비공진 탭이나 2회선을 사용하지 않은 경우이다.)

① 비접지식 ② 직접접지식
③ 소호리액터접지식 ④ 고저항접지식

풀이

소호리액터접지방식은 지락전류는 가장 작고 이상전압은 가장 크다.

Q 343

코로나 방지에 가장 효과적인 방법은?

① 전선의 바깥지름을 크게 한다.
② 선간거리를 증가시킨다.
③ 선로절연을 강화한다.
④ 선로의 높이를 가급적 낮춘다.

풀이

코로나 방지대책
- 전선의 지름을 크게 한다.
- 복도체를 사용한다.
- 가선 금구를 개량한다.

선간 거리를 증가시키려면 철탑을 보강하여야 하므로 경제적 측면에서 부적당하다.

정답 338 ① 339 ④ 340 ④ 341 ④ 342 ③ 343 ①

Q 344

1선지락 시 전압상승을 상규대지 전압의 1.3배 이하로 억제하기 위한 유효접지에서는 다음과 같은 조건을 만족하여야 한다. 옳은 것은? (단, R_0 : 영상저항, X_0 : 영상리액턴스, X_1 : 정상리액턴스이다.)

① $\frac{R_0}{X_1} \leq 1,\ 0 \geq \frac{X_0}{X_1} \geq -3$

② $\frac{R_0}{X_1} \geq 1,\ 0 \geq \frac{X_0}{X_1} \geq -3$

③ $\frac{R_0}{X_1} \leq 1,\ 0 \leq \frac{X_0}{X_1} \leq 3$

④ $\frac{R_0}{X_1} \geq 1,\ 0 \leq \frac{X_0}{X_1} \leq 3$

풀이

유효접지조건 : $R_0 \leqq X_1$

$X_0 \leqq 3X_1$

Q 345

송전선로의 단락보호계전방식이 아닌 것은?

① 과전류계전방식 ② 방향단락계전방식
③ 거리계전방식 ④ 과전압계전방식

풀이

단락사고 시에 전압은 낮아지므로 과전압 계전기로 보호할 수 없다.

Q 346

부하가 말단에만 집중되어 있는 3상 배전선로의 선간 전압강하가 866V, 1선당의 저항이 10Ω, 리액턴스가 20Ω, 부하역률이 80%(지상)인 경우 부하전류(또는 선로전류)는 약 몇 A인가?

① 25 ② 50
③ 75 ④ 125

풀이

$e = \sqrt{3}\,I(R\cos\theta + X\sin\theta)$에서

$$I = \frac{866}{\sqrt{3}\,(10\times0.8 + 20\times0.6)} = 25\text{A}$$

Q 347

인터록(interlock)의 설명으로 옳은 것은?

① 차단기가 열려 있어야만 단로기를 닫을 수 있다.
② 차단기가 닫혀 있어야만 단로기를 닫을 수 있다.
③ 차단기가 열려 있으면 단로기가 닫히고, 단로기가 열려 있으면 차단기가 닫힌다.
④ 차단기의 접점과 단로기의 접점이 기계적으로 연결되어 있다.

풀이

인터록 : 차단기가 열려 있어야 단로기 조작가능

Q 348

3상3선식 송전선로 1선 1km의 임피던스를 z, 어드미턴스를 y라 하면 특성 임피던스는?

① $\sqrt{\frac{y}{z}}$ ② $\sqrt{\frac{z}{y}}$
③ $\sqrt{zy}$ ④ $\sqrt{z+y}$

풀이

특성 임피던스 : 병렬어드미턴스에 대한 직렬임피던스 비

Q 349

송전선로의 안정도를 증진시키는 방법이 아닌 것은?

① 선로의 회선수 감소
② 재폐로방식의 채용
③ 속응여자방식의 채용
④ 리액턴스 감소

정답 344 ③ 345 ④ 346 ① 347 ① 348 ② 349 ①

풀이

안정도 향상대책

계통의 직렬 리액턴스 작게	발전기, 변압기리액턴스 작게
	단락비 크게
	복도체 및 다회선 방식채용
	직렬 콘덴서 설치
전압 변동을 작게	속응여자방식(AVR) 채용
	계통을 연계
	중간조상방식 채용
계통에 주는 충격을 작게	중성점접지방식 채용
	고속차단방식 채용
	재폐로방식 채용
고장 시 전력변동의 억제	조속기동작을 신속
	제동저항기 설치

Q 350

옥내배선에서 생기는 전압강하의 허용범위를 정할 때 고려하지 아니하여도 되는 사항은?

① 부하로 사용하는 기계기구가 정상 작동될 수 있도록 한다.
② 부하의 이용률을 높이도록 한다.
③ 배선에서 생기는 전력손실을 최소화하도록 한다.
④ 각 부하에 걸리는 전압이 가능한 한 균일하게 유지되도록 한다.

풀이

부하의 이용률은 변압기 용량과 관계

Q 351

연가를 하는 주된 목적은?

① 미관상 필요
② 선로정수의 평형
③ 전압강하 방지
④ 전선로의 비틀림 방지

풀이

연가의 효과

- 직렬 공진의 방지
- 통신선의 유도장해 감소
- 선로정수의 평형

Q 352

어떤 건물의 총 설비용량이 850kW 부등률이 1.2, 수용률이 60%일 때, 이 설비에 이용되는 변압기 용량은 최저 약 몇 kVA 이상이어야 하는가? (단, 역률은 90% 이상 유지되어야 한다.)

① 395　　② 433
③ 473　　④ 555

풀이

변압기 용량

$$= \frac{\text{설비용량} \times \text{수용률}}{\text{부등률} \times \text{역률}} = \frac{850 \times 0.6}{1.2 \times 0.9} \fallingdotseq 473\text{kVA}$$

Q 353

공기차단기에 비해 SF_6 가스차단기의 특징으로 볼 수 없는 것은?

① 절연내력이 공기의 2~3배이다.
② 밀폐구조이므로 소음이 없다.
③ 소전류 차단 시 이상전압이 높다.
④ 아크에 SF_6 가스는 부해되지 않고 무독성이다.

풀이

대전류 및 소전류 차단 시 이상전압이 낮다.

Q 354

다음 중 조상설비가 아닌 것은?

① 동기 조상기
② 진상 콘덴서
③ 상순 표시기
④ 분로 리액터

정답 350 ② 351 ② 352 ③ 353 ③ 354 ③

Q 355

송전선로에서 단선고장 시 이상전압이 가장 큰 접지방식은?

① 비접지방식
② 직접접지방식
③ 소호리액터 접지방식
④ 저항접지방식

풀이

소호리액터접지 : 단선사고 시 전위상승 최대(직렬 공진), 지락전류와 유도장해는 최소

* 항상 직접접지와 반대로 생각할 것

Q 356

그림과 같은 3상 발전기가 있다. a상이 지락한 경우 지락전류는 어떻게 표현되는가? (단, Z_0 : 영상임피던스, Z_1 : 정상임피던스, Z_2 : 역상임피던스이다.)

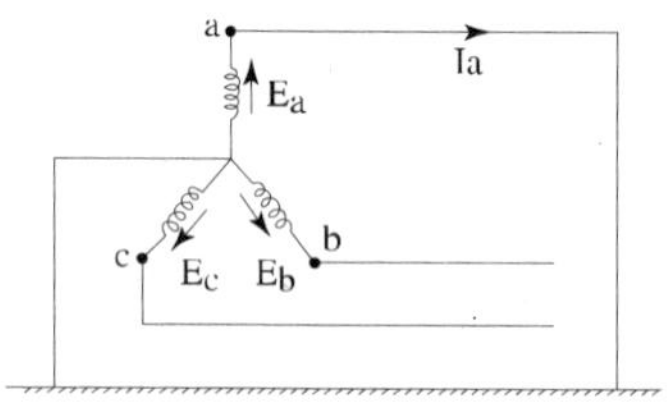

① $\dfrac{E_a}{Z_0+Z_1+Z_2}$　② $\dfrac{3E_a}{Z_0+Z_1+Z_2}$

③ $\dfrac{-Z_0E_a}{Z_0+Z_1+Z_2}$　④ $\dfrac{2Z_2E_a}{Z_1+Z_2}$

풀이

대칭 좌표법과 발전기의 기본식을 이용하여 풀면

$$I_0=I_1=I_2=\frac{E_a}{Z_0+Z_1+Z_2}$$

$$I_a=I_0+I_1+I_2=3I_0=\frac{3E_a}{Z_0+Z_1+Z_2}$$

Q 357

분산부하의 배전선로에서 선로의 전력손실은?

① 전압강하에 비례한다.
② 전압강하에 반비례한다.
③ 전압강하의 제곱에 비례한다.
④ 전압강하의 제곱에 반비례한다.

풀이

전압강하는 전류에 비례, 전력 손실은 전류 제곱에 비례이므로 $P_l \propto e^2$

Q 358

송전선로에서 연가를 하는 주된 목적은?

① 유도뢰의 방지　② 직격뢰의 방지
③ 선로의 미관상　④ 선로정수의 평형

풀이

연가의 효과

- 직렬 공진의 방지
- 통신선의 유도장해 감소
- 선로정수의 평형

Q 359

다음 중 플리커 예방을 위한 수용가 측의 대책이 아닌 것은?

① 공급 전압을 승압한다.
② 전원계통에 리액터분을 보상한다.
③ 전압 강하를 보상한다.
④ 부하의 무효전력 변동분을 흡수한다.

풀이

플리커 경감대책

- 전력공급 측 : 공급전압 승압, 단락용량이 큰 계통에서 공급, 전용 변압기로 공급
- 수용가 측 : 전압강하 보상, 리액터 보상, 부하의 무효전력 변동분을 흡수

정답 355 ③ 356 ② 357 ③ 358 ④ 359 ①

Q 360

총 단면적이 같은 경우 단도체와 비교해 볼 때 복도체의 이점으로 옳지 않은 것은?

① 정전용량이 증가한다.
② 안전전류가 증가한다.
③ 송전전력이 증가한다.
④ 코로나 임계전압이 낮아진다.

풀이

복도체 특징
- 코로나 방지(코로나 임계전압 증가)
- L감소, C증가
- 송전용량 증가

* 복도체 단점 : 소도체 간 흡인력 발생(방지 – 스페이서)

Q 361

피뢰기의 정격전압이란?

① 상용주파수의 방전개시전압
② 속류를 차단할 수 있는 최고의 교류전압
③ 방전을 개시할 때 단자전압의 순시값
④ 충격방전전류를 통하고 있을 때 단자전압

풀이

피뢰기의 정격 전압은 속류 차단이 되는 교류의 최고 전압을 말한다.

Q 362

전력계통의 안정도 향상대책으로 옳은 것은?

① 송전계통의 전달 리액턴스를 증가시킨다.
② 재폐로 방식을 사용한다.
③ 전원 측 원동기용 조속기의 부동시간을 크게 한다.
④ 고장을 줄이기 위하여 각 계통을 분리시킨다.

풀이

안정도 향상대책
- 직렬리액턴스를 작게 한다(단락비 크게).
- 전압 변동률을 작게 한다.
- 계통을 연계한다.
- 속응여자방식 채용
- 중간 조상방식 채용
- 고속차단 및 재폐로방식을 채택한다.

Q 363

송전거리 50km, 송전전력 5000kW일 때의 경제적인 송전전압은 몇 kV 정도로 적당한가? (단, Still의 식에 의하여 구한다.)

① 29　　② 39
③ 49　　④ 59

풀이

$$V_s = 5.5\sqrt{0.6l + \frac{P}{100}}$$

$$= 5.5\sqrt{0.6 \times 50 + \frac{5000}{100}} \fallingdotseq 49.2\text{kV}$$

Q 364

수전단을 단락한 경우 송전단에서 본 임피던스는 300Ω이고 수전단을 개방한 경우에는 1200Ω일 때 이 선로의 특성 임피던스는 몇 Ω인가?

① 300　　② 500
③ 600　　④ 800

풀이

$$Z_0 = \sqrt{\frac{Z}{Y}} = \sqrt{Z_{ss} \cdot Z_{s0}} = \sqrt{300 \times 1200} = 600\,\Omega$$

Z_{ss} : 수전단을 단락하고 송전단에서 본 임피던스
Z_{s0} : 수전단을 개방하고 송전단에서 본 임피던스

정답 360 ④ 361 ② 362 ② 363 ③ 364 ③

Q 365

정격용량 20000kVA, 임피던스 8%인 3상변압기가 2차 측에서 3상 단락되었을 때 단락용량은 몇 MVA인가?

① 160　② 200
③ 250　④ 320

풀이

$P_s = \frac{100}{\%Z}P$에서

$P_s = \frac{100}{8} \times 20000 \times 10^{-3} = 250\text{MVA}$

Q 366

전주 사이의 경간이 50m인 가공전선로에서 전선 1m의 중량이 0.37kg, 전선의 이도가 0.8m이라면 전선의 수평장력은 약 몇 kg인가?

① 80　② 120
③ 145　④ 165

풀이

$D = \frac{WS^2}{8T}$ 에서

$T = \frac{WS^2}{8D} = \frac{0.37 \times 50^2}{8 \times 0.8} \fallingdotseq 145\text{kg}$

Q 367

역률개선을 통해 얻을 수 있는 효과로 옳지 않은 것은?

① 전력손실의 경감
② 설비용량의 여유분 증가
③ 전압강하의 경감
④ 고조파 제거

풀이

역률 개선 시 효과
- 전력손실 및 전압강하 감소
- 설비용량 여유분 증가(변압기·개폐기 등의 용량 감소)
- 전기요금 절약

Q 368

정사각형으로 배치된 4도체 송전선이 있다. 소도체의 반지름이 1cm이고, 한 변의 길이가 32cm일 때, 소도체 간의 기하학적 평균거리는 몇 cm인가?

① $32 \times 2^{\frac{1}{3}}$　② $32 \times 2^{\frac{1}{4}}$
③ $32 \times 2^{\frac{1}{5}}$　④ $32 \times 2^{\frac{1}{6}}$

풀이

$d' = \sqrt[6]{2}\,d = \sqrt[6]{2} \times 32 = 32 \times 2^{\frac{1}{6}}$

Q 369

전력선에 의한 통신선로의 전자유도 장해의 발생 요인은 주로 무엇 때문인가?

① 영상전류가 흘러서
② 부하전류가 크므로
③ 전력선의 교차가 불충분하여
④ 상호 정전용량이 크므로

풀이

- 전자유도 장해 : 상호인덕턴스(M), 영상전류(I_0)
- 정전유도 장해 : 선간정전용량(C_m), 영상전압(V_0)

Q 370

이상전압의 발생 우려가 가장 적은 중성점 접지방식은?

① 저항접지방식　② 소호리액터접지방식
③ 직접접지방식　④ 비접지방식

풀이

직접접지방식 특징
- 장점 : 전위상승 최소, 변압기 단절연 가능, 계전기 동작 신속 확실
- 단점 : 지락전류 최대, 유도장해 최대, 안정도가 나쁘다.

정답 365 ③　366 ③　367 ④　368 ④　369 ①　370 ③

Q 371

부하의 선간전압 3300V, 피상전력 330kVA, 역률 0.7인 3상 부하가 있다. 부하의 역률을 0.85로 개선하는 데 필요한 전력용 콘덴서의 용량은 약 몇 kVA인가?

① 63　　② 73
③ 83　　④ 93

풀이

$$Q_c = P(\tan\theta_1 - \tan\theta_2)$$
$$= 330 \times 0.7\left(\frac{\sqrt{1-0.7^2}}{0.7} - \frac{\sqrt{1-0.85^2}}{0.85}\right)$$
$$= 92.5\text{kVA}$$

Q 372

송전선로의 코로나 손실을 나타내는 Peek식에서 E_0에 해당하는 것은? (단, Peek식 $P = \frac{241}{\delta}(f+25)\sqrt{\frac{d}{2D}}(E-E_0)^2 \times 10^{-5}$ kW/km/선이다.)

① 코로나 임계전압
② 전선에 걸리는 대지전압
③ 송전단 전압
④ 기준충격 절연강도 전압

풀이

δ : 상대공기 밀도, f : 주파수, d : 전선 직경, D : 선간거리, E : 대지전압, E_0 : 코로나 임계전압

Q 373

고압배전선로의 선간전압을 3300V에서 5700V로 승압하는 경우, 같은 전선으로 전력손실을 같게 한다면 약 몇 배의 전력을 공급할 수 있겠는가?

① 1.5　　② 2
③ 3　　④ 4

풀이

$P \propto V^2$에서 $P = \left(\frac{5700}{3300}\right)^2 = 3$

Q 374

전송전력이 400MW, 송전거리가 200km인 경우의 경제적인 송전전압은 약 몇 kV인가? (단, Still의 식에 의하여 산정한다.)

① 57　　② 173
③ 353　　④ 645

풀이

$$V_s = 5.5\sqrt{0.6\ell + \frac{P}{100}}$$
$$= 5.5\sqrt{0.6 \times 200 + \frac{400 \times 10^3}{100}} = 353\text{kV}$$

Q 375

송전계통의 안정도 증진방법에 대한 설명으로 옳지 않은 것은?

① 고장 시 발전기 입·출력의 불평형을 작게 한다.
② 전압변동을 작게 한다.
③ 고장전류를 줄이고 고장구간을 신속하게 차단한다.
④ 직렬리액턴스를 크게 한다.

풀이

안정도 향상대책
- 직렬리액턴스를 작게 한다(단락비 크게).
- 전압변동률을 작게 한다.
- 계통을 연계한다.
- 속응여자방식 채용
- 중간 조상방식 채용
- 고속차단 및 재폐로방식을 채택한다.

정답 371 ④ 372 ① 373 ③ 374 ③ 375 ④

Q 376

전력용 콘덴서에 직렬로 콘덴서 용량의 5% 정도의 유도리액턴스를 삽입하는 목적은?

① 제3고조파를 제거시키기 위하여
② 제5고조파를 제거시키기 위하여
③ 이상전압의 발생을 방지하기 위하여
④ 정전용량을 조절하기 위하여

풀이

직렬리액터 : 제5고조파 제거 → $5\omega L = \frac{1}{5\omega C}$, $10\pi f L = \frac{1}{10\pi f C}$

Q 377

전력선과 통신선과의 상호인덕턴스에 의하여 발생되는 유도장해는?

① 전력유도장해 ② 고조파 유도장해
③ 전자유도장해 ④ 정전유도장해

풀이

- 전자유도장해 : 상호인덕턴스(M), 영상전류(I_0)
- 정전유도장해 : 선간정전용량(C_m), 영상전압(V_0)

Q 378

압축된 공기를 아크에 불어 넣어서 차단하는 차단기는?

① ABB ② MBB
③ VCB ④ ACB

풀이

- ABB(공기차단기) : 압축공기로 차단
- MBB(자기차단기) : 전자력을 이용
- VCB(진공차단기) : 진공을 이용
- ACB(기중차단기) : 대기상태를 이용

Q 379

3상3선식 배전선로서 역률이 0.8(지상)인 3상 평형 부하 40kW를 연결했을 때 전압 강하는 약 몇 V인가? (단, 부하의 전압은 200V, 전선 1조의 저항은 0.02Ω이고, 리액턴스는 무시한다.)

① 2 ② 3
③ 4 ④ 5

풀이

전압강하 $e = \frac{P}{V}(R + X\tan\theta)$에서

$X \cdot \tan\theta = 0$이므로 $e = \frac{40 \times 10^3}{200} = 0.02 = 4\text{V}$

Q 380

계통의 기기 절연을 표준화하고 통일된 절연체계를 구성하는 목적으로 절연계급을 설정하고 있다. 이 절연계급에 해당하는 내용을 무엇이라 부르는가?

① 제한전압 ② 기준충격절연강도
③ 상용주파 내전압 ④ 보호계전

Q 381

송전단 전압 161kV, 수전단 전압 154kV, 상차각 60도, 리액턴스 45Ω일 때 선로손실을 무시하면 전송전력은 약 몇 MW인가?

① 397 ② 477
③ 563 ④ 624

풀이

$P = \frac{E_s E_r}{X}\sin\delta = \frac{161 \times 154}{45} \times \sin 60^\circ = 477\text{MW}$

정답 376 ② 377 ③ 378 ① 379 ③ 380 ② 381 ②

Q 382

중거리 송전선로의 T형 회로에서 송전단 전류 I_s는? (단, Z, Y는 선로의 직렬임피던스와 병렬어드미턴스이고, E_r은 수전단 전압, I_r은 수전단 전류이다.)

① $I_r\left(1+\frac{Z\cdot Y}{2}\right)+Y\cdot E_r$

② $E_r\left(1+\frac{Z\cdot Y}{2}\right)+Z\cdot I_r\left(1+\frac{Z\cdot Y}{4}\right)$

③ $E_r\left(1+\frac{Z\cdot Y}{2}\right)+Z\cdot I_r$

④ $I_r\left(1+\frac{Z\cdot Y}{2}\right)+Y\cdot E_r\left(1+\frac{Z\cdot Y}{4}\right)$

풀이

T형 회로 $\begin{bmatrix} 1+\frac{ZY}{2} & Z\left(1+\frac{ZY}{4}\right) \\ Y & 1+\frac{ZY}{2} \end{bmatrix}$에서

$I_s = CE_r + DI_r$

$I_s = Y\cdot E_r + \left(1+\frac{ZY}{2}\right)I_r$

Q 383

소호 원리에 따른 차단기의 종류 중에서 소호실에서 아크에 의한 절연유 분해 가스의 흡부력(흡부력)을 이용하여 차단하는 것은?

① 유입차단기 ② 기중차단기
③ 자기차단기 ④ 가스차단기

Q 384

가공왕복선 배치에서 지름이 d[m]이고 선간거리가 D[m]인 선로 한 가닥의 작용 인덕턴스는 몇 mH/km인가? (단, 선로의 투자율은 1 이라 한다.)

① $0.5+0.4605\log_{10}\frac{D}{d}$

② $0.05+0.4605\log_{10}\frac{D}{d}$

③ $0.5+0.4605\log_{10}\frac{2D}{d}$

④ $0.05+0.4605\log_{10}\frac{2D}{d}$

풀이

$L=0.05+0.4605\log_{10}\frac{D}{r}=0.05+0.4605\log_{10}\frac{D}{\left(\frac{d}{2}\right)}$

Q 385

3상 수직배치인 선로에서 오프셋을 주는 이유로 가장 알맞은 것은?

① 단락 방지
② 철탑 중량 감소
③ 난조 방지
④ 유도장해 감소

풀이

상·하선 간 절연간격을 유지하여 단락사고(혼촉사고) 방지

Q 386

단상승압기 1대를 사용하여 승압할 경우 승압 전의 전압을 E_1이라 하면, 승압 후의 전압 E_2는 어떻게 되는가? (단, 승압기의 변압비는 $\frac{\text{전원 측전압}}{\text{부하 측전압}}=\frac{e_1}{e_2}$이다.)

① $E_2=E_1+\frac{e_1}{e_2}E_1$

② $E_2=E_1+e_2$

③ $E_2=E_1+\frac{e_2}{e_1}E_1$

④ $E_2=E_1+e_1$

정답 382 ① 383 ① 384 ④ 385 ① 386 ③

Q 387

연간 최대수용전력이 70kW, 75kW, 85kW, 100kW인 4개의 수용가를 합성한 연간 최대 수용전력이 250kW이다. 이 수용가의 부등률은 얼마인가?

① 1.11　　② 1.32
③ 1.38　　④ 1.43

풀이

$$\text{부등률} = \frac{\sum(\text{설비용량} \times \text{수용률})}{\text{합성 최대전력}} = \frac{70+75+85+100}{250} = 1.32$$

Q 388

다음 중 지락전류의 크기가 최소인 중성점 접지방식은?

① 비접지방식　　② 소호리액터접지방식
③ 직접접지방식　　④ 고저항접지방식

풀이

소호리액터접지 : 단선사고 시 전위상승 최대(직렬 공진), 지락전류와 유도장해는 최소

* 항상 직접접지와 반대로 생각할 것

Q 389

총 설비부하가 120kW, 수용률이 65%, 부하 역률이 80%인 수용가에 공급하기 위한 변압기의 최소용량은 약 몇 kVA인가?

① 40　　② 60
③ 80　　④ 100

풀이

변압기 최소용량[kVA]

$$= \frac{\text{설비용량} \times \text{수용률}}{\text{부하역률}} = \frac{120 \times 0.65}{0.8} = 97.5\text{kVA}$$

Q 390

저항 2Ω, 유도리액턴스 10Ω의 단상 2선식 배전선로의 전압강하를 보상하기 위하여 용량 리액턴스 5Ω의 콘덴서를 삽입하였을 때 부하단 전압은 몇 V인가? (단, 전원은 7000V, 부하전류 200A, 역률은 0.8(뒤짐)이다.)

① 6080　　② 7000
③ 7080　　④ 8080

풀이

$$V_r = V_s - e = V_s - I(R\cos\theta + X\sin\theta)$$
$$= 7000 - 200(2 \times 0.8 + (10-5) \times 0.6) = 6080\text{V}$$

Q 391

보호계전기에서 동작전류가 적은 동안에는 동작전류가 커질수록 동작시간이 짧게 되고, 그 이상이면 동작전류의 크기에 관계없이 일정한 시간에서 동작하는 특성을 무슨 특성이라 하는가?

① 정한시성 특성
② 반한시성 특성
③ 순한시성 특성
④ 반한시성 정한시성 특성

풀이

반한시성 특성 : 동작전류와 시간이 반대이다.

Q 392

다음 중 동일전력을 수송할 때 다른 조건은 그대로 두고 역률을 개선한 경우의 효과로 옳지 않은 것은?

① 선로변압기 등의 저항손이 역률의 제곱에 반비례하여 감소한다.
② 변압기, 개폐기 등의 소요 용량은 역률에 비례하여 감소한다.
③ 선로의 송전용량이 그 허용전류에 의하여 제한될 때는 선로의 송전 용량도 증가한다.
④ 전압 강하는 $1 + \frac{X}{R}\tan\theta$에 비례하여 감소한다.

정답 387 ② 388 ② 389 ④ 390 ① 391 ④ 392 ②

풀이
변압기 용량은 역률에 반비례하여 감소한다.

Q 393

전선에서 전류의 밀도가 도선의 중심으로 들어갈수록 작아지는 현상은?

① 페란티효과 ② 표피효과
③ 근접효과 ④ 접지효과

풀이
표피효과 : 교류에서 전류가 도체 표면에 집중적으로 흐르는 현상
* 주파수, 굵기, 전압이 클수록 크다.

Q 394

다음 중 송전선로의 안정도 향상대책으로 적합하지 않은 것은?

① 계통의 전달 리액턴스를 증가시킨다.
② 계통의 전압변동을 작게 한다.
③ 계통에 주는 충격을 작게 한다.
④ 고장 시 발전기 입·출력의 불평형을 작게 한다.

풀이
안정도 향상대책
- 직렬리액턴스를 작게 한다.(단락비 크게)
- 전압변동률을 작게 한다.
- 계통을 연계한다.
- 속응여자방식 채용
- 중간조상방식 채용
- 고속차단 및 재폐로방식을 채택한다.

Q 395

전원이 양단에 있는 방사상 송전선로의 단락보호에 사용되는 계전기의 조합방식은?

① 방향거리계전기와 과전압계전기의 조합
② 방향단락계전기와 과전류계전기의 조합
③ 선택접지계전기와 과전류계전기의 조합
④ 부족전류계전기와 과전압계전기의 조합

풀이
- 전원이 2군데 이상 환상선로의 단락보호 : 방향 거리계전기(DZ)
- 전원이 2군데 이상 방사선로의 단락보호 : 방향 단락계전기(DS)와 과전류계전기(OC)를 조합

Q 396

전원으로부터의 합성임피던스가 0.5%(15000 kVA 기준)인 곳에 설치하는 차단기 용량은 몇 MVA 이상이어야 하는가?

① 2000 ② 2500
③ 3000 ④ 3500

풀이
$$P_s = \frac{100}{\%Z}P = \frac{100}{0.5}\times 15000\times 10^{-3} = 3000\text{MVA}$$

Q 397

송전선로의 중성점을 접지하는 목적으로 가장 옳은 것은?

① 전선 동량의 절약 ② 전압강하의 감소
③ 유도장해의 감소 ④ 이상전압의 방지

풀이
중성점 접지의 목적
- 이상전압의 경감 및 방지
- 보호계전기의 신속 확실한 동작
- 선로 및 기기의 절연비용 경감

Q 398

다음 중 배전계통에서 전력용 콘덴서를 설치하는 목적은?

① 기기의 보호 ② 전력손실의 감소
③ 이상전압 방지 ④ 안정도 향상

풀이
전력용 콘덴서 : 역률 개선시켜 전력손실 감소
$$P_l = \frac{1}{\cos^2\theta}$$

정답 393 ② 394 ① 395 ② 396 ③ 397 ④ 398 ②

Q 399

66kV 송전계통에서 3상 단락고장이 발생하였을 경우 고장점에서 본 등가 정상임피던스가 100MVA 기준으로 25%라고 하면 고장 피상전력은 몇 MVA가 되는가?

① 250 ② 300
③ 400 ④ 500

풀이

$P_s = \frac{100}{\%Z} \times P = \frac{100}{25} \times 100 = 400\text{MVA}$

Q 400

다음 중 가스차단기(GCB)의 보호장치가 아닌 것은?

① 가스압력계 ② 가스밀도검출계
③ 조작압력계 ④ 가스성분표시계

풀이

가스차단기의 보호장치 : 가스압력계, 조작압력계, 가스밀도검출계

Q 401

지락고장 시의 이상전압이 최저인 접지방식은?

① 소호리액터 접지식 ② 비접지식
③ 고저항접지식 ④ 직접접지식

풀이

직접접지방식 특징

- 장점 : 전위상승 최소, 변압기 단절연 가능, 계전기 동작 신속 확실
- 단점 : 지락전류 최대, 유도장해 최대, 안정도가 나쁘다.

Q 402

수전용 변전설비의 1차 측에 설치하는 차단기의 용량은 어느 것에 의하여 정하는가?

① 수전전력과 부하율
② 수전계약용량
③ 공급 측 전원의 단락용량
④ 부하설비용량

풀이

단락용량 $P_s = \frac{100}{\%Z} \times P_n$이 차단기 최소용량이다.

Q 403

송전선로는 장시간 연속 사용할 경우에 전선 접속 장소의 열화 등을 고려해서 허용 온도를 억제하고 있다. 다음 중 전선의 연속 사용 최고 온도로 가장 적절한 것은?

① 90℃ ② 120℃
③ 150℃ ④ 200℃

Q 404

보호계전기의 필요한 특성으로 옳지 않은 것은?

① 소비전력이 적고 내구성이 있을 것
② 고장구간의 선택차단을 정확히 행할 것
③ 적당한 후비보호능력을 가질 것
④ 동작은 느리지만 감도가 확실할 것

풀이

보호계전기 구비조건

- 고장개소, 정도, 위치를 정확히 파악할 것
- 소비전력이 작을 것
- 후비보호능력이 있을 것
- 동작이 예민하고 오동작이 없을 것

정답 399 ③ 400 ④ 401 ④ 402 ③ 403 ① 404 ④

Q 405

송전계통에 복도체가 사용되는 주된 목적은?

① 전력손실을 경감시키기 위하여
② 역률을 개선시키기 위하여
③ 선로정수를 평형시키기 위하여
④ 코로나를 방지하기 위하여

풀이

복도체 특징 : 코로나 방지, L감소, C증가, 송전용량 증가

Q 406

초고압용 차단기에서 개폐저항을 사용하는 이유는?

① 차단전류 감소 ② 이상전압 감쇄
③ 차단속도 증진 ④ 차단전류의 역률개선

풀이

개폐 서지를 억제시켜 이상전압을 방지한다.

Q 407

배전선에서 균등하게 분포된 부하일 경우 배전선 말단의 전압 강하는 모든 부하가 배전선의 어느 지점에 집중되어 있을 때의 전압 강하와 같은가?

① $\frac{1}{5}$ ② $\frac{2}{3}$
③ $\frac{1}{2}$ ④ $\frac{1}{3}$

풀이

부하별 전압강하와 전력손실

	전압강하	전력손실
말단 집중부하	$e = IR$	$P_l = I^2 R$
평등 분산부하	$e' = \frac{1}{2}e$	$P_l' = \frac{1}{3}P_l$
송전단일수록 커지는 분산부하	$e' = \frac{1}{3}e$	$P_l' = \frac{1}{5}P_l$

Q 408

비접지식 송전선로에서 1선지락 고장이 생겼을 경우 지락점에 흐르는 전류는?

① 직류전류이다.
② 고장지점의 영상전압보다 90도 빠른 전류이다.
③ 고장지점의 영상전압보다 90도 늦은 전류이다.
④ 고장지점의 영상전압과 동상의 전류이다.

풀이

비접지식 $I_g = \sqrt{3}\omega C_s \cdot V \cdot l$에서 대지정전용량($C_s$)을 통하므로 진상전류이다.

Q 409

T형 회로에서 4단자 정수 A는? (단, Z는 선로의 직렬 임피던스, Y는 선로의 병렬어드미턴스이다.)

① Z ② Y
③ $1+\frac{ZY}{2}$ ④ $Z\left(1+\frac{ZY}{4}\right)$

풀이

$A = D = 1+\frac{ZY}{2}$, $B = Z\left(1+\frac{ZY}{4}\right)$, $C = Y$

Q 410

루프(loop)배전의 이점은?

① 전선이 경제적이다.
② 증설이 쉽다.
③ 농촌에 적당하다.
④ 전압변동이 적다.

풀이

①, ②, ③은 가지식이다.

정답 405 ④ 406 ② 407 ③ 408 ② 409 ③ 410 ④

Q 411

3상 4선식 고압선로의 보호에 있어서 중성선 다중접지방식의 특성 중 옳은 것은?

① 합성 접지저항이 매우 높다.
② 건전상의 전위상승이 매우 높다.
③ 통신선에 유도장해를 줄 우려가 있다.
④ 고장 시 고장전류가 매우 작다.

풀이
다중접지방식 : 합성 접지저항이 작고, 지락전류가 크다. 사고 시 전위상승이 낮다.

Q 412

다음 중 배전선로의 손실 경감책이 아닌 것은?

① 전류밀도의 감소와 평형
② 전력용콘덴서의 설치
③ 배전전압의 승압
④ 누전차단기 설치

풀이
누전차단기는 보호장치이다.

Q 413

송전선로에서 매설지선의 설치 목적은?

① 코로나 전압의 감소
② 뇌해의 방지
③ 기계적 강도의 증가
④ 절연강도의 증가

풀이
매설지선 : 철탑의 접지저항을 감소시켜 역섬락을 방지

Q 414

장거리 경간을 갖는 송전선로에서 전선의 단선을 방지하기 위하여 사용하는 전선은?

① 경알루미늄선　② 경동선
③ 중공전선　④ ACSR

풀이
ACSR(= 강심알루미늄 연선) : 기계적 강도가 크고 비중이 작다.

Q 415

전력용 콘덴서에서 방전코일의 역할은?

① 잔류전하의 방전　② 고조파의 억제
③ 역률의 개선　④ 콘덴서의 수명 연장

풀이
방전코일 : 잔류전하를 방전시켜 인체 감전사고 방지

Q 416

동일 송전선로에 있어서 1선지락의 경우 지락전류가 가장 적은 중성점 접지방식은?

① 비접지방식　② 직접접지방식
③ 저항접지방식　④ 소호리액터접지방식

풀이
- **직접접지방식** : 지락전류 최대,
- **소호리액터접지방식** : 지락전류 최소

Q 417

송전선에 댐퍼(damper)를 다는 목적은?

① 전선의 진동방지
② 전자유도 감소
③ 코로나의 방지
④ 현수애자의 경사 방지

풀이
댐퍼, 아머로드 : 전선진동방지

정답　411 ③　412 ④　413 ②　414 ④　415 ①　416 ④　417 ①

Q 418

애자가 갖추어야 할 구비 조건으로 옳은 것은?

① 온도의 급변에 잘 견디고 습기도 잘 흡수해야 한다.
② 지지물에 전선을 지지할 수 있는 충분한 기계적 강도를 갖추어야 한다.
③ 비, 눈, 안개 등에 대해서도 충분한 절연저항을 가지며 누설전류가 많아야 한다.
④ 선로전압에는 충분한 절연내력을 가지며, 이상전압에는 절연내력이 매우 적어야 한다.

풀이

내습성이 있어야 한다.

Q 419

부하역률이 $\cos\phi$인 배전선로의 저항손실은 같은 크기의 부하전력에서 역률 1일 때의 저항손실과 비교하면? (단, 역률 1일 때의 저항손실을 1로 한다.)

① $\cos^2\theta$　② $\cos\phi$
③ $\dfrac{1}{\cos\phi}$　④ $\dfrac{1}{\cos^2\phi}$

풀이

$P_l \propto \dfrac{1}{\cos^2\theta}$

Q 420

변전소의 역할에 대한 설명으로 옳지 않은 것은?

① 유효전력과 무효전력을 제어한다.
② 전력을 발생하고 분배한다.
③ 전압을 승압 또는 강압한다.
④ 전력조류를 제어한다.

풀이

변전소 역할 : 전압 변성, 전력의 집중과 분배, 전압 조정, 전압 조류의 제어, 송배전선 보호

Q 421

송전선로에서 복도체를 사용하는 주된 이유는?

① 많은 전력을 보내기 위하여
② 코로나 발생을 억제하기 위하여
③ 전력손실을 적게하기 위하여
④ 선로정수를 평형시키기 위하여

풀이

복도체를 사용하면 임계전압이 증가되고 코로나가 방지된다.

Q 422

3상 3선식 가공송전선로가 있다. 전선 한 가닥의 저항은 15Ω, 리액턴스는 20Ω이고, 부하전류는 100A, 부하역률은 0.8로 지상이다. 이때 선로의 전압강하는 약 몇 V인가?

① 2400V　② 4157V
③ 6062V　④ 10500V

풀이

$e = \sqrt{3} \cdot I(R\cos\theta + X\sin\theta)$[V]
$= \sqrt{3} \times 100(15 \times 0.8 + 20 \times 0.6) \fallingdotseq 4157$V

Q 423

고압 가공배전선로에서 고장, 또는 보수점검 시, 정전구간을 축소하기 위하여 사용되는 것은?

① 구분개폐기　② 컷아웃 스위치
③ 캐치홀더　④ 공기차단기

풀이

문제를 충족시키는 것은 구분 개폐기(section switch)이며 종류로는 유입개폐기(OS), 기중개폐기(AS), 진공개폐기(VS) 등이 있다.

정답 418 ② 419 ④ 420 ② 421 ② 422 ② 423 ①

Q 424

공통 중성선 다중접지방식인 22.9kV 계통에 있어서 사고가 생기면 정전이 되지 않도록 선로 도중이나 분기선에 보호장치를 설치하여 상호 보호협조로 사고 구간만을 제거할 수 있도록 각종 개폐기의 설치순서를 옳게 나열한 것은?

① 변전소 차단기 → 섹셔너라이저 → 리클로저 → 라인퓨즈
② 변전소 차단기 → 리클로저 → 라인퓨즈 → 섹셔너라이저
③ 변전소 차단기 → 섹셔너라이저 → 라인퓨즈 → 리클로저
④ 변전소 차단기 → 리클로저 → 섹셔너라이저 → 라인퓨즈

풀이

리클로저는 차단기의 일종이며 섹셔너라이저는 유중에서 동작하는 주접촉자와 사고전류가 흐르는 것을 계산하는 카운터로 구성되어 있으며, 리클로저는 변전소 측, 섹셔너라이저는 부하 측에 설치한다.

Q 425

송전계통에서 1선지락 고장 시 인접 통신선의 유도 장해가 가장 큰 중성점 접지 방식은?

① 비접지
② 소호리액터 접지
③ 직접접지
④ 고저항 접지

풀이

직접접지방식의 특징
- 장점 : 전위상승 최소, 변압기 단절연 가능, 계전기 동작 신속 확실
- 단점 : 지락전류 최대, 유도장해 최대, 안정도가 나쁘다.

Q 426

다음 중 송전선의 1선지락 시 선로에 흐르는 전류를 바르게 나타낸 것은?

① 영상전류만 흐른다.
② 영상전류 및 정상전류만 흐른다.
③ 영상전류 및 역상전류만 흐른다.
④ 영상전류, 정상전류 및 역상전류가 흐른다.

풀이

	정상분	역상분	영상분	영상분
1선 지락	○	○	○	$I_0 = I_1 = I_2 \neq 0$
선간 단락	○	○	×	$I_0 = 0$
3상 단락	○	×	×	$I_1 \neq 0,\ I_2 = I_0 = 0$

Q 427

송전선로의 안정도 향상대책으로 옳지 않은 것은?

① 고속도 재폐로방식을 채용한다.
② 계통의 전달 리액턴스를 증가시킨다.
③ 중간조상방식을 채용한다.
④ 조속기의 작동을 빠르게 한다.

풀이

안정도 향상대책
- 계통의 직렬리액턴스 감소
- 전압변동률을 적게 한다.(속응여자방식 채용, 계통의 연계, 중간조상방식).
- 계통에 주는 충격을 적게 한다(소호리액터 접지방식), 고속차단방식, 재폐로방식).
- 고장 시 발전기 입력과 출력의 불평형을 적게 한다.

Q 428

피뢰기의 구비조건으로 옳지 않은 것은?

① 충격방전개시전압이 낮을 것
② 상용주파수 방전개시전압이 높을 것
③ 방전 내량이 작으면서 제한전압이 높을 것
④ 속류 차단능력이 충분할 것

풀이

피뢰기의 구비조건
- 충격방전개시전압이 낮을 것
- 사용주파수 방전개시전압이 높을 것
- 제한전압이 낮을 것
- 속류 차단성능이 클 것

정답 424 ④ 425 ③ 426 ④ 427 ② 428 ③

Q 429

전압이 정정값 이하로 되었을 때 동작하는 것으로서 단락고장검출 등에 사용되는 계전기는?

① 접지계전기　② 부족전압계전기
③ 역전력계전기　④ 과전압계전기

Q 430

차단기의 정격차단 시간은?

① 고장발생부터 소호까지의 시간
② 가동접촉자 시동부터 소호까지의 시간
③ 트립 코일여자부터 가동접촉자 시동까지의 시간
④ 트립 코일여자부터 소호까지의 시간

풀이
정격차단시간 : 개극시간+아크시간(3~8Hz)

Q 431

원자로 내에서 발생한 열에너지를 외부로 끄집어내기 위한 열매체를 무엇이라고 하는가?

① 반사체　② 감속재
③ 냉각재　④ 제어봉

Q 432

교류송전에서는 송전거리가 멀어질수록 동일 전압에서의 송전 가능전력이 적어진다. 다음 중 그 이유로 가장 알맞은 것은?

① 선로의 어드미턴스가 커지기 때문이다.
② 선로의 유도성 리액턴스가 커지기 때문이다.
③ 코로나 손실이 증가하기 때문이다.
④ 표피효과가 커지기 때문이다.

풀이
$P=\frac{E_s E_r}{X}\sin\delta$에서 $P\propto\frac{1}{X}$이다.

Q 433

배전선의 전압조정 방법이 아닌 것은?

① 승압기 사용　② 저전압계전기 사용
③ 병렬콘덴서 사용　④ 주상변압기 탭 전환

풀이
병렬콘덴서는 조상설비이다.

Q 434

다음 중 피뢰기를 가장 적절하게 설명한 것은?

① 동요전압의 파두, 파미의 파형의 준도를 저감하는 것
② 이상전압이 내습하였을 때 방전에 의한 이상전압을 경감시키는 것
③ 뇌동요 전압의 파고를 저감하는 것
④ 1선이 지락할 때 아크를 소멸시키는 것

풀이
피뢰기 : 이상전압 내습 시 뇌전류를 방전하고 속류를 차단하며 피뢰기 단자 전압을 제한하여 기계기구의 절연을 보호한다.

Q 435

원자력발전에서 제어봉에 사용되는 제어재로 알맞은 것은?

① 하프늄　② 베릴륨
③ 나트륨　④ 경수

풀이
제어재 : 붕소, 카드뮴, 하프늄

Q 436

다음 중 뇌해방지와 관계가 없는 것은?

① 댐퍼　② 소호각
③ 가공지선　④ 매설지선

풀이
댐퍼 : 전선 진동방지

정답 429 ② 430 ④ 431 ③ 432 ② 433 ② 434 ② 435 ① 436 ①

Q 437

전선의 지지점 높이가 31m이고, 전선의 이도가 9m라면 전선의 평균 높이는 몇 m가 적당한가?

① 25.0m ② 26.5m
③ 28.5m ④ 30.0m

풀이

$h = H - \frac{2}{3}D = 31 - \frac{2}{3} \times 9 = 25\text{m}$

Q 438

정정된 값 이상의 전류가 흘렀을 때 동작전류의 크기와 관계없이 항시 정해진 시간이 경과한 후에 동작하는 계전기는?

① 순한시계전기
② 정한시계전기
③ 반한시계전기
④ 반한시성 정한시계전기

풀이

동작시간 분류
- 순한시계전기 : 즉시 동작
- 정한시계전기 : 전류 크기와 관계없이 일정 시간 후 동작
- 반한시계전기 : 시간과 전류가 반대로 동작
- 반 – 정계전기 : 반한시 특성 후 정한시 동작

Q 439

다음 중 3상용 차단기의 정격차단용량으로 알맞은 것은?

① 정격전압 × 정격차단전류
② $\sqrt{3}$ × 정격전압 × 정격차단전류
③ 3 × 정격전압 × 정격차단전류
④ 3$\sqrt{3}$ × 정격전압 × 정격차단전류

풀이

정격차단용량 : 상계수, 회복전압, 차단전류

Q 440

복도체를 사용하면 송전용량이 증가하는 주된 이유로 알맞은 것은?

① 코로나가 발생하지 않는다.
② 선로의 작용인덕턴스가 감소한다.
③ 전압강하가 적어진다.
④ 무효전력이 적어진다.

풀이

복도체를 사용하면 임계전압이 증가되고 코로나가 방지된다.

Q 441

역률 80%, 10000kVA의 부하를 갖는 변전소에 2000kVA의 콘덴서를 설치하여 역률을 개선하면 변압기에 걸리는 부하는 몇 kVA정도 되는가?

① 8000kVA ② 8500kVA
③ 9000kVA ④ 9500kVA

풀이

$$\cos\theta_2 = \frac{P}{\sqrt{P^2 + (P_r - Q_c)^2}} = \frac{8000}{\sqrt{8000^2 + (6000 - 2000)^2}} \fallingdotseq 0.9$$

역률이 80%에서 90%로 개선되면 8000kVA에서 9000kVA로 된다.

Q 442

장거리 송전선로의 특성을 정확하게 다루기 위한 회로로 알맞은 것은?

① 분포정수회로 ② 분산부하회로
③ 집중정수회로 ④ 특성 임피던스회로

풀이

- 단거리송전선로 : 집중정수회로
- 장거리송전선로 : 분포정수회로

정답 437 ① 438 ② 439 ② 440 ② 441 ③ 442 ①

Q 443

가공송전선에 사용되는 애자 1연 중 전압부담이 최대인 애자는?

① 철탑에 제일 가까운 애자
② 전선에 제일 가까운 애자
③ 중앙에 있는 애자
④ 철탑과 애자연 중앙의 그 중간에 있는 애자

풀이

전압분담 최대 : 전선에 가장 가까운 애자

Q 444

직접접지방식이 초고압 송전선에 채용되는 이유 중 가장 타당한 것은?

① 지락고장 시 병행 통신선에 유기되는 유도전압이 작기 때문에
② 지락 시의 지락전류가 적으므로
③ 계통의 절연을 낮게 할 수 있으므로
④ 송전선의 안정도가 높으므로

풀이

타접지방식에 비해 지락 시 전위상승이 낮다.

Q 445

어느 빌딩 부하의 총 설비 전력이 400kW, 수용률이 0.5라 하면 이 빌딩의 변전설비용량은 몇 kVA 이상이어야 하는가? (단, 부하역률은 80%라 한다.)

① 180kVA ② 250kVA
③ 300kVA ④ 360kVA

풀이

변전설비용량[kVA] $= \frac{400 \times 0.5}{0.8} = 250$kVA

Q 446

차단기의 개폐에 의한 이상전압은 대부분 송전선 대지전압의 몇 배 정도가 최고인가?

① 2배 ② 4배
③ 8배 ④ 10배

풀이

개폐 서지에 의한 이상전압은 상규 대지전압의 3~5배 정도이다.

Q 447

수전단 전압이 3300V이고, 전압강하율이 4%인 송전선의 송전단전압은 몇 V인가?

① 3395V ② 3432V
③ 3495V ④ 5678V

풀이

$\varepsilon = \frac{V_s - V_r}{V_r}$ 에서

$V_s = V_r'(1+\varepsilon) = 3300(1+0.04) = 3432V$

Q 448

동일한 2대의 단상변압기를 V결선하여 3상 전력을 100kVA까지 배전할 수 있다면 똑같은 단상변압기 1대를 추가하여 △결선하게 되면 3상 전력을 약 몇 kVA까지 배전할 수 있겠는가?

① 57.7kVA ② 70.5kVA
③ 141.4kVA ④ 173.2kVA

풀이

V 결선 시 $100 = \sqrt{3} \times P_1$(1대 용량)이므로 1대 용량

$P_1 = \frac{100}{\sqrt{3}}$

$\therefore P_{\triangle} = 3 \times P_1 = 3 \times \frac{100}{\sqrt{3}} = 100\sqrt{3} = 173.2$kVA

정답 443 ② 444 ③ 445 ② 446 ② 447 ② 448 ④

Q 449

복도체를 사용한 송전선로를 단도체를 사용한 선로와 비교할 때 알맞은 것은? (단, 복도체의 총 단면적과 단도체의 단면적이 같은 경우이다.)

① 작용 인덕턴스와 작용 정전용량이 모두 감소한다.
② 작용 인덕턴스와 작용 정전용량이 모두 증가한다.
③ 작용 인덕턴스는 감소하고, 작용 정전용량은 증가한다.
④ 작용 인덕턴스는 증가하고, 작용 정전용량은 감소한다.

풀이

복도체방식 : 코로나 방지, 인덕턴스 감소, 정전용량 증가

Q 450

전압이 정정치 이하로 되었을 때 동작하는 것으로서 단락 시 고장검출용으로도 사용되는 계전기는?

① 재폐로계전기 ② 역상계전기
③ 부족전류계전기 ④ 부족전압계전기

풀이

부족전압계전기(UVR) : 전압이 정정치 이하로 되면 동작한다.

Q 451

동일전력을 동일 선간전압, 동일 역률로 동일 거리에 보낼 때 사용하는 전선의 총 중량이 같으면, 단상2선식과 3상3선식의 전력손실비(3상3선식/단상2선식)는?

① $\frac{1}{3}$ ② $\frac{1}{2}$
③ $\frac{3}{4}$ ④ 1

풀이

복도체를 사용하면 임계전압이 증가되고 코로나가 방지된다.

Q 452

3상3선식 수직배치인 선로에서 오프셋(off-set)을 주는 주된 이유는?

① 단락방지 ② 전선진동 억제
③ 전선의 풍압감소 ④ 철탑 중량감소

풀이

오프셋 : 상·하선 간 혼촉(단락)사고방지
⇒ 절연간격 유지

Q 453

수용률 80%, 부하율 60%, 설비용량 320kW 라면, 최대수용전력은 몇 kW인가?

① 192 ② 233
③ 247 ④ 256

풀이

최대수용전력 = 설비용량 × 수용률 = 320 × 0.8 = 256kW

Q 454

저압 뱅킹배전방식에서 캐스케이딩 현상이란?

① 전압동요가 적은 현상
② 변압기의 부하 배분이 불균일한 현상
③ 저압선이나 변압기에 고장이 생기면 자동적으로 고장이 제거되는 현상
④ 저압선의 고장에 의하여 건전한 변압기의 일부 또는 전부가 차단되는 현상

풀이

- 캐스케이딩 현상 : 저압선의 고장에 의하여 건전한 변압기의 일부 또는 전부가 차단되는 현상
- 캐스케이딩방지대책 : 구분퓨즈 설치

정답 449 ③ 450 ④ 451 ③ 452 ① 453 ④ 454 ④

Q 455

전선 지지점 간의 고저차가 없는 가공전선로에서 경간이 100m, 전선 1m의 무게 0.2kg, 인장하중 550kg, 안전율 2.2인 경우 이도는 몇 m인가?

① 0.8 ② 0.85
③ 0.9 ④ 1.0

풀이

$$D=\frac{WS^2}{8T}=\frac{0.2\times100^2}{8\times\frac{500}{2.2}}=1\text{m}$$

Q 456

송전단전압 154kV, 수전단전압 134kV, 상차각 60도, 리액턴스 39.8Ω일 때 선로손실을 무시하면 전송전력은 약 몇 MW인가?

① 322 ② 449
③ 559 ④ 689

풀이

$$P=\frac{E_sE_r}{X}\sin\delta=\frac{154\times134}{39.8}\times\sin60^\circ=449\text{MW}$$

Q 457

송전계통에서 지락보호계전기의 동작이 가장 확실한 접지방식은?

① 비접지 ② 고저항접지
③ 직접접지 ④ 소호리액터접지

풀이

직접접지방식 특징

- 장점 : 전위상승 최소, 변압기 단절연 가능, 계전기 동작 신속 확실
- 단점 : 지락전류 최대, 유도장해 최대, 안정도가 나쁘다.

Q 458

3상3선식 3각형 배치의 송전선로에 있어서 각 선의 대지정전용량이 0.5038μF이고, 선간 정전용량이 0.1237μF일 때 1선의 작용 정전 용량은 몇 μF인가?

① 0.6275 ② 0.8749
③ 0.9164 ④ 0.9755

풀이

$$C=C_s+3C_m=0.5038+3\times0.1237=0.8749\mu\text{F}$$

Q 459

송전계통의 중성점을 직접접지하는 목적과 관계없는 것은?

① 고장전류 크기의 억제
② 이상전압 발생의 방지
③ 보호계전기의 신속 정확한 동작
④ 전선로 및 기기의 절연레벨을 경감

풀이

중성점 접지의 목적

- 이상전압의 경감 및 방지
- 보호계전기의 신속 확실한 동작
- 선로 및 기기의 절연비용 경감

Q 460

3000kW, 역률 80%(뒤짐)의 부하에 전력을 공급하고 있는 변전소에 전력용 콘덴서를 설치하여 변전소에서의 역률을 90%로 향상시키는 데 필요한 전력용 콘덴서의 용량은 약 몇 kVA인가?

① 600 ② 700
③ 800 ④ 900

풀이

$$Q_0=P\left(\frac{\sin\theta_1}{\cos\theta_1}-\frac{\sin\theta_2}{\cos\theta_2}\right)$$
$$=3000\left(\frac{0.6}{0.8}-\frac{\sqrt{1-0.9^2}}{0.9}\right)\fallingdotseq800\text{kVA}$$

정답 455 ④ 456 ② 457 ③ 458 ② 459 ① 460 ③

Q 461

송전선로에서 코로나 임계전압이 높아지는 경우는 다음 중 어느 것인가?

① 기압이 낮은 경우
② 전선의 직경이 큰 경우
③ 상대 공기밀도가 작을 경우
④ 온도가 높아지는 경우

풀이

임계전압 $E_0 = 24.3 m_0 m_1 \delta d \log_{10}\frac{D}{r}$ (m_0 : 전선표면계수, m_1 : 날씨계수, δ : 상대공기밀도, d: 전선직경)

Q 462

수전단전압이 송전단전압보다 높아지는 현상을 무엇이라 하는가?

① 옵티마 현상 ② 자기여자 현상
③ 페란티 현상 ④ 동기화 현상

풀이

페란티 현상 : 경·무부하 시 선로의 정전용량에 의해 송전단보다 수전단 전압이 높아지는 현상

* 방지책 : 분로(병렬)리액터설치

Q 463

다음 중 배전선로에 사용되는 개폐기의 종류와 그 특성의 연결이 바르지 못한 것은?

① 컷아웃 스위치(COS) : 주된 용도로는 주상변압기의 고장이 배전선로에 파급되는 것을 방지하고 변압기의 과부하 소손을 예방하고자 사용한다.
② 부하개폐기 : 고장전류와 같은 대전류는 차단할 수 없지만 평상운전 시의 부하전류는 개폐할 수 있다.
③ 리클로저(recloser) : 선로에 고장이 발생하였을 때 고장전류를 검출하여 지정된 시간 내에 고속 차단하고 자동재폐로 동작을 수행하여 고장구간을 분리하거나 재송전하는 장치이다.
④ 섹셔널라이저(sectionalizer) : 고장발생 시 신속히 고장전류를 차단하여 사고를 국부적으로 분리시키는 것으로 후비보호 장치와 직렬로 설치하여야 한다.

풀이

리클로저는 차단기의 일종이며 섹셔널라이저는 유중에서 동작하는 주접촉자와 사고전류가 흐르는 것을 계산하는 카운터로 구성되어 있으며, 리클로저는 변전소 측, 섹셔널라이저는 부하 측에 설치한다.

Q 464

송전계통의 절연협조에 있어 절연 레벨을 가장 낮게 잡고 있는 것은?

① 피뢰기 ② 단로기
③ 변압기 ④ 차단기

풀이

피뢰기 : 절연협조 기준

Q 465

피뢰기의 제한전압이란?

① 피뢰기동작 중 단자전압의 파고치
② 피뢰기의 정격전압
③ 속류의 차단이 되는 최고의 교류전압
④ 상용주파수의 방전개시전압

풀이

제한전압 : 뇌전류를 방전시키고 있을 때 피뢰기 단자 사이 나타나는 전압(절연협조기준 전압)

Q 466

3상용 차단기의 정격차단용량은?

① 정격전압 × $\frac{1}{\sqrt{3}}$ × 정격차단전류
② $\sqrt{3}$ × 정격전압 × 정격전류
③ $\sqrt{3}$ × 정격전압 × $\sqrt{3}$ 정격차단전류
④ $\sqrt{3}$ × 정격전압 × 정격차단전류

풀이

정격차단용량 = $\sqrt{3}$ (상계수) × 정격전압(회복전압) × 정격차단전류

정답 461 ② 462 ③ 463 ④ 464 ① 465 ① 466 ④

Q 467

전력 원선도에서 알 수 없는 것은?

① 전력 ② 손실
③ 역률 ④ 코로나 손실

풀이

유효·무효 피상전력, 역률, 전력손실, 조상설비용량을 구할 수 있다.

Q 468

수전단전압이 송전단전압보다 높아지는 현상을 무엇이라 하는가?

① 페란티 효과 ② 표피 효과
③ 근접 효과 ④ 도플러 효과

풀이

페란티 현상 : 경·무부하 시 송전단 전압 < 수전단 전압 (방지 – 분로리액터)

Q 469

발전기나 변압기의 내부 고장검출에 주로 사용되는 계전기는?

① 계자상실계전기 ② 과전압계전기
③ 비율차동계전기 ④ 선택계전기

풀이

발전기·변압기 내부고장 검출용 : 차동계전기, 비율차동계전기, 부흐홀쯔계전기

Q 470

동일한 전압에서 동일한 전력을 송전할 때 역률을 0.8에서 0.9로 개선하면 전력손실은 약 몇 % 감소하는가?

① 5 ② 10
③ 21 ④ 40

풀이

$P_l \propto \dfrac{1}{\cos^2\theta}$ 이므로 $P_l = \dfrac{\frac{1}{0.9^2}}{\frac{1}{0.8^2}} = \left(\dfrac{0.8}{0.9}\right)^2 = 0.79$

$\therefore\ P_l' = (1-0.79)\times 100\% = 21\%$

Q 471

경간 200m의 지지점이 수평인 가공전선로가 있다. 전선 1m의 하중은 2kgf, 풍압하중은 없는 것으로 하고, 전선의 전단 인장하중이 4000kgf, 안전율을 2.2로 하면 이도는 몇 m인가?

① 4.7 ② 5.0
③ 5.5 ④ 6.0

풀이

$$D = \frac{WS^2}{8T} = \frac{2\times 200^2}{8\times \frac{4000}{2.2}} = 5.5\text{m}$$

Q 472

송전선로에서 역섬락을 방지하려면 어떻게 하는 것이 가장 좋은가?

① 가공지선을 설치한다.
② 피뢰기를 설치한다.
③ 철탑 탑각 접지저항을 작게 한다.
④ 소호각을 설치한다.

풀이

매설지선 : 철탑의 접지저항을 감소시켜 역섬락을 방지한다(뇌해방지).

Q 473

다음 중 송전선로에서 초호환(arcing ring)의 역할로 가장 알맞은 것은?

① 전력손실 감소
② 송전전력 증대
③ 선로의 섬락 시 애자보호
④ 누설전류에 의한 편열방지

풀이

초호환(소호환) : 섬락으로부터 애자련 보호, 애자련의 전압분담 균등화

정답 467 ④ 468 ① 469 ③ 470 ③ 471 ③ 472 ③ 473 ③

Q 474

가공전선을 단도체식으로 하는 것보다 같은 단면적의 복도체식으로 하였을 경우 옳지 않은 것은?

① 전선의 인덕턴스가 감소된다.
② 전선의 정전용량이 감소된다.
③ 코로나 손실이 적어진다.
④ 송전용량이 증가한다.

풀이

복도체 특징
- 송전용량 증가 : 이유 → L 감소, C 증가
- 코로나 방지(주목적) : 전위경도 감소, 임계전압 증가
- 소도체 간 흡인력에 의한 충돌 : 방지책 → 스페이서 설치

Q 475

다음 중 경제적인 송전선의 전선굵기의 결정과 관계가 있는 것은?

① 켈빈(Kelvin)의 법칙　② 스틸(Still)의 식
③ 용량계수법　④ 고유부하법

풀이

- 경제적인 전선 굵기 : 켈빈의 법칙
- 경제적인 전선 굵기 선정요소 : 허용전류(가장 중요), 전압강하, 기계적 강도

Q 476

가공지선에 대한 설명으로 옳지 않은 것은?

① 직격뢰에 대해서는 특히 유효하며, 탑 상부에 시설하므로 뇌는 주로 가공지선에 내습한다.
② 가공지선 때문에 송전선로의 대지용량이 감소하므로 대지와의 사이에 방전할 때 유도전압이 특히 커서 차폐효과가 좋다.
③ 가공지선을 가설하는 목적은 유도뢰에 대한 정전차폐 효과 및 직격뢰에 대한 차폐효과이다.
④ 1선지락사고 때 지락전류의 일부가 가공지선을 통하므로 부근의 통신선에 미치는 전자유도장해를 경감시킬 수 있다.

풀이

가공지선
- 직격뢰, 유도뢰 차폐, 통신선 유도장해 경감
- 차폐각($\theta=30°\sim45°$)이 작을수록 효과 크고 시설비 고가

Q 477

정격용량 500kVA의 변압기에서 늦은 역률 80%의 부하에 500kVA를 공급하고 있다. 합성 역률을 90%로 개선하여 이 변압기의 전용량으로 공급할 때 증가시킬 수 있는 부하(역률은 지상 90%)는 몇 kW인가?

① 50　② 60
③ 70　④ 80

풀이

증가시킬 수 있는 부하
= 역률개선 후 용량 − 역률개선 전 용량
$= 500\times0.9-500\times0.8=50\text{kW}$

Q 478

송전계통에서 절연협조의 기본이 되는 것은?

① 피뢰기의 제한전압
② 애자의 섬락전압
③ 변압기의 붓싱의 섬락전압
④ 권선의 절연내력

풀이

절연협조 순서 : LA(피뢰기) → TR(변압기) → 결합콘덴서 → 선로 애자

Q 479

66kV, 3상 1회선 송전선로의 1선의 리액턴스가 20Ω, 전류가 350A일 때 % 리액턴스는 약 얼마인가?

① 18.4　② 19.7
③ 23.2　④ 26.7

풀이

$$\%X=\frac{I\cdot X}{E}\times100\%=\frac{350\times20}{\frac{66000}{\sqrt{3}}}\times100\%=18.37\%$$

정답 474 ② 475 ① 476 ② 477 ① 478 ① 479 ①

Q 480

전력용 퓨즈의 장점으로 옳지 않은 것은?

① 소형으로 큰 차단용량을 갖는다.
② 밀폐형 퓨즈는 차단 시에 소음이 없다.
③ 가격이 싸고 유지보수가 간단하다.
④ 과도전류에 의해 쉽게 용단되지 않는다.

풀이

전력용 퓨즈(P.F) : 배전선로 보호 차단기 대용으로 사용
(1) 장점
- 소형 경량이며 경제적
- 고속차단, 차단용량이 크다.

(2) 단점
- 재투입이 불가능
- 과도전류에 용단되기 쉽다.

Q 481

설비용량의 합계가 3kW인 주택에서 최대수요전력이 1.8kW일 때의 수용률은 몇 %인가?

① 40　② 50
③ 60　④ 70

풀이

$$수용률 = \frac{최대수요전력}{설비용량} \times 100\% = \frac{1.8}{3} \times 100\% = 60\%$$

Q 482

피뢰기의 정격전압에 대한 설명으로 가장 알맞은 것은?

① 뇌전압의 평균값
② 뇌전압의 파고값
③ 속류를 차단할 수 있는 최고의 교류전압
④ 피뢰기가 동작되고 있을 때의 단자전압

풀이

④번은 피뢰기 제한전압이다.

Q 483

다음 중 전력계통의 안정도 향상대책으로 볼 수 없는 것은?

① 직렬콘덴서 설치
② 병렬콘덴서 설치
③ 중간 개폐소 설치
④ 고속차단, 재폐로방식 채용

풀이

병렬콘덴서는 역률개선이며 안정도와 관계없다.

Q 484

공기의 파열 극한 전위경도는 정현파 교류의 실효치로 약 몇 kV/cm인가?

① 21kV/cm　② 25kV/cm
③ 30kV/cm　④ 33kV/cm

풀이

공기절연파괴 극한전압
- 교류 : 21kV/cm
- 직류 : 30kV/cm

Q 485

전선의 장력이 1500kgf일 때, 지선에 걸리는 장력은 몇 kgf인가?

① 750kgf
② $750\sqrt{3}$ kgf
③ 3000kgf
④ $\frac{3000}{\sqrt{3}}$ kgf

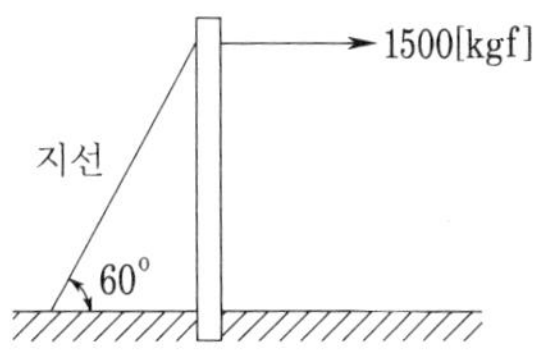

풀이

$$T_0 = \frac{T}{\cos\theta} = \frac{1500}{\cos 60°} = 3000$$

정답 480 ④ 481 ③ 482 ④ 483 ② 484 ① 485 ③

Q 486

30일간의 최대수용전력이 200kW, 소비전력량이 72000kWh일 때 월부하율은 몇 %인가?

① 30% ② 40%
③ 50% ④ 60%

풀이

$$월부하율 = \frac{72000}{24 \times 30 \times 200} \times 100 = 50\%$$

Q 487

다음 중 원방감시제어(SCADA)의 기능과 관계가 먼 것은?

① 원격 제어 기능 ② 원격 측정 기능
③ 부하 조정 기능 ④ 자동 기록 기능

풀이

- 집중 원격감시 제어시스템 또는 감시제어 데이터 수집시스템이라고도 하며, 통신경로상의 아날로그 또는 디지털 신호를 사용하여 원격장치의 상태정보 데이터를 원격장치로 수집, 수신, 기록, 표시하여 중앙 제어 시스템이 원격장치를 감시제어하는 시스템을 말한다.
- 주요 기능 : 원방감시기능, 원방측정기능, 원방제어기능, 보고서 작성기능, 경보발생보고기능

Q 488

송전선로의 중성점을 접지하는 주된 목적은?

① 동량의 절약 ② 송전용량의 증가
③ 전압강하의 감소 ④ 이상전압의 억제

풀이

중성점 접지목적 : 1선지락 시 건전상의 전위상승을 억제하여 기계기구 절연보호

Q 489

전력용 퓨즈는 주로 어떤 전류의 차단을 목적으로 사용하는가?

① 충전전류 ② 부하전류
③ 단락전류 ④ 지락전류

풀이

전력용 퓨즈는 차단기 대용으로 사용되며 단락전류 차단을 목적으로 사용된다.

Q 490

그림에서 계기 Ⓜ이 지시하는 것은 ?

① 정상전류
② 영상전압
③ 역상전압
④ 정상전압

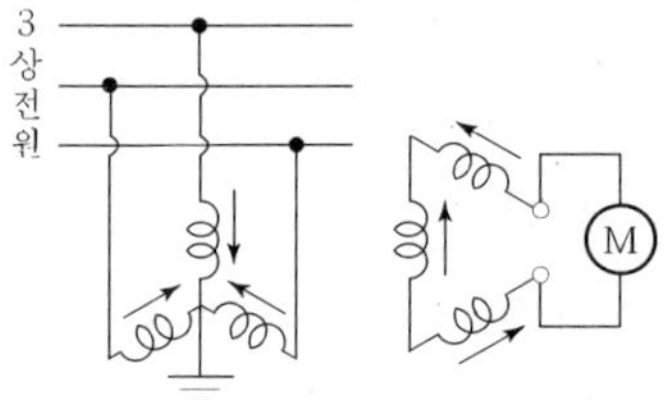

풀이

GPT(계기용 접지변압기) : 영상전압검출

Q 491

송전선로를 연가하는 주된 목적은 ?

① 페란티 효과의 방지
② 직격뢰의 방지
③ 선로정수의 평형
④ 유도뢰의 방지

풀이

- 연가 주목적 : 선로정수평형
- 연가 효과 : 유도장해방지, 직렬공진에 의한 이상전압방지

정답 486 ③ 487 ③ 488 ④ 489 ③ 490 ② 491 ③

Q 492

전압 66000V, 주파수 60Hz, 길이 7km, 1회선의 3상 지중전선로에서 3상 무부하충전용량은 약 몇 kVA인가? (단, 케이블의 심선 1선 1km의 정전용량은 0.4μF/km라 한다.)

① 2560kVA ② 4600kVA
③ 7970kVA ④ 13800kVA

풀이

$Q_c = 3\omega CE^2 \cdot l$

$= 3 \times 2\pi \times 60 \times 0.4 \times 10^{-6} \times 7 \times \left(\frac{66000}{\sqrt{3}}\right)^2 \times 10^{-3}$

$\fallingdotseq 4600$kVA

Q 493

다음 중 보호계전기가 구비하여야 할 조건으로 거리가 먼 것은?

① 동작이 정확하고 감도가 예민할 것
② 열적, 기계적 강도가 클 것
③ 조정 범위가 좁고 조정이 쉬울 것
④ 고장 상태를 신속하게 선택할 것

풀이

보호계전기 구비조건
- 고장의 정도 및 위치를 정확히 파악할 것
- 고장 개소를 정확히 선택할 것
- 동작이 예민하고 오동작이 없을 것
- 소비전력이 적고, 경제적일 것
- 후비 보호능력이 있을 것

Q 494

가공전선로의 전선진동을 방지하기 위한 방법으로 옳지 않은 것은 ?

① 토쇼널 댐퍼(torsional damper)의 설치
② 스프링 피스톤 댐퍼와 같은 진동제지권을 설치
③ 경동선을 ACSR로 교환
④ 클램프나 전선접촉기 등을 가벼운 것으로 바꾸고 클램프 부근에 적당히 전선을 첨가

풀이

진동방지
- 아머로드 및 댐퍼를 설치한다.
- 가벼운 전선으로 바꾸면 오히려 진동이 발생한다.

Q 495

배전전압을 $\sqrt{3}$ 배로 하면 동일한 전력손실률로 보낼 수 있는 전력은 몇 배가 되는가?

① $\sqrt{3}$ ② $\frac{3}{2}$
③ 3 ④ $2\sqrt{3}$

풀이

$P \propto V^2$이므로 $P = \sqrt{3}^2 = 3$

Q 496

송전선로에서 4단자정수 A, B, C, D 사이의 관계는?

① BC−AD=1 ② AC−BD=1
③ AB−CD=1 ④ AD−BC=1

풀이

4단자정수 성질 : A=D, AD−BC=1

Q 497

초고압용 차단기에 사용되는 개폐저항기의 목적은?

① 차단속도 증진
② 개폐 서지 이상전압 억제
③ 차단전류 감소
④ 차단전류의 역률 개선

풀이

개폐 서지 억제 : 차단기 내 개폐저항기를 설치

정답 492 ② 493 ③ 494 ③ 495 ③ 496 ④ 497 ②

Q 498

그림과 같이 임피던스 Z_1, Z_2 및 Z_3인 송전선이 접속된 선로의 A쪽에서 전압파 E가 진행해 왔을 때 접속점 B에서 무반사로 되기 위한 조건은?

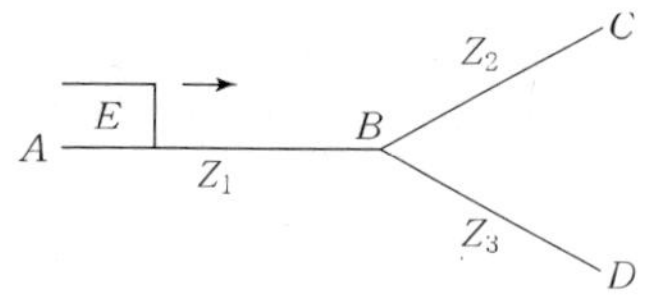

① $Z_1 = Z_2 \times Z_3$　② $Z_1 = Z_2 + Z_3$

③ $\frac{1}{Z_1} = \frac{1}{Z_2} \times \frac{1}{Z_3}$　④ $\frac{1}{Z_1} = \frac{1}{Z_2} + \frac{1}{Z_3}$

풀이

무반사 조건 : B점(변이점)을 기준으로 양쪽의 임피던스 또는 어드미턴스가 같으면 된다.

따라서 $\frac{1}{Z_1} = \frac{1}{Z_2} + \frac{1}{Z_3}$이다.

Q 499

송전계통에서 이상전압의 방지대책으로 볼 수 없는 것은?

① 철탑 접지저항의 저감

② 가공송전선로의 피뢰용으로서의 가공지선에 의한 뇌차폐

③ 기기보호용으로서의 피뢰기 설치

④ 복도체방식 채택

풀이

복도체방식 : 코로나를 방지하고 인덕턴스를 감소시켜 송전용량을 증가시킨다.

Q 500

용량 25000kVA, 임피던스 10%인 3상 변압기가 2차 측에서 3상 단락되었을 때 단락용량은 몇 MVA인가?

① 225MVA　② 250MVA

③ 275MVA　④ 433MVA

풀이

$$P_s = \frac{100}{10} \times 25000 \times 10^{-3} = 250$$

Q 501

전력이 같고, 단면적과 긍장이 같을 때 전압변동률(%)은?

① 전압에 비례한다.

② 전압의 제곱에 비례한다.

③ 전압에 반비례한다.

④ 전압의 제곱에 반비례한다.

Q 502

변압기의 기계적 보호계전기인 부흐홀쯔계전기(Buchholtzrelay)의 설치 위치로 알맞은 것은?

① 유면 위의 탱크 내

② 컨서베이터 내부

③ 변압기의 고압측 부싱

④ 주탱크와 컨서베이터를 연결하는 파이프의 관중

풀이

부흐홀쯔계전기 : 변압기 내부고장검출용으로 변압기 주탱크와 콘서베이터를 연결하는 파이프 도중에 위치

Q 503

일반적으로 전선 1가닥의 단위길이당의 작용 정전 용량 $Cn[\mu F/km]$이 $Cn = \frac{0.02413\,\varepsilon_s}{\log_{10}\frac{D}{r}}$ $[\mu F/km]$로 표시되는 경우 여기서 D는 무엇을 나타내는가?

① 전선 반지름[m]　② 선간 거리[m]

③ 전선 지름[m]　④ 선간 거리$\times \frac{1}{2}$[m]

풀이

r : 도체반지름, D : 등가선간거리

정답 498 ④　499 ④　500 ②　501 ④　502 ④　503 ②

Q 504

임피던스 Z_1, Z_2 및 Z_3을 그림과 같이 접속한 선로의 A쪽에서 전압파 E가 진행해 왔을 때 접속점 B에서 무반사로 되기 위한 조건은 ?

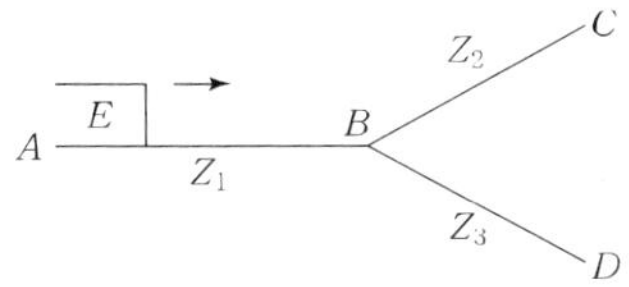

① $Z_1 = Z_2 + Z_3$　　② $\dfrac{1}{Z_1} = \dfrac{1}{Z_3} - \dfrac{1}{Z_2}$

③ $\dfrac{1}{Z_1} = \dfrac{1}{Z_2} + \dfrac{1}{Z_3}$　　④ $\dfrac{1}{Z_1} = -\dfrac{1}{Z_2} - \dfrac{1}{Z_3}$

풀이

무반사 조건 : B점(변이점)을 기준으로 양쪽의 임피던스 또는 어드미턴스가 같으면 된다.

따라서 $\dfrac{1}{Z_1} = \dfrac{1}{Z_2} + \dfrac{1}{Z_3}$ 이다.

Q 505

6600V로 수전하는 자가용 전기설비가 있다. 수전점에서 계산한 3상 단락용량은 90MVA인데 이곳에 시설한 차단기의 최소 정격차단전류(kA)로 가장 적당한 것은?

① 2kA　　② 8kA

③ 12kA　　④ 14kA

풀이

차단기용량 $P_s = \sqrt{3} \times 6600 \times I_s$ 에서

$I_s = \dfrac{90 \times 10^6}{\sqrt{3} \times 6600} \times 10^{-3} = 7.83\text{kA}$

Q 506

정사각형으로 배치된 4도체 송전선이 있다. 소도체의 반지름이 1cm이고, 한 변의 길이가 32cm일 때, 소도체 간의 기하학적 평균거리는 몇 cm인가?

① $32 \times 2^{\frac{1}{3}}$　　② $32 \times 2^{\frac{1}{4}}$

③ $32 \times 2^{\frac{1}{5}}$　　④ $32 \times 2^{\frac{1}{6}}$

풀이

- 등가선간거리 $= \sqrt[n]{D_1 \cdot D_2 \cdot D_3 \cdots D_n}$
- 4도체방식 = 한 변 길이 $\times \sqrt[6]{2}$

Q 507

전력계통의 안정도 향상대책으로 옳지 않은 것은?

① 계통의 직렬리액턴스를 낮게 한다.

② 고속도 재폐로방식을 채용한다.

③ 지락전류를 크게 하기 위하여 직접접지방식을 채용한다.

④ 고속도 차단방식을 채용한다.

풀이

안전도 증진대책 : 지락전류를 작게 하기 위해 소호리액터 접지방식 채용(과도안정도 증진)

Q 508

발전기의 단락비가 적어질 경우에 일어나는 현상 중 옳은 것은 ?

① 발전기가 대형으로 된다.

② 관성정수가 커진다.

③ 전압변동률이 커진다.

④ 안정도가 향상된다.

풀이

단락비가 작다 : 퍼센트임피던스가 크며 전기자반작용이 크므로 전압변동률이 크다.

정답 504 ③ 505 ② 506 ④ 507 ③ 508 ③

Q 509

역률(늦음) 80%, 10kVA의 부하를 가지는 주상변압기의 2차 측 2kVA의 전력용 콘덴서를 접속하면 주상변압기에 걸리는 부하는 약 몇 kVA가 되겠는가?

① 8kVA ② 8.5kVA
③ 9kVA ④ 9.5kVA

풀이

개선 후 $\cos\theta_2 = \frac{8}{\sqrt{8^2 + (6-2)^2}} \fallingdotseq 0.9$

개선 후 $P = 10 \times 0.9 = 9$

Q 510

정격용량 20000kVA, 임피던스 8%인 3상 변압기가 2차 측에서 3상 단락되었을 때 단락용량은 몇 MVA인가?

① 160MVA ② 200MVA
③ 250MVA ④ 320MVA

풀이

$P_s = \frac{100}{8} \times 20000 \times 10^{-3} = 250\text{MVA}$

Q 511

변류기 개방 시 2차 측을 단락하는 이유는?

① 2차 측 절연보호 ② 2차 측 과전류보호
③ 측정오차 방지 ④ 1차 측 과전류방지

풀이

변류기 개방 시 2차 측 단락 : 2차 측 절연보호

Q 512

송전선로의 안정도 향상대책이 아닌 것은?

① 병행 다회선이나 복도체방식 채용
② 속응여자방식 채용
③ 계통의 직렬리액턴스 증가
④ 고속도 차단기 이용

풀이

안정도 향상대책 : 직렬 리액턴스를 감소

Q 513

일반적인 경우 그 값이 1 이상인 것은?

① 수용률 ② 전압강하율
③ 부하율 ④ 부등률

풀이

부등률 : 전력 소비기기를 동시에 사용하는 정도를 나타내며 그 값이 항상 1 이상이다.

Q 514

중성점 접지방식 중 비접지방식을 직접접지방식과 비교한 것으로 옳지 않은 것은?

① 지락전류가 적다.
② 보호계전기 동작이 확실하다.
③ 1선지락 시 통신선 유도장해가 적다.
④ 과도안정도가 크다.

풀이

보호계전기 동작이 확실 : 직접접지방식의 특징

Q 515

수전 설비의 운영에 있어서 인터록(interlock)의 설명으로 옳은 것은?

① 차단기가 열려 있어야만 단로기를 닫을 수 있다.
② 차단기가 닫혀 있어야만 단로기를 닫을 수 있다.
③ 차단기가 열려 있으면 단로기가 닫히고, 단로기가 열려 있으면 차단기가 닫힌다.
④ 차단기의 접점과 단로기의 접점이 기계적으로 연결되어 있다.

풀이

인터록 : 차단기가 열려있어야 단로기를 조작할 수 있다.

정답 509 ③ 510 ③ 511 ① 512 ③ 513 ④ 514 ② 515 ①

Q 516

불평형 부하에서 역률은 어떻게 표현되는가?

① $\dfrac{\text{유효전력}}{\text{각 상의 피상전력의 산술 합}}$

② $\dfrac{\text{유효전력}}{\text{각 상의 피상전력의 벡터 합}}$

③ $\dfrac{\text{무효전력}}{\text{각 상의 피상전력의 산술 합}}$

④ $\dfrac{\text{무효전력}}{\text{각 상의 피상전력의 벡터 합}}$

풀이

$$\cos\theta = \frac{P}{P_a} = \frac{P}{\sqrt{P^2 + P_r^2}}$$

Q 517

중성점이 직접접지된 6600V, 3상 발전기의 1 단자가 접지 되었을 경우 예상되는 지락전류의 크기는 약 몇 A인가? (단, 발전기의 임피던스는 $Z_0 = 0.2 + j0.6[\Omega]$, $Z_1 = 0.1 + j4.5[\Omega]$, $Z_2 = 0.5 + j1.4[\Omega]$이다.)

① 1578A ② 1678A
③ 1745A ④ 3023A

풀이

$$I_g = \frac{3E_a}{Z_0 + Z_1 + Z_2}$$
$$= \frac{3 \times \frac{6600}{\sqrt{3}}}{(0.2 + j0.6 + 0.1 + j4.5 + 0.5 + j1.4)}$$
$$= \frac{6600\sqrt{3}}{0.8 + j6.5} = \frac{6600\sqrt{3}}{\sqrt{0.8^2 + 6.5^2}} = 1745\text{A}$$

Q 518

다음 중 지락전류의 크기가 최소인 중성점 접지방식은?

① 비접지 ② 소호리액터접지
③ 직접접지 ④ 고저항접지

풀이

소호리액터 접지방식 : 지락전류 최소($L-C$ 병렬공진 이용)

Q 519

화력발전소에서 재열기의 목적은?

① 공기의 예열 ② 급수의 재열
③ 증기의 재열 ④ 배출가스의 재열

풀이

재열기 : 증기를 재가열한다.

Q 520

코로나의 방지대책으로 적당하지 않은 것은?

① 복도체를 사용한다.
② 가선금구를 개량한다.
③ 전선의 바깥지름을 크게 한다.
④ 선간거리를 감소시킨다.

풀이

코로나 방지대책 : 임계전압을 높게(전선 직경 크게), 복도체 방식, 중공연선채용, 가선금구 개량

Q 521

최근 GIS 설비에서 사용되고 있는 소호능력과 차단능력이 우수한 SF_6 가스를 이용한 차단기는?

① 공기차단기 ② 자기차단기
③ 가스차단기 ④ 진공차단기

풀이

가스차단기(GCB) : SF_6 가스를 이용(무색, 무취, 무해, 불연성 특성)

정답 516 ② 517 ③ 518 ② 519 ③ 520 ④ 521 ③

Q 522

철탑으로부터의 전선의 오프셋을 주는 이유로 가장 알맞은 것은?

① 불평형 전압의 유도방지
② 지락사고 방지
③ 전선의 진동방지
④ 상하 전선의 접촉방지

풀이

오프셋 : 상하선 간의 절연간격을 유지하여 상하선 간 혼촉(단락)사고를 방지한다.

Q 523

전력계통에서의 안정도란 주어진 운전조건하에서 계통이 안정하게 운전을 계속할 수 있는가의 능력을 말한다. 다음 중 안정도의 구분에 포함되지 않는 것은?

① 동태안정도　② 과도안정도
③ 정태안정도　④ 동기안정도

풀이

안정도의 종류 : 정태안정도, 과도안정도, 동태안정도

Q 524

전선로에 댐퍼(damper)를 사용하는 목적은?

① 전선의 진동방지
② 전력손실 격감
③ 낙뢰의 내습방지
④ 많은 전력을 보내기 위하여

풀이

댐퍼, 아머로드 : 전선의 진동방지

Q 525

중성점 접지방식 중 소호리액터 접지방식에서 공진조건 $\omega L = \frac{1}{3\omega C} - \frac{x_t}{3}$ 에서 x_t는?

① 선로 임피던스　② 변압기 임피던스
③ 발전기 임피던스　④ 부하설비 임피던스

풀이

x_t : 변압기의 내부 임피던스를 의미한다.

Q 526

다음 중 송전계통의 안정도를 증진시키는 방법으로 볼 수 없는 것은?

① 전압변동을 적게 한다.
② 직렬리액턴스를 크게 한다.
③ 제동저항기를 설치한다.
④ 고속 재폐로방식을 채용한다.

풀이

안정도 향상대책

- 계통의 직렬리액턴스를 작게 한다.
- 전압 변동을 작게 한다.
- 계통에 주는 충격을 작게 한다.
- 고장 시 발전기의 입·출력 불평형을 방지한다.

Q 527

다음 중 고압 수전설비를 구성하는 기기로 볼 수 없는 것은?

① 변압기　② 배전용 차단기
③ 과전류계전기　④ 복수기

풀이

복수기 : 터빈에서 분출된 증기를 냉각시킨다.

정답 522 ④ 523 ④ 524 ① 525 ② 526 ② 527 ④

Q 528

가공전선로에 사용하는 현수애자련이 10개라고 할 때 다음 중 전압 부담이 최소인 것은?

① 전선에서 8번째 애자
② 전선에서 5번째 애자
③ 전선에서 3번째 애자
④ 전선에서 1번째 애자

풀이

- 전압분담 최대 : 전선로에 가장 가까운 애자
- 전압분담 최소 : 철탑으로부터 3번째, 전선으로부터 8번째 애자

Q 529

일반적으로 수용가 상호간, 배전변압기 상호간, 급전선 상호간 또는 변전소 상호간에서 각개의 최대부하는 그 발생 시각이 약간씩 다르다. 따라서 각개의 최대수요전력의 합계는 그 군의 종합 최대수요전력보다도 큰 것이 보통이다. 이 최대전력의 발생 시각 또는 발생 시기의 분산을 나타내는 지표는?

① 전일효율　② 부등률
③ 부하율　④ 수용률

풀이

$$부등률 = \frac{개별\ 최대수용전력의\ 합}{합성\ 최대전력} \geq 1이며$$

전력소비기기를 동시에 사용하는 정도를 말한다.

Q 530

전력계통에서 변압기의 유기기전력이 발생할 때 나타나는 고조파 중 제3고조파 및 제5고조파를 각각 제거시키는 방법으로 다음 중 가장 적절한 것은?

① 제3고조파 및 제5고조파 모두 직렬리액터를 설치하여 제거할 수 있다.
② 변압기 결선방식으로는 고조파를 제거할 수는 없다.
③ 제3고조파는 전력용 콘덴서를 설치하여 제거하고 제5고조파는 직렬리액터를 설치하여 제거한다.
④ 변압기 △결선 방식으로 제3고조파를 제거하고, 제5고조파는 직렬리액터를 설치하여 제거한다.

풀이

- 변압기 △결선 : 제3고조파 제거
- 직렬리액터 : 제5고조파 제거

Q 531

그림과 같은 송전선이 4도체인 경우 소선 상호간의 기하학적 평균 거리는?

① $\sqrt[3]{2}D$
② $\sqrt[4]{2}D$
③ $\sqrt[6]{2}D$
④ $\sqrt[8]{2}D$

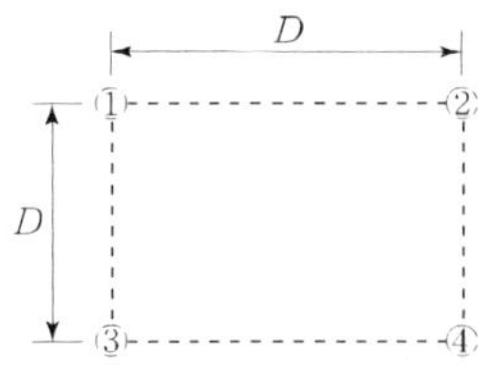

풀이

- 등가선간거리 $= \sqrt[n]{D_1 \cdot D_2 \cdot D_3 \cdots D_n}$
- 4도체방식 =한 변 길이$\times \sqrt[6]{2}$

Q 532

다음 중 연가(transposition)의 효과로 거리가 먼 것은?

① 직렬공진의 방지
② 선로정수의 평형
③ 대지정전용량의 감소
④ 통신선의 유도장해의 감소

풀이

- 연가 주목적 : 선로정수평형
- 연가 효과 : 유도장해방지, 직렬공진에 의한 이상전압 방지

정답 528 ① 529 ② 530 ④ 531 ③ 532 ③

Q 533

역률 80%, 5000kVA의 부하를 역률 90%로 개선하고자 한다. 이 경우 필요한 콘덴서의 용량은?

① 820kVA ② 1080kVA
③ 1350kVA ④ 2160kVA

풀이

$$Q_c = 5000 \times 0.8\left(\frac{0.6}{0.8} - \frac{\sqrt{1-0.9^2}}{0.9}\right) \doteqdot 1080\,\text{kVA}$$

Q 534

어느 변전소에서 합성 임피던스가 0.4%(10000kVA 기준)인 곳에 시설할 차단기의 소요차단 용량은?

① 250MVA
② 400MVA
③ 2500MVA
④ 4000MVA

풀이

$$P_s = \frac{100}{\%Z} \cdot P = \frac{100}{0.4} \times 10000 \times 10^{-3} = 2500\,\text{MVA}$$

Q 535

다음 중 열사이클의 효율을 올리는 방법과 거리가 먼 것은?

① 과열증기 사용
② 저압저온 이용
③ 진공도 향상
④ 재생사이클 채용

풀이

열사이클의 효율을 올리는 방법 : 과열증기 사용, 진공도 향상, 재생사이클 채용

Q 536

설비용량이 각각 75kW, 80kW, 85kW의 부하설비가 있다. 수용률이 60%라면 최대수요전력은?

① 96kW ② 144kW
③ 240kW ④ 400kW

풀이

최대수요전력 $= (75 + 80 + 85) \times 0.6 = 144\,\text{kW}$

Q 537

그림과 같이 정수가 서로 같은 평행 2회선에서 일반회로 정수 C_0는 얼마인가? (단, 그림에서 좌측은 송전단, 우측은 수전단이다.)

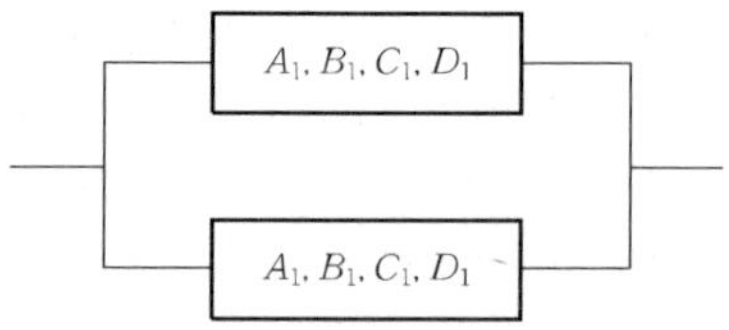

① $\frac{C_1}{4}$ ② $\frac{C_1}{2}$
③ $2C_1$ ④ $4C_1$

풀이

2회선인 경우 : $B_1 \rightarrow \frac{1}{2}B_1$, $C_1 \rightarrow 2C_1$

Q 538

전극의 어느 일부분의 전위경도가 커져서 공기와의 절연이 파괴되어 생기는 현상은?

① 페란티 현상 ② 코로나 현상
③ 카르노 현상 ④ 보어 현상

풀이

코로나 현상 : 공기절연이 부분 파괴되어 빛과 노이즈를 수반한다.

정답 533 ② 534 ③ 535 ② 536 ② 537 ③ 538 ②

Q 539

변전소로부터 특별고압 3상 3선식의 가공전선로로 수전하고 있는 공장이 있다. 이 공장의 부하전력은 40000kW이고 뒤진 역률 90%, 수전전압은 70000V라 한다. 부하전류는 약 몇 A인가?

① 323A ② 367A
③ 397A ④ 423A

풀이

$P = \sqrt{3}\, VI\cos\theta$에서

$$I = \frac{P}{\sqrt{3} \times V \times \cos\theta} = \frac{40,000 \times 10^3}{\sqrt{3} \times 70000 \times 0.9} = 366.5\text{A}$$

Q 540

3상 3선식 1회선의 가공송전선로에서 D를 등가선간거리, r을 전선의 반지름이라고 하면 1선당 작용 정전용량은?

① $\log\frac{D}{r}$에 비례한다.

② $\log\frac{D}{r}$에 반비례한다.

③ $\frac{D}{r}$에 비례한다.

④ $\frac{D}{r}$에 반비례한다.

풀이

$C = \dfrac{0.02413}{\log_{10}\dfrac{D}{r}}$ [μF/km]이므로 반비례 관계이다.

Q 541

다음 중 피뢰기를 가장 적절하게 설명한 것은?

① 동요전압의 파두, 파미의 파형의 준도를 저감하는 것
② 이상전압이 내습하였을 때 방전에 의해 이상전압을 경감 시키는 것
③ 뇌동요 전압의 파고를 저감하는 것
④ 1선이 지락되었을 때 아크를 소멸시키는 것

풀이

피뢰기 : 이상전압 내습 시 뇌전류를 대지로 방전하고 속류를 차단하며 피뢰기 단자전압을 제한하여 기계기구의 절연을 보호한다.

Q 542

전력용 콘덴서 회로에 방전코일을 설치하는 주된 목적은?

① 합성 역률의 개선
② 전원개방시 잔류 전하를 방전시켜 인체의 위험방지
③ 콘덴서의 등가용량 증대
④ 전압의 파형개선

풀이

방전코일 : 잔류전하를 방전하여 인체 감전사고를 방지한다.

Q 543

다음 중 직격뢰에 대한 차폐효과가 가장 큰 것은?

① 가공지선
② 매설지선
③ 서지흡수기
④ 정전방전기

풀이

- 가공지선 : 직격뇌, 유도뢰 차폐 및 통신선의 유도장해 경감
- 매설지선 : 철탑의 탑각 접지저항을 감소시켜 역섬락방지
- 서지흡수기 : 낙뢰 때문에 발생한 순간적인 전압파를 흡수하기 위해 콘덴서를 피뢰기에 조합시켜서 사용
- 정전 방전기 : 이상전압 내습 시 방전을 하는 것으로 변압기 2차측 1상에 설치한다(변압기 보호).

정답 539 ② 540 ② 541 ② 542 ② 543 ①

Q 544

SF_6 가스차단기를 공기차단기와 비교할 때 옳은 것은?

① 개폐 시의 소음이 작다.
② 고속조작이 유리하다.
③ 압축공기로 투입한다.
④ 지지애자를 사용한다.

풀이

SF_6 가스차단기 특징 : 절연성능 및 소호능력이 우수하고 소음이 작다(무색, 무취, 무해, 불연성 특성).

Q 545

보호계전기의 구비 조건으로 틀린 것은?

① 접점의 소모가 크고, 열적 기계적 강도가 클 것
② 보호동작이 정확하고 감도가 예민할 것
③ 고장 상태를 신속하게 선택할 것
④ 조정 범위가 넓고 조정이 쉬울 것

풀이

접점의 소모가 작을수록 좋다.

Q 546

154kV 송전선로에서 송전거리가 77km이라고 할 때, 송전용량계수법에 의한 송전용량은? (단, 송전용량계수는 1200이라고 한다.)

① 2.4MW
② 4.16MW
③ 152.2MW
④ 369.6MW

풀이

$$P_r = k\frac{V_r^{\ 2}}{\ell} = 1200 \times \frac{154^2}{77} \times 10^{-3} = 369.6\text{MW}$$

Q 547

다음 중 동일 송전선로에 있어서 1선지락의 경우 지락전류가 가장 적은 중성점 접지방식은?

① 비접지방식 ② 직접접지방식
③ 저항접지방식 ④ 소호리액터 접지방식

풀이

소호리액터 접지 : 지락시 지락전류가 최소($L-C$ 병렬공진), 단선 시 전위상승 최대($L-C$ 직렬 공진)

Q 548

다음 중 송배전선로에서 내부 이상 전압에 속하지 않는 것은?

① 유도뢰에 의한 이상전압
② 개폐 이상전압
③ 사고 시의 과도 이상전압
④ 계통 조작과 고장 시의 지속 이상전압

풀이

외부 이상전압 종류 : 직격뢰, 유도뢰에 의한 이상전압

Q 549

다음 중 부하전류의 차단능력이 없는 것은?

① 부하개폐기(LBS) ② 유입차단기(OCB)
③ 진공차단기(VCB) ④ 단로기(DS)

풀이

단로기 : 무부하 전류만 개폐가능

Q 550

다음 중 코로나 방지대책으로 적당하지 않은 것은?

① 전선의 외경을 크게 한다.
② 선간거리를 감소시킨다.
③ 복도체를 사용한다.
④ 가선금구를 개량한다.

풀이

코로나 방지책으로 선간거리는 관계없다.

정답 544 ① 545 ① 546 ④ 547 ④ 548 ① 549 ④ 550 ②

Q 551

어느 수용가에 5000kVA 변압기가 있다. 이 변압기 손실은 80% 부하율일 때 53.4kW이고 60% 부하율일 때 36.6kW이다. 이 변압기의 40% 부하율일 때의 손실(kW)은?

① 16.8kW ② 19.8kW
③ 24.6kW ④ 33.6kW

풀이

- 80% 부하율일 때 손실
  $P_i + 0.8^2 \cdot P_c = 53.4\text{kW}$
  $P_i = 53.4 - 0.64P_c$
- 60% 부하율일 때 손실
  $P_i + 0.6^2 \cdot P_c = 36.6\text{kW}$
  $P_i = 36.6 - 0.36P_c$
- 철손(무부하손)은 부하 크기와 관계없이 일정하므로
  $53.4 - 0.64P_c = 36.6 - 0.36P_c$
  $0.28P_c = 16.8$
  $\therefore P_c = 60$
  $P_i = 53.4 - 0.64 \times 60 = 15$
  ∴ 부하율 40%일 때 손실
  $= 15 + 0.4^2 \times 60 = 24.6\text{kW}$

Q 552

3300V 배전선로의 전압을 6600V로 승압하고 같은 손실률로 송전하는 경우 송전전력은 승압 전의 몇 배 인가?

① $\sqrt{2}$ 배 ② $\sqrt{3}$ 배
③ 4배 ④ 9배

풀이

$P = V^2$이므로 $P = \left(\frac{6600}{3300}\right)^2 = 4$

Q 553

차단기의 정격차단 시간으로 알맞은 것은 ?

① 고장발생부터 소호까지의 시간
② 가동접촉자 시동부처 소호까지의 시간
③ 트립코일 여자부터 가동접촉자 시동까지의 시간
④ 트립코일 여자부터 아크 소호까지의 시간

풀이

정격차단 시간 : 트립코일 여자부터 아크 소호까지 시간으로 3~8Hz이다.

Q 554

다음 중 배전선로의 부하율이 F일 때 손실계수 H와의 관계로 옳은 것은 ?

① $H = F$
② $H = \frac{1}{F}$
③ $0 \le F^2 \le H \le F \le 1$
④ $H = F^3$

풀이

손실계수는 부하율과 부하율 제곱 사이에 존재한다.

Q 555

다음 보호계전기 중 어느 일정 방향으로 일정 값 이상의 단락 전류가 흘렀을 때 동작하는 계전기로서 역전력 계전기라고도 하는 계전기는?

① 거리계전기 ② 방향거리계전기
③ 단락방향계전기 ④ 선택단락계전기

풀이

단락방향계전기 : 어느 일정 방향으로 일정값 이상의 단락전류가 흘렀을 때 동작(단락전류의 방향이 이미 정하여진 방향일 때 동작)

정답 551 ③ 552 ③ 553 ④ 554 ③ 555 ③

찾아보기

1~4

A~Z

특수문자

ㄱ

ㅅ

ㅇ

ㅈ

ㅊ

참고문헌

1. 『전력시스템의 수퍼 하이웨이 HVDC 시스템』, 에너지 데일리, 고려대학교 전기전자전파공학부 교수 장길수, 2009. 10. 30
2. 『전류형 HVDC 시스템 송전효율 최상』, 한전
3. 『에디슨의 꿈, 130년 만에 한국서 꽃피다』, 노컷뉴스, 2010.02.02.
4. 『국가간 전력연계를 위한 가공직류송전의 국내 기술 기반 확보』
5. 『LS산전, '송전기술의 꽃' HVDC 집중육성』, 머니투데이, 2010. 01. 21
6. 『KEPCO, HVDC 핵심기술 개발 손잡았다』, 대한뉴스, 2009. 11. 30
7. 송배전공학(동화기술 문명룡.심재학.임양수.조성곤.최낙일)
8. 송배전공학(동일출판사, 송길영저, 신편 송배전공학)
9. 송배전공학(북스힐 김상남 외 공저)
10. 공사공단 전기직(동일출판사)
11. 송배전공학(동일출판사)
12. 자동제어(웅보출판사)
13. 자동제어(문운당)
14. 전기기사산업기사필기(시대고시)
15 전기기사산업기사실기(시대고시)
16. 전기설비기준(S&Y출판사) 기타 20여종
17. 회로이론(동일출판사)
18. 전기기기(동일출판사)
19. 표준전기자기학(문운당)
20. 전기공사기사산업기사필기(시대고시)
21. 전기공사기사산업기사실기(시대고시)
22. 한국전력신문, 2007. 08. 20
23. 회로이론(동일출판사)
24. 전기설비설계(문운당)
25. 최신 전력전송공학(청문각)
26. 한국산업인력공단
27. 국립중앙도서관

28. 국가전자도서관
29. Social networking-based simulations for nuclear security: Strategy assessment following nuclear cyber terror on South Korean nuclear power plants (NPPs), Annals of Nuclear Energy, 2인 공동, 2015.03
30. Experimental setup and the system performance for single-grid-based phase-contrast x-ray imaging (PCXI) with a microfocus x-ray tube, Optics Communications, 공동, 2015.03
31. Social impact theory based modeling for security analysis in the nuclear fuel cycle KERNTECHNIK -BILINGUAL EDITION-, 단독, 2015.03
32. Conceptual design of nano-robotics for carrying the radioisotope material in nuclear industry, Annals of Nuclear Energy, 2인 공동, 2015.02
33. Safety Assessment for Power Uprate in the Nuclear Power Plant Using a System Dynamics (SD) Method by Monte Carlo Software, ENERGY SOURCES PART A-RECOVERY UTILIZATION AND ENVIRONMENTAL EFFECTS, 단독, 2015.02
34. Feasibility study for image reconstruction in circular digital tomosynthesis (CDTS) from limited-scan angle data based on compressed-sensing theory, Nuclear Instruments and Methods in Physics Research Section A, 공동, 2015.01
35. Simulation and experimental studies of three-dimensional (3D) image reconstruction from insufficient sampling data based on compressed-sensing theory for potential applications to dental cone-beam CT, Nuclear Instruments and Methods in Physics Research Section, 공동, 2014.12
36. A Fuzzy Set Safety Assessment for a Core Falling Failure Accident (CFFA) in a Spherical Isotropic Power Reactor (SIPR), ENERGY SOURCES PART A RECOVERY UTILIZATION AND ENVIRONMENTAL EFFECTS, 공동, 2014.09
37. Nuclear Safeguard Protocol (NSP) Construction of Energy Policy in Nuclear Power Plants (NPPs) for Secure Power Production, Annals of Nuclear Energy, 단독, 2014.08
38. Modified fuzzy algorithm based safety analysis of nuclear energy for sustainable hydrogen production in climate change prevention, International journal of electrical power energy systems, 단독, 2014.04
39. Characteristics of Nuclear Spacecraft in Nano-Gravity for the Deep Space Explorer, Journal of Aerospace Engineering, 2인 공동, 2014.01
40. Radiation protection protocol for environmental defense using nano-scopic water spray in nuclear accident, Annals of Nuclear Energy, 단독, 2013.11
41. The Financial Modeling of Nanotechnology (NT) for the Energy Industry Using Systems Thinking Decision Making, ENERGY SOURCES PART B ECONOMICS

PLANNING AND POLICY, 2인 공동, 2013.09
42. Analytic study for physical protection system (PPS) in nuclear power plants (NPPs), Nuclear Engineering and Design, 단독, 2013.09
43. Systems Thinking Safety Analysis: Nuclear Security Assessment of Physical Protection System in Nuclear Power Plants, Science and Technology of Nuclear Installations, 단독, 2013.09
44. Real time analysis for atmospheric dispersions for Fukushima nuclear accident: Mobile phone based cloud computing assessment, Annals of Nuclear Energy, 단독, 2013.08
45. Safety Assessment for Electricity Generation Failure Accident of Gas Cooled Nuclear Power Plant Using System Dynamics (SD) Method, ATW -DUSSELDORF-, 단독, 2013.04
46. Dynamical safety assessment of hydrogen production nuclear power plants using system dynamics method, INTERNATIONAL JOURNAL OF NUCLEAR HYDROGEN PRODUCTION AND APPLICATIONS, 2인공동, 2013.02
47. Dynamic assessment for life extension of nuclear power plants (NPPs) using system dynamics (SD) method, KERNTECHNIK -BILINGUAL EDITION-, 단독, 2012.12
48. Atmospheric modeling of radioactive material dispersion and health risk in Fukushima Daiichi nuclear power plants accident, Annals of Nuclear Energy, 단독, 2012.11
49. Implementation of an Intelligent Service Platform using User Location Prediction Algorithms, an Auto-configuration Method and a Hierarchical Treelike Data Structure, 연세대학교 박사학위, 2011.08
50. 『HFC 망에서의 고속 멀티미디어 전송 시스템 개발』, 신호처리 시스템 학회, 손병희 외 2인, 2011.04
51. Extracting the Emotion using the Respiratory Flow(Accepted for International Journal of Electronics, Electrical and Communication Engineering), xIJEECE, 2011.03
52. An Auto-configuration Method and a Hierarchical Treelike Data Structure for a Home Server(Accepted for IJIPM (International Journal of Information Processing and Management), IJIPM, 손병희 외 1인, 2010.10
53. 『웹을 이용한 대학 시설물관리 시스템 개발』, 연세대학교 석사학위, 2003.02
54. 『사선형 메쉬접지, 한국조명·전기설비학회』, 최병숙 외 7인, 2009
55. 『전기설비 엔지니어링 표준품셈 개정』, 한국엔지니어링진흥협회, 2009.05
56. 『전국 하수슬러지 전력계통』, (주)새한기술그룹, 2007
57. 『대구광역시 공동주택단지의 세대전력 분석』, (주)서한컨설턴트, 2005
58. 『비상발전전원공급체계개선 연구용역』, 인천국제공항공사, 2004
59. 『공항여객터미널전력시설개선에 관한 연구』, (주)대우엔지니어링, 2004

60. 『국제표준화를 통한 단가계약(배전반) 확대』, 조달청, 2004.12
61. 『대형 유통시설의 에너지 절약에 관한 연구』, (주)다산전기기술사사무소, 2004.08
62. 『접지도체 간격에 관한 연구』, 대한전기학회, 2004.05
63. 『축구 경기장의 조명타워 위치에 따른 조도분포 해석』, 한국조명·전기설비학회, 최병숙 외 2인, 2004.01
64. 『Pattern Search법을 이용한 축구 전용 경기장의 조명기구 배치에 따른 조도분포 분석』, 한국조명·전기설비학회, 최병숙 외 2인, 2003.11
65. 『접지선 굵기에 관한 연구, 한국조명·전기설비학회』, 2003.11
66. 『공항 수배전설비 사고예방 및 표준화 연구』, 건설교통부, 2003.09
67. 『전기설비에서 수동 능동필터를 이용한 고조파 저감대책에 관한 연구』, (주)나라기술단, 2003.08
68. 『경기장 등기구 배치에 따른 조도분포 해석』, (주)새한기술그룹, 2003.03
69. 『전기설비 표준품셈 제정 연구』, 한국엔지니어링진흥협회, 2003.02
70. 『유도전동기의 동특성 개선을 위한 퍼지 제어기 설계』, 한국조명·전기설비학회, 2002.09
71. 『온도특성을 고려한 저압간선의 경제적인 설계 기법에 관한 연구』, (주)풍림산업, 2002.06
72. 『전력사용시설물의 Pattern Search법을 이용한 최적 접지 설계에 관한 연구』, 한국조명·전기설비학회, 최병숙 외 1인, 2002.01
73. 『광속법에 의한 조도계산에 있어서 실지수 0.6 이하에서의 조명률 적용에 관한 연구』, 한국조명·전기설비학회, 2001.11
74. 『HVDC 연계 시스템의 전력계통 안정화 장치의 적정 파라메터 선정에 관한 연구』, 한국조명·전기설비학회, 최병숙 외 4인, 2001.09
75. 『곱셈기가 없는 필터를 사용한 웨이브렛 영상코딩 연구』, 정보통신부, 2001.03
76. 『학교강의실 조명에 대한 에너지 절약과 균제도에 관한 연구』, 한국조명·전기설비학회, 2000.11
77. 『광속법을 이용한 등배치 설계에 관한 연구』, 한국조명·전기설비학회, 최병숙 외 3인, 1999.11
78. 『백화점 조명제어 시스템 기술개발』, (주) 서한컨설턴트, 1998.03
79. 한국산업인력공단, http://www.hrdkorea.or.kr/

인 쇄	2017년 8월 15일	정가 33,000원
발 행	2017년 9월 1일	
지 은 이	김수용	
펴 낸 이	정병국	
펴 낸 곳	웅보출판사	
주 소	서울시 강서구 양천로 551-17(가양동 449-4) 한화비즈메트로 1차 413호	
전 화	(02) 326-1497	
팩 스	(02) 326-1843	
신고번호	제315-2013-000072호	
등 록 일	1991년 5월 30일	
홈페이지	www.woongbo.co.kr	
I S B N	978-89-8462-433-7	93560